U0150246

氧化锡与钙钛矿太阳能电池

方国家　柯维俊　等　著

科学出版社

北京

内 容 简 介

本书是依据作者课题组多年来在二氧化锡材料的合成、性能研究与太阳能电池应用等方面的成果撰写而成的一本专著。本书系统地介绍了二氧化锡电子导体的制备方法、性能调控，以及在光伏电池特别是钙钛矿太阳能电池领域应用等内容。第 1 章绪论简要介绍二氧化锡的特性、太阳能电池发展状况；第 2 章介绍二氧化锡的溶液法制备及其在钙钛矿太阳能电池中的应用；第 3 章介绍二氧化锡的真空法制备及其在钙钛矿太阳能电池中的应用；第 4~8 章重点介绍二氧化锡材料的掺杂调控及钙钛矿太阳能电池的优化；第 9 章介绍二氧化锡在新型太阳能电池中的应用；最后总结了二氧化锡从材料制备、性能调控到在太阳能电池应用中的优缺点，展望了二氧化锡在太阳能电池领域的发展前景与未来的发展方向。该成果总结成一本著作，可供不同领域的研究学者学习和参考，有利于推动学科的交叉发展。

本书可供物理、化学、材料、微电子与光电子专业的高年级本科生、研究生，以及从事材料和光电领域研究与开发的科技与工程技术人员参考。

图书在版编目(CIP)数据

氧化锡与钙钛矿太阳能电池/方国家等著. —北京：科学出版社，2021.12
ISBN 978-7-03-071198-4

Ⅰ.①氧… Ⅱ.①方… Ⅲ.①氧化锡–钙钛矿型结构–太阳能电池
Ⅳ.①TM914.4

中国版本图书馆 CIP 数据核字（2022）第 000016 号

责任编辑：刘凤娟 郭学雯／责任校对：彭珍珍
责任印制：赵 博／封面设计：无极书装

科学出版社 出版
北京东黄城根北街 16 号
邮政编码：100717
http://www.sciencep.com
北京中科印刷有限公司印刷
科学出版社发行 各地新华书店经销
＊
2021 年 12 月第 一 版 开本：720×1000 B5
2025 年 2 月第二次印刷 印张：28 1/2
字数：556 000
定价：199.00 元
(如有印装质量问题，我社负责调换)

前　　言

　　能源作为人类赖以生存和发展的物质基础，其储量与供应问题牵动着每一个人的神经。大到火箭、卫星，小到汽车、路灯，它们的正常运行都离不开能源的消耗。传统的不可再生化石能源诸如煤、石油、天然气等随着经济的发展，其消耗速度不断提高，引发了人们对能源危机的普遍担忧。此外，化石燃料也是温室气体排放的主要来源之一，其燃烧产物除碳氧化物和氮氧化物外，还包含各种微量重金属和大量的粉尘。这无疑会加剧全球变暖，引发各种环境危机。因此，人们寻求开发和利用新型的可持续再生的清洁能源迫在眉睫。太阳能作为地球上能源的主要来源，所有可再生能源除地热能和潮汐能外都直接或间接地转化自太阳，因而太阳能的利用是未来发展的一个重要方向。

　　1839 年，法国科学家 Edmond Becquerel 在电化学池中发现了光生伏特效应，开启了将太阳能转换为电能的新篇章。Charles Fritts 在 1884 年利用硒半导体和金电极成功制作出了世界上第一个太阳能电池。1954 年，美国贝尔实验室成功制作出第一个真正可实用的晶硅太阳能电池，转换效率为 6%。随后，太阳能电池技术快速发展，以晶硅电池为代表的第一代太阳能电池，以碲化镉、铜铟镓硒 (CIGS) 电池为代表的第二代薄膜电池及目前以有机无机杂化钙钛矿太阳能电池为代表的第三代新型电池相继出现，迅速激起了大批科研工作者的研究热潮。2009 年，日本科学家 Miyasaka 等首次制备出钙钛矿太阳能电池；2012 年，Park 课题组发展了全固态介观钙钛矿太阳能电池，并获得了 9.7% 的能量转换效率。研究初期，钙钛矿太阳能电池的电子传输层均采用高温烧结的二氧化钛作致密层和多孔层，但两次的烧结过程无疑会增加制备的繁琐度和能耗。

　　2013 年，我有幸进入钙钛矿太阳能电池研究领域，和我的学生们一起投入钙钛矿太阳能电池研制当中。同年，我的学生柯维俊博士创新性地实现一步烧结法同时制备二氧化钛致密层与多孔层，大大简化了制备流程；2014 年，柯维俊博士首次使用二氧化锡 (SnO_2) 薄膜代替传统的二氧化钛薄膜作电子传输层，得到了骄人的成果；研究发现，低温 180℃ 退火制备的二氧化锡相比高温 500℃ 退火制备的二氧化锡具有更好的光电特性，基于前者做出的电池性能更佳；基于此研究结果，我们于 2014 年 8 月 19 日申请了中国发明专利并获授权，论文于 2015 年 5 月在 *Journal of the American Chemical Society* 上发表。至此，二氧化锡在光伏电池中的应用受到了广大研究者们的追捧。二氧化锡在光伏电池中的应用同时也成为我们课题组的研究特色和创新点。

转眼间 8 年过去了，我们课题组从二氧化锡的制备、掺杂及界面处理等方面出发，不断改进、创新，不断推进二氧化锡在钙钛矿太阳能电池中的应用研究。在这期间，9 名博士生、2 名硕士生、1 名本科生、2 名博士后及 1 名访问学者因参与了钙钛矿太阳能电池的课题而顺利取得学位或结业；在国内外知名学术期刊上发表论文 30 余篇，其中多篇论文进入 *Essential Science Indicators* 高被引和热点论文；申请和获得国家发明专利 30 余项；先后获得国家高技术研究发展计划（"863 计划"）、国家自然科学基金、省重点基金等项目资助。目前，我们课题组除了深入研究二氧化锡在钙钛矿太阳能电池中的应用外，还在探索二氧化锡电子传输层在有机、硫硒化锑、氧化亚铜等电池中的应用。我们课题组想尽力发挥二氧化锡作为电子传输层的优势，为将来器件的实用化贡献一份微薄之力。

在研究过程中，我的同行们也给予了足够的关注与支持，他们结合自己的研究领域，对二氧化锡及钙钛矿材料进行物理化学性质上的研究，使我们对二氧化锡本身有了更加清楚和深刻的认知。另外，在研究生培养和研究工作中，我也得到了国内外众多学者的支持。柯维俊、郑小璐与陈聪在读博士期间曾到美国托莱多大学鄢炎发教授课题组进行交流和研究，并合作发表了多篇高水平的研究论文。香港理工大学李刚教授与我们课题组也有长期友好的合作关系，秦平力、杨光和陈志亮博士曾到他的课题组进行访问交流，同样也合作发表了多篇高质量的论文。我们与香港中文大学路新慧教授课题组进行了友好的合作，马俊杰博士曾到她的课题组进行访问交流，秦敏超在她的课题组获博士学位并进一步做博士后深造。我们与中国科技大学张振宇教授进行了友好的合作，共同在国际权威刊物 *Adv. Funct. Mater.*（2016 年）发表了论文。

在二氧化锡电子导体材料的制备和器件应用研究中，每位研究生和合作者都贡献了他们的一份力，发挥了他们的聪明才智。同时，这些贡献也是课题组老师和学生们共同协作的成果。

(1) 柯维俊博士在二氧化锡的制备及改进方面做出了很多出色的工作。①首次将低温溶液法二氧化锡引入钙钛矿太阳能电池中作为电子传输层，并系统地研究了二氧化锡纳米晶材料的特性。该工作发表在国际顶级期刊 *J. Am. Chem. Soc.*（2015, 137:6730）上，长期被选为高被引和热点论文，得到国内外同行高度关注。②利用富勒烯衍生物钝化二氧化锡的表面缺陷，进而提升了钙钛矿太阳能电池的性能。柯维俊博士毕业后，到美国西北大学继续博士后研究，仍从事于光伏电池方面的研究工作，在 *Nat. Commun.*、*Sci. Adv.*、*J. Am. Chem. Soc.* 等国际期刊上发表了多篇研究论文。

(2) 刘琴硕士和秦敏超同学发展了二氧化锡纳米结构的低温制备方法，成功地利用水热法制备出二氧化锡纳米片阵列并应用到钙钛矿太阳能电池中，最终得到了环境稳定的钙钛矿光伏器件。

(3) 杨光博士在刘琴硕士工作的基础上，进一步采用稀土元素钇来掺杂制备二氧化锡纳米片，改善二氧化锡的物化性质，最终将以二氧化锡纳米片为衬底的钙钛矿器件性能推到一个新的高度。

(4) 杨光博士、姚方博士和陈聪博士通过室温溶液法合成了二氧化锡量子点材料，通过系统的研究，实现了对二氧化锡电子传输层电学性质的调控，并应用于钙钛矿太阳能电池，取得了超过 20% 的光电转换效率。该工作发表在国际顶级期刊 *Adv. Mater.*(2018, 30:1706023) 上，进入 ESI 高被引论文行列，受到广泛的关注。因其低温可合成特性，该方法沉积的二氧化锡薄膜可拓展制备柔性光伏器件。杨光博士于 2019 年获得武汉大学"十大学术之星"，毕业后，到美国北卡罗来纳大学教堂山分校继续博士后研究。

(5) 陶洪博士、陈志亮博士及马俊杰博士等采用真空沉积法 (如射频磁控溅射、脉冲激光沉积和电子束蒸发等) 沉积二氧化锡薄膜，通过系统地对其光电性质的优化及表征，制备出高质量高透过率的二氧化锡薄膜，并成功地应用到钙钛矿太阳能电池中，取得了好的器件性能。特别是其中的电子束蒸发和溅射方法可拓展到批量制备大面积均匀透明的二氧化锡电子导体衬底。

(6) 熊良斌博士后采用镁元素掺杂二氧化锡，解决了二氧化锡薄层在高温退火时产生的裂纹问题，从而提高了二氧化锡在高温制备条件下的质量；同时利用二氧化锡纳米浆料制备介孔层，将高温介观结构二氧化锡钙钛矿太阳能电池的领域效率从 13% 大幅提升到 19.2%，该工作发表在国际权威期刊 *Adv. Funct. Mater.* (2018, 28:1706276) 上。

(7) 王海兵博士和梁记伟博士分别采用双氧水和氯化铵表面处理二氧化锡薄膜，既钝化了二氧化锡表面的缺陷，又可提高钙钛矿层在二氧化锡衬底上的结晶质量，最终获得较高的光伏器件性能。该表面处理方法可拓展我们对材料表面处理的思路，即采纳具有特定官能团且与二氧化锡或钙钛矿层具有相互作用的材料均有可能实现对二氧化锡的改性。

(8) 雷红伟博士和李佳帅博士延伸了二氧化锡电子导体的应用范围，成功实现了二氧化锡在无机硫化锑太阳能电池中作为低温电子传输层和可耐高温电子导体的应用。

本书汇集了学生们充满创新和聪明才智的研究成果，包括 30 余篇发表在国际学术刊物上的论文。我希望将这些研究成果系统地总结归纳出来，以专著的形式出版。这不仅是我们课题组近 8 年来的研究成果的总结，也是课题组老师和学生们多年来共同协作所付出辛苦和收获的见证。并且有关二氧化锡制备方法及改性和光伏电池应用方面的专著还未见出版。我们希望这些成果能够被发扬光大，在实际中得到应用，为科研工作者提供参考与借鉴，并为社会做出贡献。

本书力求理论严谨、结构合理、逻辑清晰、文字精练和图片清晰，按照二氧化锡的制备方法、添加剂工程、界面工程以及在钙钛矿和新型太阳能电池应用的结构类型顺序撰写。为了便于读者查阅，在本书的最后列出了已经发表的与本书内容相关的学术论文和授权的发明专利目录。

本书共 9 章，内容主要取自硕士、博士研究生的毕业论文，由方国家和柯维俊统筹整理和编排。具体的贡献如下：柯维俊 (1.1 节和 1.4 节，2.2 节，5.1 节和 5.2 节，7.2 节)，杨光 (2.3 节，4.3 节，5.3 节，7.4 节和 8.2 节)，熊良斌 (4.2 节)，郑小璐 (1.2 节和 1.3 节，8.1 节、8.2 节和 8.4 节)，马俊杰 (3.2 节和 5.4 节)，陈志亮 (3.3 节，7.3 节和 8.3 节)，陈聪和姚方 (2.1 节和 2.2 节，3.1 节和 4.1 节)，刘红日 (6.2 节)，叶飞鸿 (7.1 节，7.5 节和 7.6 节)，王海兵 (6.1 节和 6.3 节)，陶晨和梁记伟 (3.5 节和 6.4 节)，刘琴和秦敏超 (2.4 节)，李佳帅 (9.1 节，9.2 节和 9.3 节)，雷红伟 (8.4 节和 9.2 节)，陶洪 (3.4 节)，郭亚雄 (7.2 节)，桂鹏彬和刘永杰 (4.2 节)。每一章中的参考文献、文字和图表格式排版均由桂鹏彬、刘永杰、胡绪志、肖蒙、王晨整理。

由于作者水平有限，书中难免有不妥之处，恳请读者批评指正。

方国家

2020 年 9 月 20 日于珞珈山

目　　录

第 1 章 绪 论

1.1 引 言

二氧化锡 (SnO$_2$) 是一种白色、淡黄色或浅灰色的粉末，在自然界中主要以锡石的形态存在。而锡石一般为红褐色，呈微粒状或块状，多分散于花岗岩中，是提炼金属锡的主要矿石。SnO$_2$ 的熔沸点较高 (熔点 1630℃ ，沸点 1800℃)，对空气和热都很稳定，不溶于水，也难溶于酸碱，但能溶于热浓硫酸以及熔融苛性碱，微溶于碱金属碳酸盐溶液。其不与一般化学试剂反应，不与硝酸作用，但与浓盐酸共热时会慢慢变为氯化物而溶解。高温下 SnO$_2$ 可与氢气作用而被还原为金属锡，或与一氧化碳 (CO) 反应得金属锡和二氧化碳 (CO$_2$)(反应可逆)。

SnO$_2$ 是一种优秀的透明导电材料，也是第一个投入商用的透明导电材料。为了提高其导电性和稳定性，常进行掺杂使用，如掺杂元素锑和氟等。除此之外，SnO$_2$ 还是一种重要的半导体气敏传感器材料，常被用于有毒有害及可燃易爆气体报警的气体传感器上。而随着新一代薄膜太阳能电池的兴起，SnO$_2$ 凭借其宽的带隙、与多种吸光材料匹配的能带位置以及优异的载流子传输特性等，也成为薄膜电池中理想电子传输材料的重要一员。

1.2 二氧化锡的特性与应用

SnO$_2$ 主要具有两种晶系，即四方晶系和正交晶系。其中正交相不稳定，仅在高温高压下出现。一般情况下，SnO$_2$ 以四方相存在 [1,2]。四方相也称金红石结构，属于 P42/mnm 空间群，D$_{4h}^{14}$ 点群，晶格参数为 $\alpha = \beta = \gamma =$90°，$a = b =$ 4.737 Å，$c =$3.186 Å，$c/a =$0.673，密排面为 (110)，密排面的晶面间距为 0.335 nm[3]。其体心和顶角都由锡离子占据，位于 (0, 0, 0) 和 (1/2, 1/2, 1/2)，而氧离子则位于 (0.306, 0.306, 0)、(0.694, 0.694, 0)、(0.806, 0.194, 1/2) 和 (0194, 0.806, 1/2)，晶体结构如图 1.1 所示。单个 SnO$_2$ 晶胞中，Sn 和 O 的原子个数比为 1:2，实际晶胞中含有 2 个锡原子，4 个氧原子。由于每个锡离子位于由 6 个氧离子组成的近似八面体的中心，每个氧离子也位于 3 个锡离子组成的等边三角形的中心，所以锡正离子的配位数为 6，氧负离子的配位数为 3[4]。

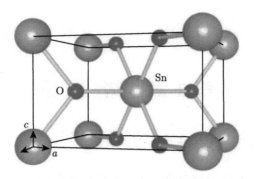

图 1.1　SnO$_2$ 的晶体结构图 [5]

　　理想情况下，完美的 SnO$_2$ 晶体是绝缘体。但通常情况下，SnO$_2$ 都或多或少地存在氧空位或锡间隙原子，这些本征缺陷导致 SnO$_2$ 的禁带中存在浅施主能级，从而表现出 n 型半导体特性 [6]。SnO$_2$ 薄膜多为简并态半导体材料，本征吸收峰位于 344.4 nm，直接带隙为 3.87~4.30 eV，导带电子有效质量为 0.1~0.2 m_0，激子束缚能为 130 meV，介电常量为 13[7,8]；其与玻璃和陶瓷的结合力都很好，黏附强度可达 200 kg/cm^2，莫氏硬度为 7.8；且化学性质稳定，可经受化学刻蚀，可见光及红外透射率在 80% 以上，折射率为 1.8~2，消光系数趋近于 0[9,10]。因此，SnO$_2$ 被应用在玻璃涂层上，成为首个投入商用的透明导电材料。

　　SnO$_2$ 的导电性主要取决于氧的化学计量数 [11]。为了提高其导电性和稳定性，常对其进行掺杂。n 型掺杂一般包含两个类型：其一是五价的正离子掺杂，取代四价的 Sn^{4+}，常见的元素包括磷 (P)、锑 (Sb)、砷 (As) 等；其二是一价的负离子掺杂，取代二价的 O^{2-}，常见的元素如氟 (F) 等 [10,12]。当前研究比较成熟的 n 型 SnO$_2$ 基体系包括 SnO$_2$:Sb 薄膜 (ATO)、SnO$_2$:F 薄膜 (FTO) 和 SnO$_2$:P 薄膜等 [10,13]。其中，氟掺杂的氧化锡薄膜 (FTO) 应用最为广泛，其在所有透明导电氧化物材料中最物美价廉，具有较大的功函数 (可与 p 型硅形成好的欧姆接触)、最好的热稳定性、机械耐久性和化学稳定性，以及低毒性等 [14]，是重要的光电器件电极材料。而 p 型掺杂则一般通过掺杂受主杂质来实现，通常是使用二价阳离子取代 Sn^{4+}[15,16]。不过，实际研究中发现，由于氧化物中的 O 电负性很强，O 原子 2p 能级低于金属原子的价带电子能级，O^{2-} 势垒较高，空穴跃迁需要更多的能量，因此制备得到的 p 型 SnO$_2$ 薄膜电阻很大，性能不佳。

　　除了可以用作透明电极，SnO$_2$ 优异的光电性能也使它成为薄膜太阳能电池中理想的电子传输层的候选者之一 [17]。理论计算显示，金红石结构的 SnO$_2$ 具有直接带隙，位于布里渊区的 C 点，带隙值通常为 3.5 ~4.0 eV(对于非晶相 SnO$_2$，甚至可达 4.4 eV)[18]。其导带底通常位于 −4.5 eV，与大部分薄膜太阳能电池的吸光层材料能级匹配，有利于得到高质量的 p-n 结。同时，SnO$_2$ 的导带能级主要来源于 Sn 5p 与 O 2p 轨道的相互作用，具有较大的色散度和低的电子有效质量，这赋予了 SnO_2 高的电子迁移率 (可达 240 cm²/(V·s))[19]，有利于其在薄膜太阳能电池器件中快速抽取光生载流子。而 SnO_2 的价带顶则主要由 O 的 p 轨道构成，通常位于较深的 −9 eV，如此深的价带能级对其在太阳能电池器件中阻挡界面复合也起到了关键作用 [20]。此外，SnO_2 较低的亲水性和较高的酸性反应惰性也使其在采用了环境敏感型吸光层材料的薄膜电池中更具优势，比如，目前大部分高效率的钙钛矿太阳能电池都采用了 SnO_2 作为电子传输材料 [18,21−24]。而其制备方法多样、可低温溶液法制备等优点也使其在柔性电池领域占据一席之地 [25−28]。

除此之外，SnO_2 还是一种重要的半导体传感器材料，被广泛用于有毒有害及可燃易爆气体报警的气体传感器上，可探测包括一氧化碳、二氧化碳、氢气 (H_2)、硫化氢 (H_2S)、乙醇、水汽等在内的多种气体和烟尘。此类器件属于电阻型半导体气体传感器，通过监测材料的电阻值随气体种类与浓度的不同而变化得到所需信号。目前，改善 SnO_2 气敏性能的方法除了传统的掺杂和复合之外，还可以通过改变 SnO_2 薄膜的微观结构来增强其响应度，如使用三维多孔、纳米管、纳米线及量子点等 [29−35]；此外，通过在 SnO_2 中掺杂一定量的 CoO、ZnO、MnO、CuO、Ni_2O_5、Ta_2O_5 等，制备得到的致密 SnO_2 陶瓷还是一种良好的压敏材料，在电力系统、电子线路、家用电器等方面都有广泛的应用 [34−38]；同时，SnO_2 对可见光具有良好的通透性，在水溶液中具有优良的化学稳定性，且具有特定的导电性和反射红外线辐射的特性，因此在锂电池、液晶显示、热镜、光电子装置、防红外探测保护等领域也被广泛应用 [39−43]。而 SnO_2 纳米材料由于具有小尺寸效应、量子尺寸效应、表面效应和宏观量子隧道效应等，在光、热、电、声、磁等物理特性以及其他宏观性质方面较传统 SnO_2 而言都会发生显著的变化，通过调控 SnO_2 纳米材料形貌等，也可以更进一步改善 SnO_2 的各项性能，使其在光电化学传感器及催化等领域产生更广泛的运用 [44−47]。

1.3 太阳能电池的现状与发展

1.3.1 太阳能电池的基本原理

太阳能电池技术源于 1839 年法国科学家 Edmond Becquerel 在化学电池中发现的光生伏特效应。随后 Charles Fritts 在 1884 年利用硒半导体和金电极成功制作出了世界上第一个太阳能电池。不过，真正引起人们对光伏技术重视的还是 1954 年美国贝尔实验室公布的光电转换效率达到 6% 的晶硅太阳能电池，其采用的结构——光电二极管，也成为固态太阳能电池最常采用的经典器件构型。

光电二极管的核心通常为 p-n 结或 p-i-n 型结构。当能量大于吸光半导体禁带宽度的光子入射到 p-n 结表面并被吸收时，入射光子激发晶格中的电子，产生光生电子–空穴对。该电子–空穴对在结区电场的作用下分离，p 区电子漂移向 n 区，空穴漂移向 p 电极，进而形成自 n 区向 p 区的光生电流。此时 p 端电势升高，n 端电势降低，形成光生电动势。该光生电动势方向与结电场 (qV_D) 相反，电场为 $-qV$，并产生正向电流 I_F，势垒降低为 qV_D-qV，其中 $qV = E_{Fn} - E_{Fp}$，E_{Fn} 和 E_{Fp} 分别为光照条件下 n 区和 p 区载流子浓度增加后引起的准费米能级分裂。当光生电流与正向结电流相等时，p-n 结两端建立稳定的电势差，即为光生电压。此时若将 p-n 结与外部电路连通，光生电子便会流经外电路，即输出了电流。图 1.2 给出了两种不同结构光电二极管中载流子流动的示意图。

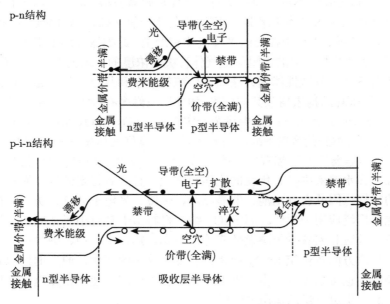

图 1.2 两种不同结构光电二极管中载流子流动的示意图 [51]

1.3.2 太阳能电池的关键参数

图 1.3 为太阳能电池工作时的等效电路图。

当能量大于活性层带隙的光子被吸收，即会在材料中产生光生电子–空穴对。光生载流子分离扩散并在内建电场作用下发生定向移动，即形成光电流，记为 I_L。不过，注意到 p-n 结区内多子浓度梯度的存在，多子扩散产生的二极管正向电流 I_D 与光电流 I_L 的方向相反。此外，分流电阻 R_{sh} 也将分走一部分电流。因此，当太阳能电池与负载电路连通时，流经外电路的电流 I 可表示为

$$I = I_L - I_D - I_{sh} \tag{1.1}$$

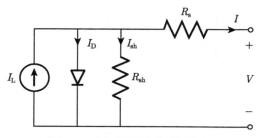

图 1.3 太阳能电池等效电路图

其中，根据 Shockley 二极管方程，流过二极管的电流可由下式计算：

$$I_D = I_0 \left[\exp\left(\frac{qV_j}{nkT}\right) - 1 \right] \tag{1.2}$$

其中，I_0 为反向饱和电流；n 为二极管理想因子 (对于太阳能电池，其在标准测试条件下近似理想二极管，$n \approx 1$；但在某些操作条件下，设备受空间电荷区中的复合控制，导致 I_0 显著增加，而 $n \approx 2$)；q 为电子电量；k 为玻尔兹曼常量；T 为热力学温度；V_j 为二极管和 R_{sh} 两端的电压。

而根据欧姆定律，可得到流过并联电阻 R_{sh} 的电流 I_{sh} 为

$$I_{sh} = \frac{V_j}{R_{sh}} = \frac{V + IR_s}{R_{sh}} \tag{1.3}$$

其中，R_s 为串联电阻；V 为输出电压。

于是，流经外电路的电流就可表示为

$$I = I_L - I_0 \left[\exp\left(\frac{q(V + IR_s)}{nkT}\right) - 1 \right] - \frac{V + IR_s}{R_{sh}} \tag{1.4}$$

该方程称为太阳能电池的特性方程，它将太阳能电池参数与输出电流和电压相关联。由于无法直接测量参数 I_0，n，R_s 和 R_{sh}，因此我们通常情况下都是先通过测试太阳能电池的 (电流密度–电压)$(J\text{-}V)$ 特性曲线然后再反推各项参数。图 1.4 给出了典型的太阳能电池的 $J\text{-}V$ 特性曲线图。由此可得三个关键的参数：短路电流密度 J_{sc}，开路电压 V_{oc}，以及填充因子 FF。其中，FF 被定义为最大功率输出点的功率 P_{max} 与 V_{oc} 和 J_{sc} 的乘积之比，即

$$FF = \frac{P_{max}}{V_{oc}J_{sc}} = \frac{V_{max}J_{max}}{V_{oc}J_{sc}} \times 100\% \tag{1.5}$$

对于高质量的太阳能电池，其 R_{sh} 通常足够高，而 I_0 和 R_s 则较低。因此，在开路状态下，$I = 0$，则可忽略特性方程 (1.4) 的最后一项，开路电压可表示为

$$V_{oc} \approx \frac{kT}{q} \ln\left(\frac{I_L}{I_0} + 1\right) \tag{1.6}$$

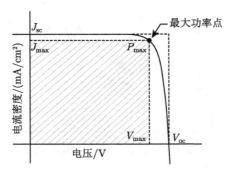

图 1.4   太阳能电池的 J-V 特性曲线图

而在短路状态下，$V = 0$，短路电流可表示为

$$I_{sc} = J_{sc}A \approx I_L \tag{1.7}$$

其中，A 为电池的有效面积。

同时，短路电流还可以通过入射单色光量子转换效率 (IPCE) 来计算，它表示太阳能电池将入射单色光的光子转换成外电路电子的能力。计算公式为

$$J_{sc} = \int \text{IPCE}(\lambda)q\Phi_{ph}(\lambda)\,d\lambda \tag{1.8}$$

其中，λ 为波长；Φ_{ph} 为特定波长下入射的光子数。一般情况下，由 J-V 特性曲线提取的 J_{sc} 应与由 IPCE 积分得到的 J_{sc} 相差不超过 5%。

最终，我们可以得到太阳能电池的光电转换效率 (PCE)，其被定义为器件最大输出功率 (P_{max}) 和入射光总功率 (P_{ph}) 的比值：

$$\text{PCE} = \frac{P_{max}}{P_{ph}} = \frac{V_{oc}J_{sc}\text{FF}}{P_{ph}} \times 100\% \tag{1.9}$$

在一个标准太阳光强 (1 sun, AM 1.5G, 100 mW/cm²) 下，PCE 由 V_{oc}、J_{sc} 和 FF 三者共同确定。

1.3.3   太阳能电池的分类

太阳能电池按照所使用的吸光材料，主要分为以下几大类 [48,49]。

(1) 第一代传统硅基太阳能电池，主要有单晶、多晶以及非晶硅太阳能电池。这一类太阳能电池研究时间较长，研究已比较成熟，是目前市场份额占比最高的商业化的太阳能电池，实验室效率已达到 26% 以上。

(2) 第二代化合物薄膜太阳能电池，主要包括砷化镓、铜铟镓硒、碲化镉太阳能电池等。砷化镓太阳能电池效率很高，接近 30%；铜铟镓硒、碲化镉太阳能电池效率也达到了 20% 以上。但三者均采用了具有毒性或者储量稀少的元素，成本太高，不太适合民用。目前，关于碲化镉和铜铟镓硒电池的研究主要关注于大面积薄膜连续沉积的实现、进一步提高电池效率和稳定性，以及解决废品的回收等问题。

(3) 第三代新型太阳能电池, 主要包括有机、染料敏化、钙钛矿太阳能电池, 以及一些新型的太阳能电池 (如硫化锑、量子点电池等)。目前第三代太阳能电池虽然效率没有超过硅基太阳能电池, 但是其可由溶液法制备, 成本低廉, 因此得到了科研工作者的广泛研究。特别是近几年钙钛矿电池取得了突飞猛进的发展, 效率已经达到 25.5%, 非常接近硅基太阳能电池。除此之外, 有机电池也迎来了新一波的发展浪潮, 随着新型有机给体、受体材料的不断设计合成, 有机电池效率也达到了 18% 以上。同时, 一些新型的无机化合物薄膜太阳能电池, 如硫化锑太阳能电池也在近些年得到了关注, 效率也达到 10%[50]。各种太阳能电池效率的认证记录表如图 1.5 所示。

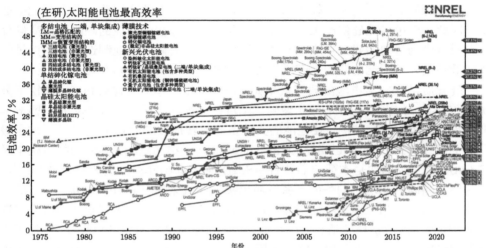

图 1.5 美国国家可再生能源实验室 (NREL) 公布的各种太阳能电池认证记录表 [49]

(彩图扫封底二维码)

1. 传统硅基太阳能电池

自美国贝尔实验室研发出第一块实用型单晶硅太阳能电池以来, 单晶硅太阳能电池是所有晶硅太阳能电池中制造工艺及技术最成熟、稳定性最高的一类太阳能电池。理论上, 光伏响应材料的最佳禁带宽度在 1.4 eV 左右, 而单晶硅的禁带宽度为 1.12 eV, 是已知自然界中存在的和最佳禁带宽度最为接近的单质材料。单晶硅太阳能电池主要通过硅片的清洗和制绒、扩散制结、边缘刻蚀、去磷硅玻璃、制备减反射膜、制作电极、烧结等工艺制备而成。经过多年的发展, 单晶硅太阳能电池的制造工艺和效率都有了很大的提升和改进, 实验室效率达到了 26% 以上, 接近其理论效率 [52-57]。也正得益于其高的效率和稳定性, 单晶硅太阳能电池在光伏行业中占据统治地位, 且还将维持很长一段时间。不过, 单晶硅太阳能电池所需硅材料的纯度很高 (需达到 99.9999%), 制造工艺复杂, 且硅半导体材料的光吸收系数较小, 为了充分吸收光子就只能增加其厚度 (100~500 µm), 导致其成本居高不下, 难以大范围推广使用。

相比单晶硅太阳能电池, 多晶硅太阳能电池对原材料的纯度要求较低, 原料来源也更为广泛, 因此成本较单晶硅太阳能电池低很多, 也得到了研究者们广泛的关注。多晶硅太阳能电池的制备方法很多, 常见的如西门子法、硅烷法、流化床法、钠还原法、定向凝固法以及真空蒸发除杂法等, 并可选用单晶硅处理技术, 如腐蚀发射结、金属吸杂、腐蚀绒面、表面和体钝化、细化金属栅电极等以提升效率。经过多年发展, 目前多晶硅太阳能电池的效率也达到了 23.3%[58-63]。不过, 虽然多晶硅太阳能电池具有对原料纯度要求低、制造成本也较低的优点, 但它也有自身的缺点, 比如, 较多的晶格缺陷导致其转换效率比单晶硅太阳能电池低。因此, 改进多晶硅生产工艺, 减少多晶硅生产过程中形成的缺陷以提高硅片原有质量成为目前的研究重点。此外, 简化多晶硅太阳能电池制造流程, 以进一步降低多晶硅太阳能电池的生产成本也是未来一个重要的研究方向。

硅异质结太阳能电池的研究最早始于 1983 年日本的三洋公司 (后被松下公司收购)。1992 年, Tanaka 在 n 型硅片上沉积本征非晶硅和 p 型非晶硅, 即 p-a-Si:H/i-a-Si:H/n-c-Si 结构, 使电池的实验室光电转换效率达到 18.1%[64], 这是最早的 HIT(heterojunction with intrinsic thin-layer) 结构电池, 其结构特点是单晶硅 (c-Si) 的正反面均是本征非晶硅 (i-a-Si:H) 薄层和 p^+ 或 n^+ 的重掺杂非晶硅层, 在两侧非晶硅 (a-Si:H) 的外面制备透明电极铟锡氧化物 (ITO) 和集电极, 形成具有对称结构的单晶硅异质结太阳能电池。随后, HIT 结构太阳能电池被世界广泛研究。通过不断改善异质结界面的性能, 优化本征非晶硅的质量和厚度, 选择更优异的背场层和合适的发射层, 以及采用 IBC(interdigitated back contact) 结构等, HIT 结构太阳能电池的光电性能和效率逐步提升, 目前已达到了 26.7%[65-71]。

2. 化合物薄膜太阳能电池

碲化镉 (CdTe) 是一种带隙 1.45 eV 的化合物半导体, 因其具有较高的光吸收能力且可大面积沉积制备薄膜而成为应用前景较好的一类新型薄膜太阳能电池材料。但 CdTe 存在自补偿效应, 很难制备高电导率的同质结, 因此实际的电池多为异质结薄膜电池。硫化镉 (CdS) 与 CdTe 的晶格常数差异较小, 是应用在 CdTe 薄膜电池中的最佳窗口材料。CdTe 薄膜的制备方法主要有液相外延法 (LPE)、近空间升华法、气相传输沉积法、溅射法、电化学沉积法和喷涂热分解法等。早期 Minila-Arroyo 研究组[72] 通过 LPE 法制备 CdTe p-n 结使得 CdTe 薄膜太阳能电池效率达到 8%。随后通过改进制备方法、优化器件结构、优化电池厚度及背电极掺杂浓度等方式, 使得 CdTe 薄膜太阳能电池的效率进一步提升, 最高理论模拟效率值可达 26.74%[73-76]。CdTe 薄膜太阳能电池的高效率使得它在光伏市场中占有一定的份额，且因 CdTe 薄膜太阳能电池容易实现柔性化和透明化，在汽车和建筑行业具有良好的应用前景。然而，镉 (Cd) 和碲 (Te) 都是有毒元素，这在一定程度上限制了 CdTe 薄膜太阳能电池的推广应用。

砷化镓 (GaAs) 是一种直接带隙 (E_g =1.43 eV) 的 Ⅲ-Ⅴ 族化合物半导体材料。GaAs 薄膜太阳能电池的制备方法主要有扩散法、液相外延技术、金属有机化学气相沉积 (MOCVD) 技术等。1956 年 Jenny 等[77] 首次制备的 GaAs 薄膜太阳能电池效率就达到 6%。随后通过改进制备方法、优化电池叠层方式、插入窗口层、增加减反层、优化电池背面结构、低温退火金属接触位点等方法，GaAs 薄膜太阳能电池的效率逐步提升[78−84]，目前 GaAs 薄膜太阳能电池的实验室效率已经达到 29.1%[49]。GaAs 薄膜太阳能电池具有转换效率高、抗辐射和抗高温性能良好、可制成异质衬底太阳能电池和多结太阳能电池等诸多优点，在航天领域具有良好的应用前景。但是，GaAs 薄膜太阳能电池的制作成本过于昂贵，且砷 (As) 有毒，这限制了该类电池在民用领域的应用。

铜铟镓硒 (CIGS) 薄膜太阳能电池是在铜铟硒薄膜 (CIS) 太阳能电池的基础上用镓 (Ga) 元素取代部分铟 (In) 制成的，CIGS 薄膜太阳能电池的典型结构为 TCO/ZnO/CdS/CIGS/背电极/衬底。CIGS 薄膜太阳能电池的主要制备方法有溅射法、MOCVD、液相喷涂法、喷涂热解、丝网印刷法和电沉积等。早期 Ramanathan 等[85] 制备的 ZnO/CdS/CIGS 结构的 CIGS 薄膜太阳能电池的效率达到 19.2%，随后通过使用后沉积技术 (PDT) 引入碱金属元素掺杂，配合吸收层和 ZnO/CdS 缓冲层的改进，目前 CIGS 薄膜太阳能电池的效率已提升至 23.4%[49,86−92]。CIGS 薄膜太阳能电池具有效率高、寿命长、没有光致衰退效应、可在柔性聚合物和金属基板上沉积等优点。但是其合成材料较多、合成过程较为复杂，且合成材料中具有稀有元素 In 和有毒元素 Cd，这些不仅使得电池成本过高，而且会造成严重的环境污染。针对所涉元素稀有或有毒等缺点，采用价格低廉的 Zn 和 Sn 来取代价格昂贵的 In 和 Ga，可得到类似于 CIGS 电池的 $Cu_2ZnSn(S, Se)_4$ (CZTSSe) 薄膜太阳能电池。CZTSSe 薄膜太阳能电池不仅对环境无害，而且 CZTSSe 是直接带隙的材料，具有较大的吸收系数，因此可通过减少该薄膜太阳能电池的厚度进而减少材料的使用量，从而降低该类电池的总体成本。不过，目前 CZTSSe 薄膜太阳能电池的效率还较低，最高只有 12.6%[49]，且其热力学稳定区间小，薄膜组分和晶格缺陷的控制复杂，材料中杂质和缺陷过多，导致效率的进一步提升较为艰难。

3. 有机太阳能电池

有机太阳能电池 (OPV) 最早出现在 1959 年[93]。1986 年，邓青云首次提出有机异质结的概念，极大地促进了该领域的研究发展[94]。1992 年，Heeger 等研究发现共轭聚合物和富勒烯 C_{60} 之间在光诱导下存在超快电荷转移现象，就此，以共轭聚合物为给体、C_{60} 衍生物为受体的有机光伏器件诞生[95]。1995 年，他们又发现共轭聚合物和 C_{60} 衍生物共混结构的本体异质结可增加给体–受体接触面积，从而有效提高器件效率[96]。该发现使得共轭聚合物/C_{60} 复合体系得到迅速发展，掀起了体异质结聚合物太阳能电池的研究热潮。

聚合物太阳能电池的工作原理与传统 p-n 结太阳能电池有所不同。原因在于有机半导体的介电常量较小，故受激产生的激子具有较强的束缚能，且激子扩散长度通常小于 10 nm，因此极易弛豫至基态。以聚合物给体 (donor) 和富勒烯衍生物受体 (acceptor) 组成的本体异质结 (BHJ) 为例，其运行机制如图 1.6 和图 1.7 所示，即，入射光照射 BHJ 有源层，使其受激产生激子 (即束缚电子–空穴对)，随后激子向给体/受体 (D/A) 界面扩散；然后，给体和受体最低未占分子轨道 (LUMO) 能级之间的能量发生偏移 (E_d)，促使激子克服结合能，发生分离，进而产生受体 LUMO 能级上电子以及给体最高占据分子轨道 (HOMO) 能级上空穴；该电子与空穴分别通过给体受体 (D&A) 互穿网络结构，向阴极和阳极迁移，经外部电极收集，最后在闭合器件中产生光电流和光电压[97]。Brabec 研究小组认为，为了得到大于 10% 的光电转换效率，聚合物材料的禁带宽度要在 1.35～1.65 eV[98]。此外，为了保证给体受体可以提供足够的能量来分离电子空穴对，还需要保证给体材料 LUMO 能级的位置比受体材料 LUMO 能级的位置高 0.3 eV[99]。所以，特定的给体材料通常会有一些合适的特定的受体材料，来实现高效的电池。

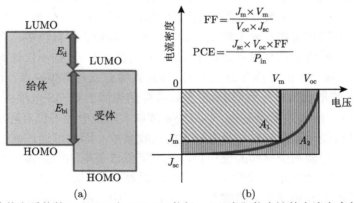

图 1.6　(a) 给体和受体的 HOMO 和 LUMO 能级；(b) 太阳能电池的电流密度与电压特性

聚合物给体材料的发展经历了不同的阶段。图 1.8 给出了常见的三类给体材料的分子式。早期最具有代表性的聚合物给体是由 Wudl 等开发的聚 [2-甲氧基-5-(2′-乙基己氧基)-对亚苯基亚乙烯基](MEH-PPV)。1995 年，Yu 等[96] 将 MEH-PPV 与 C_{60} 其衍生物混合，得到了第一个效率大于 3% 的聚合物太阳能电池。通

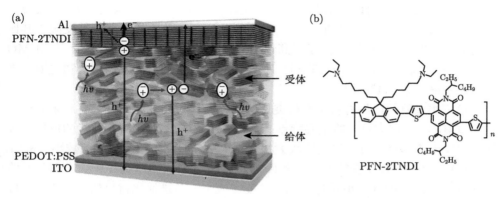

图 1.7 本体异质结器件中激子分离传输受体/给体界面电荷转移态示意图 [97]

PEDOT:PSS 为聚 (3,4-乙二烯二氧噻吩)-聚苯乙烯磺酸

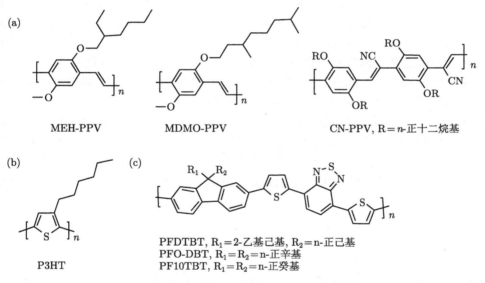

图 1.8 聚合物电池常见的三类给体材料 [105]

过优化烷基链, 改善材料的溶解性和与 [6,6]-苯基 C_{61}-丁酸甲酯 ($PC_{61}BM$) 的混溶性, 器件效率得到进一步提高 [100]。然而, 由于其空穴迁移率相对较低, 光吸收范围较窄 (禁带宽度大于 2 eV), 限制了短路电流密度, 聚对苯撑乙烯 (PPV) 基的聚合物给体的进一步发展受到限制。

后来研究的重点转移到了可溶性聚噻吩体系, 特别是聚 (3-己基噻吩)(P3HT) 体系。其具有较高的空穴迁移率, 以及比 MEH-PPV 更宽的光谱覆盖度。基于 P3HT 体系的太阳能电池得到了广泛的研究, 通过一系列的聚合物活性层形貌的优化及合适受体的选择,P3HT 体系的光电转换效率得到了大幅度的提升,实现了光电转换效率大于 6% 的水平[101, 102]。然而,P3HT 体系的性能依然受限于其比较宽的禁带宽度 (1.9 eV)。为了提高体系的开路电压,科研工作者设计了 LUMO 能级高的茚-C$_{60}$ 双加合物 (ICBA)。P3HT 和 ICBA 为活性层的聚合物电池,光电转换效率可达 7.4%[103]。

第三类主要的给体材料是聚芴类材料,该类材料的骨架部分为芴和苯并噻二唑的重复单元。这类材料的主要特点是禁带宽度比较大,HOMO 能级的位置比较低,因此该给体材料可以得到比较大的开路电压,但是短路电流可能较小。例如,给体材料聚芴-二噻吩基苯并噻二唑 (PFDTBT) 的禁带宽度为 1.9 eV,器件开路电压可以达到 1.04 V,但是短路电流密度比较小。通过优化材料的烷基链,可以将体系的短路电流和填充因子进一步提高,光电效率可以达到 4.2%[104]。

给体材料的突破进展主要来自于一种新型的共轭聚合物的设计思想。给体受体共轭聚合物 (D-A 共轭聚合物) 的分子中既包含了给电子基团也包含了受电子基团。科研工作者发现可以通过在聚合物的分子上进行设计来调节 D-A 共轭聚合物的性能,比如,引入烷基链增加聚合物的溶解性,或者引入不同的给电子或受电子基团支链来调节聚合物的能级等。图 1.9 总结了一些具有代表性的 D-A 共轭聚合物的基团,如芴、环戊二噻吩 (CPDT)、低聚噻吩、苯并二噻吩 (BDT)、茚并二噻吩 (IDT) 等给体单元;苯并噻二唑 (BT)、4,7-二 (2-噻吩基)-苯并噻二唑 (DTBT)、3,6-二 (2-噻吩基)-吡咯并吡咯二酮 (DTDPP)、噻吩并噻吩 (TT)、噻吩吡咯二酮 (TPD)、异靛 (IID) 等受体基团[105]。2003 年,首个 D-A 共轭聚合物 PFDTBT 被报道应用在体异质结聚合物电池中[106]。因为通过分子设计可以很容易地调控聚合物的光电特性,D-A 共轭聚合物得到了蓬勃发展[107, 108]。一系

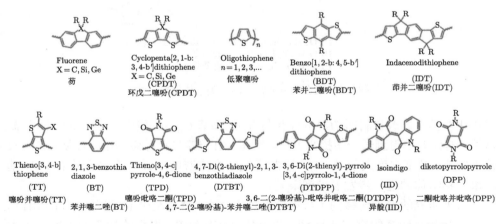

图 1.9   D-A 共轭聚合物吸光层给体材料中常见的给电子与受电子基团[105]

列性能优异的聚合物给体被研究开发，使得有机太阳能电池的效率逐步刷新到了
10%以上[109]。

　　而有机太阳能电池中的受体材料，在过去二十年中占主导地位的一直是富勒
烯的衍生物，如最具代表性的 PCBM①。图 1.10 列出了几种常见的富勒烯受体材
料。不过，虽然富勒烯衍生物具有较高的电子迁移率，但其还存在可见区吸收相
对较弱、LUMO 能级相对过低、聚集态形貌热稳定性比较差、价格昂贵等缺点。
因此，近年来具有吸收和能级易于调控、形貌及稳定性好等优点的非富勒烯的受
体材料受到越来越多的关注[110]。基于非富勒烯受体材料的太阳能电池的光伏性
能得到迅速提升，能量转换效率已经超过了富勒烯体系的太阳能电池，展示了非
常好的发展前景。图 1.11 总结了一些近年来快速发展的有机太阳能电池中的非富
勒烯材料[110]。

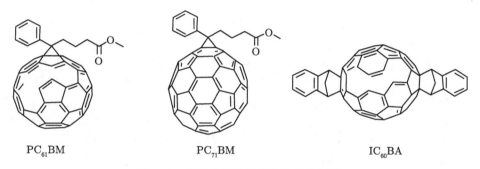

$PC_{61}BM$　　　　　　　　　　$PC_{71}BM$　　　　　　　　　$IC_{60}BA$

图 1.10　常见的富勒烯衍生物受体材料

4. 染料敏化太阳能电池

　　染料敏化太阳能电池 (DSSC) 是模拟绿色植物光合作用原理将太阳光能转化
为电能的一类电池。液态 DSSC 主要是由光阳极、液态电解质和对电极三部分构
成，具体的电池结构如图 1.12 (a) 所示[111]。在光阳极中，电极材料主要为二氧
化钛 (TiO_2)，当 TiO_2 表面附着一层具有良好吸光特性的染料光敏化剂时，染料
基态吸收光后变为激发态，随后激发态染料将电子注入 TiO_2 的导带中完成载流
子的分离，再经过外部回路传输到对电极，同时电解质溶液中的 I_3^- 在含铂 (Pt)
或碳等催化材料的对电极上得到电子被还原成 I^-，而电子注入后的氧化态染料又
被 I^- 还原成基态，I^- 自身被氧化成 I_3^-，从而完成整个循环。其工作原理如图
1.12(b) 所示[112]。

---

① PCBM: 一种富勒烯衍生物。

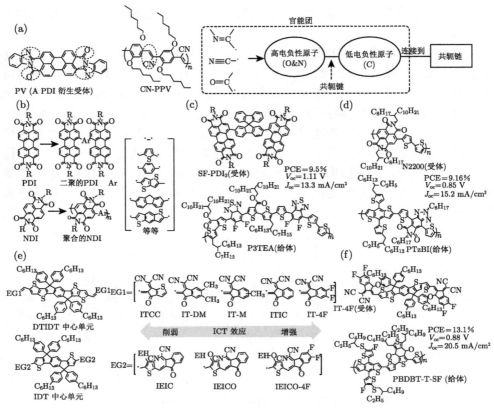

图 1.11 近年来快速发展的非富勒烯受体材料 [110]

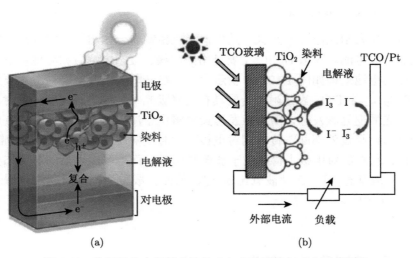

图 1.12 染料敏化太阳能电池的 (a) 电池结构与 (b) 工作原理

1991 年, Grätzel 和 O'regan[113] 首次在 *Nature* 上报道使用钌 (Ru) 多吡啶染料作为光敏化剂的 DSSC, 转换效率达到 7.1%, 之后该课题组又改用 N3 作染料将 DSSC 效率提升到了 10%[114]。随后通过开发新型染料敏化剂以及使用共敏化方式增强光吸收, DSSC 的效率逐步提升, 目前已达到 13%[115−119]。DSSC 具有合成简单、材料来源广泛等优点, 但是大多数 DSSC 使用液态电解质, 易造成电极腐蚀、电解质泄漏, 而且电池稳定性较差。针对以上问题, 研究人员开发纯有机敏化剂和固态 DSSC, 取得了一定的进展。对于 DSSC 来说, 效率难以提升的原因是现有的染料敏化剂不能有效利用红外光子, 使得光吸收效率较低。因此未来研究的重点将是开发高效、稳定、廉价、非钌系的、有近红外光响应的染料敏化剂。此外, 提高电池内部电子的传输能力、制备高效耐用的固态电解质、寻找价格低廉的非 Pt 对电极、提升电池的整体使用寿命等, 对实现 DSSC 的推广也具有重要意义。

5. 硫硒化锑太阳能电池

锑基硫属化合物 $(Sb_2(S,Se)_3)$ 属于 V∼VI 族的直接带隙半导体材料, 包括硫化锑 (Sb_2S_3)、硒化锑 (Sb_2Se_3) 以及它们的合金硫硒化锑 $(Sb_2(S, Se)_3)$。其所含元素的地壳储量丰富, 环境友好, 水氧稳定性高。相比晶硅材料, 硫硒化锑的吸收系数高 (可达 $10^5\,cm^{-1}$)[120,121], 带隙宽度合适且易于调控 ($1.1∼1.75\,eV$)[122], 吸收范围广。其载流子迁移率高, 通常表现为 p 型, 且相对介电常量较大, 使得其中缺陷的结合能相对较小, 对自由电子或空穴的俘获能力低[123]。同时, 该材料的熔点较低[124], 结晶温度也低, 制备方法多样, 成本较为低廉, 因此是一种值得研究且非常有潜力的吸光材料。

Sb_2S_3 和 Sb_2Se_3 属于同构异素, 都为正交晶系, 属于 Pnma 62 空间群, 具有各向异性。由于硫 (S) 和硒 (Se) 是同族元素, 原子半径相近 (分别为 1.04 Å 和 1.17 Å), 因此 $Sb_2(S,Se)_3$ 的晶体结构与 Sb_2S_3 和 Sb_2Se_3 相同[122]。以 Sb_2Se_3 为例, 其晶体结构如图 1.13 所示。Sb_2Se_3 是一种带状材料, 由许多一维的 $(Sb_4Se_6)_n$ 纳米带沿 [100] 和 [010] 方向通过范德瓦耳斯力堆积而成; 而一维 $(Sb_4Se_6)_n$ 纳米带内侧为较强的共价键。由于这种特殊结构, $Sb_2(S_{1-x}Se_x)_3$ 具有高度各向异性, 容易沿着 c 轴方向生长或破裂, 从而形成纳米棒、纳米线、纳米管等一维纳米结构, 且载流子在 [001] 方向上的传输速率要远大于其他方向上的传输速率。通过控制薄膜的生长条件, 调整薄膜晶体取向, 可以获得高质量的 $Sb_2(S_{1-x}Se_x)_3$ 薄膜, 从而得到高效率的器件。

在该类化合物中, 研究较早的是 Sb_2S_3。早在 1994 年, Savadogo 和 Mandal[126] 便将 Sb_2S_3 薄膜沉积在锗 (Ge) 衬底上制备出异质结太阳能电池, 得到了 7.3% 的效率。而在 2007 年, Nair 等首次将 Sb_2S_3 单独作为吸光层引入太阳能电池

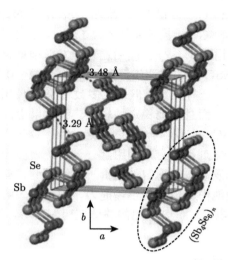

图 1.13   Sb₂Se₃ 的晶体结构示意图 [125]

中 [127]。Sb₂S₃ 太阳能电池根据电子传输层结构的不同可分为敏化型和平面型。敏化型结构是借鉴 DSSC 电池的结构，采用介孔材料来增强 Sb₂S₃ 吸收层对光的吸收能力；而平面型结构则舍弃了介孔层，制备更简单方便，且由于降低了 Sb₂S₃ 分散的不均匀性而减少了载流子复合，从而相比敏化型电池具有更高的开压。不过，由于电子传输层与光吸收层的界面面积有限，平面型结构电池吸收的光子数比敏化型的要低，所以目前高效率的 Sb₂S₃ 电池更多采用的还是敏化型结构。2009 年，Itzhaik 等 [128] 使用化学浴沉积的方法在多孔的 TiO₂ 表面沉积了一层 Sb₂S₃ 薄膜，利用 CuSCN 作为空穴传输层，器件效率达到 3.37%。2010 年，Sang II Seok 组 [129] 制备了 FTO/c-TiO₂/mp-TiO₂/Sb₂S₃/P3HT/Au 器件结构的电池，取得了 5.1% 的光电转换效率。2011 年，该小组 [130] 又报道了不同共轭聚合物空穴传输材料对 Sb₂S₃ 敏化型太阳能电池性能的影响，其中采用 poly(2,6-(4, 4-bis-(2-ethylhexyl)-4H-cyclopenta[2, 1-b; 3, 4-b']dithiophene)-alt-4,7(2, 1, 3-benzothiadiazole))，聚 (2,6-(4,4-二-(2-乙基己基)-4H-环戊二酸 [2,1-b;3,4-b'] 二噻吩)-alt-4,7(2,1,3-苯并噻唑))(PCPDTBT) 作为空穴传输层的电池转换效率达到 6.18%。2014 年，Sang II Seok 组 [50] 继续优化 Sb₂S₃ 的制备工艺，通过对 Sb₂S₃ 薄膜使用硫代乙酰胺 (TA) 后处理，对薄膜进行硫化之后，减少了 Sb₂S₃ 薄膜表面的氧化态，提高了薄膜的质量，电池的效率被进一步优化到了 7.5%，这也是目前 Sb₂S₃ 太阳能电池的最高效率。

基于 Sb₂Se₃ 和 Sb₂(S,Se)₃ 的太阳能电池的研究几乎是同步发展的。2009 年，第一个 Sb₂(S, Se)₃ 薄膜太阳能电池由 Nair 组 [131] 报道，器件的光电转换效率仅有 0.19%。同年，Nair 组 [132] 通过将化学浴方法制备的 Sb₂S₃ 薄膜在 Se 氛围下退火，使得 $Sb_2(S, Se)_3$ 基太阳能电池的效率提升至 0.66%；同时，他们在同一篇文章中也报道了全 Sb_2Se_3 基的太阳能电池，效率达到 0.13%。2013 年，Nair 组 [133] 采用化学沉积方法制备的 $FTO/CdS/Sb_2(S, Se)_3/PbSe/C$-Ag 器件结构的 $Sb_2(S, Se)_3$ 基太阳能电池效率达到了 2.5%。同年，唐江 [134] 课题组报道了基于肼溶液法制备的 $FTO/TiO_2/Sb_2Se_3/Au$ 平面结构的 Sb_2Se_3 基太阳能电池，获得了 2.26% 的光电转换效率。2014 年，Seok 课题组 [135] 开发了 Sb_2Se_3 基敏化型结构的太阳能电池，器件结构为 FTO/c-TiO_2/mp-$TiO_2/Sb_2Se_3/HTL/Au$，获得了 3.21% 的光电转换效率。同年该课题组 [50, 136] 先采用溶液旋涂法制备一层 Sb_2Se_3 薄膜，随后在此基础上再通过化学水浴沉积的方式生长了一层 Sb_2S_3 薄膜，制备了组分梯度的 $Sb_2(S,Se)_3$ 薄膜，同样采用敏化型结构，组装的器件结构为 FTO/c-TiO_2/mp-$TiO_2/Sb_2(S, Se)_3/PEDOT:PSS/Au$，获得了 6.6% 的光电转换效率。

与 Sb_2S_3 基太阳能电池不同，高效的 Sb_2Se_3 和 $Sb_2(S,Se)_3$ 基太阳能电池大部分采用的是平面型结构。2014 年，Rena-Zaera 等 [137] 报道了电沉积法制备的 Sb_2Se_3 平面太阳能电池，获得了 2.10% 的光电转换效率。随后，唐江 [138] 课题组采用热蒸发法制备了 $FTO/CdS/Sb_2Se_3/Au$ 结构电池，通过后补 Se 过程，实现了 3.70% 的光电转换效率。2015 年，唐江 [139] 课题组基于快速热蒸发法制备了 $ITO/CdS/Sb_2Se_3/Au$ 结构的 Sb_2Se_3 基太阳能电池，获得了 5.60% 的认证效率，并指出如果能够调控 Sb_2Se_3 沿 c 方向择优生长，则晶界表现为良性，此工作在 Sb_2Se_3 基太阳能电池领域具有里程碑的意义。2017 年，唐江 [140] 课题组又将 PbS 量子点作为空穴传输层，构建了 $ITO/CdS/Sb_2Se_3/PbS/Au$ 太阳能电池，提高了载流子的收集效率，获得了 6.50% 的认证效率。2018 年，该课题组尝试将 CdTe 成熟的近空间升华技术应用于 Sb_2Se_3 太阳能电池的制备，在 $ITO/CdS/Sb_2Se_3/CZ$-TA/Au 结构的器件上获得了 6.84% 的光电转换效率 [141]。同年，唐江课题组开发了气相转移沉积技术来制备 Sb_2Se_3 薄膜，材料的结晶性和缺陷得到了明显的提高，最终获得了 7.60% 的认证效率 [142]。2019 年，麦耀华课题组通过对高质量的 Sb_2Se_3 纳米棒进行界面修复，将 Sb_2Se_3 太阳能电池的效率提高到 9.2%[143]，此为公开报道的 Sb_2Se_3 基太阳能电池最高转化效率。

而对于 $Sb_2(S, Se)_3$ 基太阳能电池，2017 年，陈涛课题组采用两步法 (低温化学水浴沉积制备 Sb_2S_3 薄膜，随后用 Se 的乙二胺溶液来硒化) 制备了 Se 含量梯度的 $Sb_2(S,Se)_3$ 薄膜，器件结构为 FTO/c-$TiO_2/Sb_2(S,Se)_3/Spiro$-$OMeTAD/Au$，获得了 5.71% 的光电转换效率 [144]。2019 年，陈桂林课题组使用 Se 蒸气硒化的方法 (水热法制备 Sb_2S_3 薄膜，之后通过管式炉硒化) 制备得到 $Sb_2(S,Se)_3$ 薄膜，器件结构为 $FTO/CdS/Sb_2(S,Se)_3/Spiro$-$OMeTAD/Au$，获得 6.14% 的光电转换效率 [145]。2020 年，陈涛课题组采用脉冲激光沉积法制备 $Sb_2(S,Se)_3$ 薄膜，

激光靶材为 Sb_2S_3 和 Se 粉末通过机械混合后压制而成的，所组装的器件结构为 FTO/CdS/$Sb_2(S,Se)_3$/Spiro-OMeTAD/Au，获得了 7.05% 的光电转换效率[146]。同年该课题组使用水热法来制备高质量的 $Sb_2(S,Se)_3$ 薄膜，采用酒石酸锑钾、硫代硫酸钠、硒脲分别作为锑 (Sb)、S 以及 Se 源。该工作以无机钙钛矿量子点作为空穴传输层材料，组装成一个全无机的电池器件，最终获得了 7.82% 的器件效率[147]。最近，陈涛课题组又采用改进的水热沉积方法，通过调控前驱液中 S 源和 Se 源的原子比例，得到了认证效率达 10% 的 $Sb_2(S, Se)_3$ 基太阳能电池，这也是目前硫硒化锑太阳能电池的最高效率[148]。

6. 钙钛矿太阳能电池

1839 年，Gustav Rose 在俄罗斯乌拉尔山脉首次发现了 $CaTiO_3$ 这种矿物，命名为钙钛矿，后来 "钙钛矿" 这一名词被用来统称所有具有和 $CaTiO_3$ 一样晶体结构 (ABX_3)(图 1.14) 的化合物，如 $BaCO_3$、$CaCO_3$、$NaNbO_3$、$LaFeO_3$ 等。而钙钛矿太阳能电池 (PSC) 中所使用的钙钛矿则是一种有机无机杂化的钙钛矿。这类有机无机杂化钙钛矿最早是由 Weber 于 1978 年首次合成[149]，在 2009 年，Miyasaka 课题组首次尝试将有机无机杂化钙钛矿作为敏化剂引入 DSSC 电池中，这被普遍认为是钙钛矿太阳能电池研究的起点[150]。在这类有机无机杂化钙钛矿

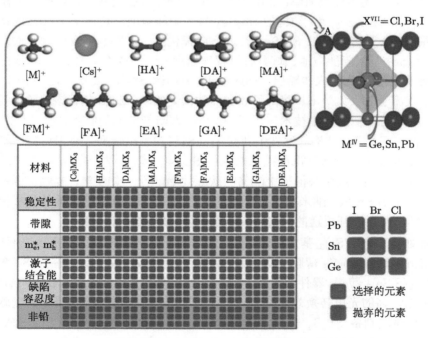

图 1.14　钙钛矿材料不同构成离子的选择[157](彩图扫封底二维码)

中，A 位一般为有机胺离子 (典型的如甲胺离子 (MA$^+$)、甲脒离子 (FA$^+$) 等) 或无机碱金属离子 (如铯离子 (Cs$^+$)、铷离子 (Rb$^+$) 等)，位于立方晶格顶点；B 位一般为二价金属离子，如铅离子 (Pb^{2+})、锡离子 (Sn^{2+})、锗离子 (Ge^{2+}) 等，位于 BX$_6$ 正八面体的体心；X 位为卤素离子，一般为碘离子 (I$^-$)、溴离子 (Br$^-$)、氯离子 (Cl$^-$)、或者多种卤素混合，位于 PbX$_6$ 正八面体的顶角 [151]。在该结构中，不对称的 A 位离子，如典型的 MA$^+$，可以看作是 BX$_6$ 晶格中转动的偶极子 [152]。其重取向运动以及 BX$_6$ 晶格的扭曲形变与钙钛矿材料很多独特性质 (如瞬时铁电畴的形成) 关系密切，而这些特性使得有机无机杂化钙钛矿材料具有非常慢的本征载流子复合效率，以及非常低的深缺陷能级密度 [153,154]。典型的 MAPbI$_3$ 的带隙为 1.59 eV，具有高的吸收系数和快的载流子迁移率。而通过有选择地组合不同位置离子，可以很方便地调节钙钛矿材料的带隙和光电学特性 [155,156]。

钙钛矿电池的出现绝非偶然。早在 1956 年人们就在无机钙钛矿材料 BaTiO$_3$ 中发现了光电流。如前所述，钙钛矿太阳能电池最初起源于染料敏化太阳能电池。2009 年，Miyasaka 课题组首次将 MAPbI$_3$(及 MAPbBr$_3$) 作为敏化剂引入 DSSC 中 (图 1.15(a))，并取得了 3.81% 的效率 [153]。尽管这一效率在 2011 年被 Park 课题组进一步提升至 6.54% [158]，但在该体系中，钙钛矿量子点易溶于液体电解液，导致其稳定性非常差，效率衰减很快。与此同时，基于 2,2′,7,7′-四 [N,N-二 (4-甲氧基苯基) 氨基]-9,9′-螺二芴 (2,2′,7,7′-tetrakis-(N,N-di-p-methoxyphenylamine)-9,9′-Spirobifluorene, Spiro-OMeTAD) 的固态电解液兴起 [159,160]。2012 年，Grätzel 与 Park 合作将 Spiro-OMeTAD 引入钙钛矿量子点敏化电池中 (图 1.15(b))，取得了 9.7% 的效率 [161]。在该结构中，TiO$_2$ 被作为电子传输层和支架层，Spiro-OMeTAD 作为空穴传输层，由该结构演化而来的钙钛矿电池结构被称为正置 n-i-p 结构。很快，Snaith 与 Miyasaka 合作发现，使用绝缘的氧化铝 (Al$_2$O$_3$) 取代 n 型 TiO$_2$ 作为支架层，同样可以得到高效率：基于卤素共混 MAPbCl$_x$I$_{3-x}$ 的电池效率可以达到 10.9% [162]。同时，源于有机太阳能电池的倒置 p-i-n 结构 (ITO/PEDOT:PSS/CH$_3$NH$_3$PbI$_3$/PCBM/BCP/Al 的钙钛矿电池首次被 Chen 课题组报道 (图 1.15(f))，效率达到 3.9% [163]。随后，越来越多的研究证明钙钛矿材料具有双极性，其激子结合能小，载流子的扩散长度长，且可以同时传输电子和空穴 [164,165]。这些性质指明钙钛矿电池的结构可以进一步简化，去掉支架层，甚至去掉某一个电荷传输层 [166-168]。由此，平面结构的钙钛矿太阳能电池开始兴起。2013 年，Snaith 课题组报道的平面正置结构钙钛矿电池 (图 1.15(c)) 效率达到 15.4% [169]，而在 2014 年，Lin 课题组使用倒置结构 (图 1.15(h)) 同样达到了 15.4% 的效率 [170]。与此同时，具有多孔支架层的介观结构钙钛矿电池依然在蓬勃发展。2013 年 Grätzel 课题组改进了多孔钙钛矿电池的结构 (图 1.15(d))，在浸润了钙钛矿的支架层上方再覆盖一层固态的全钙钛矿层，得到了 15% 的效率

和 14.1%的认证效率,这也是钙钛矿电池的第一个认证效率 [171]。而在 2014 年
Guo 课题组首次报道了基于氧化镍 (NiO) 空穴层的多孔倒置结构钙钛矿电池 (图
1.15(g)),也取得了 9.51%的效率 [172],并在同年内刷新至 11.6%[173]。

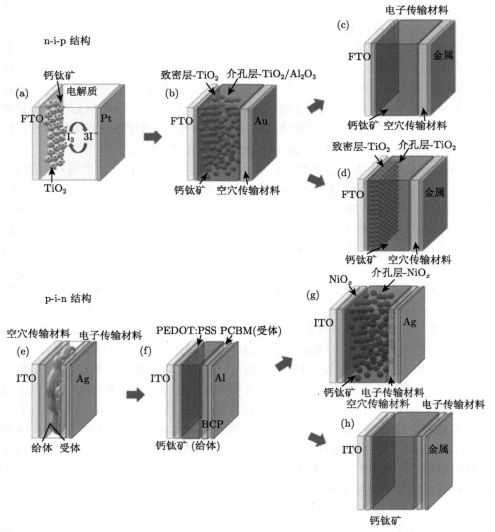

图 1.15 钙钛矿电池结构演变图 [51]

截至目前,钙钛矿电池的最高效率在正置结构电池中取得,且介观、平面结构
兼有之,如游经碧等报道的使用碘化苯乙胺 (PEAI) 钝化的 ITO/SnO$_2$/(FAPbI$_3$)$_{1-x}$
(MAPbBr$_3$)$_x$/PEAI/Spiro-OMeTAD/Au 平面结构的钙钛矿电池,效率达到
23.32%[174];Yang 课题组报道的基于 FTO/c-TiO$_2$/mp-TiO$_2$/钙钛矿 (FAPbI$_3$)/

Spiro-OMeTAD-mF/Au 介观结构的钙钛矿电池,认证效率达到 24.64%[175]。而倒置结构的高效率电池则更多的是平面结构,如最近 Priya 团队报道的 ITO/NiO$_x$/MAPb(I$_{1-x}$Cl$_x$)$_3$/PCBM/BCP/Ag 结构的钙钛矿电池取得了 23.1% 的效率[176],Alex Jen 团队报道的 ITO/PTAA/Cs$_{0.05}$(FA$_{0.95}$MA$_{0.05}$)$_{0.95}$Pb(I$_{0.95}$Br$_{0.05}$)$_3$/PI/C$_{60}$/BCP/Ag 结构的倒置电池取得了 22.75% 的认证效率[177]。

此外,基于钙钛矿材料的双极性电荷传输特性,韩宏伟课题组最先提出了一种新型的可印刷的无空穴传输层的碳电极钙钛矿太阳能电池结构 (图 1.16)。虽然其效率还不及金属电极电池 (目前最高达到 15.6%),但其具有无与伦比的稳定性和良好的工业友好特性 (目前已有报道 7 m^2 的碳电极钙钛矿电池板),也为钙钛矿电池的商业化拓宽了道路[178]。

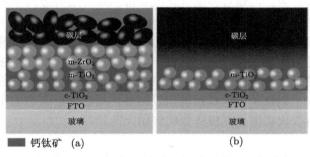

图 1.16 碳电极钙钛矿太阳能电池结构图[178]

尽管钙钛矿电池从提出至今,光电转换效率便以接近直线的速度增长,显示出了巨大的应用潜力,但其稳定性不佳,这一直是钙钛矿电池商业化的主要障碍。钙钛矿电池的不稳定主要来源于两个方面,即钙钛矿材料本身的不稳定性以及外部材料 (如电荷传输层材料、电极材料等) 引入的不稳定性[51]。

钙钛矿材料本身大部分是靠离子键维持结构的,这使它具有很高的缺陷容忍度且易于低温法制备[179,180]。不过,这也造成它具有很低的分解温度,以及易于与水、氧等发生反应。此外,光照下的离子迁移也是造成其光照不稳定的因素之一。组分调控、形貌控制和晶界钝化是常用的提高钙钛矿本身稳定性的方法,如FACs 体系的钙钛矿就比含有 MA 的钙钛矿表现出更好的热稳定性;平整致密的大晶粒的钙钛矿薄膜比孔洞多、晶界多的薄膜具有更好的抵抗分解的能力;以及使用了交联剂 (cross-linker) 修饰晶界的钙钛矿表现出更好的湿度稳定性和机械稳定性等。而使用无机阳离子替代铵盐阳离子得到的全无机钙钛矿,或者含有大分子铵盐离子的二维钙钛矿均具有比常规三维钙钛矿更优异的稳定性,但性能还有待进一步提升。此外,使用无机钙钛矿/二维钙钛矿与常规钙钛矿混合,以得到兼具效率和稳定性的电池,也是目前的热点研究方向[181,182]。

而至于外部材料引入的不稳定性，如常规 Spiro-OMeTAD 必须使用吸湿性添加剂，且高温下会发生结晶而失效；TiO_2 具有紫外活性因而会对器件的紫外光照稳定性有影响；金属电极离子迁移或者与钙钛矿反应造成的钙钛矿电池性能的退化等，均促使人们寻找无添加剂的、高温/湿度/光稳定的传输层材料和电极材料。无机材料是一大热门的备选传输层材料，使用全无机传输层的钙钛矿电池 (如 Yang 课题组 [183] 报道的基于 $ITO/NiO_x/MAPbI_3/ZnO/Al$ 结构的电池) 通常表现出更好的稳定性。此外，碳材料也是一种很有潜力的材料。韩宏伟课题组发展的碳电极结构钙钛矿电池一直以稳定性著称，可以适应多种极端条件。而碳电极的使用，也避免了由金属电极引入的钙钛矿电池的退化，具有巨大的发展潜力 [184]。除此之外，由于钙钛矿电池中离子缺陷的形成和迁移是温度触发的，无法通过封装解决。因此，通过界面钝化或者插入缓冲层等方法来阻止离子迁移也是提高器件稳定性的重要手段 [181, 182]。

钙钛矿太阳能电池发展至今，其稳定性相比问世之初已有了大幅度的提升，目前已有文献报道可稳定工作一年的钙钛矿太阳能电池，以及越来越多的钙钛矿太阳能电池报道通过了双 85 测试 (温度 85℃，相对湿度 85%)。近年来，国内外多家公司都加入了钙钛矿电池模组的研发制备，相信随着人们的不断努力，钙钛矿太阳能电池将很快实现大规模商业化应用 [182, 184]。

1.4　新型太阳能电池的电子导体

太阳能电池通常采用所谓 "三明治" 型的结构，即透明电极/电子 (空穴) 传输层/活性吸光层/空穴 (电子) 传输层/对电极这样的结构。其中，电子传输层的引入主要起到以下几个作用：①调节电极功函数，降低电极与活性层之间的势垒，减少器件中的能量损失，实现光生载流子的高效收集；②调整器件极性；③作为单载流子传输层，降低电极处电子与空穴的复合概率 (即阻挡空穴回流)，提高载流子的选择性传输效率；④阻止电极与活性层材料之间的物理化学反应，保护活性层和电极；⑤引入合适的界面缓冲层，修饰界面，调节光电场在器件内部的强度分布，提高活性层对入射光的吸收，进一步提高器件的光电转换效率等。太阳能电池的种类繁多，根据吸光活性层的能带位置不同，不同的太阳能电池可选用的电子传输层材料也不同。本节中我们将主要针对钙钛矿太阳能电池中可选的电子传输材料做一个简单的汇总介绍。

目前钙钛矿太阳能电池中使用的电子传输材料可大致分为无机材料和有机材料两大类。一个优秀的电子传输层除了应该具有与钙钛矿层相匹配的能带位置以外，还应具有宽的带隙、高的电子迁移率和稳定性，以及较低的成本等。因此，除了单层使用外，有时也会多层结合使用，以综合各层材料优势，得到更高效率的电池。

1.4.1 金属氧化物材料

金属氧化物材料因其好的稳定性和高的电子迁移率而备受人们关注。近年来研究人员研究了许多基于金属氧化物的电子传输层材料, 如 TiO_2、氧化锌 (ZnO)、SnO_2、氧化钨 (WO_x)、五氧化二铌 (Nb_2O_5)、锡酸锌 (Zn_2SnO_4)、氧化铟 (In_2O_3)、锡酸钡 $(BaSnO_3)$ 等。图 1.17 和表 1.1 给出了部分典型金属氧化物电子传输层材料的能带位置和电学特性参数[185, 186]。其中, 被研究最多的是 TiO_2、ZnO 和 SnO_2。

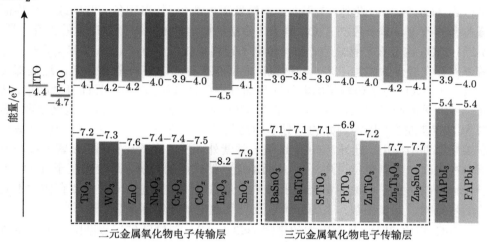

图 1.17 部分金属氧化物电子传输材料的能带位置[185]

表 1.1 部分典型金属氧化物电子传输层材料的能带位置和电学特性参数[186]

电子传输层	导带底/eV	E_g/eV	体迁移率/$(cm^2/(V\cdot s))$	折射率
TiO_2	-4.1	$3.0\sim 3.2$	1	$2.4\sim 2.5$
SnO_2	-4.22	$3.6\sim 4.0$	250	2
ZnO	-4.17	3.3	200	2.2
α-Fe_2O_3	-4.5	2.3	$0.01\sim 0.1$	$2.7\sim 3.5$
WO_x	-4.5	$2.6\sim 3.1$	$10\sim 20$	1.95
Nb_2O_5	-4.25	3.4	0.2	$2.1\sim 2.4$
Cr_2O_3	-3.93	3.5	$10^{-5}\sim 1$	2.4
CeO_x	-4.0	3.5	0.01	$1.6\sim 2.5$
Zn_2SnO_4	-4.1	3.8	$10\sim 30$	2.0
$BaSnO_3$	-3.91	3.1	150	2.07
$BaTiO_3$	-3.82	3.23	0.13	2.0
$SrTiO_3$	-3.65	3.25	$5\sim 8$	2.03
$Ti_{0.5}Fe_{0.5}O_x$	-4.08	2.65	—	—

TiO_2 作为一种 n 型宽带隙半导体 (锐钛矿结构带隙 3.2 eV, 板钛矿结构带隙 3.1 eV, 金红石结构带隙 3.0 eV), 具有良好的光学和电子传输特性。其折射率为

2.4~2.5，导带位置位于 −4.1 eV 附近，与钙钛矿层能带匹配，是钙钛矿电池中使用最早、应用最广泛的电子传输材料 [187,188]。2009 年 Miyasaka 团队 [150] 首次引入商业 TiO_2 纳米颗粒浆料制备多孔的 TiO_2 电子传输层。此后，多孔 TiO_2 传输层被广泛地研究，通过优化其形貌、尺寸和厚度，以得到更好的光学透过性和电荷传输特性 [189-191]。目前，钙钛矿电池的最高效率还是在基于致密 TiO_2 层/多孔 TiO_2 层的介观结构中取得，如前文提到的 Yang 课题组报道的基于 FTO/c-TiO_2/mp-TiO_2/钙钛矿 (FAPbI$_3$)/Spiro-OMeTAD-mF/Au 结构的电池，认证效率达到 24.64%[175]。此外，在平面结构钙钛矿电池中，随着制备方法的改进和界面覆盖率的改善，基于致密 TiO_2 电子传输层的电池性能也得到很迅速的提升 [192]。不过，TiO_2 也存在一些缺点，如其体电子迁移率较低 $(0.1 \sim 4 \ cm^2/(V \cdot s))$[193]、导带下方存在较多缺陷态 [194]、与钙钛矿之间存在界面能带势垒 [195] 等，这些都会导致基于 TiO_2 电子传输层的器件在界面处电荷抽取能力不足，界面复合严重，从而产生严重的回滞现象。同时，大多数 TiO_2 电子传输层需要高温后退火处理 (通常为 500℃ 左右) 以得到好的电导率和结晶性，这使得 TiO_2 电子传输层不适合在柔性器件中使用。此外，TiO_2 还是一种紫外活性的光催化材料，在紫外线照射下会在表面产生氧空位 [196,197]，从而加速钙钛矿层的分解，这使得基于 TiO_2 电子传输层的钙钛矿电池通常表现出较差的光稳定性。改进的方法主要有构建不同的纳米结构、元素掺杂、表面修饰以及与其他电子导体复合等 [185,186]。

ZnO 相比 TiO_2 具有更大的带隙 ($\approx$3.4 eV)、与钙钛矿层更匹配的能带位置 (图 1.17 和表 1.1) 以及更高的体电子迁移率 $(>200 \ cm^2/(V \cdot s))$，是替代 TiO_2 的理想候选者之一 [193,198-200]。此外，ZnO 可在低温下结晶，这也使其制备成本降低且更适宜于柔性器件的制作 [201]。Hagfeldt 及其合作者在 2013 年首次将 ZnO 的纳米棒 (NR) 引入介观结构的钙钛矿电池中，并取得了 5% 的光电转换效率 [202]。2014 年，Kelly 课题组 [203] 制备了基于低温 ZnO 纳米颗粒的致密电子传输层，并用于平面钙钛矿电池中，通过优化薄膜厚度和表面粗糙度，得到了 15.7% 效率的电池。虽然 ZnO 具有诸多优势，但它也存在一些缺点 [203-206]，例如，在 ZnO/钙钛矿界面处通常存在严重的界面复合损失，以及由于表面常存在的大量残余羟基 (—OH) 悬挂键而使 ZnO 具有较低热稳定性和化学稳定性，这些—OH 很容易与钙钛矿发生反应从而加速钙钛矿层的分解。因此，对 ZnO 表面或 ZnO/钙钛矿界面的改性尤为重要。通过插入钝化层或修饰 ZnO 的形貌，可以明显提高基于 ZnO电子传输层的钙钛矿电池的光伏性能 [207-209]，如 Alex Jen 课题组 [207] 通过使用富勒烯纳米壳层包裹在 ZnO 纳米颗粒表面 (Fa-ZnO)，从而减少了 ZnO 的缺陷态、钝化了 ZnO 表面羟基基团，在 FTO/c-NiO$_x$/mp-NiO$_x$/钙钛矿/Fa-ZnO/Ag结构的电池中取得了 21.1% 的效率。

与前两者 (TiO_2、ZnO) 相比，SnO_2 具有最宽的带隙 (3.5~4.0 eV)，最小的

折射率 (<2) 和最大的体电子迁移率 ($\approx$250 cm^2/(V·s))[17, 193]。此外，SnO$_2$ 的导带位于 $-4.2 \sim -4.5$ eV，与透明电极和钙钛矿层能带更为匹配；相比 TiO$_2$ 而言，SnO$_2$ 并不具有紫外线催化活性，因此具有更佳的紫外光照稳定性[210]。2015年，Tian 课题组使用商业的 SnO$_2$ 纳米颗粒制备电子传输层，得到了 13% 的器件效率[211]。与此同时，我们课题组柯维俊博士创新性地使用低温溶胶凝胶方法旋涂 SnCl$_2$·2H$_2$O 溶液制备得到 SnO$_2$ 电子传输层，基于此的钙钛矿电池最初取得了 17.2% 的效率[25]。我们发现，包覆了 SnO$_2$ 纳米颗粒的 FTO 衬底相比空白 FTO 衬底具有更好的光学透过性，这应该是由于 SnO$_2$ 纳米颗粒薄层平滑了 FTO 表面，同时 SnO$_2$ 的引入增强了衬底的抗反射性能。在此之后，低温溶液法 SnO$_2$ 电子传输层得到了越来越多的研究。目前，平面结构的最高效率即是在 SnO$_2$ 基的钙钛矿电池中取得，游经碧课题组报道的使用商业 SnO$_2$ 纳米颗粒低温旋涂制备的 ITO/SnO$_2$/(FAPbI$_3$)$_{1-x}$(MAPbBr$_3$)$_x$/PEAI/Spiro-OMeTAD/Au 结构的钙钛矿电池，效率达到 23.32%[174]。不过，SnO$_2$ 同样存在一些缺点，如表面存在大量的 Sn 悬挂键，在大气环境下会与水氧反应[212]；同时，这些悬挂键还会从钙钛矿层中捕获电子，从而造成界面非辐射复合增多[213]，限制器件的性能。与 TiO$_2$ 相同，改进 SnO$_2$ 的方法主要也可分为：构建不同的纳米结构、元素掺杂、表面修饰，以及与其他电子导体复合[17, 185, 186, 214] 等。如我们课题组刘琴硕士开发的低温一步水热法生长 SnO$_2$ 致密层和多孔层[22]；杨光博士使用自组装分子层 (SAM) 修饰 SnO$_2$/钙钛矿界面[215]，使用元素钇 (Y) 掺杂 SnO$_2$ 以提高器件效率[216]；柯维俊博士使用富勒烯衍生物 PCBM 钝化 SnO$_2$/钙钛矿界面[217]；马俊杰博士在透明电极与 SnO$_2$ 之间引入宽带隙的氧化镁 (MgO) 薄层以钝化 FTO/SnO$_2$ 界面缺陷，并利用 MgO 超宽的带隙进一步阻挡空穴回流，抑制了界面复合[218] 等。

1.4.2 有机分子材料

有机分子电子传输层材料具有机械柔性和广范围的可调节性。根据其结构可大致分为富勒烯材料及其衍生物和非富勒烯材料及其衍生物两大类。

富勒烯及其衍生物因具有良好的电荷传输特性，常被用在倒置结构钙钛矿电池中作为电子传输层。PC$_{61}$BM 和 ICBA 最早被引入钙钛矿电池作为富勒烯电子传输层材料 (图 1.10)[219]。其中，PCBM 的应用最为广泛，其除了传导电荷，还可以起到钝化界面的作用。PCBM 是一类良好的电子受体 (路易斯酸)，因此可以通过与钙钛矿中非协调的卤素或者 Pb-I 反位缺陷 PbI$_3^-$ 相互作用而钝化钙钛矿表面的缺陷[220]。Lam 的课题组发现 PCBM 可以通过卤素-π 非共价键相互作用来抑制卤素离子的迁移，并加快电子在 PCBM 中的传输[221]，而钙钛矿电池中回滞产生的主要原因就是离子迁移和界面电荷的积累。因此，PCBM 的引入可以显著降低钙钛矿器件的回滞效应[222]。PCBM 刚被引入钙钛矿电池中作为电子传输层时效率只有 3.9%[219]，几年之后便提升至了 20.9%[223]。不过，虽然富勒烯及其衍生物在钙钛矿电池中取得了高的效率，但也有其固有的缺陷，如昂贵的价格、固定的前沿轨道位置、较差的稳定性，以及难以控制的形貌等[224-227]。目前主要的改进方法有掺杂、(在 PCBM 与阴极之间) 插入界面层，以及改性富勒烯等。得益于协同效应，在 PCBM 中掺入少量其他材料可以显著增强 PCBM 的电学特性，如电导率、电子迁移率，以及稳定性等。有机半导体的 n 型掺杂是得到高性能有机器件的重要方法。通过加入 n 型掺杂剂，在有机半导体中产生自由电子，从而提高有机半导体中的载流子浓度和电学导电性[228]。Jen 的课题组在揭示阴离子诱导电子转移的掺杂机理上做了重要的贡献[229]，他们证明了 n 型掺杂剂的电子转移强度除了依赖于其阴离子的路易斯碱度，还依赖于其阴离子与阳离子之间的离子结合强度。例如，Li 及其合作者开发了一系列的富勒烯衍生物 (FPPI, Bis-FPPI, Bis-FIMG 以及 Bis-FITG)，其中卤化季铵盐基是共同的主链，可使电子从卤素转移到富勒烯核，导致富勒烯产生阴离子诱导的 n 型掺杂。这些富勒烯衍生物在钙钛矿电池中作为阴极界面层时显示出了高的效率 (19%)[230]。通过侧链修饰改性富勒烯是另一种常用的方法。通过悬挂不同的侧链，可以改善富勒烯的溶解性并改进其表面覆盖性[231]、改变富勒烯对钙钛矿层的钝化效果并降低富勒烯与金属电极之间的能量势垒[232]、提高富勒烯的介电常量[233]、增强富勒烯的疏水特性[234] 等，最终得到高效且稳定的钙钛矿电池。图 1.18 给出了部分富勒烯 n 型掺杂剂的化学结构示意图，图 1.19 给出了部分改性富勒烯的化学结构式。

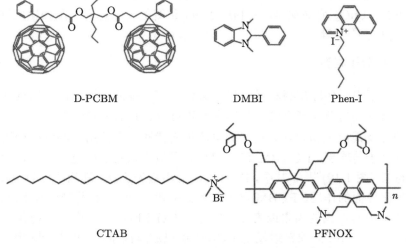

D-PCBM　　　　　　　　　　DMBI　　　　　　　　　Phen-I

CTAB　　　　　　　　　　　　　　　　PFNOX

图 1.18　部分富勒烯 n 型掺杂剂的化学结构[235]

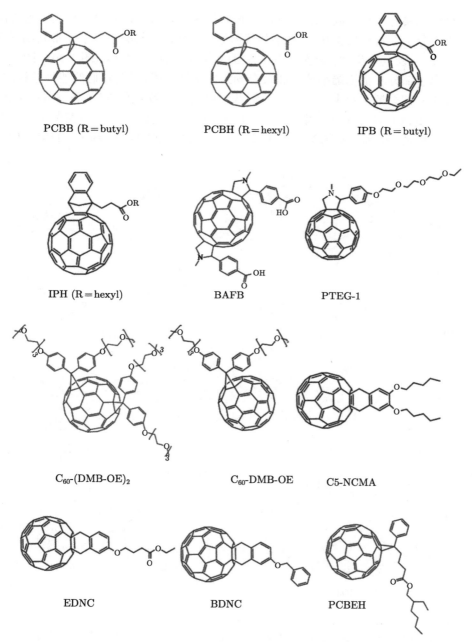

PCBB (R＝butyl) PCBH (R＝hexyl) IPB (R＝butyl)

IPH (R＝hexyl) BAFB PTEG-1

C_{60}-(DMB-OE)$_2$ C_{60}-DMB-OE C5-NCMA

EDNC BDNC PCBEH

图 1.19 部分改性富勒烯的化学结构式 [235]

鉴于富勒烯昂贵的成本 (掺杂和改性富勒烯还会进一步增加成品电池的总成本)，寻找新型有机分子替代 PCBM 及其衍生物势在必行。目前研究较多的非富勒烯材料主要有：苝二酰亚胺类小分子非富勒烯材料 (PDI) 及其衍生物；萘二酰亚胺类小分子非富勒烯材料 (NDI) 及其衍生物；氮杂并苯类小分子非富勒烯材料 (Azaacenes) 及其衍生物；以及一些 n 型的共轭聚合物 [235−237]。图 1.20～ 图 1.22 分别给出了部分非富勒烯小分子和聚合物的化学结构式，以及它们的能带结构。目前，基于非富勒烯材料电子传输层的钙钛矿电池最高效率在 NDI 类材料中取得。2018 年，Kwon 课题组在前期 NDI-PM 的基础上，通过使用 1-二氢茚基替换终端基团苯甲基，得到了新的萘二酰亚胺类小分子材料 NDI-ID。基于 NDI-ID 的器

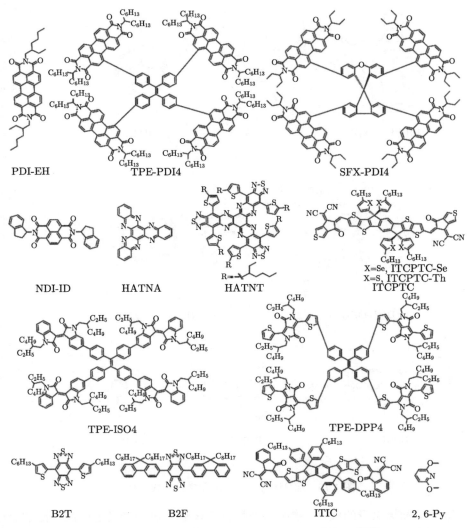

图 1.20　部分非富勒烯小分子材料的化学结构式 [236]

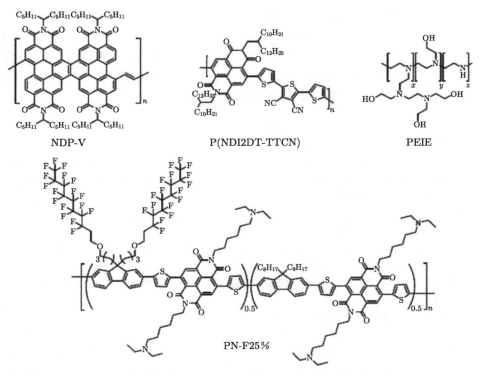

图 1.21 部分非富勒烯共轭聚合物材料的化学结构式 [236]

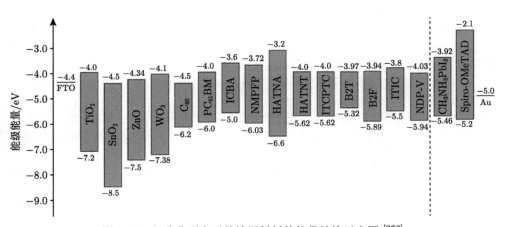

图 1.22 部分典型电子传输层材料的能带结构示意图 [236]

件取得了 20.2% 的效率, 比基于 NDIPM 的器件 (19.6%) 和基于 PCBM 的器件 (20%) 稍高。这一提升归功于 NDI-ID 卓越的电子传输能力。此外, NDI-ID 被设计为包含脂环族和芳香族基团而不包含柔性烷基链，以克服该材料的相转变。更重要的是，脂环族基团可以增加材料的溶解性，有利于使用溶液方法制备 NDI-ID 薄膜 [238]。当进一步使用 1-苯乙基替换 1-二氢茚基时，可得到新的小分子材料 NDI-PhE。该材料可以形成具有 3D 各向异性电子传输特性的良性薄膜，最终使得基于 NDI-PhE 电子传输层的钙钛矿电池效率达到 20.5%[239]。

参 考 文 献

[1] Zhan W, Hu W, Hu, L, et al. Photochemical properties of SnO_2 nanorod array grown on nanoporous stainless steel [J]. Journal of Materials Science: Materials in Electronics, 2016, 27(10): 9989-9995.

[2] Jarzebski Z M, Marton J P. Physical properties of SnO_2 materials: I. Preparation and defect structure [J]. Journal of the Electrochemical Society, 1976, 123(7):199C.

[3] Jarzebski Z M, Morton J P. Physical properties of SnO_2 materials: III. Optical properties [J]. Journal of the Electrochemical Society, 1976, 123(10): 333C.

[4] 范志新, 陈玖琳, 孙以材. 二氧化锡薄膜的最佳掺杂含量理论表达式 [J]. 电子器件, 2001, 24(2): 132-135.

[5] Schleife A, Varley J B, Fuchs F, et al. Tin dioxide from first principles: Quasiparticle electronic states and optical properties [J]. Physical Review B, 2011, 83(3): 035116.

[6] Leite E R, Weber I T, Kongo E, et al. A new method to control particle size and particle size distribution of SnO_2 nanoparticles for gas sensor applications [J]. Advanced Materials, 2000, 12(13): 965-968.

[7] Zhou X, Fu W, Yang H, et al. Facile fabrication of transparent SnO_2 nanorod array and their photoelectrochemical properties [J]. Materials Letters, 2013, 93: 95-98.

[8] Shanthi E, Dutta V, Banerjee A, et al. Electrical and optical properties of undoped and antimony-doped tin oxide films [J]. Journal of Applied Physics, 1980, 51(12): 6243-6251.

[9] 王箴. 化工辞典 [M]. 北京：化学工业出版社，2010.

[10] 李玉, 郑其经. 二氧化锡薄膜的制备、特性及应用 [J]. 材料科学与工程学报, 1992(2): 23-29.

[11] 童卫红. 二氧化锡基薄膜的制备、表征及电热性能的研究 [D]. 镇江：江苏大学，2019.

[12] 杨建广, 唐谟堂, 唐朝波, 等. 锑掺杂二氧化锡薄膜的导电机理及理论电导率 [J]. 微纳电子技术, 2004, 41(4): 18-21.

[13] 施卫, 李琦. 超声喷雾法制备 SnO_2：F 薄膜机器性能研究 [J]. 西安理工大学学报, 1998, 14(1): 56-60.

[14] Gordon R G. Criteria for choosing transparent conductors [J]. MRS Bulletin, 2000, 25(8): 52-57.

[15] 季振国, 赵丽娜, 何作鹏, 等. 喷雾热解法制备 p 型铟锡氧化物透明导电薄膜 [J]. 无机材料学报, 2006, 21(1): 211-216.

[16] 季振国, 何振杰, 宋永梁. P 型导电掺 In 的 SnO_2 薄膜的制备及表征 [J]. 物理学报, 2004, 53(12): 4330-4333.

[17] Xiong L, Guo Y, Wen J, et al. Review on the application of SnO_2 in perovskite solar cells [J]. Advanced Functional Materials, 2018, 28(35): 1802757.

[18] Song J, Zheng E, Bian J, et al. Low-temperature SnO_2-based electron selective contact for efficient and stable perovskite solar cells [J]. Journal of Materials Chemistry A, 2015, 3(20): 10837-10844.

[19] Roose B, Baena J P C, Gödel K C, et al. Mesoporous SnO_2 electron selective contact enables UV-stable perovskite solar cells [J]. Nano Energy, 2016, 30: 517-522.

[20] Das S, Jayaraman V. SnO_2: A comprehensive review on structures and gas sensors [J]. Progress in Materials Science, 2014, 66: 112-255.

[21] Qin X, Zhao Z, Wang Y, et al. Recent progress in stability of perovskite solar cells [J]. Journal of Semiconductors, 2017, 38(1): 011002.

[22] Liu Q, Qin M C, Ke W J, et al. Enhanced stability of perovskite solar cells with low-temperature hydrothermally grown SnO_2 electron transport layers [J]. Advanced Functional Materials, 2016, 26(33): 6069-6075.

[23] Liu H, Huang Z, Wei S, et al. Nano-structured electron transporting materials for perovskite solar cells [J]. Nanoscale, 2016, 8(12): 6209-6221.

[24] Lin S, Yang B, Qiu X, et al. Efficient and stable planar hole-transport-material-free perovskite solar cells using low temperature processed SnO_2 as electron transport material [J]. Organic Electronics, 2018, 53: 235-241.

[25] Ke W, Fang G, Liu Q, et al. Low-temperature solution-processed tin oxide as an alternative electron transporting layer for efficient perovskite solar cells [J]. Journal of the American Chemical Society, 2015, 137(21): 6730-6733.

[26] Baena J P C, Steier L, Tress W, et al. Highly efficient planar perovskite solar cells through band alignment engineering [J]. Energy & Environmental Science, 2015, 8(10): 2928-2934.

[27] Dong Q, Shi Y, Zhang C, et al. Energetically favored formation of SnO_2 nanocrystals as electron transfer layer in perovskite solar cells with high efficiency exceeding 19% [J]. Nano Energy, 2017, 40: 336-344.

[28] Ke W, Zhao D, Cimaroli A J, et al. Effects of annealing temperature of tin oxide electron selective layers on the performance of perovskite solar cells [J]. Journal of Materials Chemistry A, 2015, 3(47): 24163-24168.

[29] 卢甜甜. 三维多孔二氧化锡泡沫材料的制备及其气敏特性研究 [D]. 哈尔滨：黑龙江大学, 2017.

[30] Wu S, Cao H, Yin S, et al. Amino acid-assisted hydrothermal synthesis and photocatalysis of SnO_2 nanocrystals [J]. The Journal of Physical Chemistry C, 2009, 113(41): 17893-17898.

[31] Law M, Kind H, Messer B, et al. Photochemical sensing of NO_2 with SnO_2 nanoribbon nanosensors at room temperature [J]. Angewandte Chemie International Edition, 2002, 41(13): 2405-2408.

[32] Chen Y J, Xue X Y, Wang Y G, et al. Synthesis and ethanol sensing characteristics of

single crystalline SnO_2 nanorods [J]. Applied Physics Letters, 2005, 87(23): 233503.

[33] Wang Y, Lee J Y, Zeng H C. Polycrystalline SnO_2 nanotubes prepared via infiltration casting of nanocrystallites and their electrochemical application [J]. Chemistry of Materials, 2005, 17(15): 3899-3903.

[34] 方国家, 刘祖黎, 胡一帆, 等. CuO-SnO_2 纳米晶粉料的 Sol-Gel 制备及表征 [J]. 无机材料学报, 1996, 03:537-541.

[35] 方国家, 刘祖黎, 张增常, 等. 脉冲准分子激光 CuO-SnO_2 薄膜沉积及其结构分析 [J]. 无机材料学报, 1996, 04:653-657.

[36] 刘洁. 掺杂多种氧化物的二氧化锡电极的制备与其性能的研究 [D]. 上海：东华大学, 2009.

[37] 王春明. 高压二氧化锡压敏材料和高温钛酸铋钠钾压电材料的研究 [D]. 济南：山东大学, 2007.

[38] 周锋子, 臧国忠, 王丹丹, 等. Cr_2O_3 掺杂对 SnO_2-Zn_2SnO_4 系压敏陶瓷电学性质的影响 [J]. 科技经济导刊, 2016(19): 38-40.

[39] Duan J, Yang S, Liu H, et al. Single crystal SnO_2 zigzag nanobelts [J]. Journal of the American Chemical Society, 2005, 127(17): 6180-6181.

[40] Masuda H, Yamada H, Satoh M, et al. Highly ordered nanochannel-array architecture in anodic alumina [J]. Applied Physics Letters, 1997, 71(19): 2770-2772.

[41] Lee W, Ji R, Gosele U, et al. Fast fabrication of long-range ordered porous alumina membranes by hard anodization [J]. Nature Materials, 2006, 5(9): 741-747.

[42] Chen Z, Pan D, Li Z, et al. Recent advances in tin dioxide materials: some developments in thin films, nanowires and nanorods [J]. Chemical Reviews, 2014, 114(15): 7442-7486.

[43] Lampert C M. Heat mirror coatings for energy conserving windows [J]. Solar Energy Materials, 1981, 6(1): 1-41.

[44] 杨宇. 基于二氧化锡纳米复合材料的制备及光电化学传感器的构建 [D]. 上海：上海师范大学, 2020.

[45] 顾明. 二氧化锡基催化剂的构筑及其动力学过程 [D]. 扬州：扬州大学, 2018.

[46] 展红全, 邓册, 刘权, 等. SnO_2 纳米棒的生长过程、发光性能及光催化活性 [J]. 无机化学学报, 2020, 36(08): 1605-1612.

[47] 涂序国, 马翔宇, 何瑞楠, 等. 纳米氧化锡在锌-硝基苯电池反应中的电催化 [J]. 电化学, 2017, 23(03): 356-363.

[48] Green M A. Thin-film solar cells: review of materials, technologies and commercial status [J]. Journal of Materials Science: Materials in Electronics, 2007, 18(S1): 15-19.

[49] https://www.nrel.gov/pv/assets/pdfs/best-research-cell-efficiencies.20200925.pdf.

[50] Chan C Y, Uk L D, Hong N J, et al. Highly improved Sb_2S_3 sensitized-inorganic-organic heterojunction solar cells and quantification of traps by deep-level transient spectroscopy [J]. Advanced Functional Materials, 2014, 24(23): 3587-3592.

[51] 郑小璐. 高效稳定钙钛矿太阳能电池中空穴传输层材料与界面的研究 [D]. 武汉：武汉大学, 2019.

[52] Zhao J, Wang A, Campbell P, et al. 22.7% Efficient PERL silicon solar cell module with a textured front surface [C]. Conference Record of the Twenty Sixth IEEE Photovoltaic

Specialists Conference-1997, 1997: 1133-1136.

[53] Zhao J, Wang A, Green M A. 24.5% Efficiency silicon PERT cells on MCZ substrates and 24.7% efficiency PERL cells on FZ substrates [J]. Progress in Photovoltaics: Research and Applications, 1999, 7(6): 471-474.

[54] Masuko K, Shigematsu M, Hashiguchi T, et al. Achievement of more than 25% conversion efficiency with crystalline silicon heterojunction solar cell [J]. IEEE Journal of Photovoltaics, 2014, 4(6): 1433-1435.

[55] Bullock J, Hettick M, Geissbühler J, et al. Efficient silicon solar cells with dopant-free asymmetric heterocontacts [J]. Nature Energy, 2016, 1(3): 1-7.

[56] Yoshikawa K, Kawasaki H, Yoshida W, et al. Silicon heterojunction solar cell with interdigitated back contacts for a photoconversion efficiency over 26% [J]. Nature Energy, 2017, 2(5): 17032.

[57] Haase F, Hollemann C, Schäfer S, et al. Laser contact openings for local poly-Si-metal contacts enabling 26.1%-efficient POLO-IBC solar cells [J]. Solar Energy Materials and Solar Cells, 2018, 186: 184-193.

[58] Rohatgi A, Narasimha S, Kamra S, et al. Record high 18.6% efficient solar cell on HEM multicrystalline material [C]. Conference Record of the Twenty Fifth IEEE Photovoltaic Specialists Conference-1996, 1996: 741-744.

[59] Zhao J, Wang A, Campbell P, et al. A 19.8% efficient honeycomb multi-crystalline silicon solar cell with improved light trapping [J]. IEEE Transactions on Electron Devices, 1999, 46(10): 1978-1983.

[60] Green M A, Emery K, Hishikawa Y, et al. Solar cell efficiency tables (version 36) [J]. Progress in Photovoltaics: Research and Applications, 2010, 18(5): 346.

[61] Sheng J, Wang W, Yuan S, et al. Development of a large area n-type PERT cell with high efficiency of 22% using industrially feasible technology [J]. Solar Energy Materials and Solar Cells, 2016, 152: 59-64.

[62] Schindler F, Michl B, Krenckel P, et al. Optimized multi-crystalline silicon for solar cells enabling conversion efficiencies of 22% [J]. Solar Energy Materials and Solar Cells, 2017, 171: 180-186.

[63] Dahlinger M, Carstens K, Hoffmann E, et al. 23.2% laser processed back contact solar cell: fabrication, characterization and modeling [J]. Progress in Photovoltaics: Research and Applications, 2017, 25(2): 192-200.

[64] Takahama T, Taguchi M, Kuroda S, et al. High efficiency single-and poly-crystalline silicon solar cells using ACJ-HIT structure [C]. Proceedings, 11th EC PVSEC, Montreux, Switzerland 1992: 1057-1060.

[65] Sawada T, Terada N, Tsuge S, et al. High-efficiency a-Si/c-Si heterojunction solar cell [C]. Proceedings of 1994 IEEE 1st World Conference on Photovoltaic Energy Conversion-WCPEC (A Joint Conference of PVSC, PVSEC and PSEC), 1994, 2: 1219-1226.

[66] Tanaka M, Okamoto S, Tsuge S, et al. Development of HIT solar cells with more than 21% conversion efficiency and commercialization of highest performance HIT modules

[C]. 3rd World Conference onPhotovoltaic Energy Conversion, 2003, 1: 955-958.

[67] Tohoda S, Fujishima D, Yano A, et al. Future directions for higher-efficiency HIT solar cells using a thin silicon wafer [J]. Journal of Non-Crystalline Solids, 2012, 358(17): 2219-2222.

[68] Taguchi M, Yano A, Tohoda S, et al. 24.7% record efficiency HIT solar cell on thin silicon wafer [J]. IEEE Journal of Photovoltaics, 2013, 4(1): 96-99.

[69] Masuko K, Shigematsu M, Hashiguchi T, et al. Achievement of more than 25% conversion efficiency with crystalline silicon heterojunction solar cell [J]. IEEE Journal of Photovoltaics, 2014, 4(6): 1433-1435.

[70] Descoeudres A, Holman Z C, Barraud L, et al. >21% efficient silicon heterojunction solar cells on n-and p-type wafers compared [J]. IEEE Journal of Photovoltaics, 2012, 3(1): 83-89.

[71] Yoshikawa K, Kawasaki H, Yoshida W, et al. Silicon heterojunction solar cell with interdigitated back contacts for a photoconversion efficiency over 26% [J]. Nature Energy, 2017, 2(5): 17032.

[72] Mimila-Arroyo J, Marfaing Y, Cohen-Solal G, et al. Electric and photovoltaic properties of CdTe pn homojunctions [J]. Solar Energy Materials, 1979, 1(1-2): 171-180.

[73] Cohen-Solal G, Lincot D, Barbe M. High efficiency shallow p^+nn^+ cadmium telluride solar cells [C]. Fourth EC Photovoltaic Solar Energy Conference. Springer, Dordrecht, 1982: 621-626.

[74] Wu X. High-efficiency polycrystalline CdTe thin-film solar cells [J]. Solar Energy, 2004, 77(6): 803-814.

[75] Green M A, Hishikawa Y, Warta W, et al. Solar cell efficiency tables (version 50) [J]. Progress in Photovoltaics: Research and Applications, 2017, 25(7): 668-676.

[76] Hossain M M, Karim M M U, Banik S, et al. Design of a high efficiency ultrathin CdTe/CdS p-i-n solar cell with optimized thickness and doping density of different layers [C]. 2016 International Conference on Advances in Electrical, Electronic and Systems Engineering (ICAEES), 2016: 305-308.

[77] Jenny D A, Loferski J J, Rappaport P. Photovoltaic effect in GaAs p-n junctions and solar energy conversion [J]. Physical Review, 1956, 101(3): 1208.

[78] Gobat A R, Lamorte M F, McIver G W. Characteristics of high-conversion-efficiency gallium-arsenide solar cells [J]. IRE Transactions on Military Electronics, 1962, 6(1): 20-27.

[79] Woodall J M, Hovel H J. High-efficiency $Ga_{1-x}Al_xAs$-GaAs solar cells [J]. Applied Physics Letters, 1972, 21(8): 379-381.

[80] Schmieder K J, Armour E A, Lumb M P, et al. Effect of growth temperature on GaAs solar cells at high MOCVD growth rates [J]. IEEE Journal of Photovoltaics, 2016, 7(1): 340-346.

[81] Mattos L S, Scully S R, Syfu M, et al. New module efficiency record: 23.5% under 1-sun illumination using thin-film single-junction GaAs solar cells [C]. 2012 38th IEEE

Photovoltaic Specialists Conference, 2012: 003187-003190.

[82] Ho W J, Lin Y J, Chien L Y, et al. 25.54% efficient single-junction GaAs solar cells using spin-on-film graded-index TiO_2/SiO_2 AR-coating [C]. CLEO: Applications and Technology. Optical Society of America, 2011: JWA74.

[83] Bauhuis G J, Mulder P, Haverkamp E J, et al. 26.1% thin-film GaAs solar cell using epitaxial lift-off [J]. Solar Energy Materials and Solar Cells, 2009, 93(9): 1488-1491.

[84] Kayes B M, Nie H, Twist R, et al. 27.6% conversion efficiency, a new record for single-junction solar cells under 1 sun illumination [C]//2011 37th IEEE Photovoltaic Specialists Conference, 2011: 000004-000008.

[85] Ramanathan K, Contreras M A, Perkins C L, et al. Properties of 19.2% efficiency $ZnO/CdS/CuInGaSe_2$ thin-film solar cells [J]. Progress in Photovoltaics: Research and Applications, 2003, 11(4): 225-230.

[86] Contreras M A, Ramanathan K, AbuShama J, et al. Diode characteristics in state-of-the-art $ZnO/CdS/Cu(In_{1-x}Ga_x)Se_2$ solar cells [J]. Progress in Photovoltaics: Research and Applications, 2005, 13(3): 209-216.

[87] Ård M B, Granath K, Stolt L. Growth of $Cu(In,Ga)Se_2$ thin films by co-evaporation using alkaline precursors [J]. Thin Solid Films, 2000, 361: 9-16.

[88] Jackson P, Hariskos D, Lotter E, et al. New world record efficiency for $Cu(In,Ga)Se_2$ thin-film solar cells beyond 20% [J]. Progress in Photovoltaics: Research and Applications, 2011, 19(7): 894-897.

[89] Chirilă A, Reinhard P, Pianezzi F, et al. Potassium-induced surface modification of $Cu(In,Ga)Se_2$ thin films for high-efficiency solar cells [J]. Nature Materials, 2013, 12(12): 1107-1111.

[90] Jackson P, Hariskos D, Wuerz R, et al. Compositional investigation of potassium doped Cu (In, Ga) Se_2 solar cells with efficiencies up to 20.8% [J]. Physica Status Solidi (RRL)-Rapid Research Letters, 2014, 8(3): 219-222.

[91] Jackson P, Hariskos D, Wuerz R, et al. Properties of $Cu(In,Ga)Se_2$ solar cells with new record efficiencies up to 21.7% [J]. Physica Status Solidi (RRL)-Rapid Research Letters, 2015, 9(1): 28-31.

[92] Jackson P, Wuerz R, Hariskos D, et al. Effects of heavy alkali elements in $Cu(In,Ga)Se_2$ solar cells with efficiencies up to 22.6% [J]. Physica Status Solidi (RRL)-Rapid Research Letters, 2016, 10(8): 583-586.

[93] Kallmann H, Pope M. Photovoltaic effect in organic crystals [J]. The Journal of Chemical Physics, 1959, 30(2): 585-586.

[94] Tang C W. Two-layer organic photovoltaic cell [J]. Applied Physics Letters, 1986, 48(2): 183-185.

[95] Sariciftci N S, Smilowitz L, Heeger A J, et al. Photoinduced electron transfer from a conducting polymer to buckminsterfullerene [J]. Science, 1992, 258(5087): 1474-1476.

[96] Yu G, Gao J, Hummelen J C, et al. Polymer photovoltaic cells: enhanced efficiencies via a network of internal donor-acceptor heterojunctions [J]. Science, 1995, 270(5243):

1789-1791.

[97] Heeger A J. 25th anniversary article: bulk heterojunction solar cells: understanding the mechanism of operation [J]. Advanced Materials, 2014, 26(1): 10-28.

[98] Scharber M C, Mühlbacher D, Koppe M, et al. Design rules for donors in bulk-heterojunction solar cells-Towards 10 % energy-conversion efficiency [J]. Advanced Materials, 2006, 18(6): 789-794.

[99] Son H J, He F, Carsten B, et al. Are we there yet? Design of better conjugated polymers for polymer solar cells [J]. Journal of Materials Chemistry, 2011, 21(47): 18934.

[100] Wienk M M, Kroon J M, Verhees W J H, et al. Efficient methanol[70]fullerene/MDMO-PPV bulk heterojunction photovoltaic cells [J]. Angewandte Chemie International Edition, 2003, 115(29): 3493-3497.

[101] Kim J Y, Kim S H, Lee H H, et al. New architecture for high-efficiency polymer photovoltaic cells using solution-based titanium oxide as an optical opacer [J]. Advanced Materials, 2006, 18(5): 572-576.

[102] Ma W, Yang C, Gong X, et al. Thermally stable, efficient polymer solar cells with nanoscale control of the interpenetrating network morphology [J]. Advanced Functional Materials, 2005, 15(10): 1617-1622.

[103] Zhao G, He Y, Li Y. 6.5% Efficiency of polymer solar cells based on poly(3-hexylthiophene) and indene-C_{60} bisadduct by device optimization [J]. Advanced Materials, 2010, 22(39): 4355-4358.

[104] Slooff L H, Veenstra S C, Kroon J M, et al. Determining the internal quantum efficiency of highly efficient polymer solar cells through optical modeling [J]. Applied Physics Letters, 2007, 90(14): 143506.

[105] Lu L, Zheng T, Wu Q, et al. Recent Advances in bulk heterojunction polymer solar cells [J]. Chemical Reviews, 2015, 115(23): 12666-12731.

[106] Svensson M, Zhang F, Veenstra S C, et al. High-performance polymer solar cells of an alternating polyfluorene copolymer and a fullerene derivative [J]. Advanced Materials, 2003, 15(12): 988-991.

[107] Chen H Y, Hou J, Zhang S, et al. Polymer solar cells with enhanced open-circuit voltage and efficiency [J]. Nature Photonics, 2009, 3(11): 649-653.

[108] Huo L, Guo X, Zhang S, et al. PBDTTTZ: A broad band gap conjugated polymer with high photovoltaic performance in polymer solar cells [J]. Macromolecules, 2011, 44(11): 4035-4037.

[109] He Z, Xiao B, Liu F, et al. Single-junction polymer solar cells with high efficiency and photovoltage [J]. Nature Photonics, 2015, 9(3): 174-179.

[110] Lin Y, Wang J, Zhang Z G, et al. An electron acceptor challenging fullerene for efficient polymer solar cells [J]. Advanced Materials, 2015, 27(7): 1170-1174.

[111] Nazeeruddin M K. In retrospect: Twenty-five years of low-cost solar cells [J]. Nature, 2016, 538(7626): 463-464.

[112] Gong J, Liang J, Sumathy K. Review on dye-sensitized solar cells (DSSCs): fundamental

concepts and novel materials [J]. Renewable and Sustainable Energy Reviews, 2012, 16(8): 5848-5860.

[113] O'regan B, Grätzel M. A low-cost, high-efficiency solar cell based on dye-sensitized colloidal TiO_2 films [J]. Nature, 1991, 353(6346): 737-740.

[114] Nazeeruddin M K, Kay A, Rodicio I, et al. Conversion of light to electricity by cis-X_2bis(2,2′-bipyridyl-4,4′-dicarboxylate) ruthenium (II) charge-transfer sensitizers (X= Cl^-, Br^-, I^-, CN^-, and SCN^-) on nanocrystalline titanium dioxide electrodes [J]. Journal of the American Chemical Society, 1993, 115(14): 6382-6390.

[115] Lee Y, Chae J, Kang M. Comparison of the photovoltaic efficiency on DSSC for nanometer sized TiO_2 using a conventional sol-gel and solvothermal methods [J]. Journal of Industrial and Engineering Chemistry, 2010, 16(4): 609-614.

[116] Kinoshita T, Dy J T, Uchida S, et al. Wideband dye-sensitized solar cells employing a phosphine-coordinated ruthenium sensitizer [J]. Nature Photonics, 2013, 7(7): 535-539.

[117] Yella A, Lee H W, Tsao H N, et al. Porphyrin-sensitized solar cells with cobalt (II/III)-based redox electrolyte exceed 12 percent efficiency [J]. Science, 2011, 334(6056): 629-634.

[118] Kakiage K, Aoyama Y, Yano T, et al. Fabrication of a high-performance dye-sensitized solar cell with 12.8% conversion efficiency using organic silyl-anchor dyes [J]. Chemical Communications, 2015, 51(29): 6315-6317.

[119] Mathew S, Yella A, Gao P, et al. Dye-sensitized solar cells with 13% efficiency achieved through the molecular engineering of porphyrin sensitizers [J]. Nature Chemistry, 2014, 6(3): 242-247.

[120] Chen C, Li W, Zhou Y, et al. Optical properties of amorphous and polycrystalline Sb_2Se_3 thin films prepared by thermal evaporation [J]. Applied Physics Letters, 2015, 107(4): 043905.

[121] Zhang L, Wu C, Liu W, et al. Sequential deposition route to efficient Sb_2S_3 solar cells [J]. Journal of Materials Chemistry A, 2018, 6(43): 21320-21326.

[122] 武春艳. 硫硒化锑 ($Sb_2(S_{1-x}Se_x)_3$) 薄膜的溶液法制备及其太阳能电池性能研究 [D]. 合肥: 中国科学技术大学, 2020.

[123] Xue D J, Shi H J, Tang J. Recent progress in material study and photovoltaic device of Sb_2Se_3 [J]. Acta Physica Sinica, 2015, 64(3): 038406.

[124] Lei H, Chen J, Tan Z, et al. Review of recent progress in antimony chalcogenide-based solar cells: materials and devices [J]. Solar RRL, 2019, 3(6): 1900026.

[125] 陈超. 硒化锑基本物理性质研究及其太阳能电池应用 [D]. 武汉: 华中科技大学, 2019.

[126] Savadogo O, Mandal K C. Fabrication of low-cost n-Sb_2S_3/p-Ge heterojunction solar cells [J]. Journal of Physics D: Applied Physics, 1994, 27(5): 1070.

[127] Messina S, Nair M T S, Nair P K. Antimony sulfide thin films in chemically deposited thin film photovoltaic cells [J]. Thin Solid Films, 2007, 515(15): 5777-5782.

[128] Itzhaik Y, Niitsoo O, Page M, et al. Sb_2S_3-sensitized nanoporous TiO_2 solar cells [J]. The Journal of Physical Chemistry C, 2009, 113(11): 4254-4256.

[129] Chang J A, Rhee J H, Im S H, et al. High-performance nanostructured inorganic-organic heterojunction solar cells [J]. Nano Letters, 2010, 10(7): 2609-12.

[130] Im S H, Lim C S, Chang J A, et al. Toward interaction of sensitizer and functional moieties in hole-transporting materials for efficient semiconductor-sensitized solar cells [J]. Nano Letters, 2011, 11(11): 4789-4793.

[131] Messina S, Nair M T S, Nair P K. Antimony selenide absorber thin films in all-chemically deposited solar cells [J]. Journal of The Electrochemical Society, 2009, 156 (5): H327-H332.

[132] Messina S, Nair M T S, Nair P K. Solar cells with Sb_2S_3 absorber films [J]. Thin Solid Films, 2009, 517(7): 2503-2507.

[133] Calixto-Rodriguez M, Garcia H M, Nair M T S, et al. Antimony chalcogenide/lead selenide thin film solar cell with 2.5% conversion efficiency prepared by chemical deposition [J]. ECS Journal of Solid-State Science and Technology, 2013, 2: Q69-Q73.

[134] Zhou Y, Leng M, Xia Z, et al. Solution-processed antimony selenide heterojunction solar cells [J]. Advanced Energy Materials, 2014, 4(8): 1301846.

[135] Choi Y C, Mandal T N, Yang W S, et al. Sb_2Se_3-sensitized inorganic-organic heterojunction solar cells fabricated using a single-source precursor [J]. Angewandte Chemie International Edition, 2014, 126(5): 1353-1357.

[136] Choi Y C, Lee Y H, Im S H, et al. Efficient inorganic-organic heterojunction solar cells employing $Sb_2(S_xSe_{1-x})_3$ Graded-composition sensitizers [J]. Advanced Energy Materials, 2014, 4: 1301680.

[137] Ngo T T, Chavhan S, Kosta I, et al. Electrodeposition of antimony selenide thin films and application in semiconductor sensitized solar cells [J]. ACS Applied Materials & Interfaces, 2014, 6(4): 2836-2841.

[138] Leng M, Luo M, Chen C, et al. Selenization of Sb_2Se_3 absorber layer: An efficient step to improve device performance of CdS/Sb_2Se_3 solar cells [J]. Applied Physics Letters, 2014, 105(8): 083905.

[139] Zhou Y, Wang L, Chen S, et al. Thin-film Sb_2Se_3 photovoltaics with oriented one-dimensional ribbons and benign grain boundaries [J]. Nature Photonics, 2015, 9(6): 409-415.

[140] Chen C, Wang L, Gao L, et al. 6.5% certified efficiency Sb_2Se_3 solar cells using PbS colloidal quantum dot film as hole-transporting layer [J]. ACS Energy Letters, 2017, 2(9): 2125-2132.

[141] Li D, Yin X, Grice C R, et al. Stable and efficient CdS/Sb_2Se_3 solar cells prepared by scalable close space sublimation [J]. Nano Energy, 2018, 49: 346-353.

[142] Wen X, Chen C, Lu S, et al. Vapor transport deposition of antimony selenide thin film solar cells with 7.6% efficiency [J]. Nature Communications, 2018, 9(1): 2179.

[143] Li Z, Liang X, Li G, et al. 9.2%-efficient core-shell structured antimony selenide nanorod array solar cells [J]. Nature Communications, 2019, 10:125.

[144] Zheng Y, Li J, Jiang G, et al. Selenium-graded $Sb_2(S_{1-x}Se_x)_3$ for planar heterojunction

solar cell delivering a certified power conversion efficiency of 5.71% [J]. Solar RRL, 2017, 1: 1700017.

[145] Wang W, Chen X, Yao G, et al. Over 6% certified $Sb_2(S,Se)_3$ solar cells fabricated via in situ hydrothermal growth and post-selenization [J]. Advanced Electronic Materials, 2019, 5: 1800683.

[146] Chen C, Yin Y, Lian W, et al. Pulsed laser deposition of antimony selenosulfide thin film for efficient solar cells [J]. Applied Physics Letters, 2020, 116: 133901.

[147] Jiang C, Yao J, Huang P, et al. Perovskite quantum dots exhibiting strong hole extraction capability for efficient inorganic thin film solar cells [J]. Cell Reports Physical Science, 2020, 1: 100001.

[148] Tang R, Wang X, Lian W, et al. Hydrothermal deposition of antimony selenosulfide thin films enables solar cells with 10% efficiency [J]. Nature Energy, 2020, 5(8): 587-595.

[149] Weber D. $CH_3NH_3SnBr_xI_{3-x}$ ($x = 0 \sim 3$), ein Sn(II)-System mit kubischer Perowskit-struktur/ $CH_3NH_3SnBr_xI_{3-x}$ ($x = 0 \sim 3$), a Sn(II)-system with cubic perovskite structure [J]. Zeitschrift für Naturforschung B, 1978, 33(8): 862-865.

[150] Kojima A, Teshima K, Shirai Y, et al. Organometal halide perovskites as visible-light sensitizers for photovoltaic cells [J]. Journal of the American Chemical Society, 2009, 131(17): 6050-6051.

[151] Tiep N H, Ku Z, Fan H J. Recent advances in improving the stability of perovskite solar cells [J]. Advanced Energy Materials, 2016, 6(3): 1501420.

[152] Leguy A M A, Hu Y, Campoy-Quiles M, et al. Reversible hydration of $CH_3NH_3PbI_3$ in films, single crystals, and solar cells [J]. Chemistry of Materials, 2015, 27(9): 3397-3407.

[153] Frost J M, Walsh A. What is moving in hybrid halide perovskite solar cells? [J]. Accounts of Chemical Research, 2016, 49(3): 528-535.

[154] Zhu H, Miyata K, Fu Y, et al. Screening in crystalline liquids protects energetic carriers in hybrid perovskites [J]. Science, 2016, 353(6306): 1409-1413.

[155] Yin W J, Shi T, Yan Y. Unique properties of halide perovskites as possible origins of the superior solar cell performance [J]. Advanced Materials, 2014, 26(27): 4653-4658.

[156] Yin W J, Shi T, Yan Y. Unusual defect physics in $CH_3NH_3PbI_3$ perovskite solar cell absorber [J]. Applied Physics Letters, 2014, 104(6): 063903.

[157] Saliba M, Correa-Baena J P, Grätzel M, et al. Perovskite solar cells: from the atomic level to film quality and device performance [J]. Angewandte Chemie International Edition, 2018, 57(10): 2554-2569.

[158] Im J H, Lee C R, Lee J W, et al. 6.5% efficient perovskite quantum-dot-sensitized solar cell [J]. Nanoscale, 2011, 3(10): 4088-4093.

[159] Bach U, Lupo D, Comte P, et al. Solid-state dye-sensitized mesoporous TiO_2 solar cells with high photon-to-electron conversion efficiencies [J]. Nature, 1998, 395(6702): 583.

[160] Burschka J, Dualeh A, Kessler F, et al. Tris(2-(1-H-pyrazol-1-yl)pyridine) cobalt(III) as p-type dopant for organic semiconductors and its application in highly efficient solid-state dye-sensitized solar cells [J]. Journal of the American Chemical Society, 2011,

133(45): 18042-18045.

[161]　Kim H S, Lee C R, Im J H, et al. Lead iodide perovskite sensitized all-solid-state submicron thin film mesoscopic solar cell with efficiency exceeding 9% [J]. Scientific Reports, 2012, 2(1): 1-7.

[162]　Lee M M, Teuscher J, Miyasaka T, et al. Efficient hybrid solar cells based on meso-superstructured organometal halide perovskites [J]. Science, 2012, 338(6107): 643-647.

[163]　Jeng J Y, Chiang Y F, Lee M H, et al. CH3NH3PbI3 perovskite/fullerene planar-heterojunction hybrid solar cells [J]. Advanced Materials, 2013, 25(27): 3727-3732.

[164]　Stranks S D, Eperon G E, Grancini G, et al. Electron-hole diffusion lengths exceeding 1 micrometer in an organometal trihalide perovskite absorber [J]. Science, 2013, 342(6156): 341-344.

[165]　Xing G, Mathews N, Sun S, et al. Long-range balanced electron- and hole-transport lengths in organic-inorganic CH3NH3PbI3 [J]. Science, 2013, 342(6156): 344-347.

[166]　Liu D, Yang J, Kelly T L. Compact layer free perovskite solar cells with 13.5% efficiency [J]. Journal of the American Chemical Society, 2014, 136(49): 17116-17122.

[167]　Shi J, Dong J, Lv S, et al. Hole-conductor-free perovskite organic lead iodide hetero-junction thin-film solar cells: High efficiency and junction property [J]. Applied Physics Letters, 2014, 104(6): 063901.

[168]　Ke W, Fang G, Wan J, et al. Efficient hole-blocking layer-free planar halide perovskite thin-film solar cells [J]. Nature Communications, 2015, 6: 6700.

[169]　Liu M, Johnston M B, Snaith H J. Efficient planar heterojunction perovskite solar cells by vapor deposition [J]. Nature, 2013, 501(7467): 395-398.

[170]　Chen C W, Kang H W, Hsiao S Y, et al. Efficient and uniform planar-type perovskite solar cells by simple sequential vacuum deposition [J]. Advanced Materials, 2014, 26(38): 6647-6652.

[171]　Burschka J, Pellet N, Moon S J, et al. Sequential deposition as a route to high-performance perovskite-sensitized solar cells [J]. Nature, 2013, 499(7458): 316.

[172]　Wang K C, Jeng J Y, Shen P S, et al. P-type mesoscopic nickel oxide/organometallic perovskite heterojunction solar cells [J]. Scientific Reports, 2014, 4: 4756.

[173]　Wang K C, Shen P S, Li M H, et al. Low-temperature sputtered nickel oxide compact thin film as effective electron blocking layer for mesoscopic NiO/CH3NH3PbI3 per-ovskite heterojunction solar cells [J]. ACS Applied Materials & Interfaces, 2014, 6(15): 11851-11858.

[174]　Jiang Q, Zhao Y, Zhang X, et al. Surface passivation of perovskite film for efficient solar cells [J]. Nature Photonics, 2019, 13(7): 460-466.

[175]　Jeong M, Choi I W, Go E M, et al. Stable perovskite solar cells with efficiency exceeding 24.8% and 0.3-V voltage loss [J]. Science, 2020, 369: 1615-1620.

[176]　Wang K, Wu C, Hou Y, et al. Isothermally crystallized perovskites at room-temperature [J]. Energy & Environmental Science, 2020, 13(10): 3412-3422.

[177]　Li F, Deng X, Qi F, et al. Regulating surface termination for efficient inverted perovskite

solar cells with greater than 23% efficiency [J]. Journal of the American Chemical Society, 2020, 142(47): 20134-20142.

[178] Duan M, Hu Y, Mei A, et al. Printable carbon-based hole-conductor-free mesoscopic perovskite solar cells: From lab to market [J]. Materials Today Energy, 2018, 7: 221-231.

[179] Kim J, Lee S H, Lee J H, et al. The role of intrinsic defects in methylammonium lead iodide perovskite [J]. Journal of Physical Chemistry Letters, 2014, 5(8): 1312-1317.

[180] Meggiolaro D, Motti S G, Mosconi E, et al. Iodine chemistry determines the defect tolerance of lead-halide perovskites [J]. Energy & Environmental Science, 2018, 11(3): 702-713.

[181] Saliba M, Correa-Baena J P, Grätzel M, et al. Perovskite solar cells: from the atomic level to film quality and device performance [J]. Angewandte Chemie International Edition, 2018, 57(10): 2554-2569.

[182] Rong Y, Hu Y, Mei A, et al. Challenges for commercializing perovskite solar cells [J]. Science, 2018, 361(6408): 8235.

[183] You J, Meng L, Song T B, et al. Improved air stability of perovskite solar cells via solution-processed metal oxide transport layers [J]. Nature Nanotechnology, 2016, 11(1): 75.

[184] Wang Y, Han L. Research activities on perovskite solar cells in China [J]. Science China Chemistry, 2019, 62(7): 822-828.

[185] Cao Z, Li C, Deng X, et al. Metal oxide alternatives for efficient electron transport in perovskite solar cells: beyond TiO_2 and SnO_2 [J]. Journal of Materials Chemistry A, 2020, 8: 19768.

[186] Zhou Y, Li X, Lin H. To be higher and stronger metal oxide electron transport materials for perovskite solar cells [J]. Small, 2020, 16: 1902579.

[187] Reyes-Coronado D, Rodríguez-Gattorno G, Espinosa-Pesqueira M E, et al. Phase-pure TiO_2 nanoparticles: anatase, brookite and rutile [J]. Nanotechnology, 2008, 19(14): 145605.

[188] Aarik J, Aidla A, Sammelselg V, et al. Characterization of titanium dioxide atomic layer growth from titanium ethoxide and water [J]. Thin Solid Films, 2000, 370(1-2): 163-172.

[189] Burschka J, Pellet N, Moon S J, et al. Sequential deposition as a route to high-performance perovskite-sensitized solar cells [J]. Nature, 2013, 499(7458): 316-319.

[190] Numata Y, Sanehira Y, Miyasaka T. Photocurrent enhancement of formamidinium lead trihalide mesoscopic perovskite solar cells with large size TiO_2 nanoparticles [J]. Chemistry Letters, 2015, 44(11): 1619-1621.

[191] Yin J, Cao J, He X, et al. Improved stability of perovskite solar cells in ambient air by controlling the mesoporous layer [J]. Journal of Materials Chemistry A, 2015, 3(32): 16860-16866.

[192] Wu W Q, Chen D, Caruso R A, et al. Recent progress in hybrid perovskite solar cells based on n-type materials [J]. Journal of Materials Chemistry A, 2017, 5(21): 10092-

10109.

[193] Tiwana P, Docampo P, Johnston M B, et al. Electron mobility and injection dynamics in mesoporous ZnO, SnO$_2$, and TiO$_2$ films used in dye-sensitized solar cells [J]. ACS Nano, 2011, 5(6): 5158-5166.

[194] Zhen C, Wu T, Chen R, et al. Strategies for modifying TiO$_2$ based electron transport layers to boost perovskite solar cells [J]. ACS Sustainable Chemistry & Engineering, 2019, 7(5): 4586-4618.

[195] Xing G, Wu B, Chen S, et al. Interfacial electron transfer barrier at compact TiO$_2$/CH$_3$NH$_3$PbI$_3$ heterojunction [J]. Small, 2015, 11(29): 3606-3613.

[196] Ito S, Tanaka S, Manabe K, et al. Effects of surface blocking layer of Sb$_2$S$_3$ on nanocrystalline TiO$_2$ for CH$_3$NH$_3$PbI$_3$ perovskite solar cells [J]. The Journal of Physical Chemistry C, 2014, 118(30): 16995-17000.

[197] Zhang Q, Dandeneau C S, Zhou X, et al. ZnO nanostructures for dye-sensitized solar cells [J]. Advanced Materials, 2009, 21(41): 4087-4108.

[198] Srikant V, Clarke D R. On the optical band gap of zinc oxide [J]. Journal of Applied Physics, 1998, 83(10): 5447-5451.

[199] Fu M, Zhou J, Xiao Q, et al. Preparation and characterization of nanocrystalline ZnS/ZnO doped silica inverse opals [J]. Journal of Electroceramics, 2008, 21(1-4): 374-377.

[200] Wang Y, Zhong M, Wang W, et al. Effects of ZnSe modification on the perovskite films and perovskite solar cells based on ZnO nanorod arrays [J]. Applied Surface Science, 2019, 495: 143552.

[201] Wei A, Pan L, Huang W. Recent progress in the ZnO nanostructure-based sensors [J]. Materials Science and Engineering: B, 2011, 176(18): 1409-1421.

[202] Bi D, Boschloo G, Schwarzmüller S, et al. Efficient and stable CH$_3$NH$_3$PbI$_3$-sensitized ZnO nanorod array solid-state solar cells [J]. Nanoscale, 2013, 5(23): 11686-11691.

[203] Liu D, Kelly T L. Perovskite solar cells with a planar heterojunction structure prepared using room-temperature solution processing techniques [J]. Nature Photonics, 2014, 8(2): 133-138.

[204] Yang J, Siempelkamp B D, Mosconi E, et al. Origin of the thermal instability in CH$_3$NH$_3$PbI$_3$ thin films deposited on ZnO [J]. Chemistry of Materials, 2015, 27(12): 4229-4236.

[205] Zhao X, Shen H, Zhang Y, et al. Aluminum-doped zinc oxide as highly stable electron collection layer for perovskite solar cells [J]. ACS Applied Materials & Interfaces, 2016, 8(12): 7826-7833.

[206] Dkhissi Y, Meyer S, Chen D, et al. Stability comparison of perovskite solar cells based on zinc oxide and titania on polymer substrates [J]. ChemSusChem, 2016, 9(7): 687-695.

[207] Yao K, Leng S, Liu Z, et al. Fullerene-anchored core-shell ZnO nanoparticles for efficient and stable dual-sensitized perovskite solar cells [J]. Joule, 2019, 3(2): 417-431.

[208] Azmi R, Hadmojo W T, Sinaga S, et al. High-efficiency low-temperature ZnO based

perovskite solar cells based on highly polar, nonwetting self-assembled molecular layers [J]. Advanced Energy Materials, 2018, 8(5): 1701683.

[209] Cao J, Wu B, Chen R, et al. Efficient, hysteresis-free, and stable perovskite solar cells with ZnO as electron-transport layer: effect of surface passivation [J]. Advanced Materials, 2018, 30(11): 1705596.

[210] Park M, Kim J Y, Son H J, et al. Low-temperature solution-processed Li-doped SnO$_2$ as an effective electron transporting layer for high-performance flexible and wearable perovskite solar cells [J]. Nano Energy, 2016, 26: 208-215.

[211] Song J, Zheng E, Bian J, et al. Low-temperature SnO$_2$-based electron selective contact for efficient and stable perovskite solar cells [J]. Journal of Materials Chemistry A, 2015, 3(20): 10837-10844.

[212] Ai Y, Liu W, Shou C, et al. SnO$_2$ surface defects tuned by (NH$_4$)$_2$S for high-efficiency perovskite solar cells [J]. Solar Energy, 2019, 194: 541-547.

[213] Slater B, Catlow C R A, Williams D E, et al. Dissociation of O$_2$ on the reduced SnO$_2$ (110) surface [J]. Chemical Communications, 2000 (14): 1235-1236.

[214] Yang G, Tao H, Qin P, et al. Recent progress in electron transport layers for efficient perovskite solar cells [J]. Journal of Materials Chemistry A, 2016, 4(11): 3970-3990.

[215] Yang G, Wang C, Lei H, et al. Interface engineering in planar perovskite solar cells: energy level alignment, perovskite morphology control and high-performance achievement [J]. Journal of Materials Chemistry A, 2017, 5(4): 1658-1666.

[216] Yang G, Lei H, Tao H, et al. Reducing hysteresis and enhancing performance of perovskite solar cells using low-temperature processed Y-Doped SnO$_2$ nanosheets as electron selective layers [J]. Small, 2017, 13: 1601769.

[217] Ke W, Xiao C, Wang C, et al. Employing lead thiocyanate additive to reduce the hysteresis and boost the fill factor of planar perovskite solar cells [J]. Advanced Materials, 2016, 28(26): 5214-5221.

[218] Ma J, Yang G, Qin M, et al. MgO nanoparticle modifed anode for highly effcient SnO$_2$-based planar perovskite solar cells [J]. Advanced Science, 2017, 4: 1700031.

[219] Jeng J Y, Chiang Y F, Lee M H, et al. CH$_3$NH$_3$PbI$_3$ perovskite/fullerene planar-heterojunction hybrid solar cells [J]. Advanced Materials, 2013, 25(27): 3727-3732.

[220] Xu J, Buin A, Ip A H, et al. Perovskite–fullerene hybrid materials suppress hysteresis in planar diodes [J]. Nature Communications, 2015, 6(1): 1-8.

[221] Sun X, Ji L Y, Chen W W, et al. Halide anion-fullerene π noncovalent interactions: n-doping and a halide anion migration mechanism in p-i-n perovskite solar cells [J]. Journal of Materials Chemistry A, 2017, 5(39): 20720-20728.

[222] Shao Y, Xiao Z, Bi C, et al. Origin and elimination of photocurrent hysteresis by fullerene passivation in CH$_3$NH$_3$PbI$_3$ planar heterojunction solar cells [J]. Nature Communications, 2014, 5(1): 1-7.

[223] Luo D, Yang W, Wang Z, et al. Enhanced photovoltage for inverted planar heterojunction perovskite solar cells [J]. Science, 2018, 360(6396): 1442-1446.

[224] Eftaiha A F, Sun J P, Hilland I G, et al. Recent advances of non-fullerene, small molecular acceptors for solution processed bulk heterojunction solar cells [J]. Journal of Materials Chemistry A, 2014, 2: 1201-1213.

[225] Anctil A, Babbitt C W, Raffaelle R P, et al. Material and energy intensity of fullerene production [J]. Environmental Science & Technology, 2011, 45(6): 2353-2359.

[226] Chen W, Zhang Q. Recent progress in non-fullerene small molecule acceptors in organic solar cells (OSCs) [J]. Journal of Materials Chemistry C, 2017, 5(6): 1275-1302.

[227] Xie J, Zhao C, Lin Z, et al. Nanostructured conjugated polymers for energy-related applications beyond solar cells [J]. Chemistry-An Asian Journal, 2016, 11(10): 1489-1511.

[228] Li C Z, Chueh C C, Ding F, et al. Doping of fullerenes via anion-induced electron transfer and its implication for surfactant facilitated high performance polymer solar cells [J]. Advanced Materials, 2013, 25(32): 4425-4430.

[229] Chueh C C, Li C Z, Ding F, et al. Doping versatile N-type organic semiconductors via room temperature solution-processable anionic dopants [J]. ACS Applied Materials & Interfaces, 2017, 9(1): 1136-1144.

[230] Yan K, Liu Z X, Li X, et al. Conductive fullerene surfactants via anion doping as cathode interlayers for efficient organic and perovskite solar cells [J]. Organic Chemistry Frontiers, 2018, 5(19): 2845-2851.

[231] Gil-Escrig L, Momblona C, Sessolo M, et al. Fullerene imposed high open-circuit voltage in efficient perovskite based solar cells [J]. Journal of Materials Chemistry A, 2016, 4(10): 3667-3672.

[232] Xing Y, Sun C, Yip H L, et al. New fullerene design enables efficient passivation of surface traps in high performance pin heterojunction perovskite solar cells [J]. Nano Energy, 2016, 26: 7-15.

[233] Shao S, Abdu-Aguye M, Qiu L, et al. Elimination of the light soaking effect and performance enhancement in perovskite solar cells using a fullerene derivative [J]. Energy & Environmental Science, 2016, 9(7): 2444-2452.

[234] Bai Y, Dong Q, Shao Y, et al. Enhancing stability and efficiency of perovskite solar cells with crosslinkable silane-functionalized and doped fullerene [J]. Nature Communications, 2016, 7(1): 1-9.

[235] Said A A, Xie J, Zhang Q. Recent progress in organic electron transport materials in inverted perovskite solar cells [J]. Small, 2019, 15(27): 1900854.

[236] Zheng S, Wang G, Liu T, et al. Materials and structures for the electron transport layer of efficient and stable perovskite solar cells [J]. Science China Chemistry, 2019, 62(7): 800-809.

[237] Zhang M, Zhan X. Nonfullerene n-type organic semiconductors for perovskite solar cells [J]. Advanced Energy Materials, 2019, 9(25): 1900860.

[238] Jung S K, Heo J H, Lee D W, et al. Nonfullerene electron transporting material based on naphthalene diimide small molecule for highly stable perovskite solar cells with

efficiency exceeding 20% [J]. Advanced Functional Materials, 2018, 28(20): 1800346.

[239] Jung S K, Heo J H, Lee D W, et al. Homochiral asymmetric-shaped electron-transporting materials for efficient non-fullerene perovskite solar cells [J]. ChemSus-Chem, 2019, 12(1): 224-230.

第 2 章 二氧化锡的制备方法及其在钙钛矿太阳能电池中的应用 —— 溶液法

2.1 引　　言

　　有机无机杂化卤化物钙钛矿太阳能电池，因其低的制备成本、高的光电转换效率、简单的制备工艺等优点而引起了大家的广泛关注。通过器件结构优化、界面修饰等方法，钙钛矿太阳能电池的性能得到了很大的提升，目前世界最高效率已经超过 25%[1]。在太阳能电池中，包括钙钛矿太阳能电池，电子传输层在传输电子和阻挡空穴以及抑制复合方面能起到非常关键性的作用，电子传输层或者空穴阻挡层的电学和光学性能会很大地影响最终钙钛矿太阳能电池的效率和稳定性。

　　传统的钙钛矿太阳能电池大都采用二氧化钛 (TiO_2) 致密层作为电子传输层 [2]，而 TiO_2 致密层大都需要采用 500℃ 的高温烧结。高温烧结的 TiO_2 致密层不仅其制备过程需要受高温限制，同时 TiO_2 材料本身也存在一些弊端，比如，TiO_2 的电子迁移率偏低、不够透明等。最近，有文献报道通过钇 (Y) 掺杂能增加 TiO_2 的电子迁移率和导电性，所以能提高钙钛矿电池的效率[3]。虽然通过掺杂可以对 TiO_2 的性能有所改善，但还是受材料本身性质的限制，依然不能作为最理想的电子传输层。另一方面，Snaith 等还报道了基于多孔 TiO_2 的钙钛矿电池对紫外线会更加敏感，所以 TiO_2 会使得钙钛矿太阳能电池更加不稳定 [4]。

　　其他很多透明金属氧化物与 TiO_2 的性质非常类似，如氧化锌 (ZnO)、三氧化二铟 (In_2O_3) 和二氧化锡 (SnO_2) 等。这些氧化物与 TiO_2 比较，有更好的电学和光学性质。特别是这些氧化物具有比 TiO_2 高得多的电子迁移率[5]。例如，平面结构的钙钛矿电池用低温溶液法制备的 ZnO 纳米颗粒作为电子传输层，电池的最高光电转换效率 (PCE) 为 15.7%[6]，这一结果证明，用其他类似的金属氧化物替代 TiO_2 也可以取得高效率。但是 ZnO 作为一种双性氧化物，在酸碱环境下不够稳定。而 SnO_2 的性质与 TiO_2 非常类似，不仅有比 TiO_2 更高的电子迁移率，还有更宽的带隙 [5,7]。因为电子传输层对光的吸收并不会对光电流有所贡献，所以希望电子传输层越透明越好，并且还要与钙钛矿的带隙位置相匹配。SnO_2 因为具有更宽的带隙，所以可以减小光电流损失，并且 SnO_2 相对 TiO_2 有更好的紫外光稳定性 [5]。掺氟的 SnO_2(即 FTO) 已经被广泛应用于导电玻璃和薄膜太阳能电池工业领域。

SnO_2 纳米颗粒薄膜已被报道可以用作有机太阳能电池的电子传输层 [8]。在染料敏化太阳能电池里，通过在 SnO_2 表面包覆一层薄的 TiO_2 或氧化镁 (MgO) 作为多孔层也可以取得较高的效率 [7]，其具有高的电子迁移率，可以增加电池的短路电流。2014 年，我们发现低温溶胶凝胶 (sol-gel) 工艺制备的 SnO_2 电子传输层应用于平面钙钛矿太阳能电池取得了很好的效率，并于 2014 年 8 月 19 日提交了发明专利并获授权；2015 年我们发表了一篇使用低温 SnO_2 电子传输层的高效平面钙钛矿太阳能电池的文献，所使用的 SnO_2 制备方法简单且重复率高，电池效率达到 17% [9]。随后，Grätzel 课题组利用原子层沉积法制备出致密的 SnO_2 作为钙钛矿电池的电子传输层，效率达 18% [10]。近期，国内中国科学院半导体研究所游经碧研究员课题组使用商用 SnO_2 纳米颗粒水溶液制备薄膜电子传输层，并实现了平面钙钛矿太阳能电池的当时世界最高效率 [11,12]。随着近年来的发展，SnO_2 已经被非常广泛地应用到钙钛矿太阳能电池中，高效的平面钙钛矿太阳能电池大多会采用 SnO_2 电子传输层，研究者们也陆续开发了各种各样的简易制备 SnO_2 电子传输层的方法 [13]。

低温溶液法具有低成本、可大面积化、易于控制、可采用柔性衬底等特点，所以低温溶液法制备的 SnO_2 将极具潜力。本章将介绍不同溶液法制备的 SnO_2 电子导体的性质以及在钙钛矿太阳能电池中的应用；着重介绍通过不同低温溶液法制备的 SnO_2，如通过溶胶凝胶法制备的 SnO_2 纳米晶 [9]，两步水溶液法制备的 SnO_2 量子点 [14]，以及水热法生长的具有多层次结构的 SnO_2 纳米片阵列 [15]；对不同方法制备的 SnO_2 进行制备工艺探索、结构表征和物性分析，结果表明，低温溶液法制备的 SnO_2 电子传输层具有好的光学增透效应、高的迁移率、匹配的能带结构等优点；并进一步介绍不同方法制备的 SnO_2 电子传输层在钙钛矿太阳能电池的应用和性能表现，相应的电池可以取得更高的开路电压 (V_{oc})、短路电流 (J_{sc})、PCE，以及更小的回滞效应和更好的稳定性等。

2.2 二氧化锡纳米晶

2.2.1 二氧化锡纳米晶薄膜的制备

(1) 准备衬底：将一定尺寸的掺氟的 SnO_2 导电玻璃 (FTO，14 Ω/sq，Asahi Glass 公司) 用标准半导体工艺清洗干净。步骤是先用清洁剂清洗，再放在丙酮、乙醇和去离子水溶液中依次超声 10min 左右，最后将超声后的 FTO 衬底用氮气吹干待用。

(2) 将不同浓度的二氯化锡 ($SnCl_2 \cdot 2H_2O$，99.9985%，Alfa Aesar(阿法埃莎) 公司) 溶解在无水乙醇里，SnO_2 膜的厚度可以通过 $SnCl_2$ 溶液的浓度进行控制。用匀胶机将溶液旋涂在干净的 FTO 衬底或普通载玻片上，旋转条件是先低速

500 r/min 持续 1 s，再高速 2000 r/min 持续 30 s。旋涂完以后把衬底放在热台上在空气中退火。SnO_2 的退火条件为 100℃、150℃ 和 185℃ 先后分别退火一个小时 [9]。图 2.1 为制备过程示意图。

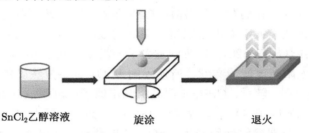

SnCl₂乙醇溶液　　　　　　旋涂　　　　　　　退火

图 2.1   溶胶凝胶法制备 SnO_2 纳米晶薄膜的过程示意图

2.2.2　二氧化锡纳米晶薄膜的性质

1) 表征方法

钙钛矿膜的吸收和透射以及衬底的透射光谱，在室温下可用紫外–可见光光度计测量 (UV-vis, CARY5000，Varian 公司，USA)。膜的组分和结晶质量分别用 X 射线光电子能谱 (XPS) 系统 (Escalab 250Xi Thermo Scientific 公司) 和 X 射线衍射 (XRD) 仪 (D8 Advance，Bruker Axs 公司) 测量。透射电子显微镜 (TEM) 图像和选区电子衍射 (SAED) 图用 JEOL-2010 TEM 仪器进行测量。膜表面形貌采用高分辨场发射扫描电镜 (FESEM，JSM 6700F) 表征。膜的表面粗糙度用原子力显微镜 (AFM，S/MIN-9500j3) 系统测量。

2) 膜的形貌

先表征通过低温溶液法制备的 SnO_2 薄膜的表面形貌。从图 2.2 可以看到，通过低温法制备的 SnO_2 具有纳米晶的性质。从图 2.2(a) 看到，在 1 μm 的尺度下，看到的晶粒主要是 FTO。把图像进一步放大，从图 2.2(b) 可以看到在 FTO 的晶粒上很均匀地覆盖有 SnO_2，而 SnO_2 膜是由很多很小的纳米晶组成，所以形成的膜较致密，这样可以有效地防止钙钛矿层与 FTO 直接接触，能起到很好的电子传输和空穴阻挡作用。而从图 2.2(c) 和 (d) 看到的 TEM 图像和选区电子衍射图也可以证明，通过低温溶液法制备的 SnO_2 是纳米晶。而从图 2.3 的 AFM 图也可以看到，未覆盖 SnO_2 的 FTO 表面晶粒更加尖锐和突出，而覆盖有 SnO_2 的 FTO 晶粒表面变得形如圆锥状，这种表面形貌的 SnO_2 将更有利于薄膜的光透射。

3) 膜的光学性质

从图 2.4 可以发现，没有覆盖任何电子传输层的 FTO 有较好的透射，在可见光范围的透射率大约为 80%。图中短虚线表示的是 FTO 表面覆盖有一层致密的 TiO_2 电子传输层后的透射谱图。很明显地，当衬底覆盖有 TiO_2 时，其透射率会明显降低。特别是在短波范围内，TiO_2 会有较强的吸收，这将会影响到钙钛矿对

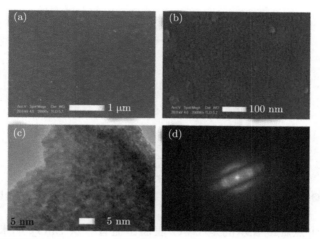

图 2.2　FTO 表面覆盖有 SnO$_2$ 纳米晶膜在 (a) 低倍和 (b) 高倍下的 SEM 图，以及 (c) TEM 图和 (d) 选区电子衍射图 [9]

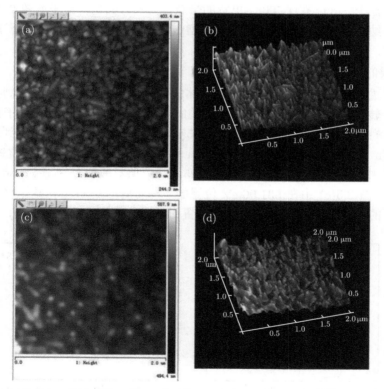

图 2.3　FTO 的 (a) 二维和 (b) 三维 AFM 图; FTO 表面覆盖有 SnO$_2$ 纳米晶膜的 (c) 二维和 (d) 三维 AFM 图

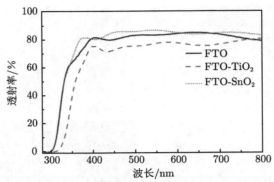

图 2.4　FTO、FTO 表面覆盖有 TiO$_2$ 和 FTO 表面覆盖有 SnO$_2$ 的透射光谱图 [9]

光的吸收。图中点虚线表示的是 FTO 表面覆盖有一层 SnO$_2$ 纳米晶薄膜后的透射谱图，衬底覆盖一层 60 nm 左右的 SnO$_2$ 纳米晶薄膜后，其透光性甚至比没有覆盖任何膜时的透光性还要好，所以 SnO$_2$ 纳米晶薄膜有一定的光学增透特性。一方面得益于 SnO$_2$ 有比 TiO$_2$ 更宽的带隙，另一方面也得益于如图 2.3(d) 所示的 SnO$_2$ 纳米晶薄膜的特殊形貌。这种增透特性，将非常有利于钙钛矿膜对光的充分吸收，也会增加电池的 J_{sc} 和 PCE。

4) 膜的组分

为了进一步表征制备好的薄膜的具体成分，并且验证低温溶液法制备的薄膜是否完全转化为 SnO$_2$，这里采用相同的制备工艺，但是将膜制备在干净的硅片上，然后测量薄膜的 XPS 图谱。从图 2.5(a) 的 XPS 的全谱图可以看到制备得到的膜有 Sn 和 O 成分，然后进一步对 Sn 和 O 所对应的结合能的位置进行细扫。图 2.5(b) 中的两个峰值 487.11 eV 和 495.56 eV 所对应的分别是 Sn 3d$_{5/2}$ 和 Sn 3d$_{3/2}$ 态。图 2.5(c) 中在 531.06 eV 位置的主峰对应的是 O 1s，这个峰可以看成是 SnO$_2$ 的 O^{2-} 态。而更高束缚能的位置所对应的是氧原子或氢氧根，这可能是

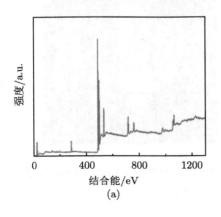

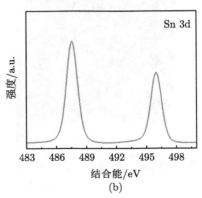

(a)　　　　　　　　　　　　　　　(b)

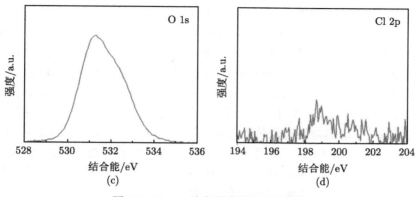

图 2.5 SnO_2 纳米晶膜的 XPS 图谱

(a) 全谱图; (b) Sn 3d; (c) O 1s; (d) Cl 2p[9]

由吸附在薄膜表面的水汽所引起的 [8,16]。而对氯 (Cl) 元素所对应的结合能位置进行细扫, 从图 2.5(d) 中可以看到, 最终经过退火的薄膜并没有明显残余的 Cl 元素。

2.2.3 二氧化锡纳米晶薄膜应用在平面钙钛矿太阳能电池

1) 钙钛矿膜的制备

(1) 甲胺碘 (MAI) 粉末的制备。将 39.3 mL 的甲胺酒精溶液 (33 wt%, Sigma-Aldrich 公司) 和 39.6 mL 的氢碘酸水溶液 (57 wt%, 99.99%, Sigma-Aldrich 公司) 在 0°C 冰浴的情况下搅拌 2 h。将溶液放到旋蒸仪中, 然后 50°C 旋蒸 2 h 后得到固体。再把固体用乙醚 (国药集团化学试剂有限公司, AR(分析纯)) 清洗后用无水乙醇 (国药集团化学试剂有限公司, AR) 重结晶, 如此反复三次。把得到的白色沉淀物放在真空烘箱里 60°C 烘 24 h, 最后得到的白色粉末就是较为纯净的 MAI。

(2) 溶液法甲胺铅碘 ($MAPbI_3$) 膜的制备。将 462 mg 的碘化铅 (PbI_2) 粉末 (阿拉丁试剂 (上海) 有限公司, 99.99%) 溶解在 1 mL 的 N,N-二甲基甲酰胺 (DMF)(国药集团化学试剂有限公司, AR) 中, 然后在手套箱中 70°C 搅拌 12 h。将 200 mg 的 MAI 溶解在 20 mL 的无水异丙醇 (IPA) 中, 配制成 10 mg/mL 的 MAI 溶液待用。然后将热的 PbI_2 溶液甩在制备有 SnO_2 纳米晶薄膜的 FTO 衬底上, 条件为低速 500 r/min 持续 3 s, 再高速 2000 r/min 持续 30 s, 衬底在甩膜之前先用紫外–臭氧 (UVO) 处理 15 min。随后将衬底放在热台上 70°C 退火 30 min, 再将退完火并且已经冷却的衬底放到 10 mg/mL 的 MAI 溶液中浸泡 8 min, 可以看到 PbI_2 膜慢慢由黄变黑, 再把衬底放入干净的异丙醇中漂洗, 然后取出并迅速用氮气吹干。最后再将衬底放在 70°C 的热台上退火 30 min。

2) 空穴传输层和电极的制备

(1) 空穴传输层 (HTL) 的配制。将 183.3 mg 的 2,2′,7,7′-四 [N,N-二 (4-甲氧基苯基) 氨基]-9,9′-螺二芴 (Spiro-OMeTAD, ⩾99.0%, 深圳市飞鸣科技有限公司) 溶解在 2 mL 的氯苯 (无水, 99.8%, Sigma-Aldrich 公司) 中, 再加入 17.7 μL 的 4-叔丁基吡啶 (tBP)(96%, Sigma-Aldrich 公司) 和事先配制好的 200 μL 的双 (三氟甲基磺酰) 酰亚胺锂 (Li-TFSI)(99.95%, Sigma-Aldrich 公司) 溶液。Li-TFSI 的溶液配制是将 82.1 mg 的 Li-TFSIT 溶解在 1 mL 乙腈 (AR, 国药集团化学试剂有限公司) 中。配制好的空穴传输层浓度是 68 mmol Spiro-OMeTAD、55 mmol TBP 和 26 mmol Li-TFSI。使用之前, 将溶液在手套箱里充分搅拌 24h。

(2) 将上述空穴传输层溶液甩在制备好钙钛矿膜的衬底上, 条件是低速 500 r/min 持续 6 s 再高速 2000 r/min 持续 45 s。最后将衬底放到蒸镀仪里, 沉积一层 80 nm 左右的金膜作为背电极。金 (Au) 电极的面积为 0.09 cm^2, 作为电池的活性面积和有效面积。具体的结构和能带示意图如图 2.6 所示。

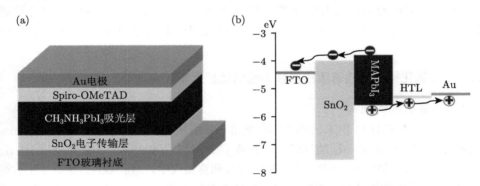

图 2.6　基于 SnO$_2$ 电子传输层的平面钙钛矿电池的 (a) 结构和 (b) 能带示意图 [9]

3) 器件的表征

钙钛矿膜表面形貌和器件横截面形貌采用高分辨场发射扫描电镜 (FESEM, JSM 6700F) 表征。阻抗谱用电化学工作站 (CHI660D, 上海辰华仪器有限公司) 进行测量, 振幅为 10 mV, 频率范围为 100 kHz~0.1 Hz。光电流密度–电压 (J-V) 曲线也用该电化学工作站进行测试。太阳能电池测试采用的光源功率是 100 mW/cm^2(AM 1.5 G, ABET 公司 Sun 2000 太阳光模拟器), 光强经过标准的硅电池进行校准。外量子效率 (EQE) 采用 QE/IPCE 系统 (PV Measurements Inc.) 测量, 波长范围是 320~800 nm。

4) 钙钛矿膜的性质

要实现高效的平面钙钛矿电池, 钙钛矿膜本身的性能也非常关键。图 2.7 显示的是通过两步法制备的钙钛矿膜, 可以看到钙钛矿膜由很多粒径 200 nm 左右的晶粒组成, 钙钛矿膜整体相对平整, 这对平面电池的性能起到关键性的作用。

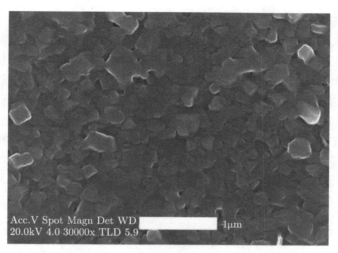

图 2.7　制备在表面覆盖有 SnO_2 纳米晶膜的 FTO 衬底上的钙钛矿膜的 SEM 形貌图 [9]

　　为了检测两步法制备的钙钛矿膜的结晶质量,这里还测量了钙钛矿膜的 XRD。从图 2.8 可以看到通过两步法制备的钙钛矿膜具有很好的结晶性和取向性, 在 (110) 和 (220) 方向有很强的衍射峰。因为样品是制备在覆盖有 SnO_2 纳米晶膜的 FTO 衬底上,所以也可以看到有较强的 FTO 峰。同时,因为使用的是两步法制备的钙钛矿膜,即先甩一层 PbI_2 膜,再浸泡到 MAI 的异丙醇溶液里,所以不可避免的是,处在底部的 PbI_2 无法与 MAI 接触,从而无法充分反应而形成钙钛矿。因此,最终膜的衍射峰还可以看到有明显的残余 PbI_2 存在。

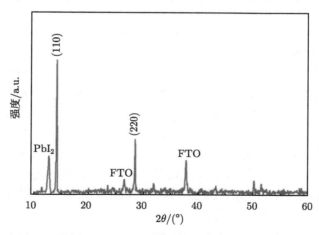

图 2.8　制备在表面覆盖有 SnO_2 纳米晶膜的 FTO 衬底上的钙钛矿膜的 XRD 图谱 [9]

5) 基于低温溶液法 SnO$_2$ 电子传输层的平面钙钛矿电池性能

最终的太阳能电池结构如图 2.6(a) 所示，是一种三明治式平面结构的钙钛矿太阳能电池。在 FTO 上用溶液法制备的 SnO$_2$ 纳米晶膜作为电子传输层 (ETL)，然后上面依次是钙钛矿膜和空穴传输层，最后是蒸发的金作为背电极。而从能带图 2.6(b) 可以看到，电子从钙钛矿吸光层的导带传输到 SnO$_2$ 电子传输层然后再到 FTO 电极，而空穴从钙钛矿的价带传输到空穴传输层和金电极上。图 2.9 显示的是基于 SnO$_2$ 电子传输层的平面钙钛矿电池的完整器件的 SEM 横截面图，可以看到每一层都相对均匀和平整地叠加在一起。SnO$_2$ 电子传输层的厚度大约为 60 nm，钙钛矿膜的厚度大约为 600 nm，Spiro-OMeTAD 空穴传输层的厚度大约为 500 nm，金电极的厚度大约为 60 nm。

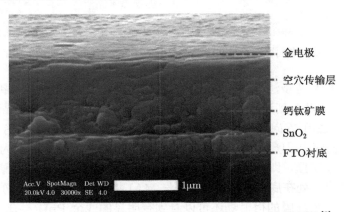

金电极

空穴传输层

钙钛矿膜

SnO$_2$

FTO衬底

图 2.9 基于 SnO$_2$ 电子传输层的平面钙钛矿电池的 SEM 横截面图 [9]

电子传输层的厚度对钙钛矿太阳能电池的性能影响非常大。如果电子传输层太厚，则会引起电池有太大的串联电阻，这会降低电池的 J_{sc} 和 FF；而如果电子传输层太薄，FTO 没有被完全覆盖，一旦钙钛矿膜与 FTO 直接接触，则容易引起严重的电子空穴复合。所以这里首先对 SnO$_2$ 电子传输层的厚度做了优化，可以通过调节 SnCl$_2$ 的浓度来改变 SnO$_2$ 电子传输层的厚度。SnO$_2$ 电子传输层的厚度会随着 SnCl$_2$ 前驱体溶液浓度的增加而增加，平面钙钛矿电池使用不同厚度 SnO$_2$ 电子传输层的 J-V 曲线结果如图 2.10 所示。从图可以看到，平面钙钛矿电池的性能会随着 SnCl$_2$ 浓度的增加而先增加后减少，具体的光伏参数见表 2.1。因为这里使用的是 MAPbI$_3$ 膜作为吸光层，所以如果电池不使用任何电子传输层，则电池的性能会很差，效率仅为 3.32%，V_{oc} 为 0.87 V，J_{sc} 为 9.15 mA/cm^2，FF 为 41.72%。而当使用 0.025 mol/L 的 SnCl$_2$ 前驱体制备的 SnO$_2$ 膜作为钙钛矿电池的电子传输层时，电池的 V_{oc}、J_{sc}、FF 和 PCE 都得到了非常显著的提升。如果进一步提高 SnCl$_2$ 前驱体的浓度，当使用 0.1 mol/L 的 SnCl$_2$ 前驱体制备

的 SnO_2 膜作为电池的电子传输层时，电池取得了最优的性能，PCE 为 16.84%，
V_{oc} 为 1.11 V，J_{sc} 为 23.24 mA/cm^2，FF 为 65.28%。0.1 mol/L 的 $SnCl_2$ 前驱
体制备出来的 SnO_2 膜的厚度大约为 60 nm。当使用更高浓度的 $SnCl_2$ 前驱体时，
即 SnO_2 膜更厚时，钙钛矿电池性能又会下降。采用 0.1 mol/L 的 $SnCl_2$ 前驱体
溶液制备的 SnO_2 电子传输层的平面电池性能最好，其冠军电池反扫条件下的效
率为 17.21%，V_{oc} 为 1.11 V，J_{sc} 为 23.27 mA/cm^2，FF 为 67%，具体结果如
图 2.11 所示。同时我们还测量了不同扫描方向下电池的 J-V 曲线图，同一个电
池在正扫条件下，电池的效率为 14.82%，V_{oc} 为 1.11 V，J_{sc} 为 22.39 mA/cm^2，
FF 为 60%。而各项参数取正反扫方向的平均值，则效率为 16.02%，V_{oc} 为 1.11
V，J_{sc} 为 22.83 mA/cm^2，FF 为 64%。正扫方向下的 V_{oc} 基本不变，J_{sc} 和 FF 有
些下降，所以电池具有较小的回滞效应。SnO_2 有更高的电子迁移率，因而平面钙
钛矿电池用 SnO_2 作为电子传输层，可以有更快的电子抽取过程，所以有更低的
载流子复合概率和较小的迟滞效应。从图 2.12 的外量子效率曲线可以看到电池在
可见光范围内有较好的外量子效率。400 ~760 nm 波长的外量子效率平均值大概在
80% 以上，所以基于 SnO_2 电子传输层的平面钙钛矿电池可以取得高的短路电流。

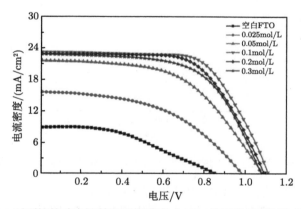

图 2.10　平面钙钛矿电池基于不同浓度 $SnCl_2$ 前驱体溶液制备的 SnO_2
电子传输层的 J-V 曲线图[9]

表 2.1　平面钙钛矿电池基于不同浓度 $SnCl_2$ 前驱体溶液制备的 SnO_2
电子传输层的具体光伏参数统计表

溶液浓度	V_{oc}/V	J_{sc}/(mA/cm^2)	FF/%	PCE/%
空白 FTO	0.87	9.15	41.72	3.32
0.025 mol/L	0.99	16.07	47.66	7.58
0.05 mol/L	1.09	22.11	53.45	12.88
0.1 mol/L	1.11	23.24	65.28	16.84
0.2 mol/L	1.09	22.92	63.25	15.80
0.3 mol/L	1.08	22.80	60.61	14.93

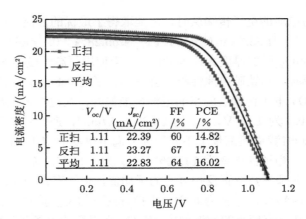

图 2.11   性能最好的基于 SnO_2 电子传输层的平面钙钛矿电池的 J-V 曲线图 [9]

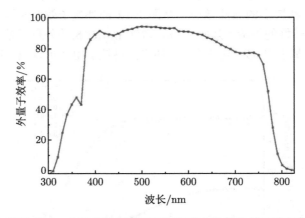

图 2.12   基于 SnO_2 电子传输层的平面钙钛矿电池的外量子效率曲线图 [9]

同时，这种平面的钙钛矿太阳能电池也可以被看作一种 n-i-p 结构。通过二极管方程 [17]，从 J-V 曲线可以计算得到串联电阻和并联电阻分别为 $1.26\ \Omega\cdot cm^2$ 和 $1840\ \Omega\cdot cm^2$。电池具有低的串联电阻和高的并联电阻，所以取得好的光电性能。并且，因为 FTO 是掺 F 的 SnO_2 膜，所以 SnO_2 作为电子传输层与 FTO 之间不会有晶格失配，这样可以尽量避免缺陷，以及减少载流子在 SnO_2 电子传输层和 FTO 界面的复合。

为了验证基于 SnO_2 电子传输层的平面钙钛矿电池的重复性，这里还制备了 30 个独立的电池。30 个电池的效率统计结果如图 2.13 所示，平均效率为 16.44%，V_{oc} 为 1.09 V，J_{sc} 为 23.10 mA/cm^2，FF 为 65%。

为了对比 SnO_2 电子传输层与 TiO_2 电子传输层的性能差别，这里还制备了用 TiO_2 作为电子传输层的平面钙钛矿电池，性能最好电池的 J-V 曲线如图 2.14

所示。可以看到，基于 TiO_2 电子传输层的平面钙钛矿电池有更低的性能，在反扫条件下，PCE 仅为 15.17%，V_{oc} 为 1.06 V，J_{sc} 为 22.48 mA/cm^2，FF 为 64%。很明显，平面钙钛矿电池使用 SnO_2 电子传输层可以取得更好的平均 PCE、V_{oc}、J_{sc} 和 FF。

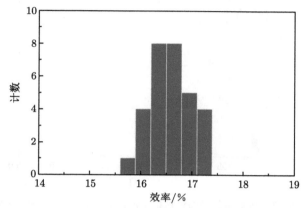

图 2.13 30 个基于 SnO_2 电子传输层的平面钙钛矿电池的效率统计分布图 [9]

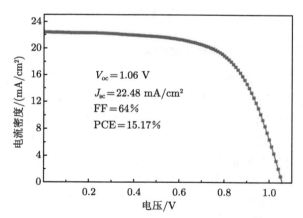

图 2.14 性能最好的基于 TiO_2 电子传输层的平面钙钛矿电池的 J-V 曲线图 [9]

为了进一步探索其中的原因，这里还测量了电池基于不同电子传输层的电化学阻抗谱，电化学阻抗谱可以反映太阳能电池内部的电荷输运和电荷复合特性。如图 2.15 所示，阻抗谱的曲线主要包含一个半圆，插图中显示的是所对应的电路模型，包含电阻和电容单元，而在低频区域的大半圆可以认为是复合电阻和电容 [18]。从图 2.15 可以看到，平面钙钛矿电池用 SnO_2 电子传输层有更大的半圆半径，所以有更大的复合电阻。这也意味着平面钙钛矿电池用 SnO_2 电子传输层有更小的复合速率，这可以归因于 SnO_2 有更好的电子传输和空穴阻挡功能。所以，相对于高温烧结的 TiO_2 电子传输层，低温溶液法制备的 SnO_2 纳米晶薄膜是一种很好的电子传输层替换材料。

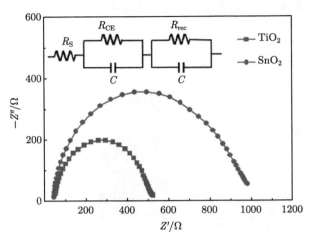

图 2.15　基于不同电子传输层的平面钙钛矿电池在光照和 1 V 的偏压下的阻抗谱图 [9]

2.3　二氧化锡量子点

2.3.1　二氧化锡量子点水溶液和薄膜的制备

(1) SnO_2 量子点水溶液的制备 [14]。

首先将 1.015 g $SnCl_2·2H_2O$ 和 0.335 g 的硫脲 (CH_4N_2S) 粉末混合并放入装有 30 mL 去离子水的锥心瓶中，然后在常温下连续搅拌 24 h 后，得到了澄清的黄色 SnO_2 量子点 (QD) 水溶液。

(2) FTO 透明导电衬底的方阻为 15 Ω/sq，其清洗步骤如下：首先用清洁剂清洗干净，再用去离子水冲洗。然后将其放在超声波清洗器中依次用丙酮、乙醇、去离子水超声清洗，最后再用氮气吹干即可得到实验需要的表面干净的 FTO 衬底。

(3) SnO_2 量子点薄膜的制备。

首先过滤上述得到的 SnO_2 量子点水溶液，然后将过滤后的 SnO_2 量子点水溶液以 3000 r/min 的速度旋涂在洗干净的 FTO 表面，旋涂时间为 30 s。随后将其放置在加热台上，在 200℃ 下退火 1 h。

2.3.2　二氧化锡量子点薄膜的性质

1) SnO_2 量子点合成和表征

如图 2.16 所示，首先通过室温溶液法合成了 SnO_2 量子点水溶液。简单来说，引入硫脲作为合成反应的加速剂和稳定剂，通过 $SnCl_2·2H_2O$ 在水中发生一系列的水解、脱水、氧化反应，从而形成稳定的 SnO_2 量子点[20]。通过高分辨 TEM 图像 (图 2.17(a)) 可以发现，所制备的 SnO_2 纳米颗粒的粒径为 3~5 nm。通过选区电子衍射图像 (图 2.17(b)) 得知，合成的 SnO_2 量子点具有良好的结晶性，并且衍射图像为衍射环，分别对应 SnO_2 的 (110)、(101)、(211) 晶面。为了进一步确认合成的 SnO_2 量子点的结晶性质，这里还测量了 SnO_2 样品的 XRD 图谱，如图 2.16(c) 所示。可以观察到五个衍射峰，分别对应于 SnO_2 材料的 (110)、(101)、(200)、(211) 和 (112) 晶面。XRD 的结果证明成功合成了金红石结构的 SnO_2，与 TEM 测试结果保持一致。图 2.17(c) 和 (d) 比较了新鲜合成的和放置一个月后的 SnO_2 量子点 TEM 图像，发现 SnO_2 量子点没有发生团聚，表明合成的 SnO_2 量子点具有良好的稳定性。

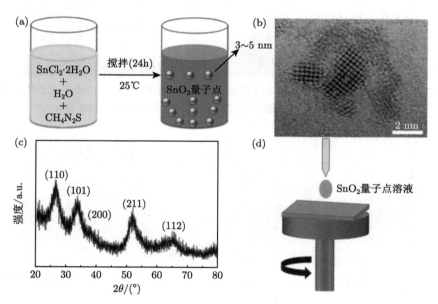

图 2.16 (a) SnO_2 量子点水溶液的合成示意图；(b) SnO_2 量子点的高分辨 TEM 图像；(c) SnO_2 量子点的 XRD 谱图；(d) SnO_2 量子点薄膜的制备过程示意图[19]

2) SnO_2 量子点薄膜的表征

接下来研究通过旋涂 SnO_2 量子点水溶液制备得到的 SnO_2 量子点薄膜的性质。图 2.18 给出了空白 FTO 以及覆盖有 SnO_2 量子点薄膜的 FTO 的表面 SEM 图像。从图中发现 SnO_2 量子点可以很好地覆盖 FTO 表面，形成致密平整的 SnO_2 量子点薄膜。由于在合成 SnO_2 量子点时加入了电学惰性的硫脲作为稳定剂，所以在没有退火处理的 SnO_2 量子点薄膜上势必会有硫脲的残留。电学惰性的硫脲残留也会对 SnO_2 量子点薄膜的电学性质有很大的影响。

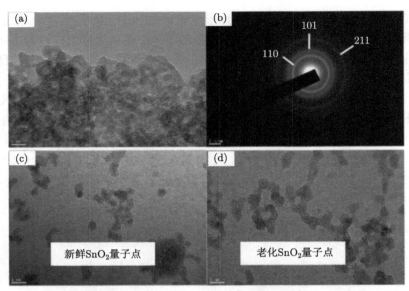

图 2.17 (a) SnO₂ 的 TEM 图像；(b) SnO₂ 的选区电子衍射图像；(c) 新鲜合成的 SnO₂ 量子点的 TEM 图像；(d) 放置一个月后的 SnO₂ 量子点的 TEM 图像 [19]

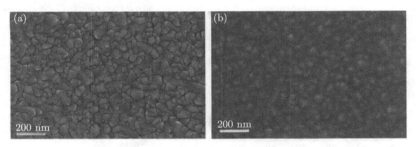

图 2.18 (a) 空白 FTO 和 (b) 覆盖有 SnO₂ 量子点薄膜的 FTO 衬底的表面 SEM 图像 [19]

因此，这里研究了不同退火温度下，SnO₂ 量子点薄膜中硫脲的残留情况。图 2.19 给出了不同退火温度下的 SnO₂ 量子点薄膜的 SEM 图像以及氮 (N)、硫 (S) 元素的能谱图，可以发现，当退火温度从 50℃ 增加到 200℃ 时，SnO₂ 量子点薄膜中的 N、S 元素含量不断减少，表明了硫脲从 SnO₂ 量子点薄膜中不断地挥发出去。为了证明此猜想，这里还测试了不同退火温度下 SnO₂ 量子点薄膜的 XPS 图谱。图 2.20 给出了相应的测试结果，可以发现，随着退火温度的升高，N、S 元素含量显著减少，与 X 射线能谱分析 (EDS) 测试结果基本一致。

上面提到了电学惰性的硫脲的残留可能影响 SnO₂ 量子点薄膜的电学性质。为了验证这个猜想，这里使用霍尔效应测试系统测量了 SnO₂ 量子点薄膜 (SnO₂ 量子点，含有硫脲) 和 SnO₂ 纳米颗粒薄膜 (SnO₂ NC，不含有硫脲) 的载流子浓

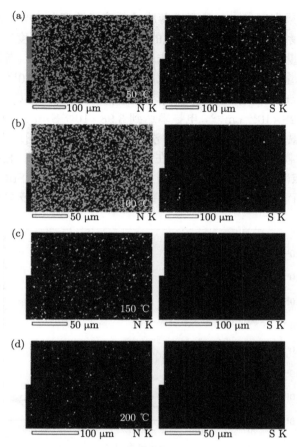

图 2.19 不同退火温度下 SnO₂ 量子点薄膜的 SEM 能谱图 [19](彩图扫封底二维码)

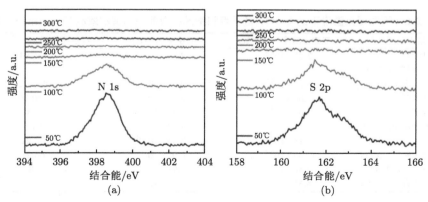

图 2.20 不同退火温度下 SnO₂ 量子点薄膜中的 (a) N 1s 和 (b) S 2p 图谱 [19]

度和电导率。结果表明 SnO_2 量子点薄膜的载流子浓度和电导率对其退火温度有着很强的依赖关系。如图 2.21 和表 2.2 的数据所示，当退火温度比较低时 (50℃ 和 100℃)，SnO_2 量子点薄膜的载流子浓度很低 (10^{12} cm^{-3})。当退火温度上升到 150℃ 时，SnO_2 量子点薄膜的载流子浓度迅速增加到 9.67×10^{14} cm^{-3}，电导率达到 1.89×10^{-3} S/cm。当退火温度进一步上升到 200℃ 时，SnO_2 量子点薄膜的载流子浓度达到 1.28×10^{15} cm^{-3}，电导率达到 3.98×10^{-3} S/cm。而对于 SnO_2 纳米颗粒薄膜，退火温度对其载流子浓度并没有明显的影响。不同退火温度下的 SnO_2 纳米颗粒薄膜的载流子浓度基本保持在 $\sim10^{12}$ cm^{-3}。相比于 SnO_2 纳米颗粒薄膜，SnO_2 量子点薄膜中含有硫脲。因此，不同退火温度导致 SnO_2 薄膜中硫脲残留量的不同，进而会影响 SnO_2 量子点薄膜的载流子浓度以及电导率。

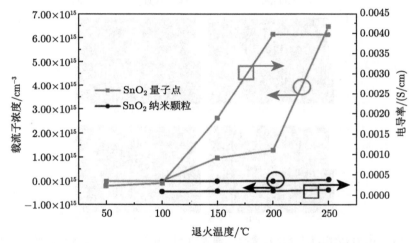

图 2.21　不同退火温度下的 SnO_2 量子点和纳米颗粒薄膜的霍尔效应测试结果 [19]

表 2.2　不同退火温度下的 SnO_2 量子点和纳米颗粒薄膜的霍尔效应测试结果统计表

退火温度	载流子浓度 /cm^{-3}	电导率 /(S/cm)	霍尔迁移率 /(cm^2/(V·s))
SnO_2 量子点，50℃	3.95×10^{12}	2.25×10^{-4}	356.01
SnO_2 纳米颗粒，50℃	—	—	—
SnO_2 量子点，100℃	6.91×10^{12}	2.94×10^{-4}	265.92
SnO_2 纳米颗粒，100℃	3.51×10^{12}	9.01×10^{-5}	160.30
SnO_2 量子点，150℃	9.67×10^{14}	1.89×10^{-3}	12.49
SnO_2 纳米颗粒，150℃	4.78×10^{12}	9.54×10^{-5}	124.87
SnO_2 量子点，200℃	1.28×10^{15}	3.98×10^{-3}	20.21
SnO_2 纳米颗粒，200℃	9.38×10^{12}	9.95×10^{-5}	66.28
SnO_2 量子点，250℃	6.46×10^{15}	3.98×10^{-3}	7.83
SnO_2 纳米颗粒，250℃	5.51×10^{13}	1.30×10^{-4}	14.70

　　不同退火温度对 SnO_2 纳米颗粒薄膜的表面形貌有很大的影响[21]，因此又检查了不同退火温度是否会影响 SnO_2 量子点薄膜的表面形貌。图 2.22 给出了不同退火温度下的 SnO_2 量子点薄膜的表面 SEM 图像。随着退火温度的升高，SnO_2 量子点薄膜中没有出现颗粒聚集生长的现象。SnO_2 量子点薄膜在不同退火温度下保持了相同的表面形貌。图 2.23 为 SnO_2 量子点薄膜在不同退火温度下的AFM 图像。AFM 结果表明，不同退火温度下的 SnO_2 量子点薄膜具有相似的粗糙度和均匀性。

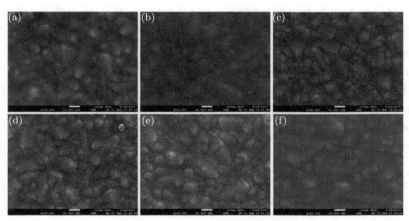

图 2.22　不同退火温度下 SnO_2 量子点薄膜的表面 SEM 图像[19]

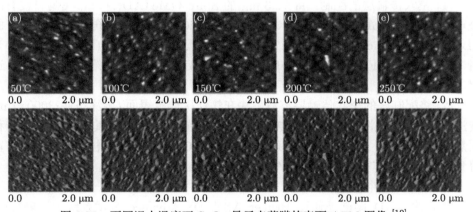

图 2.23　不同退火温度下 SnO_2 量子点薄膜的表面 AFM 图像[19]

2.3.3　二氧化锡量子点薄膜在平面钙钛矿太阳能电池中的应用

　　1) 钙钛矿薄膜的制备

　　(1) $Cs_{0.05}(MA_{0.17}FA_{0.83})_{0.95}Pb(I_{0.83}Br_{0.17})_3$ 钙钛矿前驱液的配制及薄膜的制备。

钙钛矿前驱液的配制。将 1 mol/L 的 FAI、1.1 mol/L 的 PbI$_2$、0.2 mol/L 的 MABr、0.2 mol/L 的 PbBr$_2$ 以及 0.07 mol/L 的 CsI 溶于二甲基甲酰胺 (DMF)/二甲基亚砜 (DMSO) 混合溶剂中 (体积比 =4:1)，常温下搅拌 6 h。对于含有 Pb(SCN)$_2$ 的钙钛矿前驱液，在钙钛矿前驱体材料组分保持不变的情况下，加入 2%摩尔分数的 Pb(SCN)$_2$(相对于 PbI$_2$)。

钙钛矿薄膜的制备。上述配制好的钙钛矿前驱液使用前先过滤。将钙钛矿前驱液直接滴在 SnO$_2$/FTO 衬底上，然后进行旋涂。旋涂条件为：1000 r/min (10 s)，5000 r/min(20 s)。在高速旋涂 (5000 r/min) 的第 15 s 滴加 105 μL 的氯苯，即可得到钙钛矿的中间相薄膜。最后将其转移到 100℃ 的热台上退火 1 h，得到 Cs$_{0.05}$(MA$_{0.17}$FA$_{0.83}$)$_{0.95}$Pb(I$_{0.83}$Br$_{0.17}$)$_3$ 薄膜。

(2) MAPbI$_3$ 钙钛矿前驱液的配制及薄膜的制备。

钙钛矿前驱液的配制。将 1.38 mol/L 的 MAI、1.38 mol/L 的 PbI$_2$ 溶于 DMF/DMSO 混合溶剂中 (体积比 =4:1)，常温下搅拌 6 h。

MAPbI$_3$ 钙钛矿薄膜的制备。将上述配制好的钙钛矿前驱液使用前先过滤。将钙钛矿前驱液直接滴到 SnO$_2$/FTO 衬底上，然后进行旋涂。旋涂条件为：1000 r/min(10 s)，4000 r/min(30 s)。在高速旋涂 (4000 r/min) 的第 8 s 滴加 300 μL 的氯苯。随后将钙钛矿的中间相薄膜转移到 100℃ 的热台上退火 10 h，即可得到 MAPbI$_3$ 薄膜。

2) 空穴传输层和电极的制备

(1) 空穴传输层的配制：将 72.3 mg 的 Spiro-OMeTAD(深圳市飞鸣科技有限公司) 溶解在 1 mL 的氯苯 (无水，Sigma-Aldrich 公司) 中，再加入 28.8 μL 的 TBP(Sigma-Aldrich 公司) 以及 17.5 μL 的事先配好的 Li-TFSI(Sigma-Aldrich 公司，520 mg Li-TFSI 溶解在 1 mL 乙腈中) 溶液，然后将上述溶液常温搅拌，过滤之后即可使用。

(2) 将配制好的空穴传输层溶液旋涂在钙钛矿薄膜表面 (旋涂条件：3000 r/min 旋涂 30 s)。然后将旋涂有空穴传输层的样品放置于干燥柜中氧化 12 h，再转移到蒸发镀膜仪上，通过热蒸发沉积厚度大约为 80 nm 的 Au 电极层。这样就可以得到完整的钙钛矿太阳能电池器件，器件结构如图 2.24 所示。

3) 材料、器件的测试表征

薄膜的 XRD 图谱是通过 Bruker AXS, D8 Advance 测试系统进行表征的，采用 CuKα 辐射源。薄膜的表面形貌以及器件的截面 SEM 图像是通过场发射扫描电子显微镜 (JSM 6700F) 进行表征的。TEM 图像通过 JEOL-2010 TEM 测试仪器获得。薄膜的透射光谱是通过紫外–可见分光光度计 (CARY5000，Varian 公司，Australia) 测试获得，测试的波长范围为 300~800 nm。薄膜的载流子浓度通过 Lake Shore 公司的 7500/9500 Series 霍尔效应测试仪测量得到。XPS 和紫外

光电子能谱 (UPS) 使用 XPS/UPS 测试系统 (Esclab 250Xi，Thermo Scientifc 公司，美国) 得到。稳态光致发光谱则是采用荧光光谱仪 (Edinburgh，FLS 900) 得到，以 532 nm 的激光作为激发源。J-V 曲线是通过 B1500A 半导体分析仪测试获得，使用的测试光源是 AAA 级 ORIEL Sol3A 太阳光模拟器。外量子效率 (EQE) 采用 QE-R 3011(Enli 公司，中国台湾) 测试系统，测试波长范围为 300~800 nm。

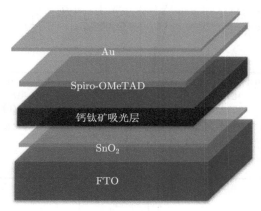

图 2.24　基于 SnO_2 量子点薄膜的钙钛矿太阳能电池的器件结构示意图 [19]

4) 基于不同退火温度的 SnO_2 量子点薄膜的钙钛矿太阳能电池性能分析

在前面内容中，系统性地研究了不同退火温度对 SnO_2 量子点薄膜的电学性质以及表面形貌的影响。接下来，进一步对比 SnO_2 电子传输层的退火温度对钙钛矿器件光伏性能的影响。图 2.25 显示的是基于不同退火温度的 SnO_2 量子点薄膜的钙钛矿器件的 J-V 曲线图。随着 SnO_2 电子传输层退火温度的升高，钙钛矿器件的性能先增加，伴随着钙钛矿电池性能的升高，钙钛矿电池的 J-V 回滞现象也得到了进一步的改善。当退火温度上升到 250℃ 时，钙钛矿电池的效率有稍微地下降，主要是因为，高温下的 SnO_2 薄膜的载流子浓度太高和电子迁移率太低，导致界面复合增加，电子抽取效率降低。

为了验证实验结果的可重复性，这里在每种条件下各制备了 7 个钙钛矿器件，它们的效率分布如图 2.26 所示，具体器件的统计平均光伏性能参数见表 2.3。当退火温度为 100℃ 时，相应的钙钛矿器件取得了 17.64％ 的平均反扫效率 (16.08％ 的平均正扫效率)。当退火温度增加到 150℃ 时，相应的钙钛矿器件取得了 18.73％ 的平均反扫效率 (17.31％ 的平均正扫效率)。当退火温度进一步增加到 200℃ 时，器件性能达到最佳，相应的钙钛矿器件取得了 19.08％ 的平均反扫效率 (18.29％ 的平均正扫效率)。当退火温度增加到 250℃ 时，器件的性能出现下降趋势，主要体

现在 V_{oc} 和 FF 的减小。不同的退火温度除了对钙钛矿电池的效率有影响之外，对钙钛矿器件的回滞现象也有影响。当退火温度达到 200℃ 时，SnO_2 电子传输层具有最佳的电导率，更有利于电子抽取和输运，有利于减小钙钛矿器件的回滞现象。

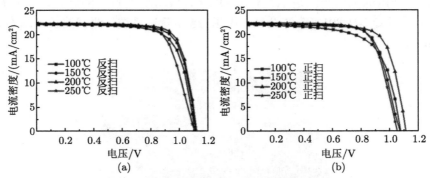

图 2.25　基于不同退火温度的 SnO_2 量子点薄膜的钙钛矿器件的
(a) 反扫和 (b) 正扫 J-V 曲线 [19]

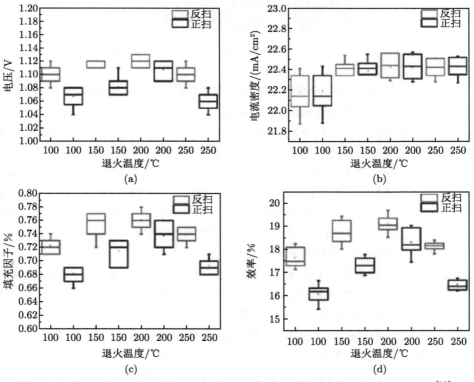

图 2.26　基于不同退火温度的 SnO_2 量子点薄膜的钙钛矿器件性能参数统计图 [19]

表 2.3　基于不同退火温度的 SnO_2 量子点薄膜的钙钛矿器件的光伏性能参数统计表

退火温度 /℃	扫描方向	V_{oc}/V	J_{sc}/(mA/cm^2)	FF/%	PCE/%
100	反扫	1.10(±0.01)	22.17(±0.19)	72(±0.01)	17.64(±0.41)
	正扫	1.06(±0.02)	22.18(±0.20)	68(±0.01)	16.08(±0.39)
150	反扫	1.11(±0.01)	22.38(±0.12)	75(±0.02)	18.73(±0.51)
	正扫	1.08(±0.01)	22.39(±0.12)	71(±0.02)	17.31(±0.33)
200	反扫	1.12(±0.01)	22.42(±0.11)	76(±0.01)	19.08(±0.37)
	正扫	1.10(±0.02)	22.42(±0.10)	73(±0.02)	18.29(±0.55)
250	反扫	1.10(±0.01)	22.41(±0.08)	73(±0.01)	18.14(±0.19)
	正扫	1.06(±0.02)	22.40(±0.09)	68(±0.01)	16.45(±0.21)

5) 平面钙钛矿电池的界面电荷输运特性

首先研究不同退火温度下的 SnO_2 QD 薄膜应用在钙钛矿电池中的界面电荷传输特性。为了说明 SnO_2 电子传输层的电学性质对钙钛矿电池传输特性的影响，这里对比分析了不同退火温度下的 SnO_2 QD 薄膜的载流子浓度与相应钙钛矿器件的串联电阻 (R_s)、并联电阻 (R_{sh}) 之间的内在关联。图 2.27 给出了 SnO_2 QD 薄膜的载流子浓度以及对应器件的串并联电阻。对于 SnO_2 QD 薄膜，随着退火温度的升高，SnO_2 QD 薄膜的载流子浓度也相应增加。而对于相应的钙钛矿器件，当退火温度从 100℃ 上升到 200℃ 时，钙钛矿电池的串联电阻不断减小，同时，并联电阻不断增加。这表明，随着 SnO_2 QD 薄膜载流子浓度的增加，钙钛矿器件的载流子传输更快，界面复合更小，有利于提高器件的光伏性能。当退火温度进一步增加到 250℃ 时，SnO_2 QD 薄膜的载流子浓度进一步增加，而钙钛矿

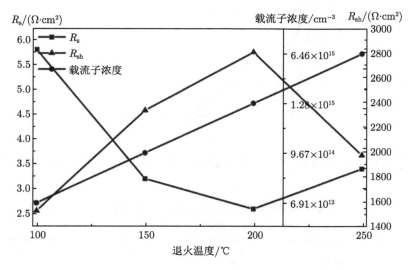

图 2.27　基于不同退火温度 SnO_2 电子传输层的钙钛矿器件的输运特性 [19]

电池的并联电阻却显著减小。这意味着，当 SnO_2 QD 薄膜载流子浓度过高时，会加重界面载流子的复合，从而对电池性能产生不利影响。

在 2.3.2 节中，分别比较了退火温度对 SnO_2 QD 薄膜和 SnO_2 NC 薄膜电学特性的影响。总体来说，SnO_2 QD 薄膜的载流子浓度比 SnO_2 NC 薄膜高了约两个数量级。

为了进一步说明调节 SnO_2 的载流子浓度会影响钙钛矿电池的界面电荷输运特性以及光伏性能，这里采用时间分辨荧光光谱表征了 SnO_2 QD/钙钛矿、SnO_2 NC/钙钛矿薄膜样品，如图 2.28 所示。实验数据采用了双指数拟合，具体的拟合参数见表 2.4。可以发现，SnO_2 QD 和 SnO_2 NC 电子传输层的引入都可以减小钙钛矿薄膜的荧光衰减寿命。相比于 SnO_2 NC/钙钛矿薄膜样品，SnO_2 QD/钙钛矿薄膜的平均荧光衰减寿命最低，表明 SnO_2 QD 具有更强的载流子抽取和传输能力。同时，在暗态下对基于 SnO_2 QD 和 SnO_2 NC 的钙钛矿电池进行电化学阻抗测试，其电化学阻抗谱如图 2.29 所示。暗态下的 EIS 曲线可以分为高频和中频两个部分进行分析。高频部分一般对应器件的接触电阻，而中频部分则对应器件的复合阻抗。从对比结果来看，基于 SnO_2 QD 的钙钛矿电池具有更小的接触电阻和更大的复合阻抗，表明其具有更好的器件性能。

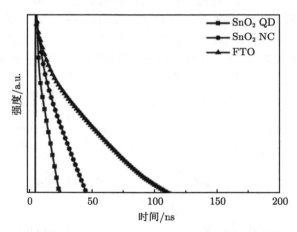

图 2.28　钙钛矿薄膜沉积在不同衬底和电子传输层上的时间分辨荧光光谱 [19]

表 2.4　钙钛矿薄膜沉积在不同衬底和电子传输层上的时间分辨荧光
光谱双指数拟合参数统计表

样品	A_1	τ_1/ns	A_2	τ_2/ns	τ_{avg}/ns
FTO	39.53%	29.539	60.47%	5.038	14.724
FTO/SnO_2 NC	31.90%	13.727	68.10%	2.905	6.357
FTO/SnO_2 QD	11.77%	6.415	88.23%	0.7437	1.411

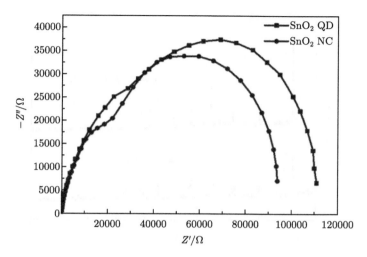

图 2.29 基于 SnO_2 QD 薄膜和 SnO_2 NC 薄膜的钙钛矿器件的电化学阻抗谱 [19]

6) 平面钙钛矿电池的光伏性能优化和稳定性研究

接下来采用更加优异的三元 $Cs_{0.05}(MA_{0.17}FA_{0.83})_{0.95}Pb(I_{0.83}Br_{0.17})_3$(CsM-AFA) 混合阳离子钙钛矿作为太阳能电池的吸光层,是在 Saliba 等的工作上进一步优化了三元 CsMAFA 钙钛矿 [22]。采用在传统三元 CsMAFA 钙钛矿的前驱液中加入少量的 $Pb(SCN)_2$ 添加剂,来进一步改善钙钛矿薄膜的质量。图 2.30 给出了钙钛矿薄膜的表面 SEM 图像。从图中可以看到在钙钛矿的前驱液中加入 $Pb(SCN)_2$ 添加剂后,经过一步反溶剂法制备并退火后的钙钛矿薄膜的晶界处会出现少量的 PbI_2。同时也利用 XRD 来分析加入 $Pb(SCN)_2$ 添加剂对钙钛矿薄膜结晶性的影响,如图 2.31 所示。从图中可以看到,加入少量的 $Pb(SCN)_2$ 添加

图 2.30 钙钛矿薄膜的表面 SEM 图像

(a) CsMAFA;(b) CsMAFA$(Pb(SCN)_2)$[19]

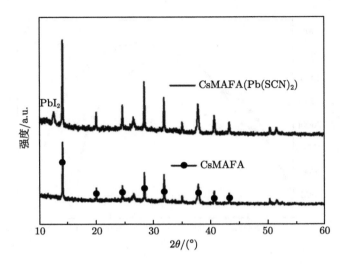

图 2.31　CsMAFA 和 CsMAFA(Pb(SCN)₂) 钙钛矿薄膜的 XRD 图谱 [19]

剂可以在一定程度上提高钙钛矿薄膜的特征峰强度，意味着钙钛矿薄膜的结晶性增强。此外，还可以发现在加入 Pb(SCN)₂ 添加剂的钙钛矿薄膜中，出现了 PbI₂ 的特征峰。这也与钙钛矿表面 SEM 图像观察到的结果一致。很多文章报道了 PbI₂ 可以钝化钙钛矿薄膜的缺陷，从而提高钙钛矿电池的性能 [23]。在此研究中，加入 Pb(SCN)₂ 添加剂的三元 CsMAFA 钙钛矿同样也具有更好的光伏性能。

通过优化钙钛矿前驱液中 Pb(SCN)₂ 添加剂的含量，并且使用最佳退火温度的 SnO₂ QD 作为电子传输层，基于三元 CsMAFA(Pb(SCN)₂) 钙钛矿制备的钙钛矿器件获得了优异的光伏性能。图 2.32(a) 给出了最佳性能钙钛矿电池的 J-V 曲线。从图中可以看到最佳性能器件在反扫条件下的 PCE 高达 20.79%，其中 V_{oc} 为 1.13 V，J_{sc} 为 23.05 mA/cm²，FF 为 79.8%。在正扫条件下，器件的 PCE 为 19.84%，其中 V_{oc} 为 1.11 V，J_{sc} 为 23.06 mA/cm²，FF 为 77.5%。同时也测量了该器件的稳态输出效率，如图 2.32(b) 所示。最佳性能器件在 0.95 V 的偏压下达到最大的稳态输出功率，稳态输出电流密度为 21.39 mA/cm²，稳态输出效率为 20.32%。图 2.32(c) 显示的是钙钛矿器件的 EQE 曲线，得到的积分电流与 J_{sc} 基本保持一致 (误差在 3% 以内)。如图 2.32(d) 所示，除了正反扫 J-V 曲线外，也测试了不同扫描速度下的 J-V 曲线。

此外，由于 SnO₂ QD 薄膜可以低温制备，所以可以应用于柔性器件。图 2.33(a) 给出了柔性钙钛矿器件的 J-V 曲线，其具体的器件结构为 ITO/PEN/SnO₂ QD/CsMAFA/Spiro-OMeTAD/Au。柔性钙钛矿器件可以得到 16.97% 的反扫效率和 15.24% 的正扫效率，这是当时已发表文章中效率非常好的一个结果 [24,25]。同时，

由于制备的 SnO_2 QD 薄膜平整性非常好，以及加入 $Pb(SCN)_2$ 添加剂可以获得高质量的 CsMAFA 薄膜，可以制备出 $1\ cm^2$ 有效面积的钙钛矿器件。图 2.33(b) 给出了 $1\ cm^2$ 钙钛矿器件的 *J-V* 曲线，该器件可以获得接近 19% 的效率。

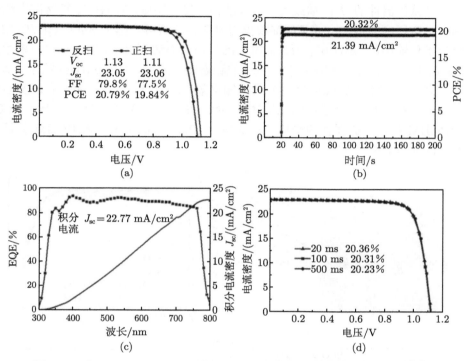

图 2.32 基于 SnO_2 QD 电子传输层的最优化钙钛矿电池的性能曲线图[19]

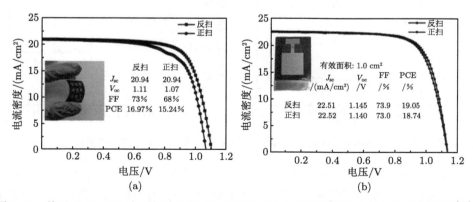

图 2.33 基于 SnO_2 QD 电子传输层的 (a) 柔性和 (b) 大面积钙钛矿电池的性能曲线图[19]

同时，为了验证 SnO_2 量子点电子传输层是否适用于其他的钙钛矿体系，这里进一步制备了 $MAPbI_3$ 基平面钙钛矿电池。相比于三元 CsMAFA 混合阳离子钙钛矿，MAPbI$_3$ 平面钙钛矿电池通常表现出更为严重的 *J-V* 回滞现象。因此这里引入了富勒烯修饰层 (PCBM) 来进一步减小平面钙钛矿器件的 *J-V* 回滞，器件结构如图 2.34(a) 所示。图 2.34(b) 给出了基于 SnO$_2$ QD 和 SnO$_2$ QD/PCBM 两种平面钙钛矿器件的 *J-V* 曲线图。引入富勒烯修饰层后，MAPbI$_3$ 钙钛矿电池的效率有一定程度的提高，并且回滞现象得到明显的缓解。基于 SnO$_2$ QD/PCBM 复合电子传输层的 MAPbI$_3$ 钙钛矿电池的反扫效率达到 20.26%，正扫效率达到 19.62%。同时也测量了相应钙钛矿电池的稳态输出效率，如图 2.34(c) 所示。基于 SnO$_2$ QD/PCBM 的钙钛矿器件的稳态输出效率达到 19.73%。为了验证实验的可重复性，统计了 40 个器件的光伏性能参数，统计结果见图 2.34(d)。基于 SnO$_2$ QD/PCBM 的钙钛矿器件的平均反扫效率为 19.5%，高于未引入 PCBM 的钙钛矿器件的 18.47%。

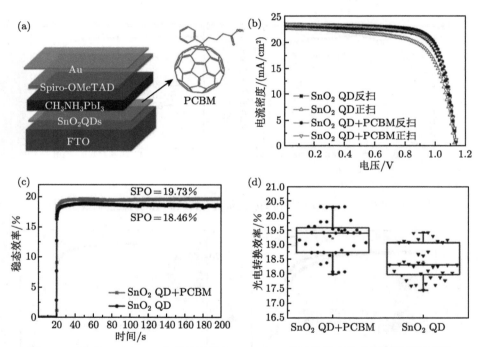

图 2.34　基于 SnO$_2$ QD 电子传输层的 MAPbI$_3$ 基钙钛矿电池的性能曲线图 [19]

基于 TiO$_2$ 钙钛矿电池被认为光照稳定性不太好，并且对紫外线比较敏感，因此会影响其更一步的广泛应用 [26,27]。这里检验了 SnO$_2$ QD 基的钙钛矿电池的光照稳定性以及紫外线稳定性，如图 2.35 所示。测试了未封装的钙钛矿电池在大气中的光照稳定性。经过两个小时的持续光照后，钙钛矿器件的性能几乎没有发生衰减。

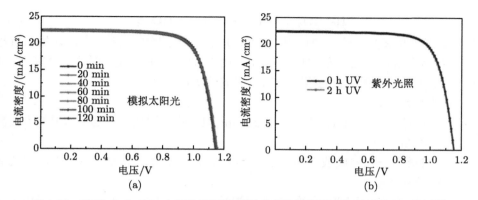

图 2.35 基于 SnO$_2$ QD 电子传输层的钙钛矿电池的光照稳定性测试结果图 [19]

(a) 模拟太阳光光照下; (b) 紫外光照下

2.4 二氧化锡纳米片

2.4.1 二氧化锡纳米片阵列的制备及其反应机理

1) 低温水热法制备 SnO$_2$ 的反应方程

水热反应中应该先成核, 然后再在核上继续生长晶体。水热反应可以直接在反应溶液中成核, 然后直接在溶液中长出晶体。同时, 水热反应也可以在衬底表面进行, 通常情况下可以通过某些方法 (如磁控溅射、脉冲激光沉积等) 形成晶种层, 或者采用水热反应来沉积一层晶种层, 然后再通过水热反应沉积所需的纳米材料。成膜的影响因素有很多, 包括衬底类型、水热的压强、温度、反应溶液的浓度、反应物质的比例、水热反应的时间、升温的速度等。

草酸亚锡加入水溶液后, 发生水解反应 (2.1), 产生 Sn^{2+} 和 (C$_2$O$_4$)$^{2-}$, 由于草酸亚锡微溶于水, 草酸亚锡过量, 溶液中的亚锡离子处于饱和状态; Sn^{2+} 和水反应 (2.2) 生成 Sn(OH)$_2$; Sn(OH)$_2$ 在 95℃ 的溶液中反应得到 SnO$_2$ 和 H$_2$ 气体 (2.3)。

$$\mathrm{SnC_2O_4 \longrightarrow Sn^{2+} + (C_2O_4)^{2-}} \tag{2.1}$$

$$\mathrm{Sn^{2+} + (C_2O_4)^{2-} + 2H_2O \longrightarrow Sn(OH)_2 + H_2C_2O_4} \tag{2.2}$$

$$\mathrm{2Sn(OH)_2 + O_2 \longrightarrow 2SnO_2 + 2H_2O} \tag{2.3}$$

加入六亚甲基四铵 (HTAM) 来提供氢氧根离子, 可以促进水热反应正向进行:

$$\mathrm{(CH_2)_6N_4 + 6H_2O \longrightarrow 6HCHO + 4NH_3} \tag{2.4}$$

$$\mathrm{NH_3 + H_2O \longrightarrow NH_4^+ + OH^-} \tag{2.5}$$

$$\mathrm{2OH^- + Sn^{2+} \longrightarrow Sn(OH)_2 \longrightarrow SnO_2 + H_2O} \tag{2.6}$$

$$H_2C_2O_4 + OH^- \longrightarrow H_2O + CO_2 \uparrow \qquad (2.7)$$

HTAM 主要起表面活性剂的作用, HTAM 是一个非极性溶剂, 在晶体生长过程中, 更容易吸附在非极性面, 使得反应溶液中的离子接触非极性面的机会降低, 从而使得晶体在极性面生长的概率增加, 形成纳米杆。

2) 水热反应过程 [15]

(1) 将草酸锡和 HTAM 以 1:1(0.025 mol/L) 的比例加入容器中, 溶剂为去离子水, 搅拌 30 min;

(2) 将透明导电衬底放入步骤 (1) 准备好的溶液中, 使导电面朝下倾斜或者水平放置于溶液中;

(3) 将溶液放入不同温度的 95℃ 恒温箱中保持一定的时间后取出, 后用去离子水将 SnO_2 膜表面的沉淀物冲净、超声处理后用氮气吹干。

由于烧杯容器密闭性不是很好, 所以水热反应速度要比广口瓶和高压釜中快, 上层溶液中的水热反应速度较下层溶液中的快, 将衬底水平放入上层溶液中, 这样制备相同厚度的膜花费的时间更短, 耗能更少。所以选取 500 mL 大烧杯, 当作 SnO_2 水热反应的反应容器, 并用锡纸密封, 衬底水平放置, 导电面朝下。

3) 样品的表征

选取水热 95℃ 生长 24 h 的样品 (FTO 衬底的, 竖直放置导电面朝下, 60 mL 广口瓶, 浓度为 0.025 mol/L)。水热生长好的样品用于 SEM、XPS 分析, 用小刀刮样品表面, 再用无水乙醇对被刮部分进行冲洗, 使刮下来的膜进入样品管中, 再用铜网捞取, 制备出 TEM 样品。

通过一系列的表征方法, 如 XPS、UPS、XRD、TEM 等, 分析水热反应生成的一系列重要性质 (物质的价态、结晶情况、膜的纳米形貌)。通过这些属性可以进一步得到膜的基本物理化学属性。

(1) 电池输出性能表征。J-V 特性曲线使用的光源是标准的 ABET 公司的 sun 2000, 功率是 $100mW/cm^2$(AM 1.5G), 电池的电流密度随电压变化的曲线 (J-V) 是通过 CHI660D 电化学工作站采集的。电池有效面积为 0.09 cm^2, 扫描速度为 0.1 V/s。

每种类型的电池制备若干个, 制备好之后对各个电池进行 J-V 测试, 通过 Origin 软件对 J-V 特性曲线进行处理, 计算出电池的性能参数。将电池放置在不同湿度环境中, 每隔一段时间对电池进行一次测试。

(2) 钙钛矿层物相表征。XRD 测试系统是 Bruker Axs 公司的 D8 Advance 型 X 射线衍射仪, 射线源为 Cu 靶 Kα 射线, 电压 40 kV, 扫描速率 4(°)/min, 扫描范围 10° 到 70°。此方法可以检测物质是否发生相分离。

将制备好的钙钛矿样品立即进行 XRD 测试, 测试完之后将每种样品切成若干块, 分别放在 95%、~60%(大气环境)、20% 的湿度环境中保存。样品未进行任何封装处理。

2.4.2 二氧化锡纳米片的性质及钙钛矿太阳能电池的制备与优化

(1) 不同衬底、衬底放置方法及压强对比实验。

水热法成膜特性与实验条件 (种子层、压强、溶液的深度、衬底放置方法、浓度、温度、生长时间等) 紧密相关。要想制备出均匀、薄厚适中的 SnO_2 电子传输层薄膜，弄清 SnO_2 水热生长的机制，需要设计系统的对比实验。

因为 FTO 自身含有 SnO_2 元素，为了验证 FTO 自身可以起到种子层的作用，水热反应无须制备种子层，所以理论上来说 FTO 衬底表面相当于避免反应液中生长出的物质由于重力原因落在衬底表面形成种子层，将衬底竖直放置且导电面朝下，见图 2.36。使导电面朝下也可以避免一些大颗粒杂质落在膜表面和使得膜的成膜质量变差。

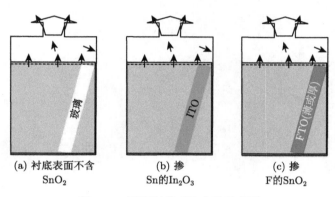

图 2.36 不同衬底对比实验示意图

整体的化学反应方向是朝着整体能量降低的方向进行的，当双向反应过程中有一方的生成物有气体或者沉淀产生时，反应往往会朝着有气体和沉淀的反向进行。通过 2.4.1 节可知草酸亚锡生成氧化锡的反应过程有气体生成，气体可以从液体表面挥发出去，理论上来讲，上层溶液中的反应速度会比下层溶液中的反应速度快。所以设计了衬底竖直或水平放置的对比试验，验证此种水热法要想长出均匀的 SnO_2 薄膜，衬底需要水平放置，图 2.37 是衬底水平、竖直放置对比实验示意图。高压反应釜会使反应过程中的压强变得足够大，这样就可以避免由反应气体的挥发而导致溶液不同深度的水热反应速度不均的问题。

由于硅片和玻璃衬底上无法直接长出均匀的薄膜，这里直接选取 FTO 衬底上水热生长 24h 的膜进行了一系列的表征，从宏观上来看，水热 24 h 后膜长得很厚，表面泛白。通过 TEM 和 SEM 分别来表征样品结晶情况和表面形貌，如图 2.38 所示。从图 2.38(a) 中可以看到，样品含有的大量的纳米颗粒和纳米杆是

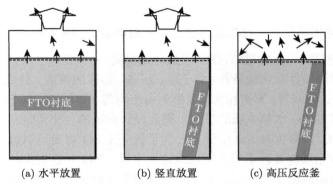

(a) 水平放置　　　　　(b) 竖直放置　　　　　(c) 高压反应釜

图 2.37　FTO 衬底水平放置、竖直放置及不同压强对比实验示意图

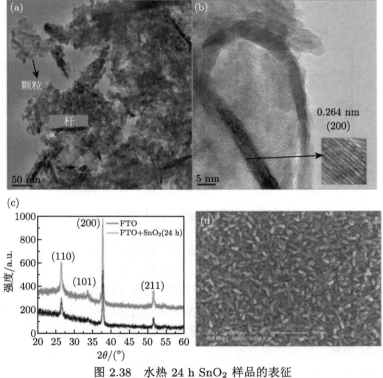

图 2.38　水热 24 h SnO₂ 样品的表征

(a) 低倍 TEM; (b) 高倍 TEM; (c) XRD; (d) SEM[15]

SnO₂ 晶体，纳米颗粒的尺寸大概在 5 nm，纳米杆的长度大于 50 nm，通过高倍的 TEM 图片，可以算出纳米杆晶体的晶格间距在 0.264 nm 左右，与 XRD 测试的结果相符合，如图 2.38(c) 所示，样品在衍射角为 26.6°、37.8°、51.8° 时出现衍射峰，这些峰对应的是 SnO₂ 四方晶体。衍射峰位对应的晶面依次为 (110)、(200)、

(211)，与纯 FTO 衬底的峰位相一致，只是 (200) 方向的峰强增加，其对应的晶格间距为 0.264 nm，对应于 c 轴方向。此外，从 SEM 图中，如图 2.38(d) 所示，可以很清楚地看到杆状的结构。如图 2.39 所示，我们又对上述两个样品做了掠入射广角 X 射线散射 (GIWAXS) 测试分析，当 X 射线入射角为 0.2° 时，只会探测到 SnO_2 膜表面的信息，不会受到 FTO 衬底的干扰，因此在 $q = 1.88$ Å^{-1} 处的散射信号表明，水热法生长的 SnO_2 晶体具有较好的结晶性。当 X 射线的入射角为 1.5° 时，X 射线将完全穿透水热法生长的 SnO_2 薄膜而打到 FTO 衬底上，因此 1.5° 入射角测到的信号则主要来自 FTO 衬底。由此说明晶体结构是沿着 (100) 方向生长的。图 2.40 是水热法制备的 SnO_2 膜的表面 XPS 全谱分析结果，此结果与 SnO_2 相关文献报道一致[9]，进一步表明了低温水热法制备得到的膜是 SnO_2 膜。

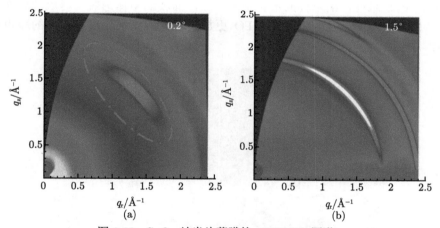

图 2.39 SnO_2 纳米片薄膜的 GIWAXS 图谱

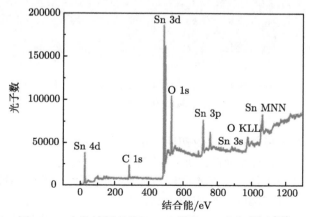

图 2.40 水热法制备的 SnO_2 膜的 XPS 全谱图[15]

　　通过多次实验，发现相同水热条件下，硅片衬底和玻璃衬底在没有旋涂一层种子层之前，基本无法长出 SnO$_2$ 膜，当衬底旋涂一层种子层后，表面可以长出膜，但是均匀性很差，呈块状分布。由于 FTO 和 ITO 衬底表面含有 SnO$_2$ 成分，直接为水热反应提供了种子层，从实验结果来看，FTO 和 ITO 衬底上可以形成连续的膜，但膜不是很均匀，表现为上部分膜偏厚，下部分膜偏薄的情况。图 2.41 中 (a)~(d) 依次为在玻璃、硅片 (旋涂有种子层)、ITO、FTO 的衬底上水热生长有 SnO$_2$ 薄膜的 SEM 图片 (选取膜相对较均匀的地方制样)。从图中可得，玻璃上的成膜很差，硅片和 ITO 衬底上的 SnO$_2$ 形貌是纳米片，而 FTO 表面的是纳米杆或纳米颗粒。通过这一组对比实验，可以得出，水热生长 SnO$_2$ 膜的形貌与反应衬底是否含有 SnO$_2$ 种子层有关，也有可能与衬底表面结合能、表面粗糙度等有关。通过 SEM 图片可以看到，在薄、厚 FTO 上长出来的是平躺在衬底表面的 SnO$_2$ 的纳米杆，纳米杆的形状基本一致，而膜的整体形貌与衬底的表面形貌相关，由于厚 FTO 表面相对薄 FTO 更加平整，所以水热反应得到的膜也更加平整。

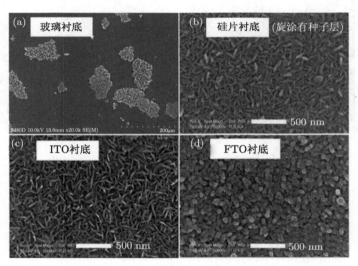

图 2.41　(a)~(d) 依次为在玻璃、硅片 (旋涂有种子层)、ITO、FTO 的衬底上水热生长有 SnO$_2$ 薄膜的 SEM 图片

　　膜不均匀的原因可能是，反应初期，溶液处于饱和状态，各处的反应粒子浓度相当；反应后期由于浓度降低，处于非饱和态，在重力及其他因素的影响下，可能导致溶液浓度分布不均，引起不同深度原料浓度不同，致使膜厚不均匀。但是从理论上来说，溶液下部的浓度应该更高，若是这种原因引起的，其结果应该是下面的膜更厚，与实验不相符，所以可以排除这个可能。此外若根据理论分析的

化学反应方程来分析，此反应过程中应该有种气体 (可能是氢气或者是二氧化碳气体) 生成，气体从溶液表面溢出的速度比从溶液底层溢出的速度要快，这会引起上层溶液中的水热反应速度更快，会导致生成的膜上厚下薄，与实验结果一致，于是可以初步推测，SnO_2 水热反应随溶液深度变化是由生成气体溢出速度快慢引起的。

结合以上结果，得出种子层对水热成膜的好坏、结晶质量以及晶体的取向都有很大的影响。不同 FTO 衬底及其上生长的 SnO_2 纳米片形貌如图 2.42 所示。FTO 表面粗糙度对晶体的生长影响不大，只会对长出来的膜的整体形貌有影响，表面越平的衬底长出来的膜也越平。

图 2.42　薄、厚 FTO 衬底上水热生长 (2h) 的 SnO_2 膜表面 SEM 图片

使用加盖的广口瓶容器，衬底水平放置时水热反应生长出来的膜比较均匀，当衬底竖直放置时，膜呈现上厚下薄的现象。当广口瓶使用多次之后，膜的不均匀现象变得越来越明显。图 2.43 和图 2.44 分别为新、旧广口瓶生长出来的 SnO_2 样品的不同部位的 SEM 图。当水热条件不变的时候，随着实验进行，容器的内表壁上逐渐形成了一层 SnO_2 的种子层，致使后续的实验中，绝大多数反应前驱体在容器壁上反应，从而使得参与衬底上反应原料变少，最终导致形貌发生改变，整体均匀度降低。随着实验次数的增加，衬底上更易生长出纳米颗粒较小的纳米片。

将衬底竖直放置 (导电面朝下)，不加盖的广口瓶内生长出的 SnO_2 膜很厚，表面呈绿色；高压反应釜中生长出来的 SnO_2 膜较薄，呈淡紫色，均匀度比较好。将广口瓶的盖子去掉之后，反应产生的气体可以直接溢出容器外，这样使得反应速度加快，使得膜最厚。当使用高压反应釜时，反应生成的气体一直存在于容器中，这样将不利于反应的正向进行，所以产生的膜最薄，同时又使得溶液各处的反应速度一致，从而生长出来的膜也较均匀。

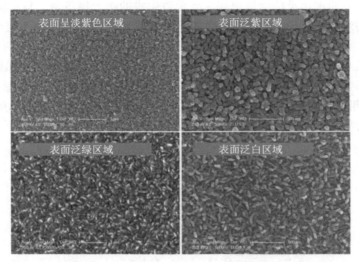

图 2.43 FTO 衬底不同部位 SnO_2 膜的 SEM 图 (新广口瓶，竖直放置)

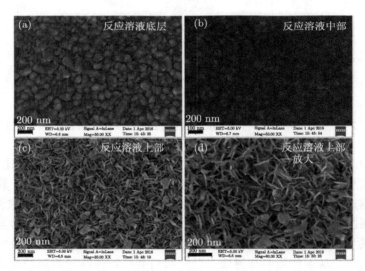

图 2.44 FTO 衬底不同部位 SnO_2 膜的 SEM 图 (旧广口瓶，竖直放置)

表 2.5~ 表 2.7 分别是不同水热条件下制备的 SnO_2 电子传输层钙钛矿电池的光电性能统计表。对比可以得出结论：在高压反应釜制备的 SnO_2 电子传输层，电池不同点的输出性能差不多，且平均效率最高；广口瓶加盖容器制备出的 SnO_2 电子传输层，电池不同位置的效率差别很大，且上层溶液中的电池效率高。广口

瓶无盖容器中制备出来的 SnO_2 电子传输层，电池效率最低。

表 2.5 电池性能参数统计表 (旧广口瓶，竖直放置，导电面朝下，加盖)

位置	V_{oc}/V	J_{sc}/(mA/cm^2)	FF/%	PCE/%
衬底上部	1.02(±0.01)	19(±2)	66(±0.04)	14.3(±1)
衬底中部	1.03(±0.01)	16(±2)	64(±0.04)	11.5(±1)
衬底下部	1.04(±0.01)	13(±2)	63(±0.04)	8.7(±1)

表 2.6 电池性能参数统计表 (新广口瓶，竖直放置，导电面朝下，无盖)

位置	V_{oc}/V	J_{sc}/(mA/cm^2)	FF/%	PCE/%
衬底上部	0.79(±0.01)	18.59(±0.3)	60(±0.01)	9.0(±0.8)
衬底中部	0.80(±0.01)	18.59(±0.3)	62(±0.01)	9.4(±0.8)
衬底下部	0.81(±0.01)	18.59(±0.3)	64(±0.01)	9.7(±0.8)

表 2.7 电池性能参数统计表 (高压反应釜，竖直放置，导电面朝下)

位置	V_{oc}/V	J_{sc}/(mA/cm^2)	FF/%	PCE/%
衬底上部	1.03(±0.01)	19.70(±0.08)	67(±0.01)	13.4(±0.6)
衬底中部	1.03(±0.01)	19.70(±0.08)	67(±0.01)	13.4(±0.6)
衬底下部	1.03(±0.01)	19.70(±0.08)	67(±0.01)	13.4(±0.6)

(2) 水热法不同温度对比实验。

制备过程：先配制好溶液，将衬底水平放入烧杯反应容器中，然后将其分别放入 45℃、65℃、95℃ 或 115℃ 的烘箱中，保持 9 h 后结束，待温度降到室温后取出用去离子水冲洗并超声，最后用氮气吹干。不同温度对比实验示意图如图 2.45 所示。

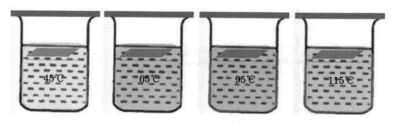

图 2.45 不同水热生长温度对比实验示意图

FTO 衬底在低温 45℃ 下生长 9 h 的 SnO_2 薄膜在 SEM 下观察不出任何变化；在 65℃ 条件下长出了一层多孔结构的膜，但是多孔没有规律；在 95℃ 条件下长出多孔膜；如图 2.46 所示。图 2.47 是不同水热温度下制备的 SnO_2 的钙钛矿电池的 J-V 特性曲线，对比可以得知，水热 95℃ 制备的 SnO_2 钙钛矿太阳能电池的光电转换效率最高。

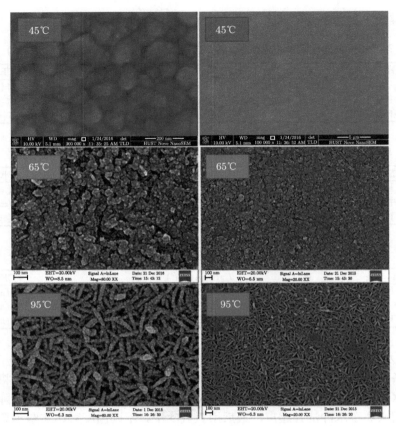

图 2.46   不同水热温度下生长出来的 SnO_2 膜的 SEM 图 [15]

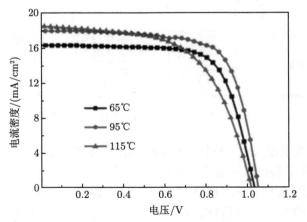

图 2.47   基于不同水热温度下制备的 SnO_2 电子传输层的钙钛矿电池的 *J-V* 特性曲线 [15]

(3) 水热法不同生长时间对比实验。

制备过程：先配制好溶液，然后将衬底水平放入烧杯反应容器中，再将其分别放入 95℃ 的烘箱中，保持 2~5 h 后结束，待温度降到室温后取出用去离子水冲洗并超声，最后用氮气吹干，不同水热时间实验示意图如图 2.48 所示。

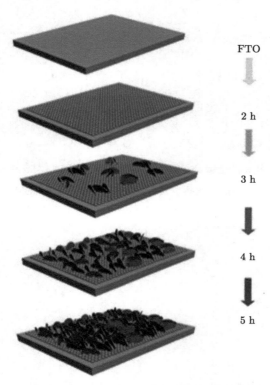

图 2.48 多级结构 SnO$_2$ 水热生长示意图 [15]

从图 2.49 中的 SEM 图片可以看出，反应刚刚开始的时候会在 FTO 表面长出纳米颗粒，颗粒大小约 5 nm，2 小时左右可形成一层 SnO$_2$ 致密层 (很薄)，随着水热反应的进行，SnO$_2$ 致密层上长出 SnO$_2$ 纳米片 (纳米片竖立在衬底表面)，然后纳米片慢慢长大，纳米片的数量增多，膜的厚度增加。低温原位水热法可以制备出既含有致密层同时也有多孔层的多级结构 SnO$_2$ 电子传输层，多级结构 SnO$_2$ 电子传输层的钙钛矿电池之所以能够取得较高的光电转化效率，跟电子传输层的特殊结构息息相关。图 2.50 是高低倍数 TEM 图片和选区电子衍射图片，样品是将多级结构 SnO$_2$ 膜用刀片刮下制备得到的。从图 2.50(a) 看见，纳米片大部分都叠在一起了，图 2.50(b) 是选取边缘部分看起来比较薄的区域拍的照片，对应于图 2.50(a) 中椭圆虚线包围区域，从图 2.50(d) 中可以明显地看见，纳米片是结晶的, 且为多晶。图 2.50(c) 选区 (大约 100 nm 的范围) 衍射环也验证了物质是多晶。

图 2.49　FTO 衬底上水热生长 0~5 h 的 SnO$_2$ 形貌 SEM 图片 [15]

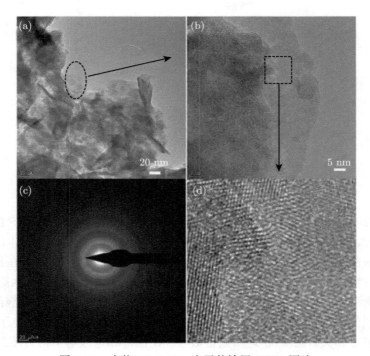

图 2.50　水热 4 h SnO$_2$ 电子传输层 TEM 图片

(a) 样品的低倍 TEM 图片; (b) 椭圆虚线包围区域的放大 TEM 照片; (c) 为样品的选区电子衍射图; (d) 对应于
(b) 中正方形区域的高倍 TEM 图片 [15]

光阳极透光性能的好坏对太阳能电池的光电转换效率影响很大。增加光阳极的透光性，可以提高相同光照强度下入射到吸光层的光照强度，提高入射光的有效使用率，从而提升电池的 J_{sc} 及 PCE。因此对 FTO/TiO$_2$ 致密层和 FTO/SnO$_2$(0～5 h) 纳米结构光阳极样品进行透射光谱测试，其测试结果如图 2.51 所示。图 2.52 是 FTO 衬底上水热法制备的 SnO$_2$ 光阳极和溶胶凝胶旋涂制备的 TiO$_2$ 光阳极的实物图。FTO 玻璃上水热生长一层 SnO$_2$ 薄膜之后，整体透光性与纯 FTO 玻璃差不多，且略有提升，而当 FTO 上选涂一层 TiO$_2$ 致密层之后，其透光性能相比纯 FTO 玻璃下降 ～10%。因此，水热法制备的 SnO$_2$ 电子传输层不会降低衬底的透光性，相反还会起到一定的增透作用，这将有利于提升电池的光电转换效率，提高对太阳光的利用率。

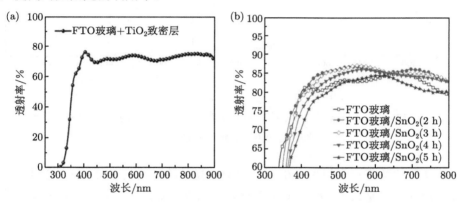

图 2.51 (a) FTO/TiO$_2$ 致密层和 (b) FTO/SnO$_2$(0～5 h) 纳米结构的透射光谱

图 2.52 FTO 衬底上水热法制备的 SnO$_2$ 光阳极和旋涂法制备的 TiO$_2$ 光阳极的实物图 (彩图扫封底二维码)

接下来测试不同厚度 SnO$_2$ 光阳极上的钙钛矿吸收光谱，如图 2.53(a) 所示。随着 SnO$_2$ 厚度的增加，钙钛矿吸光层的吸光增强，由此得出增加 SnO$_2$ 的厚度可以增加钙钛矿吸光层的厚度，说明了此种水热方法制备出来的多级结构的 SnO$_2$ 材料可以起到支架的作用，从而增加钙钛矿吸光层的厚度，增加吸光。

光致发光 (PL) 测试是用能量大于钙钛矿激发能量的光来激发钙钛矿材料电

子跃迁到高能级，即产生电子空穴对，处于激发态的电子又会自动跃迁到低的能级，即电子空穴对发生复合，释放光子，光子的能量大小与材料的禁带宽度有关，强度与激发态电子密度 (电子空穴对数) 成正相关。光致发光的发光强度会受到膜的结晶质量、膜内缺陷态密度、膜的厚度等因素影响。激发态的电子可以自由移动到材料表面，被其他材料捕获，从而降低光致发光峰的强度。

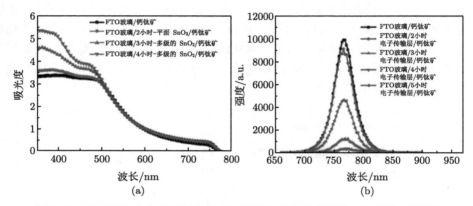

图 2.53　在不同水热生长时间的 SnO_2 衬底上的钙钛矿层的 (a) 紫外–可见吸收光谱和 (b) 光致发光光谱 [15]

　　钙钛矿的禁带宽度约为 1.6 eV，对应的光子波长约为 760 nm。通过实验测试可以得到不同厚度 SnO_2 衬底上的钙钛矿吸收光谱截止边和光致发光峰的位置都在 760 nm 左右，如图 2.53(b) 所示。从中可以看到，没有电子传输层的钙钛矿光致发光峰强最强，当加入一层 SnO_2 电子传输层之后，钙钛矿的光致发光峰强变小，随着 SnO_2 厚度的增加表现为先减小后上升的趋势，在水热生长时间为 4h 的 SnO_2 衬底上，钙钛矿光致发光峰强最弱。由此可以得出结论：水热生长的 SnO_2 材料可以有效地提取吸光层的光生载流子，从而使得钙钛矿层的光致发光峰减弱。但是水热生长 5h 的 SnO_2 衬底上的钙钛矿光致发光峰强又开始回升，引起这个现象的可能原因有：① 增加了钙钛矿的厚度从而增加了相同激光强度下钙钛矿层激发态电子的总量；② SnO_2 支架变厚，传输电子的路径变长，导致电子与空穴的复合概率增加。

　　接下来研究不同厚度的 SnO_2 光阳极对钙钛矿太阳能电池性能的影响，电池的结构和能带示意图如图 2.54 所示。从能带上来分析，SnO_2 具有低的价带顶，SnO_2 致密层可以起到阻挡空穴的作用。而竖立的 SnO_2 纳米片可以传输电子，同时也相当于一个支架层，增加钙钛矿的厚度。

　　图 2.55(a) 是电池截面 SEM 图片，图 2.55(b) 是多级结构衬底上制备的钙钛矿吸光层的表面 SEM 图片。从截面图可知，层与层之间连接比较紧密，钙钛矿

吸光层的厚度大概在 500 nm。从钙钛矿表面 SEM 图可知，钙钛矿颗粒的大小大概在 200 nm，且钙钛矿膜没有出现孔洞。

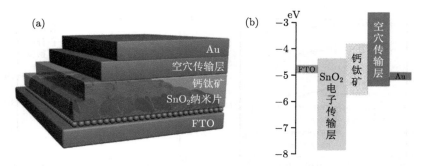

图 2.54 (a) 基于 SnO$_2$ 光阳极的钙钛矿太阳能电池器件结构和 (b) 能带示意图 [15]

图 2.55 (a) 电池截面 SEM 图和 (b) 钙钛矿吸光层表面 SEM 图 [15]

水热生长不同时间电池的 *J-V* 性能测试曲线如图 2.56(a) 所示，电池具体输出特性参数在表 2.8 中给出。没有电子传输层 (空穴阻挡层) 钙钛矿太阳能电池的光电转换效率为 5% 左右，测试其暗态 *J-V* 曲线可以得到其方向漏电流很大，说明电子空穴对复合很多，从而导致 V_{oc} 不高、FF 差和效率低。当 FTO 衬底上形成 SnO$_2$ 的纳米颗粒致密层后 (2 h)，能够抑制空穴向 FTO 底电极传输从而减少电子空穴对的复合概率，从而使得电池的 FF 增加，电池效率提高 30%。当 FTO 衬底上生长有多级结构 SnO$_2$ 电子传输层后，电池的输出性能进一步得到提升。从表中可以看到，随着水热反应时间增加，电池的输出性能先上升后下降。电池的 J_{sc} 会先上升，当水热时间超过 4 h，J_{sc} 达到最大，5 h 后电池的 J_{sc} 又开始下降。由此得出，多级结构中 SnO$_2$ 纳米片不是越大越好，或者说多级结构的 SnO$_2$ 膜有一个最优厚度，其最优化厚度大概 70 nm，竖立的纳米片的直径大概在 150 nm 最优。对生长 4 h 的 SnO$_2$ 电子传输层钙钛矿电池的外量子效率曲线进行积分，结果如图 2.56(b) 所示。电池实际测量值为 21.66 mA/cm^2，积分出来的电流大小为 19.5 mA/cm^2，为实际电流的 90% 左右，测试电池是采用反向扫描模式，而反扫条件下测得的值通常会比实际值偏大一点，所以由 J-V 测试的 J_{sc} 结果与外量子效率计算结果是相符的。

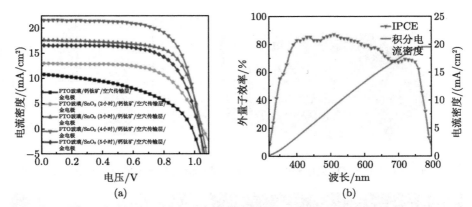

(a)   (b)

图 2.56   (a) 不同水热生长时间 SnO_2 电子传输层的钙钛矿电池 J-V 特性曲线和 (b) 4 小时生长的 SnO_2 电子传输层的钙钛矿电池的外量子效率曲线 [15]

表 2.8   不同厚度的 SnO_2 电子传输层钙钛矿电池输出特性具体参数统计表

时间 /h	V_{oc}/V	J_{sc}/(mA/cm^2)	FF/%	PCE/%
0	0.98	10.89	46.4	4.95
2	1.06	13.06	61.9	8.53
3	1.05	17.68	69.0	12.77
4	1.03	21.66	68.9	15.29
5	1.03	16.64	65.0	11.18

通过改变水热反应时间，制备出不同厚度的 SnO_2 电子传输层，在水热时间 2h 左右，会得到一层由 SnO_2 纳米颗粒组成的致密层，这层致密层可以起到很好的阻挡空穴的作用，使得电子空穴对复合降低，从而大幅提高电池的 V_{oc} 和 FF。在水热时间 4 h 左右，电池效率达到最佳，SnO_2 电子传输层由两部分组成，一层致密层和一层由竖立的纳米片组成的多孔层，称之为多级结构。多级结构中的纳米片直径大约在 150 nm，厚度约为 70 nm，电池的 J_{sc} 最大，光电转换效率最高，得到的冠军电池效率为 16.17%，其 J-V 特性曲线如图 2.57 所示。同时将这种多级结构 SnO_2 电子传输层应用在柔性 PET 衬底上，电池效率达到了 8.78%，由于柔性衬底透光率较差而且不太平整，所以电池的 J_{sc} 和 FF 都不是很高，对应的 J-V 特性曲线如图 2.57(b) 所示，图 2.57(c) 是电池输出电流和输出效率随时间变化的曲线，施加的偏压是 0.8 V，可以看出，电池的输出电流和输出效率基本保持不变。图 2.57(d) 是 J-V 曲线正扫 (施加电压从 -0.2 V 到 1.2 V) 和反扫 (电压由 1.2 V 到 -0.2 V) 结果，可以看见，这种结构的钙钛矿电池和大多数

钙钛矿电池一样存在回滞效应，所以导致电池稳态输出效率并不是特别高，且反扫条件下算出来的效率比实际要大一点。

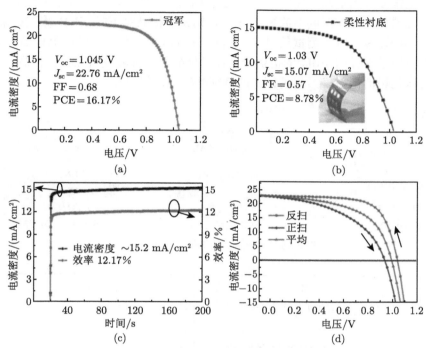

图 2.57　(a) 基于水热 SnO_2 电子传输层的最高效率钙钛矿电池的 $J\text{-}V$ 特性曲线，测试电压方向从 1.2 V 到 −0.2 V；(b) 水热 SnO_2 电子传输层的柔性钙钛矿电池的 $J\text{-}V$ 特性曲线；(c) 水热 SnO_2 电子传输层的钙钛矿电池稳态测试曲线；(d) 最好性能电池的正反扫 $J\text{-}V$ 曲线[15]

2.4.3　二氧化锡纳米片对钙钛矿太阳能电池稳定性影响的探究

多孔结构可以提高钙钛矿电池的水稳定，水热法制备的多级结构 SnO_2 达到某种厚度时具有很高的空隙率，同时这种特殊的结构 (竖立的 SnO_2 纳米片) 很有可能会阻挡水汽从电池的边缘入侵。为了验证这种多级结构也可以增加钙钛电池的水稳定性，这里设计了平面与多级结构的钙钛矿样品，如图 2.58 所示。通过控制湿度的大小，测试 XRD 得到相应钙钛矿在不同湿度下的相分离情况，来验证多级结构能否增加钙钛矿的稳定性。

1) 高湿度 (>90%) 下相应测试结果与讨论

三种样品结构在 95% 的环境下放置 1 h 后，电池整体的颜色变化并不是很大，从背面 (FTO 面) 观察电池，三种样品的 Au 电极都已经渗透到钙钛矿层中，金电极被破坏，失去金属光泽。如图 2.59 所示，其中从下到上的曲线分别代表钙钛矿样品 A、B(水热法)，C、D(溶胶法) 的 XRD 测试结果。将钙钛矿样品放置在 95％ 的湿度环境下 (盛有水的密闭容器中)，10 小时后样品 A、B 的颜色从边缘处向里慢慢开始退却，最终变得比较透明，样品 C 颜色变化并不是很大，颜色依然呈棕黑色。95％湿度下放置 10h 后，钙钛矿样品对应的 XRD 测试结果如图 2.59(b) 所示，从 XRD 测试结果来看，除了样品 C，其他几种结构的样品的 XRD 结果中出现了很强的 PbI_2 的衍射峰，而钙钛矿的特征峰变得很弱；样品 C 中出现了有碘化铅的衍射峰，但钙钛矿的特征峰峰强依然很高。

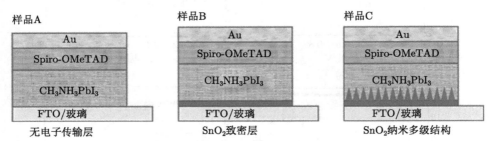

图 2.58   三种结构的钙钛矿电池示意图

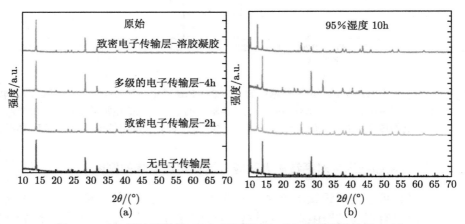

图 2.59   (a) 钙钛矿样品 XRD 测试结果，(b) 钙钛矿样品在 95％
湿度下存放 10h 后 XRD 测试结果

三种结构钙钛矿电池放置在 95％湿度的环境下，1h 后测试样品的暗态及光照下的伏安特性曲线，发现暗态 *J-V* 曲线都是过零点的直线，三种样品电池都失去了光伏效应，主要是因为金电极被破坏。由此可以得出结论，在 95％ 的湿度环境下，钙钛矿会分解产生 HI 酸，而 HI 酸会刻蚀金电极，从而导致电池效率急剧降低。

将样品 B(平面结构 SnO_2 电子传输层) 和样品 C(多级结构 SnO_2 电子传输

层) 放置在 80% 的湿度环境下 3 天, 电池前后变化如图 2.60 所示, 平面结构 (溶胶凝胶法制备)SnO₂ 钙钛矿电池被破坏得很严重, 钙钛矿吸光层变得比较透明, 但是多级结构 SnO₂ 钙钛矿电池依然保存较为完好。在 80% 的湿度环境下放置 3d 后, 对电池性能进行测试, 得到样品 B 光电转换效率为 0, 而样品 C 的光电转换效率仍然在 10% 以上。对比可以得到, 在高的湿度环境下, 多级结构 SnO₂ 电子传输层可以有效地提高电池的抗水能力, 从而提升电池的水稳定性。

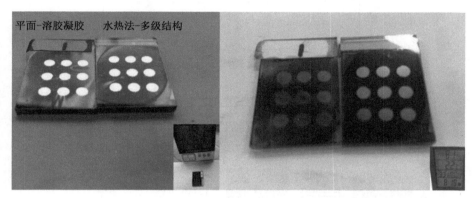

图 2.60 样品 B(平面结构 SnO₂ 电子传输层) 和样品 C(多级结构 SnO₂ 电子传输层) 在 80% 的湿度环境下放置三天, 电池前后照片 (彩图扫封底二维码)

在 95% 的湿度下, 钙钛矿物质会分解产生 HI, 使得金属电极被刻蚀而损坏。在钙钛矿层被彻底破坏之前, 电池的效率就基本没有了, 所以在高的湿度环境中, 不仅要考虑到钙钛矿的分解问题, 同时也需要探究金属电极的不稳定原因。在 80% 的湿度下, 多级结构 SnO₂ 可以显著地增加钙钛矿电池的抗水能力。

2) 大气环境下 (40%~70%) 相应测试结果与讨论

在大气环境中 (约 50% 的湿度), 几天之内, 样品形貌都没有发生改变, 随着时间的推移, 样品 A、B 的颜色先于样品 C 开始从边缘处开始退却, 样品 C 的颜色变化最慢。图 2.61 是不同结构钙钛矿样品在大气环境下 (约 50% 的湿度) 放置 1500h 后的 XRD 测试结果, XRD 测试结果中样品 C 的碘化铅的衍射峰最弱。由此可以再次证明, 多级结构的 SnO₂ 电子传输层可以提高钙钛矿层的抗水能力。

3) 低湿度环境下 (<40%) 相应测试结果与讨论

在 20% 左右的湿度下放置 1500 h, 三种结构的钙钛矿样品都没有发生颜色的变化。样品 A、B 在 3000h 后开始变黄, 并不是从边缘开始变黄, 而是很随机。3000 h 后 (20% 左右的湿度), 样品 A、B 透过 FTO 玻璃可以看见有黄色物质出现, 但是钙钛矿上面却看不出任何变化。样品 C 没有观察到碘化铅析出。样品 A 在 5500 h 后, 黄色物质逐渐增多, 慢慢就全部变黄了。从样品 A、B 形貌变化来看，低湿度环境下，碘化铅更容易在 FTO 面处形成，如图 2.62 所示。

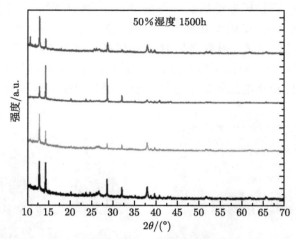

图 2.61　钙钛矿样品在大气环境中放置 1500h 后的 XRD 测试结果

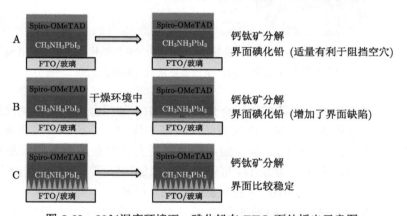

图 2.62　20％湿度环境下，碘化铅在 FTO 面处析出示意图

　　图 2.63 显示的是样品 A 在低湿度下放置 20d(120d) 前后的伏安特性曲线。在放置 20d 后电池的 V_{oc} 和 FF 明显提升，但是在放置 120d 后电池的 J_{sc}、填充因子、V_{oc} 都变差了。对于无电子传输层的电池，在 FTO 界面处会形成一层薄的界面碘化铅，减小电子空穴对复合，从而增加电池的 V_{oc} 和 FF，导致效率上升；而当钙钛矿分解过多时，电池的吸光能力变弱，同时界面电阻及缺陷态等增加，从而导致电池的 J_{sc}、FF 下降。图 2.64 显示了放置 20d 后样品 A 的反向漏电流减小，而表面适量的界面碘化铅会增大电池的并列电阻。

　　样品 A 的光电转换效率随时间呈现出下降–上升–下降的变化趋势。样品 B 和 C 的光电转换效率总体一直是下降的趋势，但样品 C 比样品 B 的下降速率要小得多，样品 B 和样品 C 的效率衰减对比数据见图 2.65(a)。图 2.65(c) 是多级结构 SnO_2 钙钛矿太阳能电池在暗态环境下 (20％湿度，无封装) 各输出特性参数随时间的变化曲线。电池的 V_{oc} 和 FF 基本保持不变，由于 J_{sc} 整体呈下降趋势，所以电池的输出性能随之下降，但性能衰减不超过 10％，这充分证明，多级结构的 SnO_2 能够增加钙钛矿太阳能电池的稳定性和抑制钙钛矿吸光层的老化。

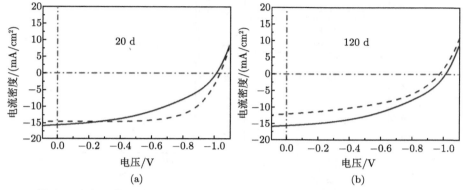

图 2.63 样品 A 在低湿度下放置 20d(120d) 前后的光照伏安特性曲线 (实线：前；虚线：后)

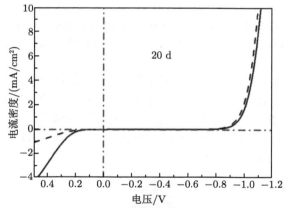

图 2.64 样品 A 在低湿度下放置 20d 前后的暗态伏安特性曲线 (实线：前；虚线：后)

样品 A 中没有电子传输层和空穴阻挡层，但是随着时间变化会在 FTO 界面处析出碘化铅，可以起到挡空穴或者传输电子的作用，使得样品 A 的反向漏电现象减轻，从而提升了样品 A 的光电转化效率。随着钙钛矿分解得越来越多，样品 A 的效率又开始降低。样品 B、C 有电子传输层 (空穴阻挡层)，碘化铅的析出增加了界面缺陷，所以随着时间的推移，电池的效率一直降低。由于多级结构的 SnO_2 电子传输层可以抑制碘化铅的析出，所以样品 C 的效率衰减速度比样品 B 要慢。

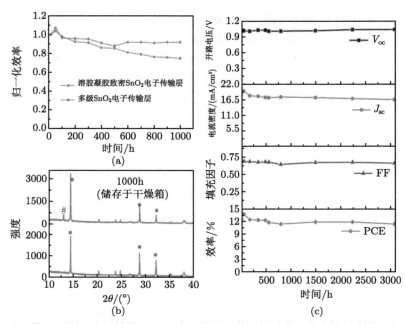

图 2.65   (a) 基于平面、多级结构 SnO_2 电子传输层的钙钛矿太阳能电池效率随时间的变化曲线 (20％湿度，无封装)，(b) 平面、多级结构 SnO_2 衬底上的钙钛矿吸光层样品在低湿度环境下放置 10h 之后的 XRD 结果，(c) 多级 SnO_2 钙钛矿太阳能电池 (20％湿度、室温、黑暗) 的输出特性参数 (V_{oc}、J_{sc}、FF、PCE) 随时间的变化曲线 [15]

4) 不同结构 SnO_2 电子传输层对钙钛矿光稳定性的影响

将 SnO_2 多级结构和 SnO_2 平面结构衬底的钙钛矿样品放在太阳光照下 (约 20％湿度，50℃)9h，样品的照片如图 2.66 所示，可以看到 SnO_2 平面结构衬底上的钙钛矿退化得更为明显。由此可以得出结论，SnO_2 多级结构材料更有利于钙钛矿电池的光稳定性。

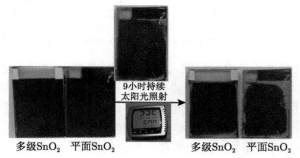

图 2.66   持续太阳光照下平面 SnO_2 和多级 SnO_2 衬底的钙钛矿样品 (无封装、23％湿度、50℃) 放置 9h 前后样品的照片 (彩图扫封底二维码)

2.5 本 章 小 结

本章介绍了不同方法制备的 SnO_2 并将其运用到钙钛矿太阳能电池中。着重介绍了低温溶胶凝胶法制备的 SnO_2 纳米晶薄膜、两步溶液法制备的 SnO_2 量子点薄膜和水热法制备的 SnO_2 纳米薄片多级结构。这些 SnO_2 电子传输层的制备方法非常简易和重复性好，并且避免了高温烧结的制备过程。通过光、电学性质的表征，SnO_2 材料表现出更好的特性，比如，具有更低的光化学活性、光学增透效应和更高的电子迁移率等。与传统的 TiO_2 电子传输层对比，使用这些低温溶液法制备的 SnO_2 电子传输层取得了更高的 V_{oc}、J_{sc}、FF 和光电转换效率；并且太阳能电池有更小的回滞效应和更好的稳定性。因为其低温法制备和优异的光电学特性，最优化的钙钛矿电池效率取得了超过 20% 的效率，并实现了可柔性化和大面积化。

参 考 文 献

[1] Lau C F J, Zhang M, Deng X, et al. Strontium-doped low-temperature-processed CsPbI$_2$Br perovskite solar cells [J]. ACS Energy Letters, 2017, 2(10): 2319-2325.

[2] Yang W S, Noh J H, Jeon N J, et al. High-performance photovoltaic perovskite layers fabricated through intramolecular exchange [J]. Science, 2015, 348: 1234-1237.

[3] Zhou H, Chen Q, Li G, et al. Photovoltaics. Interface engineering of highly efficient perovskite solar cells [J]. Science, 2014, 345(6196): 542-546.

[4] Leijtens T, Eperon G E, Pathak S, et al. Overcoming ultraviolet light instability of sensitized TiO$_2$ with meso-superstructured organometal tri-halide perovskite solar cells [J]. Nature Communications, 2013, 4: 2885.

[5] Tiwana P, Docampo P, Johnston M B, et al. Electron mobility and injection dynamics in mesoporous ZnO, SnO$_2$, and TiO$_2$ films used in dye-sensitized solar cells [J]. ACS Nano, 2011, 5(6): 5158-5166.

[6] Liu D, Kelly T L. Perovskite solar cells with a planar heterojunction structure prepared using room-temperature solution processing techniques [J]. Nature Photonics, 2013, 8(2): 133-138.

[7] Snaith H J, Ducati C. SnO$_2$-based dye-sensitized hybrid solar cells exhibiting near unity absorbed photon-to-electron conversion efficiency [J]. Nano Letters, 2010, 10(4): 1259-1265.

[8] Bob B, Song T, Chen C, et al. Nanoscale dispersions of gelled SnO$_2$: material properties and device applications [J]. Chem. Mater, 2013, 25(23): 4725-4730.

[9] Ke W, Fang G, Liu Q, et al. Low-temperature solution processed tin oxide as an alternative electron transporting layer for efficient perovskite solar cells [J]. Journal of American Chemical Society, 2015, 137: 6730-6733.

[10] Kavan L, Steier L, Grätzel M. Ultrathin buffer layers of SnO₂ by atomic layer deposition: perfect blocking function and thermal stability [J]. The Journal of Physical Chemistry C, 2017, 121(1): 342-350.

[11] Jiang Q, Zhang L, Wang H, et al. Enhanced electron extraction using SnO₂ for high-efficiency planar-structure HC(NH₂)₂PbI₃-based perovskite solar cells [J]. Nature Energy, 2016, 2(1): 16177.

[12] Jiang Q, Zhao Y, Zhang X, et al. Surface passivation of perovskite film for efficient solar cells [J]. Nature Photonics, 2019, 13(7): 460-466.

[13] Jiang Q, Zhang X, You J. SnO₂: a wonderful electron transport layer for perovskite solar cells [J]. Small, 2018, 14: 1801154.

[14] Yang G, Chen C, Yao F, et al. Effective carrier-concentration tuning of SnO₂ quantum dot electron-selective layers for high-performance panar perovskite solar cells [J]. Advanced Materials, 2018, 30(14): 1706023.

[15] Liu Q, Qin M, Ke W, et al. Enhanced stability of perovskite solar cells with low-temperature hydrothermally grown SnO₂ electron transport layers [J]. Advanced Functional Materials, 2016, 26(33): 6069-6075.

[16] Kwoka M, Ottaviano L, Passacantando M, et al. XPS study of the surface chemistry of L-CVD SnO₂ thin films after oxidation [J]. Thin Solid Films, 2005, 490(1): 36-42.

[17] Shi J, Dong J, Lv S, et al. Hole-conductor-free perovskite organic lead iodide heterojunction thin-film solar cells: high efficiency and junction property [J]. Applied Physics Letters, 2014, 104(6): 063901.

[18] Ke W, Fang G, Wang J, et al. Perovskite solar cell with an efficient TiO₂ compact film [J]. ACS Applied Materials Interfaces, 2014, 6: 15959-15965.

[19] Yang G, Chen C, Yao F, et al. Effective carrier-concentration tuning of SnO₂ quantum dot electron-selective layers for high-performance planar perovskite solar cells [J]. Advanced Materials, 2018, 30(14): 1706023.

[20] Lu X, Wang H, Wang Z, et al. Room-temperature synthesis of colloidal SnO₂ quantum dot solution and ex-situ deposition on carbon nanotubes as anode materials for lithium ion batteries [J]. Journal of Alloys and Compounds, 2016, 680: 109-115.

[21] Ke W, Zhao D, Cimaroli A J, et al. Effects of annealing temperature of tin oxide electron selective layers on the performance of perovskite solar cells [J]. Journal of Materials Chemistry A, 2015, 3(47): 24163-24168.

[22] Saliba M, Matsui T, Seo J Y, et al. Cesium-containing triple cation perovskite solar cells: improved stability, reproducibility and high efficiency [J]. Energy Environmental Science 2016, 9(6): 1989-1997.

[23] Kim Y C, Jeon N J, Noh J H, et al. Beneficial effects of PbI₂ incorporated in organo-lead halide perovskite solar cells [J]. Advanced Energy Materials, 2016, 6(4): 1502104.

[24] Yang D, Yang R, Ren X, et al. Hysteresis-suppressed high-efficiency flexible perovskite solar cells using solid-state ionic-liquids for effective electron transport [J]. Advanced Materials, 2016, 28(26): 5206-5213.

[25]　Wang K, Shi Y, Gao L, et al. W(Nb)O$_x$-based efficient flexible perovskite solar cells: from material optimization to working principle [J]. Nano Energy, 2017, 31: 424-431.

[26]　Li W, Zhang W, Van Reenen S, et al. Enhanced UV-light stability of planar hetero-junction perovskite solar cells with caesium bromide interface modification [J]. Energy & Environmental Science, 2016, 9(2): 490-498.

[27]　Leijtens T, Eperon G E, Pathak S, et al. Overcoming ultraviolet light instability of sensitized TiO$_2$ with meso-superstructured organometal tri-halide perovskite solar cells [J]. Nature Communications, 2013, 4: 2885.

第 3 章 二氧化锡的制备方法及其在钙钛矿太阳能电池中的应用——真空法

3.1 引   言

随着可持续发展观的深入普及和社会经济的快速发展，经济与环保协同发展成为当下企业发展和科技创新的主要趋势。传统的通电镀膜技术会产生较大的污染，且镀膜质量不高、经济效益低下，已逐渐退出历史舞台，取而代之的是技术更加先进、镀膜质量更加优秀的真空镀膜技术。真空镀膜技术不仅能够满足人们对产品外观的需求，而且在镀膜过程中不会对周围环境产生较大的污染。20 世纪 30 年代，真空镀膜技术开始兴起，经过将近几十年的发展，真空镀膜技术从实验室走向了工厂，实现了大规模生产，在装饰、通信、照明等工业领域得到了广泛的应用。真空镀膜技术是指在真空环境下，通过蒸发金属、氧化物等固体材料，使其气态化并附着到产品物件的表面，形成一层均匀的薄膜，增强产品的抗腐蚀性、美观性等。

真空镀膜设备主要指一类需要在较高真空度下进行的镀膜设备，具体包括很多种类，如真空离子束蒸发、磁控溅射、分子束外延 (MBE)、脉冲激光沉积 (PLD)、原子层沉积 (ALD) 和真空热蒸发等。真空离子束蒸发镀膜一般是，加热靶材使表面组分以原子团或离子形式蒸发出来，并且沉降在基片表面，通过成膜过程 (散点—岛状结构—迷走结构—层状生长) 形成薄膜。对于溅射类镀膜，可以简单理解为，利用电子或高能激光轰击靶材，并使表面组分以原子团或离子形式被溅射出来，并且最终沉积在基片表面，经历成膜过程，最终形成薄膜。真空热蒸发镀膜方法的工作原理是，在真空环境中，蒸发固体使其转化成气态，最终沉积在被镀膜产品的表面上。这里的 "真空" 是指容器空间的压强大约在 10^{-3} Pa，在这种状态下，被蒸发的固体原材料的气态粒子可以顺利地到达被镀膜产品的表面。真空热蒸发镀膜法有两种最常用的加热方式：电阻加热式和电子枪加热式。电阻加热式是通过通电使电阻散发热量，达到加热镀膜材料的目的；电子枪加热式是电子枪发射出的电子束直接撞击镀膜材料，从而产生热量，达到加热镀膜材料的目的。ALD 是一种薄膜形成方法，在真空状态下，将多种气相原料 (前体) 交替暴露于基板表面以形成膜。与化学气相沉积不同，不同类型的前驱物不会同时进入反应室，而是作为独立的步骤引入 (脉冲) 和排出 (吹扫)。在每个脉冲中，前体分子在基材表面上以自控方式起作用，并且当表面上不存在可吸附位时，反应结束。因此，一个周期中的成膜量由前体分子和基板表面分子如何化学键合来定义。因此，通过控制循环次数，可以在具有任意结构和尺寸的基板上形成高精度且均匀的膜。ALD 可以在原子层水平上控制膜厚度和材料，并且被认为能够形成极薄且致密的膜。

真空镀膜技术与传统的电镀、热浸镀技术相比较，主要有三大优势：① 不影响被镀材料的质量，在加热镀膜材料时，真空镀膜技术并不需要过高的温度，因此不会发生被镀材料在几何尺寸上发生变形或降低材质性能等现象；② 可以在较大范围内自由选择蒸发原材料，更容易对镀膜材料在组成和构造上进行控制；③ 镀膜过程中不会产生有害气体、液体，因此不会对周围环境产生较大影响。第 2 章中我们介绍了几种不同溶液法制备的 SnO_2，本章将介绍基于不同真空法制备的 SnO_2 并用于钙钛矿太阳能电池的电子传输层。

3.2 电子束蒸发二氧化锡

首先介绍使用电子束蒸发法 (电子枪加热式) 制备的 SnO_2，其具有沉积均匀、厚度可控等特点，所以非常适合于工业化的批量生产和大面积制备，具有商业化应用前景。这里系统分析了制备条件 (包括氧气、薄膜厚度) 对 SnO_2 光学及电学性质的影响，将其应用在钙钛矿太阳能电池中，小面积器件获得了 18.2% 的光电转换效率，大面积器件获得了超过 14% 的光电转换效率，具有出色的环境稳定性。这些结果表明，基于电子束蒸发 SnO_2 电子传输层的钙钛矿太阳能电池具有商业化应用的巨大潜力[1]。

3.2.1 实验材料与方法

1. 衬底准备

透明导电衬底使用方块电阻为 14 Ω/sq 的掺氟 SnO_2(FTO) 的导电玻璃，在使用之前，需要清洗干净。先用清洁剂清洗表面，随后将衬底分别放置在丙酮、乙醇和去离子水溶液中进行超声清洗，在衬底使用之前，用氮气吹干。

2. 电子传输层的制备

电子束蒸发法制备 SnO_2 电子传输层：将 SnO_2 颗粒放置在电子束蒸发设备的蒸发坩埚中，将真空腔体抽真空，随后通入一定量的氧气后开始蒸发。设置枪高压为 9 kV，灯丝电压 110 V，灯丝电流 0.6 A，衬底温度 140 ℃。控制蒸发速率不超过 0.1 nm/s。启动薄膜厚度监视仪，沉积不同厚度的 SnO_2 薄膜。蒸发结束之后，将沉积的 SnO_2 薄膜在空气中 180 ℃ 退火 1 h。

3. 钙钛矿吸光层的制备

$Cs_{0.05}(MA_{0.17}FA_{0.83})_{0.95}Pb(I_{0.83}Br_{0.17})_3$ 钙钛矿薄膜的制备

$Cs_{0.05}(MA_{0.17}FA_{0.83})_{0.95}Pb(I_{0.83}Br_{0.17})_3$ 钙钛矿的前驱体溶液由碘化甲脒 FAI(1 mol/L)、溴化甲胺 MABr(0.2 mol/L)、碘化铅 PbI_2(1.1 mol/L)、溴化铅 $PbBr_2$(0.2 mol/L) 和碘化铯 CsI(0.04 mol/L) 溶解在无水 DMF 和 DMSO 的混合溶剂 (体积比为 4:1) 中，搅拌至充分溶解。然后将钙钛矿溶液滴在 SnO_2/FTO 基板上分别以 1000 r/min 和 5000 r/min 的速度旋涂 5 s 和 40 s。在高速旋涂阶段，将 300 μL 的氯苯快速滴到钙钛矿薄膜上，最后将钙钛矿薄膜放置在热台上，在 100 ℃ 温度下退火 1 h。

4. 空穴传输层的制备

首先将 72.3 mg Spiro-OMeTAD 溶液溶解在 1mL 氯苯中。然后，将 28.8 μL tBP 和 17.5 μL 溶解在乙腈中的 Li-TFSI(520 mg/mL) 作为添加剂掺杂到上述溶液中。充分搅拌至溶解之后，将空穴传输层溶液旋涂在钙钛矿薄膜表面，条件为 3000 r/min 旋涂 30 s。

5. 电极的制备

将衬底放置在热蒸镀仪器中，蒸发金电极作为背电极，厚度大约 80 nm，金电极的面积为 0.09 cm^2，金的纯度为 99.99‰。

6. 基于电子束蒸发制备 SnO_2 电子传输层的钙钛矿太阳能电池

电子束蒸发制备 SnO_2 过程的示意图和器件结构如图 3.1 所示。

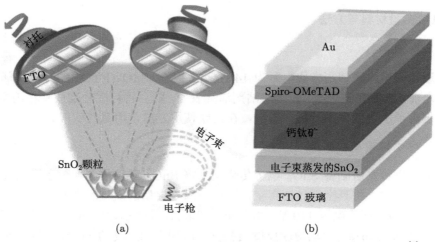

图 3.1　(a) 电子束蒸发制备 SnO_2 过程的示意图；(b) 器件结构的示意图 [2]

使用电子束蒸发制备 SnO_2 过程的示意图如图 3.1(a) 所示。电子枪发射出的电子在磁场的作用下会聚成电子束并轰击 SnO_2 靶材的表面，使 SnO_2 材料高温蒸发到 FTO 的衬底表面。基板支架可以放置大量的 FTO 基片，有利于实现连续、大规模的自动化生产。通过移动基板支架的位置，可以一次制备数百个 SnO_2 电子传输层衬底。该工艺具有材料利用率高、能够低温制备、工艺简单、有利于降低生产成本等优势[3]。整个蒸发过程是在腔内进行的，因此不受外界环境条件的影响。此外，通过旋转基板支架可以均匀地沉积 SnO_2 薄膜，并且可以精确控制厚度，这有利于制备高质量的薄膜，提高可重复性[4]。

图 3.1(b) 为钙钛矿太阳能电池结构的示意图。首先，利用电子束蒸发技术，将电子束蒸发 SnO_2 层沉积在 FTO 玻璃基板表面。其次，通过溶剂工程方法在电子束蒸发的 SnO_2 的表面沉积含铯 (Cs) 的混合钙钛矿吸收层 $Cs_{0.05}(MA_{0.17}FA_{0.83})_{0.95}$ $-Pb(I_{0.83}Br_{0.17})_3$。选择 $FAPbI_3$ 的原因是其带隙比 $MAPbI_3$ 的带隙低，有利于增加光吸收[5]。但纯 $FAPbI_3$ 缺乏结构稳定性，因此，为了提高钙钛矿的相稳定性，在 $FAPbI_3$ 中加入了 $MAPbBr_3$ 和少量的 Cs[6]。最后，以 Spiro-OMeTAD 作为空穴传输层，使用 Au 作为金属电极。SnO_2 能够和钙钛矿材料形成很好的能带匹配并有效地抽取钙钛矿中的光生电子。

3.2.2 基于电子束蒸发制备 SnO_2 薄膜的基本性质

通过测试 X 射线光电子能谱 (XPS)，可以分析电子束蒸发的 SnO_2 薄膜的组分信息。图 3.2(a) 中，位于 495.6 eV 和 486.7 eV 的结合能对应的峰分别相关于 Sn $3d_{3/2}$ 和 Sn $3d_{5/2}$。Sn 3d 的峰是 SnO_2 材料中 Sn^{4+} 的化学态。图 3.2(b) 中，在结合能 530.9 eV 处的峰是 O 1s，对应的是 SnO_2 晶体的 O^{2-} 化学态。可以说明通过电子束蒸发技术能够制备出 SnO_2 薄膜。进一步采用掠入射 X 射线散射技术 (GIWAXS) 对电子束蒸发的 SnO_2 的微观结构进行了研究。在二维散射图像 (图 3.2(c)) 中，只能检测到宽的方位角信号分布，并且相应的散射峰 (图 3.2(d)) 是一个宽隆起，没有出现特定的取向，表明 SnO_2 材料是一种多晶结构。

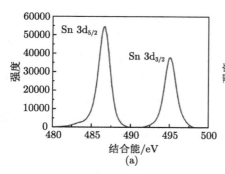

(a)

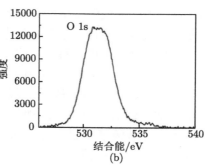

(b)

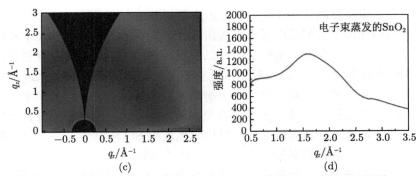

图 3.2　(a) SnO$_2$ 薄膜 Sn 3d 的 XPS 图谱；(b) SnO$_2$ 薄膜 O 1s 的 XPS 图谱；(c) 电子束蒸发的 SnO$_2$ 的 GIWAXS 测试的二维散射图像；(d) 电子束蒸发的 SnO$_2$ 相应的 GIWAXS 散射曲线[2]

3.2.3　氧气沉积环境对电子束蒸发制备 SnO$_2$ 薄膜的影响

接下来介绍氧气压力环境 (0~0.3 Pa) 对电子束蒸发的 SnO$_2$ 薄膜以及钙钛矿光伏器件性能的影响。电子束蒸法的 SnO$_2$ 的厚度固定为 50 nm。如图 3.3(a) 所示，随着氧气压力的增加，光伏性能逐渐提高。当氧气压力为 0.2 Pa 时，钙钛矿器件的光电转换效率达到最优值为 14.98%。但是，随着氧气压力的进一步升高，光伏性能又变差。表 3.1 总结了相应的光伏参数，表明电子束蒸发 SnO$_2$ 薄膜适用于钙钛矿太阳能电池的电子传输层，但仍需进一步优化。

表 3.1　采用不同氧压力下电子束蒸发的 SnO$_2$ 的钙钛矿太阳能电池的光伏参数[2]

氧气压力/Pa	V_{oc}/V	J_{sc}/(mA/cm^2)	FF/%	PCE/%
0	1.05	18.88	61	12.21
0.1	1.07	19.35	67	13.90
0.2	1.07	19.56	71	14.98
0.3	0.78	17.60	63	8.77

为了探究不同氧气制备条件对电池性能影响的原因，这里通过霍尔效应测量系统测量了在不同氧气压力下制备的电子束蒸发 SnO$_2$ 的电学性能 (迁移率和载流子浓度)。电子传输层的迁移率和载流子浓度影响着钙钛矿与电子传输层之间的电荷注入和电荷复合[7]。从图 3.3(b) 可以看出，随着氧气压力的增加，SnO$_2$ 的迁移率逐渐升高，并在 0.2 Pa 氧气条件下达到最大值，这有利于电荷在 SnO$_2$ 材料中的传输。然而，当进一步增加氧气压力时，迁移率值明显降低。低迁移率会导致界面上载流子积累。有趣的是，载流子浓度的变化规律与迁移率相反，较低的载流子浓度可以减轻电子与光生空穴的复合，抑制载流子输运过程中的损耗。

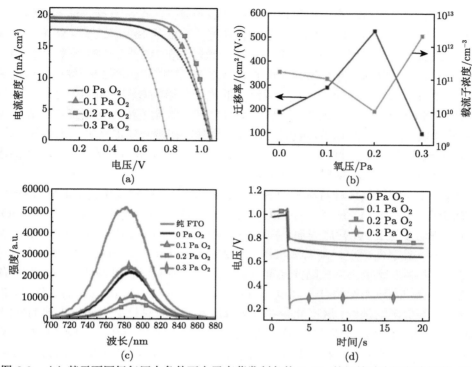

图 3.3　(a) 基于不同氧气压力条件下电子束蒸发制备的 SnO_2 的钙钛矿太阳能电池的 J-V 曲线；(b) 在不同氧气压力的条件下电子束蒸发制备的 SnO_2 薄膜的迁移率和载流子浓度变化曲线；(c) 在不同的氧气压力下电子束蒸发制备的 SnO_2 表面的钙钛矿薄膜的稳态光致发光光谱；(d) 在不同氧气压力下制备的电子束蒸发 SnO_2 的钙钛矿太阳能电池的电压衰减曲线 [2]。

　　进一步进行了稳态光致发光 (PL) 和开路光电压衰减测试分析，以此了解电子的提取和载流子的复合情况 [8]。图 3.3(c) 显示了 FTO/钙钛矿和 FTO/电子束蒸发 SnO_2/钙钛矿的光致发光谱。与基于 FTO/钙钛矿结构的器件相比，基于 FTO/电子束蒸发 SnO_2/钙钛矿结构器件的强度要低得多，说明引入 SnO_2 传输层增强了对钙钛矿层电子的抽取能力 [9]。当氧气压力增加到 0.2 Pa 时，光致发光的强度明显减弱，说明电子抽取过程进一步加快。这是由于，在 0.2 Pa 氧气压力条件下制备的 SnO_2 具有较高的迁移率，使得电子抽取能力显著增强，从而导致了更高的 FF 和 J_{sc}，这与 J-V 测量结果一致。然而，当进一步增加氧气压力时，光致发光的强度增加，这可以归因于 SnO_2 的迁移率降低。结果证明，电子束蒸发的 SnO_2 的迁移率在电子的抽取传输中起重要作用。在关闭照明后，用开路光电压衰减测试记录电压衰减情况。电压衰减情况可以反映载流子复合和寿命。从图 3.3(d) 可以看出，基于 0.2 Pa 氧气压力条件下制备的 SnO_2 电子传输层的钙钛矿太阳能电池表现出最佳的器件性能和较低的电压衰减, 证实了钙钛矿与 SnO_2 电子传输层界面处的载流子复合较慢。较低的 SnO_2 载流子浓度会抑制严重的载流子复合, 增加电子寿命, 从而导致较高的 V_{oc}[10]。当氧气压力不足时, 所制备的 SnO_2 薄膜可能产生了大量的氧空位 V_o 和锡原子间隙 Sn_i 缺陷。这些缺陷会在禁带中引入缺陷能级, 造成载流子的复合, 影响载流子输运。当增加氧气压力时, SnO_2 组分变得更纯, 结晶性变得更好。载流子浓度逐渐降低, 表明固有缺陷降低。杂质散射减小, 载流子迁移率增加。在进一步提高氧气压力的同时, SnO_2 的载流子迁移率逐渐降低。这些结果可能源于氧间隙 O_i 的存在, 导致晶格畸变, 进而影响 SnO_2 薄膜的形貌和电荷传输能力。

　　进一步介绍氧气环境对沉积的 SnO_2 形貌的影响。从扫描电镜 (SEM) 图像中可以看到沉积在 FTO 衬底上的 SnO_2 纳米颗粒 (图 3.4)。整体来看, 蒸发 SnO_2 可以完整地覆盖 FTO 衬底表面。在不引入氧气 (0 Pa) 的情况下获得的 SnO_2 颗粒大小不一且表面粗糙。随着氧气压力的增加, SnO_2 晶粒的尺寸变得更大且更均匀, 这有利于减少晶界缺陷并改善电荷输运。晶界缺陷会引入高密度电荷缺陷, 对电荷复合产生不利影响[11]。对于 SnO_2 膜, 当引入压力为 0.3 Pa 的氧气时, 沿晶界观察到更多的裂纹, 这可能会导致电流泄漏并损害钙钛矿太阳能电池的性能。同时进行了原子力显微镜 (AFM) 测试进一步了解在不同氧压力下制备的电子束蒸发 SnO_2 的形态。从二维 AFM 图像 (图 2.9) 可以看出, 随着氧气压力的增加, 电子束蒸发的 SnO_2 的尺寸逐渐变大并且变得更加均匀, 测试结果与 SEM 图像一致。

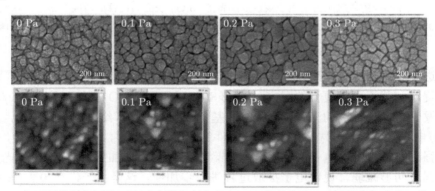

图 3.4   在不同的氧气压力下电子束蒸发制备的 SnO_2 薄膜的 SEM 图像和相应的二维 AFM 图像[2]

3.2.4   电子束蒸发制备 SnO_2 薄膜厚度对器件的影响

　　进一步研究了电子束蒸发 SnO_2 薄膜的最佳厚度。所沉积的 SnO_2 膜的厚度在 30~60 nm 变化, 氧气压力控制在 0.2 Pa。图 3.5(a) 显示了基于电子束蒸发

SnO_2 在不同厚度条件下的钙钛矿太阳能电池的 J-V 曲线。将厚度从 30 nm 增加到 60 nm 时，钙钛矿太阳能电池的光电转换效率首先增大，然后减小。基于 40 nm SnO_2 薄膜的钙钛矿太阳能电池具有最佳的光伏性能，其 PCE 为 17.38%，V_{oc} 为 1.08 V，J_{sc} 为 22.47 mA/cm^2，FF 为 71%。表 3.2 给出了具有不同厚度 SnO_2 膜的钙钛矿太阳能电池的光伏参数。

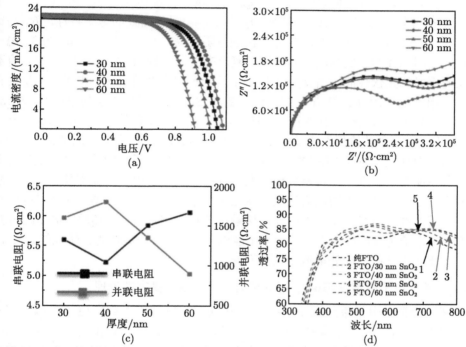

图 3.5　基于电子束蒸发 SnO_2 薄膜不同厚度条件下钙钛矿太阳能电池的 (a) J-V 曲线；(b) 电化学阻抗谱；(c) 器件的串联电阻 R_s 和并联电阻 R_{sh}；(d) 电子束蒸发 SnO_2 薄膜不同厚度条件下的透射光谱 [2]

为了更深入地分析 SnO_2 膜的厚度对器件性能的影响，这里测试了电化学阻抗谱 (EIS)，并根据 SnO_2 薄膜的不同厚度估算了钙钛矿太阳能电池的串联电阻 (R_s) 和并联电阻 (R_{sh})。EIS 测量可用于分析钙钛矿和 SnO_2 电子传输层之间的界面接触情况和载流子输运情况 [12]。如图 3.5(b) 所示，在高频区域奈奎斯特图对应于界面传输电阻，反映了从钙钛矿到 SnO_2 电子传输层的电荷转移过程。基于 40 nm SnO_2 电子传输层的钙钛矿太阳能电池表现出最小的电荷传输电阻，说明较快的电荷转移过程。

表 3.2 基于电子束蒸发的 SnO_2 在不同厚度条件下的钙钛矿太阳能电池的光伏参数 [2]

厚度/nm	V_{oc}/V	J_{sc}/(mA/cm^2)	FF/%	PCE/%	R_s/($\Omega \cdot$ cm^2)	R_{sh}/($\Omega \cdot$ cm^2)
30	1.05	21.93	71	16.38	5.6	1600
40	1.08	22.47	71	17.38	5.23	1800
50	1.00	22.31	69	15.56	5.84	1350
60	0.92	22.24	68	13.91	6.06	900

这里分别从 J-V 曲线中 V_{oc} 和 J_{sc} 的区域进一步估计了 R_s 和 R_{sh}。对 R_s 和 R_{sh} 的分析能够了解钙钛矿和 SnO_2 电子传输层界面处的电学特性。R_s 与钙钛矿和 SnO_2 电子传输层之间的界面接触电阻有关。R_{sh} 与钙钛矿和 SnO_2 电子传输层之间的界面处的漏电流和载流子复合有关。较低的 R_s 和较高的 R_{sh} 有利于获得更好的光伏性能。图 3.5(c) 显示了基于不同厚度的 SnO_2 电子传输层的钙钛矿太阳能电池的 R_s 和 R_{sh} 的变化。随着 SnO_2 电子传输层的厚度从 30 nm 增加到 60 nm，R_s 先减小然后逐渐增大，而 R_{sh} 的变化趋势与 R_s 相反。基于 40 nm SnO_2 电子传输层的钙钛矿太阳能电池有最低的 R_s 和最大的 R_{sh}，表明其优越的界面性能，这与 EIS 的结果是一致的。太薄的电子传输层可能不足以有效地抑制界面复合，并且不可避免地会发生漏电。太厚的电子传输层使器件产生较大的串联电阻，从而阻碍电荷输运。从这个测量结果中，认为通过优化 SnO_2 电子传输层的厚度可以获得更好的界面接触特性和更有效的电荷传输。将 40 nm 厚的 SnO_2 电子传输层应用于钙钛矿太阳能电池时，可获得最佳的光伏性能。表 3.2 汇总了相应钙钛矿太阳能电池的 R_s 和 R_{sh} 值。

3.2.5 基于电子束蒸发 SnO_2 钙钛矿太阳能电池的稳定性表现

这里将基于电子束蒸发 SnO_2 电子传输层的钙钛矿太阳能电池存储在相对湿度约为 30% 的空气环境中，进行长期稳定性测试。图 3.6 汇总了器件光伏参数随存储时间的变化情况。电池在空气环境中放置 34 天后仍保持了初始光电转换效率的 97%。一方面，与有机材料的电子传输层相比，无机的电子束蒸发的

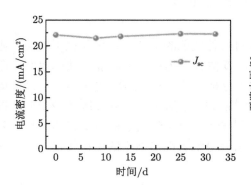
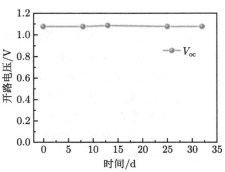

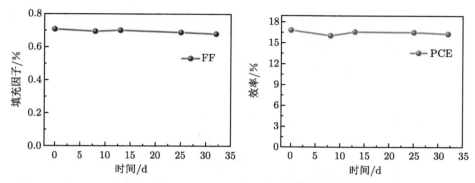

图 3.6 基于电子束蒸发 SnO_2 电子传输层的钙钛矿太阳能电池的长期稳定性测试 [2]

SnO_2 电子传输层更加稳定, 有助于防止水分渗透到钙钛矿中。另一方面, 钙钛矿中 Cs 和 Br 离子的加入有利于增强钙钛矿薄膜的环境稳定性。该结果表明, 基于电子束蒸发 SnO_2 电子传输层的钙钛矿太阳能电池具有很大的商业应用潜力。

3.3 脉冲激光沉积二氧化锡

PLD 是一种利用高频脉冲激光冲击靶体材料来制备薄膜的物理气相沉积工艺, PLD 技术是伴随着激光技术的进步而发展起来的一种先进的薄膜制备技术, 其主要优点有: 容易获得实验设计所需要的薄膜组分比例; 具有很高的沉积效率, 实验周期相对较短; 薄膜制备过程处于与外界环境隔绝的真空腔室, 能有效消除环境因素对薄膜性质的影响, 具有很好的重复性。脉冲激光沉积系统主要由激光器、真空腔室和控制系统三个部分组成, 激光器提供高频脉冲激光, 真空腔室提供薄膜沉积的环境, 控制系统用于控制调整各个工艺参数。图 3.7 为脉冲激光沉积技术制备 SnO_2 薄膜的原理图, 高频脉冲激光冲击处于真空腔室的 SnO_2 靶体材料, 靶体表面被激发出高温高压的 SnO_2 等离子体, 等离子体定向局域膨胀发射, 最终在 FTO 导电衬底上沉积形成 SnO_2 薄膜。

采用脉冲激光沉积技术, 可以无需任何退火过程, 在室温条件下便能得到高质量的 SnO_2 电子传输层, 用于制备高性能钙钛矿太阳能电池, 可以有效降低钙钛矿太阳能电池的生产能耗。缩短太阳能电池的能量回收周期, 并且有利于在柔性塑料衬底上制备光伏器件。另外, 通过简单的两步旋涂方法, 可以将富勒烯及其衍生物引入钙钛矿层中, 制备钙钛矿-PCBM 混合异质结太阳能电池, 在取得高效率的同时可以有效抑制太阳能电池的 J-V 回滞 [13,14]。最终, 基于室温制备的 PLD-SnO_2 电子传输层的钙钛矿-PCBM 混合异质结太阳能电池分别在 FTO 玻璃刚性衬底和锡掺杂氧化铟–聚萘二甲酸乙二醇酯 (ITO-PEN) 塑料柔性衬底上取得了 17.29% 和 14% 的光电转换效率，并且基本没有 *J-V* 回滞现象。

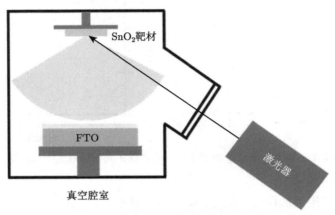

图 3.7   脉冲激光沉积技术制备 SnO_2 薄膜的示意图 [15]

3.3.1   实验材料与方法

1) 透明导电衬底的清洗

本节所选用的透明导电衬底为 FTO 导电玻璃，方阻为 13 Ω/sq。清洗步骤见前章。

2) PLD-SnO_2 电子传输层的制备

分别将 SnO_2 靶材和清洗吹干的 FTO 导电衬底置于腔室内的靶材托和样品托上，将腔室抽至 10^{-4}Pa 高真空，调节闸板阀后打开氧气阀与流量计，调节腔室氧气压至合适水平，打开激光器，调节激光功率和脉冲频率。需要注意的是，在正式沉积 SnO_2 之前，应使用激光烧蚀靶材 5 min，以除去靶材表面因氧化或其他原因而引入的杂质。SnO_2 电子传输层沉积完成后，按规范操作流程关闭激光器，打开腔室拿出样品。

3) 钙钛矿-PCBM 混合异质结的制备

(1) 前驱液配制：将 20 mg PCBM 粉末溶解在 1 mL 氯苯 (CB) 溶液中，40 ℃ 搅拌 12 h 后过滤备用。将 461 mg 碘化铅 (PbI$_2$)、159 mg 碘甲胺 (CH$_3$NH$_3$I，MAI) 和 8 mg 的 Pb(SCN)$_2$ 溶解在 723 μL 的 N,N-二甲基甲酰胺 (DMF) 和 81 μL 的二甲基亚砜 (DMSO) 溶液中配制好钙钛矿前驱液，60 ℃ 搅拌 2 h，待其完全溶解后过滤备用。

(2) 薄膜制备：用移液枪吸取 40 μL PCBM 前驱液滴涂在衬底表面，旋涂参数为 4000 r/min 持续 30 s；随后用移液枪吸取 100 μL 钙钛矿前驱液滴涂在 PCBM 薄膜表面，旋涂参数为 1000 r/min 持续 10 s，4000 r/min 持续 40 s，高速旋涂步骤开始 30 s 后用移液枪吸取 400 μL 氯苯快速滴向衬底中央，旋涂结束后，将衬底转移至 100 ℃ 热台上退火 10 min。

4) Spiro-OMeTAD 空穴传输层的制备

(1) 溶液配制：先将 520 mg 的双三氟甲烷磺酰亚胺锂 (bistrifluoromethane-sulfonimid, Li-TFSI) 溶解在 1 mL 乙腈中，室温搅拌 10 min 至澄清。将 72.3 mg 的 Spiro-OMeTAD 溶解在 1 mL 氯苯中，加入 28.8 μL 的 4-叔丁基吡啶 (4-tert-butylpyridine, tBP) 和 17.5 μL 的 Li-TFSI 乙腈溶液，室温搅拌 3 h 至完全溶解后过滤备用。

(2) 薄膜制备：用移液枪吸取 30 μL 的 Spiro-OMeTAD 溶液滴涂在衬底表面，旋涂参数为 3000 r/min 持续 30 s。旋涂完毕后样品放置在避光干燥柜中氧化 12 h 备用。

5）金属电极的制备

将氧化好的样品放入真空热蒸发设备的腔室内，取金丝置于坩舟，将腔室抽至 10^{-4}Pa 高真空后，通过热蒸发法在 Spiro-OMeTAD 表面沉积一层 50 nm 厚的金电极，电极面积为 0.09 cm^2。

3.3.2 基于 PLD-SnO$_2$ 电子传输层的钙钛矿太阳能电池

PLD 技术被广泛用于制备高质量的半导体薄膜[16]，而 SnO$_2$ 被认为是比 TiO$_2$ 性能更加优异的电子传输层材料，因此越来越多地被运用在高效率钙钛矿太阳能电池中。这里利用 PLD 技术，在室温条件下制备出高质量的 SnO$_2$ 薄膜用作钙钛矿太阳能电池的电子传输层。这里通过改变 PLD 过程中的氧压，制备不同厚度的 PLD-SnO$_2$ 作为电子传输层，最后成功制备了一系列结构为 FTO/PLD-SnO$_2$/CH$_3$NH$_3$PbI$_3$/Spiro-OMeTAD/Au 的平面结构钙钛矿太阳能电池 (图 3.8)，并测试其光伏性能，结果如表 3.3 所示。

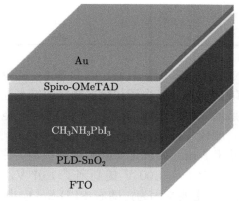

图 3.8 基于 PLD-SnO$_2$ 电子传输层钙钛矿太阳能电池的结构示意图 [17]

表 3.3　采用相同沉积时间在不同氧压下制备的 PLD-SnO$_2$ 电子传输层的钙钛矿太阳能电池的性能参数

氧压/Pa	开路电压/V	短路电流密度 /(mA/cm^2)	填充因子/%	效率/%	并联电阻 /(Ω·cm^2)	串联电阻 /(Ω·cm^2)
无氧	0.91	18.69	58	9.7	514	4.9
5	0.97	19.16	61	11.4	771	2.7
10	1.03	18.88	64	12.4	1200	3.0
15	1.06	19.92	64	13.4	5400	3.1
20	1.03	18.89	67	12.9	982	2.5

注：其中光伏性能参数的平均值取自 16 个太阳能电池，每组性能最好的器件的性能参数及串联、并联电阻也包含在表内 [17]。

可以看到，在氧压为 15 Pa 的时候，钙钛矿太阳能电池取得了最高效率，达到 13.4%，开路电压 (V_{oc}) 为 1.06 V，短路电流密度 (J_{sc}) 为 19.92 mA/cm^2。与基于无氧条件所制备 PLD-SnO$_2$ 的钙钛矿太阳能电池相比，V_{oc} 和 FF 有了明显的提升，通过表 3.4 中不同氧压条件所制备的 PLD-SnO$_2$ 薄膜的电学参数可以看到，无氧条件沉积的 PLD-SnO$_2$ 薄膜具有较高的自由电子密度，会增加 SnO$_2$/钙钛矿界面处载流子复合概率，从而影响器件的性能。随着氧压增加，所制备的 PLD-SnO$_2$ 薄膜自由电子浓度降低，并且电子迁移率升高。在 20 Pa 氧压条件下沉积的薄膜的电子迁移率更是达到 368 cm^2/(V·s)。我们知道，高迁移率的电子传输层可以有效促进载流子的运输并提高太阳能电池的 V_{oc}，从表 3.3 可以看到，相对于低氧气压条件制备 PLD-SnO$_2$ 太阳能电池，15 Pa 氧压制备的 PLD-SnO$_2$ 钙钛矿电池的 V_{oc} 和 FF 均有所提高。

表 3.4　不同氧压条件所制备的 PLD-SnO$_2$ 薄膜的方块电阻，电子迁移率和载流子浓度 [17]

氧压	方块电阻 /(Ω/sq)	迁移率 /(cm^2/(V·s))	载流子浓度/cm^{-3}
无氧	310	3.78	1.06×10^{20}
5Pa	5.6×10^6	15.6	1.4×10^{15}
10Pa	1.9×10^8	35.3	1.9×10^{13}
15Pa	1.7×10^8	120	6.5×10^{12}
20Pa	1.6×10^8	368	2.1×10^{12}

随后，将氧压固定为 15 Pa，通过改变 PLD-SnO$_2$ 的厚度来调节太阳能电池的性能。可以看到，有 PLD-SnO$_2$ 电子传输层的太阳能电池的性能明显优于没有 PLD-SnO$_2$ 电子传输层的太阳能电池，证实了 PLD-SnO$_2$ 电子传输层在钙钛矿太阳能电池中的有效性。相较 PLD-SnO$_2$ 电子传输层厚度较小 (4 nm 或 6 nm) 的钙钛矿太阳能电池，基于 8 nm 厚 PLD-SnO$_2$ 电子传输层的太阳能电池能取得了更高的 V_{oc} 和 FF，其中 V_{oc} 从 1.00 V 提高到了 1.07 V，FF 从 60% 提高到了 67%。V_{oc} 和 FF 的提高，主要是因为，随着 PLD-SnO$_2$ 电子传输层厚度的增加，整个太阳能电池的并联电阻 (R_{sh}) 增大，从而能有效降低器件界面处载流子的复

合概率。而当 PLD-SnO$_2$ 的厚度增大到 10 nm 时，J_{sc} 从 20.35 mA/cm 下降到了 19.34 mA/cm，基于类似原理，推测 J_{sc} 的下降是因为过厚的 PLD-SnO$_2$ 会增大器件的串联电阻 (R_s)。因此 8 nm 是 PLD-SnO$_2$ 作为钙钛矿太阳能电池电子传输层的最优化厚度。

图 3.9 为沉积 PLD-SnO$_2$ 前后 FTO 导电衬底的 SEM 图，可以看到，由于 PLD-SnO$_2$ 电子传输层厚度非常小 (8 nm)，并且 PLD-SnO$_2$ 成分与 FTO 成分相近，难以观察到衬底沉积 PLD-SnO$_2$ 前后的变化。通过 AFM 来观测 FTO 导电衬底在沉积 PLD-SnO$_2$ 前后表面粗糙度的变化，可以看到，沉积 PLD-SnO$_2$ 后，FTO 衬底表面更加平整，平均粗糙度从 17.1 nm 下降到了 16.5 nm，这有利于后续在上表面原位制备高质量的钙钛矿薄膜。从图 3.10 中可以看到，相较于直接在 FTO 表面制备的钙钛矿薄膜，在 FTO/PLD-SnO$_2$ 衬底上制备的钙钛矿薄膜表现出更加平整致密的表面形貌，有利于制备高效率的钙钛矿太阳能电池，这也从侧面验证了之前的结果，即具有 PLD-SnO$_2$ 电子传输层的钙钛矿太阳能电池的整体性能普遍优于无电子传输层的钙钛矿太阳能电池。值得一提的是，在制备 PLD-SnO$_2$ 电子传输层的过程中，没有使用任何原位或后退火工艺。之前的研究表明，当降低电子传输层制备过程中的退火温度，甚至不加热，在室温下制备电

图 3.9 沉积 PLD-SnO$_2$ 电子传输层 (a) 前和 (b) 后的 FTO 导电衬底表面 SEM 图 [17]

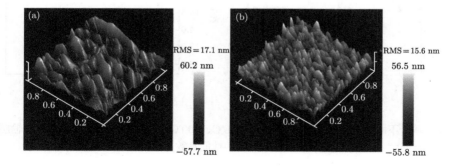

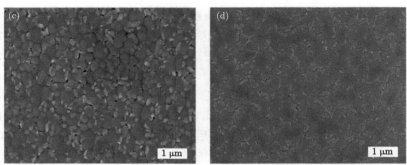

图 3.10   (a) FTO 和 (b) FTO/PLD-SnO₂ 表面的 AFM 三维视图；沉积在 (c) FTO 和 (d) FTO/PLD-SnO₂ 上的钙钛矿薄膜的表面 SEM 图像 [17]

子传输层时，最终制备的钙钛矿太阳能电池的性能远不如基于高温热退火制备电子传输层的太阳能电池 [18]。但是，基于室温制备的 PLD-SnO₂ 电子传输层的钙钛矿太阳能电池的性能与基于高温加热制备的 PLD-SnO₂ 电子传输层太阳能电池性能相差不大 (图 3.11，表 3.5)，甚至部分性能参数优于对照组。由此可见，在

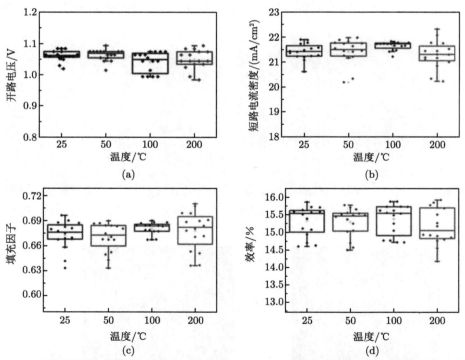

图 3.11   基于不同退火温度 (25 ℃、50℃、100℃、200℃) 制备的 PLD-SnO₂ 电子传输层的钙钛矿太阳能电池的性能参数分布 [17]

沉积 PLD-SnO$_2$ 过程中进行高温加热处理并不会提高最终钙钛矿太阳能电池的效率，反而会增加钙钛矿太阳能电池制备过程中的生产能耗，从而增加太阳能电池的制造成本，延长太阳能电池的能量回收周期。

表 3.5 基于不同退火温度制备的 PLD-SnO$_2$ 电子传输层的钙钛矿太阳能电池的性能参数

温度/℃	开路电压/V	短路电流密度 /(mA/cm^2)	填充因子/%	效率/%
25	1.06(±0.02)	21.43(±0.33)	67(±2)	15.33(±0.42)
	1.09	21.91	69	15.87
50	1.06(±0.02)	21.43(±0.51)	67(±2)	15.29(±0.40)
	1.10	21.99	69	15.78
100	1.04(±0.03)	21.66(±0.17)	68(±1)	15.38(±0.43)
	1.08	21.84	0.69	15.88
200	1.05(±0.03)	21.31(±0.55)	68(±2)	15.18(±0.52)
	1.10	22.32	71	15.93

注：平均值取自 16 个器件，下方为每组器件的最大值 [17]。

3.3.3 基于 PLD-SnO$_2$ 钙钛矿-PCBM 混合异质结太阳能电池

虽然运用 PLD 技术可以在室温条件下制备出高质量的 SnO$_2$ 电子传输层，有利于发展柔性钙钛矿太阳能电池，并且可以有效降低太阳能电池生产能耗，缩短太阳能电池的能量回收周期。但是，与高效率钙钛矿太阳能电池相比，基于室温制备的 PLD-SnO$_2$ 电子传输层的钙钛矿太阳能电池的效率偏低，具体表现为 FF 较低，并且太阳能电池显示出明显的 J-V 回滞现象 [19,20]。这些问题可能是由钙钛矿层中的缺陷态和界面处载流子的复合等造成的。将富勒烯衍生物 PCBM 引入钙钛矿层中被认为可以抑制 J-V 回滞 [21,22]。图 3.12(a) 显示的是一种通过两步旋涂法来制备钙钛矿-PCBM 混合异质结的方法，如图所示，衬底旋涂完 PCBM 后，不经过退火步骤，直接在 PCBM 上旋涂钙钛矿层，未退火的 PCBM 薄膜在后续钙钛矿薄膜的制备过程中，被钙钛矿前驱液溶解，经过旋涂，PCBM 最终进入钙钛矿层，形成了钙钛矿-PCBM 混合异质结。从图 3.12(b) 中可以看到，没有发现 PCBM 层存于 FTO/钙钛矿界面。而相比 FTO/钙钛矿，FTO/PCBM+钙钛矿样品在 550 nm 以下的波长范围显示出略高的吸收系数，见图 3.12(c)，而这显然是来自 PCBM，这些结果均表明 PCBM 被成功地引入了钙钛矿层。

在引入 PCBM 后，钙钛矿-PCBM 混合异质结太阳能电池的填充因子和效率都有了明显提升，且回滞效应也被抑制，见图 3.13(a)，(b) 和表 3.6，证明在钙钛矿层中引入 PCBM 对提升钙钛矿太阳能电池性能具有积极的作用。图 3.13(c) 为不同样品的稳态光致发光光谱，从中可以比较不同样品中的电荷转移效率。图中 760 nm 波长处的发光峰来自钙钛矿，当沉积 PLD-SnO$_2$ 后，FTO/PLD-SnO$_2$/钙钛矿和 FTO/PLD-SnO$_2$/PCBM+ 钙钛矿的发光峰强度明显变弱，表明 PLD-SnO$_2$ 能有效转移钙钛矿层中的光生载流子，从而减少钙钛矿层中电子–空穴对的辐射复合发光。相较于 FTO/PLD-SnO$_2$/钙钛矿，FTO/PLD-SnO$_2$/PCBM+ 钙钛矿样品的发光峰强度进一步减弱，体现出 PCBM 对光生载流子有效的抽取效率。上述结果证明，PCBM 具有促进电荷转移的积极作用，且能有效减少钙钛矿-PLD-SnO$_2$ 界面处的复合，最终提升钙钛矿太阳能电池的性能。根据之前的报道，J-V 回滞现象最有可能来源于钙钛矿层中的缺陷态 [23,24]。

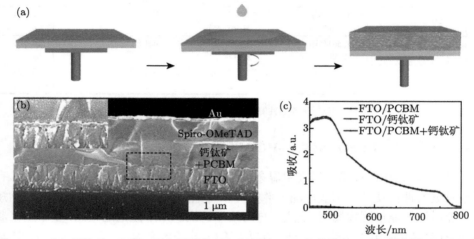

图 3.12 (a) 钙钛矿-PCBM 混合异质结制备流程图；(b) 钙钛矿-PCBM 混合异质结太阳能电池的截面 SEM 图像；(c) 不同样品的吸收光谱 [17]

利用单载流子器件，在暗态条件下测试其 I-V 曲线，可以比较引入 PCBM 前后钙钛矿薄膜中的电子陷阱态密度。如图 3.13(d) 所示，线性部分表示器件的欧姆响应，当偏压超过转折点 (图中 V_{TFL})，电流开始非线性增加，表明此时钙钛矿中的缺陷态已被完全填充。缺陷态填充极限电压 (V_{TFL}) 由缺陷态状态密度确定 [25]：

$$V_{\text{TFL}} = \frac{en_tL^2}{2\varepsilon\varepsilon_0} \tag{3.1}$$

其中，e 为电子电荷；L 是钙钛矿薄膜的厚度；ε 是钙钛矿薄膜的相对介电常量；ε_0 是真空介电常量；n_t 是缺陷态密度。可以看到，V_{TFL} 与 n_t 成正比，而 V_{TFL} 可以从 I-V 曲线的转折点得到。当 PCBM 被引入钙钛矿层后，可以看到，钙钛矿层的缺陷态密度减少，最终使 J-V 回滞现象被有效抑制，并且提高了钙钛矿太阳能电池的性能。

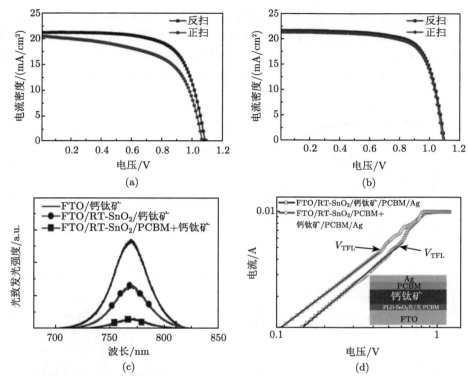

图 3.13　基于 PLD-SnO$_2$ 电子传输层的 (a) 钙钛矿太阳能电池和 (b) 钙钛矿-PCBM 混合异质结太阳能电池的 J-V 曲线；(c) 不同测试样品的稳态光致发光谱；(d) 不同单载流子器件在暗态条件下的 I-V 曲线，插图为单载流子器件的结构示意图 [17]

表 3.6　基于 PLD-SnO$_2$ 电子传输层的性能最好的钙钛矿太阳能电池和钙钛矿-PCBM 混合异质结太阳能电池的性能参数 [17]

	开路电压/V	短路电流密度 /(mA/cm^2)	填充因子/%	效率/%
未引入 PCBM 反扫	1.08	21.17	68	15.45
未引入 PCBM 正扫	1.07	20.57	60	13.18
引入 PCBM 反扫	1.11	21.60	71	17.03
引入 PCBM 正扫	1.10	21.29	71	16.70

图 3.14(a) 是性能最好的太阳能电池的 J-V 曲线，器件结构为 FTO/PLD-SnO$_2$/PCBM-钙钛矿/Spiro-OMeTAD/Au，取得了 17.29% 的效率，V_{oc} 为 1.11 V，J_{sc} 为 21.51 mA/cm^2，FF 为 73%。图 3.14(b) 为该太阳能电池对应的 IPCE 谱，从中积分得到的 J_{sc} 值为 20.60 mA/cm^2，与从 J-V 曲线中得到 J_{sc} 值基本一致，证明了太阳能电池性能测试的可靠性。为了测试太阳能电池的光稳定性，在光照

条件下记录电流在最大功率点所对应的偏压下随光照时间的变化，可以看到，光照 200 s 后，太阳能电池的效率还可以稳定在 16.70%(图 3.14(c))。图 3.14(d) 为 40 个太阳能电池的效率统计分布直方图，计算得到平均效率为 16.36(±0.60)%，且有 73% 的太阳能电池的效率超过了 16%，显示出很好的重复性。

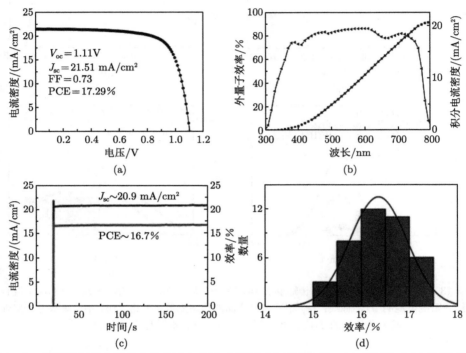

图 3.14　性能最好的太阳能电池的 (a) J-V 曲线和 (b) IPCE 谱；(c) 偏压为 0.82 V 时的稳态光电流和稳态效率；(d) 40 个基于 PLD-SnO$_2$ 电子传输层的钙钛矿-PCBM 混合异质结太阳能电池的效率统计分布图 [17]

3.3.4　柔性太阳能电池

在室温条件下制备的 PLD-SnO$_2$ 电子传输层，非常适合用来制备柔性太阳能电池。这里在柔性导电衬底 ITO-PEN 上制备了基于 PLD-SnO$_2$ 电子传输层的钙钛矿-PCBM 混合异质结太阳能电池。电池制备过程中涉及的所有条件和参数均与刚性 FTO 衬底上的太阳能电池相同。

图 3.15(a) 为性能最好的柔性钙钛矿-PCBM 混合异质结太阳能电池的 J-V 曲线，其效率达到了 14.0%，V_{oc} 为 1.10 V，J_{sc} 为 19.33 mA/cm^2，FF 为 66%。可以看到，基于柔性衬底的钙钛矿-PCBM 混合异质结太阳能电池的 J_{sc} 比在刚性衬底上制备的太阳能电池低 2.18 mA/cm^2，这是由于，柔性 ITO 衬底本身的透光

性不如刚性 FTO, 如图 3.15(b) 所示, 特别是在 500 nm 以下的短波长范围。并且, 柔性太阳能电池表现出较低的 FF, 这可能是由于柔性 ITO 的方阻较大 (60 Ω/sq), 电子在衬底表面的传输不如 FTO, 不同衬底的电学性能参数见表 3.7。

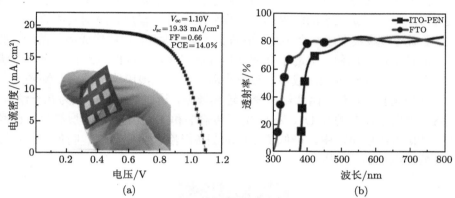

图 3.15　(a) 基于柔性 ITO-PEN 导电衬底的钙钛矿-PCBM 混合异质结太阳能电池的 J-V 曲线; (b) ITO-PEN 和 FTO 导电衬底的透射光谱[17]

表 3.7　ITO-PEN 和 FTO 导电衬底的电学性能参数[17]

	P/N	方块电阻/(Ω/sq)	迁移率 /$(cm^2/(V \cdot s))$	载流子浓度/cm^{-3}
FTO(刚性)	N	13	30.80	3.1×10^{20}
ITO-PEN(柔性)	N	60	6.16	3.4×10^{20}

3.4　磁控溅射沉积二氧化锡

应用在平面钙钛矿太阳能电池中的 SnO_2 薄膜的制备方法主要是溶液法, 通过对 SnO_2 薄膜进行低温退火, 使得基于 SnO_2 薄膜的钙钛矿太阳能电池获得了极佳的光电性能[26]。但是, 溶液法中的旋涂及退火工艺限制了钙钛矿太阳能电池的产业化应用, 真空沉积法更有利于太阳能电池的产业化生产, 其中, 磁控溅射法在低成本、大面积的商业化器件中应用较多[27]。

磁控溅射过程通常是在真空的情况下进行的, 工作原理图如图 3.16 所示, 溅射时通入少量的惰性气体 (如氩气), 利用电子撞击惰性气体发生辉光放电现象产生惰性气体离子。惰性气体离子通过电场力加速后轰击靶材, 一部分未进入靶材内部, 返回到真空环境中, 大部分离子进入靶材内部与靶材原子发生碰撞, 并将一部分能量传递给了靶材原子。靶材原子得到足够多的能量后会进一步与其他靶材原子发生多次反复碰撞。当靶材表面的原子通过碰撞获得了远超表面结合能的动能时，这些靶材原子就会从靶材表面逃逸出来进入真空中，进而沉积在基片表面。薄膜在基片上沉积的生长过程一般为成核、成岛状结构、成网状结构、得到连续薄膜几个阶段。溅射得到的粒子通常以原子或分子的形态附着在基片的表面。基片表面的原子通过迁移结合成原子团，原子团与原子团、原子团与原子再不断结合增大形成一个一定大小的临界晶核。临界晶核再与基片表面刚到达的原子结合成长，逐渐迁移聚集变成一个小岛，小岛长大变成大岛，最后形成岛状薄膜。被溅射得到的粒子继续沉积，大岛小岛便互相接连起来，形成网状结构。接着网状结构的洞孔被原子继续沉积，成核、形成小岛再与网状薄膜连通结合，慢慢地，网状结构中的洞孔被填满，网状结构变成连续薄膜，这时的薄膜一般为几十纳米厚。射频磁控溅射法制备的 TiO_2、ZnO 电子传输层和 NiO 空穴传输层等材料已经应用在钙钛矿太阳能电池中，降低了器件的制备温度、简化器件的制备工艺并提高了器件的光电性能 [28-31]。

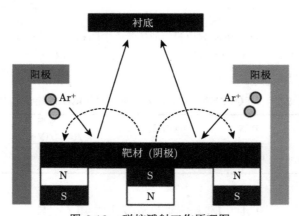

图 3.16　磁控溅射工作原理图

本节将围绕射频磁控溅射法制备 SnO_2 薄膜及其在平面钙钛矿太阳能电池中的应用进行介绍，系统介绍射频磁控溅射工艺 (溅射气氛、溅射功率及溅射时间) 对 SnO_2 薄膜及钙钛矿太阳能电池器件性能的影响。

3.4.1　实验方法

1) 射频磁控溅射法制备 SnO_2 薄膜

用于射频磁控溅射的靶材是纯度为 99.99% 的 SnO_2 陶瓷靶，溅射衬底为洁净的 FTO 导电玻璃。在沉积 SnO_2 薄膜之前，为了便于后续器件测试，将预留出的导电电极用锡纸包起来，再将包好电极的 FTO 导电玻璃放入真空室内，并将 SnO_2 靶放入。关闭真空腔后，开仪器电源以及循环冷却水，打开机械泵以及预抽阀，打开真空计观察腔体真空度，待真空度降到 10 Pa 以下，关掉预抽阀，开前级阀、主抽阀以及分子泵，待分子泵的工作频率加速到 400 Hz 并稳定后，持续抽高真空约 20 min 即可达到本底真空 1×10^{-3} Pa，到达本底真空后，依次开启气体流量计、氩气阀、氧气阀、混气阀，并调节流量计使得氩气和氧气流量达到需要值，若溅射过程中需要加热，则开启加温和温控仪，待温度和气氛都达到设定值，预热好射频功率源，调节主抽阀使得真空腔体压强达到起辉气压并稳定后，调节功率粗调，增大功率直至看到腔体内起辉，起辉后再调节主抽阀，调节真空腔体压强到溅射气压后，继续进行功率粗调和细调，使射频功率源达到设定的溅射功率值且功率反偏小于 1 W，预抽 10 min 后开始在衬底表面溅射沉积 SnO_2 薄膜。

　　考虑到射频磁控溅射工艺对 SnO_2 薄膜的影响，以及 SnO_2 薄膜物理性质对平面钙钛矿太阳能电池器件性能的影响，本节实验过程中设计了多组对比实验，包括调节氩气和氧气比例，将真空腔体内的氩气与氧气的流量比值分别设定为 6:4、5:5、4:6；调节溅射功率，将溅射功率设定为 60 W 和 120 W；调节薄膜沉积时间为 10 min、20 min、30 min 和 40 min。

　　2) 基于 SnO_2 薄膜的平面钙钛矿太阳能电池的构建

　　基于 SnO_2 薄膜的平面钙钛矿太阳能电池的器件结构如图 3.17 所示。

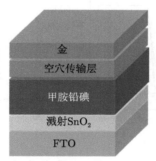

图 3.17　基于 SnO_2 薄膜的平面钙钛矿太阳能电池的器件结构图 [32]

　　在制备钙钛矿吸光层之前，将沉积有电荷收集层的 FTO 导电衬底或空白 FTO 导电衬底用臭氧处理 15 min。钙钛矿的制备方法采用两步浸泡法，第一步为旋涂 1 mol/L 的 PbI_2 溶液，第二步为将退火的 PbI_2 膜浸泡在 10 mg/mL CH_3NH_3I 溶液中。其中，PbI_2 溶解在 DMF+DMSO(1 mL +80 μL) 的混合溶液中，CH_3NH_3I 溶解在异丙醇溶液中。详细过程为：① 将 40 μL 的 PbI_2 溶液滴加在经过臭氧处理的衬底表面，低速 600 r/min 进行 6 s、高速 2000 r/min 进行 45 s；② 将旋涂好的 PbI_2 薄膜放在 70 ℃ 的热台上面退火 30 min；③ 待 PbI_2 薄膜冷却后，将沉积有 PbI_2 薄膜的衬底放入 10 mg/mL 的 CH_3NH_3I 溶液中，溶液温度保持 50 ℃，浸泡 5 min 后取出；④ 用氮气气枪吹干薄膜表面多余的异丙醇溶液后，将合成的薄膜放在 70 ℃ 的热台上面退火 30 min，即可形成所需的 $CH_3NH_3PbI_3$ 薄膜。制备好钙钛矿吸光层后，在 $CH_3NH_3PbI_3$ 薄膜上通过旋涂沉积空穴传输层 Spiro-OMeTAD，最后通过蒸发法制备金电极。

3.4.2   射频磁控溅射 SnO_2 薄膜在钙钛矿太阳能电池中的作用

SnO_2 薄膜作为电荷收集层应用在平面钙钛矿太阳能电池中，其光学特性和能带结构是影响器件性能的关键因素。图 3.18(a) 为在载玻片衬底上磁控溅射制备的 SnO_2 薄膜的透射谱，通过透射谱可以看出，射频磁控溅射制备的 SnO_2 薄膜具备较好的光透射性，有利于器件中钙钛矿吸光材料的光吸收。通过公式 $\alpha h\nu \propto (h\nu - E_g)^{m/2}$ 可以由透射光谱计算出薄膜的禁带宽度 [33,34]，其中，E_g 为禁带宽度，h 和 ν 分别是普朗克常量和入射光子的频率。通过透射光谱线作出 $(\alpha h\nu)^2$ 与 $h\nu$ 的曲线，如图 3.18(a) 所示，对曲线作反向延长线，其与 X 轴的交点即为材料的禁带宽度。其中，当溅射过程中氩气与氧气的流量比为 4:6 时，溅射所得薄膜的禁带宽度为 3.8 eV。

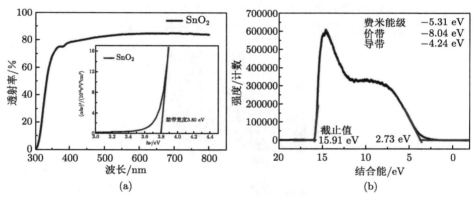

图 3.18   射频磁控溅射 SnO_2 薄膜的 (a) 透射谱图和 (b) 紫外光电子能谱图 [32]

为了进一步确定材料的能带结构，对磁控溅射沉积在硅片上的薄膜进行了紫外光电子能谱 (UPS) 测试及分析。样品的制备条件是溅射温度 100 ℃，溅射气压 1 Pa，溅射功率 120 W，溅射时间 15 min，真空腔体内的氩气与氧气的流量比值为 4:6。图 3.18(b) 即为样品的 UPS 能谱以及能谱分析结果。通过能谱分析可以获得样品的费米能级和价带顶位置 [35]，价带顶位置可以确定为 8.04 eV。结合由透射光谱算出的禁带宽度，可以算出薄膜的导带底位置为 4.24 eV。

依据上述分析结果，便可画出器件的能带结构图，如图 3.19。从能带图中可以看出，SnO_2 薄膜有利于钙钛矿吸光层的光生电子向 FTO 中传输，同时能有效地阻挡空穴，是实现电子传输、空穴阻挡作用的理想材料。为了更直观地反映

SnO_2 电荷收集层对钙钛矿太阳能电池光电性能的影响，我们将无 SnO_2 电荷收集层 (样品 FTO) 和有 SnO_2 电荷收集层 (样品 RFMS-30) 钙钛矿太阳能电池的光电性能进行对比。

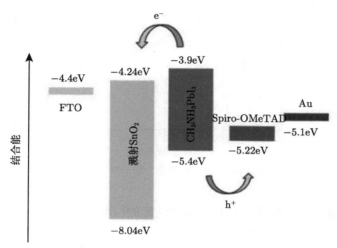

图 3.19　基于 SnO_2 薄膜的平面 PSC 的器件能带结构图 [32]

如表 3.8 所示，加入溅射的 SnO_2 薄膜后，平面钙钛矿太阳能电池的性能改善主要是由于 J_{sc} 和 FF 的提高，尤其显著的是较高的 J_{sc} 的值。因此，我们对两个器件进行了 IPCE 测试。EQE 曲线如图 3.20 所示，可以发现溅射 SnO_2 薄膜的引入极大程度地改善了钙钛矿太阳能电池的 EQE 强度及范围。一方面，SnO_2 薄膜的引入改善了后续钙钛矿吸光层的沉积，增加了器件的光吸收；另一方面，SnO_2 薄膜作为界面层和空穴阻挡层，极大程度地改善了器件内部的载流子传输。它们的共同作用使钙钛矿太阳能电池的 EQE 得到改善。

表 3.8　基于不同衬底的钙钛矿太阳能电池的光伏性能具体参数 [32]

样品	V_{oc}/V	J_{sc}/(mA/cm^2)	FF/%	PCE/%
FTO	1.03	7.36	38	2.85
RFMS-30	0.97	19.43	62	11.69

对比发现，用溅射法 SnO_2 薄膜作为空穴阻挡层，虽然 V_{oc} 更低，但是 J_{sc} 会有较大的改善，器件的整体性能仍旧可以得到优化。更高的 J_{sc} 说明了 SnO_2 薄膜高迁移率和光透射率对器件性能的积极作用，即发挥了 SnO_2 材料本身的优势 [36-38]。但是，此处溅射制备的 SnO_2 薄膜较薄，对界面的粗糙度优化不大，因而器件的 V_{oc} 和 FF 仍有改善的空间。

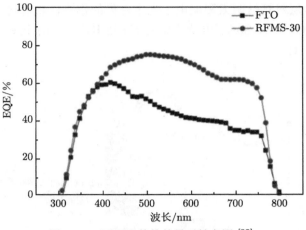

图 3.20　不同器件的外量子效率图 [32]

3.4.3　射频磁控溅射条件对材料及器件性能的影响

1) 溅射气氛

作为钙钛矿太阳能电池的载流子传输层，薄膜的电学性能有着重要的影响，因此，我们对不同气氛下制备的 SnO_2 薄膜用霍尔测试系统进行测试，获得了薄膜的各项电学性能参数。测试样品的衬底为载玻片，样品制备工艺是：溅射温度 100 ℃，溅射气压 1 Pa，溅射功率 120 W。霍尔测试结果分析所得的电学性能参数列在表 3.9 中。可以发现，随着氧气含量的增加，薄膜的电阻会变大。对比不同气氛下溅射制备的薄膜的迁移率，发现当氩氧流量比为 4:6 时，薄膜的载流子迁移率最大，达到 32 $cm^2/(V·s)$，比普通的 TiO_2 载流子传输层的迁移率都要高，增加的载流子迁移率可以降低器件界面的复合速率，一定程度上对器件的性能有着积极的作用 [39−42]。

表 3.9　不同气氛下溅射制备的 SnO_2 薄膜的电学性能参数 [32]

Ar:O$_2$	方块电阻 /(MΩ/sq)	电阻率/(Ω·cm)	载流子浓度/cm^{-3}	载流子迁移率 /(cm^2/(V·s))
4:6	2000	16340	$1.208×10^{13}$	32.347
5:5	300	3000	$3.877×10^{14}$	5.227
6:4	28.5	285	$1.263×10^{15}$	14.73

以不同气氛下溅射制备的 SnO_2 薄膜为空穴阻挡层，对制备的钙钛矿太阳能电池进行光电性能测试。SnO_2 薄膜的制备条件为溅射温度 100 ℃，溅射气压 1 Pa，溅射功率 120 W，溅射时间 15 min，真空腔体内的氩气与氧气的流量比值分别为 6:4、5:5、4:6。用电化学工作站测试器件的伏安特性 (J-V) 曲线。测试结

果列在图 3.21 及表 3.10 中，对比可以发现，在氩气氧气流量比值为 Ar:O_2=4:6 时，以溅射制备的 SnO_2 薄膜为空穴阻挡层，所制备的平面钙钛矿太阳能电池的 V_{oc}，J_{sc} 和 FF 均是三个条件中最佳的。对比 SnO_2 薄膜的电学性质，当 Ar:O_2= 4:6 时，溅射制备的 SnO_2 薄膜的载流子迁移率最大，达到 32.247 $cm^2/(V·s)$，对于 FTO 导电玻璃与钙钛矿材料的界面，界面材料的高载流子迁移率有利于光生载流子的分离与传输，在一定程度上能改善器件界面的电子传输以及复合的抑制。

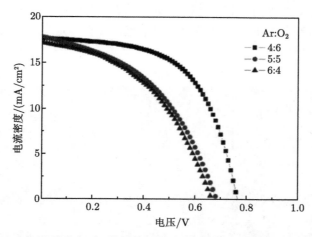

图 3.21 基于不同 SnO_2 薄膜的钙钛矿太阳能电池伏安特性曲线图 [32]

表 3.10 基于不同 SnO_2 薄膜的钙钛矿太阳能电池光伏性能具体参数 [32]

条件	V_{oc}/V	$J_{sc}/(mA/cm^2)$	FF/%	PCE/%
Ar:O_2=4:6	0.77	17.64	58	7.90
Ar:O_2=5:5	0.68	17.84	45	5.45
Ar:O_2=6:4	0.69	17.36	45	5.33

2) 溅射功率

尽管调节了薄膜的溅射气氛，使得制备的 SnO_2 薄膜的载流子迁移率得到优化，但是器件性能仍旧不好，主要体现在低的开路电压 (V_{oc}) 和填充因子 (FF)。因此，我们进一步研究溅射功率对 SnO_2 薄膜的性能影响及对器件光伏性能的影响。SnO_2 薄膜的制备条件为溅射温度 100 ℃，溅射气压 1 Pa，溅射气氛 Ar:O_2 = 4:6。当溅射功率为 120 W 时，溅射时间设定为 15 min，制备的 SnO_2 薄膜及相应的器件简称为 RFMS1(radio frequency magnetron sputtering 1)；当溅射功率为 60 W 时，溅射时间设定为 30 min，制备的 SnO_2 薄膜及相应的器件简称为 RFMS2(radio frequency magnetron sputtering 2)。在不同的衬底上，用同样的方法制备了钙钛矿 ($CH_3NH_3PbI_3$) 吸光层。将不同的衬底以及相应的钙钛矿薄膜用

SEM 观察形貌，图 3.22 即为 SEM 形貌图。由于磁控溅射的时间偏短，制备的 SnO_2 薄膜偏薄，对 FTO 导电玻璃衬底的形貌起不到覆盖作用，因而通过 SEM 仅可以看出 FTO 导电玻璃的形貌，溅射薄膜对形貌的影响很小。但是，衬底的不同对钙钛矿薄膜的形成也有一定的影响，图 3.22(d)~(f) 即为相应的钙钛矿薄膜的形貌。可以发现，在 FTO 导电衬底上制备的钙钛矿薄膜的形貌较粗糙，颗粒突出相对较明显。对比两种不同的功率，可以发现，在低功率下制备的 SnO_2 薄膜上制备的钙钛矿膜更为平整，晶粒更均匀，晶界也得到了优化，说明降低功率、增加时间，溅射制备的 SnO_2 薄膜会相对平整，并在一定程度上影响着后续钙钛矿薄膜的沉积 [43,44]。

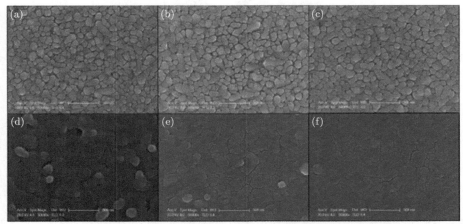

图 3.22　SEM 形貌图: (a) FTO, (b) FTO-SnO_2 薄膜 (RFMS1), (c) FTO-SnO_2 薄膜 (RFMS2)；不同衬底上制备的钙钛矿膜的形貌: (d) FTO 衬底, (e) FTO-RFMS1 衬底, (f) FTO-RFMS2 衬底 [32]

　　为了进一步探讨功率对薄膜形貌的影响，我们将 FTO 导电玻璃衬底以及 FTO 衬底上以不同功率制备的 SnO_2 薄膜用原子力显微镜 (AFM) 进行观察。图 3.23 即为相应的 AFM 形貌图，其中 (a), (d) 为 FTO 导电玻璃, (b),(e) 为 FTO 导电玻璃上 120 W 溅射沉积的 SnO_2 薄膜, (c), (f) 为 FTO 导电玻璃上 60 W 溅射沉积的 SnO_2 薄膜, (a)~(c) 为三维 AFM 形貌图, (d)~(f) 为二维 AFM 形貌图。测试结果显示，FTO 导电玻璃的表面粗糙度为 14.1 nm；FTO 导电玻璃上 120 W 溅射沉积 SnO_2 薄膜后，样品表面粗糙度为 14.6 nm；FTO 导电玻璃上 60 W 溅射沉积 SnO_2 薄膜后，样品表面粗糙度为 12.9 nm。且从二维 AFM 形貌图中可以观察到，虽然溅射的 SnO_2 薄膜对 FTO 导电衬底的形貌无较大影响，但是沉积在 FTO 导电玻璃表面的 SnO_2 颗粒仍然可以观察到，并验证了低功率、长时间溅射制备的 SnO_2 薄膜会更加平整，进而一定程度上改善了钙钛矿薄膜的沉积 [44,45]。

为了探讨不同功率下制备的 SnO_2 薄膜对钙钛矿太阳能电池的性能影响，这里将三种器件分别用电化学工作站进行了一个标准太阳光强下的 J-V 测试。光照下的 J-V 曲线如图 3.24(a) 所示，具体光电参数列在表 3.11 中。在空白 FTO 导电玻璃上直接制备钙钛矿太阳能电池，即无空穴阻挡层的钙钛矿太阳能电池，器件的 V_{oc} 虽然可以高于 1 V，但是 J_{sc} 与 FF 均过低，导致较差的光电效率。在 FTO 导电衬底与钙钛矿吸光层之间引入一层溅射的 SnO_2 薄膜作为空穴阻挡层，电池的 J_{sc} 与 FF 均能得到较大的改善，说明了 SnO_2 薄膜在 FTO 导电玻璃和钙钛矿薄膜界面起到了一定的载流子传输以及抑制界面复合的作用。另一方面，引入 SnO_2 薄膜界面层后，器件的开路电压会有一定程度的降低，这种现象在器件暗态下的 J-V 曲线中也可以体现，图 3.24(b) 即为三种钙钛矿太阳能电池暗态下测试的 J-V 曲线。从图中可以看出，在同样的电流密度下，基于空白 FTO 导电玻璃的钙钛矿太阳能电池的开启电压值较高，即证实了溅射 SnO_2 薄膜的引入对器件开路电压起到的负面作用。

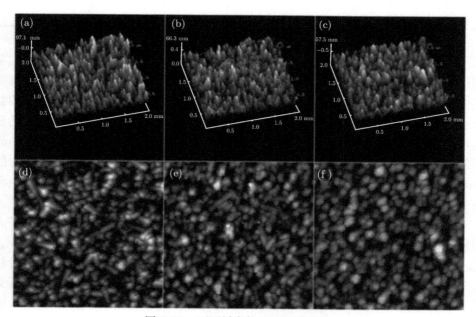

图 3.23　不同衬底的 AFM 形貌图

(a)、(d)FTO 导电衬底；(b)、(e) FTO 导电玻璃上 120 W 溅射的 SnO_2 薄膜；(c)、(f) FTO 导电玻璃上 60 W 溅射的 SnO_2 薄膜 [32]

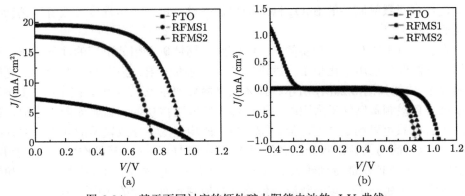

图 3.24　基于不同衬底的钙钛矿太阳能电池的 J-V 曲线

(a) 光照情况；(b) 暗态情况 [32]

表 3.11　基于不同衬底的钙钛矿太阳能电池的光伏性能具体参数及衬底的粗糙度 [32]

样品	条件	V_{oc}/V	J_{sc}/(mA/cm^2)	FF/%	PCE/%	粗糙度/nm
FTO	无	1.03	7.36	38	2.85	14.1
RFMS1	120W-15min	0.77	17.64	58	7.90	14.6
RFMS2	60W-30min	0.97	19.43	62	11.69	12.9

　　从表 3.11 中可知，加入溅射 SnO_2 薄膜作为平面钙钛矿太阳能电池的空穴阻挡层后，电池的电流密度和填充因子均得到较大程度的提高。分析原因，一方面是引入的 SnO_2 薄膜能在一定程度上减少 FTO 导电衬底和钙钛矿薄膜之间的载流子复合，从暗态 J-V 曲线的反向电流可以看出，加入 SnO_2 薄膜后，器件的反向电流大幅降低，证明了 SnO_2 薄膜对电荷复合的抑制作用 [46]；另一方面是溅射的 SnO_2 薄膜对后续钙钛矿层沉积的影响，如上面 SEM 分析所得，在溅射的 SnO_2 薄膜上制备的钙钛矿薄膜比 FTO 衬底上的要平整许多，因而对器件的电流有着积极的作用 [47,48]。

　　降低溅射功率、增加溅射时间后，溅射制备的 SnO_2 薄膜更有利于钙钛矿太阳能电池的性能。对比样品 RFMS1 和 RFMS2，降低溅射功率后，器件的 V_{oc}、J_{sc} 和 FF 均有部分提高，使得电池的效率从 7.9% 优化到 11.69%。由上面的分析可知，低功率溅射的 SnO_2 薄膜更加平整，且后续制备的钙钛矿吸光层的性能更好，一定程度上改善了器件的性能。

　　在无光照的情况下，用电化学工作站测试了三种器件的电化学阻抗谱 (EIS)，测试偏压均为 800 mV，暗态 EIS 曲线如图 3.25 所示。调研文献 [49] 可知，对于暗态 EIS 曲线，低频的半弧能反映器件的复合电阻 R_{rec}，器件的复合电阻越大，说明载流子的复合越少，一定程度上也能反映电池的填充因子 FF 的变化趋势。对比图 3.25(a) 与图 3.25(b) 可知, 在暗态下, 基于空白 FTO 导电衬底的钙钛矿太阳能电池的复合电阻比引入溅射 SnO_2 薄膜后的器件的复合电阻要小许多, 证实了 SnO_2 薄膜在钙钛矿太阳能电池中起到的抑制界面复合的作用。

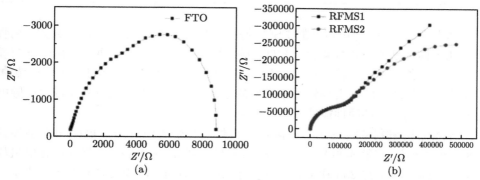

图 3.25　基于不同衬底的钙钛矿太阳能电池在暗态下的电化学阻抗谱 [32]

光照下的 EIS 能反映出器件的内部串联电阻和界面接触电阻, 因此, 我们进一步测试了三种钙钛矿太阳能电池在一个标准太阳光强下的光照 EIS 曲线, 测试偏压均为 0 mV, 结果如图 3.26 所示。对于光照 EIS 曲线, 其起点对应着器件的串联电阻 R_s, 串联电阻越小, 电池的性能会越好, 而光照 EIS 曲线的低频半弧则对应的是器件的界面接触电阻 R_{co}, 小的接触电阻反映了电池内部有效的载流子提取 [50]。分析 EIS 曲线所得的具体的 EIS 数据列在表 3.12 中。

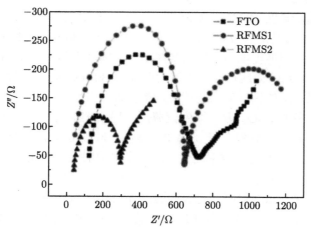

图 3.26　基于不同衬底的钙钛矿太阳能电池一个光强下的电化学阻抗谱 [32]

表 3.12   基于不同衬底的钙钛矿太阳能电池的 EIS 数据 [32]

样品	条件	$R_{\mathrm{rec}}/(\mathrm{k\Omega \cdot cm^2})$	$R_{\mathrm{s}}/(\Omega \cdot cm^2)$	$R_{\mathrm{co}}/(\Omega \cdot cm^2)$
FTO	无	5.7	125.1	596.9
RFMS1	120W-15min	266.9	45.6	599.2
RFMS2	60W-30min	353.3	39.9	255

基于空白 FTO 导电玻璃的 PSC 的复合电阻最小，但是串联电阻最大，说明对于此平面钙钛矿太阳能电池，FTO 导电衬底与钙钛矿层之间存在较严重的载流子复合现象，虽然从能带结构上看，器件内部的电子可以通过 FTO 进行传输，但是空穴阻挡层的缺少会导致电子空穴的严重复合，器件串联电阻和界面接触电阻较大，不利于器件的性能。

加入低功率制备的 SnO_2 薄膜后，器件的复合电阻从 5.7 $k\Omega \cdot cm^2$ 增加到 353.3 $k\Omega \cdot cm^2$，串联电阻从 125.1 $\Omega \cdot cm^2$ 减小到 39.9 $\Omega \cdot cm^2$，界面接触电阻从 596.9 $\Omega \cdot cm^2$ 减小到 255 $\Omega \cdot cm^2$，证实了 SnO_2 薄膜可减少复合和改善载流子的传输。对于基于高功率溅射制备的 SnO_2 薄膜的钙钛矿太阳能电池，虽然器件的复合电阻和串联电阻均得到改善，但是器件的界面接触电阻仍旧很大，此现象可能是由于，高功率溅射制备的薄膜平整度较差，对应的钙钛矿薄膜和 SnO_2 薄膜的界面接触较差。因此，降低溅射功率能改善薄膜的平整性，并能使得基于溅射 SnO_2 薄膜的平面钙钛矿太阳能电池的性能得到优化。

3) 溅射时间

射频磁控溅射制备的 SnO_2 薄膜作为钙钛矿太阳能电池的空穴阻挡层，薄膜的厚度对器件的性能也有影响，我们通过控制溅射的时间来调节 SnO_2 薄膜的厚度，进而研究 SnO_2 薄膜厚度对钙钛矿太阳能电池性能的影响。此节 SnO_2 薄膜的制备条件为溅射温度 100 ℃，溅射气压 1 Pa，溅射气氛 Ar:O_2 = 4:6。溅射功率 60 W，溅射时间设定为 0 min、10 min、20 min、30 min、40 min。用上述方法制备好钙钛矿太阳能电池后，测试器件在一个标准太阳光强下的 J-V 曲线，如图 3.27 所示。由 J-V 曲线可知，当溅射时间为 30 min 时，以溅射制备的 SnO_2 薄膜作为空穴阻挡层的钙钛矿太阳能电池的性能最佳。

由于溅射制备的 SnO_2 薄膜厚度较薄，采用 AFM 对其台阶进行测试，来获得薄膜厚度的参数，参数列在表 3.13 内。溅射 30 min 后，SnO_2 薄膜的厚度为 18.9 nm，器件的性能最佳，效率达到 11.69‰。由图中数据可以发现，当 SnO_2 薄膜偏薄时，钙钛矿太阳能电池的 J_{sc} 与 FF 均不高，说明 SnO_2 薄膜对空穴的阻挡作用未得到优化。当溅射时间过长，达到 40 min 后，SnO_2 薄膜有较好的空穴阻挡作用，J_{sc} 较高，但是 V_{oc} 与 FF 均较低，说明偏厚的 SnO_2 薄膜会影响到界面的载流子传输，导致界面传输阻力增大，器件性能下降。

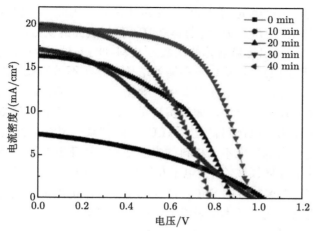

图 3.27 基于不同溅射时间/厚度的 SnO_2 薄膜的钙钛矿太阳能电池的 $J\text{-}V$ 曲线 [32]

表 3.13 基于不同溅射时间/厚度的 SnO_2 薄膜的钙钛矿太阳能电池的光伏性能具体参数 [32]

溅射时间	V_{oc}/V	J_{sc}/(mA/cm²)	FF/%	PCE/%	厚度/nm
0 min	1.03	7.36	38	2.85	0
10 min	0.98	17.14	32	5.44	6.3
20 min	0.88	16.29	48	6.91	12.6
30 min	0.97	19.43	62	11.69	18.9
40 min	0.78	19.94	49	7.64	25.2

3.5 原子层沉积二氧化锡

原子层沉积 (ALD) 是一种在气相中使用连续化学反应的薄膜形成技术,其中将多种气相原料 (前体) 交替暴露于基板表面以形成膜。与化学气相沉积 (CVD) 不同,不同类型的前驱物不会同时进入反应室,而是作为独立的步骤引入 (脉冲) 和排出 (吹扫)。在每个脉冲中,前体分子在基材表面上以自控方式起作用,并且当表面上不存在可吸附位时,反应结束。因此,一个周期中的成膜量由前体分子和基板表面分子如何化学键合来定义。因此,通过控制循环次数,可以在具有任意结构和尺寸的基板上形成高精度且均匀的膜。ALD 可以在原子层水平上控制膜厚度和材料,并且被认为能够形成极薄且致密的膜。

在典型的 ALD 工艺中,将基材依次暴露于气体反应物 (前体)A 和 B,以使反应物不会彼此混合。与其他沉积技术 (如 CVD) 不同,在该沉积技术中,薄膜生长以稳定状态进行,而在 ALD 中,每种反应物均以自控方式与基材表面反应。这是因为反应物分子仅与表面上固定数目的反应位反应。当表面上的所有反应性位点都充满了反应物 A 时,膜的生长就会停止,排出剩余的 A 分子,这时引入了反应物 B。通过依次曝光到 A 和 B 来沉积薄膜。因此，当提及 ALD 工艺时，它既指每种前体的供应次数 (一种前体暴露于基材表面的次数)，又指吹扫的次数 (在供应与供应之间排出过量前体的次数)。进料–吹扫–进料–吹扫两个步骤组成了 ALD 过程。对于 ALD，是从每个周期的增长角度而不是增长率的角度进行解释的。在 ALD 中，如果在每个反应步骤中确保足够的时间，则认为前体分子被完全吸附到所有表面反应位点上，如果实现了，则该过程饱和。该处理时间取决于两个因素：前体压力和黏附可能性。ALD 允许在原子层水平上精确控制膜厚度；而且，可以相对容易地形成不同材料的多层结构。由于其高反应活性和精度，它在精细和高效的半导体领域 (如微电子和纳米技术) 中得到了广泛应用 [50]。

本节将围绕 ALD 制备的 SnO$_2$ 及在钙钛矿太阳能电池中的应用简要地介绍几篇国际上的进展论文以及本课题组的一些研究进展。

3.5.1 原子层沉积二氧化锡用于正置结构钙钛矿太阳能电池

真空法制备的 SnO$_2$ 除了电子束蒸发、脉冲激光沉积和磁控溅射沉积外，原子层沉积也是一种好的制备手段。瑞士洛桑联邦理工学院的 Anders Hagfeldt 课题组首次使用 ALD 制备的 SnO$_2$ 作为电子传输层，并成功应用到钙钛矿太阳能电池中，取得了 18% 以上的转换效率，尤其是，其开路电压达到了 1.19 V，比基于 ALD 制备的 TiO$_2$ 电子传输层的器件性能更优异。从图 3.28(b) 和 (c) 可知，SnO$_2$ 和钙钛矿层比 TiO$_2$ 有着更加匹配的能带结构，TiO$_2$ 高的导带阻碍了电荷抽取与传输，因此器件性能较差；但是在制备工艺上，高的沉积温度 (118 ℃) 限制了柔性衬底的应用 [51]。

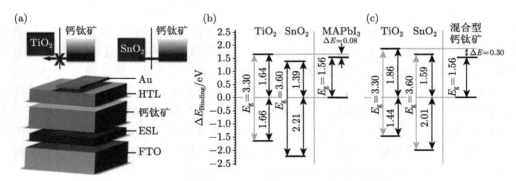

图 3.28　钙钛矿太阳能电池的器件结构及能带图 [52]

随着钙钛矿太阳能电池的发展，美国托莱多大学鄢炎发教授课题组发展了低温等离子体增强的 ALD 方法来制备 SnO$_2$ 作为钙钛矿电池的电子传输层 [52]。衬底的沉积温度为 100 ℃，有利于柔性器件的制备。ALD 制备的 SnO$_2$ 薄膜在 FTO

上分布均匀且致密, 并且透射率也很高, 甚至在某些波段显示出 SnO_2 的增透效应, 有利于钙钛矿的吸光, 如图 3.29 所示[25]。经过系统的优化, SnO_2 的最佳沉积温度为 100 ℃, 这是由于处于等离子体状态的氧活性很高, 不需要很高的温度就能和锡源四 (二乙基氨) 锡发生反应, 形成 SnO_2[53]。用不同反应温度制备的 SnO_2 作为

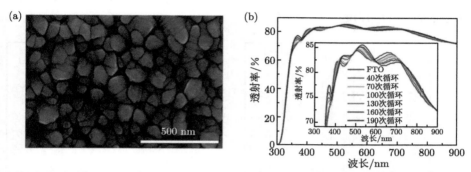

图 3.29　FTO 玻璃上的 ALD 制备 SnO_2 的 SEM 照片及不同循环次数下的透射光谱[53]

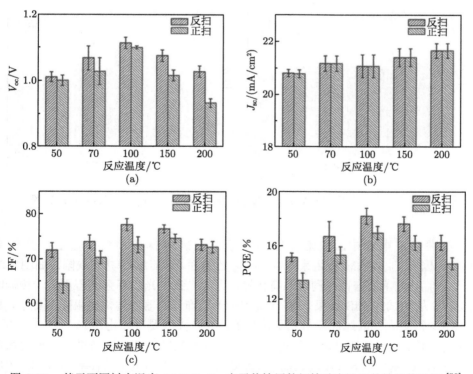

图 3.30　基于不同衬底温度 ALD SnO_2 电子传输层的钙钛矿电池器件性能统计图[53]

电子传输层制备的器件性能统计结果如图 3.30 所示。说明反应最佳温度为 100 ℃。作为电子传输层，控制厚度是尤为重要的。太厚的 SnO_2 薄膜导致串联电阻太大，电荷传输受阻；太薄的 SnO_2 薄膜又容易产生覆盖导电衬底不完全的情况，因此厚度的优化也很关键。如图 3.31 所示，基于不同循环次数的 SnO_2 薄膜被制备并应用于钙钛矿太阳能电池中，最终钙钛矿太阳能电池得到了光电转换效率最优的 SnO_2 厚度。

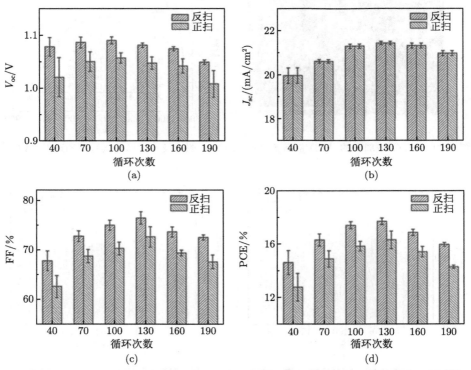

图 3.31   基于不同循环次数 ALD SnO_2 电子传输层的钙钛矿电池器件性能统计图 [52]

在钙钛矿电池中，缺陷往往存在于钙钛矿层自身和与传输层产生的界面 [54]。因此 C_{60}-SAM 被用来修饰 SnO_2 的表面，以此减少界面缺陷。如图 3.32 所示，C_{60}-SAM 的修饰有利于电荷传输，因此光致发光的峰强变得更低，传输时间更短。从测试的 EIS 结果来看，C_{60}-SAM 修饰过的器件传输电阻变得更小，复合电阻变得更大，因此性能得到了明显的改善，尤其是开路电压。

为了使得 ALD 的 SnO_2 充分地被氧化，鄢炎发教授课题组还进一步使用水蒸气处理 ALD 制备的 SnO_2 的表面，结果提高了导电性和电子迁移率，如图 3.33(b) 所示。同时水蒸气的处理不影响薄膜的透过性，带隙上发生了些许的变化。最终经过系统的优化，实现了在柔性衬底上 18％以上的转换效率 (图 3.34)。传输电阻的变小和复合电阻的变大都表明水蒸气的处理有利于提高器件的性能 [56]。

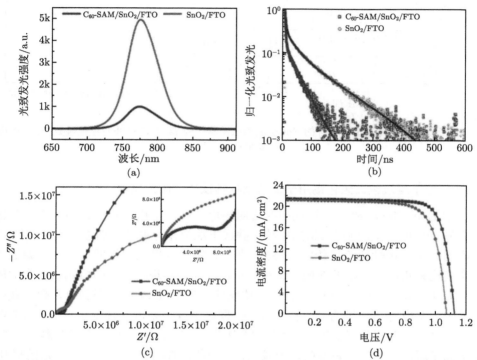

图 3.32 C₆₀-SAM 修饰的 ALD SnO₂ 与未修饰的 SnO₂ 的性能对比：(a) 光致发光光谱；(b) 时间分辨的光致发光光谱；(c) 阻抗谱；(d) 电流密度–电压扫描曲线 [53]

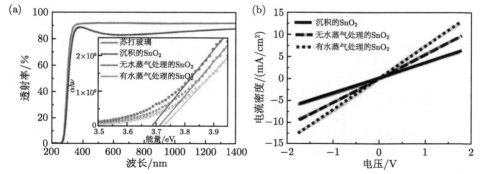

图 3.33 有/无水蒸气处理的 SnO₂ 的 (a) 透射率光谱和带隙图；(b) 电子导电性测量 [56]

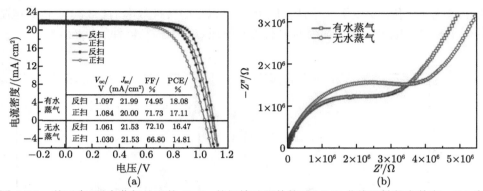

图 3.34 基于有/无水蒸气处理的 SnO_2 的钙钛矿器件的 (a)J-V 曲线及性能参数表；(b) 电化学阻抗谱[55]

3.5.2 原子层沉积二氧化锡用于倒置结构钙钛矿太阳能电池

ALD 的 SnO_2 除了直接沉积在透明导电衬底上用作正置结构中的电子传输层之外，还可以用于倒置结构的单结和叠层电池中作为电子阻挡层或空穴阻挡层，体现出一种双极性载流子传输的特性[56]。黄劲松教授课题组通过控制锡源的不完全氧化来实现 SnO_2 的双极性特性，从而成功地实现在宽窄带隙钙钛矿中的应用，如图 3.35 所示。$SnO_{1.76}$ 可代替传统的 PEDOT:PSS 应用到窄带隙钙钛矿电池中，并取得了优异的光电转换效率；同时 $SnO_{1.76}$ 可代替 2,9-二甲基-4,7-联苯-1，10-邻二氮杂菲 (BCP) 应用到宽带隙钙钛矿电池中并几乎不影响器件性能。由于原子层沉积的特点是薄膜均匀且致密，因此器件的稳定性会得到一定的提升；而且由于其双极性的特性，$SnO_{1.76}$ 成功地应用到全钙钛矿叠层电池中，简化了现有的中间连接层，且不需要 ITO 的溅射，如图 3.36 所示。最终，叠层器件在小面积

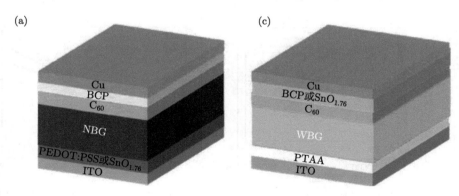

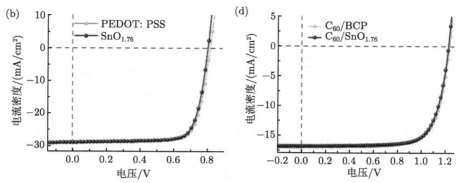

图 3.35 SnO$_2$ 用于 (a) 窄带隙和 (b) 宽带隙器件中的器件结构示意图及其相应的 J-V 曲线 (c)，(d)[57]

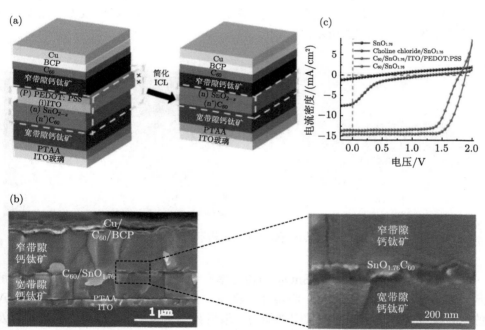

图 3.36 基于不同中间连接层的全钙钛矿叠层器件 (a) 结构示意图；(b) 截面 SEM 图及 (c) J-V 曲线 [56]

(5.9 mm^2) 上取得了 24.4% 的转换效率，大面积 (1.15 cm^2) 上取得了 22.2% 的转换效率。以上这些结果都表明原子层沉积的 SnO$_2$ 在钙钛矿电池领域有着很好的应用前景。

我们课题组根据国际上的报道，同样地使用原子层沉积系统制备 SnO$_2$ 用于

倒置结构宽带隙钙钛矿电池中代替有机物 BCP 作为空穴阻挡层。制备工艺参数
如下:

衬底最佳沉积温度为 100 ℃;最佳循环次数为 120;基准压力为 40 Pa;使
用高纯氮气作为载气,流量为 20 sccm;锡源为四 (二甲氨基) 锡,氧源为水;锡
源和水源的吹扫时间均为 15 s,脉冲时间分别为 40 ms 和 20 ms。

整个器件制备工艺如下:ITO 的清洗同 FTO 的清洗过程,见上述章节。清洗
好的 ITO 衬底用氮气枪吹干,然后用紫外臭氧机处理 15 min,随后转移到手套
箱内进行旋涂。聚 [双 (4-苯基)(2,4,6-三甲基苯基) 胺](PTAA) 溶液为 2 mg/mL,
旋涂参数为 4000 r/min 30 s,旋涂完 PTAA 后,在 100 ℃ 热台上退火 10 min,
随后进行钙钛矿的制备。同样地,我们也是使用反溶剂法制备钙钛矿,退火过程
为 60 ℃ 维持 2 min,然后 100 ℃ 维持 5 min。然后将样品转移到蒸发腔内蒸发
20 nm 的 C_{60} 作为电子传输层,待结束后,再将样品转移到原子层沉积腔室内进
行 SnO_2 的沉积,最后再转移到蒸发腔内沉积 100 nm 的金属电极 Cu 完成整个
器件的制备,如图 3.37 所示。

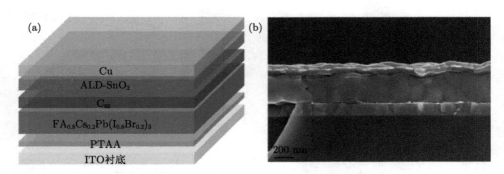

图 3.37 倒置结构钙钛矿电池结构示意图及截面 SEM 图

我们测试了原子层沉积 SnO_2 的透射率并计算了其带隙宽度,如图 3.38 所
示。高透射率的 SnO_2 有利于制备叠层器件,有利于底层电池的光吸收。3.8 eV
的宽带隙同时体现出强的空穴阻挡能力。最后我们优化了 SnO_2 的沉积温度以及
沉积厚度,得到了最佳的沉积温度 100 ℃ 和最佳的循环次数 120,其中对照组为
BCP 的器件,如图 3.39 和图 3.40 所示,这为我们将来制备钙钛矿叠层器件打下
了坚实的基础。

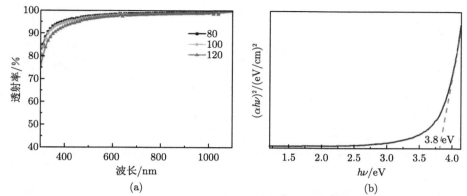

图 3.38　(a) 不同循环次数 (80、100 和 120)ALD 的 SnO₂ 的透射光谱曲线；(b) ALD 沉积的 SnO₂ 的禁带宽度

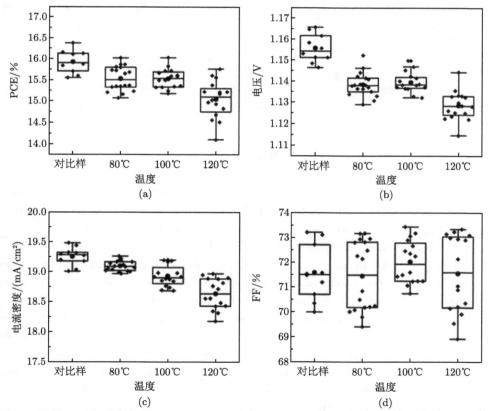

图 3.39　基于不同衬底温度 (80 ℃、100 ℃ 和 120 ℃) 的 SnO₂ 的倒置结构宽带隙钙钛矿电池的器件性能参数统计图

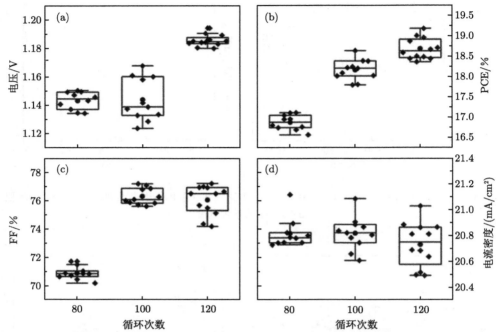

图 3.40 基于不同循环次数 (80、100 和 120) 的 SnO_2 的倒置结构宽带隙钙钛矿电池的器件性能参数统计图

参 考 文 献

[1] Berhe T A, Su W N, Chen C H, et al. Organometal halide perovskite solar cells: degradation and stability [J]. Energy & Environmental Science, 2016, 9(2): 323-356.

[2] Ma J J, Yang G, Qin M C, et al. MgO nanoparticle modified anode for highly efficient SnO_2-based planar perovskite solar cells [J]. Advanced Science, 2017, 4(9): 1700031.

[3] El Nahass M M, Emam Ismail M, El Hagary M. Structural, optical and dispersion energy parameters of nickel oxide nanocrystalline thin films prepared by electron beam deposition technique [J]. Journal of Alloys and Compounds, 2015, 646: 937-945.

[4] Qiu W, Paetzold U W, Gehlhaar R, et al. An electron beam evaporated TiO_2 layer for high efficiency planar perovskite solar cells on flexible polyethylene terephthalate substrates [J]. Journal of Materials Chemistry A, 2015, 3(45): 22824-22829.

[5] Min H, Kim M, Lee S U, et al. Efficient, stable solar cells by using inherent bandgap of α-phase formamidinium lead iodide [J]. Science, 2019, 366(6466): 749.

[6] Wang C L, Zhao D W, Yu Y, et al. Compositional and morphological engineering of mixed cation perovskite films for highly efficient planar and flexible solar cells with reduced hysteresis [J]. Nano Energy, 2017, 35: 223-232.

[7] Wu R, Yao J, Wang S, et al. Ultracompact, well packed perovskite flat crystals: preparation and application in planar solar cells with high efficiency and humidity tolerance [J]. ACS Applied Materials & Interfaces, 2019, 11(12): 11283-11291.

[8] Liang J W, Chen Z L, Yang G, et al. Achieving high open-circuit voltage on planar perovskite solar cells via chlorine-doped tin oxide electron transport layers [J]. ACS Applied Materials &Interfaces, 2019, 11(26): 23152-23159.

[9] Jonathan Lau C F, Zhang M, Deng X, et al. Strontium-doped low-temperature-processed $CsPbI_2Br$ perovskite solar cells [J]. ACS Energy Letters, 2017, 2(10): 2319-2325.

[10] Yuan J, Ling X, Yang D, et al. Band-aligned polymeric hole transport materials for extremely low energy loss α-$CsPbI_3$ perovskite nanocrystal solar cells [J]. Joule, 2018, 2(11): 2450-2463.

[11] Guo Y X, Ma J J, Lei H W, et al. Enhanced performance of perovskite solar cells via anti-solvent nonfullerene Lewis base IT-4F induced trap-passivation [J]. Journal of Materials Chemistry A, 2018, 6(14): 5919-5925.

[12] Wang J, Qin M C, Tao H, et al. Performance enhancement of perovskite solar cells with Mg-doped TiO_2 compact film as the hole-blocking layer [J]. Applied Physics Letters, 2015, 106(12): 121104.

[13] Wang K, Liu C, Du P, et al. Bulk heterojunction perovskite hybrid solar cells with large fill factor [J]. Energy Environ. Sci., 2015, 8(4): 1245-1255.

[14] Wu Y, Yang X, Chen W, et al. Perovskite solar cells with 18.21% efficiency and area over 1 cm^2 fabricated by heterojunction engineering [J]. Nat. Energy, 2016, 1(11): 1-7.

[15] 陈志亮. 低温高效低成本平面钙钛矿太阳能电池的研究 [D]. 武汉: 武汉大学，2020.

[16] Dong B Z, Fang G J, Wang J F, et al. Effect of thickness on structural, electrical, and optical properties of ZnO: Al films deposited by pulsed laser deposition [J]. J. Appl. Phys., 2007, 101(3): 033713.

[17] Chen Z L, Yang G, Zheng X L, et al. Bulk heterojunction perovskite solar cells based on room temperature deposited hole-blocking layer: suppressed hysteresis and flexible photovoltaic application [J]. Journal of Power Sources, 2017, 351: 123-129.

[18] Wang K, Shi Y, Li B, et al. Amorphous inorganic electron-selective layers for efficient perovskite solar cells: feasible strategy towards room-temperature fabrication [J]. Adv. Mater., 2016, 28(9): 1891-1897.

[19] Liu T, Hu Q, Wu J, et al. Mesoporous PbI_2 scaffold for high-performance planar heterojunction perovskite solar cells [J]. Adv. Energy Mater., 2016, 6(3): 1501890.

[20] Xiong J, Yang B, Wu R, et al. Efficient and non-hysteresis $CH_3NH_3PbI_3$/PCBM planar heterojunction solar cells [J]. Org. Electron., 2015, 24: 106-112.

[21] Wang K, Liu C, Du P, et al. Bulk heterojunction perovskite hybrid solar cells with large fill factor [J]. Energy Environ. Sci., 2015, 8(4): 1245-1255.

[22] Yang D, Yang R, Ren X, et al. Hysteresis-suppressed high-efficiency flexible perovskite solar cells using solid-state ionic-liquids for effective electron transport [J]. Adv. Mater.,

2016, 28(26): 5206-5213.

[23] Yang D, Zhou X, Yang R, et al. Surface optimization to eliminate hysteresis for record efficiency planar perovskite solar cells [J]. Energy Environ. Sci., 2016, 9(10): 3071-3078.

[24] Bube R H. Trap density determination by space-charge-limited currents [J]. Journal of Applied Physics, 1962, 33(5):1727-1733.

[25] Ke W, Fang G, Liu Q, et al. Low-temperature solution-processed tin oxide as an alternative electron transporting layer for efficient perovskite solar cells [J]. J. Am. Chem. Soc., 2015, 137: 6730-6733.

[26] Chen C, Cheng Y, Dai Q, et al. Radio frequency magnetron sputtering deposition of TiO_2 thin films and their perovskite solar cell applications [J]. Sci. Rep., 2015, 5: 17684.

[27] Ge S, Xu H, Wang W, et al. The improvement of open circuit voltage by the sputtered TiO_2 layer for efficient perovskite solar cell [J]. Vacuum, 2016, 128: 91-98.

[28] Tao H, Ke W, Wang J, et al. Perovskite solar cell based on network nanoporous layer consisted of TiO_2 nanowires and its interface optimization [J]. J. Power Sources, 2015, 290: 144-152.

[29] Lai W, Lin K, Guo T, et al. Conversion efficiency improvement of inverted $CH_3NH_3PbI_3$ perovskite solar cells with room temperature sputtered ZnO by adding the C_{60} interlayer[J]. Appl. Phys. Lett., 2015, 107: 111-114.

[30] Malia S S, Hong C K, Inamdar A I, et al. Efficient planar n-i-p type heterojunction flexible perovskite solar cells with sputtered TiO_2 electron transporting layers [J]. Nanoscale, 2017, 9: 3095-3104.

[31] Tao H, Ma Z, Yang G, et al. Room-temperature processed tin oxide thin film as effective hole blocking layer for planar perovskite solar cells [J]. Applied Surface Science, 2018, 434: 1336-1343.

[32] Wei J, Murray J M, Barnes J, et al. Determination of the temperature dependence of the band gap energy of semiconductors from transmission spectra [J]. Journal of Electronic Materials, 2012, 41(10): 2857-2866.

[33] Wang Y, Wu T, Zhang L, et al. Electron concentration dependence of optical band gap shift in Ga-doped ZnO thin films by magnetron sputtering [J]. Thin Solid Films, 2014, 565(9): 62-68.

[34] Chi C F, Cho H W, Teng H, et al. Energy level alignment, electron injection, and charge recombination characteristics in CdS/CdSe cosensitized TiO_2 photoelectrode [J]. Applied Physics Letters, 2011, 98(1): 012101.

[35] Baena J P C. Highly efficient planar perovskite solar cells through band alignment engineering [J]. Energy & Environmental Science, 2015, 8(10): 2928-2934.

[36] Ke W J, Fang G J, Qin L, et al. Low temperature solution processed tin oxide as an alternative electron transporting layer for efficient perovskite solar cells [J]. Journal of the American Chemical Society, 2015, 137(21): 6730-6733.

[37] Rao H S, Chen B X, Li W G, et al. Improving the extraction of photogenerated electrons with SnO_2 nanocolloids for efficient planar perovskite solar cells [J]. Advanced

Functional Materials, 2015, 25(46): 7200-7207.

[38] Priti T, Pablo D, Johnston M B, et al. Electron mobility and injection dynamics in mesoporous ZnO, SnO₂, and TiO₂ films used in dye-sensitized solar cells [J]. ACS Nano, 2011, 5(6): 5158-5166.

[39] Yang W, Yao Y, Wu C Q. Mechanism of charge recombination in meso-structured organic-inorganic hybrid perovskite solar cells: a macroscopic perspective [J]. Journal of Applied Physics, 2015, 117(15): 13902.

[40] Han G S, Song Y H, Jin Y U, et al. Reduced graphene oxide/mesoporous TiO₂ nanocomposite-based perovskite solar cells [J]. ACS Applied Materials & Interfaces, 2015, 7(42): 23521-23526.

[41] Fakharuddin A, Palma A L, Giacomo F D, et al. Solid-state perovskite solar modules by vacuum-vapor assisted sequential deposition on Nd: YVO₄ laser patterned rutile TiO₂ nanorods [J]. Nanotechnology, 2015, 26(49): 494002.

[42] Ohwaki T, Taga Y. Enhancement of deposition rates in the reactive sputtering of silicon exposed to an argon-oxygen plasma [J]. Applied Physics Letters, 1991, 59(4): 420-422.

[43] López E O, Mello A, Sendão H, et al. Growth of crystalline hydroxyapatite thin films at room temperature by tuning the energy of the RF-magnetron sputtering plasma [J]. ACS Applied Materials & Interfaces, 2013, 5(19): 9435-9445.

[44] Hernandez Como N, Morales Acevedo A, Aleman M, et al. Al-doped ZnO thin films deposited by confocal sputtering as electrodes in ZnO-based thin-film transistors [J]. Microelectronic Engineering, 2015, 150: 26-31.

[45] Rao H S, Chen B X, Li W G, et al. Improving the extraction of photogenerated electrons with SnO₂ nanocolloids for efficient planar perovskite solar cells [J]. Advanced Functional Materials, 2015, 25(46): 7200-7207.

[46] Tian D, Ning W, Chen H, et al. Comparative study of vapor and solution-crystallized perovskite for planar heterojunction solar cells [J]. ACS Applied Materials & Interfaces, 2015, 7(5): 3382-3388.

[47] Chang C Y, Chu C Y, Huang Y C, et al. Tuning perovskite morphology by polymer additive for high efficiency solar cell [J]. ACS Applied Materials & Interfaces, 2015, 7(8): 4955-4961.

[48] Song J, Zheng E, Wang X F, et al. Low-temperature-processed ZnO-SnO₂ nanocomposite for efficient planar perovskite solar cells [J]. Solar Energy Materials and Solar Cells, 2016, 144: 623-630.

[49] Tu Y, Wu J, Zheng M, et al. TiO₂ quantum dots as superb compact block layers for high-performance CH₃NH₃PbI₃ perovskite solar cells with an efficiency of 16.97%[J]. Nanoscale, 2015, 7(48): 20539-20546.

[50] 申灿, 刘雄英, 黄光周. 原子层沉积技术及其在半导体中的应用 [J]. 真空, 2006(4): 1-6.

[51] Baena J P C, Steier L, Tress W, et al. Highly efficient planar perovskite solar cells through band alignment engineering [J]. Energy & Environmental Science, 2015, 8(10): 2928-2934.

[52] Wang C, Zhao D, Grice C R, et al. Low-temperature plasma-enhanced atomic layer deposition of tin oxide electron selective layers for highly efficient planar perovskite solar cells [J]. Journal of Materials Chemistry A, 2016, 4(31): 12080-12087.

[53] 田旭, 张翔宇, 李杨, 等. 等离子体增强原子层沉积技术制备过渡金属薄膜的研究进展 [J]. 真空与低温, 2021, 27(1): 20-31.

[54] Sherkar T S, Momblona C, Gil-Escrig L, et al. Recombination in perovskite solar cells: significance of grain boundaries, interface traps, and defect ions [J]. ACS Energy Letters, 2017, 2(5): 1214-1222.

[55] Wang C, Guan L, Zhao D, et al. Water vapor treatment of low-temperature deposited SnO_2 electron selective layers for efficient flexible perovskite solar cells [J]. ACS Energy Letters, 2017, 2(9): 2118-2124.

[56] Yu Z, Yang Z, Ni Z, et al. Simplified interconnection structure based on C_{60}/SnO_{2-x} for all-perovskite tandem solar cells [J]. Nature Energy, 2020, 5(9): 657-665.

第 4 章 掺杂二氧化锡的特性及其对钙钛矿太阳能电池性能的影响

4.1 引　　言

半导体的微量掺杂既可改变自身的载流子浓度、电导率等电学性质，有时也可改变其光学特性[1-4]。对 SnO_2 而言，掺杂可以调控 SnO_2 的能带结构和改变 SnO_2 的成膜与结晶性。对于镁 (Mg) 掺杂的 SnO_2 薄膜，不仅在低温时可增强 SnO_2 的结晶性，而且可消除在高温退火时产生的裂纹，最终使钙钛矿器件的性能得到提升。而对于钇 (Y) 掺杂的 SnO_2 纳米片，钇的引入同样提高了 SnO_2 纳米片的成膜与结晶度，并且对 SnO_2 能带上的调控使得与钙钛矿的能带更加匹配，有助于载流子的输运与抽取。掺杂是提升 SnO_2 光电性质的一种好的手段。本章我们将介绍镁掺杂的致密层 SnO_2 和多孔层 SnO_2，以及钇掺杂的致密层 SnO_2 对钙钛矿太阳能电池性能的影响。

4.2 镁掺杂的二氧化锡

4.2.1 镁掺杂的二氧化锡平面结构

1. 镁掺杂的低温二氧化锡量子点平面结构

1) 镁掺杂二氧化锡薄膜的制备及钙钛矿器件的制备步骤

(1) SnO_2(Mg:SnO_2) 量子点的制备。首先，称量 900 mg $SnCl_2 \cdot H_2O$ (813 mg $MgCl_2 \cdot H_2O$)，300 mg 硫脲溶于 30 mL 去离子水中，搅拌 24 h 之后，得到透明黄色 (Mg 混合则为白色) 溶液。通过混合 SnO_2 量子点溶液和 Mg 混合溶液，实现不同掺杂浓度的 Mg:SnO_2 量子点溶液的制备，合成过程如图 4.1 所示。

(2) SnO_2(Mg:SnO_2) 量子点薄膜的制备。量子点溶液滴加在 FTO 上，通过旋涂仪先低速 500 r/min 旋转 3 s，再高速 3000 r/min 旋转 30 s，随后在热台上 180 ℃ 下 60 min，200 ℃ 下 60 min 退火，得到致密的 SnO_2(Mg:SnO_2) 量子点薄膜。

(3) 钙钛矿吸光层的制备。将甲胺氢碘酸盐 (MAI)、PbI_2 按摩尔比 1:1 溶解在二甲基甲酰胺 (DMF) 和二甲基亚砜 (DMSO) 的混合溶液中，得到钙钛矿的前驱体溶液。待完全溶解后，用聚四氟乙烯 (PTFE) 过滤头将钙钛矿前驱体溶液过滤。将制备好的 $SnO_2(Mg:SnO_2)$ 量子点薄膜，在紫外臭氧机上处理 15 min，拿进手套箱。将钙钛矿前驱体溶液滴加在量子点薄膜上，先低转速 500 r/min 旋转 3 s，再高速 4000 r/min 旋转 30 s，再在 100 ℃ 的热台上退火 10 min，得到钙钛矿薄膜。

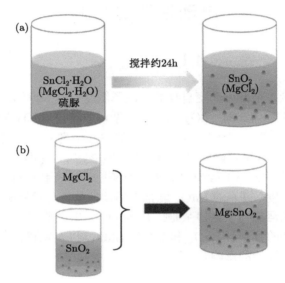

图 4.1　(a) SnO_2 量子点溶液的合成步骤和 (b) $Mg:SnO_2$ 量子点溶液的制备 [5]

(4) 空穴传输层及电极的制备。Spiro-OMeTAD 空穴传输层，通过将 Spiro-OMeTAD，tBP 和 Li-TFSI 溶解在氯苯中得到，在钙钛矿薄膜上旋涂 Spiro-OMeTAD 溶液，3000 r/min 旋转 20 s。金属电极通过真空热蒸发的方法得到，金电极的厚度大约为 80 nm，至此得到钙钛矿太阳能电池器件。

2) 结果与表征

(1) $SnO_2(Mg:SnO_2)$ 量子点材料表征。

将制备好的量子点溶液，通过加去离子水稀释后，滴在铜网上，自然干燥后，在透射电子显微镜 (TEM) 下观察，如图 4.2(a) 所示，可以发现，量子点颗粒的粒径在 3~5 nm。在高分辨下可以发现，SnO_2 的晶面间距为 0.33 nm，对应着 (110) 晶面，如图 4.2(b) 所示。

为了表征 $SnO_2(Mg:SnO_2)$ 的物相，首先制备 Mg 掺杂的量子点溶液，搅拌均匀后，加入碱性溶液使量子点团聚，得到 SnO_2 的粉末。将粉末在真空干燥箱中，80 ℃ 干燥 24 h，利用 X 射线衍射仪表征，得到图 4.3 所示的衍射曲线，随着 Mg 含量的增加，SnO_2 的 (110)、(101)、(211) 特征峰先增强，后又减小，在 3%Mg 掺杂时特征峰最强。3%Mg 掺杂的 SnO_2 更容易结晶，得到高质量的 SnO_2。

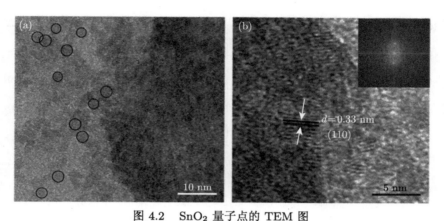

图 4.2 SnO_2 量子点的 TEM 图

(a) 为量子点粒径分布图；(b) 为量子点的高分辨图，插图为傅里叶变换图 [5]

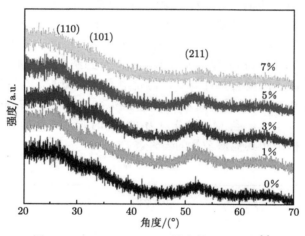

图 4.3 SnO_2(Mg:SnO_2) 粉末的 XRD 图 [5]

将不同 Mg 掺杂量 SnO_2 量子点溶液滴在清洗干净的玻璃基片上，利用旋涂仪将量子点溶液旋涂在玻璃基片上，200 ℃ 热台上退火 60 min。利用紫外–可见分光光度计表征量子点薄膜，首先利用干净的玻璃基片校准，随后测量沉积在玻璃表面的 SnO_2(Mg:SnO_2) 薄膜的透射率。量子点薄膜的透射率在 80% 以上，最大的透射率达到了 90%，如图 4.4 所示。SnO_2(Mg:SnO_2) 量子点具有较大的带隙，大部分可见光可以透过，利于钙钛矿层吸收，紫外部分较多地被吸收，且不会因吸收紫外产生催化作用而分解钙钛矿, 所以其是良好的、高透光性的电子传输层材料。

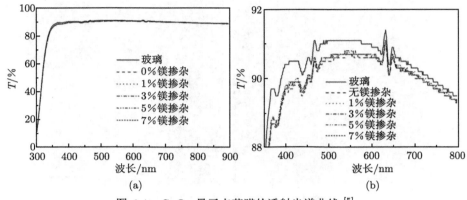

图 4.4　SnO$_2$ 量子点薄膜的透射光谱曲线 [5]

电学特性是电子传输层 (空穴传输层) 的重要特性之一, 可以为后续器件的制备更好地提供指导。这里通过旋涂多层量子点溶液于不导电的玻璃基片上, 在 200 ℃ 下退火 60 min, 最后将样品切成 1 cm × 1 cm 的正方形, 在四个角上焊上铟, 随后利用 Lake Shore 7704A 仪器测试, 得到结果如图 4.5 所示。随着 Mg 含量的增加, 载流子浓度有些许降低, 但是电导率增加了, 在 Mg 掺杂 3% 的时候达到最大, 为 0.0025 S/cm, 而且此时的迁移率也增加到 2.7 cm^2/(V·s)。在随后的器件中也可以发现, 当 Mg 掺杂量为 3% 的时候, 器件的效率也较高, 器件性能整体好于未掺杂和其他掺杂量的器件。

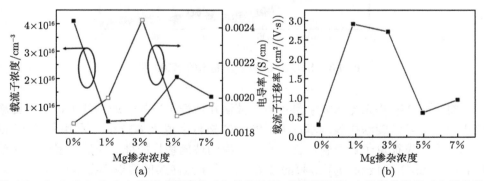

图 4.5　SnO$_2$(Mg:SnO$_2$) 量子点薄膜的 (a) 掺杂浓度–载流子浓度–电导率曲线和 (b) 掺杂浓度–载流子迁移率曲线 [5]

(2) 钙钛矿材料表征。

钙钛矿前驱体溶液配制方法为：MAI 和 PbI₂ 按摩尔比为 1:1 的比例溶解于二甲基甲酰胺和二甲基亚砜混合溶液中，60 ℃ 下搅拌，直到完全溶解，得到 MAPbI₃ 溶液。将清洗干净的导电 FTO 基片放入惰性氛围的手套箱，配好的 MAPbI₃ 钙钛矿前驱体溶液分别滴加在玻璃基片和 FTO 上，4000 r/min 旋涂 40 s 后，在 100 ℃ 的热台上退火 10 min，使其溶剂完全挥发结晶得到高质量的钙钛矿薄膜。首先，通过 X 射线衍射仪得到钙钛矿薄膜的物相信息，如图 4.6(b) 所示，与参考文献中的物相一致，衍射峰峰值最强在 14° 的位置，对应着 (101) 晶面，28° 的位置对应着 (201) 晶面。此外，在扫描电子显微镜 (SEM) 下观察 (图 4.6(a))，可以看到，钙钛矿薄膜比较平整，而且晶粒粒径一般在 200~300 nm；制备的钙钛矿物相均一，表面光滑没有孔洞。

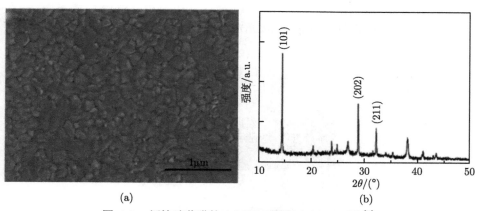

图 4.6 钙钛矿薄膜的 (a)SEM 图和 (b)XRD 图 [5]

通过紫外–可见分光光度计测试，可以计算出 MAPbI₃ 钙钛矿薄膜的带隙，如图 4.7(b) 所示，可以发现钙钛矿的吸收边在 780 nm。在图 4.7(a) 的光致发光光谱曲线中可以看到，钙钛矿的发光峰值在 765 nm，这也验证了钙钛矿薄膜的带隙宽度为 1.63 eV。

(3) SnO₂(Mg:SnO₂) 量子点薄膜的钙钛矿太阳能电池的制备与器件性能。

不同 Mg 掺杂 SnO₂ 量子点溶液的制备步骤为：首先取 1 mL 制备的 SnO₂ 量子点溶液，分别加入 10 μL、30 μL、50 μL 和 70 μL 的 Mg 混合溶液得到体积分数为 1%、3%、5%、7% 的 Mg 掺杂 SnO₂ 量子点溶液。在 FTO 上旋涂 SnO₂ 量子点溶液，以及 1%、3%、5%、7%Mg:SnO₂ 量子点溶液，得到不同 Mg 掺杂量的电子传输层。钙钛矿吸光层和空穴传输层通过依次旋涂钙钛矿前驱体溶液和 Spiro-OMeTAD 溶液得到，随后将旋涂完空穴传输层的样品放在含有氧气的干燥柜中，12 h 之后，制备金属电极。电池面积为 0.09 cm²，器件结构为：FTO/SnO₂(Mg:SnO₂)/MAPbI₃/Spiro-OMeTAD/Au，结构示意图见图 4.8。

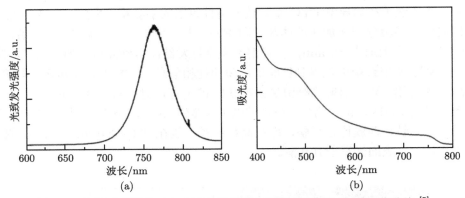

图 4.7　钙钛矿薄膜的 (a) 光致发光光谱曲线和 (b) 紫外–可见吸收曲线 [5]

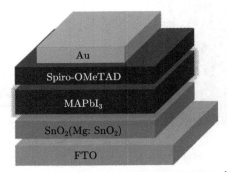

图 4.8　钙钛矿太阳能电池器件结构示意图 [5]

在标准 AM 1.5 G 模拟太阳光下，首先利用标准硅电池进行校准，然后测试制备好的钙钛矿电池的相关参数，得到的统计数据如图 4.9 所示，分别为没有掺杂 Mg 的 SnO₂ 和掺杂不同量 Mg 的 SnO₂ 的钙钛矿电池的开路电压 (V_{oc})、短路电流密度 (J_{sc})、填充因子 (FF) 和光电转换效率 (PCE) 的数据。通过图 4.9 中的统计数据可以看到，随着 Mg 含量的增加，开路电压增大，当 Mg 掺杂量达到 3% 的时候，开路电压最大为 1.12 eV，随后随着 Mg 的量增加，开路电压缓慢地减小，没有掺杂时，开路电压平均为 0.98 V。短路电流密度方面，随着 Mg 含量的增加，J_{sc} 也随之增大，3% 时到达最大，平均为 23.05 mA/cm²，随后 Mg 含量增大，短路电流密度反而降低了，未掺杂时短路电流密度平均为 22.60 mA/cm²。填充因子随着 Mg 掺杂量的增加，变化不大，FF 在 75% 左右，当掺杂量增加到

5%之后，FF 随之降低。最终的光电转换效率随着 Mg 掺杂量的增加，从未掺杂的 17.60%平均效率增加到 3%Mg 掺杂时的 18.80%平均效率，而后随着 Mg 掺杂量的增加，PCE 反而降低了并且小于未掺杂的效率。

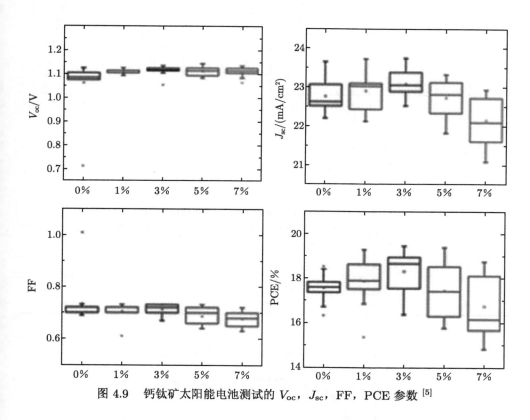

图 4.9　钙钛矿太阳能电池测试的 V_{oc}，J_{sc}，FF，PCE 参数 [5]

图 4.10 为不同掺杂量的电池电流密度-电压特性曲线，其冠军电池的参数见表 4.1，可以看到，当 3%Mg 掺杂时，电池效率最高为 19.46%，开路电压为 1.125 V，电流密度为 23.75 mA/cm²，填充因子为 73%；未掺杂时，电池最高效率为 18.29%，开路电压为 1.115 V，电流密度为 23.66 mA/cm²，填充因子为 70%。

图 4.11 为图 4.10 中各器件对应的 IPCE 谱图，由 IPCE 积分得到的光电流与 J-V 表征获得的 J_{sc} 值基本一致。基于未掺杂的 SnO_2 量子点电子传输层的器件的 IPCE 值相比于 3%Mg 掺杂 SnO_2 的较低，在 300~500 nm 范围内明显低于 Mg 掺杂的器件。通过镁掺杂 SnO_2 的电子传输层，在一定程度上提高了光生载流子的抽取，所以 IPCE 表现得更高。此外，最优器件的 IPCE 值在比较宽的波长范围内超过了 80%，器件表现出了良好的光捕获和量子转换。

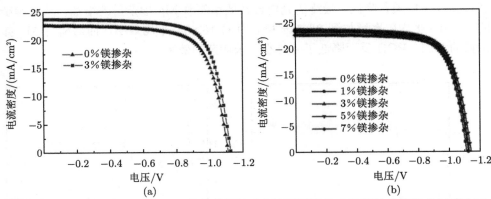

图 4.10 (a) 未掺杂和 3 mol%Mg 掺杂的钙钛矿电池冠军效率 *J-V* 特性曲线和 (b) 不同 Mg 掺杂量的钙钛矿电池 *J-V* 特性曲线 [5]

表 4.1 不同 Mg 掺杂量的器件光伏参数统计图 [5]

	V_{oc}/V	J_{sc}/(mA/cm^2)	FF/%	PCE/%
0%	1.115	23.66	70	18.53
1%	1.125	23.73	72	19.29
3%	1.125	23.75	73	19.46
5%	1.145	23.32	73	19.39
7%	1.135	22.71	72	18.75

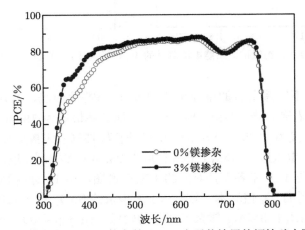

图 4.11 基于无 Mg 掺杂和 3%Mg 掺杂的 SnO$_2$ 电子传输层的钙钛矿太阳能电池的 IPCE 曲线 [5]

我们基于 SnO$_2$ 量子点进行 Mg 的掺杂, 进一步改善 SnO$_2$ 的导电性和载流子浓度，使钙钛矿电池器件中光生载流子抽取更加平衡，提高电池的效率。我们发现，调节 Mg 的掺杂含量，从 0%~7%，其电导率先增加后减小，载流子浓度先增加后减小，当 Mg 含量在 3% 的时候，材料的电导率和载流子浓度最大。在钙钛矿电池中，我们发现，随着 Mg 掺杂含量的增加，电池的效率也随之增大，但 3% 时器件的性能最佳。通过调节 SnO_2 量子点中 Mg 含量，可以调控材料的电学性能，而且在钙钛矿电池中也可以发现，Mg 掺杂量的不同，电池的开路电压、短路电流、填充因子和光电转换效率等也会得到调控。因此，基于 Mg 掺杂的 SnO_2 量子点材料是一种良好的电子传输层材料，其制备方法简单、成本低廉，为实现高效的钙钛矿太阳能电池奠定了基础，具有良好的应用前景。

2. 镁掺杂的高温 SnO_2 平面结构

目前钙钛矿太阳能电池使用低温法制备的 SnO_2 电子传输层已经取得了很好的性能。我们早先通过溶胶凝胶法制备的 SnO_2 钙钛矿太阳电池平均效率达到了 16.02%，开路电压达到了 1.11 V，电池性能甚至比使用 TiO_2 电子传输层更加优异[1]。Snaith 等[6] 通过低温浸渍法，在 FTO 导电衬底上形成一层 SnO_2 电子传输层。通过该电子传输层装配的钙钛矿电池，其开路电压达到 1.2 V，效率超过 17%。

Grätzel 等 [7] 使用低温原子层沉积法制备 SnO_2 薄膜，其相应的平面结构钙钛矿电池几乎没有回滞效应，开路电压达 1.19 V，效率超过 18%。Miyasaka 等 [8] 通过低温过程制备的 SnO_2 钙钛矿电池效率最高可达 13%。然而，高温过程的 SnO_2 电子传输层性能下降得非常厉害，至目前为止，其相应的电池效率还不足 8%[9,10]。这可能是由于高温过程的 SnO_2 会产生很多负面的结果，比如，界面接触和电学性能变差，与相邻的钙钛矿层之间的能带变得不匹配。

研究者们尝试通过界面修饰来解决高温过程的 SnO_2 及其钙钛矿电池所面临的这些问题。Yang 等 [10] 用四氯化钛溶液在 SnO_2 薄膜表面形成一层 TiO_2 钝化层，这大大减弱了载流子的复合，同时还保持了良好的电子输运属性，通过这种方法得到的钙钛矿电池效率可达到 8.54%，比所有的 SnO_2 基染料敏化电池的效率都要高。戴松元等 [9] 也通过四氯化钛溶液处理 SnO_2 薄膜表面，将器件效率从 6.5% 提高到了 10%。这些研究者的工作初步展示了高温过程 SnO_2 电子传输层在钙钛矿电池中的应用情况，通过界面修饰，可以改善 SnO_2 电子传输层的性质，从而提高钙钛矿电池的效率，但即使如此，高温过程 SnO_2 基钙钛矿电池的效率也只有 10% 左右。另外，SnO_2 作为一个非常重要的电子传输层，其与钙钛矿层之间的能带情况还没有完全弄清楚，因此，高温过程 SnO_2 的制备及表征，以及其在钙钛矿电池中的应用显得非常重要。

掺杂界面工程是改善钙钛矿电池最重要的方法之一。镁离子 Mg^{2+} 的半径为 72 nm，与锡离子 Sn^{4+} 的半径 (71 nm) 非常接近 [11]。因此，用镁取代锡不改变

SnO_2 晶格常数 [11,12]。但是，我们通过在高温过程中向 SnO_2 薄膜中掺入镁的方法，可以修饰其表面形貌，裁剪其光学与电学属性、调节其能带结构，从而改善器件性能 [13]。

1) 实验材料与方法

(1) 溶胶及薄膜的制备。

这里采用 $SnCl_2·2H_2O$ 为 SnO_2 前驱物，采用 $Mg(CH_3COO)_2·4H_2O$ 为掺杂的镁源，将 $SnCl_2·2H_2O$ 和 $Mg(CH_3COO)_2·4H_2O$ 混合，溶于无水乙醇中，通过调节 $Mg(CH_3COO)_2·4H_2O$ 和 $SnCl_2·2H_2O$ 之间的摩尔比，使其摩尔比分别为 0%，2.5%，5%，7.5%，10%和 20 %，并且控制溶液中镁和锡离子的总的摩尔浓度为 0.075 mol/L。将上述不同浓度的混合液混合不断搅拌 0.5 h 以上，则得到不同镁掺杂的 SnO_2 前驱物溶胶。将清洗干净的导电玻璃和石英玻璃衬底分别用紫外臭氧清洗 15 min，保持衬底表面清洁和增强浸润性。通过旋涂法，控制旋涂转速为 2000 r/min，将上述制备好的各种不同浓度的溶胶旋涂在导电玻璃和石英玻璃衬底上，得到各种不同掺杂浓度的镁掺杂 SnO_2 薄膜前驱物，然后在环境条件下通过不同的升温率对其进行退火，退火温度最后保持在 550℃。另外，为了弄清镁掺杂 SnO_2 的组成和结构，这里还把制备的镁掺杂 SnO_2 溶胶蒸发、干燥、退火，得到相应的不同镁掺杂浓度的 SnO_2 粉末，用于 XRD 和 XPS 表征。

(2) 碘甲胺的制备。

碘甲胺按照文献中的方法合成 [14]。取 9.8 mL(0.15 mol) 的氢碘酸和 18.7 mL(0.15 mol) 甲胺按照 1:1 摩尔比混合于圆颈烧瓶内，置于冰浴池中，搅拌 2 h 以上。在 50℃ 条件下，通过旋蒸法得到沉淀物。将沉淀物用乙醚和乙醇各清洗 3 次，得到白色的结晶产物，最后放入真空干燥箱，在 100 ℃ 下干燥 24 h，得到碘甲胺粉末。

(3) 钙钛矿电池的装配。

通过文献 [14] 报道的两步法制备钙钛矿层 ($CH_3NH_3PbI_3$)。采用 DMF 为溶剂，配制浓度为 460 mg/mL 的碘化铅溶液，在 70℃ 下加热搅拌 24 h 以上备用。将上述碘化铅溶液通过旋涂法 (转速 2000 r/min) 沉积在不同浓度镁掺杂的 SnO_2 薄膜上，在 70℃ 退火 30 min 后，浸入浓度为 10 mg/mL 的异丙醇 2-propanol 溶液中，保持 5 min 左右，然后在 70 ℃ 退火 30 min。随后，将 80 mg/mL Spiro-OMeTAD, 28.5 μL tBP, 17.5 mL Li-TFSI (将 520 mg 锂盐溶于 1 mL 乙腈得到), 三种成分溶于 1 mL 氯苯，通过旋涂法 (转速 3000 r/min) 沉积在钙钛矿层之上。最后，再通过蒸镀法 (蒸镀时蒸镀腔压强小于 10^{-3} Pa) 将金电极沉积在空穴传输层之上，完成器件的装配。

(4) 表征及测试。

通过场扫描电子显微镜 JSM 6700F 来观察不同镁掺杂浓度的 SnO_2 薄膜和

钙钛矿薄膜形貌; 通过 X 射线衍射仪 (Y-2000) 来分析所制备 SnO_2 粉末的物相结构, 测试用的 X 射线源为铜 $K\alpha$ radiation ($\lambda = 1.5418$ Å), 衍射角范围 $20° \leqslant 2\theta \leqslant 80°$, 扫描步长 $0.1(°)/s$; 通过 X 射线光电子能谱、紫外线光电子能谱仪系统来分析样品的 XPS 和 UPS 能谱, 首先用低能量的氩离子溅射 XPS 腔体 (氩离子枪在 1×10^{-7} Pa 和 0.5 kV 条件下工作) 约 20 s 来清除腔体的大气污染, 其次, 对于 XPS 测试, 使用单色 Al $K\alpha$ X 射线源 (光子能量 1486.68 eV) 来检测样品表面的组成和化学态 (检测通道宽度为 500 meV, 通能为 150 eV 光电子), 分析腔体内的压强小于 2×10^{-8} Pa, 使用位于 284.6 eV 处的表面碳信号作为 XPS 峰位的基准, 再次, 对于 UPS 测试, 使用 90 W 的放电灯, 提供能量为 21.22 eV 的 He I 射线源 (检测通道宽度为 25 meV, 通能为 10 eV), 给样品加偏压 -9 V 来分离样品与分析器低能截止的光电子, 并收集样品所发出光电子的能量信息; 通过霍尔测试系统 Lake Shore 7704 来测量薄膜样品的电学参数; 通过 ABET Sun 2000 和电化学工作站 CHI660D 来测量电池的 J-V 曲线和阻抗谱; 通过量子效率测试系统 QEXL 在室温及 300~800 nm 范围内来测量电池的量子效率。

2) 高温过程 SnO_2 平面钙钛矿电池性能

(1) 高温过程 SnO_2 薄膜的相组成和结构。

为了简洁起见和叙述方便, 如果无特别说明, 分别将未掺杂, 2.5 mol%、5 mol%、7.5 mol%、10 mol% 和 20 mol% 镁掺杂的 SnO_2 薄膜命名为 0%, 2.5%, 5%, 7.5%, 10% 和 20% SnO_2 及其钙钛矿电池。图 4.12(a) 显示了这些未掺杂和掺杂的 SnO_2 薄膜的 XRD 图。图中所有的衍射峰都很好地对应标注的 (110), (101), (200), (211), (220), (002), (221), (112), (301), (202), (321) 晶面, 这和金红石型的四角结构 SnO_2 的标准 XRD 谱 (JCPD41-1445) 完全一致。镁掺杂的样品的 XRD 图几乎和没有掺杂样品的图片一致, 说明了镁掺入 SnO_2 并不改变其晶格结构[13]。这是由于 Mg^{2+}(71 nm) 的原子半径和 Sn^{4+}(72 nm) 的非常接近[11]。为了说明 MgO 的形成, 我们将图 4.12(a) 进行了放大, 放大图如图 4.13 所示。当镁在 SnO_2 薄膜里掺杂的量少于 3% 时, 从图 4.12(a) 并不能看出有氧化镁相的形成, 这个结果与已经报道的实验[11] 和理论计算[15] 结果很好地吻合。当掺杂量增加, 达到 5% 和 7.5% 时, SnO_2 的 XRD 里面出现了杂质峰, 该杂质峰对应 MgO 的 (200) 晶面。当镁掺杂量进一步增加, MgO 的 (200) 晶面对应的衍射峰峰强明显减弱, 最终消失, 这说明当镁掺杂量超过 10% 时, 该掺杂将不利于 MgO 和 SnO_2 结晶。

通过 Williamson-Hall 方程[17], 可以估计镁掺杂后 SnO_2 薄膜的晶格的有效应力常数 η 的变化情况:

$$\beta\cos\theta/(\lambda\delta) + \eta\sin\theta/\eta \tag{4.1}$$

式中，λ 为 X 射线的波长；δ 为晶粒尺寸大小；η 为晶格有效应力常；β 为 θ 位置的衍射峰的半峰宽。通过将 $\beta\cos\theta/\lambda$ 对 $\sin\theta/\lambda$ 作图，再进行线下拟合，可通过斜率得到晶格有效应力常数 η。这里选择四个最明显的衍射峰 (110), (101), (200) 和 (211) 进行拟合，如图 4.12(b) 所示。晶格有效应力常数 η 主要说明纳米晶格的扭曲程度，上述 0%，2.5%，5%，7.5%，10% 和 20%SnO$_2$ 的平均有效应力常数 η 分别为 -0.665%，0.322%，0.379%，-0.073%，-1.23% 和 2.74%，说明合适的掺杂 (掺杂浓度 $\leqslant 7.5\%$) 有利于改善材料的应力常数，而过量的掺杂 ($\geqslant 10\%$) 则刚好相反。

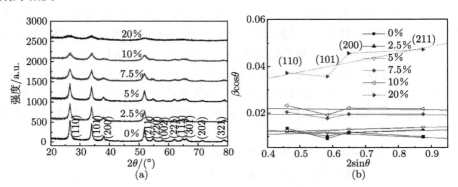

图 4.12　(a) 没有掺杂以及掺杂浓度为 2.5%，5%，7.5%，10% 和 20%SnO$_2$ 的 XRD 图，(b) 经过 XRD 数据得到的 Williamson-Hall 图 [16]

图 4.13 为不同镁掺杂含量 SnO$_2$ 的 XRD 图。随着镁含量的增加，薄膜的结晶度变差。

(2) 高温过程 SnO$_2$ 薄膜的 XPS、EDX 分析。

图 4.14 显示了 0%，2.5%，5%，7.5% 和 10%SnO$_2$ 薄膜的结合能在 0~1300 eV 范围内的 XPS 全谱。20%SnO$_2$ 薄膜的 XPS 全谱和 10%SnO$_2$ 薄膜的

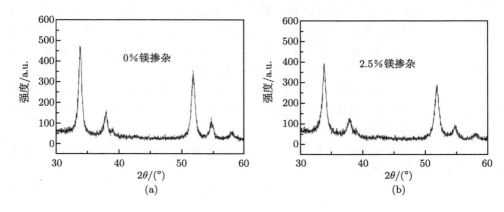

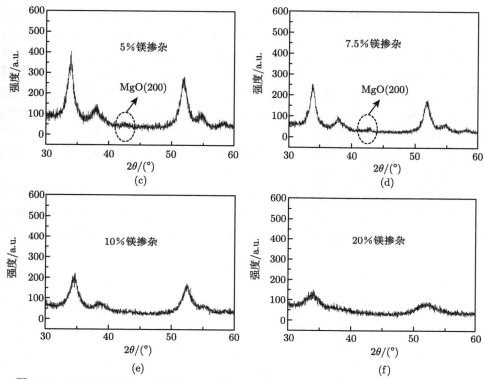

图 4.13　(a) 0%, (b) 2.5%, (c) 5%, (d) 7.5%, (e) 10%和 (f) 20%镁掺杂的 SnO₂ 的
XRD 图 [16]

相似，因此数据没放入其中。

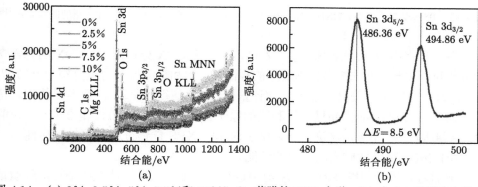

图 4.14　(a) 0%, 2.5%, 5%, 7.5%和 10%SnO₂ 薄膜的 XPS 全谱；(b) 为 (a) 里面放大的分
裂的 Sn 3d 双线 [16]

这些谱线包含有对应于 Sn 4d(25.8 eV), Sn 3d$_{5/2}$(486.36 eV), Sn 3d$_{3/2}$ (494.86 eV) 和 O 1s(530.5 eV) 的较强的主峰, 也包含 Sn 3p$_{3/2}$(716.8 eV), Sn 2p$_{1/2}$(757.8 eV), Sn 俄歇峰 (MNN, 1060.2 eV), O 俄歇峰 (KLL, 977.8 eV) 的一些辅峰及无定型碳的结合能峰 (284.5 eV)。除了 Mg 1s 和 Mg 俄歇峰, 并没有观察到其他杂质的结合能峰, 这进一步说明了前面通过 XRD 数据分析的样品的相组成结论的正确性。对所有样品而言, Sn 3d$_{5/2}$ 和 Sn 3d$_{3/2}$ 的结合能峰位于 486.4 eV 和 494.9 eV 处, 二者呈现出 8.5 eV 的轨道自旋耦合值, 证明了四价锡 Sn^{4+} 的存在。为清楚起见, 放大的双线图如图 4.14(b) 所示。Mg KLL 特征峰 (304.8 eV) 也说明了样品中镁的存在, 成功掺杂到了 SnO$_2$ 薄膜之中。

图 4.15 显示了不同镁掺杂浓度 SnO$_2$ XPS 谱的低能部分, 这些图明显说明位于 50.7 eV 处 Mg 2p$_{3/2}$ 和位于 91 eV 处 Mg 2s 两个结合能峰的存在[18]。这两个峰的面积和峰强的变化也说明了镁已经很好地掺入到了 SnO$_2$ 薄膜中。

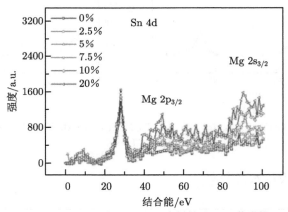

图 4.15   0%, 2.5%, 5%, 7.5%, 10% 和 20% Mg 含量的 SnO$_2$ 薄膜的 XPS 谱的低能部分[16]

图 4.16 给出了未掺杂 SnO$_2$ 和 7.5% SnO$_2$ 的 EDX 分析图。从 EDX 的元素含量分析可以看出, 在未掺杂的 SnO$_2$ 的样品里, 锡和氧的原子含量分别为 26.79% 和 73.21%, 原子比偏离了它的化学计量比 2:1, 使得其呈现 n 型半导体掺杂特征。而 7.5% SnO$_2$ 的样品里, 锡和镁的原子含量分别为 24.51% 和 2.04%, 说明 Mg 含量大约为 7.5%, 这进一步证明了前面的 XPS 能谱分析结果的可靠性。

(3) SnO$_2$ 基钙钛矿太阳电池的性能。

前面对未掺杂和掺杂的 SnO$_2$ 薄膜进行了表征。为了弄清镁掺杂对薄膜质量及其装配成的钙钛矿电池的影响, 这里对所有装配的器件的其他各层材料, 如钙钛矿吸光层、空穴传输层等采用相同工艺, 这样, 器件性能的差别来自于电子传输层的性质的差异。

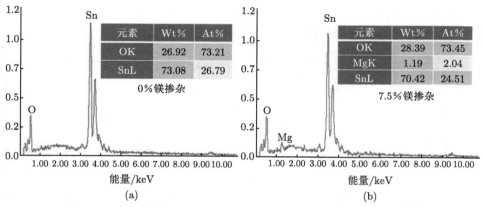

图 4.16 (a) 未掺杂和 (b)7.5%镍掺杂的 SnO_2 薄膜的 EDX 谱[16]

图 4.17(a) 是该平面钙钛矿电池截面的 SEM 图片。从下至上各层依次为 FTO、SnO_2 电子传输层、钙钛矿吸光层、Spiro-OMeTAD 空穴传输层和金背电极，电子传输层、钙钛矿层、空穴传输层和金电极层的厚度分别为 50 nm, 450 nm, 350 nm 和 220 nm。通过使用图 4.17(c) 所示的全器件结构来系统研究这些 SnO_2 基平面钙钛矿电池。图 4.18 给出了这些电池的性能参数。该图说明，镍掺杂强烈地影响这些钙钛矿电池的性能。对未掺杂的 SnO_2 钙钛矿电池，其平均效率为 7.186%(图 4.18(a))，该效率非常接近于当前报道的高温过程的 SnO_2 钙钛矿电池[17]。镍掺杂后，器件的平均效率明显提高，未掺杂, 2.5%, 5%, 7.5%, 10%和 20%掺杂的器件平均效率分别达到 10.91%, 11.98%, 13.56%, 11.39%和 9.925%。其中，镍掺杂浓度为 7.5%的器件性能取得了最大的改善，其效率从 7.168%被提

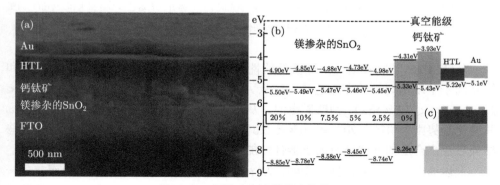

图 4.17 钙钛矿电池结构和能带图

(a) 器件的 SEM 截面图；(b) 通过实验测量得到的不同浓度镍掺杂 SnO_2 的电子传输层的能带结构图；(c) 全器件结构示意图[16]

高到 13.56%, 提高了 89%。而且, 镁掺杂后, 器件性能参数, 如电池效率、开路光电压、短路电流密度和填充因子都得到了一定的提升。

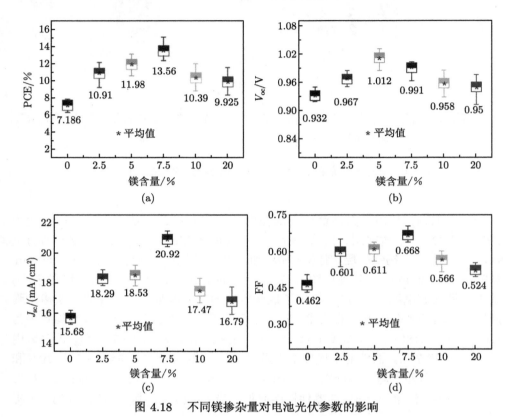

图 4.18   不同镁掺杂量对电池光伏参数的影响

(a) 电池效率;(b) 开路光电压;(c) 短路电流密度;(d) 填充因子;误差杆代表这些参数在最大和最小值之间变动, 带有星号的中间线条代表该参数的平均值 [16]

从图 4.18 可以看出, 上述器件的性能参数中, 电池效率、短路电流密度和填充因子呈现出同样的变化趋势, 按从大到小顺序可概括为 0% < 20% < 10% < 2.5% < 5% < 7.5% SnO_2 钙钛矿电池。从图 4.18(b) 可以看出, 对于开路光电压, 其变化趋势则为 0% < 20% < 10% < 2.5% < 7.5% < 5% SnO_2 钙钛矿电池。这些结果显示, 合适的镁掺杂有助于器件性能的提高。

上述的电池性能测试结果表明, 7.5% 镁掺杂对 SnO_2 基钙钛矿电池而言是一个优化的掺杂量。将 7.5% SnO_2 钙钛矿电池和未掺杂的 SnO_2 钙钛矿电池的性能进行对比就可发现镁掺杂后器件性能提高的程度。图 4.19(a) 显示了这两个器件对应的冠军电池的 J-V 特征曲线。表 4.2 给出了这两个冠军电池的正扫和反扫

J-V 特征曲线对应的电池性能参数。

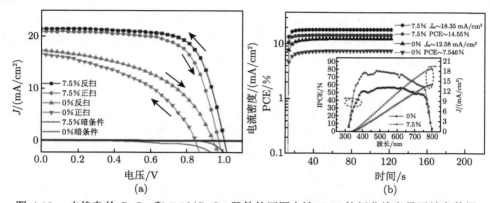

图 4.19　未掺杂的 SnO_2 和 7.5%SnO_2 器件的冠军电池 J-V 特征曲线和量子效率数据

(a) 在 AM 1.5 G 条件，光照入射功率 100 mW/cm^2 条件下，正扫和反扫 J-V 特征曲线；(b) 在偏压分别为 0.793 V 和 0.599 V 条件下，器件的稳态效率和积分电流密度 (插图)[16]

表 4.2　未掺杂的 SnO_2 和 7.5%SnO_2 器件的冠军电池的电池效率、开路电压、短路电流和填充因子 [16]

样品	V_{oc}/V	J_{sc}/(mA/cm^2)	FF	PCE/%
7.5%反扫	1.003	21.44	0.708	15.24
7.5%正扫	0.985	20.98	0.655	13.54
0%反扫	0.944	17.39	0.500	8.208
0%正扫	0.825	16.64	0.465	6.384

这些数据说明，较未掺杂的器件，7.5%SnO_2 器件的性能参数大大提高了，而且，7.5%SnO_2 器件明显抑制了回滞效应。另外，从图 4.19(a) 看出，7.5%SnO_2 器件的暗态开启电流对应的电压明显比未掺杂的器件要高，这预示着 7.5%SnO_2 器件的开路电压增加。这些结果说明，镁掺杂抑制了表面电子空穴对的复合，从空穴阻挡层 (电子传输层) 回流到钙钛矿层或空穴传输层的电子减少[18]。图 4.19(b) 给出了未掺杂和 7.5%SnO_2 器件的稳态效率。加在未掺杂和 7.5%SnO_2 电池上的偏压 0.793 V 和 0.599 V 与这两个电池的最大功率点的电压一致。和未掺杂的电池比较，7.5%SnO_2 电池的稳态效率获得了 92.8% 的提升 (稳态效率从 7.546% 提高到 14.55%)。图 4.19(b) 中插图给出了这两个电池的 IPCE 数据，掺杂后，7.5%SnO_2 电池的量子效率得到明显提高，根据 IPCE 数据计算得到这两个电池的积分电流密度值分别为 18.35 mA/cm^2 和 12.58 mA/cm^2，和测量值完全一致。

(4) 薄膜的 SEM 和 AFM 图片。

图 4.20 为旋涂在 FTO 导电玻璃衬底上的不同镁掺杂浓度的 SnO_2 薄膜的

SEM 图片。从图 4.20(a) 可看出，未掺杂的 SnO_2 薄膜在高温退火后，出现了大量裂纹，薄膜一致性差，说明在当前未掺杂的工艺条件下，SnO_2 薄膜不能完全覆盖 FTO 导电玻璃衬底。有趣的是，镁掺杂后，情况变得完全不同。从图 4.20(b)~(d) 可看出，在合适的掺杂条件下 (镁掺杂量分别为 2.5%，5% 和 7.5%)，薄膜的质量得到明显的改善，薄膜变得均一、光滑、致密。

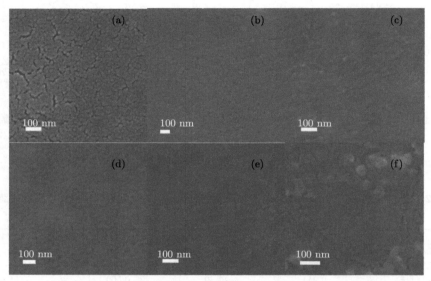

图 4.20　旋涂在 FTO 导电玻璃衬底上的镁掺杂浓度为 (a) 0%，(b) 2.5%，(c) 5%，(d) 7.5%，(e) 10%和 (f) 20%SnO_2 的 SEM 图片 [16]

通过比较空白 FTO 衬底和旋涂了 SnO_2 薄膜的 FTO 衬底的表面平整度，可进一步证实以上结论。从图 4.21 可以看出，空白 FTO 表面的 FTO 颗粒非常大，表面显得粗糙、凸凹不平。然而，在旋涂了 7.5%SnO_2 的薄膜后，该表面变得光滑而平整，原来那些凸凹不平的坑和洞等完全被 SnO_2 填平了。

图 4.21(c) 和 (d) 为空白 FTO 和旋涂在 FTO 衬底上的 7.5%SnO_2 薄膜的 AFM 图片。从这些 AFM 图片，可以计算出空白 FTO 和旋涂在 FTO 衬底上的 7.5%SnO_2 薄膜的表面粗糙度的均方根数据分别为 15.6 nm 和 3.4 nm。然而，当掺杂的浓度过高，如镁掺入浓度为 (10%或 20%)，薄膜的质量反而变得不好，表面出现了不均性。合适的镁掺杂后的 SnO_2 薄膜形貌得到改善，可能是由于样品的应力效应比较弱。对于未掺杂的 SnO_2 薄膜，其对衬底的不完全覆盖使得 FTO/钙钛矿界面的电子和空穴容易复合。而且，FTO 电极和钙钛矿层之间的直接接触还使得器件存在短路通路 [14]。对于掺杂过量的 SnO_2 薄膜，其表面的不均一会导致

差的界面接触，产生的界面缺陷会束缚载流子，使得载流子输运变差。因此，总体来看，未掺杂，10%和20%SnO$_2$电池的性能比较差，而合适掺杂的SnO$_2$电池由于掺杂后电子传输层变得致密而平整，使得器件性能大大提高。然而，对于合适掺杂的如2.5%，5%和7.5%SnO$_2$电池，其性能差异也比较明显，这说明，除了薄膜的形貌，还有其他因素影响电池的性能，具体原因仍然需要进一步研究。

图 4.21　空白 (a) FTO，(b) 旋涂在 FTO 衬底上的 7.5%SnO$_2$ 薄膜的 SEM 图片，空白 (c) FTO，(d) 旋涂在 FTO 衬底上的 7.5%SnO$_2$ 薄膜的 AFM 图片 [16]

(5) 薄膜的光学性能。

图 4.22(a) 给出了空白 FTO、旋涂在 FTO 衬底上的未掺杂和不同镁掺杂浓度的 SnO$_2$ 薄膜的透射光谱。从该图可以看出，涂覆了 SnO$_2$ 薄膜的样品比空白 FTO 导电玻璃衬底的透射率略高，说明了 FTO 导电玻璃经过 SnO$_2$ 薄膜涂覆后具有一定的抗反射性能。对光伏材料而言，这点很重要，这与更好地利用太阳光，提高器件的光电流，获得高效率的钙钛矿电池直接相关。

为了得到未掺杂和不同镁浓度掺杂的 SnO$_2$ 薄膜的带隙数据，我们也测试了旋涂在石英玻璃衬底上的这些薄膜的透射光谱。我们这样做，是由于 FTO 衬底的屏蔽作用 (如图 4.22(a) 所示，所有 SnO$_2$ 薄膜的吸收边都和空白 FTO 玻璃

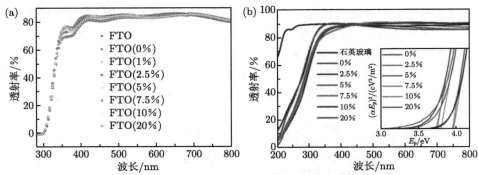

图 4.22   涂敷在 (a)FTO 导电玻璃衬底和 (b) 石英玻璃衬底上的镁掺杂浓度分别为 0%, 2.5%, 5%, 7.5%, 10%和 20%的 SnO_2 薄膜的透射光谱[16]

的吸收边重合在一起, 不能加以区分), 通过图 4.22(a) 的透射谱, 我们不能够合理得出薄膜的光学带隙。而如图 4.22(b) 所示, 空白石英玻璃 200~800 nm 波长范围内的紫外–可见光具有良好的透射性, 因此, 在石英玻璃衬底上的这些薄膜的透射光谱并不和空白石英玻璃的透射谱吸收边重合, 吸收边有明显的区分度。在图 4.22(b) 的插图中, 通过绘制以光子能量 $h\nu$ 为 x 轴, 以 $(\alpha h\nu)^{1/n}$(对直接带隙半导体, n 取值为 1/2)[20] 为 y 轴的曲线, 然后再作出该曲线曲率最小处的切线, 根据该斜线与能量轴 x 轴的截距, 我们可以得知该薄膜的带隙大小。从该插图可以看出, 未掺杂的 SnO_2 薄膜的带隙值为 3.95 eV, 该值要比报道的体材 SnO_2 的带隙 (~3.6 eV) 大很多。对于镁掺杂浓度为 2.5%, 5%, 7.5%, 10%和 20 %的 SnO_2 薄膜, 其带隙值分别为 3.76 eV, 3.72 eV, 3.70 eV, 3.93 eV 和 3.95 eV。从表 4.3 可以看出, 随着镁掺杂浓度的增加, SnO_2 薄膜的带隙值先变小, 后变大。这些掺杂后的 SnO_2 薄膜的带隙比 TiO_2 的带隙 (3.2 eV) 大很多, 因此, SnO_2 薄膜相比传统的 TiO_2 电子传输层而言, 具有更好的透光性, 更适合于作为太阳能电池的窗口材料。而且由于带隙大, 与 TiO_2 相比光化学稳定性更好 (TiO_2 具有较高的光催化活性)。

(6) 薄膜的紫外光电子能谱 (UPS) 和 SnO_2 基钙钛矿电池的能级图。

图 4.23 给出了通过 UPS 测量得出的未掺杂和掺杂的 SnO_2 薄膜的与能带结构相关的一些能级值。UPS 是一种广泛用于直接测量材料的价带最大值和导带最小值的技术 [21]。图 4.23(b) 给出了采用氦核 (21.22 eV) 照射样品得到的 UPS 谱。用 21.22 eV 减去图 4.23(a) 中所示的截止能 (SECO), 便可计算出样品的功函数。放大的价带谱如图 4.23(c) 所示。价带顶和费米能级之间的距离可用图 4.23(b)0~6 eV 低结合能区域的初现结合能得出。所有薄膜样品的功函数值都列入了表 4.3 中。可明显看出, 随着镁含量的增加, 薄膜样品的功函数变得增大, 未

掺杂和掺杂浓度分别为 2.5%，5%，7.5%，10%和 20%的 SnO_2 薄膜功函数依次为 5.33 eV，5.45 eV，5.46 eV，5.47 eV，5.49 eV，5.50 eV。结合前面的这些薄膜的光学带隙数据，便可以计算出对应的价带和导带值，相应的数据如表 4.3 所示。

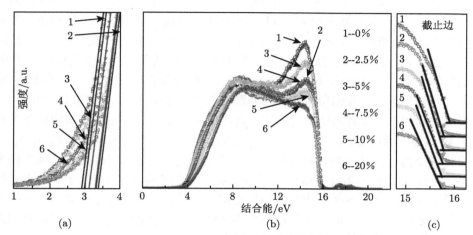

图 4.23　0%，2.5%，5%，7.5%，10%和 20%Mg 掺杂的 SnO_2 薄膜的 UPS。图 (a) 为二次电子截止能，图 (b) 为 UPS 全谱，图 (c) 为价带区域能谱图 [16]

表 4.3　0%，2.5%，5%，7.5%，10%和 20%Mg 掺杂的 SnO_2 薄膜的带隙，二次电子截止能、功函数、价带和导带能量值数据 [16]

	0%	2.5%	5%	7.5%	10%	20%
带隙/eV	3.95	3.76	3.72	3.70	3.93	3.95
二次电子截止能/eV	15.89	15.77	15.76	15.75	15.73	15.72
功函数/eV	5.33	5.45	5.46	5.47	5.49	5.50
价带/eV	8.26	8.74	8.45	8.58	8.78	8.85
导带/eV	4.31	4.98	4.73	4.88	4.85	4.90

根据文献已经报道的钙钛矿电池其他层材料钙钛矿 ($CH_3NH_3PbI_3$)、空穴传输层 (Spiro-OMeTAD) 等能级值数据 [22]，结合上面关于 SnO_2 薄膜的详细能带结构信息，可以画出钙钛矿电池的能带图，如图 4.17(b) 所示。所有能级的参考能级为真空能级 (0 eV)。从图 4.17(b) 可以看出，镁掺杂后，所有薄膜样品的导带都被明显拉低了。根据表 4.3 和图 4.17(b) 的数据，可以确定所有这些薄膜样品的导带位置高低的顺序依次为 0%SnO_2> 5%SnO_2> 10%SnO_2 > 7.5%SnO_2 > 20%SnO_2> 2.5%SnO_2。根据文献报道，开路电压 V_{oc} 正比于电子传输层和空穴传输层之间的准费米能级差 [23]。而准费米能级和电子传输层的导带位置及空穴传输层的价带位置密切相关。然而，从实验结果来看，我们所测试上述的薄膜样品对

应器件的电池开路电压顺序为 5%> 7.5%> 2.5%> 10%> 20%> 0% 的钙钛矿电池，并不和上面的薄膜样品的导带位置高低的顺序一致 (图 4.17(b))。这可能是由未掺杂以及镁掺杂浓度为 10% 和 20% 的器件的界面接触比较差引起的。另外，从图 4.17(b) 可以看出，钙钛矿的导带底位置为 -3.93 eV，比未掺杂的 SnO_2 的导带位置 (-4.31 eV) 要高出约 0.38 eV，而且比其他镁掺杂的 SnO_2 的导带位置还要高更多。从能级匹配的角度来看，这对器件中电子的输运是不利的，因为合适的能级差大约为 0.2 eV，超过这个值就不利于电子从钙钛矿注入电子传输层。因此，在这种情况下，镁掺杂后，增大了这个能级差，使得器件的开路电压有所降低。实际上，我们观察到，我们所有器件的开路电压值都小于 1.03 eV (图 4.18(b))，这比低温过程的 SnO_2 基钙钛矿电池的开路电压小得多，文献 [23] 报道的电压值有 1.11 V，1.2 V 和 1.19 V 等。然而，事情都有两面性，所有镁掺杂后的 SnO_2 的导带位置变得低，从而变得更加靠近导电玻璃的费米能级 (紫外臭氧处理后约为 5.0 eV)[24]，这变得有利于 SnO_2 电子传输层上的电子转移到 FTO 上。从电池性能来看，用镁掺杂的 SnO_2 作为电子传输层的钙钛矿电池的性能明显高于未掺杂器件，这表明，镁掺杂能够大大提高器件某些方面的性能，这些结果促使我们进一步地对镁掺杂后器件性能的提高进行研究。

(7) 掺杂和未掺杂 SnO_2 薄膜的电学性质。

图 4.24 显示了通过霍尔效应测试得出的 SnO_2 薄膜的电阻、电阻率、载流子浓度和迁移率。定义垂直于薄膜表面方向的输运电阻为 R_v，所有薄膜样品的 R_v 可以根据下式计算：

$$R_v = \rho T/S \tag{4.2}$$

式中，R_v、ρ、T、S 分别为 SnO_2 薄膜的电阻、电阻率、厚度和面积。前面实验部分已经提到，SnO_2 薄膜的厚度为 50 nm，面积为 0.09 cm^2，表 4.4 给出了这些电学参数的详细说明。从图 4.24(a) 可以看出，SnO_2 薄膜里镁含量的增加导致电阻和电阻率的增加，电阻呈现出和电阻率一样的变化趋势，这是由它们之间的线性关系决定的。表 4.4 中列举了所有 SnO_2 薄膜的 R_v 值，这些值的变化范围为 $10^{-4} \sim 10^{-3}\Omega$，该值与任何器件的串联电阻 ($R_s$) 相比都是非常小的，可以忽略。

镁掺杂能够显著降低 SnO_2 薄膜的载流子浓度，并且有效调节载流子迁移率 (图 4.24(b))。对于 7.5% 镁掺杂浓度的 SnO_2 薄膜，其载流子浓度减少了接近两个数量级，而电子迁移率增加接近五倍以上。霍尔效应测试表明，这些 SnO_2 薄膜均为 n 型半导体，其多数载流子为电子。该 n 型半导体的电子载流子浓度和迁移率之间的反比关系由下式决定：

$$\sigma = en_e\mu_e \tag{4.3}$$

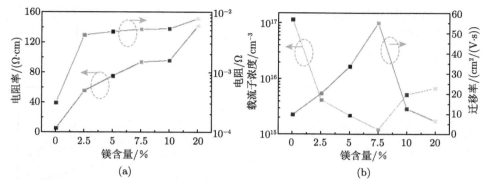

图 4.24 霍尔效应测试得出的未掺杂和掺杂浓度分别为 2.5%，5%，7.5%，10% 和 20%SnO₂ 薄膜的 (a) 电阻、电阻率，以及 (b) 载流子密度和迁移率 [16]

表 4.4 未掺杂和掺杂浓度为 2.5%，5%，7.5%，10% 和 20%SnO₂ 薄膜的电阻，电阻率，载流子浓度和迁移率 [16]

	0%	2.5%	5%	7.5%	10%	20%
电阻率/(Ω·m)	5.640	75.49	55.86	93.92	95.96	101.7
电阻/Ω	3.1×10^{-4}	4.3×10^{-3}	4.8×10^{-3}	5.2×10^{-3}	5.3×10^{-3}	5.7×10^{-3}
载流子浓度/cm⁻³	1.2×10^{17}	4.2×10^{15}	2.2×10^{15}	1.2×10^{15}	5.2×10^{15}	6.1×10^{15}
迁移率/(cm²/(V·s))	9.865	20.35	33.75	55.19	12.66	10.22

式中，σ，e，n_e，μ_e 分别为电导、一个电子所带的电量、电子浓度和电子迁移率。比较图 4.23(b) 和图 4.24(a)，可以看出，这些 SnO₂ 薄膜的电子迁移率值的大小关系与其对应的钙钛矿电池的短路电流的大小关系完全一致。该大小关系为 0% > 20% > 10% > 2.5% > 5% > 7.5%SnO₂ 薄膜。受到上面 SnO₂ 薄膜的电学性质与其对应器件性能的密切相关性的实验结果的启发，可以得出结论：SnO₂ 薄膜中的电子自由载流子可以和 SnO₂ 薄膜/钙钛矿界面处的空穴复合，使得其对空穴的阻挡能力变弱。因此，可以预期，经过合适的镇掺杂后，SnO₂ 薄膜的电子载流子浓度会急剧减小。

为了证实提出的机制，进一步全面了解性能提升的起因和不同 Mg 含量的器件性能的差异，本书进行了阻抗谱 (IS) 测量，研究电池内部电学过程并定性分析相关参数。本书通过选择性能参数非常接近图 4.25 所示的平均值的一批钙钛矿电池来进行 IS 测量。关于 J-V 曲线，IPCE 和性能参数的详细描述分别见图 4.25 和表 4.5。

测试所得到的阻抗谱经过如图 4.26(a) 插图所示的等效电路进行拟合。图中的奈奎斯特图呈现出两个明显的特征。一个特征是处于高频区的阻抗谱呈半圆形，第二个特征是处于中低频处的阻抗谱呈弧形。平面钙钛矿电池的高频特征与 Spiro-OMeTAD 空穴传输层的电荷转移相联系 [25]。然而，在钙钛矿电池中没有空穴传输层的时候，也出现了这种高频特征[26]。因此，这种特征应该与钙钛矿层和空穴传输层以及钙钛矿层和电子传输层界面处的电荷积累都有关系，而低频特征与钙钛矿层的介电响应相联系[27]。

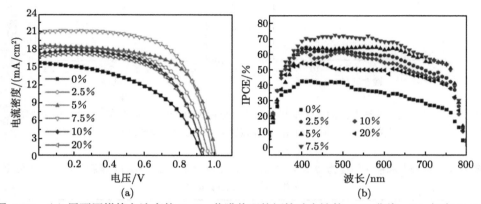

图 4.25　(a) 用不同镁掺杂浓度的 SnO$_2$ 薄膜装配的钙钛矿电池的 J-V 曲线，(b) 相应 SnO$_2$ 薄膜对应器件的 IPCE 谱[16]

表 4.5　用不同镁掺杂浓度的 SnO$_2$ 薄膜装配的钙钛矿电池的 V_{oc}，J_{sc}，FF 和 PCE[16]

	0%	2.5%	5%	7.5%	10%	20%
V_{oc}/V	0.93	0.96	1.01	0.99	0.95	0.95
J_{sc}/(mA/cm^2)	15.7	18.2	18.6	20.9	17.3	16.8
FF/%	0.47	0.6	0.61	0.65	0.56	0.51
PCE/%	7.03	10.9	12.1	13.5	10.3	9.94

　　等效电路常常用来描述这两种特征，这两种特征包含串联电阻 R_s，钙钛矿层和接触层之间的界面电荷转移电阻 R_{tr} 和电荷复合电阻 R_{rec}，钙钛矿层与它相邻的接触层界面之间形成的接触电极电容 C_{con}，钙钛矿层介电弛豫电阻 R_{dr} 和介电弛豫电容 C_{dr}。图 4.26(a) 插图的等效电路采用 Bisquert 和 Chen 等[28] 使用过的一个德拜 (Debye) 介电弛豫元件[21]。该弛豫元件同钙钛矿的极化与频率的关系有关，因此在等效电路里引入这个元件可为平面钙钛矿电池建立一个精确的模型。

　　图 4.26 所示的奈奎斯特图中高频和中低频区域的阻抗谱特征，是平面钙钛矿电池中经常出现的典型特征[29]。高频区域的半圆和 X 轴的交点给出电池的串联电阻值。在钙钛矿电池中，FTO、SnO$_2$、钙钛矿层 (CH$_3$NH$_3$PbI$_3$)、Spiro-OMeTAD(空穴传输层)、Au 电极和外电路导线的电阻构成了串联电阻 R_s，因此，串联电阻 R_s 并不随电池的偏压的改变而改变。在 0 偏压下，从阻抗谱得到的未掺杂和镁掺杂浓度为 2.5%、5%、7.5%、10% 和 20% 的钙钛矿，其串联电阻 R_s 分别为 7.64 Ω、

6.88 Ω、5.81 Ω、4.52 Ω、29.49 Ω 和 35.87 Ω。这些钙钛矿电池之间唯一的差别是它们的电子传输层是由不同镁含量的 SnO_2 薄膜构成的,因此,这些电池的串联电阻 R_s 有可能与不同镁含量的 SnO_2 薄膜的电阻有关。然而,如图 4.27 和表 4.4 所示,根据霍尔效应测量的结果,未掺杂和镁掺杂浓度为 2.5%、5%、7.5%、10% 和 20% 的 SnO_2 电子传输层,其电阻分别为 $3.13\times10^{-4}\Omega$, $4.29\times10^{-3}\Omega$, $4.77\times10^{-3}\Omega$, $5.22\times10^{-3}\Omega$, $5.33\times10^{-3}\Omega$ 和 $7.88\times10^{-3}\Omega$,这些值非常小,相对于前面提到的电池的串联电阻 R_s 来说可以忽略不计。这些结果说明,除了器件的电学电阻,差的界面接触也可能明显增加电池的串联电阻 R_s。另外,串联电阻 R_s 在电池的最终性能中充当重要的角色,尤其是对电池的填充因子 (FF) 有很大的影响。镁掺杂浓度为 10% 和 20% 的钙钛矿电池的串联电阻 R_s 相当高,导致它们的填充因子相当低。未用镁掺杂的钙钛矿电池的串联电阻 R_s 的填充因子最低,这可能是由未用镁掺杂的 SnO_2 薄膜的不均一性和在 FTO 衬底上的不完全覆盖引起的。

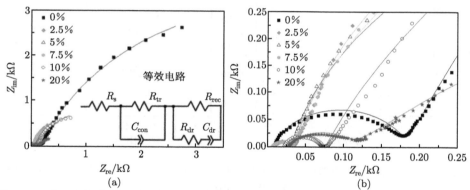

图 4.26　在一个标准太阳光照射,0 V 偏压下,交流信号幅度为 20 mV,频率变化范围为 100 mHz 到 400 kHz 条件下测试不同镁掺杂浓度器件得到的奈奎斯特图阻抗谱

(a) 整个频率范围的阻抗谱; (b) 高频区域的放大图;图中符号标记为实验值;实线为根据图 (a) 插图的等效电路图进行拟合的曲线 [16]

在所有光伏器件中,电荷转移和复合过程是并存的。从图 4.27(b) 和 (c) 可以看出,电荷转移电阻 R_{tr} 和电荷复合电阻 R_{rec} 与开路电压之间呈现出一个指数关系。电荷转移电阻 R_{tr} 和电荷复合电阻 R_{rec} 分别代表钙钛矿层和接触层之间的转移和复合电阻。当在钙钛矿层里面的自由载流子浓度比较高的时候,在钙钛矿层和接触层之间的载流子变得更可能转移和复合,因此,电荷转移电阻 R_{tr} 和电荷复合电阻 R_{rec} 与开路电压之间往往呈现出指数关系。令人印象深刻的是,比较图 4.27(b) 和 (c) 和图 4.24,我们能发现这些钙钛矿电池的复合电阻 R_{rec} 的大小顺序和该电池中 SnO_2 薄膜的自由电子密度的大小的顺序完全一致,而且,这

些钙钛矿电池的转移电阻 R_{tr} 的大小顺序和该电池中 SnO_2 薄膜的电子迁移率的大小完全一致。这些结果证实了我们上面提出的机理。

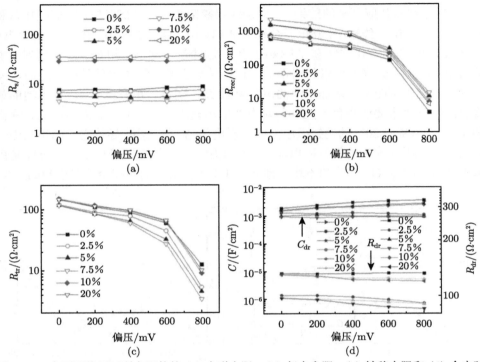

图 4.27   在不同偏压下所有器件的 (a) 串联电阻，(b) 复合电阻，(c) 转移电阻和 (d) 介电弛豫电阻及介电弛豫电容

实线仅仅用于视觉辅助；阻抗谱测试是在条件为一个标准太阳照射下，频率变化为 100 mHz~ 400 kHz，开路时进行的；测试所得出的阻抗谱，拟合所用到的等效电路图如图 4.26(a) 插图所示 [16]

当电池中的内部阻抗比较小时，自由载流子的输运和抽取变得更容易 [30]，使得电荷的收集效率变得更高。电荷收集效率 η_{cc}，可以根据下式进行计算 [31]：

$$\eta_{cc} = 1/(1 + (\tau_{tr}/\tau_{n})) \tag{4.4}$$

电子转移时间 τ_{tr} 和电子寿命 τ_{n} 分别由如下方程决定：

$$\tau_{tr} = R_{ct} \times C_{\mu} \tag{4.5}$$

$$\tau_{n} = R_{rec} \times C_{\mu} \tag{4.6}$$

式中，C_μ 为化学电容，也可视为界面接触电容 C_{con}。根据上述公式，计算出的参数如图 4.28 所示。从图 4.28 可以看出，电荷收集效率 η_{cc} 的大小顺序为 7.5% > 5% > 2.5% > 10% > 20% > 0% 的电池器件。比较图 4.28，这些电池的电荷收集效率的大小与这些电池的短路光电流和电子迁移率完全一致，而与对应电池的 SnO$_2$ 薄膜的自由电子密度呈相反的关系。这些结果说明，电子迁移率越高，电荷收集效率就越高，相应的短路光电流就越高。电子迁移率与短路电流和电荷收集效率之间的这种镜像关系进一步证实了我们提出的机理：电子迁移率越高，钙钛矿层的电子转移到其相邻的 SnO$_2$ 薄膜电子传输层的速度就越快，这使得短路光电流变大。在高的开路电压下，高电荷复合率引起电荷收集效率减小。这个现象并不难理解，因为对太阳能电池而言，电荷收集效率是决定短路光电流最关键的因素。

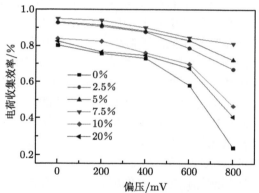

图 4.28 在一个标准太阳光照射下，根据不同镁掺杂浓度器件的 R_{tr} 和 R_{rec} 计算出的电荷收集效率[16]

图 4.27(d) 显示了这些电池的钙钛矿层介电弛豫电阻 R_{dr} 和介电弛豫电容 C_{dr} 的拟合值。未掺杂和镁掺杂浓度为 10%、20% 的钙钛矿电池，其介电弛豫电阻 R_{dr} 和介电弛豫电容 C_{dr} 比镁掺杂浓度为 2.5%、5% 和 7.5 % 的钙钛矿电池的要高。前面已经讨论过，这两个等效电路的参数与钙钛矿层界面区域的介电极化相关。未掺杂和镁掺杂浓度为 10%、20% 的钙钛矿电池的高介电弛豫电阻 R_{dr} 说明，这些电池中的钙钛矿材料的极化程度更强，这些极化对弛豫来说，更具有抵抗性。介电弛豫电容 C_{dr} 反映出钙钛矿层里的电荷的相对浓度。在这种情况下，未掺杂和镁掺杂浓度为 10% 和 20% 的 SnO$_2$ 薄膜/钙钛矿层界面积累了相当浓度的界面电荷，导致形成一个强电场的存在，使得电池出现 J-V 曲线的回滞现象。另外，图 4.26(b) 给出的未掺杂和镁掺杂浓度为 10%、20% 的阻抗谱的形状均为一个单独的椭圆形的弧，这种形状与弛豫寿命的宽泛分布的极化状态有关，说明

它们的钙钛矿的极化程度高。这些结果可以在一定程度上解释为什么未掺杂的钙钛矿电池的 J-V 曲线回滞程度明显大于镁掺杂浓度为 7.5% 的钙钛矿电池。除了钙钛矿层的介电响应,其他因素,如离子迁移、束缚态释放电荷也能引起 J-V 曲线回滞现象。因此,电子传输层对衬底的不完全覆盖可以增加表面束缚态,引起 J-V 曲线回滞现象。

4.2.2　镁掺杂的高温 SnO_2 多孔结构钙钛矿电池

1. 简介

2009 年,日本科学家 Miyasaka 使用钙钛矿 $CH_3NH_3PbX_3$ (X=Br, I) 取代染料敏化太阳能电池里面的液态电解液,装配了人类历史上的第一个钙钛矿电池 [32]。自此之后,各种不同结构的固态光伏器件得到了研发。目前,钙钛矿电池的常见结构主要有两大类:平面结构和多孔结构。平面结构钙钛矿太阳能电池类似于三明治结构,由空穴传输层和电子传输层以及夹在二者之间的钙钛矿层构成。平面结构钙钛矿电池容易在低温下制备,并在柔性光伏器件领域有潜在的应用。然而,平面结构钙钛矿电池需要有一个表面光滑且结构致密的电子传输层,以使钙钛矿层均匀覆盖在其之上,否则,制备的钙钛矿层容易出现或大或小的孔洞,这些孔洞易于导致载流子的复合,从而降低器件的性能。多孔结构的钙钛矿电池采用一种改装式的平面结构,可以看成是在原来平面结构的电阻传输层上插入一层多孔氧化物。该多孔氧化物层要么作为惰性支架层,要么作为活性支架层。用于多孔结构钙钛矿电池的 Al_2O_3[14] 和 ZrO_2[33] 多孔层仅作为一个支架层,让钙钛矿浸入其中,但不能起到输运电子的作用。活性支架层,比如多孔 TiO_2 层不仅能够让钙钛矿浸入其中,而且还能像 TiO_2 致密层一样,选择性地从钙钛矿层中抽取电子 [34],进一步提高钙钛矿电池的性能。相关研究表明,从钙钛矿材料中抽取载流子时,抽取空穴比抽取电子更容易,因此,要装配高效率的钙钛矿电池,最好采用具有多孔电子传输层的多孔结构钙钛矿电池。此外,考虑到器件的结构,对多孔钙钛矿电池而言,多孔层和钙钛矿层这两层的设计显得至关重要。研究表明,一个结构优化的多孔钙钛矿电池应该由致密层/薄的多孔层 (支架层)/表面为平面形状的大颗粒钙钛矿层/空穴传输层构成,这种结构有助于电荷输运并减小复合。这些结果非常有趣,并且促使我们进一步研究以致密层/薄的多孔层 (支架层) 为电子传输层的多孔结构钙钛矿电池。

TiO_2 是最常用的电子传输层,既可以作为致密层使用,又可作为支架层使用。而且,TiO_2 多孔层的存在能够减弱电池的 J-V 曲线的回滞现象 [35]。不幸的是,TiO_2 本身也存在很多缺点,比如,电子迁移率不够高,具有光不稳定特点 (特别是其作为多孔支架层使用时,对器件在紫外线下的稳定性有很大的负面影响)[36]。因此,尽管多孔 TiO_2 钙钛矿电池取得了最大的成功,但进一步研发 TiO_2 的替代物,来改善其缺点、提高器件的性能显得十分重要。

二氧化锡 (SnO_2) 是一种很有希望的电子传输层材料,它在平面结构和多孔结构钙钛矿电池中都有应用。和 TiO_2 比较,SnO_2 具有很多优点。比如,SnO_2 的电子迁移率可高达 $240\ cm^2/(V\cdot s)$,为 TiO_2 的 100 倍以上 [37],它比 TiO_2 更具有发展潜力。更重要的是,SnO_2 的带隙很宽,接近 $4.0\ eV$,这意味着它对紫外线吸收甚微,因此,和 TiO_2 相比,它透光性更好,且对器件的稳定性的影响更小。另外,由于多孔 SnO_2 钙钛矿电池的稳定性要比多孔 TiO_2 钙钛矿电池和平面 SnO_2 钙钛矿电池的要好,因此,这使得多孔 SnO_2 钙钛矿电池显得非常重要。但是,多孔 SnO_2 钙钛矿电池 (以 SnO_2 为致密层和多孔层) 的发展并不顺利,至目前为止,只有 Dai 研究小组 [9] 和 Roose 研究小组 [37] 分别报道了效率为 6.5% 和 11.6% 的多孔 SnO_2 钙钛矿电池。相比较而言,采用低温过程制备的平面 SnO_2 钙钛矿电池取得了比多孔 SnO_2 钙钛矿电池压倒性的优势 [9]。当前,平面纳米颗粒 SnO_2 钙钛矿电池取得了令人瞩目的超过 20% 的能量转换效率 [38]。多孔 SnO_2 钙钛矿电池效率低的原因是,在制备多孔 SnO_2 的过程中,常常需要对多孔 SnO_2 进行高温处理,以更好地去除多孔 SnO_2 里面所含的有机物及更好地结晶,而高温处理过程往往带给 SnO_2 致密层很大的负面影响,使 SnO_2 致密层的性能变差,最终拉低了整个电池的性能。在这种情况下,要得到高性能的多孔 SnO_2 钙钛矿电池,至关重要的问题是研发出可承受高温处理的高质量的 SnO_2 致密层。

在 4.1 节中,我们发现,用溶胶凝胶法制备的 SnO_2 在经过高温处理后用于钙钛矿电池后,电池性能变得很差,性能变差的原因是,高温处理使得 SnO_2 薄膜与钙钛矿之间的界面接触变差,电学性能降低,且和钙钛矿之间的能带结构变得不匹配。为了改善薄膜性能,我们在薄膜中掺入镁,发现镁的掺入能明显抑制上述提到的这些高温过程对薄膜产生的不利结果,从而提高了电池的性能。在本节中,我们介绍使用一种宽带隙的量子点 SnO_2 作为致密层,由于带隙宽,其对整个太阳光谱几乎透明,而且经过高温退火,其性能下降的程度远小于我们以前采用溶胶凝胶法制备的纳米 SnO_2 致密层。特别地,我们通过在量子点中掺入镁,来得到高质量的高温过程的 ($500\ ℃$) 量子点 SnO_2 致密层。然后,我们采用该镁掺杂的量子点 SnO_2 薄膜作为致密层,用一层非常薄的纳米 SnO_2 作为多孔层,用由大颗粒的表面为平面的钙钛矿作为光吸收层来装配多孔 SnO_2 钙钛矿电池。这种采用全 SnO_2 材料作为电子阻挡层和多孔层的电池结构明显改善了高温过程的钙钛矿电池的电子抽取效率、稳定性和 J-V 曲线回滞效应,使得电池性能得到大幅度提升。因此,量子点 SnO_2 薄膜非常适用于高温过程的光伏器件。

2. 实验材料与方法

(1) SnO_2 衬底选择和预处理如 4.2.1 节所述。

(2) 量子点 SnO_2 和多孔 SnO_2 薄膜的制备。

采用 $SnCl_2 \cdot 2H_2O$ 为量子点 SnO_2 前驱物,将 0.9g $SnCl_2 \cdot 2H_2O$ 和 0.3g 硫脲溶于 30 mL 去离子水中,在室温环境中不断搅拌,形成一种牛乳状悬浮液。连续搅拌 24 h 后,得到澄清透明的黄色溶胶。采用 $Mg(CH_3COO)_2 \cdot 4H_2O$ 为掺杂的镁源,将上述黄色溶液和 $Mg(CH_3COO)_2 \cdot 4H_2O$ 混合,调节 $Mg(CH_3COO)_2 \cdot 4H_2O$ 和 $SnCl_2 \cdot 2H_2O$ 前驱物之间的摩尔比,使其摩尔比分别为 0 mol%、2.5 mol%、5 mol%、7.5 mol%、10 mol% 和 20 mol%,并且控制溶液中镁和锡离子的总的摩尔浓度为 0.075 mol/L。将上述各种不同浓度混合液不断搅拌 0.5 h 以上,则得到镁掺杂的量子点 SnO_2 薄膜前驱物溶胶。将备用导电玻璃和石英玻璃衬底分别用紫外臭氧清洗 15 min,保持衬底表面清洁和增强浸润性。通过旋涂法,控制旋涂转速为 2000 r/min,将上述制备好的各种不同浓度的溶胶旋涂在导电玻璃和石英玻璃衬底上,得到各种不同掺杂浓度的镁掺杂量子点 SnO_2 薄膜前驱物,然后在大气环境条件下通过不同的升温率对其进行退火,退火温度最后保持在 550 ℃。通过在量子点 SnO_2 薄膜上继续旋涂实验室自制的纳米 SnO_2 浆料,然后通过不同的升温率对其进行退火,退火温度最后保持在 550 ℃,得到全 SnO_2 电子传输层 (量子点 SnO_2/多孔 SnO_2 薄膜)。

(3) 钙钛矿电池的装配。

这里采用文献 [39] 报道的反溶剂法制备钙钛矿层 $(CH_3NH_3PbI_3)$。将钙钛矿前驱物溶液旋涂于量子点 SnO_2 薄膜以及全 SnO_2 电子传输层 (量子点 SnO_2/多孔 SnO_2 薄膜) 上,旋涂时间为 35 s,转速为 4000 r/min,在上述旋涂时间的第 10 s,滴入 0.3 mL 的氯苯,然后,得到的产物先在 70 ℃ 退火 3 min,再在 100 ℃ 退火 10 min。随后,将 80 mg Spiro-OMeTAD, 28.5 mL tBP, 17.5 mL Li-TFSI (将 520 mg 锂盐溶于 1 mL 乙腈得到) 三种成分溶于 1 mL 氯苯,通过旋涂法 (转速 3000 r/min) 沉积在钙钛矿层之上。最后,再通过蒸镀法 (蒸镀时蒸镀腔压强小于 10^{-3} Pa) 将金电极沉积在空穴传输层之上,完成器件的装配。用同样的工艺来制备全 SnO_2 钙钛矿电池 (以 SnO_2 致密层/SnO_2 多孔层为电子传输层)。

(4) 表征及测试。

通过场扫描电子显微镜 JSM 6700F 来观察不同镁掺杂浓度的 SnO_2 薄膜和钙钛矿电池形貌。通过 X 射线衍射仪 (Y-2000) 来分析所制备 SnO_2 粉末的物相结构,测试用的 X 射线源为铜 $K\alpha(\lambda = 1.5418$ Å$)$,衍射角范围 $20° \leqslant 2\theta \leqslant 80°$,扫描步长 0.1°/s。通过 X 射线光电子能谱、紫外线光电子能谱仪系统来分析样品的 XPS 和 UPS 能谱, 首先, 用低能量的氩离子溅射 XPS 腔体 (氩离子枪在 1×10^{-7} Pa 和 0.5 kV 条件下工作) 约 20 s 来清除腔体的大气污染; 其次, 对于 XPS 测试, 使用单色 Al Kα X 射线源 (波长 1486.68 eV) 来检测样品表面的组成和化学态 (检测通道宽度为 500 meV, 通能为 150 eV 光电子), 分析腔体内的压强小于 2×10^{-8} Pa, 使用位于 284.6 eV 处的表面碳信号作为 XPS 峰位的基准; 最后, 对于 UPS 测试, 使用 90 W 的放电灯, 提供能量为 21.22 eV 的 He I 射线源 (检测通道宽度为 25 meV, 通能为 10 eV), 给样品加偏压 -9 V 来分离样品与分析器低能截止的光电子并收集样品所发出光电子的能量信息。通过霍尔测试系统 Lake Shore 7704 来测量薄膜样品的电学参数。通过 ABET Sun 2000 和电化学工作站 CHI 660D 来测量电池的 $J\text{-}V$ 曲线和阻抗谱。通过量子效率测试系统 QEXL 在室温及 300~800 nm 范围内来测量电池的量子效率。通过光致发光谱仪 (Fluorolog 3, Horiba Yvon 公司, 日本) 来测量器件的稳态光致发光谱。

4.2.3 高温过程平面及介观 SnO₂ 电池的光伏性能

1. 不同退火温度下的平面结构量子点 SnO₂ 钙钛矿电池的光伏性能

图 4.29 给出了通过旋涂法涂敷在 FTO 导电玻璃衬底上的基于量子点 SnO₂ 薄膜的 SEM 图片。从图 4.29(a) 可以看出, 经过 200 °C 退火的量子点 SnO₂ 薄膜 (200-SnO₂) 能够完全均匀覆盖 FTO 导电玻璃衬底。经过 300 °C 退火的量子点 SnO₂ 薄膜 (300-SnO₂) 的形貌和经过 200 °C 退火的很相似, 因此, 这里没有给出相应的图片。而经过 400 °C 和 500 °C 退火的量子点 SnO₂ 薄膜 (400-SnO₂, 500-SnO₂) 的形貌则出现了少量的裂痕 (图 4.29(b) 和 (c)), 这是由退火效应造成的。但这些经历高温过程的量子点 SnO₂ 薄膜的裂痕比 4.1 节的经历高温过程的用溶胶凝胶法制备的纳米颗粒的 SnO₂ 薄膜产生的裂痕小得多, 这说明量子点 SnO₂ 薄膜对高温退火并不太敏感。为了确定退火温度对以量子点 SnO₂ 薄膜为致密层的钙钛矿电池的性能的影响, 我们制备了如图 4.30(a) 所示结构的平面 SnO₂ 钙钛矿电池, 该结构典型的横截面的 SEM 图依次由 Au 背接触电极层、空穴传输层 2,2',7,7'-tetrakis-(N,N-di-p-methoxyphenyl-amine)-9,9'-spirobifluorene (Spiro-OMeTAD)、钙钛矿 (CH₃NH₃PbI₃) 吸光层、量子点 SnO₂ 薄膜致密层和 FTO 导电玻璃衬底前接触电极层构成。其中, 致密层、钙钛矿层、空穴传输层和金电极层的厚度分别大约为 20 nm, 400 nm, 200 nm 和 70 nm。我们采用反溶剂法来制备钙钛矿层, 这一点是特别重要的, 因为反溶剂法可以制备出理想的由大颗粒、表面具有平面特征的钙钛矿组成的吸光层, 而且制备工艺的重复性好。在这种情况下, 器件的性能差异仅归于致密层性能的不同。

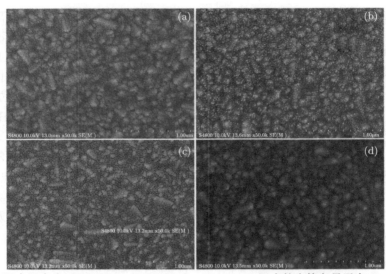

图 4.29　退火温度为 (a) 200 ℃，(b) 400 ℃，(c) 500 ℃ 退火的未掺杂量子点 SnO₂ 薄膜和 (d) 经 500 ℃ 退火的镁含量为 5% 的量子点 SnO₂ 薄膜的扫描电子显微镜图片 [40]

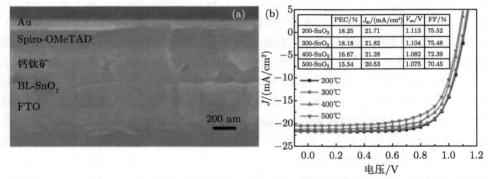

图 4.30　(a) 以 200-SnO₂ 为电子传输层的平面钙钛矿电池横截面的扫描电子显微镜图片和 (b) 四个不同退火温度的量子点 SnO₂ 平面钙钛矿电池 (冠军电池) 的反扫 J-V 曲线

这四个电池的电子传输层分别为 200-SnO₂，300-SnO₂，400-SnO₂ 和 500-SnO₂ 量子点 SnO₂ 薄膜；插图为这四个电池的光伏性能参数 [38]

如图 4.30(b) 所示，以 200-SnO₂ 为电子传输层的平面结构钙钛矿电池的性能最好，其电池性能参数：光电效率为 18.25%，开路电压 (V_{oc}) 达 1.113 V，短路光电流 (J_{sc}) 为 21.71 mA/cm²，填充因子 (FF) 为 75.52%。由于 300 ℃ 以下的退火温度对以 300-SnO₂ 为电子传输层的平面结构钙钛矿电池的性能和以 200-SnO₂ 的性能相似。随着退火温度的进一步增加，电池的性能开始变得下降，然而，和我们以前报道过的以高温退火的纳米颗粒 SnO_2 为电子传输层的钙钛矿电池性能的下降程度相比，以量子点 SnO_2 为电子传输层的电池性能下降的程度小得多。当退火温度达到 500 ℃ 时，电池的性能仍然可以维持在比较高的效率 (15.54%)，这个效率比当前高温过程的 SnO_2 基钙钛矿电池的效率 (10.39%) 高出很多。采用 500-SnO_2 为电子传输层的钙钛矿电池的效率 (15.54%) 相比较以 200-SnO_2 为电子传输层的电池的效率 (18.25%) 仅仅只降低 14.8%。在第 3 章，我们系统研究了退火温度对以纳米颗粒 SnO_2 为电子传输层的平面钙钛矿电池性能的影响。该纳米颗粒 SnO_2 经过高温退火后，性能下降非常明显，效率只有原来的 53%。这些结果说明，量子点 SnO_2 电子传输层对退火过程不敏感，对光伏器件而言，是一种非常有潜力的尤其是涉及高温过程的电子传输层材料。

2. 镁掺杂量子点 SnO_2 平面钙钛矿电池的光伏性能

我们的目的是寻求高温过程的高质量的 SnO_2 电子传输层，用它作为电子传输层来装配多孔 SnO_2 钙钛矿电池。因此，借用我们以前的经验，我们在量子点 SnO_2 薄膜里面掺入镁以使其在经过高温过程后依然保持高质量。

我们按照镁掺杂浓度为 0%，2.5%，5%，7.5% 和 10% 来研究其高温处理后性能的变化情况。没有选择更高的镁掺杂浓度 (>10%) 进行研究是因为过高的掺杂浓度不利于 SnO_2 的形成 [16]。当镁的掺杂浓度在一个合适的范围时 (2.5%、5% 和 7.5%)，可以明显抑制薄膜裂痕的形成，从而改善薄膜的质量。图 4.29(d) 显示了在 500 ℃ 退火的镁掺杂浓度为 5% 的量子点 SnO_2(Mg-SnO_2) 的 SEM 图片。退火温度为 500 ℃、镁掺杂浓度为 2.5% 和 7.5% 的量子点 SnO_2(Mg-SnO_2) 的 SEM 图片和镁掺杂浓度为 5% 的量子点 SnO_2 相似，因此没有给出其图片。SEM 图片结果说明，合适的镁掺杂浓度能够降低 SnO_2 晶格由退火导致的晶格扭曲，改善薄膜质量，有益于均一、光滑和致密的镁掺杂 SnO_2 薄膜的形成。而且，镁离子 (Mg^{2+}) 的半径为 72 nm，与锡离子 (Sn^{4+}) 的半径 71 nm 非常接近，用镁来取代锡并不改变 SnO_2 的晶格结构。在 500 ℃ 下退火的镁掺杂浓度为 10% 的量子点 SnO_2 薄膜变得不规整，且出现了裂痕，这是过量的掺杂导致了薄膜性能的退化。

我们仍然使用图 4.8 所示的结构装配平面钙钛矿电池，来系统地研究五种不同镁掺杂浓度的量子点 SnO_2 致密层对器件性能的影响。图 4.31(a) 显示了五个性能测试结果最好的镁掺杂浓度分别为 0%，2.5%，5%，7.5% 和 10% 的量子点 SnO_2 平面结构的钙钛矿电池反扫 J-V 曲线图。其相应的光伏参数值列于表 4.6 中。可以看出，在镁掺入后，器件的性能发生了很大的变化。合适的镁掺杂浓度 (2.5%、5% 和 7.5%) 的电池，其性能比较高，效率都超过了 17%。而掺杂浓度过高的电池 (10%)，其电池效率比没有镁掺入的还要低，效率降到了 14.16%。为了筛选出性能最好的高温过程的量子点 SnO_2 薄膜，并确保薄膜的高质量和装配器件后的可重复性，我们将这五种电池每种都装配了 20 个 (共 100 个)，然后在相同的条件下测试它们的性能，看看在统计规律下，哪种薄膜的性能最优。图 4.31(b) 给出了这些电池的统计数据，结果进一步说明了通过材料工程设计 (镁掺入) 可以大大地改变器件的性能，而合适的镁掺杂浓度使得高温量子点 SnO_2 薄膜的性能大大地提高。最终，我们可以看到，通过 500 ℃ 退火和镁掺杂浓度为 5% 的量子点 SnO_2 平面钙钛矿电池取得了最高的平均效率 16.42%(图 4.31(b))，冠军电池效率则达到了 17.86%(表 4.6)，这说明镁掺杂浓度为 5% 的量子点 $SnO_2(Mg\text{-}SnO_2)$ 薄膜是装配多孔钙钛矿电池的最佳致密层。

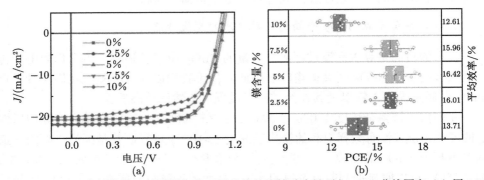

图 4.31　　(a) 五个性能测试结果最好的平面结构的钙钛矿电池反扫 *J-V* 曲线图和 (b) 用 100 个器件来评估电池性能的重现性的标准偏差图

这五个平面结构的钙钛矿电池的电子传输层分别为 0%、2.5%、5%、7.5% 和 10% 镁掺杂浓度的量子点 SnO_2[38]

表 4.6　　镁掺杂浓度为 0%、2.5%、5%、7.5% 和 10% 的量子点 SnO_2 钙钛矿电池的光伏性能参数 [40]

样品	V_{oc}/V	J_{sc}/(mA/cm^2)	FF/%	PCE/%
0%	1.075	20.53	70.45	15.54
2.5%	1.098	21.56	73.29	17.35
5%	1.111	21.67	74.21	17.86
7.5%	1.110	21.69	72.56	17.47
10%	1.087	19.75	66.10	14.16

3. SnO_2 多孔钙钛矿电池的光伏性能

由于镁掺杂浓度为 5% 的量子点 $SnO_2(Mg\text{-}SnO_2)$ 薄膜是高温过程的 SnO_2 电子传输层的性能最优者，我们就使用它来装配多孔结构的 SnO_2 钙钛矿电池。该电池的器件结构如图 4.32(a) 所示，各层依次为 $Mg\text{-}SnO_2$ 致密层、SnO_2 纳米粒子多孔层、钙钛矿 ($CH_3NH_3PbI_3$) 吸光层，以及 Spiro-OMeTAD 空穴传输层。

图 4.32(b) 显示，多孔 SnO_2 纳米颗粒的粒径大约为 20 nm。我们的目的是要最大限度地在整个 SnO_2 纳米颗粒多孔层的空隙里填满钙钛矿，然后，填满后剩余的钙钛矿材料留在纳米 SnO_2 多孔层的上面，形成一层覆盖层。从图 4.32(a) 和 (c) 可以看出，的确有比较厚的一层钙钛矿覆盖在 SnO_2 多孔层的上面，并且构成该覆盖层的钙钛矿颗粒粒径较大 (达 1~3μm)、表面平整，这也说明钙钛矿结晶良好且在覆盖层优先增长形成。从图 4.32(a) 中还可以看出，在整个多孔层内，钙钛矿填入很致密且均匀分布，很明显，钙钛矿材料完全渗透到 SnO_2 多孔层空隙里，而且在钙钛矿多孔层和致密层之间形成了较好的接触。我们进一步研究了 SnO_2 多孔层的厚度对器件性能的影响。表 4.7 给出了不同厚度 SnO_2 多孔层钙钛矿电池的反扫光伏性能参数。镁掺入后，电池的性能急剧改变。

图 4.32 (a) 多孔层厚度为 100 nm 的多孔 SnO_2 钙钛矿电池横截面的 SEM 图片，(b)SnO_2 的 SEM 图片，(c) 钙钛矿覆盖层的俯视 SEM 图片 [40]

表 4.7 不同厚度 SnO_2 多孔层钙钛矿电池的反扫光伏性能参数 [40]

多孔 SnO_2 的厚度/nm	V_{oc}/V	J_{sc}/(mA/cm^2)	FF/%	PCE/%
30	1.110	21.53	74.19	17.73
50	1.112	22.27	75.56	18.71
100	1.112	22.80	75.78	19.21
150	1.111	22.65	75.65	18.28
200	0.968	19.35	65.75	12.32

从表 4.7 可以看出，多孔层厚度为 50 nm 和 150 nm 的多孔 SnO_2 钙钛矿电池，其能量转换效率都超过了 18%，而多孔层厚度为 30 nm 的钙钛矿电池，其能

量转换效率略低，为 17.73%。令人瞩目的是，多孔层厚度为 100 nm 的多孔 SnO_2 钙钛矿电池的最高效率达到了 19.21%，这是迄今为止所报道过的多孔 SnO_2 钙钛矿电池中效率最高的，分别比 Dai 等 [9] 和 Roose 等 [37] 的同类结构电池的效率 (6.5% 和 11.6%) 提高了 195.4% 和 65.5%。当 SnO_2 多孔层的厚度为 200 nm 时，电池的效率却明显下降，这可能是由于，多孔层的厚度如果超过一定的大小会引起载流子的复合以及增加电池的内电阻。另外，从图 4.33 可以看出，对于一个极端薄的 SnO_2 多孔层，由于多孔层在致密层上覆盖的程度不够好，而且对钙钛矿的渗入不够充分，所以其电池性能相对而言不太高。

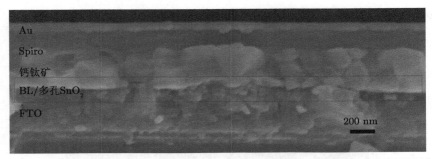

图 4.33　极端薄的 SnO_2 多孔层形成的钙钛矿电池的横截面 SEM 图片 (红色矩形框内为极端薄的 SnO_2 多孔层)[40]

　　目前有文献报道，对于多孔钙钛矿电池，200 nm 厚的半导体氧化物多孔层有利于电子的快速有效收集 [41]。然而，在我们的器件中，性能最好的器件的多孔 SnO_2 的厚度为 100 nm，这一结果和 Cheng 等 [42] 的相似，我们和 Cheng 等的器件都是使用一个高质量的致密层和一个比较薄的多孔层结构，这种结构充分利用了平面结构和多孔结构钙钛矿电池的优点，因而获得更高的器件性能。

　　为了弄清 SnO_2 多孔层在器件中所起的作用，我们比较了 Mg-SnO_2 平面结构和多孔 SnO_2 结构钙钛矿电池的性能。图 4.34(a) 显示了最高效率的平面 Mg-SnO_2 和多孔 SnO_2 钙钛矿电池的正扫和反扫方向的 J-V 曲线。很明显，平面 Mg-SnO_2 钙钛矿电池显示了比较温和的回滞效应 (正扫时的开路电压、短路电流和填充因子略小于反扫时相应的电池性能参数值，扫描速率为 0.1 V/s, 下同)。与平面结构电池相比较，多孔 SnO_2 钙钛矿电池却没有出现任何的回滞效应。图 4.34(a) 的插表详细地给出了这两个电池正扫和反扫的性能参数值。图 4.34(b) 给出了这两个电池的稳态效率值。常数偏压值 0.906 V 和 0.851 V 分别和 J-V 曲线最大功率点处的电压值相一致。较平面 Mg-SnO_2 钙钛矿电池，多孔 SnO_2 钙钛矿电池的稳态电流值得到了明显的增加 (从 19.55mA/cm^2 增加到 20.44 mA/cm^2)，从而大大提高了电池的稳态效率 (从 16.84% 增加到 19.12%)。从图 4.34(c) 的 IPCE 图中可以看出，采用 SnO$_2$ 多孔层后，积分电流值从 20.07mA/cm^2 增加到了 22.01 mA/cm^2，这和测量值完全一致。

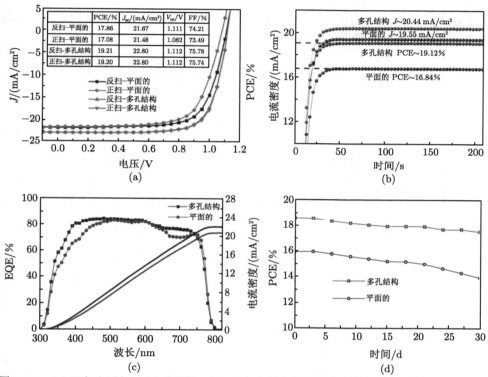

图 4.34　(a) 正扫和反扫 J-V 曲线图；(b) 最大功率点处的稳态电流密度和稳态效率；(c) 能量转换效率最高的平面 Mg-SnO$_2$ 和多孔 SnO$_2$ 钙钛矿电池的外量子效率和积分电流密度图；(d) 平面 Mg-SnO$_2$ 和多孔 SnO$_2$ 钙钛矿电池效率随存储时间的变化图 (测试间隔为 3 d)[40]

测量条件为 AM 1.5 G(太阳光入射功率为 100 mW/cm^2)

　　图 4.35 的柱状图给出了平面 Mg-SnO$_2$ 和多孔 SnO$_2$ 钙钛矿电池的效率的统计分布，从图中可以看出，多孔结构器件的效率明显高于平面结构器件。我们也进一步比较了这两种器件的稳定性。为了防止金的热扩散，器件存储在 25 ℃ 以下，空气湿度控制在 20% 以下，测试时间为 30 d。如图 4.36 所示，平面 Mg-SnO$_2$ 钙钛矿电池的效率从 15.95% 降低到 13.93%，电池效率保持率为 87.3%，而对于多孔 SnO$_2$ 钙钛矿电池，其效率从 18.59% 降低到 17.54%，电池效率保持率为 94.4%。这说明，多孔 SnO$_2$ 植入电池后，电池性能的稳定性也得到了很大的改善。我们也研究了多孔 SnO$_2$ 钙钛矿电池的光照稳定性。

我们采用和多孔 SnO_2 钙钛矿电池同样装配工艺的多孔 TiO_2 钙钛矿电池来对比研究其光照稳定性。这两种器件都在 AM 1.5 G 的模拟太阳光下进行老化照射测试。从图 4.36 可以看出,多孔 TiO_2 钙钛矿电池的效率随光照时间的延长而急剧下降 (如图中所示,从 16.15 % 下降到 3.03%),经过 6 h 照射后,只保留有初始效率的 18.7%。多孔 TiO_2 钙钛矿电池这种严重的性能退化来源于它的 TiO_2 多孔层光化学不稳定性 [43,44]。

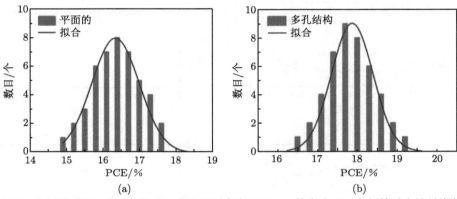

图 4.35　(a) 平面 Mg-SnO_2 和 (b) 多孔层厚度为 100 nm 的多孔 SnO_2 钙钛矿电池效率的柱状统计图 [40]

样本数各为 45 个

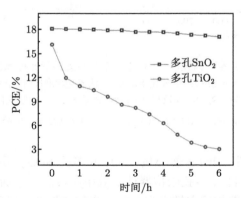

图 4.36　多孔 SnO_2 钙钛矿电池和多孔 TiO_2 钙钛矿电池的效率随光照时间的变化图 [40]

测试时间间隔为 30 min,测试条件为 AM 1.5G,太阳光输入功率为 100 mW/cm^2

相比较而言,多孔 SnO_2 钙钛矿电池的效率则从 18.09 % 降低到 17.11%,也就是说,在同样的光照射老化条件下,多孔 SnO_2 钙钛矿电池能保持住最初效率的 95%,这说明了其非常好的光稳定性。这可能是由于,多孔 SnO_2 能阻止钙钛矿的降解或相分离，以及能很好阻止有害物质如湿气、氧[45]和金[46]等进入钙钛矿层中，从而产生良好的光稳定性。

4. 根据实验结果确定的器件能带结构图

为了理解器件的能带结构，我们根据光学测试数据和紫外光电子能谱 (UPS)，以及已有的关于钙钛矿 ($CH_3NH_3PbI_3$) 的导带能级 3.93 eV 与带隙 1.50 eV、FTO、空穴传输层 Spiro-OMeTAD 及金的能级数据，画出了 FTO/SnO_2 致密层/SnO_2 多孔层/$CH_3NH_3PbI_3$/Spiro-OMeTAD/Au 的能带结构图。图 4.37 显示了旋涂在 FTO 玻璃衬底上的 200-SnO_2、500-SnO_2、Mg-SnO_2 和多孔 SnO_2 薄膜的透射谱，可以看出，多孔 SnO_2 薄膜加入后，多孔器件窗口的透射率比平面器件有所降低。但是，多孔层植入后，使得钙钛矿层的负载量增多，对光的吸收反而增强了，这从图 4.38 中 Mg-SnO_2/钙钛矿和多孔 SnO_2/钙钛矿薄膜的紫外-可见吸收谱可以看出。而对光的吸收增强意味着对光的使用率的提高，会产生更多的光生载流子，从而提高光电流和器件的效率。从图 4.38 可以看出，所有薄膜透射谱的吸收边完全重合在一起，这是由 FTO 导电玻璃衬底的屏蔽作用造成的，在这种情况下，根据这个透射谱求其带隙值是不准确的。因此，我们给出了旋涂在石英玻璃衬底上的 200-SnO_2、500-SnO_2、Mg-SnO_2 和多孔 SnO_2 薄膜的透射谱，如图 4.39(a) 所示，这些薄膜的吸收边明显有了区分度。这些薄膜样品的带隙可以根据 $(\alpha h\nu)^{1/n}$ 对比光子能量 $h\nu$ 曲线作图得出 ($n = 1/2$，SnO_2 为直接带隙半导体)[47]。

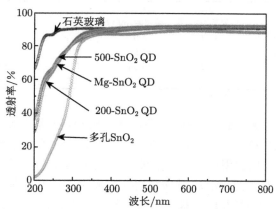

图 4.37 旋涂在 FTO 玻璃衬底上的 200-SnO_2，500-SnO_2，Mg-SnO_2 和多孔 SnO_2 薄膜的透射谱[40]

图 4.39(c) 为 200-SnO_2、500-SnO_2、Mg-SnO_2 和多孔 SnO_2 薄膜的紫外光电子能谱。紫外光电子能谱是一种广泛用于直接测量半导体价带顶和导带底

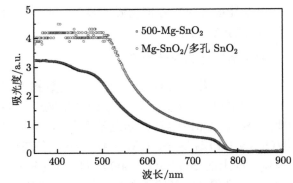

图 4.38　Mg-SnO$_2$/钙钛矿和多孔 SnO$_2$/钙钛矿薄膜的紫外可见吸收谱[40]

的技术手段[21]。功函数的值可以通过照射源氦核能 21.22 eV 减去二次电子截止能得到。而根据 0~6 eV 范围内的结合能出现区域的价带谱来计算价带顶到费米能级的能级差[47]。根据紫外光电子能谱和带隙值,可以计算出与薄膜能带结构相关的能级位置值,详细信息也都列入表 4.8 中。根据文献 [22] 已有的关于钙钛矿其他相关功能层的能带结构的能级值,可以画出多孔 SnO$_2$ 钙钛矿电池的能带结构图,如图 4.39(d) 所示,图中所有能级值都相对于真空能级 (0 eV)。

表 4.8　200-SnO$_2$、500-SnO$_2$、Mg-SnO$_2$ 和多孔 SnO$_2$ 薄膜的带隙、二次电子截止能、功函数、价带以及导带能量值[40]

	带隙/eV	价带-功函数/eV	二次电子截止能/eV	功函数/eV	价带/eV	导带/eV
200-SnO$_2$	4.06	3.24	15.97	5.39	8.63	4.57
500-SnO$_2$	4.03	3.21	15.88	5.36	8.57	4.54
Mg-SnO$_2$	3.97	3.32	15.68	5.54	8.86	4.89
多孔 SnO$_2$	3.71	2.97	16.15	4.97	7.94	4.23

表 4.8 列出了 200-SnO$_2$、500-SnO$_2$、Mg-SnO$_2$ 和多孔 SnO$_2$ 薄膜的带隙分别为 4.06 eV、4.03 eV、3.94 eV 和 3.71 eV。由于量子尺寸效应,这些量子点 SnO$_2$ 薄膜的带隙比我们用溶胶凝胶法制备的纳米 SnO$_2$ 薄膜的带隙大一些。在这种情况下,这些量子点 SnO$_2$ 基薄膜对太阳光来说,几乎是透明的,因此,比 TiO$_2$ (3.2 eV) 更适合作为光伏器件的窗口材料。众所周知,载流子是在半导体与半导体之间的能带边转移的,如果带边的能级相差过大,则电子的会有一定的能量损失 (以热能形式放出)[48]。因此,半导体之间的带边能级差如果比较小,则会有利于载流子从吸光层转移到阳极。Mg-SnO$_2$ 的导带底为 −4.89 eV,比吸光层 CH$_3$NH$_3$PbI$_3$ 的导带底的 −3.93 eV 低很多。而多孔 SnO$_2$ 的导带底为 4.23 eV,

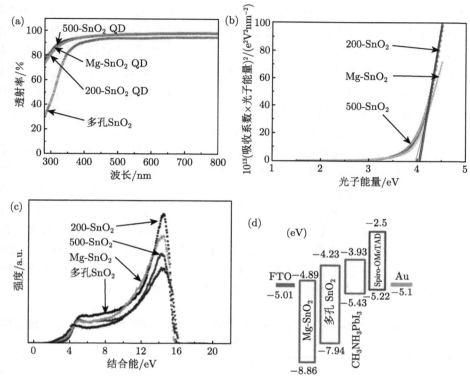

图 4.39　(a) 旋涂在石英玻璃衬底上的 200-SnO₂、500-SnO₂、Mg-SnO₂ 和多孔 SnO₂ 薄膜的透射谱；(b) 对应图 (a) 透射谱的 Tauc 图；(c)200-SnO₂、500-SnO₂、Mg-SnO₂ 和多孔 SnO₂ 薄膜的紫外光电子能谱；(d) 通过实验数据画出的器件能带结构图 (相对于真空能级)[40]

刚好位于 Mg-SnO₂ 的导带底和 CH₃NH₃PbI₃ 的导带底之间，其作用类似于在二者之间形成了一个缓冲层。从能带匹配角度来看，多孔 SnO₂ 致密层 Mg-SnO₂ 和吸光层 CH₃NH₃PbI₃ 之间形成了一个友好的能带桥，使得它们之间形成一种阶梯状的能带结构。图 4.34(b) 里面可以看到多孔 SnO₂ 钙钛矿的稳态光电流明显增大了，这可部分地解释多孔 SnO₂ 植入器件中后，电子的抽取动力学加快的原因。因此，这种全 SnO₂ 作为致密层和多孔支架层的结构有利于电荷的转移，相较于一层单独的 Mg-SnO₂ 致密层，提高了电荷的收集效率。

5. 电学和电化学性能表征

为了研究 200-SnO₂、500-SnO₂、Mg-SnO₂ 和多孔 SnO₂ 薄膜的电学性质，我们测量了旋涂在普通玻璃 (载玻片) 上这些膜的霍尔效应相关参数值。

表 4.9 给出了 200-SnO₂、500-SnO₂、Mg-SnO₂ 和多孔 SnO₂ 薄膜的电阻、电子迁移率和载流子浓度。在 4.2.1 节，我们系统地介绍了以高温过程的溶胶凝胶

法制备的镁掺杂 SnO_2 薄膜的电学性能对以其为致密层的钙钛矿电池的性能的影响。我们发现，如果钙钛矿电池的致密层 (电子传输层或空穴阻挡层) 的自由载流子浓度低，可以抑制载流子的复合，并且可以提高将电子从钙钛矿层抽取出来并转移到电子传输层上的效率，从而增加了短路光电流，提高了器件的效率。 在本节中，我们借鉴了这种方法，通过掺入镁来改善高温过程量子点 SnO_2 薄膜的电学性质。从表 4.9 可以看出，500 ℃ 的高温过程使得量子点 SnO_2 薄膜的自由电子浓度增加并降低了电子迁移率，使高温过程的量子点 SnO_2 薄膜装配的器件性能比低温过程的器件性能降低了 (图 4.31(b))。令人感兴趣的是，镁植入高温过程的量子点 SnO_2 薄膜后，薄膜的自由电子密度降低，电子迁移率升高。在这种情况下，以 Mg-SnO_2 为电子传输层的平面钙钛矿电池的性能明显高于未掺杂的量子点 SnO_2 平面钙钛矿电池。此外，从表 4.9 还可以看出，多孔 SnO_2 薄膜也具有一个合适的自由电子密度和电子迁移率，因此，它可以被看作一种活性支架层，而不是像多孔 Al_2O_3 和多孔 ZrO_2 支架层那样，不能传输电子，只能作为负载钙钛矿的支架层。该多孔 SnO_2 的作用类似于 TiO_2 多孔层和致密层，可以选择性地从钙钛矿中抽取电子，为提高器件的性能作出了一定的贡献。

表 4.9   200-SnO_2、500-SnO_2、Mg-SnO_2 和多孔 SnO_2 薄膜的电阻 (R, Ω)，载流子浓度 (n, cm^{-3}) 和电子迁移率 $(M, cm^2/(V \cdot s))^{[40]}$

	200-SnO_2	500-SnO_2	Mg-SnO_2	多孔 SnO_2
R	16.38	2.284	51.37	21.21
n	2.1×10^{15}	3.3×10^{15}	7.1×10^{14}	5.4×10^{16}
M	179.28	84.11	171.31	5.456

钙钛矿电池的电化学阻抗谱是一种能够揭示光伏器件工作机理等方面信息的强有力的表征技术。用电化学阻抗谱可以解释界面处的载流子的输运、转移和复合 [49]，也可以解释钙钛矿两侧载流子选择层的电容性行为 [50-52]。这里根据 Bisquert 等 [28] 和 Cheng 等 [29] 的工作，给出了描述平面钙钛矿电池的阻抗谱等效电路模型。该电路模型也可用于多孔钙钛矿电池。事实上，平面钙钛矿电池和多孔钙钛矿电池呈现出了相似的阻抗谱。图 4.40(a) 给出了 Mg-SnO_2 平面钙钛矿电池和多孔 SnO_2 钙钛矿电池的奈奎斯特图。图 4.40(a) 的插图为 Mg-SnO_2 平面钙钛矿电池和多孔 SnO_2 钙钛矿电池的等效电路图。串联电阻 (R_s) 等于阻抗谱在高频部分与实轴的截距值 [53,54]，因此，从高频区域的放大图 4.40(b) 可以看出，Mg-SnO_2 平面钙钛矿电池和多孔 SnO_2 钙钛矿电池的串联电阻分别为 4.88 Ω 和 5.15 Ω。Mg-SnO_2 平面钙钛矿电池的串联电阻稍小，可能是由于，其电子传输层的电阻比多孔 SnO_2 钙钛矿电池的要小。图 4.40(c) 的实心符号和空心符号分别给出了 Mg-SnO_2 平面钙钛矿电池和多孔 SnO_2 钙钛矿电池的界面复合电

阻 R_{rec} 和电荷转移电阻 R_{tr}。很明显，界面复合电阻 R_{rec} 和电荷转移电阻 R_{tr} 与开路电压之间呈现出指数关系。这是因为，当开路电压增加导致 SnO_2 的导带的电子的积累而浓度增加，这使得电子和钙钛矿中的空穴复合的概率增加了。与 Mg-SnO_2/钙钛矿界面相比，Mg-SnO_2/多孔 SnO_2/钙钛矿界面呈现的界面复合电阻 R_{rec} 要高，而电荷转移电阻 R_{tr} 要低，这说明，多孔结构 SnO_2 钙钛矿电池的电子抽取和收集效率要高于平面结构 SnO_2 钙钛矿电池。这些结果和 Li 等的实验结果相一致 [50]。

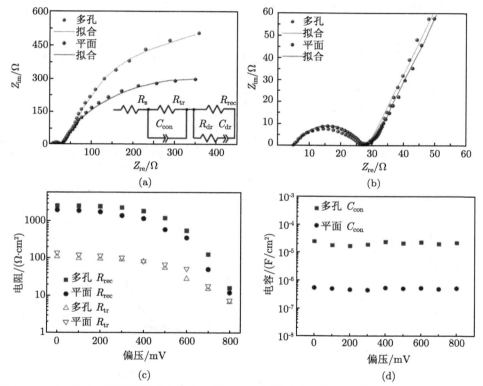

图 4.40 Mg-SnO_2 平面钙钛矿电池和多孔 SnO_2 钙钛矿电池的阻抗谱及相应的拟合参数 [40]

(a) 全频率范围的奈奎斯特图；(b) 高频区域的放大图；(c) 界面复合电阻 (实心符号) R_{rec} 和电荷转移电阻 (空心符号) R_{tr}；(d) 界面接触电容 C_{con}；测量条件：偏压 0 V，照射条件为 AM 1.5 G，交流信号幅度 20 mV，频率变化范围为 100 mHz ∼400 kHz；符号标记为实验值，实线为相应等效电路的拟合值

图 4.41 给出了平面 Mg-SnO_2 钙钛矿电池和多孔 SnO_2 钙钛矿电池的钙钛矿电池介电弛豫电阻 R_{dr} 和介电弛豫电容 C_{dr}。介电弛豫电阻和介电弛豫电容描述的是和钙钛矿材料界面区域介电极化相联系的低频特征的"慢"行为。介电弛豫

电容反映钙钛矿薄膜内的载流子的相对浓度。平面 Mg-SnO$_2$ 钙钛矿电池相对于多孔 SnO$_2$ 钙钛矿电池而言，其钙钛矿介电弛豫电容要高，因此 *J-V* 曲线表现出明显的回滞特性。平面 Mg-SnO$_2$ 钙钛矿电池和多孔 SnO$_2$ 钙钛矿电池的钙钛矿介电弛豫电阻比较接近，但多孔 SnO$_2$ 钙钛矿电池的钙钛矿介电弛豫电阻随电压的变化基本保持不变，这说明在多孔 SnO$_2$ 钙钛矿电池的钙钛矿介电区域被限制在多孔 SnO$_2$ 支架层的空隙内，不能像平面 Mg-SnO$_2$ 钙钛矿电池中的钙钛矿那样被自由极化，因此，多孔电池出现了 *J-V* 曲线的无回滞特性。

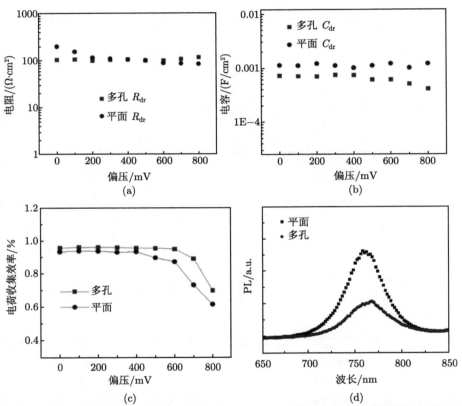

图 4.41　等效电路元素 (a) 钙钛矿介电电阻 R_{dr} 和 (b) 钙钛矿介电电容的低频特征所对应的"慢"行为特征；(c) 根据界面复合电阻 R_{rec} 和电荷转移电阻 R_{tr} 所计算的电荷收集效率；(d) Mg-SnO$_2$/钙钛矿和 Mg-SnO$_2$/多孔 SnO$_2$/钙钛矿电极的稳态光致荧光谱 [38]

　　为了进一步了解 Mg-SnO$_2$/多孔 SnO$_2$/钙钛矿界面的自由电子的抽取快慢程度，我们根据 4.2.1 节使用过的方程 [31] 来计算电荷收集效率 η_{cc}：

$$\eta_{cc} = 1/(1 + (\tau_{tr}/\tau_n)) \tag{4.7}$$

电子转移时间 τ_{tr} 和电子寿命 τ_n 分别由下面的方程决定:

$$\tau_{tr} = R_{tr} \times C_\mu \tag{4.8}$$

$$\tau_n = R_{rec} \times C_\mu \tag{4.9}$$

式中,C_μ 表示化学电容,这里可以视为界面接触电容 C_{con}。图 4.41(b) 给出了该界面接触电容 C_{con}。多孔结构 SnO_2 钙钛矿电池的界面接触面积明显高于平面 Mg-SnO_2/钙钛矿电池,因此,其界面接触电容也相应要高得多。图 4.41(c) 给出了由上述方程计算得出的电荷收集效率 η_{cc},可以看出,多孔 SnO_2 钙钛矿电池的电荷收集效率明显高于平面 Mg-SnO_2,因此其短路光电流也要高。从图 4.41(d) 可以看出,Mg-SnO_2/多孔 SnO_2/钙钛矿界面的光致荧光猝灭效率要高于 Mg-SnO_2/钙钛矿界面,这说明,产生于钙钛矿层的光生激子,扩散至分离界面后,Mg-SnO_2/多孔 SnO_2 层能比 Mg-SnO_2/钙钛矿界面层更有效地抽取并收集电荷。

4.3 钇掺杂的低温二氧化锡

4.3.1 简介

半导体的掺杂是调控其光电性质的一种常用方法,比如,镁、钇 (Y) 元素掺杂 TiO_2 被成功用来进一步提高钙钛矿太阳能电池的性能 [26,30,39]。因此,运用离子掺杂技术来提高低温制备的 SnO_2 电子传输层的电学特性,有利于进一步提高相应钙钛矿电池的光电性能。4.1 节和 4.2 节我们介绍了 Mg 掺杂 SnO_2 致密层及多孔层对电池性能的影响。本节,我们将介绍一种低温水热法制备的 Y 掺杂的 SnO_2 纳米片,作为电子传输层并且应用到钙钛矿太阳能电池中。研究结果表明,Y 掺杂对 SnO_2 纳米片的形貌以及电学性质方面都有明显的改善。形貌方面:Y 掺杂可以有效控制 SnO_2 纳米片的生长,并获得取向一致、均匀分布的 SnO_2 纳米片,改善钙钛矿与 SnO_2 电子传输层之间的物理接触。电学性质方面:Y 元素的引进可以使 SnO_2 的能带上移,增加 SnO_2 薄膜的自由载流子浓度,提高薄膜的导电性,有效减少界面复合,提高载流子的抽取能力,并减小了钙钛矿器件的 J-V 曲线回滞。最终,基于低温 (95℃) 水热法制备的 SnO_2 纳米片作为电子传输层的钙钛矿太阳能电池的效率超过了 17%,并且没有明显的回滞现象。

4.3.2 基于 Y 掺杂 SnO_2 (Y-SnO_2) 电子传输层的钙钛矿电池制备

1) 水热法制备 Y-SnO_2 纳米片

Y-SnO_2 纳米片薄膜的生长:

(1) 首先量取 50 mL 的去离子水于烧杯中,分别加入 0.025 mol/L 的草酸锡 (SnC_2O_4,上海阿拉丁生化科技股份有限公司) 和 0.025 mol/L 的六亚甲基四胺

($C_6H_{12}N_4$, 上海阿拉丁生化科技股份有限公司) 以及 0.075%mol/L 的六水合硝酸钇 ($Y(NO_3)_3 \cdot 6H_2O$, 上海阿拉丁生化科技股份有限公司)。将上述溶液在室温下搅拌 1 h, 然后转移到广口反应瓶中。

(2) 将清洗干净的 FTO 衬底的导电面朝下, 倾斜靠放在广口反应瓶的内壁。然后将广口反应瓶转移到真空烘箱, 在 95℃ 下反应 9 h, 待自然冷却至室温取出。再将生长了 $Y-SnO_2$ 薄膜的 FTO 衬底依次用去离子水和乙醇冲洗, 最后用氮气吹干, 即可得到长有 $Y-SnO_2$ 纳米片薄膜的 FTO 衬底。

2) 钙钛矿薄膜的制备

首先将长有 $Y-SnO_2$ 纳米片薄膜的 FTO 衬底经过 15 min 的紫外臭氧处理后转移至充满氮气的手套箱中。钙钛矿薄膜是通过一步反溶剂法制备的, 具体如下所述。

(1) 将 461 mg PbI_2, 159 mg MAI 溶解在 800 μL DMF 和 200 μL DMSO 混合溶剂中, 60 ℃ 加热搅拌 3 h。

(2) 将溶解好的钙钛矿前驱液, 以 1000 r/min (5 s) 和 4000 r/min (30 s) 的方式旋涂在 FTO/$Y-SnO_2$ 衬底上, 在高速旋涂的第 8 s 时将 500 μL 乙醚连续滴加到高速旋转的衬底上。最后将得到的钙钛矿中间相薄膜依次在 60 ℃ 加热 2 min 和 100 ℃ 加热 10 min, 即可得到 $MAPbI_3$ 薄膜。

3) 空穴传输层和电极的制备

(1) 空穴传输层的配制: 将 72.3 mg 的 Spiro-OMeTAD(深圳飞鸣有限公司) 溶解在 1 mL 的氯苯 (无水, Sigma) 中, 再加入 28.8 μL 的 tBP(Sigma) 以及 17.5 μL 的事先配好的 Li-TFSI(双三氟甲烷磺酰亚胺锂, Sigma, 520 mg Li-TFSI 溶解在 1 mL 乙腈中) 溶液, 然后将上述溶液常温搅拌, 过滤之后即可使用。

(2) 将配制好的空穴传输层溶液旋涂在钙钛矿薄膜表面 (旋涂条件:3000 r/min 旋涂 30 s)。然后将旋涂有空穴传输层的样品置于干燥柜中氧化 12 h, 再转移到蒸发镀膜仪, 通过热蒸发, 沉积厚度大约为 80 nm 的 Au 电极层。这样就可以得到完整的钙钛矿太阳能电池器件。

4) 材料、器件测试表征

采用 Bruker AXS, D8 系列 X 射线衍射仪对 SnO_2 膜的结晶质量进行测量分析。掠入射广角 X 射线衍射 (GIWAXS) 采用国家同步辐射实验室的 BL23A1 型衍射仪。薄膜的透射谱和吸收谱都是采用紫外–可见光光度计测量 (CARY5000)。X 射线光电子能谱分析 (XPS) 和紫外光电子能谱 (UPS) 使用 XPS/UPS 测试系统 (Esclab 250Xi)。稳态光致发光谱则是采用荧光光谱仪 (FLS 900, Edinburgh 公司), 以 532 nm 的激光作为激发源。薄膜的表面、截面形貌采用高分辨场发射扫描电镜 (JSM 6700F) 表征。器件的 J-V 曲线采用电化学工作站 CHI 660D, 扫描范围为 $-0.1V \sim 1.2$ V, 扫描速度为 0.1 V/s。钙钛矿太阳能电池的入射单色光子–电子转换效率 (IPCE) 采用 QE-R 3011 测试系统, 测试波长范围为 300~ 800 nm。

4.3.3 水热法生长 SnO_2 纳米片薄膜的性质研究

我们首先观察低温水热法制备的 SnO_2 纳米片薄膜的表面形貌。从图 4.42 中的表面 SEM 图像中可以观察到, SnO_2 和 Y-SnO_2 薄膜都是由 SnO_2 纳米片阵列所组成的。对于未掺杂的 SnO_2 薄膜, 它是由形状不规则的纳米片阵列所构成的。当引入 Y 元素之后, Y 掺杂可以促进 SnO_2 纳米片的生长, 形成取向一致、均匀分布的纳米片阵列。这种均匀分布的 SnO_2 纳米片阵列有利于促进钙钛矿材料的渗入, 有利于提高光电流。同时, 取向一致的 SnO_2 纳米片阵列可以改善钙钛矿薄膜与 SnO_2 电子传输层之间的物理接触, 减少界面复合, 从而提高钙钛矿电池的开路电压和效率。另外, 当引入更多量的钇离子时, SnO_2 纳米片将会变得更大、更厚。这种由比较大的纳米片组成的 SnO_2 电子传输层则不利于获得高性能的钙钛矿器件, 主要原因是, 其电子传输能力比较差, 导致严重的界面复合 (后面部分的 EIS 结果会给出证明)。

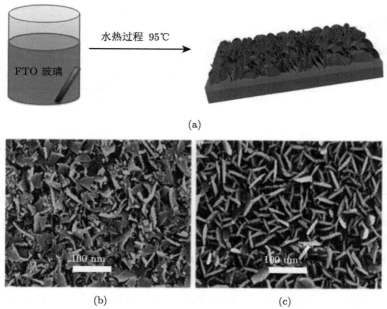

图 4.42 (a) 使用水热法在 FTO 衬底生长 SnO_2(Y-SnO_2) 纳米片薄膜的示意图; (b) SnO_2 纳米片薄膜的表面 SEM 图; (c) Y-SnO_2 纳米片薄膜的表面 SEM 图[51]

钇离子的引入不仅可以控制 SnO_2 纳米片的成膜生长, 对 SnO_2 纳米片薄膜的结晶也有一定的影响。图 4.43(a) 为低温水热法制备的 SnO_2 纳米片薄膜的 XRD 图谱，每一个衍射峰对应于 SnO_2 的正方金红石晶相。相比于未掺杂的 SnO_2 纳米片薄膜，Y-SnO_2 纳米片薄膜则具有更强的衍射峰。同时，Y-SnO_2 样品的衍射峰位置向低的 2θ 角度偏移，并且峰的半高宽数值有稍微的增加。由于 Y^{3+} 的离子半径 (0.92 Å) 比 Sn^{4+} 的离子半径 (0.71 Å) 要大，这表明 Y^{3+} 在没有破坏 SnO_2 晶格结构的情况下，部分掺杂进入 SnO_2 晶格结构中。由于上述两个样品都是在 FTO 衬底上生长的，为了排除 FTO 衬底的影响，如图 4.43(b) 所示，我们又对上述两个样品做了 GIWAXS 测试分析。GIWAXS 测试结果表明，当 X 射线的入射角为 0.2° 时，只会探测到 SnO_2 膜表面的信息，不会受到 FTO 衬底的干扰，说明在这种情况下水热法制备的 SnO_2 薄膜呈多晶特性；当 X 射线的入射角为 1.5° 时，主要为 FTO 衬底的信号。

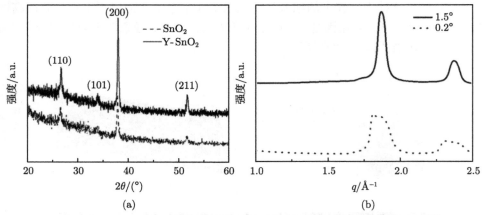

图 4.43 SnO_2 (Y-SnO_2) 纳米片薄膜的 (a)XRD 和 (b)GIWAXS 图谱[51]

为了验证 Y 元素的成功掺入，我们测量了两种 SnO_2 纳米片薄膜的 X 射线光电子能谱 (XPS)。如图 4.44 中的 Sn 峰所示，在两种样品中可以观察到 Sn 的 3d 结合能分别为 495.56 eV 和 487.11 eV，对应于 Sn $3d_{3/2}$ 和 Sn $3d_{5/2}$，和 SnO_2 标准 XPS 图谱保持一致。同时在 Y-SnO_2 样品中，我们观察到了 Y 3d 的核心峰位置为 158.58 eV，对应于 Y $3d_{3/2}$，这也证实了 Y 元素的成功掺入。

UPS 图谱进一步地分析了 Y 元素掺杂对 SnO_2 薄膜电子结构的影响。如图 4.45 所示，经过 Y 元素掺杂之后，SnO_2 薄膜的费米能级上移了 80 meV，价带位置却保持不变。同时，结合 SnO_2 薄膜的紫外–可见吸收光谱，我们发现，Y-SnO_2 薄膜的光学带隙相对于未掺杂的 SnO_2 薄膜从 3.65 eV 上升到了 3.70 eV。根据这些测量得到的能带数值以及文献中已经表征的各个功能层的能级信息，我们绘制

了钙钛矿电池的能级图 (图 3.46(c))。相对于未掺杂的 SnO_2，Y-SnO_2 的整体能带位置向上移动，这样就导致了 SnO_2 电子传输层与钙钛矿层的导带间具有更小的偏移，从而可以降低界面的能量损失，提高器件的 V_{oc}。同时，Y-SnO_2 的导带底 (CBM) 与费米能级之间的相对能级差值 ($|E_{CBM} - E_F|$) 也相应地减小，使得位于导带的自由电子密度减小，有利于减少界面复合。

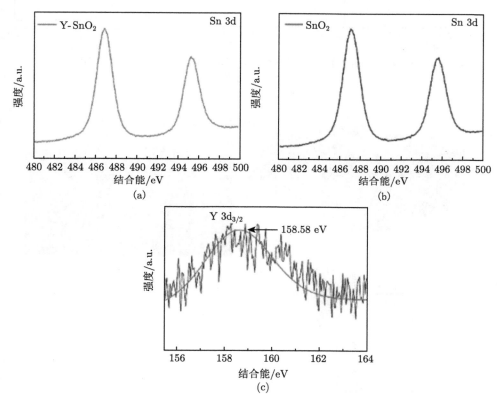

图 4.44 SnO_2 (Y-SnO_2) 纳米片薄膜的 Sn 3d 的 X 射线光电子能谱[51]：(a) Y 掺杂的；(b) 未掺杂的；(c) Y 的 3d

图 4.46(a) 展示了本节研究内容中基于水热法制备的 Y-SnO_2 纳米片电子传输层的钙钛矿电池的器件结构示意图，具体概括为 FTO/Y-SnO_2/钙钛矿/Spiro-OMeTAD/Au。图 4.46(b) 是相应钙钛矿器件的截面 SEM 图像，我们可以看出 Y-SnO_2 纳米片层和钙钛矿层紧密接触。从图 4.46(c) 中的器件能级分布图可以看出，Y-SnO_2 电子传输层与钙钛矿层表现出更好的能带匹配，更有利于电荷的提取、传输，减少界面复合。

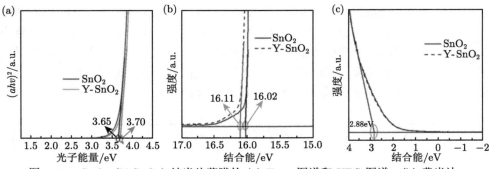

图 4.45   SnO$_2$ (Y-SnO$_2$) 纳米片薄膜的 (a) Tauc 图谱和 UPS 图谱：(b) 费米边，(c) 截止边 [51]

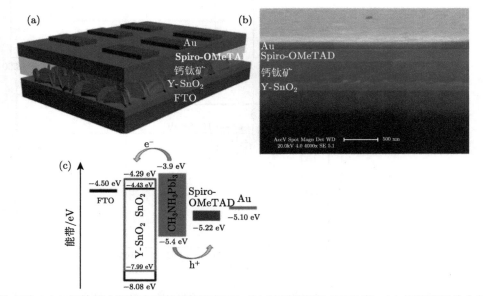

图 4.46   (a) 钙钛矿太阳能电池的结构示意图；(b) 器件截面的 SEM 图；(c) 钙钛矿器件中各层的能带分布图 [51]

这里，我们采用一步反溶剂法旋涂制备 MAPbI$_3$ 钙钛矿活性层。图 4.47 显示的是钙钛矿薄膜分别沉积在 SnO$_2$ 和 Y-SnO$_2$ 衬底表面的 SEM 图像。钙钛矿薄膜在两种衬底的表面形貌没有明显的差别，包括薄膜的平整度、覆盖率、晶粒尺寸也基本类似。同时，我们也观察了钙钛矿薄膜在两种衬底表面生长的界面接触情况。通过对比观察两种样品的截面 SEM 图像，我们发现钙钛矿薄膜与 Y-SnO$_2$ 纳米片薄膜具有更紧密的物理接触，从而显著改善了界面电荷输运。当钙钛矿薄膜生长在取向不规整的 SnO$_2$ 纳米片薄膜表面时，SnO$_2$/钙钛矿薄膜界面则裸露出很多空隙,导致载流子在该界面发生严重的复合以及不良的电荷传输。因此,取向规整的 Y-SnO₂ 纳米片阵列有利于改善其与钙钛矿吸光层的界面接触,提高界面载流子的传输,减少界面复合。

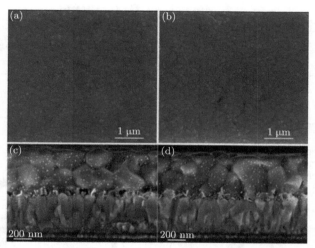

图 4.47　(a) 和 (b) 分别是沉积在 SnO₂、Y-SnO₂ 纳米片薄膜表面的钙钛矿薄膜的 SEM 图;(c) 和 (d) 是相应的截面 SEM 图 [51]

　　如图 4.48 所示,我们进一步地研究了 Y-SnO₂ 电子传输层的光学特性。覆盖有 SnO₂ 和 Y-SnO₂ 纳米片薄膜的 FTO 比空白的 FTO 在可见光范围内具有更好的透射率,这主要归功于覆盖有 SnO₂ 薄膜的 FTO 衬底具有良好的抗反射特性。此外,我们发现覆盖有 Y-SnO₂ 薄膜的 FTO 相比于覆盖有 SnO₂ 薄膜的 FTO,其光学透射率也有一定的提高,因而有利于钙钛矿太阳能电池获得更高的光电流。另一方面,我们也测量了钙钛矿活性层沉积在这两种衬底上的紫外–可见吸收光谱,我们发现,沉积在 Y-SnO₂ 薄膜衬底上的钙钛矿吸光层在可见光光谱范围内的吸收明显地增强,这主要是由于钙钛矿薄膜和 Y-SnO₂ 纳米片薄膜之间的更好的界面接触。同时,形貌更加规整的 Y-SnO₂ 纳米片薄膜可以允许更多的钙钛矿材料的负载,也有助于提高钙钛矿薄膜的光学吸收。

　　为了进一步研究 SnO₂ 电子传输层和钙钛矿层之间界面的电荷转移和抽取情况,我们分别采用了稳态和瞬态荧光光谱进行相应的表征。图 4.48(c) 为玻璃/钙钛矿,玻璃/FTO/钙钛矿,玻璃/FTO/SnO₂/钙钛矿,玻璃/FTO/Y-SnO₂/钙钛矿薄膜样品的稳态荧光 (PL) 光谱。我们发现,钙钛矿薄膜在不同的衬底上具有不同的光致发光强度。一般来说,钙钛矿活性层由于受到光激发产生电子空穴对,当钙钛矿层与电子传输层发生接触时,就会发生电荷转移,导致钙钛矿薄膜的光

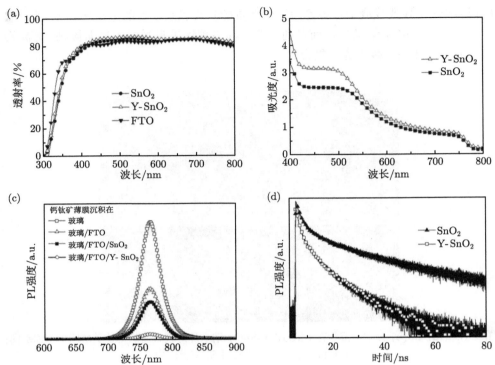

图 4.48   (a) FTO 和 FTO 表面分别覆盖有 SnO₂、Y-SnO₂ 的透射光谱图；(b) 钙钛矿分别
沉积在 SnO₂、Y-SnO₂ 的紫外–可见吸收光谱图；(c) 钙钛矿薄膜沉积到不同衬底上的稳态荧
光光谱；(d) 钙钛矿薄膜分别沉积到 SnO₂ 和 Y-SnO₂ 衬底上的瞬态荧光光谱 [51]

致发光减弱。因此，其结果可以间接反映钙钛矿层和电子传输层之间的界面电荷
注入能力的强弱。图 4.48(c) 中的结果显示，当钙钛矿层和 Y-SnO₂ 层接触时，则
会出现很明显的荧光猝灭现象，从而说明 Y-SnO₂ 比 SnO₂ 具有更强的电子抽取
效率。我们又进一步通过瞬态荧光光谱 (TRPL) 进行了验证 (图 4.48(d))。我们
对所采集的数据进行了双指数拟合，Y-SnO₂/钙钛矿薄膜样品的平均荧光衰减寿
命为 2.38 ns, 而 SnO₂/钙钛矿薄膜样品的平均荧光衰减寿命为 14.23 ns。稳态和
瞬态光致发光光谱的测试结果都表明，Y-SnO₂ 电子传输层具有更强的电子抽取
能力。

　　最后，我们对比了基于 SnO₂ 和 Y-SnO₂ 两种电荷电子传输层的钙钛矿电池
的性能。图 4.49 和表 4.10 给出了钙钛矿电池在不同扫描方向下的 *J-V* 曲线。对
比器件只有 13.38% 的反扫效率，10.15% 的正扫效率，具有明显的回滞现象。而
基于 Y-SnO₂ 的钙钛矿器件取得了 17.29% 的反扫效率，16.97% 的正扫效率，*J-V*
曲线的回滞现象得到明显的缓解。钙钛矿电池光电转换效率的提高主要来源于电

流密度和开路电压的提高，这也验证了前面的讨论。我们同时也统计了 40 个独立的钙钛矿器件 (每种器件各 20 个) 的反扫效率，统计结果如图 4.49(b) 所示。基于 Y-SnO$_2$ 器件的平均效率为 15.6%，而基于 SnO$_2$ 的钙钛矿器件的平均效率为 11.05%。我们还对比了两种器件在最大功率点下的稳态输出，分别如图 4.49(c) 和 (d) 所示。基于 Y-SnO$_2$ 的器件在 0.86 V 的偏压下的最大稳态输出效率为 16.25%；对比器件在 0.80 V 的偏压下的最大稳态输出效率为 12.23%。

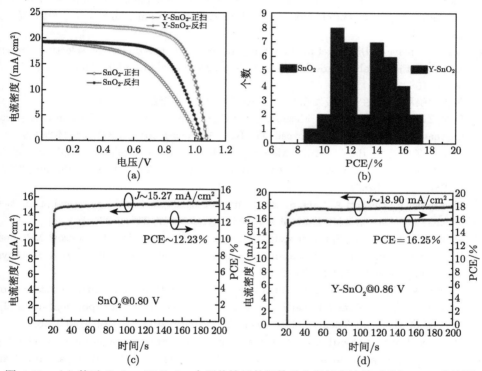

图 4.49　(a) 基于 SnO$_2$、Y-SnO$_2$ 电子传输层的钙钛矿太阳能电池的正反扫 J-V 曲线图，(b) 效率统计图，(c) 和 (d) 稳态输出效率 [51]

表 4.10　两种器件的最佳正反扫效率参数 [51]

样品名称	扫描方向	V_{oc}/V	J_{sc}/(mA/cm^2)	FF/%	PCE/%
SnO$_2$	反扫	1.05	19.31	66	13.38
	正扫	1.03	19.32	51	10.15
Y-SnO$_2$	反扫	1.08	22.55	71	17.29
	正扫	1.08	22.45	70	16.79

参 考 文 献

[1] Ke W, Fang G, Liu Q, et al. Low-temperature solution-processed tin oxide as an alternative electron transporting layer for efficient perovskite solar cells [J]. Journal of the American Chemical Society, 2015, 137(21): 6730-6733.

[2] McMeekin D P, Sadoughi G, Rehman W, et al. A mixed-cation lead mixed-halide perovskite absorber for tandem solar cells [J]. Science, 2016, 351(6269): 151-155.

[3] Baena J P C, Steier L, Tress W, et al. Highly efficient planar perovskite solar cells through band alignment engineering [J]. Energy & Environmental Science, 2015, 8(10): 2928-2934.

[4] Song J, Zheng E, Bian J, et al. Low-temperature SnO_2-based electron selective contact for efficient and stable perovskite solar cells [J]. Journal of Materials Chemistry A, 2015, 3(20): 10837-10844.

[5] 张琪. 钙钛矿薄膜在光伏及发光方面的研究 [D]. 武汉：武汉大学，2019.

[6] Li Y, Zhu J, Huang Y, et al. Mesoporous SnO_2 nanoparticle films as electron-transporting material in perovskite solar cells [J]. RSC Advances, 2015, 5(36): 28424-28429.

[7] Zhu Z, Zheng X, Bai Y, et al. Mesoporous SnO_2 single crystals as an effective electron collector for perovskite solar cells [J]. Physical Chemistry Chemical Physics, 2015, 17(28): 18265-18268.

[8] Mazumder N, Bharati A, Saha S, et al. Effect of Mg doping on the electrical properties of SnO_2 nanoparticles [J]. Current Applied Physics, 2012, 12(3): 975-982.

[9] Thomas B, Skariah B. Spray deposited Mg-doped SnO_2 thin film LPG sensor: XPS and EDX analysis in relation to deposition temperature and doping [J]. Journal of Alloys and Compounds, 2015, 625: 231-240.

[10] Farooq W A, Ali S M, Muhammad J, et al. Synthesis and characterization of $Sn_1Mg_{1-x}O_2$ thin films fabricated by aero-sole assisted chemical vapor deposition [J]. Journal of Materials Science: Materials in Electronics, 2013, 24(12): 5140-5146.

[11] Deepa S, Joseph A, Skariah B, et al. Gas sensing properties of magnesium doped SnO_2 thin films in relation to AC conduction [C]. AIP Conference Proceedings. American Institute of Physics, 2014, 1576(1): 49-51.

[12] Shajira P S, Bushiri M J, Nair B B, et al. Energy band structure investigation of blue and green light emitting Mg doped SnO_2 nanostructures synthesized by combustion method [J]. Journal of Luminescence, 2014, 145: 425-429.

[13] Lee M M, Teuscher J, Miyasaka T, et al. Efficient hybrid solar cells based on meso-superstructured organometal halide perovskites [J]. Science, 2012, 338(6107): 643-647.

[14] Mazumder N, Sen D, Saha S, et al. Enhanced ultraviolet emission from Mg doped SnO_2 nanocrystals at room temperature and its modulation upon H_2 annealing [J]. The Journal of Physical Chemistry C, 2013, 117(12): 6454-6461.

[15] Xu X, Zhuang J, Wang X. SnO_2 quantum dots and quantum wires: controllable synthesis, self-assembled 2D architectures, and gas-sensing properties [J]. Journal of the American Chemical Society, 2008, 130(37): 12527-12535.

[16] Xiong L, Qin M, Yang G, et al. Performance enhancement of high temperature SnO_2-based planar perovskite solar cells: electrical characterization and understanding of the mechanism [J]. Journal of Materials Chemistry A, 2016, 4(21): 8374-8383.

[17] Ke W, Zhao D, Cimaroli A J, et al. Effects of annealing temperature of tin oxide electron selective layers on the performance of perovskite solar cells [J]. Journal of Materials Chemistry A, 2015, 3(47): 24163-24168.

[18] Dong H, Li Y, Wang S, et al. Interface engineering of perovskite solar cells with PEO for improved performance [J]. Journal of Materials Chemistry A, 2015, 3(18): 9999-10004.

[19] Xiong L, Xiao H, Chen S, et al. Fast and simplified synthesis of cuprous oxide nanoparticles: annealing studies and photocatalytic activity [J]. RSC Advances, 2014, 4(107): 62115-62122.

[20] Fujishima A, Honda K. Electrochemical photolysis of water at a semiconductor electrode [J]. Nature, 1972, 238(5358): 37-38.

[21] Meyer J, Hamwi S, Kröger M, et al. Transition metal oxides for organic electronics: energetics, device physics and applications [J]. Advanced Materials, 2012, 24(40): 5408-5427.

[22] Kim H S, Lee C R, Im J H, et al. Lead iodide perovskite sensitized all-solid-state submicron thin film mesoscopic solar cell with efficiency exceeding 9%[J]. Scientific Reports, 2012, 2(1): 1-7.

[23] Kim H, Lim K G, Lee T W. Planar heterojunction organometal halide perovskite solar cells: roles of interfacial layers [J]. Energy & Environmental Science, 2016, 9(1): 12-30.

[24] Park N G. Organometal perovskite light absorbers toward a 20%efficiency low-cost solid-state mesoscopic solar cell [J]. The Journal of Physical Chemistry Letters, 2013, 4(15): 2423-2429.

[25] Kim H S, Mora-Sero I, Gonzalez-Pedro V, et al. Mechanism of carrier accumulation in perovskite thin-absorber solar cells [J]. Nature Communications, 2013, 4(1): 1-7.

[26] Liu W, Zhang Y. Electrical characterization of $TiO_2/CH_3NH_3PbI_3$ heterojunction solar cells [J]. Journal of Materials Chemistry A, 2014, 2(26): 10244-10249.

[27] Sepalage G A, Meyer S, Pascoe A, et al. Copper (I) iodide as hole-conductor in planar perovskite solar cells: probing the origin of J-V hysteresis [J]. Advanced Functional Materials, 2015, 25(35): 5650-5661.

[28] Bisquert J, Bertoluzzi L, Mora-Sero I, et al. Theory of impedance and capacitance spectroscopy of solar cells with dielectric relaxation, drift-diffusion transport, and recombination [J]. The Journal of Physical Chemistry C, 2014, 118(33): 18983-18991.

[29] Pascoe A R, Duffy N W, Scully A D, et al. Insights into planar $CH_3NH_3PbI_3$ perovskite solar cells using impedance spectroscopy [J]. The Journal of Physical Chemistry C, 2015, 119(9): 4444-4453.

[30] Zhang X, Bao Z, Tao X, et al. Sn-doped TiO_2 nanorod arrays and application in perovskite solar cells [J]. RSC Advances, 2014, 4(109): 64001-64005.

[31] Dualeh A, Moehl T, Tétreault N, et al. Impedance spectroscopic analysis of lead iodide

perovskite-sensitized solid-state solar cells [J]. ACS Nano, 2014, 8(1): 362-373.

[32] Kojima A, Teshima K, Shirai Y, et al. Organometal halide perovskites as visible-light sensitizers for photovoltaic cells [J]. Journal of the American Chemical Society, 2009, 131(17): 6050-6051.

[33] Liu H, Huang Z, Wei S, et al. Nano-structured electron transporting materials for perovskite solar cells [J]. Nanoscale, 2016, 8(12): 6209-6221.

[34] Burschka J, Pellet N, Moon S J, et al. Sequential deposition as a route to high-performance perovskite-sensitized solar cells [J]. Nature, 2013, 499(7458): 316-319.

[35] Kim H S, Park N G. Parameters affecting I–V hysteresis of $CH_3NH_3PbI_3$ perovskite solar cells: effects of perovskite crystal size and mesoporous TiO_2 layer [J]. The Journal of Physical Chemistry Letters, 2014, 5(17): 2927-2934.

[36] Roose B, Baena J P C, Gödel K C, et al. Mesoporous SnO_2 electron selective contact enables UV-stable perovskite solar cells [J]. Nano Energy, 2016, 30: 517-522.

[37] Jiang Q, Zhang L, Wang H, et al. Enhanced electron extraction using SnO_2 for high-efficiency planar-structure $HC(NH_2)_2PbI_3$-based perovskite solar cells [J]. Nature Energy, 2016, 2(1): 1-7.

[38] Xiong L, Qin M, Chen C, et al. Fully high-temperature-processed SnO_2 as blocking layer and scaffold for efficient, stable, and hysteresis-free mesoporous perovskite solar cells [J]. Advanced Functional Materials, 2018, 28(10): 1706276.

[39] Kim M, Kim B J, Yoon J, et al. Electro-spray deposition of a mesoporous TiO_2 charge collection layer: toward large scale and continuous production of high efficiency perovskite solar cells [J]. Nanoscale, 2015, 7(48): 20725-20733.

[40] Leijtens T, Eperon G E, Pathak S, et al. Overcoming ultraviolet light instability of sensitized TiO_2 with meso-superstructured organometal tri-halide perovskite solar cells [J]. Nature Communications, 2013, 4(1): 1-8.

[41] Ito S, Tanaka S, Manabe K, et al. Effects of surface blocking layer of Sb_2S_3 on nanocrystalline TiO_2 for $CH_3NH_3PbI_3$ perovskite solar cells [J]. The Journal of Physical Chemistry C, 2014, 118(30): 16995-17000.

[42] Edri E, Kirmayer S, Henning A, et al. Why lead methylammonium tri-iodide perovskite-based solar cells require a mesoporous electron transporting scaffold (but not necessarily a hole conductor) [J]. Nano Letters, 2014, 14(2): 1000-1004.

[43] Domanski K, Correa-Baena J P, Mine N, et al. Not all that glitters is gold: metal-migration-induced degradation in perovskite solar cells [J]. ACS Nano, 2016, 10(6): 6306-6314.

[44] Liu J, Gao C, Luo L, et al. Low-temperature, solution processed metal sulfide as an electron transport layer for efficient planar perovskite solar cells [J]. Journal of Materials Chemistry A, 2015, 3(22): 11750-11755.

[45] Niesner D, Zhu H, Miyata K, et al. Persistent energetic electrons in methylammonium lead iodide perovskite thin films [J]. Journal of the American Chemical Society, 2016, 138(48): 15717-15726.

[46] Almora O, Zarazua I, Mas-Marza E, et al. Capacitive dark currents, hysteresis, and electrode polarization in lead halide perovskite solar cells [J]. The Journal of Physical Chemistry Letters, 2015, 6(9): 1645-1652.

[47] Chen B, Yang M, Zheng X, et al. Impact of capacitive effect and ion migration on the hysteretic behavior of perovskite solar cells [J]. The Journal of Physical Chemistry Letters, 2015, 6(23): 4693-4700.

[48] Juarez-Perez E J, Wußler M, Fabregat-Santiago F, et al. Role of the selective contacts in the performance of lead halide perovskite solar cells [J]. The Journal of Physical Chemistry Letters, 2014, 5(4): 680-685.

[49] Todinova A, Idígoras J, Salado M, et al. Universal features of electron dynamics in solar cells with TiO_2 contact: from dye solar cells to perovskite solar cells [J]. The Journal of Physical Chemistry Letters, 2015, 6(19): 3923-3930.

[50] Zhang J, Shi C, Chen J, et al. Preparation of ultra-thin and high-quality WO_3 compact layers and comparision of WO_3 and TiO_2 compact layer thickness in planar perovskite solar cells [J]. Journal of Solid State Chemistry, 2016, 238: 223-228.

[51] Yang G, Lei H, Tao H, et al. Reducing hysteresis and enhancing performance of perovskite solar cells using low-temperature processed Y-doped SnO_2 nanosheets as electron selective layers [J]. Small, 2017, 13(2): 1601769.

第 5 章 二氧化锡的界面修饰及对钙钛矿太阳能电池性能的影响

5.1 引　　言

SnO$_2$ 的上表面使用分子修饰，如富勒烯衍生物 (PCBM) 和自组装单分子层，可以钝化 SnO$_2$ 表面的悬挂键，减少缺陷，从而提升器件性能。而且，自组装单分子层可以在透明导电电极上沉积均匀无孔洞的薄膜，改善 SnO$_2$ 与导电衬底之间的结合度，避免产生大的漏电流和影响器件性能。因此，SnO$_2$ 表面的缺陷钝化也是增加器件性能的一个关键手段。

5.2　富勒烯衍生物表面修饰

1. 简介

目前，钙钛矿电池已经可以取得很好的性能，其世界最高认证效率超过 25%，但是依然面临一些问题，如对水的不稳定性及回滞效应 [1,2] 等。特别是回滞效应，对常规结构的平面钙钛矿电池的影响尤为严重 [3]。回滞效应会导致电池的性能受电池 J-V 特性曲线的扫描方向和速度的影响 [4]，所以稳态效率被认为更能精确地反映电池的实际效率 [2]。关于导致电池回滞效应的可能因素有很多，如电荷陷阱 [1,4,5]、离子迁移 [1,6–8]、电容 [8,9] 和压电效应 [10] 等。最近有报道认为，钙钛矿吸光层里的离子迁移和界面及晶界处的陷阱电荷对载流子的捕获是造成回滞效应的主要原因 [1]，并且也有证据显示离子迁移主要是发生在钙钛矿的晶界处 [11]。所以可以通过增加钙钛矿的晶粒尺寸和提高钙钛矿薄膜的质量来减小回滞效应，从而可以减小钙钛矿晶界的缺陷态密度 [3,8]。富勒烯可以对钙钛矿薄膜和其界面进行钝化，所以能有效地减小回滞效应。

已经有文献报道了高效且无回滞效应的钙钛矿电池 [5,12–16]，其中可行的方法是用富勒烯及其衍生物钝化 TiO$_2$/钙钛矿界面。金属氧化物通过再覆盖一层富勒烯，会更利于界面电荷的转移，所以可以减小回滞效应 [17–22]。在第 2~4 章中我们介绍过，钙钛矿太阳能电池使用低温溶液法制备的 SnO$_2$ 电子传输层相对于高温制备的 TiO$_2$ 电子传输层有更好的性能。本节我们将介绍，使用富勒烯及其衍生物钝化的 SnO$_2$ 电子传输层来增强电池的性能。

2. 基于 SnO₂/富勒烯电子传输层的钙钛矿电池制备

1) SnO₂/PCBM 电子传输层的制备

(1) 低温溶液法的 SnO₂ 电子传输层。将不同浓度的 SnCl₂ (99.9985%, Alfa Aesar 公司) 溶解在无水乙醇里。SnO₂ 膜的厚度可以通过 SnCl₂ 的浓度进行控制。用匀胶机将溶液旋涂在干净的 FTO 衬底或普通载玻片上, 旋转条件是先低速 500 r/min 持续 1 s, 再高速 2000 r/min 持续 30 s。旋涂完以后把衬底放在热台上在空气中退火。低温的 SnO₂ 和高温的 SnO₂ 的退火温度分别为 185 ℃ 和 500℃, 退火时间为 1 h。

(2) SnO₂/PCBM 电子传输层。将 PCBM 粉末溶解在氯苯溶液中, 将溶液 60 ℃ 搅拌 24 h, 然后在手套箱中将 PCBM 溶液用匀胶机旋涂在制备好的 SnO₂ 电子传输层上, 条件为 2000 r/min 持续 30 s, 最后将衬底放在热台上 100 ℃ 退火 10 min。PCBM 的浓度为 5～15 mg/mL。

2) 钙钛矿薄膜的制备

将 461 mg PbI₂ (99.999%, Sigma-Aldrich 公司) 和 159 mg MAI 溶解在 723 μL DMF 和 81 μL DMSO 的混合溶剂中。PbI₂ 和 MAI 的摩尔比为 1:1。然后将溶液旋涂在制备有电子传输层的衬底上, 条件为 500 r/min 持续 3 s, 再 4000 r/min 持续 60 s, 并且在第二个高速阶段, 快速滴入 0.7 mL 的乙醚。最后将衬底放在手套箱的热台上先 60℃ 退火 2 min 再 100℃ 退火 5 min。

3) 空穴传输层和电极的制备

(1) 空穴传输层的配制。将 183.3 mg 的 Spiro-OMeTAD 溶解在 2 mL 的氯苯中, 再加入 17.7 μL 的 tBP (96%, Sigma-Aldrich 公司) 和事先配制好的 200 μL 的 Li-TFSI (99.95%, Sigma) 溶液。Li-TFSI 溶液的配制是将 82.1 mg 的 Li-TFSIT 溶解在 1 mL 乙腈 (AR 国药集团化学试剂有限公司) 中。配制好的空穴传输层溶液是 68 mmol/L Spiro-OMeTAD、55 mmol/L tBP 和 26 mmol/L Li-TFSI。使用之前, 将溶液在手套箱里充分搅拌 24 h。

(2) 将上述空穴传输层溶液旋涂在制备好的钙钛矿膜的衬底上, 条件是低速 500 r/min 持续 6 s, 再高速 2000 r/min 持续 45 s。最后将衬底放到蒸镀仪里, 沉积一层 80 nm 左右的金膜作为背电极。金电极的面积为 0.09 cm², 作为电池的活性面积和有效面积。

3. 器件表征

膜的吸收和透射用紫外–可见光光度计 (Lambda 1050, PerkinElmer 公司) 测量。钙钛矿膜的结晶质量和相的纯净度用 X 射线衍射仪 (Ultima III Rigaku 公司) 进行测量, 源为 Cu Kα, 运行条件为 40 kV 和 44 mA。钙钛矿膜的组分用 XPS(PHI Quantum 2000) 和 ToF-SIMS V (ION TOF) 系统进行测量。

FTIR 光谱用 Thermo Scientific 公司的 Nicolet 6700 FT-IR spectrometer 系统进行测量。导电 AFM (C-AFM) 用一个放置在手套箱中包含 Nanoscope V controller 的 Veeco D5000 AFM 系统测量。膜和器件的形貌用高分辨场发射扫描电镜表征 (S-4800, Hitachi 公司)。TRPL 光谱用超连续纤维激光进行测量，波长为 500 nm, 频率为 0.1 MHz, 功率为 5 μW, 并且用单光子计数器收集在 775 nm 位置的最大发射信号。膜和衬底的表面粗糙度用 AFM(Veeco Nanoscope IIIA instrument) 系统测量。电池的外量子效率采用 QE 系统测量 (PV Measurements Inc.)。J-V 曲线用 Keithley 公司的 Model 2400 进行测试。太阳能电池测试采用的光源功率是 100 mW/cm^2(AM1.5, PV Measurements Inc.), 光强经过标准的硅电池校准。

4. 结果与讨论

低温溶液法制备的 SnO$_2$ 具有合适的带隙、高的电子迁移率和增透作用等优势，而富勒烯不仅可以作为电子传输层，还有钝化作用。我们希望制备一种更加高效的电子传输层可以将两种材料的优势相结合，所以研究了富勒烯修饰的 SnO$_2$ 作为钙钛矿电池的电子传输层，电池的结构和能带图如图 5.1(a) 所示。电池具有常规的平面结构，PCBM 处于钙钛矿吸光层和 SnO$_2$ 电子传输层之间，这里依然采用传统的 Spiro-OMeTAD 作为标准的空穴传输层。从图 5.1(b) 可以看到，电子可以从钙钛矿层先传到 PCBM 然后再到 SnO$_2$ 和 FTO, 因为整个带隙呈阶梯状，所以会更利于电子在各个功能层之间的传输，也能更有效地降低电子空穴复合。

首先比较钙钛矿膜制备在不同电子传输层上的形貌影响，图 5.2(a) 和 (b) 显示的就是将钙钛矿膜分别制备在 SnO$_2$ 和 SnO$_2$/PCBM 电子传输层上的表面形貌图，可以看到膜的形貌非常类似。这里的钙钛矿膜是使用溶剂工程法制备的，相对于两步法制备的钙钛矿膜会更加致密并且晶粒更大，晶粒尺寸大约为 500 nm。钙钛矿膜的厚度大约为 600 nm, 从而保证了吸光层对光的充分吸收。从图 5.2(c) 和 (d) 的电池截面图也可以看到，电池使用 SnO$_2$ 和 SnO$_2$/PCBM 电子传输层有非常类似的横截面，而且膜非常平整和均匀，所以 PCBM 并不会引起钙钛矿膜和整个电池形貌上的变化。

这里还进一步对比了基于 SnO$_2$ 电子传输层的电池在使用和不使用 PCBM 时的性能区别。图 5.3(a) 就是我们制备的两个代表电池 (分别用 SnO$_2$ 和 SnO$_2$/ PCBM 电子传输层) 在不同扫描方向下的 J-V 曲线。只用 SnO$_2$ 作为电子传输层的电池的反扫效率为 16.53%, V_{oc} 为 1.09 V, J_{sc} 为 21.13 mA/cm^2, FF 为 71.49%。而用 SnO$_2$/PCBM 电子传输层的电池的反扫效率为 18.17%, V_{oc} 为 1.11 V, J_{sc} 为 21.41 mA/cm^2, FF 为 76.20%。这里的 PCBM 薄膜是用 10 mg/mL PCBM

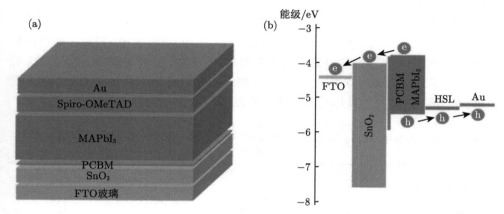

图 5.1 基于 SnO$_2$/PCBM 电子传输层的钙钛矿电池的 (a) 器件结构和 (b) 能带示意图[23]
Spiro-OMeTAD：2, 2′, 7,7′-四 [N,N-二 (4-甲氧基苯基) 氨基]-9,9′-螺二芴；MAPbI$_3$：甲基铵铅三碘化物；
PCBM：一种富勒烯衍生物；FTO：氟掺杂的氧化锡；HSL：空穴传输层

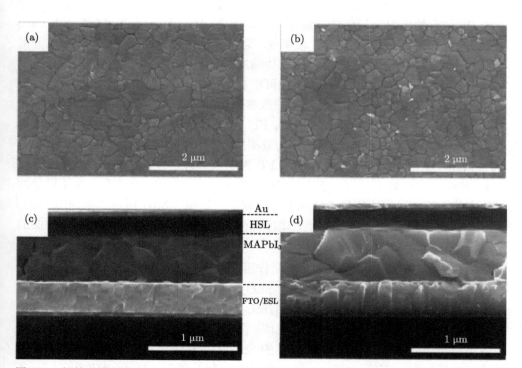

图 5.2 钙钛矿膜制备在 (a) SnO$_2$ 和 (b) SnO$_2$/PCBM 电子传输层的表面形貌 SEM 图；基
于 (c) SnO$_2$ 和 (d) SnO$_2$/PCBM 电子传输层的钙钛矿电池的截面 SEM 图[23]
MAPbI$_3$：甲基铵铅三碘化物；FTO：氟掺杂的氧化锡；HSL：空穴传输层；ESL: 电子传输层

溶液制备得到的。所以，电池的电子传输层在增加使用 PCBM 以后，反扫方向下的性能获得了明显的提升。而在正扫情况下，电池使用 SnO_2 电子传输层的效率为 14.91%，V_{oc} 为 1.04 V，J_{sc} 为 21.10 mA/cm^2，FF 为 67.77%。而电池使用 SnO_2/PCBM 电子传输层的正扫效率为 16.91%，V_{oc} 为 1.08 V，J_{sc} 为 21.42 mA/cm^2，FF 为 73.01%。所以电池在增加使用 PCBM 以后在正扫方向下的性能也得到了很大的提升，具体的光伏参数见表 5.1。

表 5.1　电池分别用 SnO_2 和 SnO_2/PCBM 电子传输层在不同扫描方向下的具体光伏参数 [23]

样品	V_{oc}/V	J_{sc}/(mA/cm^2)	FF/%	PCE/%
SnO_2 (反扫)	1.09	21.13	71.49	16.53
SnO_2 (正扫)	1.04	21.10	67.77	14.91
SnO_2/PCBM (反扫)	1.11	21.41	76.20	18.17
SnO_2/PCBM (正扫)	1.08	21.42	73.01	16.91

图 5.3(b) 是电池的 EQE 曲线图。电池使用 SnO_2 和 SnO_2/PCBM 电子传输层的 EQE 曲线所对应的积分电流密度分别为 20.34 mA/cm^2 和 20.67 mA/cm^2，也与从 J-V 曲线测量得到的 J_{sc} 较接近。为了验证器件的可重复性，我们还分别使用 SnO_2 和 SnO_2/PCBM 作为电子传输层制备了 30 个独立电池，反扫方向下的效率统计如图 5.3(c) 所示，从图中可以看到电池有很好的可重复性。对于 30 个用 SnO_2 电子传输层的电池，其平均效率为 16.50%($\pm$ 0.40%)，V_{oc} 为 1.07 ($\pm$ 0.02)V，J_{sc} 为 20.82($\pm$ 0.29)mA/cm^2，FF 为 74.23%($\pm$ 1.90%)。而 30 个电池用 SnO_2/PCBM 电子传输层，其平均效率为 17.88%($\pm$ 0.48%)，V_{oc} 为 1.11($\pm$ 0.01)V，J_{sc} 为 21.21($\pm$ 0.64)mA/cm^2，FF 为 76.19%($\pm$ 1.17%)。所以，电池在使用 PCBM 以后平均 V_{oc}、J_{sc}、FF 和 PCE 都获得了非常明显的提升。为了排除回滞效应的影响，我们还测量了电池的稳态效率，如图 5.3(d) 所示。电池用 SnO_2 和 SnO_2/PCBM 电子传输层的稳态效率分别为 15.51% 和 17.28%，也与前面的结果相一致。

因为这里 PCBM 相当于界面层的作用，厚度非常重要，所以我们还对比了不同浓度的 PCBM 溶液制备出来的 SnO_2/PCBM 电子传输层的性能。图 5.4 显示的是电池分别用 5mg/mL、10mg/mL、15 mg/mL PCBM 溶液制备出来的 SnO_2/PCBM 电子传输层的 J-V 曲线图，曲线在反扫方向下获得。可以看到，电池用 10 mg/mL PCBM 溶液制备得到的 SnO_2/PCBM 电子传输层取得了最好的性能，在反扫方向下的 PCE 为 18.08%，V_{oc} 为 1.10 V，J_{sc} 为 21.22 mA/cm^2，FF 为 77.52%，并且，随着 PCBM 浓度的增加，电池的性能是先提升而后下降，具体的光伏参数见表 5.2。

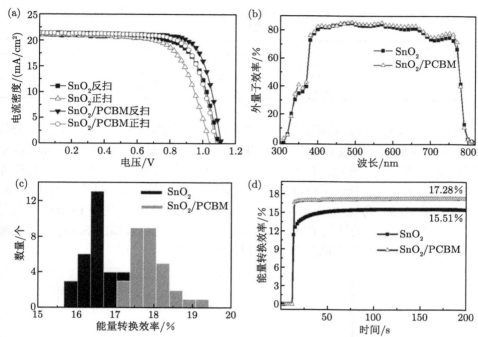

图 5.3 钙钛矿电池用 SnO$_2$ 和 SnO$_2$/PCBM 电子传输层的 (a) J-V 和 (b) 外量子效率曲线图；(c) 30 个电池分别使用 SnO$_2$ 和 SnO$_2$/PCBM 电子传输层的效率统计分布图；(d) 电池使用 SnO$_2$ 和 SnO$_2$/PCBM 电子传输层的稳态效率图，对应的恒偏压分别为 0.889 V 和 0.911 V[23]

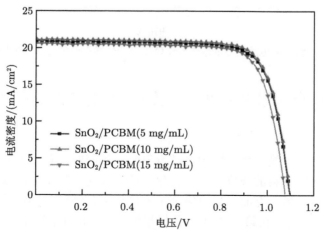

图 5.4 钙钛矿电池用不同浓度的 PCBM 溶液制备的 SnO$_2$/PCBM 电子传输层时的 J-V 曲线图 [23]

表 5.2　电池用不同浓度 PCBM 溶液制备的 SnO_2/PCBM 电子传输层时的具体光伏参数 [23]

PCBM 浓度/(mg/mL)	V_{oc}/V	J_{sc}/(mA/cm^2)	FF/%	PCE/%
5	1.10	21.00	77.11	17.77
10	1.10	21.22	77.52	18.08
15	1.08	20.63	77.65	17.26

　　PCBM 作为一种富勒烯衍生物,性质与 C_{60} 非常类似,如果用 C_{60} 去修饰 SnO_2 应该也能起到类似的效果。所以我们也制备了用蒸发法制备的 5 nm C_{60} 去修饰 SnO_2 作为电子传输层的电池,电池的 *J-V* 曲线如图 5.5 所示。可以看到,当电池用 5 nm C_{60} 修饰的 SnO_2 电子传输层时,取得的反扫 PCE 为 17.70%,V_{oc} 为 1.10 V, J_{sc} 为 21.21 mA/cm^2, FF 为 75.55%,与电池使用 PCBM 修饰的 SnO_2 电子传输层时的结果类似。所以富勒烯或其衍生物修饰的 SnO_2 电子传输层将是制备高效钙钛矿电池更为理想的电子传输层。

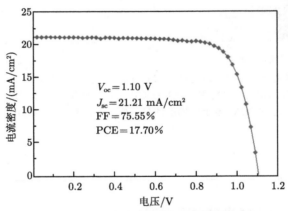

图 5.5　钙钛矿电池用 SnO_2/5 nm C_{60} 电子传输层时的 *J-V* 曲线图 [23]

5.3　硅烷自组装界面修饰及钙钛矿电池的光伏性能研究

1. 简介

　　在钙钛矿电池转换效率不断地打破世界纪录的同时,科学家的研究内容主要集中在改进钙钛矿材料的成膜工艺,优化钙钛矿吸光层的组分,以及改进界面传输层材料 [24-27]。另一方面,界面修饰工程也是提升钙钛矿器件性能和稳定性的一种常用手段 [28,29]。在第 4 章中,我们报道了 SnO_2 的离子掺杂技术可以有效地改善 SnO_2 电子传输层和钙钛矿层的界面特性。除此之外,界面修饰也可以改变电荷传输层的能带结构,减少界面复合,调控钙钛矿薄膜形貌,从而提高钙钛

矿器件的性能 [30-32]。Tao 等报道，将富勒烯分子用来修饰 TiO_2 电子传输层，加速电荷转移，钝化 TiO_2/钙钛矿的界面，从而实现高效并且无回滞效应的钙钛矿太阳能电池 [19]。Zuo 等采用丙氨酸自组装分子层 (C_3-SAM) 修饰 ZnO 表面，可以改善界面能带匹配，诱导高质量钙钛矿薄膜的生长，从而显著提升钙钛矿电池的光电转换效率 [33]。虽然基于 SnO_2 电子传输层的钙钛矿电池的效率已经超过 21%，但是对于 SnO_2/钙钛矿界面的电荷传输层特性、电子能带结构的研究依然不够深入 [34,35]。因此，进一步探索研究 SnO_2/钙钛矿的界面特性对提升 SnO_2 基钙钛矿太阳能电池的效率有重要的指导意义。

本节介绍 3-氨基丙基三乙氧基硅烷 (APTES) 的水解形成的自组装分子层 (SAM) 来修饰 SnO_2 电子传输层，改善 SnO_2/钙钛矿吸光层的界面。结果表明，APTES SAM 有以下几个作用：① APTES SAM 可以有效提高 SnO_2 薄膜的表面能，从而诱导形成大晶粒尺寸、低缺陷密度的高质量钙钛矿薄膜；② APTES SAM 的终端基团可以在 SnO_2 薄膜表面形成偶极子，降低了 SnO_2 的功函数，有利于获得更高的开路电压；③ APTES SAM 可以有效减少界面电子的回流，从而减小界面的复合。因此，通过 APTES SAM 修饰 SnO_2/$MAPbI_3$ 界面以后，$MAPbI_3$ 基平面钙钛矿太阳能电池的效率超过 18%，并且器件的开路电压高达 1.16 V。

2. APTES 自组装界面修饰及钙钛矿电池的制备

1) SnO_2 薄膜的制备以及 APTES 自组装界面修饰

(1) SnO_2 薄膜的制备。

将 $SnCl_2 \cdot 2H_2O$ 溶解在无水乙醇中，常温搅拌 3 h，浓度为 0.1 mol/L。将配好的上述前驱液通过旋涂的方式沉积到清洗干净的 FTO 衬底上，旋涂条件为 2000 r/min 持续 45 s。将旋涂好的薄膜放在热台上进行空气退火操作，退火温度为 180℃，退火时间 1 h。

(2) APTES SAM 处理 SnO_2 薄膜表面。

首先将 APTES 溶解在异丙醇中，浓度为 5 mmol/L，并持续搅拌 1 h。然后将制备好的 FTO/SnO_2 衬底浸入上述溶液中，放置数小时。APTES 将会发生水解反应，从而生成自组装分子层桥接在 SnO_2 薄膜表面。待反应结束之后，将 FTO/SnO_2 衬底在干净的异丙醇溶剂中漂洗几遍，然后用氮气吹干即可。

2) 钙钛矿薄膜的制备

首先配制 1.38 mol/L $MAPbI_3$ 钙钛矿前驱液，具体步骤：将 636 mg PbI_2，219 mg MAI 溶解在 800 μL DMF 和 200 μL DMSO 混合溶剂中，60℃ 加热搅拌 3 h。

对于 APTES SAM 处理的 FTO/SnO_2 衬底，直接将溶解好的钙钛矿前驱液，以 1000 r/min (5 s) 和 4000 r/min (30 s) 的方式旋涂在衬底上。在高速旋涂的第 8 s 时将 500 μL 乙醚连续滴加到高速旋转的衬底上。最后将得到的透明中间相薄膜依次在 60℃ 加热 2 min 和 100℃ 加热 10 min，即可得到 MAPbI$_3$ 薄膜。

对于用来对比的 FTO/SnO$_2$ 衬底，在旋涂钙钛矿前驱液之前，需要先用紫外臭氧处理衬底 15 min，以改善钙钛矿薄膜的浸润性。钙钛矿前驱液的旋涂条件保持不变。

3) 空穴传输层和电极的制备

(1) 空穴传输层的配制：将 72.3 mg 的 Spiro-OMeTAD 溶解在 1 mL 的氯苯中，再加入 28.8 μL 的 tBP 以及 17.5 μL 的事先配好的 Li-TFSI (520 mg Li-TFSI 溶解在 1 mL 乙腈中) 溶液，然后将上述溶液常温搅拌，过滤之后即可使用。

(2) 将配制好的空穴传输层溶液旋涂在钙钛矿薄膜表面 (旋涂条件：3000 r/min 旋涂 30 s)。然后将旋涂有空穴传输层的样品置于干燥柜中氧化 12 h，再转移到蒸发镀膜仪，通过热蒸发，沉积厚度大约为 80 nm 的 Au 电极层。这样就可以得到完整的钙钛矿太阳能电池器件。

3. 材料、器件测试表征

X 射线光电子能谱 (XPS) 分析和紫外光电子能谱 (UPS) 分析使用 XPS/UPS 测试系统 (Esclab 250Xi)。傅里叶变换红外光谱 (FTIR) 采用的是 Bruker 公司的 Vertex 70 型号。薄膜的透射谱和吸收谱都是采用紫外–可见光光度计测量 (Cary 5000)。薄膜表面形貌是通过原子力显微镜 (SPM-9500J3, Shimadzu 公司，日本) 进行表征的。采用 Bruker AXS, D8 系列 X 射线衍射仪对 SnO$_2$ 膜的结晶质量进行测量分析。稳态光致发光谱则是采用荧光光谱仪 (FLS 900)，以 532 nm 的激光作为激发源。薄膜的表面、截面形貌采用高分辨场发射扫描电镜 (JSM 6700F, FEI Nova Nano-SEM 450) 表征。器件的 J-V 曲线采用电化学工作站 CHI660D 测量，扫描速度为 0.1 V/s。钙钛矿太阳能电池的入射单色光子–电子转换效率 (IPCE) 采用 QE-R 3011 测试系统，测试波长范围为 300~800 nm。

4. 结果与讨论

1) APTES SAM 修饰 SnO$_2$ 薄膜后的表面性质

经过紫外臭氧处理的 SnO$_2$ 薄膜表面含有大量的羟基 (—OH)，容易和 APTES 中的甲氧基发生缩合反应，形成 Sn—O—Si 键，从而在 SnO$_2$ 薄膜表面形成一层单分子层或者比较薄的分子修饰层 (这里我们将其认定为单分子层)[36]。但是通过表面形貌很难观察到硅烷自组装分子层的存在。因此，我们使用 X 射线光电子能谱分析 APTES 处理 SnO$_2$ 薄膜后的表面变化。如图 5.6 所示，当 SnO$_2$ 薄膜经过 APTES SAM 处理之后，我们可以明显观察到结合能位于 103.1 eV 和 401.2 eV 的特征峰，它们分别对应于 Si 2p 和 N 1s。这也说明当 SnO$_2$ 薄膜在有机硅烷稀释溶液中浸泡之后，有机硅烷分子会生长到 SnO_2 薄膜表面。为了进一步证实硅烷自组装分子层是否在 SnO_2 表面形成，我们采用傅里叶红外光谱仪测试了 APTES 处理前后的 SnO_2 薄膜样品的 FTIR 光谱。在经过 APTES 处理的 SnO_2 样品中，我们在 $3500~cm^{-1}$ 附近观察到了较强的吸收带，对应于 —NH_2 对称伸缩振动。我们同时也在 $1100~cm^{-1}$ 附近观察到了 Si—O—Si 的伸缩振动峰，这就表明有机硅烷分子已经成功自组装到 SnO_2 薄膜表面。

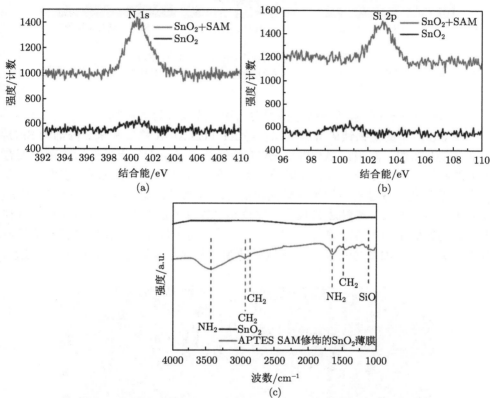

图 5.6 APTES SAM 修饰和未修饰的 SnO_2 薄膜的 (a)、(b) X 射线光电子能谱和 (c) 傅里叶红外光谱图谱[37]

APTES SAM 的引入对 SnO_2 薄膜的表面能也有一定的影响。如图 5.7 所示，我们测量了极性溶剂 DMF 在 APTES SAM 处理的 SnO_2 薄膜和未处理的 SnO_2 薄膜表面的接触角。未处理的 SnO_2 薄膜表面的接触角高达 71°，而经过 APTES SAM 修饰后的 SnO_2 薄膜表面的接触角大大降低，数值为 39°，说明 APTES SAM 可以增大 SnO_2 的表面能。同时我们也对比测试了用紫外臭氧处理的 SnO_2 薄膜表面的接触角，其测量结果为 4.17°。为了更好地铺展钙钛矿前驱液，我们一般在旋涂钙钛矿前驱液之前，对所需要旋涂的衬底进行紫外臭氧处理，以增加衬底的浸润性，方便钙钛矿前驱液的铺展。而对于 APTES SAM 处理的 SnO$_2$ 薄膜表面，由于其有很好的浸润性，故不需要对衬底进行紫外臭氧处理操作。

图 5.7　DMF 溶剂在不同衬底表面的接触角

(a) SnO$_2$ 薄膜；(b) APTES SAM 处理的 SnO$_2$ 薄膜；(c) 紫外臭氧处理 SnO$_2$ 薄膜 [37]

2) APTES SAM 修饰 SnO$_2$ 薄膜对钙钛矿成膜质量的影响

图 5.8 展示的是钙钛矿薄膜沉积在经 APTES SAM 修饰和未经修饰的 SnO$_2$ 表面 SEM 图像。沉积在 APTES SAM 修饰的 SnO$_2$ 表面上的钙钛矿薄膜拥有更大的晶粒，这是由于，当钙钛矿薄膜沉积在具有更低表面能的衬底表面时，在一步反溶剂法制备过程中的钙钛矿晶粒的异质成核过程受到抑制，钙钛矿薄膜的晶粒尺寸显著增大，晶粒边界减小，导致光生载流子在晶界处的复合减小，有利于提高钙钛矿电池的 V_{oc} 和 J_{sc}。同时，具有大晶粒尺寸的钙钛矿薄膜的结晶质量也大大提高。如图 5.9 所示，钙钛矿薄膜的结晶质量通过 XRD 进行了表征。

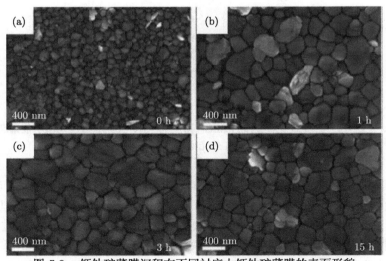

图 5.8　钙钛矿薄膜沉积在不同衬底上钙钛矿薄膜的表面形貌

(a) 未用 APTES SAM 处理 SnO$_2$ 表面；不同的 APTES SAM 处理时间：(b) 1 h, (c) 3 h, (d) 15 h [37]

生长在经 APTES SAM 处理和未处理的衬底上的钙钛矿薄膜的晶体取向表现一致, 都具有 (110), (220), (310) 取向的特征峰。但是生长在 APTES SAM 处理后的 SnO$_2$ 表面的钙钛矿薄膜的特征峰的强度显著增强, 表明钙钛矿薄膜具有更好的结晶性。

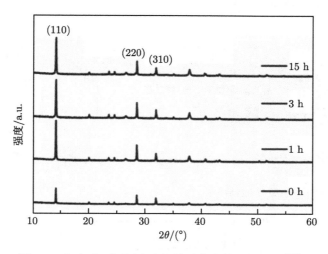

图 5.9   沉积在不同衬底上钙钛矿薄膜的 XRD 谱 [37]

3) APTES SAM 界面修饰的钙钛矿电池的光伏性能研究与分析

如图 5.10(a) 所示, 我们制备了平面结构钙钛矿太阳能电池, 其器件结构为 FTO/SnO$_2$(有/没有 APTES SAM)/MAPbI$_3$/Spiro-OMeTAD/Au。首先我们研究了 SnO$_2$ 衬底在 APTES 反应液中的浸泡时间对平面钙钛矿电池器件光伏性能的影响, 相应的 J-V 曲线如图 5.10(b) 所示, 具体的光伏参数如表 5.3 所示。实验结果表明, 最佳的浸泡时间为 3 h。当处理时间更长时, 由于 APTES SAM 的绝缘特性, 电子在 SnO$_2$/钙钛矿界面的传输则会受阻, 从而导致器件的性能下降。在使用合适浸泡时间的 APTES SAM 处理之后, 钙钛矿器件的各项光伏性能参数都有一定的提高。其中, 钙钛矿器件 V_{oc} 的提升最为明显。

为了揭示钙钛矿器件 V_{oc} 显著提高的原因, 我们首先研究了 APTES SAM 处理之后对 SnO$_2$ 薄膜电学性质的影响。我们使用开尔文探针, 测试了 APTES SAM 处理 SnO$_2$ 薄膜后其表面功函数的变化, 如图 5.11 所示。我们明显观察到, 经过 APTES SAM 处理之后, 由于在 SnO$_2$ 薄膜表面诱导形成偶极矩, 从而使 SnO$_2$ 薄膜的表面功函数显著降低, 从 4.74 eV 降低到 4.54 eV。而功函数的降低则有利于增强钙钛矿器件的内建电场, 提高载流子的分离效率, 实现更好的能带匹配, 提高开路电压 [38]。为了进一步验证经过 APTES SAM 处理之后, 钙钛矿器件的内建电场增强，我们又研究了 SnO_2/钙钛矿的结构特性。如图 5.12 所示，我们对 FTO/SnO_2/MAPbI$_3$/Au 和 FTO/SnO_2+SAM/MAPbI$_3$/Au 两组器件进行了电容–电压测试，并且绘制出了相应的莫特–肖特基 (Mott-Schottky) 曲线。从莫特–肖特基曲线我们可以明显看出，经过 APTES SAM 修饰之后，钙钛矿器件的内建电场提高了大约 0.1 V。

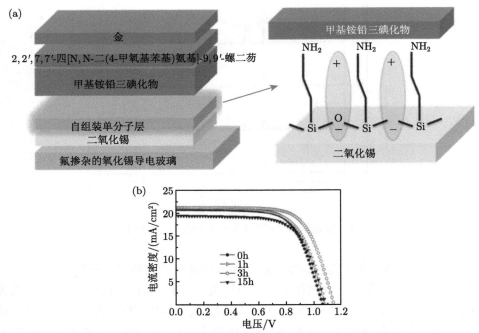

图 5.10   (a) 平面钙钛矿太阳能电池的器件结构图和 (b) *J-V* 曲线 [37]

表 5.3   基于 SnO_2 衬底在 APTES 中不同浸泡时间的钙钛矿电池光伏参数 [37]

时间/h	V_{oc}/V	J_{sc}/(mA/cm^2)	FF	PCE/%
0	1.065	20.84	0.662	14.69
1	1.085	21.04	0.663	15.14
3	1.160	21.23	0.692	17.03
15	1.085	19.43	0.671	14.15

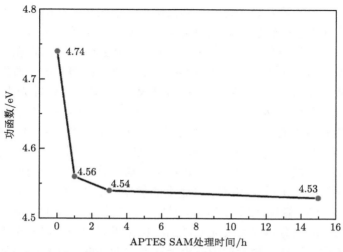

图 5.11 开尔文探针测量 APTES SAM 处理前后，SnO$_2$ 薄膜表面的功函数 [37]

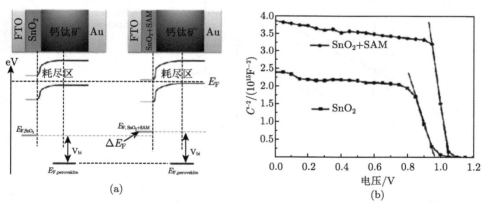

图 5.12 (a) 钙钛矿器件的能带示意图和 (b) 莫特–肖特基曲线 (C-V 曲线)[37]

进一步地，我们通过直流电流电压法直接测量了 APTES SAM 处理前后 SnO$_2$ 薄膜的导电性，如图 5.13(a) 所示。具有长烷基链的 APTES SAM 在 SnO$_2$/钙钛矿界面充当一层薄薄的绝缘势垒层。这层绝缘势垒层可以有效阻止电子的回流，从而有效抑制界面的载流子复合，提高 V_{oc} 和 FF。图 5.13(b) 显示的是暗态情况下钙钛矿器件的 J-V 曲线，APTES SAM 界面修饰的钙钛矿电池具有更低的漏电流以及更高的整流比，从而与相应钙钛矿器件更高的 V_{oc} 保持一致。同时，我们又运用了瞬态光致发光和时间分辨光致发光光谱研究了载流子的界面传输动力学。当钙钛矿层受到入射激光的激发时，产生的电子与空穴会由于辐射复合发光产生一定波长的光致发光光谱。当钙钛矿吸光层与电子传输层接触时，一定比例的电子会注入电子传输层中，从而引起光致发光光谱的猝灭效应，光致发光光谱的强度则会相应地降低。图 5.13(c) 显示的是钙钛矿薄膜沉积在不同衬底上的稳态光致发光光谱。相比于沉积在玻璃衬底上的钙钛矿薄膜的光致发光光谱，当钙钛矿层直接与 SnO$_2$ 层相接触时，我们观察到明显的光致发光光谱猝灭现象，表明光生载流子发生了转移。当钙钛矿层沉积在 APTES SAM 修饰的 SnO$_2$ 衬底上时，钙钛矿薄膜的光致发光光谱出现了更为显著的猝灭现象，表明 APTES SAM 修饰之后的 SnO$_2$ 层具有更强的电子抽取能力。同时，我们又运用了时间分辨光致发光光谱测试进一步验证了上述结果。通过分析和拟合时间分辨光致发光光谱数据，钙钛矿层沉积在 SnO$_2$ 衬底上的载流子的平均寿命时间为 17.001 ns。而在 APTES SAM 修饰之后的 SnO$_2$ 衬底上，钙钛矿薄膜的载流子的寿命只有 3.778 ns。稳态和时间分辨光致发光光谱的测试结果表明，APTES SAM 修饰 SnO$_2$ 电子传输层之后，钙钛矿吸光层中载流子在界面的抽取和转移能力都明显加强。

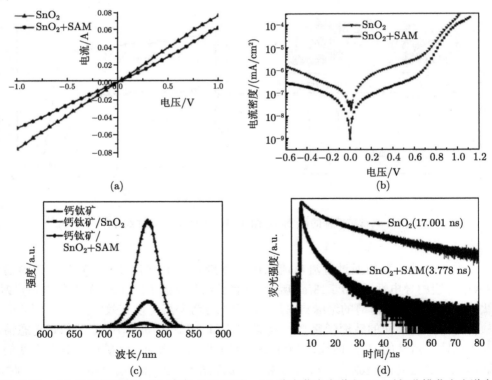

图 5.13   (a) 导电性测试；(b) 暗态 J-V 测试；(c) 稳态荧光光谱和 (d) 时间分辨荧光光谱表征[38]

为了进一步提高钙钛矿电池的光伏性能以及减少器件的 J-V 曲线的回滞现象，我们通过在钙钛矿前驱液中加入 $Pb(SCN)_2$ 添加剂来提高钙钛矿薄膜质量。我们之前的研究结果表明，$Pb(SCN)_2$ 添加剂可以明显地提高钙钛矿薄膜的成膜和结晶质量，从而提高钙钛矿器件的光伏性能、减少 J-V 曲线的回滞[39]。在这里，我们在 SnO_2/APTES SAM 为电子传输层的衬底上制备了高质量的 $MAPbI_3$ ($Pb(SCN)_2$) 薄膜，相应器件的截面 SEM 图像如图 5.14(a) 所示。我们制备的最佳性能的钙钛矿器件取得了 18.32% 的反扫效率（正扫效率为 17.74%）以及 17.54% 的稳态输出效率。我们也测试了对应钙钛矿器件的 IPCE，从 IPCE 结果得到的积分电流与器件的 J-V 曲线得到的短路电流基本保持一致。

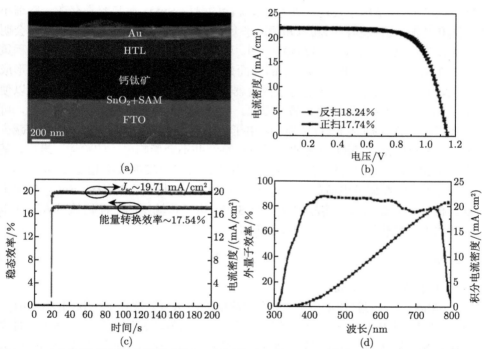

图 5.14　(a) 钙钛矿电池的截面形貌 SEM 图以及 (b) 钙钛矿器件的 J-V 曲线、(c) 最大功率点的稳态输出曲线和 (d) IPCE 测试曲线[37]

我们使用 APTES SAM 自组装分子层修饰了 SnO_2/$MAPbI_3$ 的界面，显著提升 SnO_2 基平面钙钛矿电池的性能。我们系统性地研究了自组装分子的修饰 SnO_2/$MAPbI_3$ 界面提升钙钛矿器件性能的机制。通过研究分析，我们发现，APTES SAM 可以调控钙钛矿薄膜的成核生长过程，诱导大晶粒钙钛矿薄膜的形成；同时，由于 APTES SAM 的终端基团可以在 SnO_2 薄膜表面形成偶极子，降低了 SnO_2 薄膜的功函数，增加了内建电势，有利于获得更高的开路电压；除此之外，APTES SAM

可以有效地减少界面电子的回流,进一步抑制界面复合。最终,经过 APTES SAM 的界面修饰后,MAPbI$_3$ 基的平面钙钛矿太阳能电池的效率超过了 18%,并且器件的开路电压达到了 1.16 V,表明具有非常低的非辐射复合损失。

5.4　氧化镁底层修饰

1. 简介

基于低温溶液工艺制备 SnO$_2$ 作为电子传输层的平面结构的钙钛矿太阳能电池,由于没有使用传统的介孔层,单层的 SnO$_2$ 需要在传输电子的同时也要有效阻挡空穴 [40]。在实验中发现,使用溶液旋涂的薄层 SnO$_2$ 薄膜容易存在一些细小的裂缝和孔洞,造成器件的漏电和载流子复合 [41]。如果增加 SnO$_2$ 厚度,则会明显增加器件串联电阻,影响电荷输运 [42]。因此,这里提供了一种新的界面工程策略,即在阳极和 SnO$_2$ 电子传输层的界面处引入超薄的 MgO 空穴阻挡层,形成 SnO$_2$/MgO 双薄层结构,从而有效改善器件性能。一方面,MgO 的薄层可以使 FTO 更平滑并钝化表面缺陷。另一方面,由于 MgO 层的宽带隙和绝缘特性,可以有效阻挡空穴并抑制 FTO / SnO$_2$ 电子传输层界面处的电子–空穴复合,减少漏电,更重要的是,MgO 具备的电子隧穿特性并不会影响电子的输运。最后,基于 SnO$_2$/MgO 双薄层结构的钙钛矿太阳能电池的光电转换效率超过 18%。本节介绍 MgO 材料在调节电荷载流子传输中的作用,并揭示了在阳极/ SnO$_2$ 界面上的复合机制,为提高基于溶液法制备的 SnO$_2$ 电子传输层的平面钙钛矿太阳能电池器件的性能提供了一种有效的技术手段。

2. 基于 MgO 底层修饰的钙钛矿电池制备

1) 电子传输层的制备

(1) MgO 空穴阻挡层的制备:将不同浓度的四水合醋酸镁 (Mg(CH$_3$COOH)$_2$·4H$_2$O) 溶解在去离子水中,充分溶解之后,将溶液旋涂在清洗干净的 FTO 衬底上,旋涂条件是 4000 r/min 持续 30 s。旋涂完之后在空气中退火半个小时,退火温度为 400 ℃。

(2) SnO$_2$ 电子传输层的制备:将二水合氯化亚锡 (SnCl$_2$·2H$_2$O) 溶解在无水乙醇中作为前驱体溶液,浓度为 0.1 mol/L;然后,使用匀胶机将 SnO$_2$ 前驱体溶液旋涂在 FTO 衬底或 FTO/MgO 衬底上,旋涂条件是 3000 r/min 持续 30 s;旋涂结束之后,将 SnO$_2$ 衬底放置到热台上,从 60 ℃ 开始梯度升温退火,最后在 200 ℃ 的空气中加热 1 h。

2) 钙钛矿吸光层的制备

将 MAI 和 PbI$_2$(1 : 1,mol / mol) 溶解在二甲基亚砜 (DMSO) 和 N,N-二

甲基甲酰胺 (DMF) 的混合溶液中，MAPbI$_3$ 前驱体溶液浓度为 1.38 mol/L。将溶液放在氩气手套箱中 60 ℃ 搅拌至充分溶解，将前驱体溶液均匀旋涂在有电子传输层的衬底上。先以低速 1000 r/min 旋转 5 s，再以高速 4000 r/min 旋转 40 s。在高速旋涂阶段，快速将约 300 μL 氯苯溶液滴入钙钛矿薄膜，然后将钙钛矿薄膜放置在热台上 100℃ 加热 10 min。

3) 空穴传输层的制备

首先将 72.3 mg/mL Spiro-OMeTAD 溶液溶解在氯苯中，然后将 28.8 μL tBP 和 17.5 μL 溶解在乙腈中的 Li-TFSI(520 mg/mL) 作为添加剂掺杂到上述溶液中。充分搅拌至溶解之后，将空穴传输层溶液旋涂在钙钛矿薄膜表面，条件为 3000 r/min 旋涂 30 s。

4) 电极的制备

将衬底放置在热蒸镀仪器中，沉积金电极作为背电极，厚度大约 80 nm，金电极的面积为 0.09 cm^2，金丝的纯度为 99.99％。

3. 器件表征

1) 电池器件结构

图 5.15(a) 展示了完整的钙钛矿器件结构：以 FTO 或 ITO 导电玻璃作为阳极，MgO 纳米层作为空穴阻挡层 (MgO 不连续地分布在阳极表面)，SnO$_2$ 薄膜作为电子传输层，MAPbI$_3$ 作为钙钛矿吸收层，Spiro-OMeTAD 作为空穴传输层，Au 作为背电极。能带图如图 5.15(b) 所示。MgO 具有约 7.8 eV 的宽带隙，可确

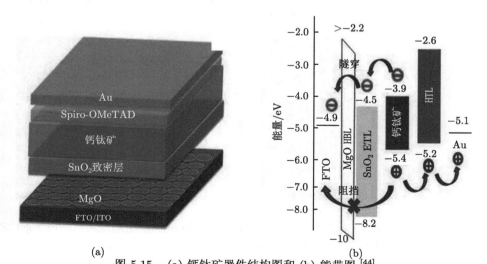

图 5.15　(a) 钙钛矿器件结构图和 (b) 能带图[44]

FTO：氟掺杂的氧化锡；ITO：锡掺杂的氧化铟；HBL：空穴阻挡层；HTL：空穴传输层；ETL：电子传输层

保在钙钛矿吸收层到 FTO 负极的电荷传输过程中有效地阻止电荷复合。较低的价带位置可增强阻挡空穴的能力,并且,MgO 是良好的隧穿材料且非常薄,因此电子可以轻易地隧穿 MgO 膜,而不影响电荷输运 [43]。

2) MgO 薄膜的性质

通过旋涂工艺将 MgO 空穴阻挡层沉积在阳极基板上。为了确认在阳极上成功沉积了 MgO 纳米层,这里测试了 X 射线光电子能谱 (XPS)。图 5.16(a) 中位于 1303.21 eV 的结合能是 Mg 1s 特征峰,而在 531.01 eV 的结合能处对应于 O 1s 峰,即 MgO 中的 O^{2-},XPS 的结果证明了 Mg 和 O 的存在,说明 MgO 膜成功地沉积在阳极上。进一步对所制备的 MgO 纳米层进行了透射电子显微镜 (TEM) 研究,以表征其形貌和结晶度。如图 5.16(c) 所示,观察到一个超薄的 MgO 纳米薄层结构。对相应的区域进行选区电子衍射 (SAED) 图像分析 (图 5.16(d)) 可以看到,该 MgO 纳米层具有多晶结构 [45]。

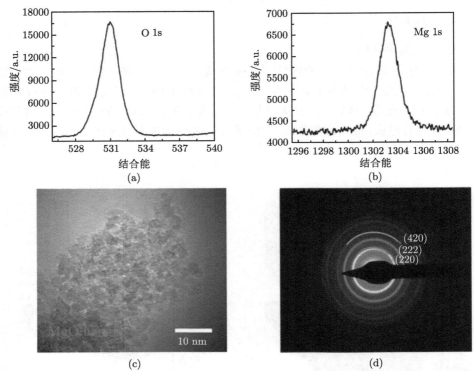

图 5.16　(a) 在玻璃基板上沉积的 MgO 膜的 O 1s 峰;(b) Mg 1s 的 XPS 光谱;(c) MgO 纳米晶膜的 TEM 图像;(d) MgO 纳米晶膜的 SAED 图像 [44]

3) 基于溶液法制备 SnO_2 和 SnO_2/MgO 复合电子传输层的平面钙钛矿电池

性能

　　我们构筑了完整的光伏器件，并测试了器件效率，如图 5.17(b) 所示，钙钛矿太阳能电池使用 SnO_2 和 SnO_2/MgO 电子传输层的最佳效率分别为 16.43%

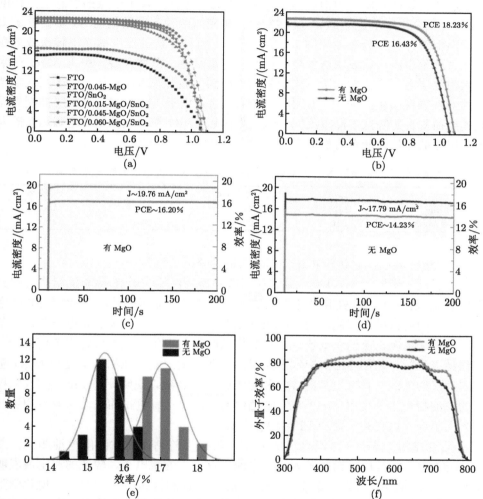

图 5.17　(a) 基于 FTO 阳极表面沉积不同厚度 MgO 空穴阻挡层的钙钛矿太阳能电池的 *J-V* 曲线；(b) 钙钛矿太阳能电池分别使用 SnO_2 和 SnO_2/MgO 电子传输层的最佳效率曲线对比；(c) 钙钛矿太阳能电池使用 SnO_2/MgO 电子传输层的稳态输出效率；(d) 钙钛矿太阳能电池使用 SnO_2 电子传输层的稳态输出效率；(e) 钙钛矿太阳能电池分别使用 SnO_2 和 SnO_2/MgO 电子传输层的效率统计分布图；(f) 钙钛矿太阳能电池分别使用 SnO_2 和 SnO_2/MgO 电子传输层的 IPCE 曲线 [44]

和 18.23%。同时测量了相应的稳态效率,结果分别如图 5.17(c) 和 5.17(d) 所示,在施加电压为 0.82 V 的情况下,使用 MgO 空穴阻挡的钙钛矿太阳能电池实现了 19.76 mA/cm² 的稳态电流密度和 16.20% 的稳态效率;而没有 MgO 空穴阻挡层的钙钛矿太阳能电池在施加 0.80 V 的电压下实现了较低的稳态电流密度 (17.79 mA/cm²) 和稳态效率 (14.23%)。相应的两种不同结构的 30 个钙钛矿太阳能电池统计效率分布图如图 5.17(e) 所示,每种结构的器件的光电转换效率变化在合理范围内,这表明器件具有良好的可重复性。总体来看,引入 MgO 纳米空穴阻挡层之后,器件的所有光伏参数均得到了显著改善,使用 MgO 空穴阻挡层的器件表现出更高的 IPCE(图 5.17(f)),这是由于 MgO 空穴阻挡层抑制界面处的电荷复合和降低了漏电流。这些结果证明,MgO 空穴阻挡层对增强钙钛矿太阳能电池的光伏性能有着积极作用。

表 5.4　使用和不使用 MgO 空穴阻挡层的钙钛矿太阳能电池的最佳光伏参数 [44]

	V_{oc}/V	J_{sc}/(mA/cm²)	FF	PCE/%
无 MgO	1.07	21.63	0.71	16.43
使用 MgO	1.10	22.70	0.73	18.23

4) MgO 界面层对传输和复合影响的机制分析

为了进一步探讨 MgO 空穴阻挡层对改善器件性能的影响,这里测量了开路光电压衰减、暗态 J-V 特性和电化学阻抗谱。图 5.18(a) 显示了使用/不使用 MgO 空穴阻挡层的钙钛矿太阳能电池的电压衰减曲线。这项测试记录了光电压在黑暗条件下的衰减情况,可以从高压区和指数增长区得到电子空穴复合过程的信息 [46]。测试结果表明,使用 MgO 空穴阻挡层的钙钛矿太阳能电池相对于没有 MgO 空穴阻挡层的电池,具有更高的 V_{oc} 和更慢的 V_{oc} 衰减。说明使用 MgO 空穴阻挡层的电池相对于不使用 MgO 空穴阻挡层的电池,具有更长的载流子寿命和更低的界面复合,这有利于增加 FF 和 V_{oc}[47]。

图 5.18(b) 显示,与没有 MgO 空穴阻挡层的钙钛矿太阳能电池相比,使用 MgO 空穴阻挡层的钙钛矿太阳能电池具有更小的漏电流。较低的漏电流表明 MgO 空穴阻挡层可以防止漏电,有利于 J_{sc} 和 FF 的提高 [48]。这里通过电化学阻抗谱测量研究了钙钛矿型太阳能电池中的界面电荷传输和复合情况。图 5.18(c) 显示了在黑暗条件下使用/不使用 MgO 空穴阻挡层的钙钛矿太阳能电池的奈奎斯特图,可以从低频范围内的半圆半径计算出钙钛矿太阳能电池的复合电阻 (R_{rec})。具有 MgO 空穴阻挡层的钙钛矿太阳能电池具有较大的 R_{rec},表明 MgO 空穴阻挡层可以抑制钙钛矿和阳极界面的电子复合 [49]。图 5.18(d) 显示了在高频范围内的不完整半圆,半圆的大小与接触电阻 (R_{co}) 和电容相关。使用 MgO 空穴阻挡层的钙钛矿太阳能电池表现出较低的 R_{co} 值,表明在电子传输层和钙钛矿界面处

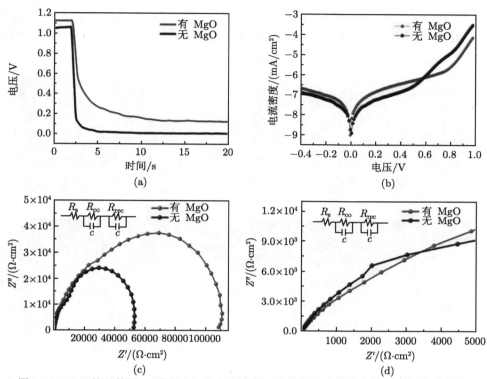

图 5.18 (a) 基于使用/不使用 MgO 空穴阻挡层的钙钛矿太阳能电池的电压衰减曲线;
(b) 基于使用/不使用 MgO 空穴阻挡层的钙钛矿太阳能暗态下测量的器件的 J-V 特性;
(c) 完整范围的奈奎斯特图; (d) 在高频范围放大的电池的奈奎斯特图[44]

的电荷抽取更容易。R_{co} 稍低的主要原因是,MgO 填充了阳极表面的凹陷,使其呈现出更平整的表面,钝化了表面的缺陷,改善了阳极和 SnO_2 电子传输层的接触。较低的 R_{co} 值有利于钙钛矿太阳能电池获得较高的 J_{sc}。此外,高频下实轴上的截距值对应于电池的串联电阻 R_s。值得注意的是,使用/不使用 MgO 的钙钛矿太阳能电池的串联电阻 R_s 几乎相等,这表明 MgO 薄膜并没有明显影响到钙钛矿太阳能电池的 R_s。

为了进一步阐释 MgO 在界面发挥的作用,这里绘制了相应的示意图。均匀、致密、无孔洞的电子传输层是决定钙钛矿太阳能电池性能的关键因素[50]。表面的缺陷会在半导体的能级间隙中引入复合中心能级,影响电荷的输运[28]。从图5.19(b) 可以发现用溶液法制备的电子传输层并不能充分覆盖阳极的表面,存在一些微孔和裂纹。如图 5.19(c) 所示,旋涂在电子传输层上的钙钛矿可能会渗透穿过 SnO_2 晶粒之间的微孔。这会导致 FTO 基板和钙钛矿吸收层之间的直接接触,造成严重的漏电和界面处的电子–空穴复合[51]。为了阻止电极和钙钛矿之间的直接接触，这里引入了宽带隙 MgO 空穴阻挡层，和 SnO_2 形成双薄层结构。MgO 空穴阻挡层可以抑制钙钛矿渗入阳极表面，从而减小了漏电和载流子界面复合的可能性，提升了器件的性能。

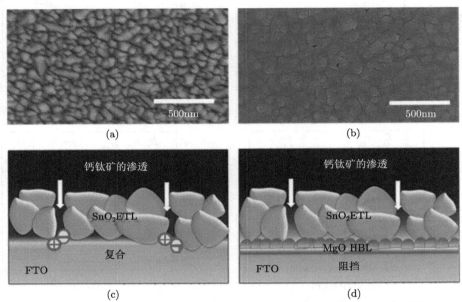

图 5.19　(a) FTO 玻璃衬底和 (b) 沉积在 FTO 衬底上的 SnO_2 薄膜的 SEM 图像；(c) 和 (d) MgO 空穴阻挡层有效阻止钙钛矿穿透 SnO_2 微孔直接接触 FTO 表面的原理示意图[44]

参 考 文 献

[1] van Reenen S, Kemerink M, Snaith H J. Modeling anomalous hysteresis in perovskite solar cells [J]. The Journal of Physical Chemistry Letters, 2015, 6(19): 3808-3814.

[2] Snaith H J, Abate A, Ball J M, et al. Anomalous hysteresis in perovskite solar cells [J]. The Journal of Physical Chemistry Letters, 2014, 5(9): 1511-1515.

[3] Kim H S, Park N G. Parameters affecting I-V hysteresis of $CH_3NH_3PbI_3$ perovskite solar cells: effects of perovskite crystal size and mesoporous TiO_2 layer [J]. The Journal of Physical Chemistry Letters, 2014, 5(17): 2927-2934.

[4] Tress W, Marinova N, Moehl T, et al. Understanding the rate-dependent J-V hysteresis, slow time component, and aging in $CH_3NH_3PbI_3$ perovskite solar cells: the role of a compensated electric field [J]. Energy & Environmental Science, 2015, 8(3): 995-1004.

[5] Shao Y, Xiao Z, Bi C, et al. Origin and elimination of photocurrent hysteresis by fullerene passivation in $CH_3NH_3PbI_3$ planar heterojunction solar cells [J]. Nature Communications, 2014, 5(1): 1-7.

[6] Eames C, Frost J M, Barnes P R F, et al. Ionic transport in hybrid lead iodide perovskite solar cells [J]. Nature Communications, 2015, 6(1): 1-8.

[7] De Bastiani M, Dell'Erba G, Gandini M, et al. Ion migration and the role of preconditioning cycles in the stabilization of the J-V characteristics of inverted hybrid perovskite solar cells [J]. Advanced Energy Materials, 2016, 6(2): 1501453.

[8] Chen B, Yang M, Zheng X, et al. Impact of capacitive effect and ion migration on the hysteretic behavior of perovskite solar cells[J]. The Journal of Physical Chemistry Letters, 2015, 6(23): 4693-4700.

[9] Kim H S, Jang I H, Ahn N, et al. Control of I-V hysteresis in $CH_3NH_3PbI_3$ perovskite solar cell [J]. The Journal of Physical Chemistry Letters, 2015, 6(22): 4633-4639.

[10] Wei J, Zhao Y, Li H, et al. Hysteresis analysis based on the ferroelectric effect in hybrid perovskite solar cells [J]. The Journal of Physical Chemistry Letters, 2014, 5(21): 3937-3945.

[11] Yun J S, Ho-Baillie A, Huang S, et al. Benefit of grain boundaries in organic-inorganic halide planar perovskite solar cells [J]. The Journal of Physical Chemistry Letters, 2015, 6(5): 875-880.

[12] Jeon N J, Noh J H, Yang W S, et al. Compositional engineering of perovskite materials for high-performance solar cells [J]. Nature, 2015, 517(7535): 476-480.

[13] Yang W S, Noh J H, Jeon N J, et al. High-performance photovoltaic perovskite layers fabricated through intramolecular exchange [J]. Science, 2015, 348(6240): 1234-1237.

[14] Bi C, Wang Q, Shao Y, et al. Non-wetting surface-driven high-aspect-ratio crystalline grain growth for efficient hybrid perovskite solar cells [J]. Nature Communications, 2015, 6(1): 1-7.

[15] Kim Y C, Jeon N J, Noh J H, et al. Beneficial effects of PbI_2 incorporated in organo-lead halide perovskite solar cells [J]. Advanced Energy Materials, 2016, 6(4): 1502104.

[16] Xiao Z, Dong Q, Bi C, et al. Solvent annealing of perovskite-induced crystal growth for photovoltaic-device efficiency enhancement [J]. Advanced Materials, 2014, 26(37): 6503-6509.

[17] Wojciechowski K, Stranks S D, Abate A, et al. Heterojunction modification for highly efficient organic-inorganic perovskite solar cells [J]. ACS Nano, 2014, 8(12): 12701-12709.

[18] Abrusci A, Stranks S D, Docampo P, et al. High-performance perovskite-polymer hybrid solar cells via electronic coupling with fullerene monolayers [J]. Nano Letters, 2013, 13(7): 3124-3128.

[19] Tao C, Neutzner S, Colella L, et al. 17.6% stabilized efficiency in low-temperature processed planar perovskite solar cells [J]. Energy & Environmental Science, 2015, 8(8): 2365-2370.

[20] Kim J, Kim G, Kim T K, et al. Efficient planar-heterojunction perovskite solar cells achieved via interfacial modification of a sol-gel ZnO electron collection layer [J]. Journal of Materials Chemistry A, 2014, 2(41): 17291-17296.

[21] Li Y, Zhao Y, Chen Q, et al. Multifunctional fullerene derivative for interface engineering in perovskite solar cells [J]. Journal of the American Chemical Society, 2015, 137(49): 15540-15547.

[22] Jena A K, Chen H W, Kogo A, et al. The interface between FTO and the TiO_2 compact layer can be one of the origins to hysteresis in planar heterojunction perovskite solar cells [J]. ACS Applied Materials & Interfaces, 2015, 7(18): 9817-9823.

[23] Ke W, Zhao D, Xiao C, et al. Cooperative tin oxide fullerene electron selective layers for high-performance planar perovskite solar cells [J]. Journal of Materials Chemistry A, 2016, 4(37): 14276-14283.

[24] Jeon N J, Noh J H, Yang W S, et al. Compositional engineering of perovskite materials for high-performance solar cells [J]. Nature, 2015, 517(7535): 476-480.

[25] Jeon N J, Na H, Jung E H, et al. A fluorene-terminated hole-transporting material for highly efficient and stable perovskite solar cells [J]. Nature Energy, 2018, 3(8): 682-689.

[26] Wang L, Zhou H, Hu J, et al. A Eu^{3+}-Eu^{2+} ion redox shuttle imparts operational durability to Pb-I perovskite solar cells [J]. Science, 2019, 363(6424): 265-270.

[27] Zhao Y, Tan H, Yuan H, et al. Perovskite seeding growth of formamidinium-lead-iodide-based perovskites for efficient and stable solar cells [J]. Nature Communications, 2018, 9(1): 1-10.

[28] Yang G, Tao H, Qin P, et al. Recent progress in electron transport layers for efficient perovskite solar cells [J]. Journal of Materials Chemistry A, 2016, 4(11): 3970-3990.

[29] Yang Z, Dou J, Wang M. Interface engineering in n-i-p metal halide perovskite solar cells [J]. Solar RRL, 2018, 2(12): 1800177.

[30] Min J, Zhang Z G, Hou Y, et al. Interface engineering of perovskite hybrid solar cells with solution-processed perylene-diimide heterojunctions toward high performance [J]. Chemistry of Materials, 2015, 27(1): 227-234.

[31] Zhou H, Chen Q, Li G, et al. Interface engineering of highly efficient perovskite solar cells [J]. Science, 2014, 345(6196): 542-546.

[32] Bai Y, Meng X, Yang S. Interface engineering for highly efficient and stable planar p-i-n perovskite solar cells [J]. Advanced Energy Materials, 2018, 8(5): 1701883.

[33] Zuo L, Gu Z, Ye T, et al. Enhanced photovoltaic performance of $CH_3NH_3PbI_3$ perovskite solar cells through interfacial engineering using self-assembling monolayer [J]. Journal of the American Chemical Society, 2015, 137(7): 2674-2679.

[34] Anaraki E H, Kermanpur A, Steier L, et al. Highly efficient and stable planar perovskite solar cells by solution-processed tin oxide [J]. Energy & Environmental Science, 2016, 9(10): 3128-3134.

[35] Song S, Kang G, Pyeon L, et al. Systematically optimized bilayered electron transport layer for highly efficient planar perovskite solar cells ($\eta = 21.1\%$) [J]. ACS Energy Letters, 2017, 2(12): 2667-2673.

[36] Sun Y, Yanagisawa M, Kunimoto M, et al. Estimated phase transition and melting temperature of APTES self-assembled monolayer using surface-enhanced anti-stokes

and stokes Raman scattering [J]. Applied Surface Science, 2016, 363: 572-577.

[37] Yang G, Wang C, Lei H, et al. Interface engineering in planar perovskite solar cells: energy level alignment, perovskite morphology control and high performance achievement [J]. Journal of Materials Chemistry A, 2017, 5(4): 1658-1666.

[38] Lim K G, Kim H B, Jeong J, et al. Boosting the power conversion efficiency of perovskite solar cells using self-organized polymeric hole extraction layers with high work function [J]. Advanced Materials, 2014, 26(37): 6461-6466.

[39] Ke W, Xiao C, Wang C, et al. Employing lead thiocyanate additive to reduce the hysteresis and boost the fill factor of planar perovskite solar cells [J]. Advanced Materials, 2016, 28(26): 5214-5221.

[40] Kulkarni A, Jena A K, Chen H W, et al. Revealing and reducing the possible recombination loss within TiO_2 compact layer by incorporating MgO layer in perovskite solar cells [J]. Solar Energy, 2016, 136: 379-384.

[41] Azmi R, Hwang S, Yin W, et al. High efficiency low-temperature processed perovskite solar cells integrated with alkali metal doped ZnO electron transport layers [J]. ACS Energy Letters, 2018, 3(6): 1241-1246.

[42] Yin X, Xu Z, Guo Y, et al. Ternary oxides in the TiO_2-ZnO system as efficient electron-transport layers for perovskite solar cells with efficiency over 15% [J]. ACS Applied Materials & Interfaces, 2016, 8(43): 29580-29587.

[43] Han G S, Chung H S, Kim B J, et al. Retarding charge recombination in perovskite solar cells using ultrathin MgO-coated TiO_2 nanoparticulate films [J]. Journal of Materials Chemistry A, 2015, 3(17): 9160-9164.

[44] Ma J, Yang G, Qin M, et al. MgO nanoparticle modified anode for highly efficient SnO_2-based planar perovskite solar cells [J]. Advanced Science, 2017, 4(9): 1700031.

[45] Taguchi T, Zhang X, Sutanto I, et al. Improving the performance of solid-state dye-sensitized solar cell using MgO-coated TiO_2 nanoporous film [J]. Chemical Communications, 2003 (19): 2480-2481.

[46] Xiong L, Qin M, Yang G, et al. Performance enhancement of high temperature SnO_2-based planar perovskite solar cells: electrical characterization and understanding of the mechanism [J]. Journal of Materials Chemistry A, 2016, 4(21): 8374-8383.

[47] Zheng X, Chen B, Dai J, et al. Defect passivation in hybrid perovskite solar cells using quaternary ammonium halide anions and cations [J]. Nature Energy, 2017, 2(7): 1-9.

[48] Zhou L, Guo X, Lin Z, et al. Interface engineering of low temperature processed all-inorganic $CsPbI_2Br$ perovskite solar cells toward PCE exceeding 14% [J]. Nano Energy, 2019, 60: 583-590.

[49] Liu H, Chen Z, Wang H, et al. A facile room temperature solution synthesis of SnO_2 quantum dots for perovskite solar cells [J]. Journal of Materials Chemistry A, 2019, 7(17): 10636-10643.

[50] Berhe T A, Su W N, Chen C H, et al. Organometal halide perovskite solar cells:

degradation and stability [J]. Energy & Environmental Science, 2016, 9(2): 323-356.

[51]　Zhu Q, Bao X, Yu J, et al. Compact layer free perovskite solar cells with a high-mobility hole-transporting layer [J]. ACS Applied Materials & Interfaces, 2016, 8(4): 2652-2657.

第 6 章 添加剂处理二氧化锡对钙钛矿太阳能电池性能的影响

6.1 引 言

有研究数据表明，适当提高电子传输层的电导率有利于增强电子的传输和收集效率，这在决定器件性能方面起着关键作用。但是，过高的电导率又会造成载流子的复合，从而降低器件的性能。因此，如何在提高电导率和减少电荷复合之间取得平衡，是许多研究人员面临的主要挑战。SnO_2 电子传输层作为一种很有应用前景的半导体材料，在钙钛矿太阳能电池器件中取得了重要的研究成果。但是，纯 SnO_2 材料应用于钙钛矿太阳能电池中还不够完美，需要进行改性方可取得更好的效果。本章主要着重于解决 SnO_2 导电性能不够完美的问题，通过添加剂处理，有效地改善了 SnO_2 的电学性能，最终提升了器件的性能。

6.2 水与醇处理

6.2.1 简介

在前面的章节中，我们介绍了低温一步水热法制备的 SnO_2 电子传输层来改进钙钛矿太阳能电池的长期稳定性 [1]。Grätzel 课题组采用原子层沉积法制备了高质量的 SnO_2 薄膜作为电子传输层，得到了超过 18％的器件效率 [2]。溶液回流是一种重要且通用的制备 SnO_2 量子点的方法。采用回流结合微波辅助的溶胶–凝胶方法制备的 SnO_2 纳米晶电子传输层有效提高了钙钛矿太阳能电池的效率。通过 $SnCl_2 \cdot 2H_2O$ 在无水乙醇中的回流和空气中的老化，可以制备得到 SnO_2 量子点胶体，再进行旋涂退火得到致密的 SnO_2 电子传输层，结合紫外臭氧辅助处理，电子传输层的退火温度可以降低到 150℃，制备的钙钛矿太阳能电池效率超过 18％[3]。通过回流，$SnCl_2$ 在经过醇解、交联、聚合和晶化等一系列过程后形成 SnO_2 量子点。作为溶液处理方法之一，化学浴沉积法也被用来制备 SnO_2 电子传输层，相应的钙钛矿太阳能电池效率超过了 20％[4]。游经碧课题组采用阿法埃莎 (Alfa Aesar) 公司开发的商用水基 SnO_2 胶体结合两步顺序沉积法制备钙钛矿太阳能电池，将效率进一步提升到 20.9％，而且有效地消除了回滞[5]。同时，本课题组也发展了采用硫脲氧化 $SnCl_2$ 的水基量子点方法，制备的钙钛矿电池效率超过 18%[6]。然而硫脲氧化方法也有不足，制备的电子传输层中残留的硫和氮可能会对电池的长期稳定性造成影响。同时，水基的 SnO_2 电子传输层会破坏下层的钙钛矿层，因此限制了其在串联钙钛矿太阳能电池和 p-i-n 倒置钙钛矿电池中的应用[7]。考虑到乙醇是一种处理 $SnCl_2$ 的良好溶剂，具有环保廉价的优点，有必要进一步探索以乙醇为溶剂的 SnO_2 胶体的制备方法。

本节我们介绍一种以无水乙醇和水为溶剂，$SnCl_2 \cdot 2H_2O$ 为原料，在室温下方便地制备 SnO_2 量子点胶体的方法。通过在空气中简单地搅拌 $SnCl_2 \cdot 2H_2O$ 的乙醇和水的混合溶液，利用空气中的氧对 Sn^{2+} 进行氧化，结合 $SnCl_2 \cdot 2H_2O$ 的水解过程即可获得粒径均匀的稳定 SnO_2 胶体。再通过旋涂退火处理即可以得到致密的 SnO_2 电子传输层。研究表明，以 SnO_2 量子点胶体为基础制备的电子传输层的电导率和透射率均高于用乙醇的 $SnCl_2 \cdot 2H_2O$ 溶液制备的 SnO_2 电子传输层。基于 SnO_2 胶体制备的钙钛矿太阳能电池最高效率达到了 20.1%，平均效率为 18.8%。而用 $SnCl_2 \cdot 2H_2O$ 无水乙醇溶液制备的钙钛矿太阳能电池，最高效率和平均效率分别为 18.01% 和 17.50%。本节介绍一种方便地制备 SnO_2 电子传输层的方法，本方法无需回流、添加硫脲以及微波处理等辅助手段。我们重点研究水与无水乙醇的比例对电子传输层性能的影响。此外，我们发现在 100℃ 低温处理得到的电子传输层与 180℃ 处理的电子传输层具有相似的性质，因此与柔性衬底具有兼容性。本节的工作为低成本制造 SnO_2 电子传输层提供了一种选择。

6.2.2 实验材料

N、N-二甲基甲酰胺 (DMF，99.8%)、二甲基亚砜 (DMSO，99.5%)、氯苯 (CB，99.8%)、乙腈 (ACN，99.9%) 和 4-叔丁基吡啶 (tBP，>96.0) 等原料从 Sigma-Aldrich 公司购买。碘化铅 (PbI$_2$，99.99%) 购于梯希爱 (TCI)(上海) 化成工业发展有限公司。碘甲铵 (MAI) 和甲脒碘化物 (FAI) 从 Greatcell Solar 公司购买。Spiro-OMeTAD 购自深圳市飞鸣科技有限公司，双三氟甲烷磺酰亚胺锂 (Li-TFSI) 从辽宁优选新能源科技有限公司购买。无水乙醇购买自阿拉丁。所有的化学品和试剂没有经过进一步的纯化处理直接使用。

6.2.3 SnO_2 量子点胶体前驱体的合成方法

以 $SnCl_2 \cdot 2H_2O$ 为原料，无水乙醇和去离子水为溶剂，采用简便的溶液处理方法制备 SnO_2 量子点胶体溶液。首先将 1 mmol $SnCl_2 \cdot 2H_2O$ 加入适量的无水乙醇中搅拌，形成均匀的溶液。然后在上述溶液中加入适量的去离子水，形成悬浊液。悬浊液继续搅拌 48 h 即可得到透明的 SnO_2 胶体前驱体溶液。然后再加入适量的无水乙醇和去离子水，将 SnO_2 胶体前驱体溶液的浓度调节到 0.1 mol/L。在保持 SnO_2 浓度为 0.1 mol/L 不变的情况下，对无水乙醇和水的体积进行控制，使溶液中的无水乙醇和水的比例为 7:1、5:1、3:1、1:1 和 1:3。为了比较，在 10 mL 无水乙醇中加入 1 mmol $SnCl_2·2H_2O$ 搅拌形成 $SnCl_2·2H_2O$ 乙醇溶液。所有上述过程均在室温下进行，无需任何辅助处理。

6.2.4 SnO_2 电子传输层的制备

先用洗涤剂清洗 FTO 玻璃，然后依次用去离子水、无水乙醇、丙酮超声清洗，最后用干燥氮气流除去 FTO 上的丙酮。为了制备 SnO_2 电子传输层，将 $SnCl_2·2H_2O$ 溶液或 SnO_2 胶体分别以 6000 r/min 和 3000 r/min 的转速在 FTO 上旋涂 30 s，再在 100 ℃ 加热 3 min 和 180 ℃ 加热 45 min。最后将制备的 SnO_2 电子传输层用紫外–臭氧处理 15 min。

6.2.5 钙钛矿前驱体溶液和薄膜的制备

$(MAPbI_3)_{0.7}(FAPbI_3)_{0.3}$ 钙钛矿前驱体溶液按照以下步骤制备：首先将一定质量的 MAI、FAI 和 PbI_2 加入体积比为 4:1 的无水 DMF 和 DMSO 混合溶剂中，使 MAI 浓度为 0.95 mol/L，FAI 的浓度为 0.4 mol/L，PbI_2 的浓度为 1.3 mol/L，将溶液在 60 ℃ 搅拌 3 h。然后将前驱体溶液滴在 FTO/SnO_2 衬底上，以 1000 r/min 转速旋涂 5 s，接着以 4000 r/min 转速旋涂 25 s。在第二个旋涂阶段，将 350 μL 的氯苯快速滴到膜面上，然后将得到的薄膜在 100 ℃ 退火 10 min。

6.2.6 空穴传输层和 Au 电极制备

首先将 72.3 mg Spiro-OMeTAD 溶于 1 mL 氯苯，然后加入 28.8 μL 4-叔丁基吡啶 (tBP)，再将 104 mg Li-TFSI 加入 200 μL 乙腈中搅拌溶解，然后取 17.5 μL 加入 Spiro-OMeTAD-tBP 的混合溶液中，搅拌均匀后过滤。然后将得到的 Spiro-OMeTAD 溶液分布在钙钛矿层上，再以 3000 r/min 转速旋涂 20 s，在沉积 Au 电极前，将涂了空穴传输层的钙钛矿材料放在干燥箱中氧化 24 h。最后，在 $1.8×10^{-3}$ Pa 压强下，在器件顶部热蒸发 100 nm 厚的 Au 电极。器件的有效面积为 0.09 cm²。

6.2.7 薄膜和器件表征

用 D8 Advance X 射线衍射仪 (Cu Kα 线，λ=1.5418 Å) 进行晶格结构表征。用场发射扫描电子显微镜 (JSM-6700F) 对钙钛矿吸收层的表面、电池的横截面形貌以及用无水乙醇溶液和量子点胶体制备的电子传输层表面形貌进行表征。使用 Keithley 2400 源表在 AM 1.5G 和 100 mW/cm² 光强下测量钙钛矿太阳能电池的光伏性能，使用的太阳光模拟器型号为 Oriel 91192。用 UV-3600 紫外–可见光分光光度计测试透射光谱。光致发光性能和时间分辨光致发光性能用 FLS 2100 测量,其中光致发光谱用 481.5 nm 的激光激发,时间分辨光致发光谱用 481.5 nm 的激光激发再采集其 760 nm 处的发射强度随时间的变化。外量子效率在 300~800 nm 波长范围内,用 QE-R3011 系统测量。

6.2.8　结果与讨论

将 SnO_2 量子点 (Q-SnO_2) 胶体 (浓度为 0.1 mol/L,无水乙醇与去离子水的体积比为 5:1) 和 $SnCl_2 \cdot 2H_2O$ 无水乙醇溶液 (0.1mol/L) 按照上面的工艺旋涂在 FTO 玻璃基片上,接着在 180 ℃ 下进行 45 min 退火处理。对两种前驱体制备的电子传输层的结构进行 XRD 分析。结果如图 6.1 所示。根据 PDF 卡检测结果 (卡号 01-072-1147),两种电子传输层薄膜均具有金红石型四方相结构。晶格常数为 $a = b = 0.4735$ nm,$c = 0.3184$ nm。由 Q-SnO_2 制备得到的电子传输层 (Q-ETL) 的衍射峰,与 SnO_2 金红石结构的衍射峰吻合较好。而由 $SnCl_2 \cdot 2H_2O$ 无水乙醇溶液制备的电子传输层 (N-ETL) 的衍射峰很弱,说明其结晶较差。这表明 Q-ETL 在 180 ℃ 退火条件下相比 N-ETL 能够得到更好的晶化。SnO_2 电子传输层最强的衍射峰在 26.6°,对应 SnO_2(110) 峰。按 PDF 卡检索结果,(110) 面的晶格间距为 3.348 Å。为了研究两种前驱体的晶化机制,我们将 $SnCl_2 \cdot 2H_2O$ 无水乙醇溶液在 80 ℃ 蒸发去除无水乙醇,得到了白色干粉,同时将 SnO_2 量子点前驱体也在 80 ℃ 蒸发去除无水乙醇得到淡黄色干凝胶,并对其进行了 XRD 测试,结果如图 6.1(b) 所示。由图可见,由 $SnCl_2 \cdot 2H_2O$ 无水乙醇溶液制备的白色粉体为非晶结构,而由 SnO_2 量子点前驱体蒸发得到的淡黄色干凝胶具有显著的 SnO_2 衍射峰,与卡号为 01-072-1147 的标准衍射结果匹配得很好。这说明,通过 $SnCl_2 \cdot 2H_2O$ 无水乙醇溶液加水常温搅拌的工艺能形成晶态的 SnO_2 量子点。我们认为此过程的化学反应机制如下:$SnCl_2 \cdot 2H_2O$ 在无水乙醇中与水作用,发生水解,生成 Sn(OH)Cl,反应方程式为

$$SnCl_2 + H_2O \rightleftharpoons Sn(OH)Cl + HCl \tag{6.1}$$

在随后的搅拌过程中,Sn(OH)Cl 被氧化为 SnO_2 量子点,反应方程式为

$$2Sn(OH)Cl + O_2 \rightleftharpoons 2SnO_2 + 2HCl \tag{6.2}$$

我们采用透射电镜对 SnO_2 胶体进行进一步分析,结果如图 6.2 所示。由图可见,SnO_2 胶体由均匀的 SnO_2 量子点组成,SnO_2 量子点尺寸高度均匀,大小分布在 2~4 nm。通过旋涂,这些小尺度的量子点能够在 FTO 表面以最小的厚度完全覆盖 FTO 层,并容易形成致密的电子传输层,从而增强器件的性能。图 6.2(c) 所示的高分辨透射电镜结果表明:SnO_2 量子点结晶良好。因此,通过我们的工艺

可以获得尺度均匀的 SnO$_2$ 量子点,而不需要回流或任何其他辅助过程。还可以看出,SnO$_2$ 量子点在室温过程中的形成。通过图 6.2(d) 所示的 (110)、(101) 和 (211) 晶面的电子衍射环可以鉴别其多晶的特征。由图 6.2(c) 高分辨透射电镜结果分析可知,(110) 晶面间距为 3.35 Å,与 XRD 测试结果一致。

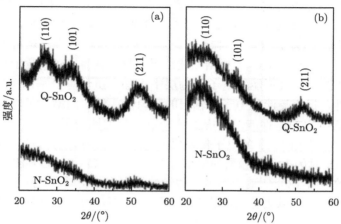

图 6.1　在 180℃ 退火条件下 (a) 由 SnO$_2$ 量子点 (Q-SnO$_2$) 和 SnCl$_2$·2H$_2$O 溶液 (N-SnO$_2$) 制备的电子传输层的 XRD 图;(b) 由 SnO$_2$ 量子点前驱体和 SnCl$_2$·2H$_2$O 溶液制备的干凝胶的 XRD 图 [7]

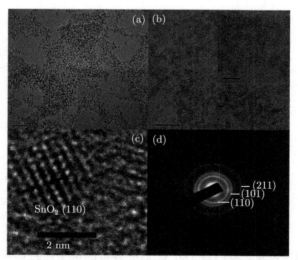

图 6.2　(a)、(b) SnO$_2$ 量子点的透射电镜图;(c) SnO$_2$ 量子点的高分辨透射电镜图,图示为 (110) 面;(d) SnO$_2$ 量子点的衍射环,前三个衍射环分别对应 (110)、(101) 和 (211) 面 [7]

　　为了进一步弄清 SnO$_2$ 电子传输层的形成机理,我们将 SnO$_2$ 量子点胶体前驱体沉积在玻璃基片上，然后在 75 ℃ 退火 1 h。因为 75 ℃ 高于无水乙醇的沸点，经过加热可以除去无水乙醇。我们采用傅里叶红外谱 (FTIR) 分析方法研究了退火温度对电子传输层中有机基团的影响，结果如图 6.3 所示。在 3667 cm^{-1}、1394 cm^{-1} 和 670 cm^{-1} 附近的峰来自 O—H 振动，在 2986 cm^{-1}、2897 cm^{-1} 和 891 cm^{-1} 附近的峰属于 C—H 振动，在 1054 cm^{-1} 附近和 1395 cm^{-1} 附近的峰分别属于乙醇的 C—O 振动和 C—O 伸缩振动。在 2341 cm^{-1} 和 2359 cm^{-1} 的峰属于 CO_2 的 C═O 振动，这在一些化合物材料中是常见的，说明在溶液制备过程中吸收了 CO_2。根据上述结果，我们认为 SnO_2 量子点被有机基团包裹，在 75℃ 下退火不能从电子传输层中去除。虽然有机基团可以保持 SnO_2 胶体的稳定性，提高旋涂的电子传输层的均匀性，但它们增加了电子传输层的电阻，从而降低了它的电性能。考虑到这一点，我们比较了在 100 ℃ 、130 ℃ 、150 ℃ 和 180 ℃ 下退火 1h 的电子传输层的傅里叶红外谱差异，在 100 ℃、130 ℃、150 ℃ 退火 1h 时的电子传输层的傅里叶红外谱中，C—O、O—H 和 C—H 的峰强度基本一致，而 180 ℃ 退火的电子传输层峰强度急剧减弱，这表明，180 ℃ 的退火温度足够高，可以去除大部分有机基团，从而获得性能良好的 SnO_2 电子传输层。

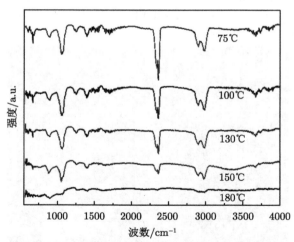

图 6.3　不同退火温度处理的 SnO_2 量子点电子传输层的傅里叶红外谱 [7]

基于红外测试结果，我们对 180 ℃ 退火制备的电子传输层的电学和光学性能进行了研究。为方便起见，将由 SnO_2 量子点制备的电子传输层标记为 Q-ETL，由 $SnCl_2 \cdot 2H_2O$ 溶液制备的电子传输层标记为 N-ETL。按照上面的工艺在 FTO/玻璃上制备了 Q-ETL 和 N-ETL，然后蒸镀 Au 电极进行 $I\text{-}V$ 特性曲线测试。图

6.4(a) 为 FTO/玻璃、Q-ETL/FTO/玻璃和 N-ETL/FTO/玻璃的三条线性扫描伏安曲线。其中 N-ETL 斜率较小，说明其电导率低。相比之下，Q-ETL 和 FTO 具有更大的斜率和更高的电导率。同时，我们发现 Q-ETL 比 N-ETL 具有更好的光学性能。透射光谱测试结果如图所示 6.4(b) 所示。Q-ETL 在 350~800 nm 范围内，透射率高于 N-ETL。上述两个电子传输层透射率的比较表明，Q-ETL 在 FTO 上有抗反射作用，有利于最小化光反射损耗。我们对两种电子传输层进行了霍尔效应测试以获得 Q-ETL 和 N-ETL 的载流子浓度信息。结果表明，N-ETL 和 Q-ETL 的载流子浓度分别为 $4.2 \times 10^{12} cm^{-3}$ 和 $5.6 \times 10^{15} cm^{-3}$。因此，Q-ETL 的载流子浓度相对较高而有利于其进行有效的电子抽取。

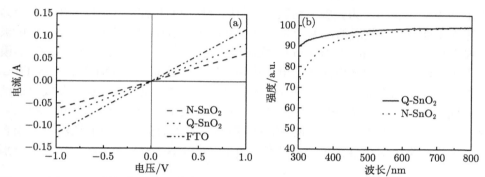

图 6.4　(a)FTO，制备在 FTO/玻璃衬底上的 Q-ETL 和 N- ETL 的 *I-V* 曲线；(b) 制备在石英基片上的 Q-ETL 和 N- ETL 的透射光谱 [7]

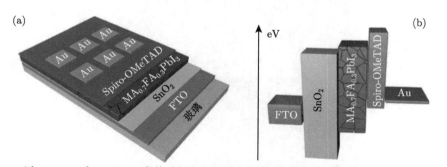

图 6.5　以 Q-ETL 和 N-ETL 为基础制备的钙钛矿太阳能电池器件的 (a) 结构示意图和 (b) 能级分布图 [7]

　　我们在两种电子传输层上沉积钙钛矿吸收层和空穴传输层及金电极，制备了钙钛矿太阳能电池。图 6.5(a) 为钙钛矿太阳能电池的器件结构，器件以 FTO 为阴极，Q-ETL 或 N-ETL 为电子传输层，$FA_{0.7}MA_{0.3}PbI_3$ 为吸光层，Spiro-OMeTAD

为空穴传输层，以金为阳极。正如我们在以前的工作中所述，FTO/SnO$_2$/钙钛矿/Spiro-OMeTAD/Au 结构具有合理的能级排列，有利于太阳能电池中载流子的传输[6]。图 6.5(b) 给出了器件的能级分布图。

电池器件采用 MA$_{0.7}$FA$_{0.3}$PbI$_3$ 作为吸光层，采用反溶剂法制备，制备工艺如上述。在 Q-ETL 和 N-ETL 上制备的钙钛矿太阳能电池分别称为 Q-PSC 和 N-PSC。在 FTO/玻璃上的 Q-ETL 和 N-ETL 的表面 SEM 图像分别如图 6.6(a) 和 (b) 所示。可见，Q-ETL 和 N-ETL 都具有光滑致密的形貌，没有任何针孔。两个电子传输层表面光滑有利于用大颗粒生长钙钛矿层。图 6.6(c) 和 (d) 分别为沉积在 Q-ETL 和 N-ETL 上的钙钛矿吸收层的表面 SEM 图像。可见，这两个钙钛矿吸收层都是由均匀的晶粒和平均的颗粒组成，其中 Q-PSC 的晶粒尺寸略大于 N-PSC。图 6.7 为完整的钙钛矿太阳能器件剖面扫描图，可以看出，两个钙钛矿太阳能电池吸收层的厚度均为 ~460 nm，而 Spiro-OmeTAD 和 Au 顶电极的厚度分别为 180 nm 和 100 nm。太阳能电池 J-V 曲线测试在 AM 1.5G 的模拟阳光下测量。我们采用前述的电子传输层制备工艺制备了 Q-ETL 和 N-ETL，并根据上述工艺在其上制备了平面结构钙钛矿太阳能电池，其 J-V 曲线测试结果如图 6.8(a) 所示。Q-PSC 和 N-PSC 的最高效率分别为 20.05% 和 18.01%。因此，与 N-PSC 相比，Q-PSC 的性能得到了很大的提高。我们还测试了稳态功率输出数据，对于性能最好的器件，Q-PSC 和 N-PSC 的稳态工作效率分别

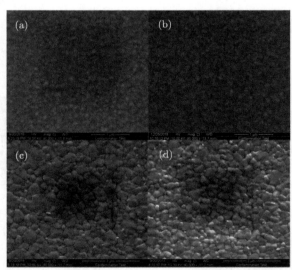

图 6.6　沉积在 FTO/玻璃上的 (a) Q-ETL 和 (b) N-ETL 的 SEM 图；沉积在 (c) Q-ETL 和 (d) N-ETL 上的钙钛矿吸收层的 SEM 图[7]

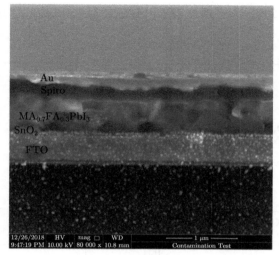

图 6.7 钙钛矿太阳能电池的剖面扫描图 [7]

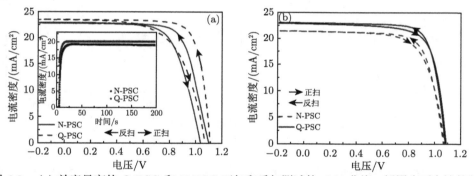

图 6.8 (a) 效率最高的 Q-PSC 和 N-PSC 正扫和反扫测试的 J-V 曲线, 插图为两电池的稳态工作电流密度–时间曲线, Q-PSC 和 N-PSC 分别在 0.929 V 和 0.797 V 电压下测试; (b) 用 C_{60}-SAM 修饰之后的 Q-PSC 和 N-PSC 的正扫和反扫状态下的 J-V 曲线 [7]

为 19.59 % 和 16.62 %, 稳态工作电流密度分别为 21.09 mA/cm^2 和 20.86 mA/cm^2。为了测试两种钙钛矿太阳能电池的重复性, 我们制备并测量了 27 个器件。在反向电压扫描和扫描速率为 0.1 V/s 的条件下, 测量的 V_{oc}、J_{sc}、FF 和 PCE 的统计结果如图 6.9 所示。在 Q-ETL 上沉积的 27 个电池的平均效率为 18.8%, 其中平均 V_{oc} 为 1.08 V, J_{sc} 为 23.4 mA/cm^2, FF 为 74%; 而在 N-PSC 上对应的值分别为 17.5%, 1.09V, 22.6 mA/cm^2, 70%。除 V_{oc} 外, Q-PSC 的平均效率、J_{sc} 和 FF 均大于 N-PSC。钙钛矿太阳能电池的回滞因子由反向扫描效率减去正向扫描效率, 然后除以反向扫描效率得到。Q-PSC 和 N-PSC 的回滞因子分别为 22.3% 和 12.2%，大于部分 $(FAPbI_3)_{0.95}(MAPbBr_3)_{0.05}$ 或三元钙钛矿太阳能电池。

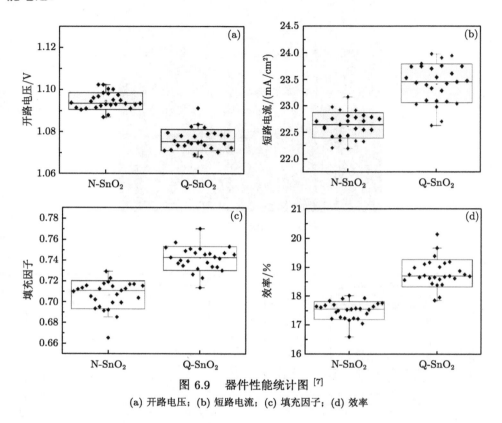

图 6.9 器件性能统计图 [7]

(a) 开路电压；(b) 短路电流；(c) 填充因子；(d) 效率

钙钛矿太阳能电池中存在的瞬态效应、离子 (缺陷) 迁移、电容效应、钙钛矿/电子传输层界面极化等因素都会影响 J-V 曲线的回滞 [1,8−11]。这里，我们认为回滞效应主要是由钙钛矿/电子传输层界面极化导致。钙钛矿/电子传输层界面俘获的电子可能导致界面极化，这导致 180 ℃ 退火的 Q-SnO₂ 的回滞相对较大。因为低温退火的电子传输层样品中可能有 Cl⁻ 和 OH⁻，Cl⁻ 能够钝化 SnO₂ 和钙钛矿界面。因此，低温退火制备的器件回滞较小。另一方面，低温退火的 SnO₂ 电子传输层的氧空位较少，载流子浓度较低，电子迁移率高。高的电子迁移率将导致更好的载流子抽取平衡。因此低温退火的电子传输层回滞效应较小。相反，使用 180 ℃ 退火的电子传输层制备的钙钛矿太阳能电池，较高的氧空位密度会导致较高的载流子浓度和较低的电子迁移率，因此回滞较大。为了进一步减少回滞效应，我们还用 C_{60}-SAM 修饰了 Q-ETL 和 N-ETL。将 1 mg C_{60}-SAM 溶于 1 mL 氯苯，然后以 3000 r/min 的转速旋涂在制备好的 Q-ETL 和 N-ETL 上，再进行吸光层和空穴传输层的沉积。经过 C_{60}-SAM 的修饰，Q-PSC 的反向和正向扫描方向下的最高效率分别为 18.8% 和 18.1%，N-PSC 在反向和正向扫描下的效率则分别为 15.9% 和 15.2%。J-V 曲线如图 6.8(b) 所示。计算得到的 Q-PSC 和 N-PSC 的回滞因子分别降低到 4.7% 和 4.4%。因此，C_{60}-SAM 的修饰可以有效地减小回滞效应。

图 6.10 为基于 Q-ETL 和 N-ETL 的钙钛矿太阳能电池的外量子效率和积分电流曲线图。其中 Q-PSC 和 N-PSC 的积分电流密度分别为 22.8 mA/cm^2 和 21.79 mA/cm^2。积分电流密度值与 J-V 曲线测试结果吻合较好。

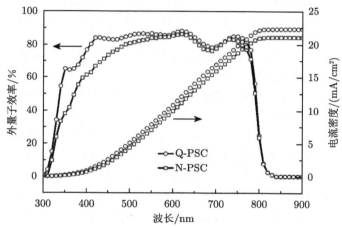

图 6.10 最高效的 Q-PSC 和 N-PSC 的外量子效率和积分电流图谱 [7]

我们进一步测量了在 Q-ETL/FTO、N-ETL/FTO 和 FTO 上沉积的钙钛矿吸收层的稳态光致发光谱和时间分辨光致发光谱，以研究器件中的电子抽取和输运机理。图 6.11(a) 为 FTO/钙钛矿、FTO/Q-ETL/钙钛矿和 FTO/N-ETL/钙钛矿样品的光致发光谱。其中 FTO/钙钛矿发光强度最高，表明样品中载流子复合最强。而 FTO/Q-ETL/钙钛矿样品的强度最低，表明其对电子抽取能力最强。图 6.11(b) 为同一样品的时间分辨光致发光光谱。根据报道的方法，这里用双衰减时间的方法拟合了衰减时间和振幅 [12,13]。FTO/钙钛矿的荧光衰减时间为 $\tau_1 = 11.3$ ns，$\tau_2 = 266.1$ ns。而 FTO/N-ETL/钙钛矿的 τ_1 增加到 30.7 ns，τ_2 减少到 162.0 ns。对于 FTO/Q-ETL/钙钛矿样品，τ_1 增加到 43.2 ns，τ_2 减少到 147.6 ns。上述三个样品的平均衰减时间分别为 194.4 ns、146.2 ns 和 85.2 ns，表明与 N-ETL 相比，电子可以更快地从钙钛矿吸收层中转移到 Q-ETL 中。从钙钛矿到 Q-ETL 的更快电子注入速率有利于电荷分离，有效地抑制了钙钛矿/ETL 界面的电荷复合，从而提高了 J_{sc} 值，与 J-V 和 IPCE 测量吻合较好。

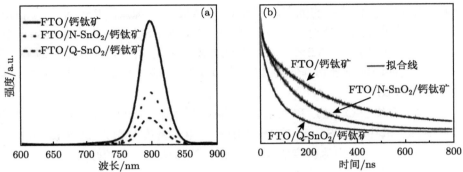

图 6.11 　(a) FTO/钙钛矿，FTO/Q-SnO₂/钙钛矿和 FTO/N-SnO₂/钙钛矿的光致发光谱；
(b) FTO/钙钛矿，FTO/Q-SnO₂/钙钛矿和 FTO/N-SnO₂/钙钛矿的时间分辨光致发光谱 [7]

　　电子传输层的厚度对电池性能的影响明显。厚度过大可能导致串联电阻过高，从而降低电池的短路电流和填充因子。而厚度太小则可能导致钙钛矿和 FTO 之间的直接接触，从而降低电子传输的有效性。为了获得最佳厚度的 Q-ETL，我们在 FTO/玻璃上用 0.025 mol/L、0.05 mol/L、0.1 mol/L 和 0.2 mol/L 的 SnO₂ 胶体沉积了四种不同厚度的 Q-ETL，通过前驱体的浓度来控制电子传输层的厚度。我们发现，钙钛矿太阳能电池的性能随着 SnO₂ 胶体浓度的增加先增加后减少，具体性能见图 6.12。四种电子传输层的厚度分别为 7.5 nm、15 nm、30 nm 和 60 nm。在上述四种电子传输层上制备的钙钛矿太阳能电池的性能见表 6.1。结果表明，由 0.1 mol/L 的前驱体溶液制备的电子传输层具有最佳性能，因此，Q-ETL 的最佳厚度建议为 30 nm。

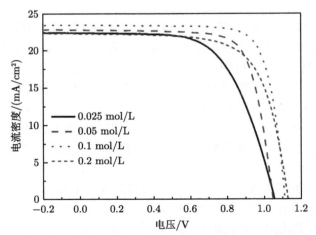

图 6.12 　基于不同浓度量子点胶体制备的电子传输层的钙钛矿太阳能电池的 *J-V* 曲线 [7]

表 6.1 基于不同浓度量子点胶体制备的电子传输层的钙钛矿太阳能电池的性能参数 [7]

浓度	开路电压/V	短路电流/(mA/cm²)	填充因子/%	光电转换效率/%
0.025 mol/L	1.05	21.92	0.61	14.07
0.05 mol/L	1.05	22.83	0.74	17.71
0.1 mol/L	1.11	22.99	0.77	20.05
0.2 mol/L	1.09	22.29	0.68	17.23

　　我们还研究了基于不同的无水乙醇与去离子水的体积比制备的钙钛矿太阳能电池的性能。如上所述，在保持 SnO_2 量子点浓度为 0.1 mol/L 的情况下，调节无水乙醇与去离子水的比例分别为 7:1，5:1，3:1，1:1 和 1:3。得到的电池 J-V 曲线如图 6.13 所示。我们发现电池性能随去离子水比例的增加先增加后减小。表 6.2 表明，最佳光伏性能的比例为 5:1。

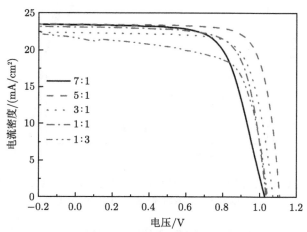

图 6.13　基于不同醇水比的量子点胶体制备的钙钛矿太阳能电池的 J-V 曲线 [7]

表 6.2 基于不同醇水比的量子点胶体制备的电子传输层的钙钛矿太阳能电池的性能参数 [7]

醇水比	V_{oc}/V	J_{sc}/(mA/m²)	FF	PCE/%
7:1	1.03	23.42	0.67	16.18
5:1	1.11	22.99	0.77	20.05
3:1	1.07	21.86	0.74	17.40
1:1	1.04	22.61	0.73	17.15
1:3	1.04	21.23	0.68	15.06

　　如上所述，虽然 Q-ETL 中的有机基团可以通过在 180 ℃ 的相对高温下退火来去除，但高温退火也会在 ETL 中产生缺陷，从而增加回滞。其实有机基团也可

以通过紫外–臭氧过程在室温下去除，我们将 Q-ETL 退火温度降低到 100 ℃，并将退火时间延长到 3 h，紫外–臭氧处理时间为 1 h，先制备 Q-ETL，然后再制备平面结构钙钛矿太阳能电池[7]。图 6.14 为 J-V 曲线。基于 100 ℃ 低温处理的钙钛矿太阳能电池反向扫描和正向扫描的最高效率分别为 19.2% 和 17.1 %。回滞因子由在 180 ℃ 退火的电子传输层上制备的钙钛矿太阳能电池的 22.3 % 降低到 11.3 %。这表明，低温退火结合紫外–臭氧工艺可以减少缺陷，从而获得低缺陷密度的 SnO_2 电子传输层。为了进一步减少回滞，我们用 C_{60}-SAM 对 100 ℃ 低温处理的电子传输层进行了修饰。由图 6.14 可见，典型的 J-V 曲线在正向和反向扫描下曲线几乎重合，回滞因子降低到 1.5%。

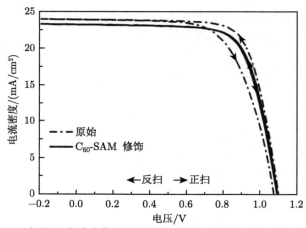

图 6.14　基于 100℃ 低温退火结合紫外-臭氧处理的电子传输层的钙钛矿太阳能电池的 J-V 曲线以及 C_{60}-SAM 修饰后的 J-V 曲线[7]

我们在 100 ℃ 退火温度制备的 Q-ETL 上制作了 27 个单独的电池，其开路电压、短路电流、填充因子和效率的统计数据如图 6.15 所示，得到的平均效率为 18.6%，平均开路电压、填充因子和短路电流密度分别为 1.08 V、71% 和 23.71 mA/cm²。这些性能可以与在 180 ℃ 退火的 Q-ETL 上制备的钙钛矿太阳能电池的结果相比。我们在对聚萘二甲酸乙二醇酯 (PEN) 柔性衬底上通过 100℃ 退火沉积了 Q-ETL，制备的电池的反向扫描和正向扫描的典型曲线如图 6.16 所示。PCE 分别为 14.6 % 和 10.9 %，这证明了在柔性衬底上制造 Q-ETL 的可能性。

本节我们介绍了一种简单的室温工艺，可以在不使用回流或其他辅助工艺的情况下，重复制备乙醇基的 SnO_2 量子点胶体。我们发现去离子水的含量会极大地影响钙钛矿太阳能电池的性能。我们利用优化的 SnO_2 量子点胶体制备的电子传输层，在反向扫描下制备了效率高达 20.1% 的钙钛矿太阳能电池。此外，我们的 SnO_2 量子点胶体制备的电子传输层在 100~200 ℃ 的宽温度范围内显示出高性能的重复性。采用 100 ℃ 加热条件下制备的电子传输层的器件平均效率为 18.6%，表现出较强的低成本和可行的太阳能应用。由于 SnO₂ 量子点电子传输层中绿色乙醇溶剂的低温加工性，也可能适用于 p-i-n 倒置结构中的电子传输层和串联钙钛矿太阳能电池。

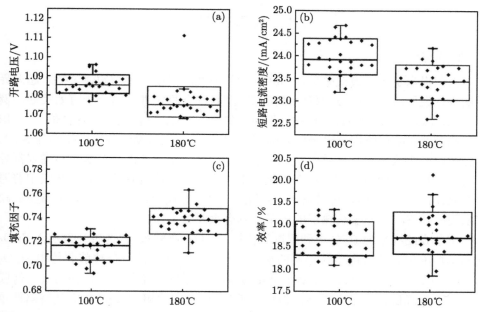

图 6.15 基于 100℃ 和 180℃ 退火处理的电子传输层的钙钛矿太阳能电池的性能统计图 [7]

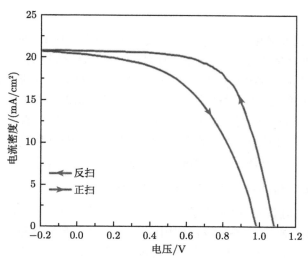

图 6.16 柔性衬底上制备的钙钛矿太阳能电池的 J-V 曲线 [7]

相对于水基量子点，乙醇基的量子点与 FTO 有良好的亲和性，旋涂时不需要臭氧处理，简化了电子传输层制备工艺。乙醇作为一种有机溶剂，具备在氧化锡量子点上连接其他导电有机物的可能性，为制备室温涂布的 SnO_2 电子传输层提供了基础。

6.3　双氧水处理

6.3.1　简介

人们提出了各种方法来提高 SnO_2 的导电性，比如，掺杂和通过插入超薄界面层进行表面改性。此外，抑制缺陷态密度是提升稳定性的另一个有效策略。例如，乙二胺四乙酸 (EDTA) 已被证明可以钝化 SnO_2，从而提高器件性能 [14]；用磷酸修饰 SnO_2 可降低缺陷密度以提升 PCE[15]。使用富勒烯或其衍生物与 SnO_2 结合可以减少或消除回滞效应 [16,17]。然而，这些已报道的改进方法大多需要额外昂贵的材料，这使得它们很难在该领域中推广。溶液法制备的 SnO_2 薄膜中普遍存在氧缺陷，这些缺陷会引起器件不稳定 [18,19]，开发一种简单的策略来减少氧缺陷从而提高 SnO_2 电子传输层的质量，具有重要意义。

本节介绍在平面 PSC 中利用过氧化氢 (H_2O_2，双氧水) 作为钝化剂引入 SnO_2 前驱体溶液中来改善电子传输层的质量。利用在碱性条件下分解前驱体中 H_2O_2 形成的 HO_2^- 基团，可以显著改善 SnO_2 纳米粒子的氧空位缺陷，使 SnO_2 薄膜的缺陷密度降低，电导率提高，与钙钛矿的能带匹配程度更好，从而使得器件重复性更优良。

6.3.2　材料

SnO_2 胶体前驱体购自 Alfa Aesar 公司 (氧化锡 (IV)，重量比为 15%，分散在水中)。过氧化氢 30% 水溶液 (记为 H_2O_2) 购自国药集团化学试剂有限公司。DMF、二甲基亚砜 (DMSO)、氯苯、叔丁基吡啶 (tBP)、乙腈 (ACN)、异丙醇 (IPA)、双 (三氟甲基磺酰) 酰亚胺锂 (Li-TFSI) 和 MACl 采购自 Sigma-Aldrich 公司。PbI_2 购自 TCI 公司。MABr 从 Greatcell Solar 公司购买。FAI 从西安聚合物光科技购买。双 (三氟甲基磺酰) 酰亚胺钴 (Co-TFSI) 购自 Lumtec 公司。所有化学品均按收到的原样使用，无需进一步提纯。

6.3.3　SnO_2 及 H_2O_2-SnO_2 纳米粒子薄膜的制备

将 SnO_2 胶体前驱体用去离子水按 1:4 的体积比稀释，制备出无 H_2O_2 添加的 SnO_2 薄膜。稀释后的溶液在使用前搅拌 12 h。最终溶液在 ITO 衬底上以 1000 r/min 旋转 3 s 和 4000 r/min 旋转 30 s，然后在 185 ℃ 的热台上退火 30 min。为了制备 H_2O_2-SnO_2 薄膜，SnO_2 胶体前驱体分别用去离子水和 H_2O_2

以 $1:4:0$、$1:3.5:0.5$、$1:3:1$ 和 $1:2:2$ 的体积比稀释,分别表示为 SnO_2、$0.5H_2O_2\text{-}SnO_2$、$H_2O_2\text{-}SnO_2$、$2H_2O_2\text{-}SnO_2$。详细的比值如表 6.3 所示,旋涂工艺与 SnO_2 相同。

表 6.3 SnO_2 前驱体、H_2O 和 H_2O_2 的体积比例 [20]

样品	SnO_2 前驱体/mL	去离子水/mL	H_2O_2/mL
SnO_2	1	4	0
$0.5H_2O_2\text{-}SnO_2$	1	3.5	0.5
$H_2O_2\text{-}SnO_2$	1	3	1
$2H_2O_2\text{-}SnO_2$	1	2	2

6.3.4 器件制备

玻璃/ITO 基底依次用清洗剂、去离子水、丙酮、异丙醇和乙醇进行超声处理 15 min。ITO 的方阻约为 15 Ω/sq。纯 SnO_2 和 $H_2O_2\text{-}SnO_2$ 薄膜在使用前用臭氧机处理 15 min。钙钛矿采用两步法制备。将溶解在 DMF/DMSO(体积比 $9.5:0.5$) 的 1.3 mol/L 的 PbI_2 涂在衬底上以 1500 r/min 的速度旋转 30 s,在 65℃ 下退火 1 min。然后将 FAI(180 mg)、MABr(18 mg)、MACl(18 mg) 溶解于 3 mL 异丙醇的混合溶液以 1500r/min 旋涂在 PbI_2 薄膜上,旋涂时间为 30s,然后在 ~40 RH% 的环境中于 145 ℃ 下退火 10 min。将 72.3 mg Spiro-OMeTAD,28.8 μL TBP,17.5 μL LiTFSI(520 mg/mL,溶剂为乙腈) 溶于 1 mL 氯苯中,在 3000 r/min 下旋涂 20 s。最后,使用热蒸发法沉积厚度约为 60 nm 的金电极。

6.3.5 性能表征与分析

我们用激光粒度分析测定了 SnO_2 纳米颗粒在胶体溶液中的粒径分布,结果如图 6.17 所示。SnO_2 和 $H_2O_2\text{-}SnO_2$ 的粒径分布没有明显差异,平均粒径在 15 nm 左右。用量子点或纳米颗粒等胶体溶液制备的含有 SnO_2 电子传输层的 PSC 具有优异的性能 [5,6]。然而,纳米颗粒比表面积的显著增加必然会导致大量的缺陷,尤其是氧空位。根据以前的研究,氧空位会形成浅施主能级 [21,22],而氧空位也曾被报道产生位于带隙深处的施主能级 [23]。在氧空位周围,悬挂键倾向于与特定的带电粒子结合,以实现电荷平衡 [23]。

值得注意的是,在碱性条件下,具有强氧化性的 H_2O_2 会通过 $H_2O_2 + OH^- \longrightarrow HO_2^- + H_2O$ 反应分解成 HO_2^-,生成的 HO_2^- 具有与 H_2O_2 相同的强氧化性 [24,25]。如表 6.4 所示,本实验中使用的未稀释的 SnO_2 胶体溶液为碱性,pH 为 12.35,稀释后的 SnO_2 胶体溶液也呈碱性,pH 为 10.58。因此,加入 SnO_2 前驱体中的 H_2O_2 会因为碱性环境而发生降解。我们推测,由于 H_2O_2 的强氧化性,来源于 H_2O_2 的 HO_2^- 可以通过与悬挂键结合来使氧空位钝化。SnO_2 薄膜的制备过程如图 6.18 所示。在旋涂 (图 6.18(c)) 之前,溶液按照计算的比例配制好,如图 6.18(a) 和 (b) 所示。旋涂完成,将薄膜转移到加热台上,在大气环境条件下,在 185℃ 下进行 30 min 的后退火 (图 6.18(e))。图 6.18(e) 和 (f) 说明了不加或加 H_2O_2 的水溶液中 SnO_2 纳米颗粒的结构。如图 6.18(e) 所示,可以发现氧空位引起的悬挂键,而具有强氧化性的 HO_2^- 倾向于与这些键结合以实现钝化 (图 6.18(f))。最后,经过后退火处理,氧可以固定在氧空位上,实现对缺陷钝化 (图 6.18(g))。

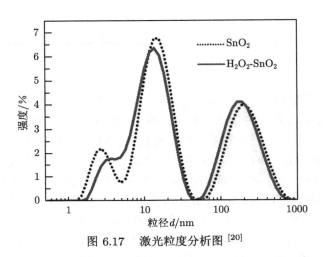

图 6.17　激光粒度分析图 [20]

表 6.4　未稀释的原始溶液和稀释过的溶液的 pH[20]

溶液	pH
SnO_2 原始溶液	12.35
稀释 SnO_2 (体积比 1:4)	10.58

使用 H_2O_2 作为钝化剂的一个明显优点是,H_2O_2 与 SnO_2 前驱体混合,有利于氧空位的减少。另一方面,有研究指出在合成过程中,H_2O_2 不仅对 SnO_2 的结晶起到了显著的促进作用,而且还抑制了 Sn^{4+} 向 Sn^{2+} 的转化 [26]。此外,H_2O_2 作为一种钝化剂,与其他同类相比,表现出廉价易得的显著优势 [14-17]。

我们通过改变 H_2O 和 H_2O_2 的体积比来稀释 SnO_2 前驱体,基于器件的优化参数的统计如图 6.19 所示。在基于 SnO_2 和 H_2O_2-SnO_2 的器件之间可以发现统计上的显著差异。下面讨论的所有结果都是基于优化的配方。在这里,我们使用正置的平面结构钙钛矿太阳能电池来研究 H_2O_2 的影响,结构如图 6.20(a) 所示。图 6.20(b)~(d) 分别显示了氧化铟锡 (ITO)、ITO/SnO_2 和 ITO/H_2O_2-SnO_2

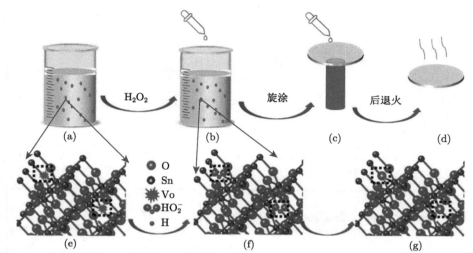

图 6.18 (a) 未经和 (b) 经 H_2O_2 处理的 SnO_2 水溶液示意图；(c) 旋涂相应溶液；(d) 后退火工艺；(e) 未经 H_2O_2 处理和 (f) 经 H_2O_2 处理的 SnO_2 纳米颗粒结构，其中氧空位表示为 Vo；(g) 退火处理后缺陷减少的 SnO_2 的最终纳米结构 [20]

薄膜的 SEM 图像。可以清楚地观察到，SnO_2 和 H_2O_2-SnO_2 薄膜都呈现出致密的形貌和完全的表面覆盖，这使得钙钛矿太阳能电池中的漏电流较小。

为了研究 H_2O_2 对氧空位的影响，我们进行了 X 射线光电子能谱 (XPS) 测量。如图 6.21(a) 所示，对于原始的 SnO_2 和 H_2O_2-SnO_2 薄膜，都在 495.2 eV 和 486.8 eV 处有明显的谱线，它们对应于 Sn $3d_{3/2}$ 和 Sn$3d_{5/2}$ 自旋轨道组分 [6]。同时，对于 O 1s 谱 (图 6.21(b) 和 (c))，在约 530.7 eV 和 532.1 eV 处出现的两个峰分别被鉴定为 SnO_2 晶格中的 O^{2-} 和表面吸附的氧，如化学吸附氧和羟基 (—OH)[6]。从这些结果可以看出，H_2O_2 导致了吸附氧强度的降低，估计的百分比值从 SnO_2 的 45% 降到了 H_2O_2-SnO_2 的 42%。此外，基于 XPS 面积强度的 O/Sn 原子比，H_2O_2-SnO_2(~1.9) 高于原始 SnO_2(~1.8)，这意味着 H_2O_2-SnO_2 的氧空位比 SnO_2 更少。此外，为了进一步鉴定氧空位，进行了傅里叶红外光谱测试，结果如图 6.21(d) 所示。在 ~3500 cm^{-1} 波数附近的峰值属于 O—H 基团的伸缩振动 [27]。显然，H_2O_2-SnO_2 薄膜的 O—H 伸缩振动强度低于 SnO_2 样品，进一步证明了 H_2O_2-SnO_2 薄膜表面氧空位的减少。相应的透射谱 (图 6.22(a)) 也支持上述结论，H_2O_2-SnO_2 透射率较高的原因是表面吸附氧比 SnO_2 少。用 X 射线衍射仪对样品进行了表征，样品的谱线如图 6.22(b) 所示。可以看出，经过 H_2O_2 处理后，SnO_2 的晶体结构基本保持不变。所得 H_2O_2-SnO_2 样品由金红石型 SnO_2 纳米晶组成，与原始的四方 SnO_2 结构相同，对应的空间群为 P42/mnm[15]。

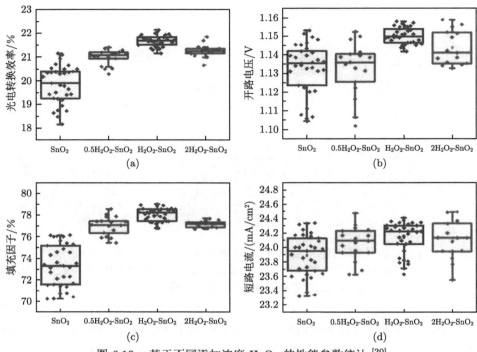

图 6.19　基于不同添加浓度 H_2O_2 的性能参数统计 [20]

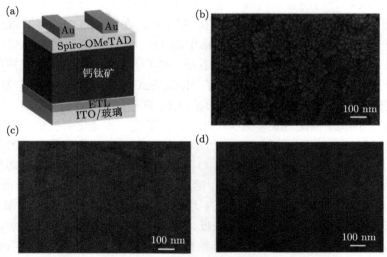

图 6.20　(a) 器件结构；(b) ITO 的 SEM 图；沉积在 ITO 衬底上的 (c) SnO_2 和 (d) H_2O_2-SnO_2 SEM 图 [20]

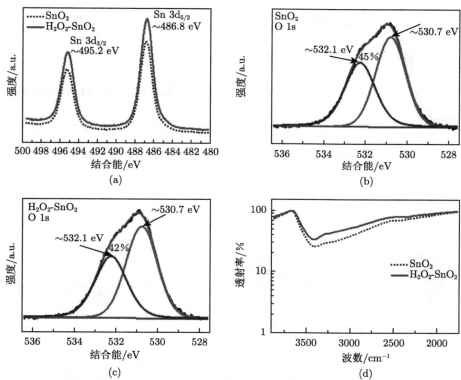

图 6.21 (a) SnO$_2$ 和 H$_2$O$_2$-SnO$_2$ 的 XPS Sn 3d 谱；(b) SnO$_2$ 和 (c)H$_2$O$_2$-SnO$_2$ 的 XPS O 1s 谱线和 (d) 相应的傅里叶红外光谱 [20]

为了阐明得到的 SnO$_2$ 和 H$_2$O$_2$-SnO$_2$ 的结构，对样品进行了原子力显微镜 (AFM) 成像。图 6.23(a) 和 (b) 中的形貌图像显示，H$_2$O$_2$-SnO$_2$ 薄膜具有更多的棒状结构和略大于 SnO$_2$(RMS=1.72 nm) 的均方根粗糙度 (RMS=1.8 nm)。H$_2$O$_2$-SnO$_2$ 的棒状表面形貌可能是后退火 (2H$_2$O$_2$ ⟶ 2H$_2$O+O$_2$) 释放氧气气体的结果。棒状结构通过在电子传输层/钙钛矿之间提供更多的接触面积促进光生载流子的传输，与 TiO$_2$ 纳米棒 [28,29] 的作用相类似。

为了研究能带匹配的变化，我们用开尔文探针力显微镜 (KPFM) 测量了它们的费米能级。表面电位图像如图 6.23(c)~(f) 所示。费米能级从 −4.656 eV 的 SnO$_2$ 升高到 −4.535 eV 的 H$_2$O$_2$-SnO$_2$。H$_2$O$_2$-SnO$_2$ 较浅的费米能级与钙钛矿的导带匹配更好，有利于电子传输。由于最大开路电压受电子和空穴传输层的准费米能级分裂程度的影响 [14,30]，电子传输层和空穴传输层 (在我们的例子中为 Spiro-OMeTAD) 之间较大的功函数差将促进 V_{oc} 的增加。另一方面，较浅的费米能级意味着更好的导电性，这有利于电荷抽取 [14]。

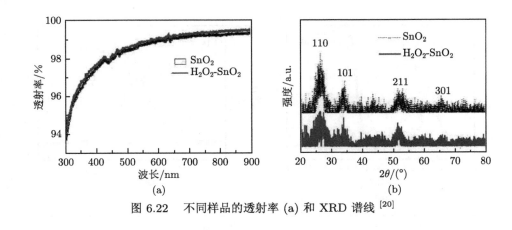

图 6.22　不同样品的透射率 (a) 和 XRD 谱线 [20]

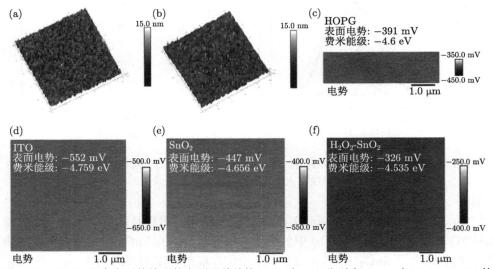

图 6.23　AFM 观察电子传输层的表面形貌结构: (a) 和 (b) 分别为 SnO₂ 和 H₂O₂-SnO₂ 的
AFM 形貌图像; 不同样品的表面电位分布: (c) 高度有序的热解石墨 (HOPG)、(d) ITO、
(e) 原始 SnO₂ 和 (f)H₂O₂-SnO₂、HOPG 用于定标, 其费米能级为 −4.6 eV[20](彩图扫封底
二维码)

我们还用紫外光电子能谱 (UPS) 测定了不同电子传输层的能带结构。如图 6.24(a) 所示, SnO₂(4.63 eV) 和 H₂O₂-SnO₂(4.57 eV) 的功函数 (WF) 与 KPFM 的结果变化情况相同。图 6.24(b) 比较了不同电子传输层的价带最大值 (VBM), 发现对于 H₂O₂-SnO₂(3.69 eV), 与原始 SnO₂(3.75 eV) 相比, VBM 值降低了 0.06 eV。结合图 6.25 所示的吸收光谱, 由此确定 SnO₂ 的能隙 (E_g) 约为 3.90 eV, H₂O₂-SnO₂ 约为 3.96 eV, 结合文献 [5] 中测定的钙钛矿的能

带，可以得到器件能带示意图，分别如图 6.24(c) 和 (d) 所示。从示意图中的能带排列可以发现，H_2O_2-SnO_2(-4.30 eV) 的导带 (CB) 相对于原始的 SnO_2 (-4.48 eV) 向上移动，这有利于 V_{oc} 的提升 [5]。

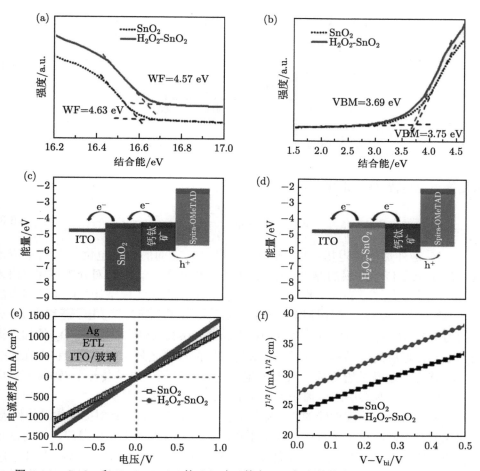

图 6.24　SnO_2 和 H_2O_2-SnO_2 的 (a) 功函数和 (b) 相应的价带线；(c) SnO_2 和 (d) H_2O_2-SnO_2 相对于钙钛矿的能带示意图；SnO_2 和 H_2O_2-SnO_2 的 (e) J-V 曲线和 (f) $J^{1/2}$-$(V - V_{bi})$ 曲线 [20]

此外，为了进一步研究电导率的变化，我们测量了玻璃/ITO/ETL/Ag 结构的电流密度–电压特性。如图 6.24(e) 所示，基于 H_2O_2-SnO_2 器件表现出比原始 SnO_2 器件更高的斜率，表明它有更好的电子传输，这与 KPFM 的结果是一致的。为了定量比较电导率，我们采用空间电荷限制电流模型测量载流子迁移率的变化，

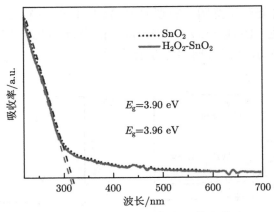

图 6.25   不同电子传输层吸收光谱

采用修正的莫特–格尼定律 [15]：

$$J = \frac{9}{8} \varepsilon_0 \varepsilon_r \mu_e \frac{(V - V_{bi})^2}{L^3} \tag{6.3}$$

其中，V 是外加偏置电压；V_{bi} 是 ITO 和 Ag 之间的内建电位；J 是电流密度；L 是电子传输层膜的厚度；ε_0 是真空介电常量；ε_r 为相对介电常量 (值为 9.8)[31]；μ_e 是电子迁移率。图 6.24(f) 显示了基于 SCLC 模型计算电子迁移率的 $J^{1/2}$-$(V - V_{bi})$ 曲线。经线性拟合，纯 SnO_2 和 H_2O_2-SnO_2 的电子迁移率 μ_e 分别约为 $6.1 \times 10^{-3} cm^2/(V \cdot s)$ 和 $7.8 \times 10^{-3}\ cm^2/(V \cdot s)$。结果表明，$H_2O_2$ 的加入提高了电子传输层的电导率。除了缺陷和能带匹配程度之外，电子的迁移率在影响电荷转移方面起着关键作用，较高的电子迁移率有利于电子传输层/钙钛矿界面的电荷运动，否则会引起电荷积累，从而导致回滞效应 [5,14]。

基于具有优异物理性能的 H_2O_2-SnO_2 电子传输层器件有望提供优异的性能，因此我们在不同的电子传输层衬底上采用两步沉积法制备钙钛矿薄膜，该方法已被证明是制备高性能钙钛矿太阳能电池的有效方法 [5]。在原始 SnO_2 和 H_2O_2-SnO_2 衬底上沉积的钙钛矿薄膜的高倍率 SEM 图像显示，这两种衬底上的钙钛矿薄膜的晶粒尺寸相差不大，这表明在 SnO_2 溶液中添加 H_2O_2 对钙钛矿薄膜的结晶性能影响很小 (图 6.26(a) 和 (c))，这与横截面 SEM 图像 (图 6.26(b) 和 (d)) 有相似之处。然而，XRD 检测到来自 PbI_2 的信号，这源于钙钛矿的部分分解 (图 6.26(e))[32]。与 SnO_2 相比，H_2O_2-SnO_2 衬底器件的 PbI_2 峰更弱，钙钛矿信号更强，说明 H_2O_2-SnO_2 电子传输层可以在一定程度上缓解钙钛矿的降解。

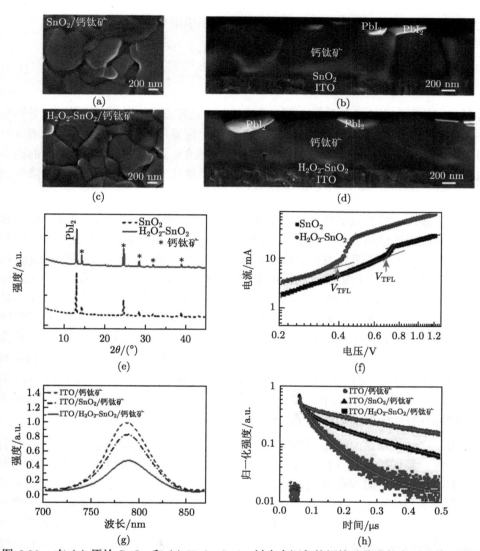

图 6.26 在 (a) 原始 SnO_2 和 (c) H_2O_2-SnO_2 衬底上沉积的钙钛矿薄膜的表面形貌；基于 (b)SnO_2 和 (d)H_2O_2-SnO_2 衬底的横截面图像；(e) 分别在 SnO_2 和 H_2O_2-SnO_2 衬底上沉积的钙钛矿的 XRD 图谱；(f) 纯电子器件的暗 I-V 曲线；(g) 沉积在不同衬底上的钙钛矿薄膜的稳态光致发光谱和 (h) 时间分辨光致发光谱，实线是拟合的曲线[20]

为了对比样品的缺陷密度，我们制备了 ITO/电子传输层/钙钛矿/PCBM/Ag 结构的纯电子器件。图 6.26(f) 显示了纯电子器件的暗电流–电压特性。线性关系表示低偏压下的欧姆响应。一旦偏置电压超过扭曲点，电流就会非线性增加，这

意味着缺陷已完全填满。缺陷密度可由缺陷填充极限电压决定 [33]

$$N_{\mathrm{t}} = \frac{2\varepsilon_0 \varepsilon V_{\mathrm{TFL}}}{eL^2} \tag{6.4}$$

其中，ε_0 是真空介电常量；ε 是钙钛矿的相对介电常量；e 是元电荷量；L 是钙钛矿薄膜的厚度。在 SnO_2 和 H_2O_2-SnO_2 衬底上制备的钙钛矿薄膜的缺陷密度分别为 $7.3 \times 10^{16} cm^{-3}$ 和 $3.8 \times 10^{16}\ cm^{-3}$。$H_2O_2$-$SnO_2$ 电子传输层表面缺陷的减少和基于 H_2O_2-SnO_2 电子传输层更稳定的钙钛矿结构可能是器件缺陷密度降低的原因。

为了深入了解钙钛矿吸收体中的光生载流子向 SnO_2 和 H_2O_2-SnO_2 电子传输层的抽取和转移动力学，测试了沉积在 SnO_2 和 H_2O_2-SnO_2 衬底以及 ITO 衬底上的钙钛矿的稳态光致发光和时间分辨光致发光光谱。荧光光谱如图 6.26(g) 所示，不同衬底上的钙钛矿都有相同的发射峰，峰值位于 788 nm。SnO_2 和 H_2O_2-SnO_2 的加入大大提高了猝灭效果，其中 H_2O_2-SnO_2 的作用更为显著。为了表征从钙钛矿到 SnO_2 和 H_2O_2-SnO_2 的光生载流子的电荷动力学，我们进行了时间分辨荧光测量，如图 6.26(h) 所示。通过曲线拟合，计算出原始钙钛矿的寿命为 374.6 ns。而基于 SnO_2 和 H_2O_2-SnO_2 的钙钛矿结构的寿命分别降至 179.1 ns 和 66.6 ns。含 H_2O_2-SnO_2 的钙钛矿中较短的寿命表明，从钙钛矿到 H_2O_2-SnO_2 的电子转移比向 SnO_2 的电子转移要快得多。因此，基于 H_2O_2-SnO_2 的钙钛矿太阳能电池具有较低的界面载流子复合能力。

为了评估使用这两种电子传输层的钙钛矿太阳能电池的光伏性能和器件制备的重复性，我们以玻璃/ITO/电子传输层/钙钛矿/Spiro-OMeTAD/Au 的结构制备了平面钙钛矿太阳能电池，结构如图 6.20(a) 所示。图 6.27(a)~(d) 分别表示光电转换效率 (PCE)、开路电压 (V_{oc})、填充因子 (FF) 和短路电流密度 (J_{sc}) 等光伏参数的统计情况。从数据比较中可看出，由于 H_2O_2 的添加，所有参数都有所增加。较高的 J_{sc} 和 FF 归因于钙钛矿质量的提高和高效的电子传输、抽取和转移。H_2O_2-SnO_2 费米能级较浅，导致电子传输层和空穴传输层功函数相差较大，从而促进 V_{oc} 增大。此外，基于 H_2O_2-SnO_2 的器件具有良好的重复性，与原始 SnO_2 相比偏差较小，表明 H_2O_2-SnO_2 薄膜是一种优良的电子传输层。图 6.28(a) 显示了采用 SnO_2 和 H_2O_2-SnO_2 作为电子传输层的最佳平面钙钛矿太阳能电池的电流密度–电压 (J-V) 特性曲线。在反向扫描下，采用原始 SnO_2 的钙钛矿太阳能电池获得 21.15% 的 PCE，V_{oc} 为 1.12 V，J_{sc} 为 24.22 mA/cm²，填充因子为 77.77%。相比之下，含 H_2O_2-SnO_2 的钙钛矿太阳能电池的 PCE 为 22.15%，V_{oc} 为 1.16V，J_{sc} 为 24.22 mA/cm²，FF 为 78.96%。

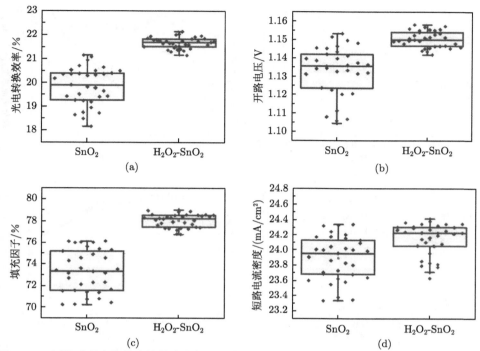

图 6.27　钙钛矿型太阳能电池的光伏性能参数 (a) PCE、(b) V_{oc}、(c) FF 和 (d) J_{sc} 的统计
分布 [20]

　　图 6.28(b) 显示了分别使用 SnO_2 和 H_2O_2-SnO_2 作为电子传输层的钙钛矿太
阳能电池的外量子效率 (EQE)。由 EQE 谱积分得到的 J_{sc} 分别为 23.41 mA/cm^2
和 23.83 mA/cm^2。基于 H_2O_2-SnO_2 的器件具有较高的 J_{sc} 值，这可能是由于光
吸收体质量较高。为了进一步展示器件特性，我们还测量了在偏压分别为 0.95V
和 0.98V 时钙钛矿太阳能电池的最大功率输出。相应的电流密度和稳定的 PCE
随时间的变化如图 6.28(c) 所示。基于 SnO_2 和 H_2O_2-SnO_2 的冠军器件的 PCE
分别稳定在 20.9% 和 21.9%，接近 J-V 曲线所得的值。

　　稳定性是器件的关键特性之一，它决定了钙钛矿太阳能电池能否商业化。因
此，我们在黑暗环境下 (湿度 ~20RH%) 对基于不同电子传输层的器件进行了长
期稳定性测试。图 6.28(d) 显示了归一化 PCE 随时间的演变。基于 H_2O_2-SnO_2
的器件在 1000 h 后保持了初始 PCE 的 94% 左右，而在相同条件下，具有 SnO_2
的器件仅保持了 86% 的初始 PCE。这表明基于 H_2O_2-SnO_2 的钙钛矿太阳能电池
具有更好的稳定性。

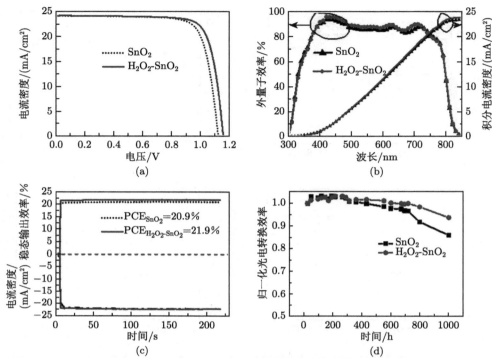

图 6.28　　(a) 具有 SnO_2 和 H_2O_2-SnO_2 电子传输层的冠军器件的 J-V 特性；(b) 钙钛矿太阳能电池的 EQE 光谱响应，以及它们的积分 J_{sc}；(c) 钙钛矿太阳能电池的稳定电流密度和 PCE 随时间的变化；(d) 无任何封装的钙钛矿型太阳能电池在大气环境中的长期稳定性[20]

　　综上所述，我们提出了一种在 SnO_2 前驱体中引入 H_2O_2 来提高电子传输层质量的简便、有效的策略。由于在 SnO_2 前驱体中引入 H_2O_2，电子传输层的缺陷密度更小，电子抽取效率更高。H_2O_2-SnO_2 ETL 的费米能级与钙钛矿的导带有更好的匹配，有利于 V_{oc} 的进一步提高。此外，在 H_2O_2-SnO_2 衬底上生长的钙钛矿显示出更低的缺陷密度。通过使用 H_2O_2-SnO_2 作为电子传输层，钙钛矿太阳能电池在性能和长期稳定性以及器件制备的重复性方面都得到了显著的改善。这一策略为基于较少氧缺陷的 SnO_2 器件的设计提供了新的思路。

6.4　氯化铵处理

6.4.1　引言

　　有机无机杂化钙钛矿太阳能材料因其吸光系数高、带隙宽度可调、载流子寿命长等优势，被视为极具潜力的第三代光伏材料[34-37]。近年来，平面结构的钙钛矿太阳能电池因其结构简单、易于制造而受到越来越多的关注[38-40]。为了提高平面钙钛矿太阳能电池的性能，优异的电子输运层对器件性能的影响是至关重要的[41-43]。SnO_2 具有可见光透明度高、光稳定性好、与钙钛矿能级相匹配等优势，是高效钙钛矿太阳能电池很好的候选者[1,44,45]。同时，SnO_2 可以通过低温工艺制造，适用于具有轻重量、低成本和柔性特点的钙钛矿太阳能电池。这就为未来发展可穿戴电子设备、便携式电源和室内传感器奠定了良好的基础[46-50]。

到目前为止，各种方法如溶液沉积、原子层沉积、化学浴沉积等被用来合成 SnO_2 薄膜，以提高平面型钙钛矿太阳能电池的性能，有望实现高效无回滞的光伏器件[2,51-56]。相比于原始的 SnO_2 电子传输层，使用钝化后的 SnO_2 作为电子传输层制备的钙钛矿太阳能电池展现出更好的性能，如更高的光电转换效率、更好的长期稳定性，以及更优异的环境适应性[57-63]。

研究发现，使用乙二胺四乙酸二钠修饰的 SnO_2 用作钙钛矿太阳能电池的电子传输层，不仅能够有效地消除器件的回滞效应，而且可以极大地提升器件的稳定性[14]。同时，卤化碱金属能同时在钙钛矿/SnO_2 界面钝化不同的离子缺陷，得到的钝化后的钙钛矿太阳能电池显示出可忽略的回滞效应和更优异的长期稳定性。然而，降低 SnO_2/钙钛矿界面的缺陷和载流子复合，有效地提升了器件的载流子输运和能级匹配，获得具有高性能的平面异质结钙钛矿太阳能电池仍急需研究[64]。

界面电压损失是限制平面异质结钙钛矿太阳能电池性能提高的主要因素之一。在本节中，我们巧妙地将氯结合在 SnO_2 量子点表面，并在带隙宽度为 1.58 eV 的钙钛矿材料中，制备了开路电压高达 1.195 V 的太阳能电池。研究发现，氯元素与 SnO_2 的结合能够增强电子传输层与钙钛矿界面处之间氯/铅的连接，这将有效地降低 SnO_2 和钙钛矿之间的界面电荷复合。同时，氯钝化的 SnO_2 电子传输层显示出与钙钛矿层更匹配的能带结构，以及更好的载流子迁移率，这将促进电子在界面处的传递。此外，氯钝化的 SnO_2 提高了电子传输层的费米能级，增加了载流子的分离，并抑制界面复合，这将有利于开路电压的提高。我们使用含氯的 SnO_2 量子点作为电子传输层，在正置的平面钙钛矿太阳能电池获得了 1.195 V 的高开路电压。同时，我们在带隙宽度为 1.58 eV 的钙钛矿材料中，实现了 20% 的光电转换效率，并且回滞可忽略不计。

6.4.2 实验材料与方法

1) 材料

在本节中，我们设计了一种环境友好的室温合成方法，得到了氯钝化的 SnO_2 量子点，并将其用作平面钙钛矿太阳能电池的电子传输层。SnO_2 量子点溶液是

以二水合氯化亚锡 (纯度 >99.99%, Sigma-Aldrich 公司) 为前驱体, 以超纯水为溶剂混合搅拌而成。首先, 将 1 mmol(225.65 mg) 二水合氯化亚锡加入 10 mL 超纯水中, 持续搅拌得到未钝化 SnO_2 量子点溶液。氯钝化的 SnO_2 量子点溶液是通过将 5.35 mg, 10.7 mg, 16.05 mg 和 21.4 mg 氯化铵 (纯度 > 99%, 阿拉丁) 分别与 225.65 mg 二水合氯化亚锡在 10 mL 超纯水中混合, 得到 10%, 20%, 30% 和 40% 掺杂的量子点溶液。该混合溶液暴露在空气中保持搅拌 48 h 以形成 SnO_2 量子点溶液。以上全部过程均在室温下进行, 无需任何辅助操作。将 1.3 mmol 甲脒氢碘酸盐 (FAI, 纯度 >99.99%, Sigma-Aldrich 公司), 碘化铅 (PbI$_2$, 纯度 >99.9985%, 梯希爱公司), 甲基溴化胺 (MABr, 纯度 >99.9%, Sigma-Aldrich 公司), 溴化铅 (纯度 >99.9%, Sigma-Aldrich 公司), 碘化铯 (纯度 >99.99%, Sigma-Aldrich 公司) 和碘化钾 (纯度 >99.99%, Sigma-Aldrich 公司) 混合溶于 800 μL N, N-二甲基甲酰胺 (DMF, 纯度 >99.8%, 阿法埃莎) 和 200 μL 二甲基亚砜 (DMSO, 纯度 >99.8%, 阿法埃莎公司) 的混合溶液形成 $K_{0.035}Cs_{0.05}(FA_{0.85}MA_{0.15})_{0.95}Pb(I_{0.85}Br_{0.15})_3$ 钙钛矿。空穴传输层前驱溶液是通过将 72.3 mg 的 Spiro-OMeTAD, 17.5 μL 的 Li-TFSI(99%, 西安宝莱特光电科技有限公司) 溶液 (520 mg/mL 的乙腈溶液) 和 28.8 μL 4-叔丁基吡啶 (tBP, 99.9%, Sigma-Aldrich 公司) 加入到 1 mL 氯苯 (99.9%, Sigma-Aldrich 公司) 中制备而成。

2) 钙钛矿太阳能电池的制备

掺杂氟的 SnO_2(FTO) 导电玻璃分别浸泡在去离子水、丙酮和乙醇中超声处理 15 min, 然后用氮气吹干, 并用紫外线等离子体处理 15 min。将 SnO_2 量子点溶液旋涂制备得到 SnO_2 电子传输层 (旋涂条件为 3000 r/min, 30 s)。并在 100~250 ℃ 的不同温度下大气环境下退火 1 h。冷却后, 将样品转移到氩气氛围的手套箱中。取 50 μL 钙钛矿前驱溶液滴在 SnO_2 电子传输层表面, 均匀涂开。旋涂条件是低转速 2000 r/min, 10 s, 然后高转速 6000 r/min, 30 s, 在高转速时, 在最后 15 s 加入 150 μL 氯苯反溶剂。随后, 将钙钛矿薄膜在 100℃ 氩气氛围中退火 1 h。退火后, 冷却到室温, 再以 3000 r/min, 30 s 旋涂 Spiro-OMeTAD 溶液。最后在 10^{-4}Pa 真空下热蒸发 50 nm Au 以完成完整的器件制备。

3) 薄膜及器件表征

钙钛矿太阳能电池的伏安特性曲线、空间电荷限制电流 (SCLC) 和电化学阻抗谱 (EIS), 通过使用配备有 450 W 氙气灯和 AM 1.5G 滤光片的 CHI 660D 电化学工作站测量得到。用 QE / IPCE 系统记录外量子效率 (EQE) 光谱。时间分辨的光致发光 (TRPL) 通过 Delta Flex 荧光光谱仪 (HORIBA 公司) 获得。根据公式模拟出衰减曲线。

使用 Shimadzu 公司 mini 1280 紫外–可见分光光度计测量吸收光谱和透射光

谱。X 射线光电子能谱通过 X 射线光电子能谱 (XPS)/ UPS 系统 (Escalab 250Xi) 测量得到。薄膜的表面粗糙度用原子力显微镜 (SPM-9500J3) 测量。

6.4.3 氯钝化 SnO$_2$ 作为电子传输层制备钙钛矿太阳能电池

1) SnO$_2$ 量子点溶液及其薄膜分析

我们将制备的 SnO$_2$ 和氯钝化的 SnO$_2$ 量子点溶液稀释后在铜网上室温条件干燥 6 h，得到 SnO$_2$ 量子点的透射电镜形貌，分别如图 6.29(a) 和 (b) 所示。两种量子点显示出相同的晶格条纹间距，表明氯钝化并未掺入 SnO$_2$ 晶体也未引起晶格的变化，而是以氯离子的形式交联在量子点的表面。同时，两种量子点的形貌尺寸均为 3~4 nm，表明氯的引入并未引起 SnO$_2$ 生长动力学的变化。在此基础上，我们使用原始的和氯钝化的 SnO$_2$ 量子点在 FTO 上制备 SnO$_2$ 电子传输层，其表面形貌分别如图 6.29(d) 和 (f) 所示。相比于未镀膜的 FTO 衬底，SnO$_2$ 量子点薄膜显示出明显的全覆盖形貌特性，这将有利于电子的传递和空穴的阻挡。同时，我们对未钝化的 SnO$_2$ 量子点薄膜和氯钝化的 SnO$_2$ 量子点薄膜的表面原子力显微镜分析分别如图 6.30(a) 和 (b) 所示。虽然在 SEM 中，我们观察到氯钝化的 SnO$_2$ 薄膜具有更高的覆盖性，但原子力显微镜显示其薄膜形貌的粗糙度更低，这将有利于钙钛矿层的沉积与生长，对钙钛矿薄膜的成膜质量、缺陷密度等都将有积极意义。

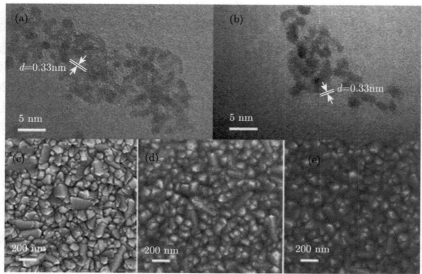

图 6.29　(a) 未钝化 SnO$_2$ 量子点的透射电镜图片；(b) 氯钝化 SnO$_2$ 量子点的透射电镜图片；(c) 空白的 FTO 衬底 (d) 未钝化 SnO$_2$ 量子点制备电子传输层的 SEM 图片；(e) 氯钝化 SnO$_2$ 量子点制备电子传输层的 SEM 图片 [65]

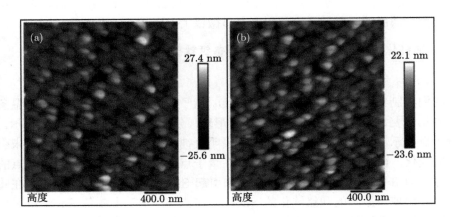

RMS=7.50nm   RMS=6.81nm

图 6.30　(a) 未钝化 SnO_2 电子传输层薄膜的原子力显微镜影像；(b) 氯钝化 SnO_2 电子传输层的原子力显微镜影像 [65]

接着我们使用 X 射线光电子能谱 (XPS) 对未钝化和氯钝化 SnO_2 电子传输层的表面元素和化学状态进行了分析。测试了未钝化和氯钝化的 SnO_2 电子传输层的结合能，完整的 XPS 结果如图 6.31(a) 所示。测试结果表明，氯离子的引入并没有改变 SnO_2 量子点的主要化学成分。同时，高分辨率 Sn 3d、O 1s 和 Cl 2p XPS 能谱如图 6.31(b)~(d) 所示。从图 6.31(b) 中可以看出，Sn $3d_{5/2}$ 和 Sn $3d_{3/2}$ 的原始峰分别出现在 486.98 eV 和 495.43 eV 处，氯钝化后，峰位置偏移了 0.2 eV。如图 6.31(c) 所示，显示出 SnO_2 电子传输层薄膜的两个氧态，其中 530.88 eV 和 532.23 eV 代表原始 SnO_2 膜中的氧锡结合能 (O—Sn) 和羟基氧结合能 (O—H)。然而，氯钝化的 SnO_2 膜的 O—Sn 和 O—H 的结合能分别增加到 531.08 eV 和 532.48 eV，这是因为 O—Sn 的结合能比 O—H 强。结果表明，O—H 相对峰强明显降低，而 O—Sn 峰则随着氯钝化而增强。从这些结果可以推测在 SnO_2 量子点表面可能发生了如下反应：

$$Sn—OH + NH_4^+ \longrightarrow Sn + NH_3 \uparrow + H_2O \tag{6.5}$$

$$Sn + Cl \longrightarrow SnCl \tag{6.6}$$

与图 6.31(b) 中 Sn 3d 的结果相比，O—Sn 的结合能增加，而 O—H 峰结合能减少。为了得到氧的相对含量，可以估算两种峰的面积，结果如表 6.5 所示。随着氯的钝化，单个 O—H 含量 (O—H / O—H + O—Sn) 从 29.5% 降低到 22.5%。相反，由于氯的键合作用，O—Sn 含量从 70.5% 显著增加到 77.5%。表面缺陷的减少有利于提高载流子迁移率，减少界面复合并加速电荷传递。图 6.31(d) 显示了 Cl 2p 的 XPS。我们可以看到,加入氯化铵可以明显增强 SnO$_2$ 薄膜中氯的信号,证明氯钝化 SnO$_2$ 量子点的表面结合了更多的氯离子。这种氯化锡末端的形成可以促进含氯表面与钙钛矿材料中铅的结合,从而有效降低 SnO$_2$ 电子传输层和钙钛矿连接处的界面缺陷。

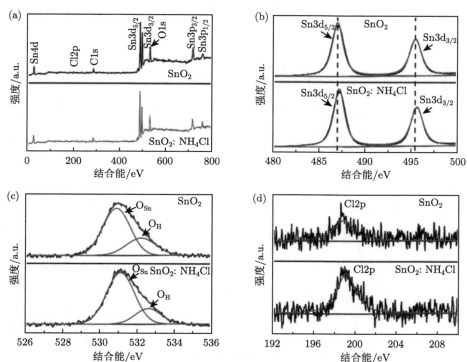

图 6.31　未钝化的 SnO$_2$ 量子点薄膜和氯钝化 SnO$_2$ 量子点薄膜的 X 射线光电子能谱
(a) 全谱;(b)Sn 3d;(c)O 1s;(d)Cl 2p[65]

表 6.5　O—H 和 O—Sn 的 X 射线光电子能谱的峰位和面积比例分析[65]

O1s		O$_{Sn}$	O$_H$
SnO$_2$	峰位/eV	530.88	532.23
SnO$_2$	面积比/%	70.5	29.5
SnO$_2$:NH$_4$Cl	峰位/eV	531.08	532.58
SnO$_2$:NH$_4$Cl	面积比/%	77.5	22.5

为了更好地描述氯对 SnO$_2$ 电子传输层能级结构的影响,我们测量了未钝化和氯钝化 SnO$_2$ 的紫外光电子能谱,结果如图 6.32(a) 所示。当氯原子钝化在 SnO$_2$ 表面时,费米能级从 −4.34 eV 提升到 −4.26 eV,如图 6.32(b) 所示。同时,从图

6.32(c) 可以看出，升高的费米能级降低了费米能级与导带边之间的差值，即随着氯钝化，电导率增加，这将有利于载流子的输运。从图 6.32(d) 可以看出，使用氯钝化能够使 SnO_2 的带隙宽度由 3.88 eV 增加到 3.89 eV。

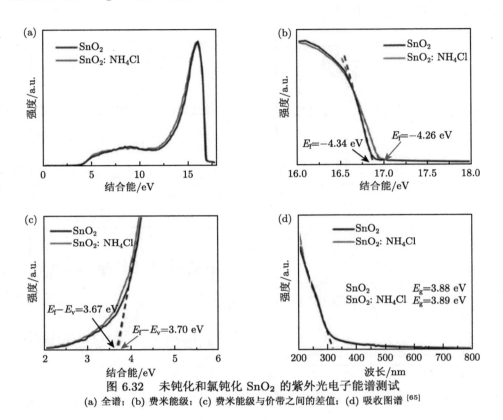

图 6.32　未钝化和氯钝化 SnO_2 的紫外光电子能谱测试

(a) 全谱；(b) 费米能级；(c) 费米能级与价带之间的差值；(d) 吸收图谱[65]

2) 钙钛矿薄膜的分析

钙钛矿薄膜的制备是通过将钙钛矿前驱溶液旋涂在未钝化和氯钝化的 SnO_2 电子传输层衬底上获得的。未钝化和氯钝化的 SnO_2 电子传输层上沉积的钙钛矿上表面形貌分别如图 6.33(a) 和 (b) 所示。两种电子传输层上沉积的钙钛矿均显示出致密无针孔的结构特性，表明其具有较优异的薄膜质量。同时，截面的 SEM 图像也证明了这一特性，分别如图 6.33(c) 和 (d) 所示。通过将氯结合到 SnO_2 电子传输层薄膜中，我们获得了质量更高的钙钛矿薄膜，这将有利于 SnO_2 电子传输层和钙钛矿吸光层之间的界面电荷传输。

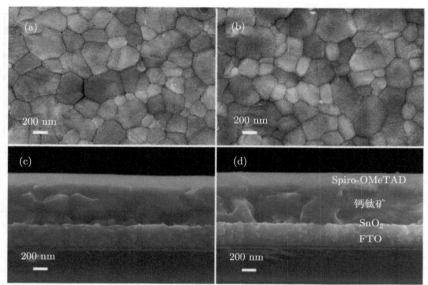

图 6.33　钙钛矿沉积在 (a) 未钝化和 (b) 氯钝化 SnO_2 电子传输层的上表面 SEM 图；器件在 (c) 未钝化和 (d) 氯钝化 SnO_2 电子传输层的截面 SEM 图[65]

3) 器件光电性能的表征

图 6.34(a) 显示了在标准模拟太阳光照射下进行正向和反向扫描时测得的电流密度–电压特性曲线，其中最佳光电转换效率达到 20%(正向扫描) 和 19.4%(反向扫描)，回滞效应可以忽略不计。表 6.6 列出了电流密度–电压曲线的所有钙钛矿太阳能电池的对应参数，从中我们可以清楚地看到，由于氯的钝化作用，器件的开路电压、填充因子和光电转换效率明显增加。同时还发现，与未钝化的 SnO_2 电子传输层相比较，界面氯钝化将开路电压从 1.135 V 增加到 1.195 V，将填充因子从 72% 增大到 75%，而电流密度只略微地增加。图 6.34(b) 显示了未钝化和氯钝化的器件的外量子效率曲线，我们可以清楚地看到，积分电流密度从 21.05 mA/cm^2 略微增加到 21.10 mA/cm^2。稳态电流输出密度和相应的稳态功率输出如图 6.34(c) 所示。虽然，器件在不同的偏置电压下显示出最大稳定光电输出只增加了 0.3 mA/cm^2，但结合偏压我们计算出稳态功率输出从 18.2% 增加到 19.6%。图 6.34(d) 显示了，在室温下空气中，未钝化和氯钝化的钙钛矿太阳能电池的 PCE 分布，平均 PCE 值从 17% 增加到 19%，最大 PCE 达到 20%。同时，我们研究了无界面钝化或有界面钝化的开路电压分布，结果显示在图 6.34(d) 的上图，表明氯钝化将平均开路电压从 1.15 V 提升到 1.18 V。

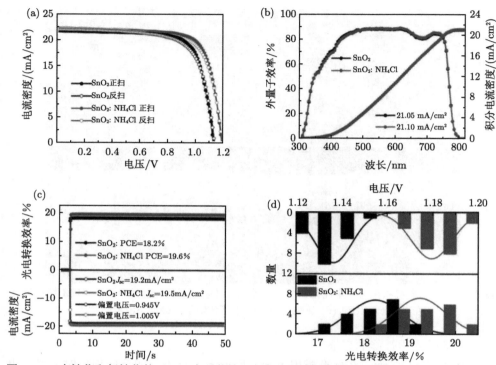

图 6.34　未钝化和氯钝化的 SnO_2 电子传输层制备的钙钛矿太阳能电池的 (a) 电流密度–电压曲线；(b) 外量子效率和积分电流；(c) 稳态输出效率；(d)20 个器件的开路电压和光电转换效率统计[65]

表 6.6　两种电子传输层制备的钙钛矿太阳能电池的光伏参数[65]

样品	扫描方向	开路电压/V	短路电流/(mA/cm^2)	填充因子/%	效率/%
SnO_2	正扫	1.135	21.8	74	18.3
SnO_2	反扫	1.135	22.1	71	17.8
$SnO_2:NH_4Cl$	正扫	1.195	22.1	75.6	20
$SnO_2:NH_4Cl$	反扫	1.195	22.2	73	19.4

4) 氯钝化对界面载流子输运特性的分析

为了研究钙钛矿与电子传输层之间的界面载流子输运特性，我们制备了基于玻璃/FTO/电子传输层/钙钛矿的结构，测量了其稳态光致发光光谱，结果如图 6.35(a) 所示。我们认为，电子传输层的性能越好，钙钛矿体内产生的光生载流子就越能够有效地被输运到电极，这有效地降低了辐射复合，因而发光峰在 780 nm 显示出较弱的荧光强度。同时，时间分辨荧光光谱如图 6.35(b) 所示，钙钛矿产生的自由载流子能够高效地被电子传输层输运，因而荧光寿命降低。

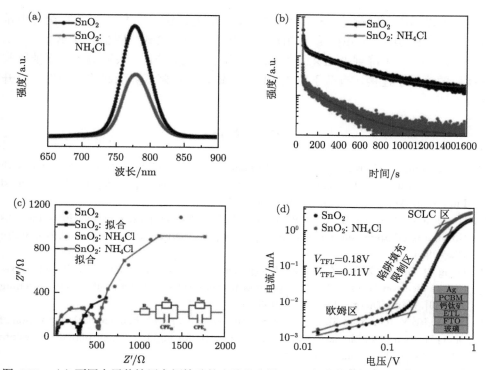

图 6.35　(a) 不同电子传输层上钙钛矿的光致发光谱；(b) 相应的荧光寿命；(c) 电化学阻抗谱；(d) 单载流子器件 [65]

这可能是由在载流子损失最小的情况下，钙钛矿体内缺陷态密度的降低而引起的。为了进一步研究器件的电学特性，这里对器件进行了阻抗谱测量，并在图 6.35(c) 中显示了未钝化和氯钝化的结果 (插图显示了在图 6.35(c) 中拟合的等效电路)。很明显地，复合电阻和串联电阻对开路电压的影响很大，因为增加的偏置电压加速了钙钛矿和电子传输层界面上的电子积累，从而增加了电子和空穴的复合。此外，串联电阻 (R_s) 来源于代表电子输运电阻的器件结构，而并联电阻则是指载体重组的抗性。随着表面的氯钝化，降低了载流子复合和增强了电子传输。接下来，我们进一步探讨电子传输层与界面处的缺陷态密度，我们采用空间电荷限制电流 (SCLC) 方法来测量，制备的单载子器如图 6.35(d) 所示。在欧姆区、陷阱填充限制区和空间电荷限制电流区曲线中拟合空间电荷限制电流曲线，其中的线性关系随着偏置电压的增加而被打破。氯钝化有效地降低了缺陷态填充电压 (V_{TFL})，其值由 0.18 V 下降到 0.11 V。由于氯的钝化作用，其缺陷态密度 (n_{trap}) 可估计为

$$V_{TFL} = \frac{en_{trap}L^2}{2\varepsilon_0\varepsilon} \tag{6.7}$$

其中，e 为基本元电荷 ($e = 1.6 \times 10^{-19}$C)；L 为钙钛矿厚度；ε_0 为真空介电常量 ($\varepsilon_0 = 8.8 \times 10^{-12}$F/m)；$\varepsilon$ 为相对介电常量。根据公式，我们计算出 n_{trap} 从 4.93×10^{15}cm^{-3} 下降到 3.01×10^{15} cm^{-3}。我们认为，SnO_2 表面的氯原子能够与钙钛矿的铅原子连接，有益于形成 Pb—Cl 键，从而降低界面缺陷态密度，提升器件性能。

参 考 文 献

[1] Liu Q, Qin M C, Ke W J, et al. Enhanced stability of perovskite solar cells with low-temperature hydrothermally grown SnO$_2$ electron transport layers [J]. Advanced Functional Materials, 2016, 26(33): 6069-6075.

[2] Baena J P C, Steier L, Tress W, et al. Highly efficient planar perovskite solar cells through band alignment engineering [J]. Energy & Environmental Science, 2015, 8(10): 2928-2934.

[3] Dong Q, Shi Y, Zhang C, et al. Energetically favored formation of SnO$_2$ nanocrystals as electron transfer layer in perovskite solar cells with high efficiency exceeding 19% [J]. Nano Energy, 2017, 40: 336-344.

[4] Jun Y, Ko Y, Kim Y, et al. Self-aggregation controlled rapid chemical bath deposition of SnO$_2$ layers and stable dark depolarization process for highly efficient planar perovskite solar cells [J]. ChemSusChem, 2020.

[5] Jiang Q, Zhang L, Wang H, et al. Enhanced electron extraction using SnO$_2$ for high-efficiency planar-structure HC(NH$_2$)$_2$ PbI$_3$-based perovskite solar cells [J]. Nature Energy, 2016, 2(1): 1-7.

[6] Yang G, Chen C, Yao F, et al. Effective carrier-concentration tuning of SnO$_2$ quantum dot electron-selective layers for high-performance planar perovskite solar cells [J]. Advanced Materials, 2018, 30(14): 1706023.

[7] Liu H, Chen Z, Wang H, et al. A facile room temperature solution synthesis of SnO$_2$ quantum dots for perovskite solar cells [J]. Journal of Materials Chemistry A, 2019, 7(17): 10636-10643.

[8] Unger E L, Hoke E T, Bailie C D, et al. Hysteresis and transient behavior in current-voltage measurements of hybrid-perovskite absorber solar cells [J]. Energy & Environmental Science, 2014, 7(11): 3690-3698.

[9] Azpiroz J M, Mosconi E, Bisquert J, et al. Defect migration in methylammonium lead iodide and its role in perovskite solar cell operation [J]. Energy & Environmental Science, 2015, 8(7): 2118-2127.

[10] Chen B, Yang M, Zheng X, et al. Impact of capacitive effect and ion migration on the hysteretic behavior of perovskite solar cells [J]. Journal of Physical Chemistry Letters, 2015, 6(23): 4693-4700.

[11] Rong Y, Hu Y, Ravishankar S, et al. Tunable hysteresis effect for perovskite solar cells [J]. Energy & Environmental Science, 2017, 10(11): 2383-2391.

[12] Ren X, Yang D, Yang Z, et al. Solution-processed Nb: SnO_2 electron transport layer for efficient planar perovskite solar cells [J]. ACS Applied Materials & Interfaces, 2017, 9(3): 2421-2429.

[13] Li M, Yan X, Kang Z, et al. Enhanced efficiency and stability of perovskite solar cells via anti-solvent treatment in two-step deposition method [J]. ACS Applied Materials & Interfaces, 2017, 9(8): 7224-7231.

[14] Yang D, Yang R, Wang K, et al. High efficiency planar-type perovskite solar cells with negligible hysteresis using EDTA-complexed SnO_2 [J]. Nature Communications, 2018, 9(1): 1-11.

[15] Jiang E, Ai Y, Yan J, et al. Phosphate-passivated SnO_2 electron transport layer for high-performance perovskite solar cells [J]. ACS Applied Materials & Interfaces, 2019, 11(40): 36727-36734.

[16] Ke W, Zhao D, Xiao C, et al. Cooperative tin oxide fullerene electron selective layers for high-performance planar perovskite solar cells [J]. Journal of Materials Chemistry A, 2016, 4(37): 14276-14283.

[17] Wu W Q, Chen D, Cheng Y B, et al. Thin films of tin oxide nanosheets used as the electron transporting layer for improved performance and ambient stability of perovskite photovoltaics [J]. Solar RRL, 2017, 1(11): 1700117.

[18] Jiang Q, Zhang X, You J. SnO_2: a wonderful electron transport layer for perovskite solar cells [J]. Small, 2018, 14(31): 1801154.

[19] Bai Y, Fang Y, Deng Y, et al. Low temperature solution-processed Sb: SnO_2 nanocrystals for efficient planar perovskite solar cells [J]. Chem SuS Chem, 2016, 9(18): 2686-2691.

[20] Wang H B, Liu H R, Fang G J, et al. Hydrogen peroxide-modified SnO_2 as electron transport layer for perovskite solar cells with efficiency exceeding 22% [J]. Journal of Power Sources, 2021, 481: 229160.

[21] Robertson J. Defect levels of SnO_2 [J]. Physical Review B, 1984, 30(6): 3520.

[22] Kılıç Ç, Zunger A. Origins of coexistence of conductivity and transparency in SnO_2 [J]. Physical Review Letters, 2002, 88(9): 095501.

[23] Godinho K G, Walsh A, Watson G W. Energetic and electronic structure analysis of intrinsic defects in SnO_2 [J]. The Journal of Physical Chemistry C, 2009, 113(1): 439-448.

[24] Zeronian S H, Inglesby M K. Bleaching of cellulose by hydrogen peroxide [J]. Cellulose, 1995, 2(4): 265-272.

[25] Hofmann J, Just G, Pritzkow W, et al. Bleaching activators and the mechanism of bleaching activation [J]. Journal für Praktische Chemie/Chemiker-Zeitung, 1992, 334(4): 293-297.

[26] Wang J, Li H, Meng S, et al. Controlled synthesis of Sn-based oxides via a hydrothermal method and their visible light photocatalytic performances [J]. RSC Advances, 2017, 7(43): 27024-27032.

[27]　Yuan Y, Wang Y, Wang M, et al. Effect of unsaturated Sn atoms on gas-sensing property in hydrogenated SnO_2 nanocrystals and sensing mechanism [J]. Scientific Reports, 2017, 7(1): 1-9.

[28]　Gao X, Li J, Baker J, et al. Enhanced photovoltaic performance of perovskite $CH_3NH_3PbI_3$ solar cells with freestanding TiO_2 nanotube array films [J]. Chemical Communications, 2014, 50(48): 6368-6371.

[29]　Kim H S, Lee J W, Yantara N, et al. High efficiency solid-state sensitized solar cell-based on submicrometer rutile TiO_2 nanorod and $CH_3NH_3PbI_3$ perovskite sensitizer [J]. Nano Letters, 2013, 13(6): 2412-2417.

[30]　Snaith H J, Ducati C. SnO_2-based dye-sensitized hybrid solar cells exhibiting near unity absorbed photon-to-electron conversion efficiency [J]. Nano Letters, 2010, 10(4): 1259-1265.

[31]　Wang C, Xiao C, Yu Y, et al. Understanding and eliminating hysteresis for highly efficient planar perovskite solar cells [J]. Advanced Energy Materials, 2017, 7(17): 1700414.

[32]　Jiang Q, Chu Z, Wang P, et al. Planar-structure perovskite solar cells with efficiency beyond 21% [J]. Advanced Materials, 2017, 29(46): 1703852.

[33]　Zhu P, Gu S, Luo X, et al. Simultaneous contact and grain-boundary passivation in planar perovskite solar cells using SnO_2-KCl composite electron transport layer [J]. Advanced Energy Materials, 2020, 10(3): 1903083.

[34]　Kojima A, Teshima K, Shirai Y, et al. Organometal halide perovskites as visible-light sensitizers for photovoltaic cells [J]. Journal of the American Chemical Society, 2009, 131(17): 6050-6051.

[35]　Lee M M, Teuscher J, Miyasaka T, et al. Efficient hybrid solar cells based on meso-superstructured organometal halide perovskites [J]. Science, 2012, 338(6107): 643-647.

[36]　Stranks S D, Eperon G E, Grancini G, et al. Electron-hole diffusion lengths exceeding 1 micrometer in an organometal trihalide perovskite absorber [J]. Science, 2013, 342(6156): 341-344.

[37]　Burschka J, Pellet N, Moon S J, et al. Sequential deposition as a route to high-performance perovskite-sensitized solar cells [J]. Nature, 2013, 499(7458): 316-319.

[38]　Marchioro A, Teuscher J, Friedrich D, et al. Unravelling the mechanism of photoinduced charge transfer processes in lead iodide perovskite solar cells [J]. Nature Photonics, 2014, 8(3): 250-255.

[39]　You J, Meng L, Song T B, et al. Improved air stability of perovskite solar cells via solution-processed metal oxide transport layers [J]. Nature Nanotechnology, 2016, 11(1): 75-81.

[40]　Jeon N J, Na H, Jung E H, et al. A fluorene-terminated hole-transporting material for highly efficient and stable perovskite solar cells [J]. Nature Energy, 2018, 3(8): 682-689.

[41]　Zhou H, Chen Q, Li G, et al. Interface engineering of highly efficient perovskite solar cells [J]. Science, 2014, 345(6196): 542-546.

[42]　Lira-Cantú M. Perovskite solar cells: Stability lies at interfaces [J]. Nature Energy,

2017, 2(7): 1-3.

[43] Huang L, Sun X, Li C, et al. UV-sintered low-temperature solution-processed SnO_2 as robust electron transport layer for efficient planar heterojunction perovskite solar cells [J]. ACS Applied Materials & Interfaces, 2017, 9(26): 21909-21920.

[44] Yu H, Yeom H I, Lee J W, et al. Superfast room-temperature activation of SnO_2 thin films via atmospheric plasma oxidation and their application in planar perovskite photovoltaics [J]. Advanced Materials, 2018, 30(10): 1704825.

[45] Park M, Kim J Y, Son H J, et al. Low-temperature solution-processed Li-doped SnO_2 as an effective electron transporting layer for high-performance flexible and wearable perovskite solar cells [J]. Nano Energy, 2016, 26: 208-215.

[46] Barbé J, Tietze M L, Neophytou M, et al. Amorphous tin oxide as a low-temperature-processed electron-transport layer for organic and hybrid perovskite solar cells [J]. ACS Applied Materials & Interfaces, 2017, 9(13): 11828-11836.

[47] Liu C, Zhang L, Zhou X, et al.Hydrothermally treated SnO_2 as the electron transport lyer in high efficiency flexible perovskite solar cells with a certificated efficiency of 17.3% [J]. Advanced Functional Materials, 2019,29(47):1807604.

[48] Wang C, Zhang C, Wang S, et al. Low-temperature processed, efficient, and highly reproducible cesium-doped triple cation perovskite planar heterojunction solar cells [J]. Solar RRL, 2018, 2(2): 1700209.

[49] Wu F, Ji Y, Zhong C, et al. Fluorine-substituted benzothiadiazole-based hole transport materials for highly efficient planar perovskite solar cells with a FF exceeding 80% [J]. Chemical Communications, 2017, 53(62): 8719-8722.

[50] Ke W, Fang G, Liu Q, et al. Low-temperature solution-processed tin oxide as an alternative electron transporting layer for efficient perovskite solar cells [J]. Journal of the American Chemical Society, 2015, 137(21): 6730-6733.

[51] Yang G, Wang C, Lei H, et al. Interface engineering in planar perovskite solar cells: energy level alignment, perovskite morphology control and high-performance achievement [J]. Journal of Materials Chemistry A, 2017, 5(4): 1658-1666.

[52] Qin P, Zhang J, Yang G, et al. Potassium-intercalated rubrene as a dual-functional passivation agent for high efficiency perovskite solar cells [J]. Journal of Materials Chemistry A, 2019, 7(4): 1824-1834.

[53] Chen Z, Zheng X, Yao F, et al. Methylammonium, formamidinium and ethylenediamine mixed triple-cation perovskite solar cells with high efficiency and remarkable stability [J]. Journal of Materials Chemistry A, 2018, 6(36): 17625-17632.

[54] Dong Q, Shi Y, Wang K, et al. Insight into perovskite solar cells based on SnO_2 compact electron-selective layer [J]. The Journal of Physical Chemistry C, 2015, 119(19): 10212-10217.

[55] Qiu X, Yang B, Chen H, et al. Efficient, stable and flexible perovskite solar cells using two-step solution-processed SnO_2 layers as electron-transport-material [J]. Organic Electronics, 2018, 58: 126-132.

[56] Song J, Zheng E, Bian J, et al. Low-temperature SnO$_2$-based electron selective contact for efficient and stable perovskite solar cells [J]. Journal of Materials Chemistry A, 2015, 3(20): 10837-10844.

[57] Rao H S, Chen B X, Li W G, et al. Improving the extraction of photogenerated electrons with SnO$_2$ nanocolloids for efficient planar perovskite solar cells [J]. Advanced Functional Materials, 2015, 25(46): 7200-7207.

[58] Li Y, Zhu J, Huang Y, et al. Mesoporous SnO$_2$ nanoparticle films as electron-transporting material in perovskite solar cells [J]. RSC Advances, 2015, 5(36): 28424-28429.

[59] Duan J, Xiong Q, Feng B, et al. Low-temperature processed SnO$_2$ compact layer for efficient mesostructure perovskite solar cells [J]. Applied Surface Science, 2017, 391: 677-683.

[60] Wang C, Zhao D, Grice C R, et al. Low-temperature plasma-enhanced atomic layer deposition of tin oxide electron selective layers for highly efficient planar perovskite solar cells [J]. Journal of Materials Chemistry A, 2016, 4(31): 12080-12087.

[61] Xie J, Huang K, Yu X, et al. Enhanced electronic properties of SnO$_2$ via electron transfer from graphene quantum dots for efficient perovskite solar cells [J]. ACS Nano, 2017, 11(9): 9176-9182.

[62] Bu T, Liu X, Zhou Y, et al. A novel quadruple-cation absorber for universal hysteresis elimination for high efficiency and stable perovskite solar cells [J]. Energy & Environmental Science, 2017, 10(12): 2509-2515.

[63] Liu X, Tsai K W, Zhu Z, et al. A low-temperature, solution processable tin oxide electron-transporting layer prepared by the dual-fuel combustion method for efficient perovskite solar cells [J]. Advanced Materials Interfaces, 2016, 3(13): 1600122.

[64] Liu X, Zhang Y, Shi L, et al. Exploring inorganic binary alkaline halide to passivate defects in low-temperature-processed planar-structure hybrid perovskite solar cells [J]. Advanced Energy Materials, 2018, 8(20): 1800138.

[65] Liang J, Chen Z, Yang G, et al. Achieving high open-circuit voltage on planar perovskite solar cells via chlorine-doped tin oxide electron transport layers [J]. ACS Applied Materials & Interfaces, 2019, 11(26): 23152-23159.

第 7 章 基于二氧化锡的高效钙钛矿 太阳能电池优化

7.1 引 言

制备高质量的钙钛矿吸光层是实现高效钙钛矿太阳能电池的关键，在基于优异的 SnO_2 电子传输层的基础上需要对钙钛矿薄膜进行更进一步的优化，从而得到更高效率和更稳定的钙钛矿太阳能电池。目前已报道可以采用各种方法来增大钙钛矿的晶粒并提高膜的质量，如溶剂工程 [1]、溶剂退火 [2]、溶液浴 [3,4]、添加剂 [5,6] 和 CH_3NH_2 气体处理 [7,8] 等。本章将从钙钛矿前驱液的 $Pb(SCN)_2$ 添加剂处理、A 位有机阳离子的掺杂、一步法中甲脒铅碘钙钛矿的稳定剂和两步法钙钛矿结晶及稳定机制探究等几个方面着手，优化钙钛矿自身的晶粒尺寸、结晶质量、稳定性等各项参数，最终获得高效相稳定的钙钛矿太阳能电池。

7.2 钙钛矿晶粒生长与晶界钝化

7.2.1 简介

添加剂已被广泛应用于提升钙钛矿薄膜的质量，最近有报道，通过在钙钛矿的前驱体中加入硫氰酸盐来加强钙钛矿对水的容忍度和钙钛矿膜的质量 [9-12]。文献中报道，钙钛矿膜最后可以形成 $MAPb(SCN)_2I$ 或 $MAPbI_{3-x}(SCN)_x$ 的新型钙钛矿结构，电池最后可以取得的最高效率为 11.07 %[9]。本节我们将介绍在钙钛矿的前驱体中加入少量 $Pb(SCN)_2$ 的影响，结果证明 $Pb(SCN)_2$ 可以显著地增加钙钛矿膜的晶粒尺寸和膜的质量。但是与之前很多文献报道不同的是，我们并没有把 SCN^- 掺入最终的钙钛矿膜中，这一结果被 X 射线光电子能谱 (XPS)、傅里叶红外光谱 (FTIR)、时间渡越二次离子质谱 (ToF-SIMS)、X 射线衍射 (XRD) 和密度功函数理论 (DFT) 计算的结果所证实。我们也提出了一个新的化学反应机制，即 $CH_3NH_3^+$ 阳离子会与 SCN^- 阴离子反应，然后生成 HSCN 和 CH_3NH_2 气体。而 CH_3NH_2 气体可以增加钙钛矿膜的晶粒尺寸和膜的质量。更有意义的是，在释放完 HSCN 和 CH_3NH_2 以后，$Pb(SCN)_2$ 还会导致在钙钛矿膜的晶界处有过量的 PbI_2，而残余的 PbI_2 可以钝化钙钛矿的晶界和减小晶界处的暗电流。所以，电池的性能得到很大的提升，同时也非常有效地减小了电池的回滞效应。最后我们再联合钙钛矿电池的晶界钝化和经过富勒烯修饰的 SnO_2 电子传输层，最优化的电池取得了 19.45％的反扫效率。这一结果也为实现更高效率和更小回滞效应的钙钛矿电池提供了一个可行性方案。

7.2.2 基于 SnO_2/富勒烯电子传输层和 $Pb(SCN)_2$ 添加剂的钙钛矿电池的制备

1) SnO_2/PCBM 电子传输层的制备

(1) 准备衬底：具体的清洗步骤见前述章节。

(2) 低温溶液法的 SnO_2 电子传输层采用 2.2 节中介绍的低温溶胶凝胶法。

(3) SnO_2/PCBM 电子传输层：将 PCBM 粉末溶解在氯苯溶液中，将溶液 60℃ 搅拌 24 h，然后在手套箱中将 PCBM 溶液用匀胶机旋涂在制备好的 SnO_2 电子传输层上，条件为 2000 r/min 持续 30 s，最后将衬底放在热台上 100 ℃ 退火 10 min。PCBM 浓度为 5～15 mg/mL。

2) 钙钛矿膜的制备

(1) 不添加 $Pb(SCN)_2$ 的钙钛矿膜的制备。将 461 mg PbI_2 (Sigma, 99.999％) 和 159 mg MAI 溶解在 723 μL 的 DMF 和 81 μL 的 DMSO 的混合溶剂中。PbI_2 和 MAI 的摩尔比为 1:1。然后将溶液旋涂在制备有电子传输层的衬底上，条件为 500 r/min 持续 3 s，然后 4000 r/min 持续 60 s。并且在第二个高速阶段，快速滴入 0.7 mL 的乙醚。然后将衬底放在手套箱的热台上先 60℃ 退火 2 min，再 100℃ 退火 5 min。

(2) 添加有 $Pb(SCN)_2$ 的钙钛矿膜的制备。将不同量的 $Pb(SCN)_2$ (Sigma, 99.5％)，461 mg PbI_2 和 159 mg MAI 溶解在 723 μL 的 DMF 和 81 μL 的 DMSO 中。摩尔分数分别为 2.5％、5％、7.5％和 10％ 的 $Pb(SCN)_2$ 所对应的添加量分别为 8 mg、16 mg、24 mg 和 32 mg。其他步骤同上。

3) 空穴传输层和电极的制备

Spiro-OMeTAD 空穴传输层和金电极的制备同前面章节。

7.2.3 器件表征

膜的吸收和透射用紫外–可见光光度计测量 (Lambda 1050)。钙钛矿膜的结晶质量和相的纯净度用 X 射线衍射仪 (Ultima III) 进行测量，源为 Cu Kα，运行条件为 40 kV 和 44 mA。钙钛矿膜的组分用 XPS (PHI Quantum 2000) 和 ToF-SIMS V (ION TOF) 系统进行测量。FTIR 光谱用 Nicolet 6700 FT-IR 光谱仪系统进行测量。导电 AFM (c-AFM) 用一个放置在手套箱中包含 Nanoscope V 控制器的 Veeco D5000 AFM 系统测量。膜和器件的形貌用高分辨场发射扫描电镜表征 (S-4800，Hitachi 公司)。TRPL 光谱用超连续纤维激光进行测量，波长为 500 nm，频率为 0.1 MHz，功率为 5 μW。并且用单光子计数器收集在 775

nm 位置的最大发射信号。膜和衬底的表面粗糙度用 AFM (Veeco Nanoscope IIIA instrument) 系统测量。电池的外量子效率采用 QE 系统测量 (PV Measurements Inc.)。$J\text{-}V$ 曲线用 Keithley 公司的 Model 2400 进行测试。太阳能电池测试采用的光源功率是 100 mW/cm^2(AM 1.5G, PV Measurements Inc.), 光强经过标准的硅电池校准。

7.2.4 结果与讨论

1) Pb(SCN)$_2$ 添加剂对钙钛矿电池性能的影响

制备的电池具有与前面类似的常规平面结构,FTO 衬底作为透明电极,SnO$_2$ 作为电子传输层,钙钛矿层作为吸光层,Spiro-OMeTAD 作为空穴传输层和金作为背电极。我们首先讨论钙钛矿的前驱体中加入 Pb(SCN)$_2$ 添加剂后对电池性能的影响。具体的性能对比见图 7.1。图 7.1(a) 显示的就是基于 SnO$_2$ 电子传输层的电池使用和不使用 Pb(SCN)$_2$ 添加剂在不同扫描方向下的 $J\text{-}V$ 曲线。当电池不使用 Pb(SCN)$_2$ 添加剂时, 在反 (正) 扫方向下的效率为 16.4.1% (13.21%), V_{oc} 为 1.09 V (1V), J_{sc} 为 21.55 mA/cm^2 (21.63 mA/cm^2), FF 为 69.97% (60.9%), R_s 为 5.4 Ω·cm^2 (8.6 Ω·cm^2), R_{sh} 为 3200 Ω· cm^2 (1404.2 Ω· cm^2)。可以看到, 电池在不同扫描方向下的性能相差较大, 所以有较明显的回滞效应。而当电池使用 Pb(SCN)$_2$ 添加剂后, 在反 (正) 扫方向下的效率为 18.15%(17.27%), V_{oc} 为 1.11V(1.09V), J_{sc} 为 21.43 mA/cm^2(21.39 mA/cm^2), FF 为 76.35%(74.35%), R_s 为 4.2 Ω· cm^2(4.8Ω·cm^2), R_{sh} 为 3520.0 Ω· cm^2(2234.0 Ω·cm^2)。可以看到, 电池在使用 Pb(SCN)$_2$ 添加剂后的正反扫效率相差不到 1%, 所以, 使用 Pb(SCN)$_2$ 添加剂可以非常明显地减小电池的回滞效应, 并且电池的填充因子和性能也得到了很大的提升。图 7.1(b) 显示的是电池所对应的 EQE 曲线, 电池使用和不使用 Pb(SCN)$_2$ 添加剂的 EQE 积分电流密度分别为 20.42 mA/cm^2 和 19.33 mA/cm^2。所以, 使用 Pb(SCN)$_2$ 添加剂的电池明显有更高的 EQE 积分电流密度。然而从图 7.1(a) 的 $J\text{-}V$ 曲线得到的 J_{sc} 结果是, 电池添加和不添加 Pb(SCN)$_2$ 的 J_{sc} 较为接近。这是因为, 在测量 $J\text{-}V$ 曲线时, 电池是处在强光照 AM 1.5G 下, 而 EQE 测试是在没有任何光偏压的弱光条件下测得。如果电池有更高的缺陷态密度, 在弱光条件下将会有更低的 EQE 值, 这也就意味着钙钛矿层如果没有添加 Pb(SCN)$_2$ 会有更高的缺陷态密度。

为了进一步验证电池的可重复性, 我们还分别制备了 30 个用 Pb(SCN)$_2$ 添加剂的电池和 30 个不用 Pb(SCN)$_2$ 添加剂的电池。图 7.1(c) 显示的是 30 个不使用 Pb(SCN)$_2$ 添加剂的电池在正反扫方向的效率统计图。不使用 Pb(SCN)$_2$ 添加剂的电池在反 (正) 扫方向下的平均 V_{oc} 为 (1.05 ± 0.03) V $((0.98 \pm 0.04)$ V), J_{sc} 为 (21.31 ± 0.46) mA/cm^2 $((21.24 \pm 0.48)$ mA/cm^2), FF 为 $70.98\% \pm 2.16\%$

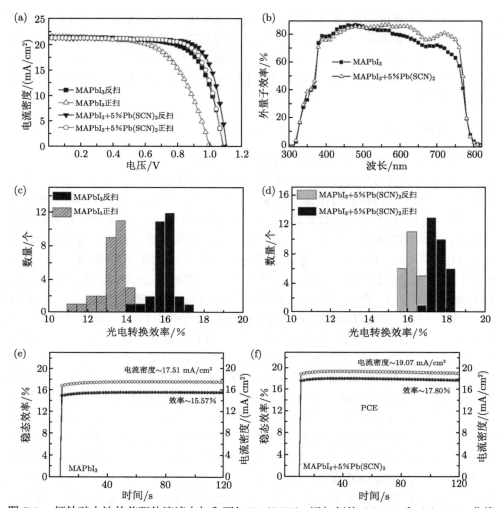

图 7.1　钙钛矿电池的前驱体溶液中加和不加 Pb(SCN)₂ 添加剂的 (a)*J-V* 和 (b) EQE 曲线图；30 个钙钛矿电池的前驱体溶液中 (c) 不加和 (d) 加入 Pb(SCN)₂ 添加剂的正反扫效率统计图；钙钛矿电池的前驱体溶液中 (e) 不加和 (f) 加入 Pb(SCN)₂ 添加剂的稳态效率图，对应的偏压分别为 0.889 V 和 0.933 V[13]

(64.51% ± 3.34%)，PCE 为 15.91%± 0.62% (13.38% ± 0.77%)。图 7.1(d) 显示的是 30 个使用 Pb(SCN)₂ 添加剂的电池在正反扫方向的效率统计图。使用 Pb(SCN)₂ 添加剂的电池在反 (正) 扫方向下的平均 V_{oc} 为 (1.09 ± 0.02) V ((1.06 ± 0.03)V)，J_{sc} 为 (21.25 ± 0.82) mA/cm² ((21.16 ± 0.81) mA/cm²)，FF 为 76.33 %± 2.05% (73.66%± 2.36%)，PCE 为 17.62%± 0.46% (16.58%± 0.68%)。所以从结果可以很明显地看到，电池在使用 Pb(SCN)₂ 添加剂以后，有平均更小

的回滞效应，并且所有的光电压参数都获得了一定的提升，特别是 FF 有更明显的提高。另外，我们还测量了电池所对应的稳态效率。图 7.1(e) 显示的是不使用 $Pb(SCN)_2$ 添加剂的电池的稳态效率图，电池所对应的最大功率输出点的电压为 0.889 V。在加这一恒偏压 120 s 以后，电池的稳态电流密度和效率分别为 17.51 mA/cm^2 和 15.57%。图 7.1(f) 显示的是使用 $Pb(SCN)_2$ 添加剂的电池的稳态效率图，电池所对应的最大功率输出点的电压为 0.933 V。在持续加这一恒偏压 120 s 以后，电池的稳态电流密度和效率则分别为 19.07 mA/cm^2 和 17.80%。所以电池在使用 $Pb(SCN)_2$ 添加剂后会有明显更高的稳态效率。

钙钛矿电池不仅受扫描方向的影响，还会受扫描速度的影响，为了进一步检验电池的回滞效应，我们还测量了电池使用和不使用 $Pb(SCN)_2$ 添加剂在不同扫描速度下的 J-V 曲线，结果见图 7.2。从图中可以看到，电池没有放 $Pb(SCN)_2$ 添加剂时，性能明显会受扫描速度的影响，而且都表现出很大的回滞效应。然而电池如果使用 $Pb(SCN)_2$ 添加剂在 1V/s、0.2V/s、0.1 V/s 的不同扫描速度下性能接近，都有较小的回滞效应，这一结果也与前面的讨论相一致。

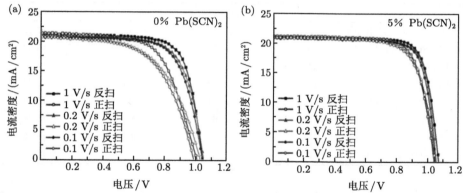

图 7.2　钙钛矿电池的前驱体溶液中 (a) 加和 (b) 不加 $Pb(SCN)_2$ 添加剂在不同扫描速度下的 J-V 曲线 [13]

我们还研究了不同量的 $Pb(SCN)_2$ 添加剂对电池性能的影响。图 7.3 显示的是电池使用不同添加量的 $Pb(SCN)_2$ 在不同扫描方向下的 J-V 曲线。最好的电池是钙钛矿的前驱体中使用 5% 的 $Pb(SCN)_2$ 添加剂，在正扫条件下，电池的 PCE 为 16.43%，V_{oc} 为 1.1 V，J_{sc} 为 21.33 mA/cm^2，FF 为 70.04%。而在反扫条件下，电池的 PCE 为 17.78%，V_{oc} 为 1.12 V，J_{sc} 为 21.43 mA/cm^2，FF 为 74%。另外很明显地可以看到，随着前驱体中 $Pb(SCN)_2$ 添加剂含量的增加，电池的正反扫电流密度会越来越低。而电池的效率规律是，随着前驱体中 $Pb(SCN)_2$ 添加剂含量的增加，电池的性能是先增加后减小。具体的光伏参数见表 7.1。

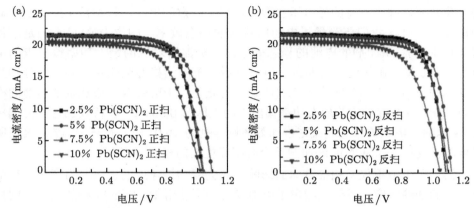

图 7.3　钙钛矿电池的前驱体溶液中加入不同量的 $Pb(SCN)_2$ 添加剂在 (a) 正扫方向和 (b) 反扫方向下的 J-V 曲线 [13]

表 7.1　钙钛矿电池的前驱体溶液中加入不同量的 $Pb(SCN)_2$ 添加剂在正扫、反扫方向下的具体光伏参数 [13]

	V_{oc}/V	J_{sc}/(mA/cm^2)	FF/%	PCE/%
2.5% $Pb(SCN)_2$ (反扫)	1.08	21.55	74.78	17.48
2.5% $Pb(SCN)_2$ (正扫)	1.04	21.55	70.68	15.82
5% $Pb(SCN)_2$ (反扫)	1.12	21.43	74	17.78
5% $Pb(SCN)_2$ (正扫)	1.1	21.33	70.04	16.43
7.5% $Pb(SCN)_2$ (反扫)	1.1	20.61	73.01	16.53
7.5% $Pb(SCN)_2$ (正扫)	1.05	20.62	71.3	15.36
10% $Pb(SCN)_2$ (反扫)	1.05	20.34	66.36	14.15
10% $Pb(SCN)_2$ (正扫)	1.03	20.26	64.28	13.36

2) 基于 $Pb(SCN)_2$ 添加剂的钙钛矿膜的特征

为了探索 $Pb(SCN)_2$ 添加剂引起电池性能明显增加和回滞明显减小的原因，我们首先研究了添加剂对钙钛矿膜的形貌影响。图 7.4(a) 和 (b) 分别为制备在 SnO_2 电子传输层上的钙钛矿膜不使用和使用 $Pb(SCN)_2$ 添加剂的表面形貌图。从图中可以看到，钙钛矿的前驱体中如果不使用 $Pb(SCN)_2$ 添加剂，晶粒尺寸为 100~400 nm；而当钙钛矿的前驱体中使用 $Pb(SCN)_2$ 添加剂后，晶粒尺寸大约为 2 μm。所以 $Pb(SCN)_2$ 添加剂可以使钙钛矿膜的晶粒尺寸明显变大。从图 7.4(c) 和 (d) 电池的横截面图可以看到，前驱体中不使用和使用 $Pb(SCN)_2$ 添加剂制备出来的钙钛矿膜都非常平整并且厚度也很接近，大约都为 550 nm。但是对于前驱体中使用了 $Pb(SCN)_2$ 添加剂制备的钙钛矿，其晶粒宽度大概是膜厚的四倍。更大的径向比更有利于多晶薄膜电池的性能，特别是钙钛矿电池的晶界处会有很多的缺陷中心[14]。所以电池使用 Pb(SCN)$_2$ 添加剂将会有更低的暗电流，这样可以提高电池的 V_{oc} 和 FF。这也部分地解释了图 7.1 显示的，电池使用 Pb(SCN)$_2$ 添加剂后性能会获得很大的提升的原因。并且这种长径向比的钙钛矿膜也会进一步减小由晶界处缺陷导致的回滞效应。此外，从图 7.4(b) 可以看到，在钙钛矿前驱体中添加 Pb(SCN)$_2$ 还会导致在晶界处出现二次相。为了验证二次相的成分，我们测量了前驱体添加 Pb(SCN)$_2$ 制备的钙钛矿膜的 EDS 图，如图 7.5 所示。图 7.5(a) 是钙钛矿膜的晶粒内部的 EDS，结果表明 Pb 和 I 的原子比是 1:2.94，与 MAPbI$_3$ 的比例非常接近。而图 7.5(b) 是钙钛矿膜的晶界处的二次相的 EDS，结果表明 Pb 和 I 的原子比是 1:2.22，却与 PbI$_2$ 的比例非常接近。

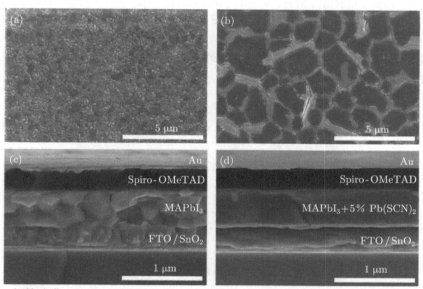

图 7.4　钙钛矿膜 (a)、(c) 不使用和 (b)、(d) 使用 Pb(SCN)$_2$ 添加剂的表面形貌和完整器件的横截面 SEM 图像[13]

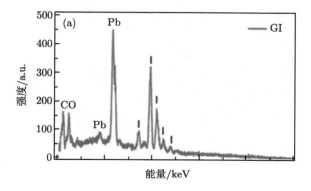

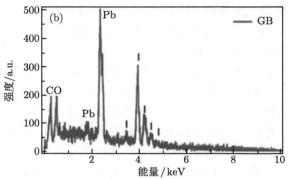

图 7.5　添加 $Pb(SCN)_2$ 的钙钛矿膜的 (a) 晶粒内部和 (b) 晶界处的二次相的 EDS 成分图 [13]

　　我们还测量了钙钛矿膜的前驱体中添加不同量 $Pb(SCN)_2$ 的 SEM 形貌图。从图 7.6 中可以看到当 $Pb(SCN)_2$ 的量从 2.5% 增加到 5% 时，晶粒会变大。当再

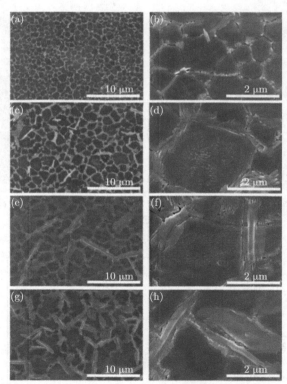

图 7.6　钙钛矿膜添加 (a)、(b) 2.5%，(c)、(d) 5%，(e)、(f) 7.5% 和 (g)、(h) 10% $Pb(SCN)_2$ 在不同放大倍数下的 SEM 形貌图 [13]

增加 Pb(SCN)$_2$ 时，晶粒尺寸不会明显继续变大。但是很明显地可以看到，前驱体溶液中加入的 Pb(SCN)$_2$ 越多，在晶界处聚集的二次相也越多，所以在晶界处的 PbI$_2$ 也越多。同时我们还测量了钙钛矿膜的前驱体中添加不同量 Pb(SCN)$_2$ 的 XRD 和吸收图谱。从图 7.7(a) 可以看到当膜没有添加 Pb(SCN)$_2$ 时，在 (110)、(220) 和 (310) 方向有很明显的峰。但是相对添加有 Pb(SCN)$_2$ 的膜强度更弱，意味着有更差的结晶性。可以看到当 Pb(SCN)$_2$ 的含量从 2.5% 增加到 5% 时，电池的 XRD 峰会越来越强，结晶性会变得更好。但是如果再增加 Pb(SCN)$_2$ 的含量，XRD 峰的强度反而又开始变弱。在添加有 10% Pb(SCN)$_2$ 后甚至出现了一个很明显的 PbI$_2$ 峰，但是在我们最终的钙钛矿膜里却没有看到 Pb(SCN)$_2$ 的衍射峰。

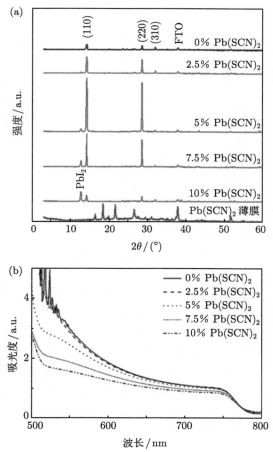

图 7.7 钙钛矿膜添加用不同比例 Pb(SCN)$_2$ 的 (a) XRD 和 (b) 吸收图谱 [13]

　　从吸收图谱也可以看到当 Pb(SCN)$_2$ 的含量增加时，整个膜的吸收会慢慢变弱，这是因为有更多的 PbI$_2$ 所导致，残余的 PbI$_2$ 虽然并未改变钙钛矿的带隙，但是却会影响钙钛矿膜的吸收，所以电池的 J_{sc} 会随着 Pb(SCN)$_2$ 含量的增加而减小。从结果中还可以看到，即使钙钛矿的前驱体中加入 10% Pb(SCN)$_2$，最后的膜并没有残余的 Pb(SCN)$_2$，而却产生了更多的残余 PbI$_2$。我们继续研究钙钛矿是否会产生新的相，如文献报道的 MAPb(SCN)$_2$I 或 MAPbI$_{3-x}$(SCN)$_x$[9-12,15]。我们先用 DFT 计算假设 SCN$^-$ 能够掺入钙钛矿里，膜的 XRD 将会产生的变化。从图 7.8 的 DFT 的计算结果可以看到，如果有 5% 的 SCN$^-$ 能掺入最终的钙钛矿膜中，那么膜在 (110) 方向的衍射峰将会往低角度偏移大约 0.1°。而从图 7.7(a) 的 XRD 结果可以看到，即使前驱体中掺入 10% 的 Pb(SCN)$_2$，最终钙钛矿膜的 (110) 峰也没有任何轻微的偏移。说明最终的膜并没有产生 MAPb(SCN)$_2$I 或 MAPbI$_{3-x}$(SCN)$_x$ 的新钙钛矿结构。

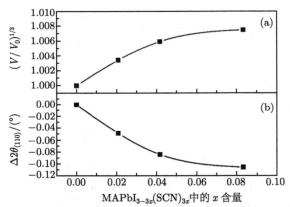

图 7.8　DFT 计算关于钙钛矿膜如果产生 MAPbI$_{3-3x}$(SCN)$_{3x}$ 的 (a) 体积变化和 (b) 在 (110) 峰的衍射角位置变化 [13]

　　既然最后的膜并没有 SCN，我们需要检验 S 是否会以其他形式残留在最终的钙钛矿膜里，所以我们检测了前驱体中掺入 5% Pb(SCN)$_2$ 制备的钙钛矿膜的 XPS 图谱。从图 7.9(a) 可以看到，最终的钙钛矿膜包含有 I、Pb、O、N 元素。为了得到更精确的测量结果，我们在 S 的 2s 和 2p 峰的位置做了细扫，却发现并没有测量到 S 的 2s 和 2p 峰 (图 7.9(b))。说明最终的膜并没有 XPS 可测量到的 S 元素残余。为了进一步确定 S 元素是否还残留在最终的钙钛矿膜里，我们又测量了纯净的 Pb(SCN)$_2$ 膜、钙钛矿膜，以及钙钛矿膜有 Pb(SCN)$_2$ 添加剂在退火前和退火后的 FTIR 图谱 (图 7.10)。

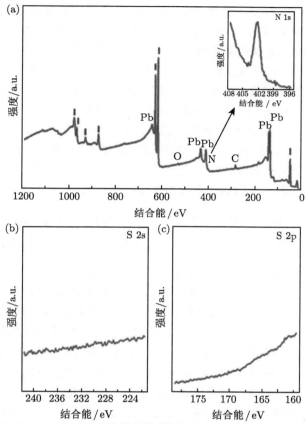

图 7.9 前驱体掺入 5% Pb(SCN)₂ 制备的钙钛矿膜的 (a) XPS、(b) S 2s 和 (c) S 2p 图谱 [13]

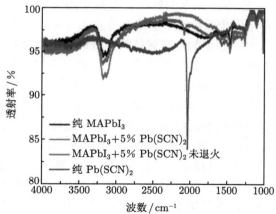

图 7.10 纯净的 Pb(SCN)₂ 膜、钙钛矿膜, 以及钙钛矿膜有 Pb(SCN)₂ 添加剂在退火前和退火后的 FTIR 图谱 [13]

从图 7.10 可以看到，添加 Pb(SCN)$_2$ 的钙钛矿膜在退火前出现了与纯的 Pb(SCN)$_2$ 膜非常类似的 S 峰，但是在退火后添加有 Pb(SCN)$_2$ 的钙钛矿膜的 FTIR 峰却与纯净的钙钛矿膜的峰类似，并没有看到明显的 S 峰。所以从 FTIR 的结果也可以证明，退完火的添加 Pb(SCN)$_2$ 的钙钛矿膜也没有可探测到的 S 元素。为了更精确地证明我们的结果，我们还使用了更为精确的 ToF-SIMS 去测量退火前和退火后的薄膜，而 ToF-SIMS 的探测极限是十亿分之一。从图 7.11 可以看到，在退火前，薄膜的 S 元素要比退火后的高 100 倍左右，薄膜在退火后，S 元素的浓度大约为 10^{19} cm^{-3}，这一数值远远低于 XPS 和 FTIR 的测量极限，相对于掺杂的 5% Pb(SCN)$_2$ 这一数值也很低。所以钙钛矿膜在退火的过程中必然有新的化学反应机制。我们假设会发生如下的化学反应：

$$MAI + PbI_2 + xPb(SCN)_2 \longrightarrow (1 - 2x)MAPbI_3 + 3xPbI_2$$
$$+ 2x(HSCN \uparrow + CH_3NH_2 \uparrow) \tag{7.1}$$

从上面的化学反应式可以看到，Pb(SCN)$_2$ 会和 MAI 发生反应，而生成 HSCN 和 CH$_3$NH$_2$，并且还会导致过量的 PbI$_2$。这一假设与我们前面讨论的结果相一致。而这里生成的 CH$_3$NH$_2$，已经有文献报道可以使得钙钛矿的晶粒变大 [7,8]。如图 7.4 显示，前驱体在加入 Pb(SCN)$_2$ 添加剂以后，会使得最终的钙钛矿膜的晶粒尺寸增加和膜的结晶质量变好。而生成的 HSCN 会在加热的过程中以气态的形式挥发，这就是最终的钙钛矿膜未明显探测到 S 元素的原因。所以得到的结论是，Pb(SCN)$_2$ 添加剂的作用是使得钙钛矿膜的质量变好，并且在晶界处引起过量的 PbI$_2$。而过量的 PbI$_2$ 又会对钙钛矿晶界进行钝化，从而可以提升电池的性能 [16,17]。我们还进一步测量了不同钙钛矿膜的 TRPL，图 7.12 显示的是前驱体中不掺和掺入 5% Pb(SCN)$_2$ 制备的钙钛矿膜的 TRPL 图谱。钙钛矿膜不添加和添加 Pb(SCN)$_2$ 所对应的少数载流子的寿命分别为 1.9 μs 和 1.0 μs，所以钙钛矿膜使用 5% 的 Pb(SCN)$_2$ 添加剂会有更长的少数载流子寿命和扩散长度。而这可以归因于 Pb(SCN)$_2$ 使得钙钛矿的结晶质量变好以及 PbI$_2$ 的晶界钝化作用。为了验证 PbI$_2$ 对钙钛矿晶界的钝化作用，我们还测量了钙钛矿膜的 c-AFM 图。图 7.13(a) 显示的就是钙钛矿膜不添加 Pb(SCN)$_2$ 的 c-AFM 测量结果，测量是在暗光下加偏压 0.25 V。图中显示的对比更亮的区域就是暗电流更高的区域。为了形成更鲜明的对比，我们对 7.13(a) 进行线扫即得到图 7.13(c)，线扫的区域用直线在图 7.13(a) 进行了标示，可以很明显地看到钙钛矿膜不添加 Pb(SCN)$_2$ 在晶界处的暗电池要比晶粒内部的暗电流更高。而图 7.13(b) 显示的是钙钛矿膜添加有 5% Pb(SCN)$_2$ 的 c-AFM 测量结果，同样测量时采用暗光下加偏压 0.25 V。从图 7.13(d) 可以看到与钙钛矿不添加 Pb(SCN) 的结果完全相反，在晶界处的暗电流明显要比晶粒内部的暗电流更低，而且膜整体的暗电流也比不添加 Pb(SCN)$_2$

的膜更低。

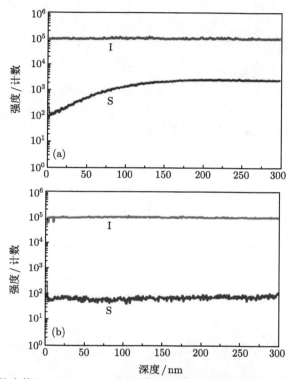

图 7.11 前驱体中掺入 5% Pb(SCN)₂ 制备的钙钛矿膜在退火前 (a) 和退火后 (b) 的 ToF-SIMS 图谱 [13]

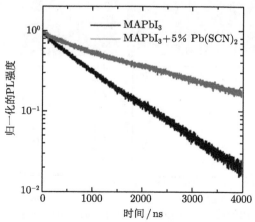

图 7.12 前驱体中不掺入和掺入 5% Pb(SCN)₂ 制备的钙钛矿膜的 TRPL 图谱 [13]

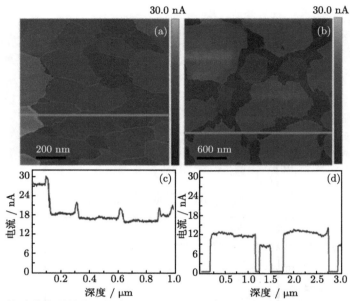

图 7.13　钙钛矿膜使用的前驱体中 (a), (c) 没有添加 Pb(SCN)$_2$ 和 (b), (d) 添加有 5% Pb(SCN)$_2$ 的 c-AFM 和所对应的线扫电流值 [13]

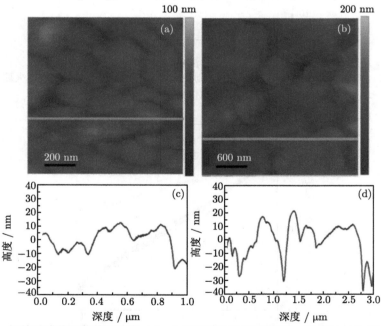

图 7.14　钙钛矿膜使用的前驱体中 (a), (c) 没有添加 Pb(SCN)$_2$ 和 (b), (d) 添加有 5% Pb(SCN)$_2$ 的 AFM 和所对应的线扫轮廓图 [13]

图 7.14 显示的是图 7.13 样品的 c-AFM 测量区域所对应的 AFM 图。从图中可以看到，钙钛膜有和没有添加 $Pb(SCN)_2$ 都非常平整和均匀。所以图 7.14 结果中不同样品的暗电流之差并不是由钙钛矿膜表面的起伏而导致探针距离变化而引起的。并且测量的暗电流是综合了电子和离子的导电性，因为 PbI_2 的带隙大约为 2.3 eV[18]，还有更大的离子导电活性能，大约为 0.53 eV[19]。而钙钛矿 $MAPbI_3$ 的带隙大约为 1.57 eV[20]，离子导电的活性能更小，为 0.2~0.4 eV[21]。所以 PbI_2 在晶界处可以有效地降低钙钛矿的电子和离子的导电性，这一结论与我们得到的 c-AFM 结果相一致。所以我们把钙钛矿膜添加有 $Pb(SCN)_2$ 取得更小的暗电流，主要归因于过量的 PbI_2 在钙钛矿膜晶界处的钝化作用。

3) 联合 $SnO_2/PCBM$ 电子传输层和 $Pb(SCN)_2$ 添加剂的高效钙钛矿电池

回滞效应不仅与钙钛矿本身的质量有关，也与界面的电荷传输有关，前面第 5 章我们已经介绍过，富勒烯可以促进电荷的传输和对钙钛矿膜及其界面进行钝化，通过使用 $SnO_2/PCBM$ 电子传输层的电池将会取得更好的性能。而这一小节介绍了通过在前驱体中加入 $Pb(SCN)_2$ 添加剂来改善钙钛矿膜的质量。而如果能把这两者的优势相结合，将会取得更高性能和更小回滞效应的钙钛矿电池，即联合使用 $SnO_2/PCBM$ 电子传输层和前驱体中加入 $Pb(SCN)_2$ 制备的钙钛矿膜。所以我们制备了基于 $SnO_2/PCBM$ 电子传输层和前驱体中加入 $Pb(SCN)_2$ 添加剂的钙钛矿电池，最好性能电池的 J-V 曲线如图 7.15 所示。从图中可以看到电池在反扫条件下的 PCE 高达 19.45%，V_{oc} 为 1.11 V，J_{sc} 为 22.44 mA/cm^2，FF 为 78.22 %。在正扫条件下，电池的 PCE 为 18.53%，V_{oc} 为 1.06 V，J_{sc} 为 22.46 mA/cm^2，FF 为 77.89 %。所以电池不仅有很好的性能，还有非常小的回滞效应。图 7.15(b) 显示的是所对应电池的稳态效率图，电池所对应的最大功率输出点的电压为 0.911 V。在加恒偏压 120 s 以后，电池的稳态电流密度和效率

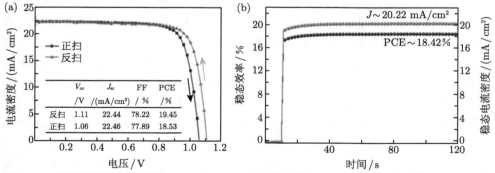

图 7.15 最好性能的电池使用 $SnO_2/PCBM$ 电子传输层和 $Pb(SCN)_2$ 添加剂的 (a) J-V 曲线图和 (b) 稳定效率图 [13]

分别为 20.22 mA/cm^2 和 18.42%。所以电池不仅有很好的性能，还有非常小的回滞效应。同时我们还使用 SnO$_2$/PCBM 电子传输层和 Pb(SCN)$_2$ 添加剂重复制备了 10 个类似的电池，电池在反 (正) 扫条件下的平均 V_{oc} 为 (1.1 ± 0.02) V ((1.07 ± 0.01) V)，J_{sc} 为 (21.83 ± 0.96) mA/cm^2 ((21.82 ± 0.97) mA/cm^2)，FF 为 78.12% ± 1.18% (75.90% ± 2.59%)，PCE 为 18.7% ± 0.86% (17.67%± 1.01%)。所以电池在联合使用 SnO$_2$/PCBM 电子传输层和 Pb(SCN)$_2$ 添加剂后可以明显取得更好的性能和更小的回滞效应。

7.2.5　小结

本节我们介绍了钙钛矿的前驱体溶液中加入 Pb(SCN)$_2$ 添加剂可以增加钙钛矿晶粒的大小和改善钙钛矿膜的质量。但是我们的 XPS、FTIR、ToF-SIMS、XRD 和 DFT 计算却证明最终的钙钛矿膜中并没有明显残余的 S 元素，我们提出了一个新的化学反应机制。最后反应生成的 CH$_3$NH$_2$ 促进了钙钛矿膜的晶粒变大。c-AFM 的测试结果还证明晶界处残余的 PbI$_2$ 可以对钙钛矿进行有效钝化，从而可以减小暗电流。所以结合这些效果而制备的电池有明显更小的回滞效应和更加优异的光电性能。最后我们再结合富勒烯修饰的 SnO$_2$ 电子传输层和 Pb(SCN)$_2$ 添加剂的优势，制备出效率更高和回滞效应更小的钙钛矿电池，这一结果为今后制备更高性能的钙钛矿电池提供了一个可行性方案。

7.3　有机阳离子掺杂钙钛矿

7.3.1　简介

目前，钙钛矿太阳能电池的效率已经达到了与商业化硅基太阳能电池相当的水平。但是，钙钛矿太阳能电池至今仍然没有彻底解决在光 [22,23]、热 [24]、湿度 [25] 环境下稳定性差等问题，阻碍了这项新兴太阳能电池技术的商业化进程。

为了解决上述问题，有研究者用 Cs$^+$、K$^+$、Rb$^+$ 等单价无机阳离子取代有机阳离子，实现了全无机钙钛矿太阳能电池 [26-29]，取得了超过 15% 的光电转换效率 [29]。另一方面，用半径相近的无机阳离子部分取代有机阳离子，开发出多元阳离子有机–无机杂化钙钛矿，也被证明可以提高钙钛矿材料的稳定性 [30]。此外，通过按比例混合不同钙钛矿相来结合不同钙钛矿材料的优势，弥补劣势，来发展性能均衡的混相钙钛矿，也是常用的提高钙钛矿稳定性的方法。例如，MAPbI$_3$ 钙钛矿具有较低的相转变温度，容易在低温条件下制备，因此是运用最为广泛的钙钛矿材料。但是 MAPbI$_3$ 钙钛矿带隙较大 (1.58 eV)，且热稳定性差。而 FAPbI$_3$ 具有较窄的光学带隙 (1.48 eV)，光、热稳定性好，但是，FAPbI$_3$ 钙钛矿从 δ-FAPbI$_3$ 向 α-FAPbI$_3$ 的相转变温度较高 (150~160 ℃)，并且晶相稳定性较差, 湿度环境下便会自发转变成 δ-FAPbI$_3$。之前的工作将 MAPbI$_3$ 与 FAPbI$_3$ 以 7 : 3 混合, 发展出 MAPbI$_3$ 与 FAPbI$_3$ 混相钙钛矿体系 MA$_{0.7}$FA$_{0.3}$PbI$_3$, 最终的钙钛矿材料具有适合的光学带隙 (1.55 eV)、较好的热稳定性与适中的相转变温度。但是, MA$_{0.7}$FA$_{0.3}$PbI$_3$ 钙钛矿在湿度环境中的长期稳定性依然不足。主要是因为钙钛矿中 A 位有机阳离子 MA$^+$ 与 FA$^+$ 本身不稳定, 并且与周围无机部分 (PbI$_6^{4-}$ 单元) 的结合能较低。基于此, 将二价阳离子 EDA^{2+} 引入 MA$_{0.7}$FA$_{0.3}$PbI$_3$, 发展出三元阳离子杂化钙钛矿 (MA$_{0.7}$FA$_{0.3}$)$_{1-2x}$EDA$_x$PbI$_3$, 从而能稳定钙钛矿的晶格, 最终使钙钛矿薄膜以及太阳能电池的稳定性得到提升。基于掺入 1.5 mol% EDA^{2+} 的三元杂化钙钛矿 (MA$_{0.7}$FA$_{0.3}$)$_{0.97}$EDA$_{0.015}$PbI$_3$ 的太阳能电池取得了 20.01% 的光电转换效率, 并且几乎没有 *J-V* 回滞。未封装的太阳能电池在室温下存放 25 d 后, 仍能保持 96% 的初始效率, 而在相同条件下, 作为对照组的基于无 EDA^{2+} 掺杂的二元阳离子杂化钙钛矿的太阳能电池仅仅经过 5 d, 效率便衰减至初始值的 10%。这些结果表明, EDA^{2+} 的掺入可以有效提高钙钛矿的稳定性与效率, 有助于发展高效稳定的钙钛矿太阳能电池。

7.3.2 实验部分

1) 太阳能电池的制备

(1) 前驱液的配制。

取适量体积的 SnO$_2$ 纳米颗粒分散液, 按体积比 1 : 4 用去离子水进行稀释, 超声 10 min 后过滤备用。按摩尔比 1 : 2 取乙二胺 (EDA) 和氢碘酸 (HI) 加入圆底烧瓶, 冰水浴中搅拌 2 h 至瓶底产生 EDAI$_2$ 白色沉淀, 收集沉淀, 使用无水乙醚清洗 3 遍后, 真空干燥备用。取 MAI、FAI、EDAI$_2$、PbI$_2$、Pb(SCN)$_2$ 溶解于 DMF 和 DMSO 的混合溶剂中, 浓度为 1.21 mol/L, DMSO 与 PbI$_2$ 的摩尔比为 1 : 1, 60 °C 搅拌 4 h 后过滤备用。Spiro-OMeTAD 前驱溶液的配制方法同 2.2 节, 这里作简要叙述, 取 Spiro-OMeTAD 粉末溶解在氯苯中, 加入适量的 tBP 和预先配制溶解好的 Li-TFSI 乙腈溶液, 室温搅拌完全溶解后过滤备用。

(2) 器件的制备。

使用旋涂法制备 SnO$_2$ 电子传输层, 用移液枪吸取 50 μL 前驱液滴涂在清洗干净的 FTO 衬底上, 旋涂参数为 3000 r/min 持续 30 s, 旋涂结束后将衬底转移至 200 °C 热台退火 60 min。用移液枪吸取 50 μL 的钙钛矿前驱液滴涂在样品表面, 旋涂参数为 1000 r/min 持续 10 s, 4000 r/min 持续 40 s, 高速旋涂步骤开始 30 s 后用移液枪吸取 400 μL 氯苯快速滴向样品中央, 旋涂结束后, 将样品转移至 100 °C 热台上退火 10 min。Spiro-OMeTAD 空穴传输层和金电极的制备方法同前面章节。

2) 材料与器件的表征与测试

使用 X-射线衍射分析仪 (D8 Advance，Bruker AXS，Germany) 来测试钙钛矿薄膜的晶体结构；使用光致发光荧光光谱仪 (LabRam HR，HORIBA Jobin Yvon，France) 测量沉积在 FTO 衬底表面的钙钛矿薄膜的时间分辨光致发光谱，所有样品测试前均以氧化铝粉末为背底。使用紫外–可见光分光光度计测试钙钛矿薄膜的吸收光谱；使用高分辨场发射扫描电子显微镜 (JEOL, JEM-2012FEF, Japan) 来观测钙钛矿表面和太阳能电池截面的形貌；使用 XPS/UPS 系统 (Thermo Scientic，ESCALAB 250Xi，USA) 测试紫外光电子能谱 (UPS)；使用光致发光荧光光谱仪 (LabRam HR，HORIBA Jobin Yvon，France) 来测量钙钛矿薄膜的稳态光致发光谱，仪器配备光源为 488 nm 波长激光器；使用电化学工作站 (CHI660D，Shanghai Chenhua Instruments，China) 测试钙钛矿太阳能电池的电流密度–电压曲线；使用采用 QE-R3011 测试系统 (Enli Technology Co. Ltd.，Taiwan，China) 测试钙钛矿太阳能电池的外量子效率。

7.3.3　实验结果与讨论

1) 不同 $(MA_{0.7}FA_{0.3})_{1-2x}EDA_xPbI_3$ 钙钛矿的性质

首先，对不同 EDA^{2+} 掺杂浓度的三元阳离子杂化钙钛矿 $(MA_{0.7}FA_{0.3})_{1-2x}EDA_xPbI_3$ 薄膜进行了 XRD 分析，从图 7.16(a) 可以看到，所有的钙钛矿薄膜 ($x=$ 0.0%、0.5%、1%、1.5%、2%、4%、6%和 8%) 均在 14.1°、28.3° 和 31.7° 处出现较强的衍射峰，在 19.9°、24.4°、34.8°、40.4°、43° 和 50.1° 处出现较弱的衍射峰，根据文献 [31] 可知，这些衍射峰分别对应着四方相钙钛矿的 (110)、(220)、(310)、(112)、(211)、(312)、(224)、(314)、(404) 晶面，在所有的衍射图中，均没有发现其他杂相的存在，可以初步判断掺入的 EDA^{2+} 成功地进入了钙钛矿的晶格中。接着计算了不同 EDA^{2+} 掺杂浓度的三元阳离子杂化钙钛矿 $(MA_{0.7}FA_{0.3})_{1-2x}EDA_xPbI_3$ 晶体结构的容忍因子：

$$\alpha = \frac{r_A + r_X}{\sqrt{2}\,(r_B + r_X)} \tag{7.2}$$

其中，α 为容忍因子；$r_i(i = A、B、X)$ 是钙钛矿 (ABX_3) 中各离子的半径。取 EDA^{2+} 的离子半径 3.743 Å，根据计算，$x =$ 0.0%、0.5%、1%、1.5%、2%、4%、8%所对应的三元阳离子钙钛矿 $(MA_{0.7}FA_{0.3})_{1-2x}EDA_xPbI_3$ 晶体结构的容忍因子分别为 0.934、0.933、0.932、0.931、0.93、0.927 和 0.92，均在可以形成稳定钙钛矿结构的理想范围内 (0.8~1)[32]。放大对比所有 (110) 晶面的衍射峰可以发现，当 EDA^{2+} 的浓度增加时，衍射峰会向低角度略微偏移，如图 7.16(b) 所示。

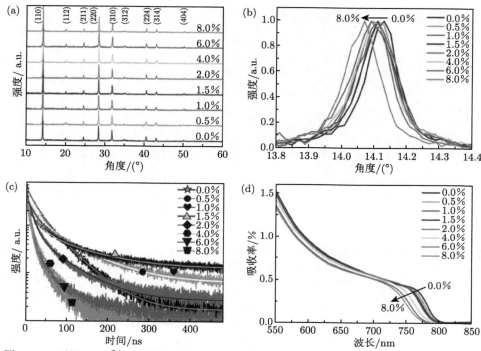

图 7.16 不同 EDA^{2+} 含量的钙钛矿 $(MA_{0.7}FA_{0.3})_{1-2x}EDA_xPbI_3$ 薄膜的 (a) XRD 图和 (b) 14.1° 衍射峰的放大图, (c) TRPL 图和 (d) 吸收光谱 [33]

根据经典布拉格衍射方程, 尺寸较大的 EDA^{2+} 嵌入钙钛矿晶体结构中, 将导致钙钛矿晶格膨胀, 晶格尺寸增加, 使得 XRD 峰向低角度偏移。这一结果也印证了 EDA^{2+} 是成功地进入钙钛矿晶格中, 而不是残留在晶体间隙这一结论。根据 (110) 晶面所对应的衍射峰的半峰宽, 这里使用 Debye-Scherrer 公式定性地分析了所制备的钙钛矿薄膜中的晶粒尺寸, 发现随着掺入 EDA^{2+} 含量的增加, 所制备的钙钛矿薄膜中的晶粒尺寸变小。这与 SEM 所观察到的结果相符, 见图 7.17。

这里利用时间分辨光致发光 (TRPL) 测量了不同 EDA^{2+} 含量的钙钛矿 $(MA_{0.7}FA_{0.3})_{1-2x}EDA_xPbI_3$ 薄膜中的激子动力学。图 7.16(c) 为测量得到的钙钛矿薄膜荧光随时间的衰减曲线, 采用双指数函数拟合曲线:

$$Y(t) = A + B_1 e^{\frac{-t}{\tau_1}} + B_2 e^{\frac{-t}{\tau_2}} \tag{7.3}$$

其中, A 为常数; B_1 和 B_2 分别对应每个衰变部分的振幅; τ_1 和 τ_2 分别对应较长和较短的衰变时间。表 7.2 为拟合后的参数 [33], 其中较短的寿命 τ_1 表示双分子复合, 而较长的寿命 τ_2 表示缺陷复合 [34]。

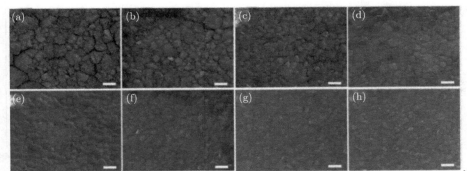

图 7.17　不同 EDA^{2+} 含量的钙钛矿 $(MA_{0.7}FA_{0.3})_{1-2x}EDA_xPbI_3$ 薄膜的表面 SEM 图 [33]

(a) $x = 0\%$；(b) $x = 0.5\%$；(c) $x = 1\%$；(d) $x = 1.5\%$；(e) $x = 2\%$；(f) $x = 4\%$；(g) $x = 6\%$；
(h) $x = 8\%$；所有图中的白色标尺均为 200 nm

表 7.2　不同 EDA^{2+} 含量的钙钛矿 $(MA_{0.7}FA_{0.3})_{1-2x}EDA_xPbI_3(x = 0\%$、$0.5\%$、$1\%$、$1.5\%$、$2\%$、$4\%$、$6\%$ 和 8%) 薄膜 TRPL 图运用双指数函数拟合后的参数 [33]

样品中的 EDA^{2+} 含量/%	τ_1/ns	B_1/%	τ_2/ns	B_2/%	τ_{avg}/ns
0	18.1758	37.7	53.8003	62.3	30.9375
0.5	18.9416	37.28	85.2154	62.72	36.9825
1	19.8648	38.16	89.0627	61.84	38.2374
1.5	21.5501	33.79	105.303	66.21	45.5195
2	12.4782	52.02	69.5516	47.98	20.5821
4	8.14937	57.12	43.7387	42.88	12.5165
6	7.49874	59.37	46.6049	40.63	11.3783
8	6.51408	63.8	41.3627	36.2	9.37253

可以看到，$(MA_{0.7}FA_{0.3})_{0.97}EDA_{0.015}PbI_3(x = 1.5\%)$ 钙钛矿相对于低 EDA^{2+} 含量 ($x = 0\%$、$x = 0.5\%$、1%) 的钙钛矿具有更长的 τ_2。而当 EDA^{2+} 的含量继续增加时，钙钛矿 $(MA_{0.7}FA_{0.3})_{1-2x}EDA_xPbI_3(x = 2\%$、$4\%$、$6\%$、$8\%$) 的 τ_2 开始下降，甚至低于未掺杂 EDA^{2+} 的钙钛矿样品。根据前面介绍，钙钛矿薄膜的光致发光衰减来自于钙钛矿薄膜中缺陷态的非辐射复合，因此可以推断，相对于其他的钙钛矿组分，$(MA_{0.7}FA_{0.3})_{0.97}EDA_{0.015}PbI_3(x = 1.5\%)$ 具有最低的缺陷态密度，是最有希望作为高性能钙钛矿太阳能电池的光吸收材料。

之前的研究表明，有机–无机杂化钙钛矿材料的带隙主要由 X 位的卤素元素所决定 [35]，然而这里发现，当 A 位 EDA^{2+} 的含量增加时，尽管 X 位元素没有变化，但是钙钛矿的薄膜的吸收光谱的截止边出现明显的蓝移，见图 7.16(d)。这意味着，随着钙钛矿中 EDA^{2+} 含量的增加，钙钛矿 $(MA_{0.7}FA_{0.3})_{1-2x}EDA_xPbI_3$ 的带隙变大：从 1.55 eV($x = 0$) 增大到 1.61 eV($x = 8\%$)。随后进行 UPS 的测量，确定了不同 EDA^{2+} 掺杂浓度钙钛矿材料的导带和价带的位置。如图 7.18(c) 所示，当增加 EDA^{2+} 的含量时，钙钛矿的价带位置显示出略微的上移，同时可以看到，所有钙钛矿材料的能带都能与相邻的电子、空穴传输层相匹配。

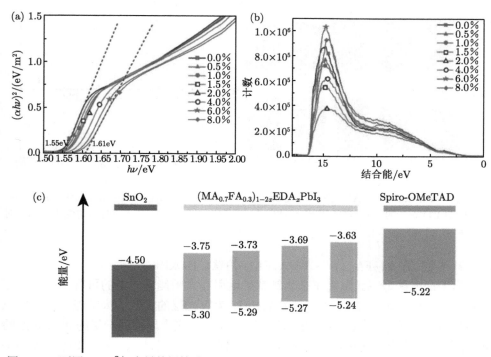

图 7.18　不同 EDA^{2+} 含量的钙钛矿 $(MA_{0.7}FA_{0.3})_{1-2x}EDA_xPbI_3$ ($x = 0\%$、0.5%、1%、1.5%、2%、4%、6%和 8%) 薄膜的 (a) Tauc 图、(b) UPS 图和 (c) 与电子传输层 (SnO_2) 和空穴传输层 (Spiro-OMeTAD) 的能带结构图 [33]

图 7.19(a) 展示了未封装的钙钛矿薄膜在平均湿度为 57 RH%的环境下随时间变化的照片，可以看到，仅仅经过 1 d，未掺杂 EDA^{2+} 的二元阳离子钙钛矿薄膜以肉眼可见的速度从左下角开始分解，随着时间的推移，钙钛矿薄膜分解范围逐渐扩大至整个薄膜表面。而在相同条件下，$(MA_{0.7}FA_{0.3})_{0.97}EDA_{0.015}PbI_3$ 钙钛矿明显表现出更好的稳定性，可以看到，随着时间的推移，肉眼观察下的 $(MA_{0.7}FA_{0.3})_{0.97}EDA_{0.015}PbI_3$ 钙钛矿薄膜没有明显变化。对两种钙钛矿薄膜在存放前后做了 XRD 测试，如图 7.19(b) 所示，发现未掺杂 EDA^{2+} 的二元阳离子钙钛矿薄膜，仅仅存放 1 d 后便检测出了 PbI_2 的衍射峰，意味钙钛矿薄膜开始部分分解，而 $(MA_{0.7}FA_{0.3})_{0.97}EDA_{0.015}PbI_3$ 钙钛矿薄膜在存放 28 d 后，依然没有检测到 PbI_2 的存在，钙钛矿薄膜始终保持着典型的四方相。以上结果说明，

EDA^{2+} 的掺入可以显著地提高钙钛矿薄膜的稳定性。这可能是由于掺入晶格中的 EDA^{2+}，能通过其两端的 NH$_3^+$，将其周围的 PbI$_6^{4-}$ 八面体用范德瓦耳斯力连接起来，从而增强了钙钛矿晶格的稳定性。

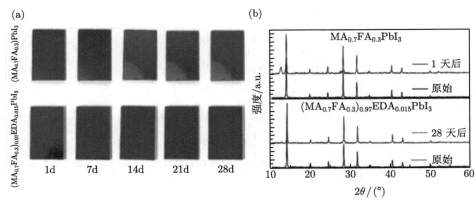

图 7.19　　1.5 mol% EDA^{2+} 掺杂的三元阳离子杂化钙钛矿 (MA$_{0.7}$FA$_{0.3}$)$_{0.97}$EDA$_{0.015}$PbI$_3$ 与未掺杂 EDA^{2+} 的二元阳离子杂化钙钛矿 MA$_{0.7}$FA$_{0.3}$PbI$_3$ (a) 表面随时间的变化和 (b) 对应的 XRD 图 [33]

2) 不同 (MA$_{0.7}$FA$_{0.3}$)$_{1-2x}$EDA$_x$PbI$_3$ 钙钛矿的太阳能电池

为了探究新型三元阳离子杂化钙钛矿运用在太阳能电池中的可行性，这里还制备了一批以 (MA$_{0.7}$FA$_{0.3}$)$_{1-2x}$EDA$_x$PbI$_3$ 为吸光层的钙钛矿太阳能电池，电池结构如图 7.20 所示，电子传输层为沉积在 FTO 衬底上表面的一层约 30 nm 厚的 SnO$_2$ 量子点，空穴传输层为 Spiro-OMeTAD, Au 为背电极。图 7.21(a) 为基于不同 EDA^{2+} 掺杂浓度钙钛矿吸光层的钙钛矿太阳能电池的 J-V 曲线，表 7.3 为相应的性能参数。作为控制对照组的无 EDA^{2+} 掺杂的钙钛矿太阳能电池，取得了

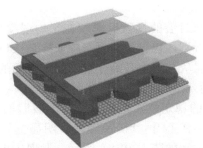

图 7.20　　本节中所涉及的钙钛矿太阳能电池的结构示意图 [33]

从下往上依次是 FTO 衬底；SnO$_2$ 电子传输层；钙钛矿吸光层；Spiro-OMeTAD 空穴传输层；Au 背电极

17.12% 的光电转换效率，其中 V_{oc} 为 1.045 V 时，J_{sc} 为 22.94 mA/cm^2，FF 为 71%。基于 $(MA_{0.7}FA_{0.3})_{0.97}EDA_{0.015}PbI_3(x = 1.5\%)$ 钙钛矿的太阳能电池，取得了最高 19.7% 的效率，V_{oc} 为 1.075 V，J_{sc} 为 23.74 mA/cm^2，FF 为 77%。这一结果表明，掺杂适量的 EDA^{2+} 可以显著地提高钙钛矿太阳能电池的效率。

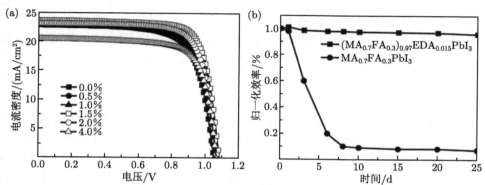

图 7.21　(a) 基于不同 EDA^{2+} 掺杂浓度的钙钛矿 $(MA_{0.7}FA_{0.3})_{1-2x}EDA_xPbI_3(x = 0\%$、0.5%、1%、1.5%、2%、4%) 吸光层的太阳能电池的 J-V 曲线；(b) 基于 1.5 mol% EDA^{2+} 掺杂的三元阳离子杂化钙钛矿 $(MA_{0.7}FA_{0.3})_{0.97}EDA_{0.015}PbI_3$ 与未掺杂 EDA^{2+} 的二元阳离子杂化钙钛矿 $MA_{0.7}FA_{0.3}PbI_3$ 的太阳能电池的长期稳定性测试结果 [33]

表 7.3　基于不同 EDA^{2+} 掺杂浓度的 $(MA_{0.7}FA_{0.3})_{1-2x}EDA_xPbI_3(x = 0\%$、0.5%、1%、1.5%、2%、4%) 钙钛矿吸光层的太阳能电池的光伏参数 (平均效率由 20 个太阳能电池得到)[33]

	V_{oc}/V	J_{sc}/(mA/cm^2)	FF/%	PCE/%
0%	1.037(±0.01)	22.19(±0.65)	72(±2)	16.76(±0.27)
	1.045	22.94	71	17.12
0.5%	1.036(±0.02)	23.41(±0.23)	71(±2)	17.19(±0.82)
	1.055	23.49	74	18.25
1%	1.056(±0.02)	23.20(±0.46)	71(±3)	17.28(±1.13)
	1.065	23.47	77	19.44
1.5%	1.064(±0.01)	23.38(±0.26)	74(±3)	18.34(±0.79)
	1.075	23.74	77	19.73
2%	1.061(±0.01)	23.13(±0.59)	73(±2)	17.82(±0.48)
	1.065	23.22	75	18.64
4%	1.051(±0.01)	20.37(±0.45)	74(±2)	15.91(±0.34)
	1.065	20.56	74	16.30

可以看到，钙钛矿太阳能电池效率的提升主要来自于 V_{oc} 和 FF 的提升，由前面 TRPL 测试结果可以推测，这是 EDA^{2+} 的掺入使得钙钛矿薄膜中缺陷态密度降低所导致的结果。当 EDA^{2+} 的掺杂浓度增加到 2 mol% 时，钙钛矿太阳能电池的各项光伏参数均出现下降的趋势 (V_{oc} 从 1.075 V 降至 1.065 V，J_{sc} 从 23.74 mA/cm^2 降至 23.22 mA/cm^2，FF 从 77% 降至 75%)，并且这种下降趋势随着 EDA^{2+} 掺杂浓度的增加愈发明显，以 $(MA_{0.7}FA_{0.3})_{0.96}EDA_{0.04}PbI_3(x = 4\%)$ 为吸光层的太阳能电池仅仅取得了 16.3% 的光电转换效率，J_{sc} 也降至 20.56 mA/cm^2，这一参数大幅低于其他组的太阳能电池。这可能是因为，当过量的 EDA^{2+} 掺入时，阻碍电子在钙钛矿中的传输，之前的研究工作者也发现过类似的现象 [36]。

为了测试钙钛矿太阳能电池的稳定性，这里将未封装的钙钛矿太阳能电池存放在相对湿度为 30 RH% 的环境中，每隔一段时间记录一次太阳能电池的效率，并绘出太阳能电池的效率随时间的变化趋势图，如图 7.21(b) 所示，可以看到，基于 $(MA_{0.7}FA_{0.3})_{0.97}EDA_{0.015}PbI_3$ 钙钛矿吸光层的太阳能电池在存放 25 d 后，仍然保持着 96% 的初始效率，而作为控制对照组的未掺杂 EDA^{2+} 的钙钛矿太阳能电池，在相同条件下存储 5 d 后，效率便衰减至初始效率的 10%。这与之前钙钛矿薄膜的稳定性测试结果基本一致。

相较于近期所报道的效率超过 22% 的高效率钙钛矿太阳能电池，添加了 EDA^{2+} 的太阳能电池的最佳效率仅仅达到 19.7%。这是由于，EDA^{2+} 的掺入会导致钙钛矿晶粒尺寸变小，从而增加了单位面积内的晶界密度，使得钙钛矿中电荷复合概率增大，最终降低钙钛矿太阳能电池的性能 [37]。受到之前工作的启发，例如，在钙钛矿前驱液中加入少量的 $Pb(SCN)_2$ 可以增大钙钛矿晶粒尺寸，可以提升钙钛矿太阳能电池的 V_{oc} [13,38]。且有文献报道，使用单层 C_{60}-SAM 修饰的 SnO_2 电子传输层可以有效抑制 J-V 回滞效应 [39]。结合以上两种方法，并且优化钙钛矿太阳能电池的制备条件后，最终本小节成功地将基于 $(MA_{0.7}FA_{0.3})_{0.97}EDA_{0.015}PbI_3$ 的钙钛矿太阳能电池的效率提高到 20% 以上，并且基本上消除了 J-V 回滞效应，见图 7.22(a)。太阳能电池的稳态效率达到 19.94%(图 7.22(b))。图 7.22(c) 为性能最好的钙钛矿太阳能电池的外量子效率图，从中积分得到的 J_{sc}(22.78 mA/cm^2) 与 J-V 曲线中得到的值非常接近。图 7.22(d) 为 40 个钙钛矿太阳能电池效率的统计分布直方图，其平均效率为 18.58%，且四分之一的太阳能电池的效率超过了 19%，以上结果表明，基于 $(MA_{0.7}FA_{0.3})_{0.97}EDA_{0.015}PbI_3$ 的钙钛矿太阳能电池具有非常好的重复性。

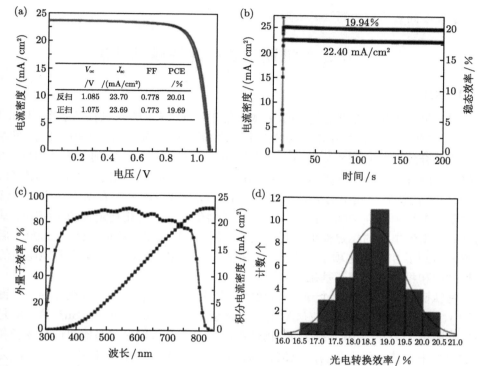

图 7.22 (a) 基于 $(MA_{0.7}FA_{0.3})_{0.97}EDA_{0.015}PbI_3$ 钙钛矿吸光层的性能最好钙钛矿太阳能电池的正反扫 *J-V* 曲线和光伏参数; (b) 0.89 V(取自最大功率点) 偏压设置下钙钛矿太阳能电池的稳态光电流和效率; (c) 性能最好的钙钛矿太阳能电池的 IPCE 图; (d) 40 个钙钛矿太阳能电池效率的统计分布直方图 [33]

7.3.4 小结

本节介绍了在传统二元阳离子杂化钙钛矿 $MA_{0.7}FA_{0.3}PbI_3$ 的 A 位引入二价铵根阳离子 EDA^{2+}, 开发出新型的三元阳离子杂化钙钛矿 $(MA_{0.7}FA_{0.3})_{1-2x}EDA_xPbI_3$。实验结果显示掺入的 EDA^{2+} 成功地进入钙钛矿的晶格。当掺入 1.5 mol% 的 EDA^{2+} 后, 三元阳离子杂化钙钛矿 $(MA_{0.7}FA_{0.3})_{0.97}EDA_{0.015}PbI_3$ 比未掺杂 EDA^{2+} 的二元阳离子杂化钙钛矿表现出更好的稳定性。同时, 适量 EDA^{2+} 的掺入可以显著地提升钙钛矿薄膜的载流子寿命。最终, 基于 $(MA_{0.7}FA_{0.3})_{0.97}EDA_{0.015}PbI_3$ 钙钛矿吸光层的太阳能电池取得了 20.01% 的光电转换效率, 并且具有良好的稳定性, 室温下保存 25 d 后, 未封装的三元阳离子杂化钙钛矿太阳能电池可以维持 96% 的初始效率, 而相同条件下保存的基于未掺杂 EDA^{2+} 的二元阳离子杂化钙钛矿的太阳能电池, 仅仅 5 d 后, 太阳能电池的效率便衰减至初始效率的 10%。这些结果都表明, EDA^{2+} 的掺入对钙钛矿太阳能电池性能的提升具有积极影响,有助于发展高效稳定的钙钛矿太阳能电池。

7.4　稳定剂辅助生长甲脒铅碘钙钛矿

7.4.1　简介

根据最新报道，最先进的钙钛矿太阳能电池 (PSC) 的光电转换效率 (PCE) 已超过 25%，其大都采用的是以顺序沉积甲脒 (FA) 为主制备的钙钛矿。在本节，我们介绍一种使用稳定剂辅助生长的方法，包括两种稳定剂 ($MAPbBr_3$ 和 MACl) 用来制备纯相甲脒铅碘 (α-$FAPbI_3$) 钙钛矿，并极大地提高了其光电性能。α-$FAPbI_3$ 钙钛矿薄膜中的高结晶度和大晶粒以及减少的缺陷有助于在平面钙钛矿太阳能电池中提高 PCE 至 22.51%。更重要的是，加了相稳定剂的 $FAPbI_3$ 基钙钛矿太阳能电池的稳定性也得到了显著的提高，其在室温环境下储存 2600 h 后保留率达到了 97%，这项工作为进一步提高 FA 基平面结构钙钛矿太阳能电池的光伏性能和稳定性奠定了基础。

钙钛矿材料通常有一个 ABX_3 通式，其中 A 是单价阳离子 (铯 (Cs^+)、铷 (Rb^+)、甲脒 (FA^+) 或甲铵 (MA^+))，B 是金属 (铅 (Pb^{2+}) 或锡 (Sn^{2+}))，X 是卤化物阴离子 (Cl^-、Br^- 或 I^-)。钙钛矿的禁带宽度可以很容易地通过阳离子和卤素取代来调节。研究最为广泛的钙钛矿是三碘化甲铵铅 ($MAPbI_3$)，其带隙为 $\sim$1.57eV，仍高于 Shockley-Queisser 极限下单结光伏发电的最佳带隙。对于三碘化甲脒铅 ($FAPbI_3$) 具有较窄的带隙 ($\sim$1.48 eV)，导致了更宽的光吸收光谱并可能提高其性能。然而，它们仍存在着相稳定性的问题，即黑色 $FAPbI_3$ 钙钛矿 (α 相) 很容易在室温条件下转变为黄色的 $FAPbI_3$ 钙钛矿 (δ 相)。使用混合阳离子 $(FAPbI_3)_{1-x}(MAPbBr_3)_x$ 钙钛矿进行成分工程，可以制备出性能和稳定性都有所提高的相稳定的 $FAPbI_3$ 为主的钙钛矿太阳能电池，这里 $x = 15\%$ 时能得到最佳效果。由于 $FAPbI_3$ 的容忍因子较大，也可以通过用较小的阳离子 (如 Cs^+ 和 Rb^+) 部分取代 FA 阳离子来稳定 $FAPbI_3$ 的 α 相。虽然通过这些成分工程的方法提高了其 PCE 和稳定性，但是相比于纯 $FAPbI_3$ 甚至 $MAPbI_3$，它们具有更大的光学带隙 (E_g>1.6 eV)，大于高效率钙钛矿太阳能电池的理想带隙 (E_g <1.55 eV)。

对于带隙小于 1.55 eV 的 $FAPbI_3$ 基钙钛矿太阳能电池，这里采用两步连续沉积的方法获得了平面和介孔钙钛矿太阳能电池 [40]。然而，对于通过连续沉积制得的钙钛矿太阳能电池的成分和自顶向下的晶体生长过程难以控制。同时，人们普遍认为，要获得更高的 PCE，需要一个可控的湿度条件。这也是可重复制造高性能钙钛矿太阳能电池的一个不可控因素，并且可能会影响长期稳定性。作为一种主要的方法，反溶剂辅助一步法已被证明是一种制作高质量的钙钛矿薄膜材料的一种行之有效的方法。通过成分工程，一步法制备时加入更小的无机 "A" 位阳离子可以使器件的性能更为优异。然而，广泛报道的高效一步法制备钙钛矿太阳能电池采用带隙接近或超过 1.6 eV 的混合阳离子钙钛矿，对于实现器件性能的最大化，这并不是一个理想选择。因此，通过一步法制备的带隙在 1.55 eV 以下、能够抑制非辐射复合损耗的、相稳定的、以 FAPbI$_3$ 为主的钙钛矿，有利于进一步提高钙钛矿太阳能电池效率。

在本节我们将介绍一种稳定剂辅助生长 (SAG) 方法来制备高效稳定的纯相甲脒基平面钙钛矿太阳能电池。我们用两种稳定剂 (MAPbBr$_3$ 和 MACl) 同时辅助 FAPbI$_3$ 从 δ 相到 α 相的相变。此外，MACl 能有效地控制钙钛矿的结晶和生长过程，从而制得较大晶粒尺寸以及择优取向的高结晶度的钙钛矿薄膜。当添加 0.5%MAPbBr$_3$ 时能够得到高质量低带隙的 FA 基钙钛矿薄膜。由于钙钛矿薄膜具有优良的光电性能，当反向 (正向) 扫描时，获得了 22.51%(22.38%) 的 PCE，J_{sc} 为 24.47mA/cm^2(24.48 mA/cm^2)，FF 为 82%(81.3%)，V_{oc} 为 1.122V(1.123V)。此外，用 SAG 法制备的钙钛矿薄膜展现了很好的稳定性，在黑暗环境中保持 2600 h 的 PCE 仍然维持着初始的 97%。

7.4.2　实验结果与分析

图 7.23(a) 显示了通过稳定剂辅助生长 (SAG) 方法制备 FAPbI$_3$ 基钙钛矿

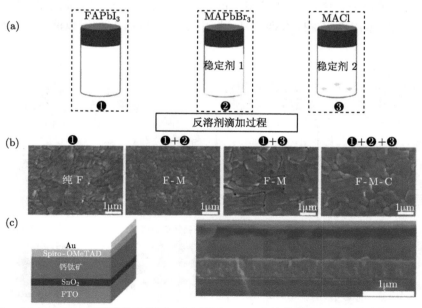

图 7.23　(a) FAPbI$_3$ 前驱液的示意图；(b) 通过 SAG 方法获得的钙钛矿薄膜的 SEM 图像；(c) 器件结构图与截面图[41]

薄膜的示意图。在合适的摩尔比下制备了由 MACl 和 MAPbBr$_3$ 稳定剂组成的 FAPbI$_3$ 钙钛矿前驱体。采用反溶剂辅助一步法，得到的含有中间相的钙钛矿薄膜在 150℃ 退火 10 min，用 SEM 对纯 FAPbI$_3$(纯 F)、FAPbI$_3$-MAPbBr$_3$(F-M)、FAPbI$_3$-MACl(F-C) 和 FAPbI$_3$-MAPbBr$_3$-MACl(F-M-C) 薄膜进行了形貌分析。如图 7.23(b) 所示，纯 FAPbI$_3$ 薄膜具有粗糙的表面形貌，晶粒尺寸较大 (1～3 μm)，这可能是由 FAPbI$_3$ 的高成核能所导致。当加入少量的 MAPbBr$_3$(5 mol%) 时，F-M 钙钛矿薄膜具有相当均匀和光滑的形貌，但晶粒尺寸较小 (200～400 nm)。对于 F-C 钙钛矿薄膜 (0.5 mol/L MACl)，我们观察到平均晶粒尺寸明显增加到 1μm 以上，晶界之间的空隙也很大，这对器件性能是不利的。通过将两种稳定剂 (MAPbBr$_3$ 和 MACl) 结合在一起，可以得到致密、均匀的 FAPbI$_3$-MAPbBr$_3$-MACl(5 mol% MAPbBr$_3$ 和 0.5 mol/L MACl) 薄膜，其有着良好的晶体结构。图 7.23(c) 所示为材料完整平面的横截面 SEM 图像，呈现出了分布良好的层与层之间的结构，并且有着超过 600 nm 的钙钛矿吸收层。

除钙钛矿形貌之外，稳定剂对 FAPbI$_3$ 薄膜的结晶度也有显著影响。图 7.24(a) 显示了未退火的 FAPbI$_3$ 钙钛矿薄膜的 XRD 图谱，其中包括使用和不使用稳定剂的。图 7.24(a) 显示，未退火的 FAPbI$_3$ 没有表现出黑色钙钛矿相的形成，从 XRD 数据可以很明显地看到，样品没有显示 α 相的特征峰。照片也证实了这一点 (显示薄膜仍为黄色)。对于未退火的 F-M 钙钛矿薄膜，其颜色和 XRD 图也没有显示黑色的钙钛矿相。有趣的是，当引入 MACl 时，我们可以清楚地观察到所

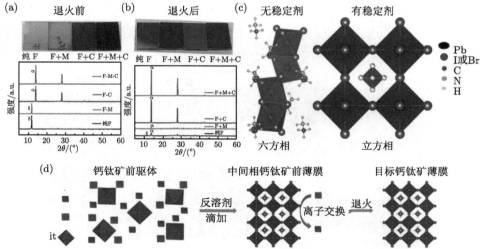

图 7.24   (a) 退火前和 (b) 退火后的 FAPbI$_3$ 的 XRD 图谱，(c)FAPbI$_3$ 的相转变原理示意图 [41](彩图扫封底二维码)

有 F-C 和 F-M-C 样品在室温下形成黑棕色钙钛矿薄膜。这说明 MACl 稳定剂能促进纯 α 相 FAPbI$_3$ 的形成,这可从 XRD 数据证实。随着这些钙钛矿型薄膜材料在 150 °C 下退火 10 min 后,纯 FAPbI$_3$ 仍然部分显示出 δ 相,图 7.24(b) 中的 XRD 光谱也能证实。

对于退火的 F-M 钙钛矿薄膜,观察到即使使用 5 mol% MAPbBr$_3$,δ 相的峰也几乎消失 (图 7.25)。与上述纯 FAPbI$_3$ 薄膜相比,F-M 钙钛矿薄膜的结晶度降低与更小的晶粒尺寸一致。对于 F-C 和 F-M-C 钙钛矿薄膜,相比于纯 FAPbI$_3$ 薄膜,其对应的 XRD 图谱显示出更高的结晶度和择优 [001] 取向,但 δ 相大量减少除外。对于纯 α 相,其 XRD 强度发生了显著的变化,相对应的,其钙钛矿晶粒尺寸增大,这表明 MACl 不仅可以促进 δ 相到 α 相的转变,而且可以提高其结晶度 (图 7.24(c))。相演化行为的基本机制如图 7.24(d) 所示。预成形的钙钛矿薄膜 (在旋涂工艺之后) 含有相对较大数量的 MA$^+$ 阳离子,这是由在富含 MA$^+$ 的环境中的结晶过程导致的。富 MA$^+$ 阳离子能有力地抑制黄色 δ 相 FAPbI$_3$ 的生成。在热退火过程中,MA$^+$ 与 FA$^+$ 阳离子之间发生离子交换反应,这会自发地形成热力学稳定的富 FA$^+$ 钙钛矿薄膜并且释放 MACl。尽管在起始钙钛矿前驱体中引入了过量的 MA$^+$,但随后的动态成分调节过程并未影响最终钙钛矿薄膜中的成分。

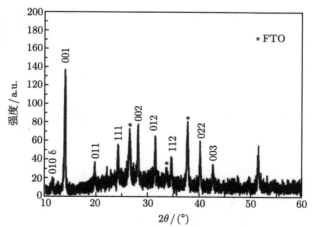

图 7.25 无 MACl 的 (FAPbI$_3$)$_{95}$(MAPbBr$_3$)$_5$ 薄膜的 XRD 图谱 [41]

为了系统地评价两种稳定剂 (MAPbBr$_3$ 和 MACl) 对 FAPbI$_3$ 薄膜光电性能的影响,我们首先固定 MACl 浓度为 0.5 mol/L,然后探究不同成分的 (FAPbI$_3$)$_{1-x}$(MAPbBr$_3$)$_x$ 的性质。这里,我们指的钙钛矿样品有:FAPbI$_3$、(FAPbI$_3$)$_{97.5}$(MAPbBr$_3$)$_{2.5}$、(FAPbI$_3$)$_{95}$(MAPbBr$_3$)$_5$、(FAPbI$_3$)$_{90}$(MAPbBr$_3$)$_{10}$ 和 (FAPbI$_3$)$_{85}$(MAPbBr$_3$)$_{15}$,分别记为 F$_{100}$M$_0$、F$_{97.5}$M$_{2.5}$、F$_{95}$M$_5$、F$_{90}$M$_{10}$ 和

$F_{85}M_{15}$，不同成分的钙钛矿的 SEM 图像如图 7.26 所示。值得一提的是，SEM 图像显示，所有含 $MAPbBr_3$ 的 $FAPbI_3$ 钙钛矿薄膜均能获得均匀分布、形貌致密光滑的晶粒。用 $MAPbBr_3$ 制备的 $FAPbI_3$ 钙钛矿薄膜的平均晶粒尺寸与原始的 $FAPbI_3$ 薄膜相似 ($\sim 1~\mu m$)，且小于原始的 $FAPbI_3$ 薄膜。这是因为，$FAPbI_3$ 和 $MAPbBr_3$ 之间的结晶竞争，这源自于 MA^+ 和 FA^+ 阳离子与 $[PbX_6]^{4-}$ 单元在晶格中的不同空间效应。图 7.27(a) 显示了不同成分的 $(FAPbI_3)_{1-x}(MAPbBr_3)_x$ 钙

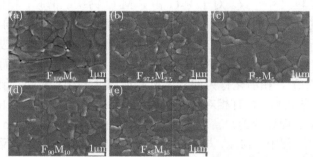

图 7.26　不同含量的 $MAPbBr_3$ 的 F-M-C 钙钛矿薄膜的表面 SEM 图像
其中所有的 MACl 的浓度是 0.5 mol/L[41]

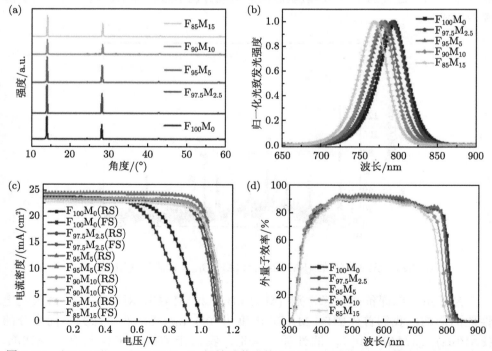

图 7.27　$(FAPbI_3)_{1-x}(MAPbBr_3)_x$ 钙钛矿薄膜的 (a) XRD 图谱和 (b) 稳态光致发光谱和吸收谱；冠军器件的 (c) $J\text{-}V$ 曲线，(d) 相应冠军器件的 IPCE 曲线 [41]

钛矿薄膜的 XRD 图，并且所有的钙钛矿薄膜材料都有一个 (001) 择优取向。当将少量 MAPbBr$_3$ 加入 FAPbI$_3$ 中时，(001) 和 (002) 衍射峰强度增加，同时，它们的 FWHM 值相应减小 (图 7.28)。FAPbI$_3$ 的平均晶粒尺寸随着 MAPbBr$_3$ 的加入而增大，因此 XRD 强度的增加和 FWHM 的减小意味着结晶度的增加，这可能是由晶体缺陷密度的降低造成的。

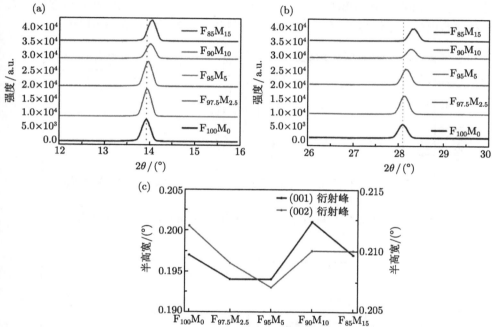

图 7.28　(a)，(b) 分别为放大的 (001) 和 (002)XRD 图谱，(c)(FAPbI$_3$)$_{1-x}$(MAPbBr$_3$)$_x$ 钙钛矿薄膜 (001) 和 (002) 峰的半高宽 [41]

图 7.27(b) 中的稳态光致发光光谱显示，当 MAPbBr$_3$ 含量增加时，光致发光发射峰位置逐渐蓝移，随着 MAPbBr$_3$ 含量的增加。我们用 (FAPbI$_3$)$_{1-x}$(MAPbBr$_3$)$_x$ 吸收材料以及氟掺杂 SnO$_2$ 的传统平面器件，构造 (FTO)/SnO$_2$/(FAPbI$_3$)$_{1-x}$(MAPbBr$_3$)$_x$ 钙钛矿/Spiro-OMeTAD/Au 结构的钙钛矿太阳能电池。图 7.27(c) 显示了具有不同成分器件的电流密度–电压 (J-V) 曲线。基于 F$_{100}$M$_0$ 的器件在反向扫描方向上仅显示了 15.16% 的光电转换效率 (PCE)。结果表明，添加 MAPbBr$_3$ 的器件性能有显著提高。对于基于 F$_{97.5}$M$_{2.5}$ 的器件，我们获得了 20.55% 的 PCE。当使用 5 mol% 的 MAPbBr$_3$ 时，正向 (反向) 扫描时相应的器件显示出最高 22.51%(22.38%) 的 PCE，短路电流 (J_{sc}) 为 24.47 mA/cm^2(24.48 mA/cm^2)，开路电压 (V_{oc}) 为 1.122V(1.123 V)，FF 为 82%(81.4%)。带有稳定剂

的器件输出的稳态效率稳定为 22%(图 7.29)。随着 MAPbBr$_3$ 含量的进一步增加,
我们可以观察到,由于带隙 (E_g) 的增大,J_{sc} 降低,V_{oc} 略有增加,这导致与基于
F$_{95}$M$_5$ 的器件相比,整体效率更低。这里通过 100 个电池来评估器件性能的重现性
(图 7.30)。如图 7.31 所示,由所有 EQE 光谱 (dEQE/dE) 和吸收带边缘计算的
E_g 彼此一致。随着 MAPbBr$_3$ 含量的增加,器件的入射光子电流效率 (IPCE) 表
现出蓝移响应,与光致发光峰位置和吸收带边缘完全一致。较高的 IPCE 值表明,
对于具有 5 mol% MAPbBr$_3$ 的器件,更高的 IPCE 值表示光响应是有效的。这
些器件的积分 J_{sc} 值与用 J-V 曲线计算的值吻合良好 (偏差在 5% 以内)。

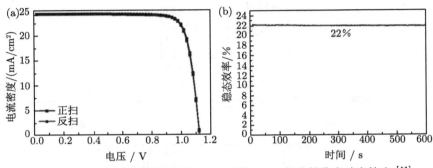

图 7.29　(a) 冠军器件的正反扫 J-V 曲线;(b) 相应的稳态功率输出 [41]

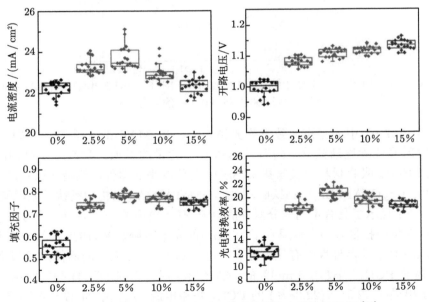

图 7.30　不同 MAPbBr$_3$ 含量下的器件性能参数统计数据 [41]

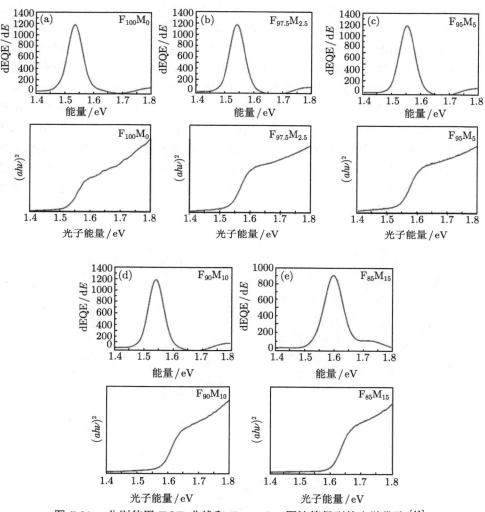

图 7.31 分别使用 EQE 曲线和 Tauc plot 图计算得到的光学带隙 [41]

如图 7.32(a)~(c) 所示，我们探究了不同含量的 MACl 对材料形态、结构和光学性质的影响。采用 $(FAPbI_3)_{95}(MAPbBr_3)_5$ 进行一系列研究。图 7.32(a) 展示了用不同 MACl 掺杂浓度 (0 mol/L、0.25 mol/L、0.5 mol/L 和 1 mol/L) 制备的 $F_{95}M_5$ 钙钛矿薄膜的 SEM 和原子力显微镜 (AFM) 图像。我们可以清楚地观察到，随着 MACl 含量的增加，晶粒尺寸逐渐增大，范围从 0 mol/L MACl 的几百纳米到 1 mol/L MACl 的几个微米。晶粒尺寸的显著增加主要与 MACl 在退火过程中延缓结晶的能力有关。然而，过多的 MACl 会使钙钛矿薄膜的形貌变差。图 7.33 所示为 1 mol/L 的 MACl 制备的钙钛矿薄膜在低放大倍数下的 SEM 图像，出现了大量针孔，可能是由退火过程中 MACl 的释放所致。添加 MACl 稳定剂的钙钛矿型薄膜的特征峰 (特别是 (001) 取向) 随着 MACl 浓度的增加而增强，这与晶粒尺寸的增长是一致的。然而，当使用高浓度的 MACl 时，观察到明显的峰值强度下降，这可归因于钙钛矿薄膜形貌的不利，如上所述。对于没有 MACl 的纯 $F_{95}M_5$ 钙钛矿薄膜，我们观察到了 $FAPbI_3$ 的六角形 δ 相 (位于 ~11.6°)。掺入 MACl 后，钙钛矿薄膜中的 δ 相完全消失，说明 MACl 能有效地抑制 δ 相的形成。如图 7.32(c) 所示，与不含 MACl 的钙钛矿薄膜相比，掺入 MACl 的钙钛矿薄膜的紫外–可见吸收光谱有明显增强。然后我们使用不同含量的 MACl 来探究钙钛矿的器件性能。对应的 J-V 曲线如图 7.32(e) 所示。我们发现，MACl 的最佳浓度为 0.5 mol/L，这与具有更高的结晶度、良好的形貌和增强的光学性能的协同效应有关。

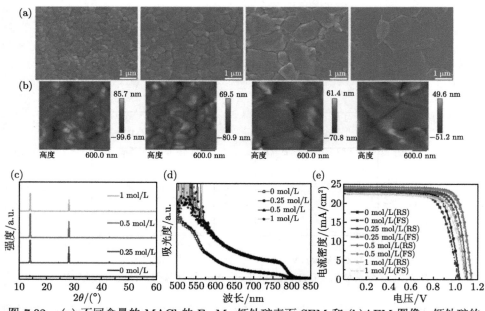

图 7.32　(a) 不同含量的 MACl 的 $F_{95}M_5$ 钙钛矿表面 SEM 和 (b)AFM 图像，钙钛矿的 (c)XRD 图谱和 (d) 吸收谱，(e) 不同 MACl 含量下的 J-V 曲线 [41]

　　为了更深入了解含稳定剂的 $FAPbI_3$ 薄膜的光物理性质，我们还研究了所有钙钛矿薄膜及其完整器件的电子特性。利用稳态光致发光光谱和时间分辨光致发光 (TRPV) 衰减光谱研究了钙钛矿层中的电荷载流子复合过程。加入两种稳定剂后，稳态光致发光强度从 2.5×10^5 倍增加到 1.3×10^6 倍，并且光致发光峰位置蓝移与加入稳定剂后的更宽禁带一致 (1.53 eV 和 1.55 eV)。从时间分辨光致发光

光谱 (图 7.34(c)) 可以看出，平均光致发光寿命提高了大约 10 倍，这与相纯度和结晶度的提高、改善的材料形貌和减少的陷阱缺陷相一致 (将在下面讨论)。使用 MAPbBr$_3$ 和 MACl 稳定剂的器件显示，平均 V_{oc} 从 0.99 V 显著提高到 1.11 V(尤其是获得了一个 1.14 V 的高 V_{oc})，尽管 E_g 略微增大了 0.02 eV。用电致发光 (EL) 的外量子效率 (EQE$_{EL}$) 定量检测了非辐射复合损耗。注入电流密度 (J_{sc}_inj) 与 J_{sc} 相当，获得 0.21% 的 EQE$_{EL}$，其中对应于 ~0.16 V($\Delta V_{oc,nr}$) 有一个低的非辐射复合损耗 ($\Delta V_{oc,nr} = V_{oc,rad} - V_{oc} = -kt/q \ln EQE_{EL}$)，当使用较高的 J_{sc}_inj(约 25 倍 J_{sc}) 时，EQE$_{EL}$ 高达 0.53%。图 7.34(b) 显示了钙钛矿型器件作为一个发光二极管 (LED) 工作的图片，呈现出明亮的红色，相比之下，对照组的 EQE$_{EL}$ 仅为 0.012%，明显低于含有稳定剂的 LED 器件，这也与钙钛矿薄膜中非辐射复合被抑制相一致。为了进一步探索 EQE$_{EL}$ 提高和极低的非辐射复合损耗的原因，这里利用空间电荷限制电流 (SCLC) 技术对钙钛矿层的陷阱密度进行评估。如图 7.34(d) 所示，我们制作了 FTO/SnO$_2$/钙钛矿/PCBM/Ag 结构的纯电子器件，并测量了相应的暗电流--电压曲线。在低偏压下的初始线性区域显示欧姆型响应，当电压超过中间区域的扭结点时，随后会出现快速增加的电流注入，这被认为是陷阱充填过程。陷阱密度 (N_t) 可由下式计算[40]：

$$N_t = 2\varepsilon_0 \varepsilon V_{TFL}/eL^2$$

式中，e 为基本电荷；ε_0 为真空介电常量；ε 为钙钛矿的相对介电常量；L 表示钙钛矿薄膜的厚度。与缺陷密度为 1.92×10^{16} cm^{-3} 的对照组相比，实验组的缺陷密度较低，为 6.56×10^{15} cm^{-3}，这可能是由于稳定剂辅助沉积的钙钛矿薄膜具有较高的相纯度和结晶度。

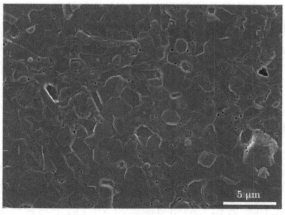

图 7.33　1 mol/L MACl 下的钙钛矿 SEM 图像[41]

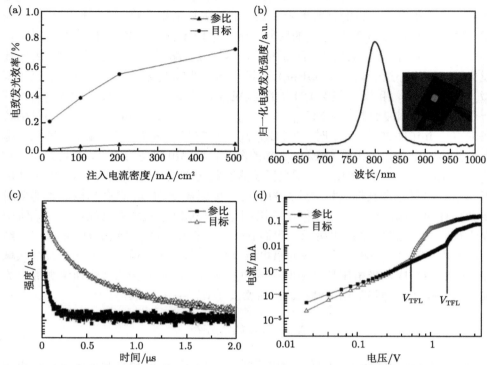

图 7.34　有无稳定剂的钙钛矿器件的 (a) 电致发光外量子效率,(b) 电致发光谱和钙钛矿电池作为发光二极管的工作状态图; 有无稳定剂的钙钛矿薄膜的 (c) 时间分辨光致发光图谱 (d) 两种器件的 SCLC 曲线 [41]

关于纯 FAPbI$_3$ 钙钛矿的室温稳定性这是一个具有挑战性的问题，因为在室温条件下，FAPbI$_3$ 钙钛矿由光活性的 α 相转变为热力学稳定的 δ 相，钙钛矿相转变稳定性较差。图 7.35(c) 和 (d) 分别为置于高湿度室温环境条件 (相对湿度 (RH)~70%) 下 1 d 前后 (所有钙钛矿薄膜均加入了 MACl) 的不同成分钙钛矿薄膜的 XRD 图谱。在 XRD 数据中发现，黄色相 (2θ=11.8°) 和 PbI$_2$ 相 (2θ=12.6°) 证实了纯 FAPbI$_3$ 薄膜的分解。对于 F$_{97.5}$M$_{2.5}$ 薄膜，在失效后的钙钛矿型薄膜中也发现了 δ 相 FAPbI$_3$。当 MAPbBr$_3$ 的量为 5 mol% 及以上时，可以看到在置于室温下 1 d 前后，所有钙钛矿的特征峰都保持相同的强度，没有任何与降解相相关的附加峰。相应地，如图 7.35(a) 和 (b) 所示。新旧的钙钛矿吸收光谱与 XRD 分析中观察到的现象相一致。其中含有 5 mol% 和以上 MAPbBr$_3$ 的钙钛矿薄膜变得非常稳定。图 7.36 为在平均相对湿度为 70% 的室温条件下储存不同时间的钙钛矿薄膜的图片, 缺乏 MAPbBr$_3$(F$_{100}$M$_0$、F$_{97.5}$M$_{2.5}$) 的 FAPbI$_3$ 薄膜分解迅速,

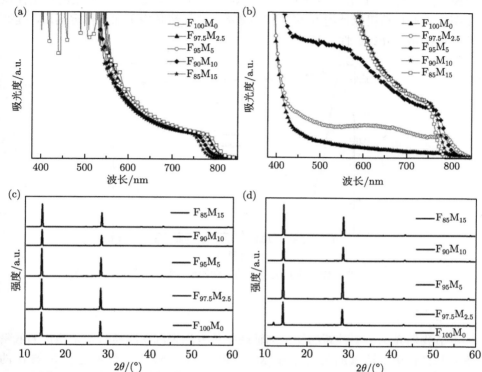

图 7.35 暴露于高湿度下的钙钛矿薄膜的吸收谱与 XRD 图谱变化趋势图 [41]

图 (a) 和 (c) 分别为新鲜制备的钙钛矿薄膜的吸收谱和 XRD 图谱；图 (b) 和 (d) 分别为暴露于高湿度下 (1d) 钙钛矿薄膜的吸收谱和 XRD 图谱

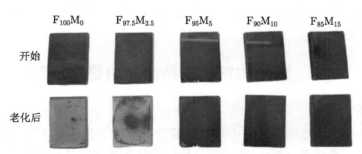

图 7.36 钙钛矿薄膜在高湿度下的老化前后照片对比 [41]

伴随着明显的颜色变化，表明由 α 相向 δ 相转变。从 XRD 和紫外-可见光吸收光谱的结果来看，具有足够 MAPbBr₃ 的 FAPbI₃ 比纯的 FAPbI₃ 具有更好的室温稳定性。这里研究了对照以及实验组 PSC 的长期稳定性。图 7.37 为约 20% 相对湿度的室温条件下储存在黑暗中的未密封装置的 PCE 的演变。对照组显示，材料快速降解，其 PCE 在储存 400 h 后下降到初始值的 10％。实验组的稳定性显著提高，2600 h 后仍保持约 97％的初始效率，这显然是由于加入稳定剂后，提高了相稳定性和水分稳定性。

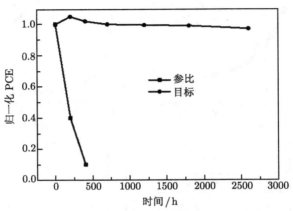

图 7.37　未封装器件的长期稳定性测试 [41]

7.4.3　小结

　　本节我们介绍了一种新的稳定剂辅助生长方法来沉积高质量、相稳定的低禁带 FA 基钙钛矿。适量加入稳定剂 (MAPbBr$_3$ 和 MACl) 不仅加速了 δ 到 α 的相变过程，而且形成了晶粒尺寸大、缺陷少的均匀钙钛矿薄膜。最终，制造的高性能平面的 (FAPbI$_3$)$_{95}$(MAPbBr$_3$)$_5$(含 MACl 稳定剂) 显示出反向 (正向) 扫描的最佳效率为 22.51％(22.38％)，以及超过 22％的高稳定 PCE，显著提高了室温稳定性。本结果为提高低禁带 FA 基平面钙钛矿太阳能电池的效率和稳定性提供了一种有效的方法。

7.5　两步法钙钛矿结晶和相稳定机制

7.5.1　简介

　　钙钛矿太阳能电池是过去十年中最受学术界和工业界关注的光伏产品之一，其认证光电转换效率已超过 25％[42]。铅卤钙钛矿的带隙具有可调性，可通过调节阳离子和卤素的比例，实现从 1.48～2.3 eV 的带隙变化。其中，FAPbI$_3$ 是最有希望达到肖克利-奎伊瑟极限的材料 [43]。到目前为止，几乎所有高效的钙钛矿太阳能电池都采用基于 FAPbI$_3$ 的钙钛矿作为吸光材料 [44-46]。纯 FAPbI$_3$ 的晶体结构不稳定，室温下暴露于空气环境中，很容易从黑色 α 相转变为黄色 δ 相。稳定 FAPbI$_3$ 晶体结构的最初策略是加入 MAPbBr$_3$。Jeon 等首次报道了添加

15 mol% 的 MAPbBr$_3$ 来稳定 FAPbI$_3$ 的 α 相的策略 [1]。尽管添加 MAPbBr$_3$ 成功地提高了 FAPbI$_3$ 在光照和空气中的稳定性，但 MA 和 Br 的加入将会不可避免地扩大其带隙 [47]。此外，已证明混合卤化物钙钛矿在光照下会发生相分离 [48,49]。韩礼元教授课题组报道了在 FAPbI$_3$ 表面旋涂 MACl，通过引入少量 MA 使钙钛矿晶粒垂直重结晶，且不影响其带隙和吸收 [50]。7.4 节我们介绍了 MACl 作为单一稳定剂就能维持 FAPbI$_3$ 的 α 相，但为了避免在相应的钙钛矿薄膜中出现大的孔洞，MAPbBr$_3$ 的添加仍十分关键 [41]。最近，Kim 等通过在热退火之前诱导稳定的中间相，验证了 MACl 稳定纯 FAPbI$_3$ 的潜力 [51]。密度泛函理论 (DFT) 计算表明，MA 缩小了 FAPbI$_3$ 晶胞的体积，Cl 增强了 [PbI$_6$]$^{4-}$ 八面体中 Pb-I 之间的键能，从而稳定了钙钛矿的立方相结构。

目前，制备高性能的平面钙钛矿太阳能电池，可以使用具有高重复性的两步法来实现。与反溶剂沉积法不同，两步法沉积的钙钛矿是由碘化铅和有机胺盐反应形成的 [52]。因此，稳定 FAPbI$_3$ 的策略不同。Jiang 等通过在 FAI 溶液中添加少量的 MABr 和 MACl，形成 α 相 FA 基钙钛矿，相应钙钛矿太阳能电池效率超过 20% [40]。但是，如上所述，Br 的引入会对钙钛矿的实际应用造成不良影响。为避免这些问题，他们进一步用 MAI 取代了 MABr，以实现无 Br 的 FA 基钙钛矿。但是，这些添加剂的必要性和内在功能仍然不清楚 [32]。

除了相稳定性外，像 PbI$_2$ 这样有意保留在钙钛矿中的残留物，也会影响钙钛矿的稳定性，进而影响电池的稳定性。例如，Jiang 等已经证明，具有适量残留 PbI$_2$ 的钙钛矿太阳能电池能表现出优异的性能，而过量残留 PbI$_2$ 的钙钛矿太阳能电池表现出较差的光稳定性，经过多次测量后其 PCE 迅速下降 [53]。最近，Adachi 等已经证明，在连续光照下，钙钛矿太阳能电池中残余的 PbI$_2$ 容易分解为 Pb 和 I$_2$，从而极大地加速了钙钛矿太阳能电池的降解 [54]。从这些工作中我们可以知道，尽管 PbI$_2$ 能钝化钙钛矿的缺陷，但 PbI$_2$ 的含量需要精细控制，以确保提高钙钛矿太阳能电池的光稳定性。

基于此，我们揭示了 MACl 在两步法沉积的无 Br 的 FA 基钙钛矿生长中的作用，并研究了其对钙钛矿稳定性的影响。我们发现，在室温下，PbI$_2$ 和 FAI 之间的反应受 MACl 添加剂的量的影响，随着添加量的增加，相应的 FAPbI$_3$ 会经历从 δ 相到 δ/α 混合相，再到纯 α 相的变化。随后，进一步的热退火能促进晶粒生长，提高结晶性。在退火过程中，添加少量 MACl 的钙钛矿会发生严重的分解，造成过量的 PbI$_2$ 残留，而添加足量 MACl 的钙钛矿则不会分解，最终 PbI$_2$ 残留量降低在一个适度的范围。此外，纯的 FAPbI$_3$ 膜呈现出不均匀的形貌，而 MACl 的添加调节了 PbI$_2$ 和 FAI 的反应，使薄膜连续且具有较大的晶粒。因此，添加 MACl 的 FAPbI$_3$ 的形貌和光电性质得到明显改善，如晶粒尺寸增大、载流子寿命延长和缺陷密度降低。因此，添加 MACl 的 FA 基钙钛矿太阳能电池获得了 23.1% 的 PCE，而纯 FAPbI$_3$ 的 PCE 仅为 7.2%。此外，添加 MACl 的 FA 基钙钛矿太阳能电池在 100 mW/cm^2 的白光连续光照下显示出更好的光稳定性。我们的结果表明，在两步法中，MACl 的添加足以制备出高质量且稳定的 FA 基钙钛矿太阳能电池。

7.5.2　实验结果与分析

为了制造钙钛矿薄膜，我们首先沉积一层 PbI$_2$ 薄膜。退火后，将具有不同浓度 MACl(x mg/mL，$x = 0$、6、14) 的 FAI 溶液旋涂在 PbI$_2$ 层上，然后进行不同时间的热退火。我们将相应的样本称为 MACl-x。如图 7.38(a) 所示，我们发现了 3 种室温下 PbI$_2$ 转化的路径。MACl-0 样品显示出非钙钛矿 δ 相，且 PbI$_2$ 尚未充分反应，反应生成物含有其他未知化合物。MACl-6 样品由 δ 相和 α 相组成，

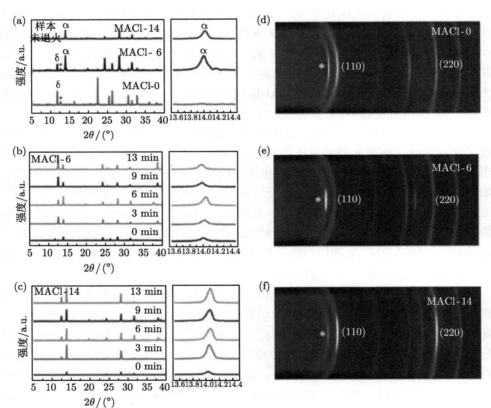

图 7.38　(a) 没有热退火的 MACl-0、MACl-6 和 MACl-14 的 XRD 图；(b)，(c) 具有不同退火时间的 MACl-6 和 MACl-14 的 XRD 图谱；(d)~(f) 在 13 min 的热退火之后，MACl-0、MACl-6 和 MACl-14 的二维 XRD 图谱[55]

这意味着添加 MACl 可以在某种程度上抑制 δ 相的形成并促进 α 相的形成。然而，仍有少量 PbI_2 残留，可能是由于 PbI_2 和 FAI 的不充分反应导致的。相比之下，MACl-14 膜具有纯的 α 相和完整的 PbI_2 转化。其 (110) 晶面对应的 XRD 的衍射峰移向稍高的角度，这可能是由于半径较小的 MA^+ 的掺入量增加，降低了容忍因子。

更重要的是，MACl 的含量不仅影响了旋涂过程中 PbI_2 转化的路径，而且与热退火后最终钙钛矿膜中的 PbI_2 残留量相关。图 7.38(d)~(f) 显示了在热退火后用不同浓度 MACl 制成的钙钛矿的二维 XRD 结果。在 MACl-0 和 MACl-6 的情况下，PbI_2 的衍射强度与钙钛矿相当，或稍弱。但是，对于 MACl-14，钙钛矿的 (110) 平面的衍射强度比 PbI_2 强得多，意味着钙钛矿的结晶度较高，且残留适量的 PbI_2。另外，与 MACl-6 相比，MACl-14 在平面外方向上显示出优先取向，这将有利于在垂直方向上的电荷传输[56]。

目前，普遍认为适度残留的 PbI_2 可以有效地抑制钙钛矿缺陷，从而改善钙钛矿太阳能电池的性能，而过量的 PbI_2 则会导致光照稳定性变差。因此，必须揭示 MACl 影响钙钛矿结晶和生长动力学的潜在机制。图 7.38(b) 和 (c) 描绘了不同退火时间的 MACl-6 和 MACl-14 的 XRD 图。显然，MACl-6 中 PbI_2 峰的增加比 MACl-14 中的更快，这归因于热退火过程中与中间相相关的结晶和分解过程。具体地说，对于 MACl-6，当退火时间从 0 min 增加到 6 min 时，位于 14° 的 (110) 晶面的衍射峰逐渐移向更高的角度。我们推测，开始热退火后，MA 和 FA 之间仍然存在竞争。因此，FA 被 MA 部分取代。我们将此过程称为 I 阶段，如图 7.39 所示。但是，随着退火时间从 6 min 延长到 13 min，(110) 晶面的衍射峰会向较小的角度移动。在 $t = 13$ min 时，衍射峰甚至移动到比未经退火时更低的角度，这意味着晶格不够稳定。在这一阶段，大量的 MA 挥发，形成不利的阳离子空位，导致 PbI_2

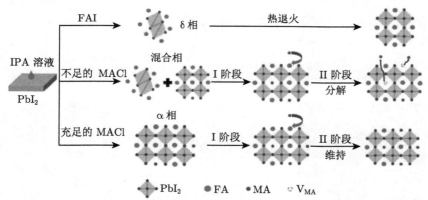

图 7.39　MACl 在 PbI_2 与有机胺盐之间的反应过程以及钙钛矿的结晶过程中的多种功能示意图[55]

残留量大幅增加 (图 7.39 中的阶段 II)。对于 MACl-14，前 6 min 内，(110) 晶面的衍射峰发生了类似的变化。但是，在接下来的 7 min 内峰位朝着较小的角度略有偏移，这可能是由于掺入的 MA 的比例较高，有效地降低了容忍因子。结果，更多掺入的 MA 维持在晶体结构中，导致在最终的钙钛矿膜中有适度的 PbI_2 残留。

　　我们通过 SEM 图像研究 MACl 添加剂对 $FAPbI_3$ 膜的形貌的影响。如图 7.40(a) 和图 7.41 所示，MACl-0 膜充满了分散的白点，其晶粒尺寸为几十纳米至几微米。图 7.41 显示了不同区域不同放大倍数的 SEM 照片。我们采用场发射电子探针显微分析仪 (FEEP) 分析了这种 $FAPbI_3$ 薄膜中的元素分布。如图 7.40(d)~(f) 所示，Pb 均匀地分布在扫描区域中，但在大晶粒的边缘出现了明显的 I 和 N 环。这意味着当 FAI 溶液滴落并扩散到 PbI_2 表面时，PbI_2 和 FAI 反应并不均匀。我们认为外围反应更快，形成更多的形核位点，从而导致晶粒尺寸减小。同时，周边区域 FAI 的较快消耗造成了 FAI 溶液局部的浓度梯度，从而驱动中央 FAI 溶液流向周边，导致 FAI 在周边区域积聚。结果，中心区域的 PbI_2 / FAI 反应被延迟，导致形成较少的成核位点和较大的晶粒。随着 6 mg/mL MACl 的掺入，白色斑点消失并且膜变得均匀，但晶粒尺寸较小 (100~300 nm)。值得注意的是，在添加剂换为 MAI 时，我们观察到了类似 $FAPbI_3$ 薄膜形貌。如图 7.42 所示，添加 MAI 的 $FAPbI_3$ 在 SEM 图像中呈现出分散的白点。但是，当 MAI 添加剂被 FACl 取代时，这些斑点可以减少。因此，我们推测，MACl-6 的形貌改善源自 MACl 中的 Cl，它可以减少 FAI 的积累来调节 PbI_2 / FAI 反应。但是，较粗糙且表面带有孔洞的 MACl 薄膜可能对器

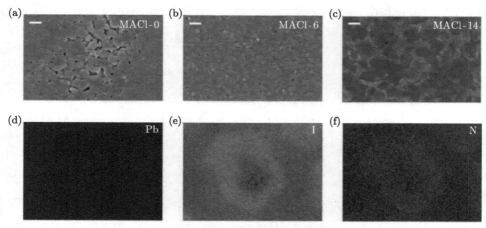

图 7.40　钙钛矿的 SEM 图像

(a) MACl-0；(b) MACl-6；(c) MACl-14；比例尺为 1 μm；(d) ~(f) MACl-0 膜中 Pb、I 和 N 元素的分布 [55]

件性能不利 (图 7.40(b))。进一步将 MACl 的添加浓度提高到 14 mg/mL 时，可以得到均匀且光滑的表面，晶粒尺寸达到 1 μm(图 7.40(c))，这可能是由于引入了适量的 Cl[57]。

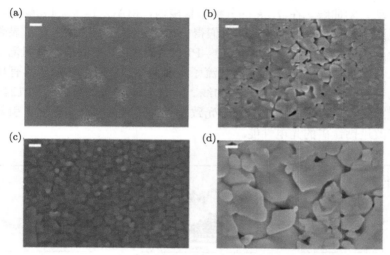

图 7.41　具有不同放大倍数的 FAPbI$_3$ 的 SEM 图像
(a) 标尺为 4 μm；(b) 标尺为 4 μm；(c) 和 (d) 标尺为 400 nm[55]

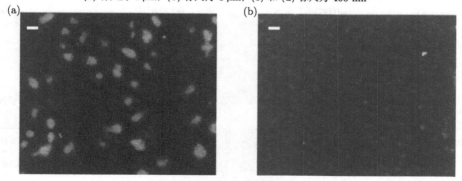

图 7.42　钙钛矿的 SEM 图像
(a) MAI-3；(b)FACl-3；比例尺为 10 μm[55]

图 7.43(a) 为这些钙钛矿膜的紫外–可见吸收光谱。与 MACl-0 相比，由于部分 MA 掺入晶格，因此 MACl-6 和 MACl-14 的吸收边明显蓝移。另外，与MACl-0 和 MACl-6 相比，MACl-14 的吸收显著增强，这可能是由于其较大的晶粒引起的 (大于 1μm)。我们使用了 PL 光谱来表征所有钙钛矿层中的电荷载流子复合过程。如图 7.43 (d)~(f) 所示，与 MACl-0 相比，MACl-6 的光致发光强度略有增强，这意味着其非辐射复合过程被一定程度抑制。作为对比，MACl-14 的

PL 强度极大地增强，甚至是 MACl-6 的 10 倍。随后，我们进行了瞬态吸收光谱 (TAS) 测量，以比较 MACl-0 和 MACl-14 之间的电荷载流子动力学。如图 7.43 (g) 和 (h) 所示，在两种薄膜中均出现了泵浦激发 (400 nm) 引起的吸收率变化。这通常与价电子跃迁造成的基态漂白 (GSB) 有关 [58]。图 7.43(i) 绘制了 GSB 峰的归一化动力学曲线。在 7 ns 的分辨率极限内，MACl-14 膜的衰减慢得多，表明光生载流子的寿命更长。因此，我们得出结论，MACl 的加入可以显著延长载流子寿命。此外，我们使用了时间分辨 PL(TRPL)，以在更长的时间范围内获得 MACl-0、MACl-6 和 MACl-14 的载流子寿命。图 7.43(b) 显示了具有典型双指数衰减的钙钛矿薄膜的 TRPL 衰减曲线。MACl-14 薄膜的寿命达到 1245 ns，比其他薄膜要长得多。这些结果与稳态光致发光测量非常吻合，证明了引入适量的 MACl 能改进钙钛矿的光电性能。

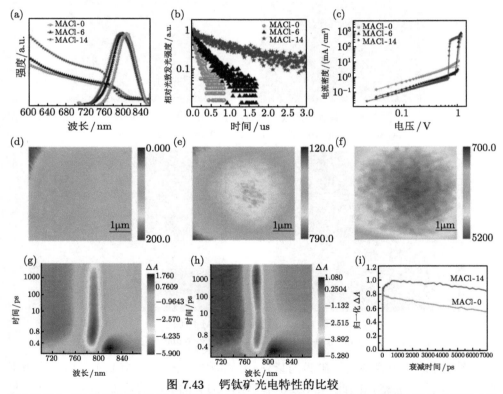

图 7.43　钙钛矿光电特性的比较

(a) MACl-0、MACl-6 和 MACl-14 薄膜的紫外–可见吸收光谱和归一化 PL 光谱；(b) MACl-0、MACl-6 和 MACl-14 的 TRPL 结果；(c) 器件的 SCLC 曲线 (ITO /钙钛矿/ Au)；(d) ~(f) MACl-0，MACl-6 和 MACl-14 的 PL 图像；(g)、(h) MACl-0 和 MACl-14 膜的 TAS 光谱；(i) MACl-0 和 MACl-14 膜的 GSB 的衰减曲线 [55]

为了探索 MACl 抑制钙钛矿薄膜中非辐射复合的机制，我们通过空间电荷限

制电流 (SCLC) 来表征不同 MACl 量的钙钛矿的缺陷浓度。如图 7.43(c) 所示，MACl-0、MACl-6 和 MACl-14 的缺陷填充电压分别为 1.03 V、0.97 V 和 0.65 V，对应的缺陷浓度从 1.07×10^{16} cm^{-3} 逐渐降低到 6.77×10^{15} cm^{-3}。这表明通过引入适量的 MACl 可以抑制缺陷。这可能源自适量残留的 PbI$_2$ 钝化缺陷，以及更好的结晶度和减少的晶界。

为了比较具有不同 MACl 量的钙钛矿薄膜的质量，我们制备了具有 FTO / SnO$_2$ /钙钛矿/ Spiro-OMeTAD/ Au 结构的太阳能电池。图 7.44(a) 和图 7.45 显示了相应的器件性能的统计信息。平均 PCE 从 MACl-0 的 6.1% 增加到 MACl-6 的 17.2%，然后显著提高到 MACl-14 的 22.6%。不同扫描方向的 MACl-0、MACl-6 和 MACl-14 最佳的器件的电流密度–电压 (J-V) 特性如图 7.44(b) 所示，并在表 7.4 中进行了总结。MACl-0 器件具有较差的 PCE，仅为 7.2%，而 MACl-6 则产生了两倍以上的 PCE，高达 17.2%。相比之下，MACl-14 的最优器件的 PCE 为 23.1%(22.3%)，V_{oc} 为 1.185 V (1.182 V)，J_{sc} 为 24.9 mA/cm^2(24.9 mA/cm^2)，

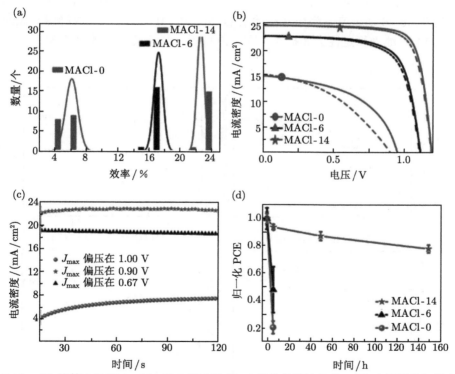

图 7.44 (a) 比较 MACl-0、MACl-6 和 MACl-14 器件的统计效率；(b) 在不同的扫描方向下，MACl-0、MACl-6 和 MACl-14 的冠军器件的 J-V 特性；(c) 相应器件的稳定功率输出；(d) 在氮气气氛中，在 100 mW/cm^2 白光 (氙灯) 照射下，相应的未封装器件的稳定性 [55]

FF 为 78.3%(75.7%)。显然，非辐射复合的抑制，以及更好的结晶度和薄膜形貌是其 PCE 增加的原因。对 MACl-14 器件的入射光子电流转换效率 (IPCE) 谱进行积分，可以获得 24.0 mA/cm^2 的积分 J_{sc}(图 7.46(a))，该值与从 MACl-14 器件测得的 J_{sc} 值非常匹配 (差值小于 5%)。图 7.44(c) 绘制了器件在 V_{max} 下的稳定功率输出。有趣的是，尽管 MACl-0 电池在反向扫描下 PCE 较差，但在 1 个太阳光照射下仍能以 5.4% 的恒定值很好地保持其初始效率。但是，对于 MACl-6 电池，稳定的功率输出从 17.1% 下降到 15.4%。考虑到 MACl-6 比 MACl-0 更好的形貌和更低的缺陷密度，其稳定功率输出的快速下降可能是由于 MACl-6 薄膜中过量的 PbI$_2$ 残留导致的。对于 MACl-14 器件，实现了 22.5% 的稳定输出功率，且下降的幅度可以忽略不计，这可能是由于 MACl-14 膜的适量残留 PbI$_2$ 和出色的晶体质量造成的。在 N$_2$ 气氛中，我们进一步探索了 MACl-14 最优器件的长期稳定性。如图 7.46(b) 所示，器件在老化 219 d 后仍保持其初始 PCE 的 97.3%。图 7.44(d) 显示出了在 100 mW/cm^2 的白光照射 (氙气灯) 下，MACl-0、MACl-6、MACl-14 器件的光稳定性。在仅老化 6 h 之后，MACl-0 和 MACl-6 器件的 PCE 分别迅速下降至其初始值的 20% 和 50%。与之形成鲜明对比的是，MACl-14 电池光稳定性大大提高，在 150 h 后才降至其初始效率的 80%。

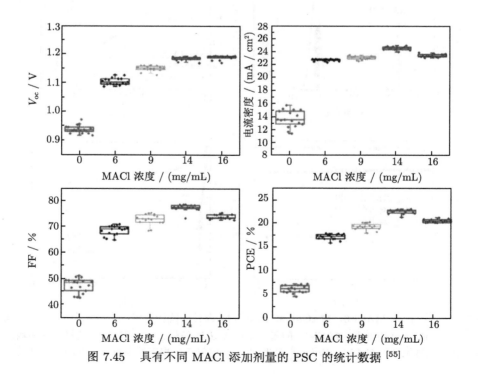

图 7.45　具有不同 MACl 添加剂量的 PSC 的统计数据 [55]

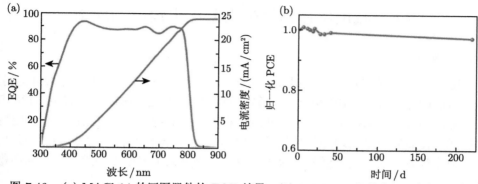

图 7.46   (a) MACl-14 的冠军器件的 EQE 结果。(b) MACl-14 器件在 N$_2$ 中的长期稳定性 [55]

表 7.4   MACl-0、MACl-6 和 MACl-14 的冠军器件的光伏参数 [55]

样品	扫描方向	V_{oc}/V	J_{sc}/(mA/cm^2)	FF/%	PCE/%
MACl-0	反扫	0.947	15.1	50.6	7.2
	正扫	0.901	15.4	40.8	5.6
MACl-6	反扫	1.106	22.8	70.8	17.9
	正扫	1.101	22.8	68.7	17.2
MACl-14	反扫	1.185	24.9	78.3	23.1
	正扫	1.182	24.9	75.7	22.3

7.5.3   小结

总结来说，我们采用两步沉积法，以 MACl 为唯一添加剂来制造不含 Br 的 FA 基钙钛矿，并系统地研究了 MACl 的作用以显示其对 PbI$_2$ / FAI 反应及后续钙钛矿结晶过程的影响。我们发现，在适量 MACl 的作用下，FAI 可以在常温下将碘化铅 (PbI$_2$) 完全转化为 α 相 FA 基钙钛矿。在热退火过程中，改变 MACl 的量可以精细地调节钙钛矿膜中间相相关的结晶和分解，这将最终确定钙钛矿中 PbI$_2$ 的残留量。我们证明了 MACl 添加剂调节了 PbI$_2$/FAI 反应，导致具有大晶粒的均匀钙钛矿膜。因此，我们获得了无 Br 的 FA 基钙钛矿，该钙钛矿具有改善的形貌和光电性能，包括大于 1 μm 的晶粒尺寸、超过 1 μs 的较长载流子寿命和低至 6.77×10^{15}cm^{-3} 的低陷阱密度。结果，相应的钙钛矿电池得到了 23.1% 的冠军效率和稳定的 22.5% 的功率输出，以及更高的光稳定性。我们的结果表明，MACl 的添加足以使用两步沉积法制备出高质量无 Br 的 FA 基钙钛矿，从而获得高稳定性的高效率的钙钛矿太阳能电池。

7.6　减反层在钙钛矿太阳能电池中的应用

7.6.1　简介

随着全球能源消耗的不断提高，传统化石燃料的储量在不久的将来将枯竭。为了缓解能源危机，太阳能电池，包括单晶硅太阳能电池、铜铟镓硒 (CIGS) 太阳能电池和钙钛矿太阳能电池，由于其清洁和可再生的特性，在过去的半个世纪里已经成为化石能源潜在理想的替代品[59,60]。目前，器件的材料设计、结构设计、缺陷钝化等方面的研究已经相当深入，兼顾了平衡太阳能电池的成本、效率和稳定性。

除了优化钙钛矿吸光层，太阳能电池的效率提升也可以通过添加减反膜来实现。Bella 等在太阳能电池的正面使用了一种光的下转换聚合物，将紫外线转换成了可见光，然而，过高的成本会限制其应用[61]。另外，在透明衬底的正面采用抗反射 (AR) 薄膜已经被证明是一种简便实用的方法，可以增强到达有源层的光子数，从而提高 J_{sc} 和 PCE[62]。MgF_2 是目前最常用的 AR 薄膜。当 MgF_2 的厚度 (t) 满足 $t = \lambda/4$(其中 λ 代表入射光的波长) 时，就可以得到 AR 效应。然而，这意味着 AR 效应受到单波长的影响，这取决于 AR 层的厚度[63]。为了解决这个问题，将不同折射率和厚度的 AR-薄膜叠加起来形成多层结构，可以获得广谱 AR 效应。然而，这将使制造过程复杂化，从而导致更高的生产成本。近年来，通过光刻和蚀刻工艺合成的织构化聚二甲基硅氧烷 (PDMS) 周期性光捕获结构，因其柔性、耐久性和可回收性而成为一种优良的 AR 薄膜[64]。它适用于低温环境，尤其适用于柔性的光伏 (PV) 器件。然而，有些光伏器件的制备需要高温，这会破坏 PDMS 的结构。除了有机 AR 薄膜外，在 600℃ 下合成的无机金属氧化物 AR 薄膜，如耐高温的多孔 SiO_2，可以将玻璃的透射率提高到 95%[30]。它适用于高温衬底，但不适用于 ITO 衬底或柔性衬底。因此，开发一种低成本、低温且同时适用于低温和高温应用的 AR 薄膜是迫切需要的。

本章采用一种成本效益高、低温且易于大面积制备的方法来制备介孔氧化铝 (meso-Al_2O_3) 作为 FTO 衬底的 AR 涂层。该方法首先通过磁控溅射制备出致密的无 AR 效应的 Al_2O_3 薄膜，然后在 80 ℃ 下进行热水处理 (HWT)，将致密的薄膜转变为具有梯度折射率和 AR 效应的介孔薄膜。这一方法使得 FTO 衬底的最大透射率从 84% 增加至 89%，这与我们理论模拟的结果相近。更重要的是，meso-Al_2O_3AR 薄膜在高湿度 (80 RH%) 和高温 (500 ℃) 下具有很好的稳定性，并且可以应用在各种基材 (玻璃、FTO 衬底、ITO 衬底) 上，这为进一步提高太阳能电池和其他需要透明电极的光电器件的效率铺平了道路。以钙钛矿太阳能电池为例，由于 AR 薄膜修饰的 FTO 衬底的透射率有所提高，相应的钙钛矿太阳能电池的效率从 20.9% 提高到了 21.5%。

7.6.2 实验结果与分析

如图 7.47(a)~(c) 所示，溅射的 Al_2O_3 薄膜形貌致密，与 FTO 衬底相比，溅射上致密 Al_2O_3 薄膜的 FTO 衬底的透射率略有下降。将其浸入 80℃ 的去离子水中 10 min，致密的薄膜会变成介孔结构，透射率相应地得到了显著提高。

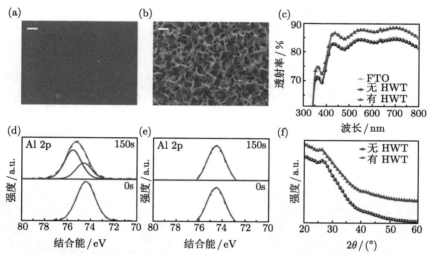

图 7.47 HWT(a) 处理前和 (b) 处理后的 Al_2O_3 薄膜的 SEM 图，比例尺为 200 nm；(c) 空白 FTO 衬底和覆盖 HWT 处理前和处理后的 Al_2O_3 薄膜的 FTO 衬底的透射光谱；在不同的氩气溅射时间情况下，HWT(d) 处理前和 (e) 处理后的 Al_2O_3 薄膜的 Al 2p 峰；(f) 溅射后 HWT 处理前后的 Al_2O_3 薄膜的 XRD 图 [66]

为了阐明介孔 Al_2O_3 薄膜的生长机理，本章首先采用 XPS 和 XRD 分析了 Al_2O_3 薄膜在 HWT 前后的成分。图 7.47 显示了改变氩气刻蚀时间得到的不同深度处的致密 Al_2O_3 薄膜的 XPS 谱图。我们测量了样品经过 0 s 和 150 s 刻蚀的 Al 2p 峰 (7.47(d))。在 0 s 时只出现了一个结合能为 74.4 eV 的单峰，而在 150 s 时出现了两个峰，分别为 74.6 eV 和 75.6 eV。根据 NIST XPS 数据库，74.4~74.6 eV 的结合能属于 Al_2O_3，而 75.6 eV 的结合能属于 Al/ Al_2O_3 复合物。这个结果是合理的，因为在磁控溅射沉积过程中，Al 可能不会与氧气完全反应，因此在薄膜中会有少量的 Al 残留。一旦薄膜暴露在空气中，表面的 Al 被迅速氧化，从而使表面被 Al_2O_3 完全覆盖，以保护内部的 Al 免受进一步氧化。图 7.47(e) 显示了 HWT 后不同深度的 Al_2O_3 薄膜的 XPS 谱。与 HWT 前形成鲜明对比的是 Al 2p 峰只从 74.55~74.59 eV 轻微变化，这表明在 HWT 后，残余的 Al 被完全氧化。如图 7.47(f) 所示，无论是致密的还是介孔的 Al_2O_3 薄膜都没有检测到衍射峰，这意味着这里的 Al_2O_3 薄膜是非晶态的。

我们用迁移再沉积模型简要地说明了介孔 Al_2O_3 薄膜的形成过程。如图 7.48(a) 所示，以热水为介质，残余 Al 与水的反应是金属氧化物释放、迁移和再沉积到基体上形成介孔结构的驱动力[67]。为了证明这个说法，我们同时将空白玻璃和一块溅射有致密 Al_2O_3 薄膜的玻璃放入 80℃ 的去离子水中。图 7.48(b) 为 HWT 后空白玻璃表面的 SEM 图像，其表面上存在的小颗粒证明了 HWT 过程中 Al_2O_3 在水中的迁移和再沉积。

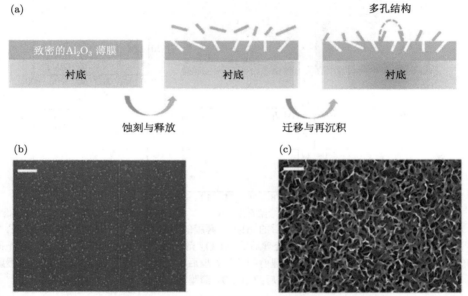

图 7.48　　(a) HWT 过程中 Al_2O_3 的迁移–再沉积过程；在 HWT 之后，(b) 空白玻璃和 (c) 溅射有致密 Al_2O_3 薄膜的玻璃的 SEM 图像，比例尺为 200 nm[66]

如图 7.47(a) 和 (b) 所示，介孔 Al_2O_3 的直径小于 50nm，远小于可见光的波长，因此 Mie 和 Rayleigh 散射可以忽略[68]。从截面 SEM 图像 (图 7.49(b)) 观察到，介孔 Al_2O_3 的空隙的填隙率从衬底向上逐渐增大。因此，我们使用渐变折射率近似模型 (图 7.49(a)) 来模拟透射光谱[69]，如图 7.49(c) 所示。这个数值计算结果与实验结果吻合较好，表明本章所采用的梯度折射率近似方法对介孔 Al_2O_3 结构是有效的。

考虑到平面和介孔结构的钙钛矿电池制备时通常需要 100~500 ℃ 的较高的退火温度，我们研究了介孔 Al_2O_3 AR 薄膜的热耐久性。我们将涂有介孔 Al_2O_3 AR 薄膜的 FTO 衬底放置在 200~500 ℃ 的热台上 1 h，随后测量了它们的透射率。在图 7.50(b) 中，我们发现，在所有这些苛刻条件下，相应的 FTO 衬底的透

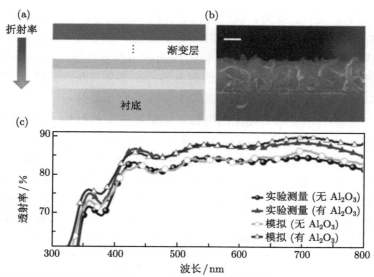

图 7.49　(a) 梯度折射率近似模型；(b) 介孔 Al$_2$O$_3$ 薄膜的截面 SEM 图像，比例尺为 100 nm；(c) 实测和模拟的透射光谱 [66]

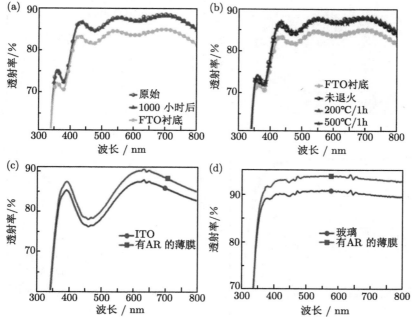

图 7.50　(a) 在空气中 (40~80 RH%) 储存 1000 h 后，涂有介孔 Al$_2$O$_3$ AR 薄膜的 FTO 衬底的透射光谱；(b) 高温处理后，涂有介孔 Al$_2$O$_3$ AR 薄膜的 FTO 衬底的透射光谱；(c) ITO 衬底和 (d) 钠钙玻璃涂上介孔 Al$_2$O$_3$ AR 薄膜后的透射率 [66]

射光谱没有明显变化。此外，我们测量了介孔 Al_2O_3 AR 薄膜在室温条件下的长期稳定性。如图 7.50(a) 所示，在 1000 h 老化后，介孔 Al_2O_3 AR 薄膜的性能没有任何下降。为了测试介孔 Al_2O_3 AR 薄膜应用的普适性，我们将其对 ITO 衬底和钠钙玻璃进行了涂覆，相应的透射光谱分别如图 7.50(c) 和 (d) 所示。所有衬底在涂上介孔 Al_2O_3 AR 薄膜后，透射率都得到了提高。

　　图 7.51(a) 显示了本节使用的钙钛矿太阳能电池的结构。图 7.51(b) 显示了在反向扫描条件下，有/无 Al_2O_3 AR 薄膜的器件的 J-V 特性。无 AR 薄膜的钙钛矿太阳能电池的 PCE 为 20.9%，V_{oc} 为 1.12 V，J_{sc} 为 23.7 mA/cm^2，FF 为 79.0%。相比之下，添加介孔 Al_2O_3 AR 薄膜的钙钛矿电池获得了 21.5% 的 PCE，V_{oc} 为 1.12V，J_{sc} 为 24.3 mA/cm^2，FF 为 79%。用图 7.51(c) 研究了添加介孔 Al_2O_3 AR 薄膜的器件在不同扫描方向下的性能，显示出可忽略的回滞现象。图 7.51(d) 测量了相应器件的入射光子电流转换效率 (IPCE) 谱。与控制组相比，采

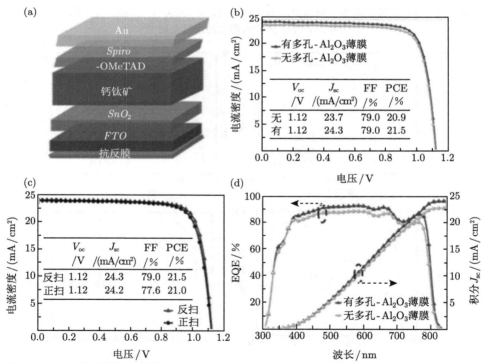

图 7.51　(a) 器件结构示意图；(b) 有/无介孔 Al_2O_3 AR 薄膜的最佳器件在反向扫描下的 J-V 曲线；(c) 在不同的扫描方向上带有介孔 Al_2O_3 AR 薄膜的最佳器件的 J-V 曲线；(d) 有/无介孔 Al_2O_3 AR 薄膜的最佳器件的 IPCE 谱 [66]

用介孔 Al_2O_3 AR 薄膜的器件在整个波长范围内具有较高的 IPCE 值。结果表明，积分电流由 22.8 mA/cm^2 增加到 24.1 mA/cm^2。

7.6.3 小结

本章开发了一种低成本、低温度和易于大面积制备的基于磁控溅射的方法来制备高抗反射性能的介孔 Al_2O_3 薄膜。随着介孔 Al_2O_3 薄膜的引入，我们的透明导电基板 (FTO 衬底、ITO 衬底、玻璃) 的透射率比空白衬底提高了 5%。因此，钙钛矿太阳能电池的平均 J_{sc} 从 23.5 mA/cm^2 提高到 24.3 mA/cm^2。更重要的是，采用低温工艺制备的介孔 Al_2O_3 薄膜具有优异的长期稳定性 (>1000 h) 和热稳定性 (500℃)。这些结果表明了介孔 Al_2O_3 薄膜的积极作用，为进一步提高光伏器件的效率奠定了基础。

参 考 文 献

[1] Jeon N J, Noh J H, Kim Y C, et al. Solvent engineering for high-performance inorganic-organic hybrid perovskite solar cells [J]. Nature Materials, 2014, 13(9): 897-903.

[2] Xiao Z, Dong Q, Bi C, et al. Solvent annealing of perovskite-induced crystal growth for photovoltaic-device efficiency enhancement [J]. Advanced Materials, 2014, 26(37): 6503-6509.

[3] Zhou Y, Yang M, Wu W, et al. Room-temperature crystallization of hybrid-perovskite thin films via solvent–solvent extraction for high-performance solar cells [J]. Journal of Materials Chemistry A, 2015, 3(15): 8178-8184.

[4] Yang M, Zhou Y, Zeng Y, et al. Square-centimeter solution-processed planar $CH_3NH_3PbI_3$ perovskite solar cells with efficiency exceeding 15% [J]. Advanced Materials, 2015, 27(41): 6363-6370.

[5] Zhang W, Pathak S, Sakai N, et al. Enhanced optoelectronic quality of perovskite thin films with hypophosphorous acid for planar heterojunction solar cells [J]. Nature Communications, 2015, 6(1): 1-9.

[6] Kim Y C, Jeon N J, Noh J H, et al. Beneficial effects of PbI_2 incorporated in organo-lead halide perovskite solar cells [J]. Advanced Energy Materials, 2016, 6(4): 1502104.

[7] Zhou Z, Wang Z, Zhou Y, et al. Methylamine-gas-induced defect-healing behavior of $CH_3NH_3PbI_3$ thin films for perovskite solar cells [J]. Angewandte Chemie International Edition, 2015, 127(33): 9841-9845.

[8] Raga S R, Ono L K, Qi Y. Rapid perovskite formation by CH_3NH_2 gas-induced intercalation and reaction of PbI_2[J]. Journal of Materials Chemistry A, 2016, 4(7): 2494-2500.

[9] Chen Y, Li B, Huang W, et al. Efficient and reproducible $CH_3NH_3PbI_{3-x}(SCN)_x$ perovskite based planar solar cells [J]. Chemical Communications, 2015, 51(60): 11997-11999.

[10] Jiang Q, Rebollar D, Gong J, et al. Pseudohalide-induced moisture tolerance in perovskite $CH_3NH_3Pb(SCN)_2I$ thin films [J]. Angewandte Chemie International Edition, 2015, 127(26): 7727-7730.

[11] Ganose A M, Savory C N, Scanlon D O. $(CH_3NH_3)_2Pb(SCN)_2I_2$: A more stable structural motif for hybrid halide photovoltaics [J]. The Journal of Physical Chemistry Letters, 2015, 6(22): 4594-4598.

[12] Halder A, Chulliyil R, Subbiah A S, et al. Pseudohalide (SCN^-)-doped MAPbI3 perovskites: A few surprises [J]. The Journal of Physical Chemistry Letters, 2015, 6(17): 3483-3489.

[13] Ke W, Xiao C, Wang C, et al. Employing lead thiocyanate additive to reduce the hysteresis and boost the fill factor of planar perovskite solar cells [J]. Advanced Materials, 2016, 28(26): 5214-5221.

[14] Bi C, Wang Q, Shao Y, et al. Non-wetting surface-driven high-aspect-ratio crystalline grain growth for efficient hybrid perovskite solar cells [J]. Nature Communications, 2015, 6(1): 1-7.

[15] Daub M, Hillebrecht H. Synthesis, Single-crystal structure and characterization of $(CH_3NH_3)_2Pb(SCN)_2I_2$ [J]. Angewandte Chemie International Edition, 2015, 127(38): 11168-11169.

[16] Chen Q, Zhou H, Song T B, et al. Controllable self-induced passivation of hybrid lead iodide perovskites toward high performance solar cells [J]. Nano Letters, 2014, 14(7): 4158-4163.

[17] Roldán-Carmona C, Gratia P, Zimmermann I, et al. High efficiency methylammonium lead triiodide perovskite solar cells: the relevance of non-stoichiometric precursors [J]. Energy & Environmental Science, 2015, 8(12): 3550-3556.

[18] Ferreira da Silva A, Veissid N, An C Y, et al. Optical determination of the direct bandgap energy of lead iodide crystals [J]. Applied Physics Letters, 1996, 69(13): 1930-1932.

[19] Kuiry S C, Roy S K, Bose S K. Estimation of ionic conductivity of lead iodide film through tarnishing study [J]. Materials Research Bulletin, 1999, 34(10-11): 1643-1650.

[20] De Wolf S, Holovsky J, Moon S J, et al. Organometallic halide perovskites: sharp optical absorption edge and its relation to photovoltaic performance [J]. The Journal of Physical Chemistry Letters, 2014, 5(6): 1035-1039.

[21] Mizusaki J, Arai K, Fueki K. Ionic conduction of the perovskite-type halides [J]. Solid State Ionics, 1983, 11(3): 203-211.

[22] Im J H, Lee C R, Lee J W, et al. 6.5% efficient perovskite quantum-dot-sensitized solar cell [J]. Nanoscale, 2011, 3(10): 4088-4093.

[23] Stranks S D, Eperon G E, Grancini G, et al. Electron-hole diffusion lengths exceeding 1 micrometer in an organometal trihalide perovskite absorber [J]. Science, 2013, 342(6156): 341-344.

[24] Conings B, Drijkoningen J, Gauquelin N, et al. Intrinsic thermal instability of methy-

lammonium lead trihalide perovskite [J]. Advanced Energy Materials, 2015, 5(15): 1500477.

[25] Hwang I, Jeong I, Lee J, et al. Enhancing stability of perovskite solar cells to moisture by the facile hydrophobic passivation [J]. ACS Applied Materials & Interfaces, 2015, 7(31): 17330-17336.

[26] Liang J, Wang C, Wang Y, et al. All-inorganic perovskite solar cells [J]. Journal of the American Chemical Society, 2016, 138(49): 15829-15832.

[27] Zhang T, Dar M I, Li G, et al. Bication lead iodide 2D perovskite component to stabilize inorganic α-CsPbI$_3$ perovskite phase for high-efficiency solar cells [J]. Science Advances, 2017, 3(9): e1700841.

[28] Jiang Y, Yuan J, Ni Y, et al. Reduced-dimensional α-CsPbX$_3$ perovskites for efficient and stable photovoltaics [J]. Joule, 2018, 2(7): 1356-1368.

[29] Wang P, Zhang X, Zhou Y, et al. Solvent-controlled growth of inorganic perovskite films in dry environment for efficient and stable solar cells [J]. Nature Communications, 2018, 9(1): 1-7.

[30] Xu F, Zhang T, Li G, et al. Mixed cation hybrid lead halide perovskites with enhanced performance and stability [J]. Journal of Materials Chemistry A, 2017, 5(23): 11450-11461.

[31] Lu J, Jiang L, Li W, et al. Diammonium and monoammonium mixed-organic-cation perovskites for high performance solar cells with improved stability [J]. Advanced Energy Materials, 2017, 7(18): 1700444.

[32] Kieslich G, Sun S, Cheetham A K. Solid-state principles applied to organic-inorganic perovskites: new tricks for an old dog [J]. Chemical Science, 2014, 5(12): 4712-4715.

[33] Chen Z, Zheng X, Yao F, et al. Methylammonium, formamidinium and ethylenediamine mixed triple-cation perovskite solar cells with high efficiency and remarkable stability [J]. Journal of Materials Chemistry A, 2018, 6(36): 17625-17632.

[34] Stranks S D, Burlakov V M, Leijtens T, et al. Recombination kinetics in organic-inorganic perovskites: excitons, free charge, and subgap states [J]. Physical Review Applied, 2014, 2(3): 034007.

[35] Manser J S, Christians J A, Kamat P V. Intriguing optoelectronic properties of metal halide perovskites [J]. Chemical Reviews, 2016, 116(21): 12956-13008.

[36] Wang Q, Jiang C, Zhang P, et al. Overcoming bulk recombination limits of layered perovskite solar cells with mesoporous substrates [J]. The Journal of Physical Chemistry C, 2018, 122(25): 14177-14185.

[37] Wang Q, Lyu M, Zhang M, et al. Configuration-centered photovoltaic applications of metal halide perovskites [J]. Journal of Materials Chemistry A, 2017, 5(3): 902-909.

[38] Yu Y, Wang C, Grice C R, et al. Improving the performance of formamidinium and cesium lead triiodide perovskite solar cells using lead thiocyanate additives [J]. ChemSusChem, 2016, 9(23): 3288-3297.

[39] Meng W, Wang X, Xiao Z, et al. Parity-forbidden transitions and their impact on

the optical absorption properties of lead-free metal halide perovskites and double perovskites [J]. The Journal of Physical Chemistry Letters, 2017, 8(13): 2999-3007.

[40] Jiang Q, Zhang L, Wang H, et al. Enhanced electron extraction using SnO_2 for high-efficiency planar-structure $HC(NH_2)_2PbI_3$-based perovskite solar cells [J]. Nature Energy, 2016, 2(1): 1-7.

[41] Yang G, Zhang H, Li G, et al. Stabilizer-assisted growth of formamdinium-based perovskites for highly efficient and stable planar solar cells with over 22% efficiency [J]. Nano Energy, 2019, 63: 103835.

[42] Yang X, Fu Y, Su R, et al. Superior carrier lifetimes exceeding 6 μs in polycrystalline halide perovskites [J]. Advanced Materials, 2020, 32(39): 2002585.

[43] Hu J, Cheng Q, Fan R, et al. Recent development of organic-inorganic perovskite-based tandem solar cells [J]. Solar RRL, 2017, 1(6): 1700045.

[44] Luo D, Yang W, Wang Z, et al. Enhanced photovoltage for inverted planar heterojunction perovskite solar cells [J]. Science, 2018, 360(6396): 1442-1446.

[45] Yang D, Yang R, Wang K, et al. High efficiency planar-type perovskite solar cells with negligible hysteresis using EDTA-complexed SnO_2 [J]. Nature Communications, 2018, 9(1): 1-11.

[46] Dunfield S P, Bliss L, Zhang F, et al. From defects to degradation: a mechanistic understanding of degradation in perovskite solar cell devices and modules [J]. Advanced Energy Materials, 2020, 10(26): 1904054.

[47] Turren-Cruz S H, Hagfeldt A, Saliba M. Methylammonium-free, high-performance, and stable perovskite solar cells on a planar architecture [J]. Science, 2018, 362(6413): 449-453.

[48] Rehman W, McMeekin D P, Patel J B, et al. Photovoltaic mixed-cation lead mixed-halide perovskites: links between crystallinity, photo-stability and electronic properties [J]. Energy & Environmental Science, 2017, 10(1): 361-369.

[49] Gautam S K, Kim M, Miquita D R, et al. Reversible photoinduced phase segregation and origin of long carrier lifetime in mixed-halide perovskite Films [J]. Advanced Functional Materials, 2020, 30(28): 2002622.

[50] Xie F, Chen C C, Wu Y, et al. Vertical recrystallization for highly efficient and stable formamidinium-based inverted-structure perovskite solar cells [J]. Energy & Environmental Science, 2017, 10(9): 1942-1949.

[51] Kim M, Kim G H, Lee T K, et al. Methylammonium chloride induces intermediate phase stabilization for efficient perovskite solar cells [J]. Joule, 2019, 3(9): 2179-2192.

[52] Cui Y, Chen C, Li C, et al. Correlating hysteresis and stability with organic cation composition in the two-step solution-processed perovskite solar cells [J]. ACS Applied Materials & Interfaces, 2020, 12(9): 10588-10596.

[53] Jiang Q, Chu Z, Wang P, et al. Planar-structure perovskite solar cells with efficiency beyond 21% [J]. Advanced Materials, 2017, 29(46): 1703852.

[54] Tumen Ulzii G, Qin C, Klotz D, et al. Detrimental effect of unreacted PbI_2 on the long-

term stability of perovskite solar cells [J]. Advanced Materials, 2020, 32(16): 1905035.

[55] Ye F, Ma J, Chen C, et al. Roles of MACl in sequentially deposited bromine-free perovskite absorbers for efficient solar cells [J]. Advanced Materials, 2021, 33(3): 2007126.

[56] Wang Z P, Lin Q Q, Chmiel F P, et al. Efficient ambient-air-stable solar cells with 2D-3D heterostructured butylammonium-caesium-formamidinium lead halide perovskites [J]. Nature Energy, 2017, 2: 17135.

[57] Li Q, Zhao Y, Fu R, et al. Efficient perovskite solar cells fabricated through CsCl-enhanced PbI_2 precursor via sequential deposition [J]. Advanced Materials, 2018, 30(40): 1803095.

[58] Dar M I, Franckevičius M, Arora N, et al. High photovoltage in perovskite solar cells: new physical insights from the ultrafast transient absorption spectroscopy [J]. Chemical Physics Letters, 2017, 683: 211-215.

[59] Yang G, Chen C, Yao F, et al. Effective carrier-concentration tuning of SnO_2 quantum dot electron-selective layers for high-performance planar perovskite solar cells [J]. Advanced Materials, 2018, 30(14): 1706023.

[60] Jeon N J, Na H, Jung E H, et al. A fluorene-terminated hole-transporting material for highly efficient and stable perovskite solar cells [J]. Nature Energy, 2018, 3(8): 682-689.

[61] Bella F, Griffini G, Correa-Baena J P, et al. Improving efficiency and stability of perovskite solar cells with photocurable fluoropolymers [J]. Science, 2016, 354(6309): 203-206.

[62] Ding K, Zhang X, Ning L, et al. Hue tunable, high color saturation and high-efficiency graphene/silicon heterojunction solar cells with MgF_2/ZnS double anti-reflection layer [J]. Nano Energy, 2018, 46: 257-265.

[63] Hou F, Han C, Isabella O, et al. Inverted pyramidally-textured PDMS antireflective foils for perovskite/silicon tandem solar cells with flat top cell [J]. Nano Energy, 2019, 56: 234-240.

[64] Kim D H, Dudem B, Jung J W, et al. Boosting light harvesting in perovskite solar cells by biomimetic inverted hemispherical architectured polymer layer with high haze factor as an antireflective layer [J]. ACS Applied Materials & Interfaces, 2018, 10(15): 13113-13123.

[65] Raut H K, Nair A S, Dinachali S S, et al. Porous SiO_2 anti-reflective coatings on large-area substrates by electrospinning and their application to solar modules [J]. Solar Energy Materials and Solar Cells, 2013, 111: 9-15.

[66] Ye F, Wu T, Zhu Z, et al. Enhancing performance of perovskite solar cells with efficiency exceeding 21% via a graded-index mesoporous aluminum oxide antireflection coating [J]. Nanotechnology, 2020, 31(27): 275407.

[67] Saadi N S, Hassan L B, Karabacak T. Metal oxide nanostructures by a simple hot water treatment [J]. Scientific Reports, 2017, 7(1): 1-8.

[68] Xi J Q, Schubert M F, Kim J K, et al. Optical thin-film materials with low refractive

index for broadband elimination of Fresnel reflection [J]. Nature Photonics, 2007, 1(3): 176-179.

[69]　Rysselberghe P V. Remarks concerning the clausius-mossotti law [J]. The Journal of Physical Chemistry, 2002, 36(4): 1152-1155.

第 8 章 基于二氧化锡的高效钙钛矿太阳能电池空穴传输层优化

8.1 引　言

在高性能的钙钛矿太阳能电池中，空穴传输材料是关键的一环，能起到传输空穴和阻挡电子的作用。同时，空穴传输层材料本身的稳定性以及相应薄膜的致密性，对钙钛矿器件的稳定性也起到了至关重要的作用。2,2'',7,7''-四 [N,N-二 (4-甲氧基苯基) 氨基]-9,9''-螺二芴 (2,2'',7,7''-tetrakis(N,N-di-pmethoxyphenylamine)-9,9''-Spirobifluorene, Spiro-OMeTAD) 作为常用的空穴传输层，受到广泛的研究和关注。Spiro-OMeTAD 通常需要通过添加剂 (Li-TFSI) 来提高其电导率，从而提高 Spiro-OMeTAD 的空穴传输能力。但是 Li-TFSI 添加剂本身的强吸水性导致空穴传输层对钙钛矿层有腐蚀作用，从而影响钙钛矿器件的稳定性。因此，发展无添加剂的、高空穴迁移率的空穴传输层对实现稳定、高效的钙钛矿太阳能电池具有重要的意义。在本章中，我们将介绍一系列酞菁类空穴传输材料的化学、光学、电学性质，并采用真空热蒸发的制备方法将其应用到高效、稳定的钙钛矿太阳能电池中。同时，相比于合成过程复杂的、成本较高的 Spiro-OMeTAD，我们还将介绍一种结构简单的咔唑类小分子材料 1,3,6,8-四 (N,N-对二甲氧基苯基氨基)-9-乙基咔唑 (Cz-OMeTAD)，将其运用在钙钛矿太阳能电池中作为空穴传输材料。另外，为了提高 Spiro-OMeTAD 作为空穴传输层的钙钛矿电池的稳定性，我们创新性地采用真空热蒸发法制备无机硫化物界面层材料 (PbS 和 Cu_xS) 作为 Spiro-OMeTAD 和金属电极之间的缓冲层，极大地提高了钙钛矿器件的性能和稳定性。

8.2 酞菁类系列传输层

8.2.1 基于酞菁铜空穴传输层的钙钛矿太阳能电池的研究

1. 简介

空穴传输层的稳定性以及疏水特性，对钙钛矿太阳能电池的长期稳定性十分重要 [1,2]。酞菁铜 (CuPc) 作为一种廉价的、稳定的 p-型半导体被广泛应用到光电子器件中 [3,4]。通过溶液法或真空沉积法制备的酞菁铜已经应用到钙钛矿太阳

能电池中 [5-8]。酞菁铜分子中强的 π-π 键相互作用可以诱导特殊的分子排列，从而使酞菁铜具有高的空穴迁移率。Xu 等通过引入四甲基基团来进一步提高酞菁铜的空穴迁移率，从而进一步提高了器件的性能 [8]。但是，四甲基取代的酞菁铜的空穴迁移率只能在一定程度上得到提高，并不能显著改善相应钙钛矿电池的光伏性能。

本节介绍一种八甲基取代的酞菁铜 (CuMe$_2$Pc) 分子作为钙钛矿太阳能电池的空穴传输层。通过引入甲基基团调控酞菁铜分子的结构取向，使其更倾向于形成垂直于面外的分子排列，极大地提高酞菁铜分子的空穴迁移率，空穴迁移率从 7.25×10^{-4} cm^2/(V·s) 提升至 4.79×10^{-2} cm^2/(V·s)。因此可以提高钙钛矿电池的空穴传输和收集效率，减小界面载流子的复合，提高器件的短路电流、填充因子等光伏性能参数。结果表明，基于 CuMe$_2$Pc 作为空穴传输层的钙钛矿器件的效率达到 15.73%，而基于 CuPc 的钙钛矿器件的效率只有 12.55%。同时，经过八甲基修饰的酞菁铜分子表面表现更为疏水，可以有效阻挡外界环境中的水分子破坏钙钛矿吸光层，从而提高钙钛矿电池的长期稳定性。基于 CuMe$_2$Pc 作为空穴传输层的未封装的钙钛矿器件经过 2000 h 的长期稳定性测试，器件还能保持 95% 的起始效率。

2. 基于 CuMe$_2$Pc 空穴传输层的钙钛矿电池制备

1) CuMe$_2$Pc 的合成

简要过程如图 8.1 所示，首先将 1.0 g (6.4 mmol) 4,5-二甲基邻苯二甲腈、0.28 g (2.1 mmol) 氯化铜、0.2 mL 2,3,4,6,7,8,9,10-八氢嘧啶并 [1,2-a] 氮杂和 5 mL 1-戊醇加入双颈圆底烧瓶中，在 135℃(氩气氛围保护下) 搅拌反应一晚上。待反应混合物冷却降温到室温，加入 50 mL 的乙醇来沉淀所得反应物。然后用滤纸过滤上述悬浮液，过滤后的产物分别依次用去离子水、乙醇、二氯甲烷清洗。然后将得到的产物在烘箱中 50 ℃ 进行干燥处理。为了进一步提高产物的纯度，我们又使用升华机 (Technol VDS-80) 在 475℃、真空度为 ~5×10^{-4} Pa 的条件下对产物进行了真空升华提纯操作。

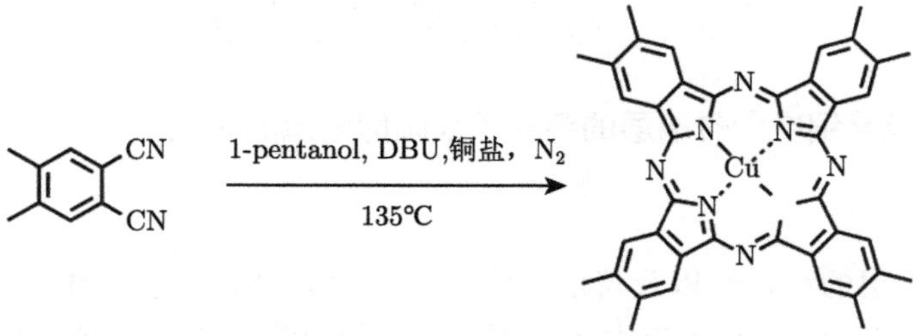

图 8.1　CuMe$_2$Pc 的合成路线 [9]

2) 钙钛矿太阳能电池的制备

掺杂氟的二氧化锡的玻璃 (FTO) 依次用去离子水、丙酮和乙醇进行超声清洗。然后在干净的 FTO 衬底上旋涂 0.1 mol/L SnCl$_2$· 2H$_2$O(溶解在乙醇中)，并在空气中 180℃ 退火 1 h。待 SnO$_2$ 薄膜冷却至常温后，将其转移至手套箱中。再在其表面旋涂 15 mg/mL PCBM(溶解在氯苯中)，并在 100℃ 下退火 10 min。将 1.38 mol/L 的 MAPbI$_3$ 前驱液 (溶剂体积比 DMF:DMSO=4:1) 旋涂于 PCBM 层上，旋涂条件为：1000 r/min，5 s，4000 r/min，30 s。在高速旋转的第 10 s 连续滴加 300 μL 的氯苯，制得的钙钛矿薄膜在 100℃ 下退火 10 min。空穴传输层材料 (CuPc 或 CuMe$_2$Pc) 是通过真空热蒸发的方法沉积在钙钛矿层表面，其厚度为 60 nm(由膜厚仪检测得到)。金电极也是通过真空热蒸发的方法沉积，厚度约为 80 nm。

3. 材料、器件测试表征

掠入射 X 射线衍射 (GIXRD) 采用 Smartlab 9 kW 衍射仪表征，X 射线入射角度为 1°。XRD 图谱是通过 D8 Advance 测试系统进行表征，采用 Cu Kα 辐射源。紫外–可见吸收 (UV-vis) 光谱采用 Lambda 750S 分光光度计表征。薄膜表面形貌是通过原子力显微镜 (SPM-9500J3) 进行表征的。电流密度–电压 (J-V) 曲线是通过 B1500A 半导体分析仪测试获得，使用的测试光源是 AAA 级 ORIEL Sol3A 太阳光模拟器，器件的有效面积为 0.09 cm^2。IPCE 采用 QE-R 3011 测试系统获得，测试波长范围 300~800 nm。

4. 结果与讨论

1) CuPc 和 CuMe$_2$Pc 的性质对比

空穴迁移率通过空间电荷限制电流模型 (SCLC) 的测试方法获得，器件结构为 FTO/PCBM/钙钛矿/CuPc(或 CuMe$_2$Pc)/Au。空穴迁移率通过莫托–格尼 (Mott-Gurney) 方程

$$J = \frac{9}{8}\varepsilon_0\varepsilon_r\mu\frac{V^2}{d^3} \tag{8.1}$$

计算，其中，ε_r 为相对介电常量，对于有机半导体来说，ε_r 通常等于 3；ε_0 为绝对介电常数 (8.85×10^{-12} F/m)；d 为膜厚；V 为偏压。根据上述测试方法，我们计算得到的 CuMe$_2$Pc 的迁移率为 4.79×10^{-2} cm^2/(V·s)，比 CuPc(7.25×10^{-4} cm^2/(V·s)) 的迁移率高 2 个数量级，如图 8.2 所示。

接下来我们又对比测试了 CuPc 和 CuMe$_2$Pc 的光学和电化学性质。图 8.3(a) 和 (b) 分别给出了 CuPc 和 CuMe$_2$Pc 溶解在二氯甲烷溶液和其各自沉积在 FTO 衬底上薄膜的吸收谱。CuMe$_2$Pc 不管是溶解在二氯甲烷的状态下或者是固体薄膜的状态下，其在近紫外和近红外波段都有更强的吸收。CuMe$_2$Pc 的光学禁带宽度

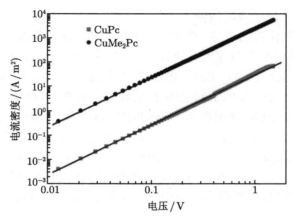

图 8.2　利用 SCLC 方法测试 CuPc 和 CuMe$_2$Pc 的空穴迁移率 [9]

可以根据吸收光谱带边计算得到，计算的光学禁带宽度为 1.7 eV。图 8.4 给出了循环伏安曲线，CuMe$_2$Pc 的最高占据分子轨道 (HOMO) 能级位置可以根据循环伏安曲线中的氧化还原电势得到，计算得到的 HOMO 能级的位置在 5.1 eV。再根据 CuMe$_2$Pc 的光学带隙，可以推算得到 CuMe$_2$Pc 的最低未占分子轨道 (LUMO) 能级的位置在 3.4 eV。

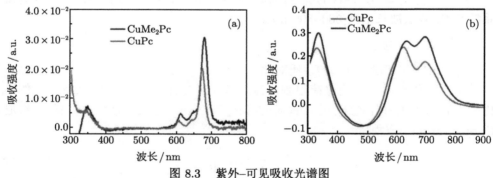

图 8.3　紫外–可见吸收光谱图

(a) CuPc 和 CuMe$_2$Pc 溶解在二氯甲烷中；(b)CuPc 和 CuMe$_2$Pc 固态薄膜 [9]

　　我们采用掠入射 X 射线衍射 (GIXRD) 表征分析了 CuPc 和 CuMe$_2$Pc 在不同衬底上的分子取向。图 8.5(a) 和 (b) 显示了 CuPc 和 CuMe$_2$Pc 薄膜沉积在 FTO 衬底上的 GIXRD 图谱。当 2θ 在 3°~10° 的范围内，我们可以观察到位于 5.8° 和 6.8° 的衍射峰。这两个衍射峰分别对应 CuMe$_2$Pc 的晶面间距为 15.2 Å 的晶面取向以及 CuPc 的晶面间距为 13 Å 的晶面取向。晶面间距的数值大小也和它们预估的分子长度一致。并且，CuMe$_2$Pc 在 5.8° 的衍射峰强度比 CuPc

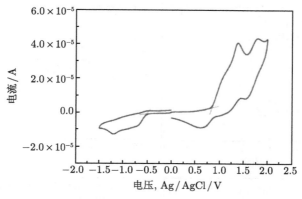

图 8.4　循环伏安测试曲线 [9]

在 6.8° 的衍射峰强度要低, 表明 CuMe$_2$Pc 比 CuPc 的结晶性要差。当 2θ 在 25°~27° 的范围内, 对于 CuPc 和 CuMe$_2$Pc 两个样品, 我们都没观察到任何衍射峰。图 8.5(c) 和 (d) 显示了 CuPc 和 CuMe$_2$Pc 薄膜沉积在钙钛矿薄膜表面的 GIXRD 图谱。对于钙钛矿/CuPc 样品, 我们依然只观察到侧边向上 (edge-on) 的分子取向, 衍射峰的位置还在 $2\theta = 6.8°$。对于钙钛矿/CuMe$_2$Pc 样品, 在 2θ 位于 3°~10° 的范围内, 没有观察到任何衍射峰。而当 2θ 位于 25°~27° 的范围内, 我们观察到一个很强的衍射峰位于 $2\theta = 26.1°$, 对应的晶面间距为 3.4 Å。这表明, 当 CuMe$_2$Pc 沉积在钙钛矿薄膜表面时, CuMe$_2$Pc 的分子取向从侧边向上 (edge-on) 变为面向上 (face-on)。

2) 基于 CuPc 和 CuMe$_2$Pc 的钙钛矿电池性能对比

接下来, 我们分别制备了基于 CuPc 和 CuMe$_2$Pc 空穴传输层的钙钛矿太阳能电池。图 8.6 展示了相应的钙钛矿器件的结构图和能带分布图。图 8.7 给出了基于 CuPc 和 CuMe$_2$Pc 空穴传输层的钙钛矿器件的效率统计图。对于 CuMe$_2$Pc 的钙钛矿器件, 表现出平均 14.34% 的 PCE, 而对比器件只有 10.73% 的 PCE。CuMe$_2$Pc 的钙钛矿器件性能参数的提高来源于 FF、J_{sc} 和 V_{oc} 的提升, 表现出更好的重复性, 具体的光伏性能参数见表 8.1。其中 FF、V_{oc} 的提高主要归因于 CuMe$_2$Pc 与钙钛矿之间更好的能带匹配, 减小的界面复合。而 J_{sc} 的提高则归因于 CuMe$_2$Pc 的空穴迁移率大大提高, 空穴的传输和提取效率增强。图 8.8(a) 所示的是基于 CuPc 和 CuMe$_2$Pc 空穴传输层的钙钛矿器件最佳效率的 J-V 曲线图。基于 CuMe$_2$Pc 的钙钛矿器件的最高 PCE 达到 15.73%, J_{sc} 为 21.32 mA/cm^2, V_{oc} 为 1.085 V, FF 为 68%。而对比器件的最高效率只有 12.55%, J_{sc} 为 19.37 mA/cm^2, V_{oc} 为 1.045 V, FF 为 62%。

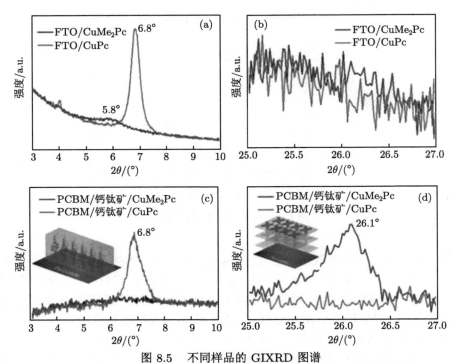

图 8.5 不同样品的 GIXRD 图谱

(a) 和 (b) 是 FTO/CuMe$_2$Pc 和 FTO/CuPc 样品;(c) 和 (d) 是 FTO/SnO$_2$ PCBM/钙钛矿/CuMe$_2$Pc 和 FTO/SnO$_2$ PCBM/钙钛矿/CuPc 样品 [9]

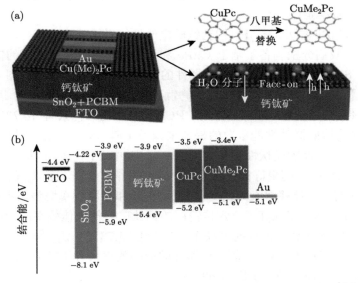

图 8.6 (a) 钙钛矿太阳能电池的器件结构图和 (b) 能带结构图 [9]

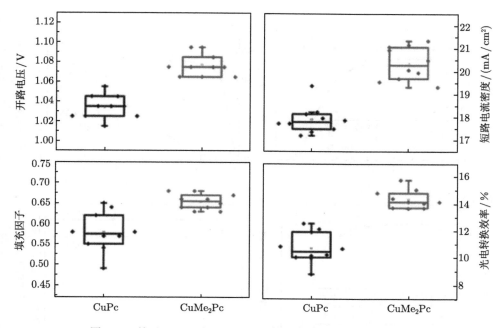

图 8.7   基于 CuPc 和 CuMe$_2$Pc 的钙钛矿电池的效率统计图

表 8.1   基于 CuPc 和 CuMe$_2$Pc 钙钛矿电池的平均效率参数 [9]

空穴传输层	空穴迁移率 /(cm^2/(V·s))	开路电压/V	短路电流密度 /(mA/cm^2)	填充因子/%	效率/%
CuPc	7.25×10^{-4}	1.03(±0.01)	17.88(±0.61)	57.9(±0.05)	10.73(±1.16)
CuMe$_2$Pc	4.79×10^{-2}	1.08(±0.01)	20.36(±0.74)	65.4(±0.02)	14.34(±0.67)

　　为了进一步研究基于 CuPc 和 CuMe$_2$Pc 空穴传输层的钙钛矿电池的载流子传输动力学，图 8.9 显示了 CH$_3$NH$_3$PbI$_3$/CuPc、CH$_3$NH$_3$PbI$_3$/CuMe$_2$Pc 两种样品的稳态和瞬态的光致发光光谱。相比于 CH$_3$NH$_3$PbI$_3$ 薄膜样品，CH$_3$NH$_3$PbI$_3$/CuPc、CH$_3$NH$_3$PbI$_3$/CuMe$_2$Pc 薄膜样品都表现出了一定程度的荧光效率衰减。钙钛矿薄膜的荧光效率衰减表明了光生空穴的转移，CH$_3$NH$_3$PbI$_3$/CuMe$_2$Pc 的荧光效率更低，也印证了 CuMe$_2$Pc 的空穴迁移率更高，更有利于空穴的提取和传输。时间分辨光致发光光谱的结果也和稳态光致发光光谱的结果表现一致，CH$_3$NH$_3$PbI$_3$/CuMe$_2$Pc 薄膜样品具有更低的荧光寿命，表明 CuMe$_2$Pc 空穴传输层更有利于载流子的传输。

3) 基于 CuPc 和 CuMe$_2$Pc 的钙钛矿电池稳定性的对比

　　基于 CuMe$_2$Pc 的钙钛矿太阳能电池，除了具有不错的光伏性能外，还具有更高的稳定性。如图 8.10 和图 8.11 所示，我们测试了基于三种空穴传输层 (Spiro-

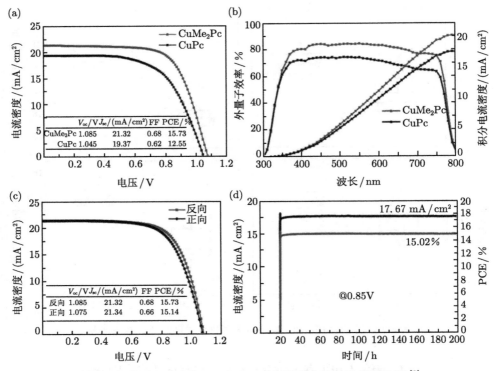

图 8.8 基于 CuPc 和 CuMe$_2$Pc 的钙钛矿电池的性能对比图[9]

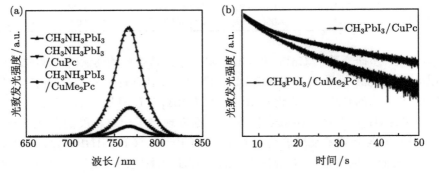

图 8.9 CH$_3$NH$_3$PbI$_3$、CH$_3$NH$_3$PbI$_3$/CuPc、CH$_3$NH$_3$PbI$_3$/CuMe$_2$Pc 样品的 (a) 稳态光致发光光谱和 (b) 时间分辨光致发光光谱[9]

OMeTAD、CuPc、CuMe$_2$Pc) 的钙钛矿器件在空气中的稳定性。首先，在图 8.10 中，我们对比了 CuPc 和 CuMe$_2$Pc 两种空穴传输层对应的钙钛矿器件的稳定性。在经过 2000 h 的稳定性测试后，基于 CuMe$_2$Pc 的钙钛矿器件仍然保持了 95% 的原始效率,而基于 CuPc 的钙钛矿器件只保持了 76% 的原始效率。

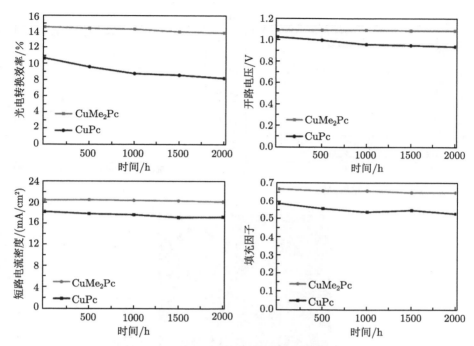

图 8.10　基于 CuPc 和 CuMe₂Pc 空穴传输层的钙钛矿电池的稳定性对比图 [9]

同时,图 8.11 给出了 Spiro-OMeTAD 作为空穴传输层的钙钛矿太阳能电池的稳定性测试。经过 2000 h 的稳定性测试之后,相应的钙钛矿器件的效率已经衰减到初始值的 30% 以下。通过观察 Spiro-OMeTAD 在钙钛矿薄膜表面成膜后的 AFM 图像,我们发现 Spiro-OMeTAD 成膜后并不能很好地覆盖钙钛矿薄膜的表面,导致水汽容易从 Spiro-OMeTAD 膜层孔洞入侵底部的钙钛矿,从而影响钙钛矿电池的稳定性。

钙钛矿器件性能的衰减主要还是归因于钙钛矿薄膜易受水分子破坏而分解。我们使用紫外–可见吸收和 XRD 来表征分析基于 CuPc 和 CuMe₂Pc 的钙钛矿薄膜样品的分解情况。图 8.12 给出了裸露的钙钛矿薄膜和有 CuPc、CuMe₂Pc 覆盖保护的钙钛矿薄膜的紫外–可见吸收随时间变化曲线图。裸露的钙钛矿薄膜在空气中很快就发生了衰减,钙钛矿薄膜在短波长的吸收强度减小,并且吸收边也有一定的蓝移。对于有 CuPc 覆盖保护的钙钛矿薄膜,钙钛矿薄膜的衰减速度得到一定的缓解,在空气中暴露时间达到 10 d 后,钙钛矿薄膜才发生明显的衰减。而对于有 CuMe₂Pc 覆盖保护的钙钛矿薄膜,暴露在空气中的钙钛矿薄膜并没有发生衰减，表明 CuMe$_2$Pc 具有更好的阻挡水汽的功能。

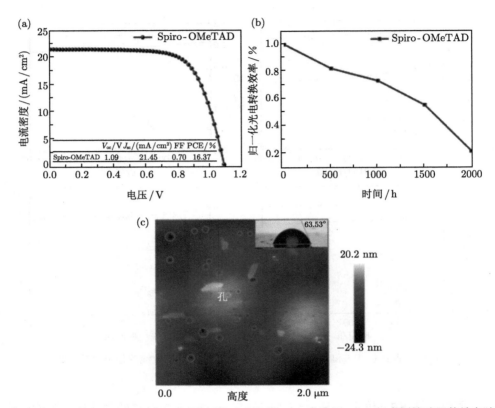

图 8.11　(a) 基于 Spiro-OMeTAD 的钙钛矿电池的 *J-V* 曲线图；(b) 相应钙钛矿器件效率随时间变化的曲线图；(c) 钙钛矿/Spiro-OMeTAD 的表面 AFM 图像以及水的接触角测试图 [9]

　　此外，为了更清晰地追踪钙钛矿薄膜的分解，我们采用 XRD 来表征分析钙钛矿薄膜的分解情况。如图 8.13 所示，没有覆盖保护的钙钛矿薄膜放置在空气中一段时间会出现 PbI$_2$ 的 XRD 衍射峰，表明钙钛矿薄膜发生了降解。而对于有 CuPc 和 CuMe$_2$Pc 覆盖保护的钙钛矿薄膜，钙钛矿薄膜的分解速度显著地减缓。经过在空气中一段时间的暴露，钙钛矿薄膜分解而形成的 PbI$_2$ 相基本很难观察到。

　　为了揭示 CuPc 和 CuMe$_2$Pc 对钙钛矿太阳能电池稳定性带来不同影响效果的原因，我们采用原子力显微镜 (AFM) 研究了覆盖有 CuPc 和 CuMe$_2$Pc 的钙钛矿薄膜的表面。如图 8.14 所示，CuMe$_2$Pc 薄膜本身是由较小、致密的纳米颗粒组成。这种精细的 CuMe$_2$Pc 纳米颗粒可以很好地覆盖钙钛矿薄膜的表面和晶界，可以有效阻挡水分子的入侵，从而对钙钛矿薄膜起到非常好的保护作用。另

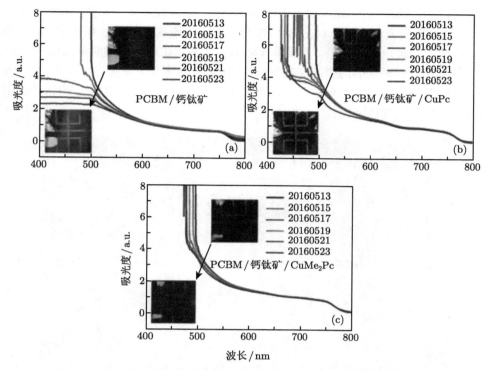

图 8.12 不同钙钛矿薄膜样品的紫外-可见吸收光谱随时间变化曲线图 [9]

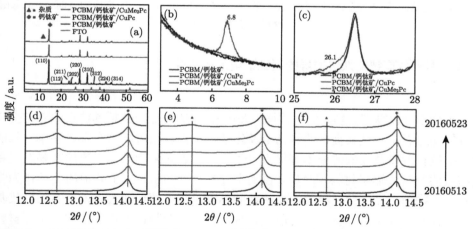

图 8.13 (a) FTO, PCBM/钙钛矿, PCBM/钙钛矿/CuPc, PCBM/钙钛矿/Cu-Me$_2$Pc 样品的 XRD 图谱；(b) 和 (c) 是相应的 GIXRD 图谱；(d)、(e) 和 (f) 分别是 PCBM/钙钛矿、PCBM 钙钛矿/CuPc、PCBM/钙钛矿/CuMe$_2$Pc 样品的 XRD 图谱随时间的变化曲线 [9]

一方面，由于 CuMe$_2$Pc 比 CuPc 多了 8 个甲基，这样使得 CuMe$_2$Pc 分子本身比 CuPc 分子更加疏水。图 8.14(d) 和 (f) 分别显示了覆盖有 CuPc 和 CuMe$_2$Pc 钙钛矿薄膜的接触角测试结果。覆盖有 CuMe$_2$Pc 钙钛矿薄膜的接触角高达 119.6°，而覆盖有 CuPc 钙钛矿薄膜的接触角只有 81.2°。上述两个原因导致了 CuMe$_2$Pc 对钙钛矿薄膜具有更好的保护作用，因此 CuMe$_2$Pc 作为空穴传输层的钙钛矿电池具有更好的空气稳定性。

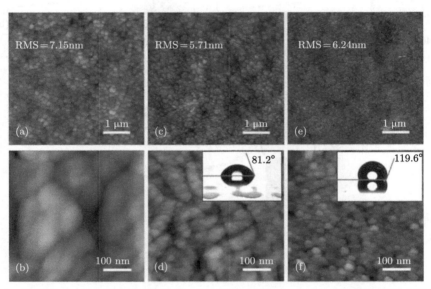

图 8.14　钙钛矿 (a, b)、钙钛矿/CuPc(c, d)、钙钛矿/CuMe$_2$Pc(e, f) 薄膜的表面 AFM 图像以及接触角测试图 [9]

8.2.2　基于酞菁钯空穴传输层的钙钛矿电池的研究

1. 简介

小分子金属酞菁材料，如酞菁铜 (CuPc)，被认为是一类颇具前景的稳定空穴传输层候选者。其具有良好的热稳定及化学稳定性、相对高的空穴迁移率、长的激子扩散长度以及较低的成本等优点 [8,9]。钙钛矿太阳能电池也迫切需要发展新型高效的空穴传输层材料 [10-21]。酞菁分子以一个 18-π 电子共轭的主环作为骨架，其光物理、光化学及相关的光伏性能都可以很方便地通过引入合适的取代基或者替换中心金属离子调节。目前，多种酞菁类化合物已被作为空穴传输层材料广泛应用到钙钛矿太阳能电池中，如 CuPc[22-24]、酞菁锌 (ZnPc)[21,25-27]、酞菁镍 (NiPc)[28] 和酞菁钴 (CoPc)[29] 等 [30]。然而，单独采用未掺杂酞菁分子作为空穴传输层的器件效率依然较低，除非将酞菁分子与其他宽带隙的 p-型半导体结

合 [26,31-33],或者使用添加剂对其进行掺杂。一个可能的原因来源于酞菁分子较窄的带隙。由于空穴传输层还承担着阻挡电子回流的任务,较窄的带隙将不利于电子封阻,且会造成严重的界面复合 [32]。然而,通过引入取代基或者替换中心原子来调节酞菁分子带隙的方法并不十分奏效,多数酞菁分子的带隙依然局限在一个很窄的范围内 (1.6~2.0 eV)[21,22,29,30]。

减少电荷复合的另一种方法是提高载流子扩散长度 (L_D),其可以由激子或载流子的寿命 (τ_E) 和扩散系数 (D_E) 决定,其中,扩散系数可以由载流子迁移率 (μ) 换算得到 [34,35]。我们在 8.2.1 节介绍了通过在 CuPc 中引入八甲基取代基团形成八甲基取代的酞菁铜 (CuMe$_2$Pc) 分子,其在沉积于钙钛矿表面时会形成特殊的分子排列 (face-on alignment),如此排列有利于提供更强的分子间 π-π 相互作用,从而得到高的空穴迁移率 [9]。另一方面,具有 4d 或 5d 轨道价电子的重原子,如钯 (Pd) 和铂 (Pt) 等,在电子自旋与轨道角动量之间存在更强的自旋-轨道耦合作用,这增加了系间窜越 (intersystem crossing, ISC) 的比率,更多的单线态激子被转变为三线态激子 [35-37],而三线态激子具有更长的激子寿命 [38-40]。Kroeze 等 [34] 研究了钯基的卟啉衍生物 (一种三线态材料),并发现其相比同系的无金属中心原子或锌基的卟啉衍生物具有更长的载流子扩散长度 L_D。Kim 等 [35] 使用酞菁钯 (PdPc) 作为施主层的有机异质结光伏电池 (OPV) 表现出 2.2% 的转换效率,高于使用 CuPc 的对比器件 (1.6%);此外,基于铂基卟啉衍生物的 OPV 也表现出不错的效率 [38,39]。不过,使用重原子金属酞菁分子作为传输层材料应用于钙钛矿电池中的研究还很少。

在本节中,我们介绍一种新型的重原子取代酞菁衍生物,八甲基取代酞菁钯 (PdMe$_2$Pc) 分子,并将其作为稳定的空穴传输层应用于钙钛矿电池中。我们详细研究了其光学和电子学特性,并利用瞬态吸收光谱 (TA) 研究了其在光照下的能量转换过程。结果表明,重原子的引入大大增加了材料中载流子的寿命,同时没有明显降低 PdMe$_2$Pc 的迁移率。因此,PdMe$_2$Pc 表现出更长的载流子扩散长度 (26 nm),这有利于减小载流子在界面处的复合。基于 PdMe$_2$Pc 空穴传输层的平面 n-i-p 结构钙钛矿太阳能电池得到了 16.28% 的转换效率和良好的长期稳定性,表明 PdMe$_2$Pc 可以作为高效高稳定性钙钛矿电池中的空穴传输层材料。

2. 基于 PdMe$_2$Pc 空穴传输层的钙钛矿电池制备

1) 金属酞菁类化合物 (MPc) 的合成

(1) PdMe$_2$Pc 的合成。

合成的简要路径如图 8.15 所示,将 1.0 g(6.4 mmol)4,5-二甲基邻苯二甲腈、0.28 g(1.6 mmol) 氯化钯 (PdCl$_2$)、0.09 g(1.6 mmol) 氯化铵 (NH$_4$Cl) 和 5 mL 的 N,N-二甲基甲酰胺 (DMF) 的混合物加入双颈圆底烧瓶中,在 150 °C 氮气氛围保

护下搅拌反应一晚上。待混合反应物冷却至室温后，加入 50 mL 的乙醇来沉淀反应物。将所得悬浊液继续搅拌 5 min 后，使用滤纸过滤。过滤后的产物分别依次使用去离子水、乙醇、二氯甲烷 (CH_2Cl_2) 清洗，随后在烘箱中 50 ℃ 干燥。为了使产物达到电子级应用的要求，进一步使用升华机 (Technol VDS-80) 在 475 ℃、真空度 ~5×10^{-4} Pa 的条件下对产物进行真空升华提纯操作。

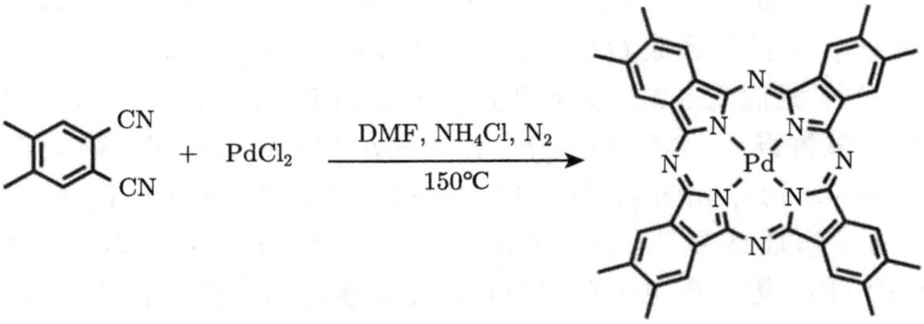

图 8.15　PdMe₂Pc 的合成路线示意图[31]

(2) CuMe₂Pc 的合成。

将 1.0 g (6.3.1 mmol)4,5-二甲基邻苯二甲腈、0.28 g (2.1 mmol) 氯化铜 ($CuCl_2$)、0.2 mL 的 2,3,4,6,7,8,9,10-八氢嘧啶并 [1,2-a] 氮杂 (DBU) 和 5 mL 的 1-戊醇加入双颈圆底烧瓶中，在 135 ℃ 氮气氛围保护下搅拌反应一晚上。待混合反应物冷却至室温后，加入 50 mL 乙醇来沉淀反应物。随后步骤包括过滤、清洗、干燥和提纯等皆与上同。简要步骤如图 8.16 所示。

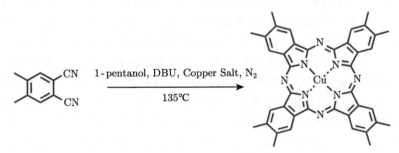

图 8.16　CuMe₂Pc 的合成路线示意图[31]

2) SnO_2 量子点电子传输层的制备

(1) 导电衬底的准备。

将 FTO 透明导电衬底依次用去离子水、丙酮和乙醇进行超声清洗。旋涂 SnO_2 薄膜前用氮气吹干，并用紫外–臭氧 (UV-ozone) 处理 15 min。

(2) SnO_2 量子点电子传输层的制备。

本节使用第 2 章介绍的常温量子点法制备 SnO₂ 薄膜[41]。其具体步骤如下：

(a) SnO₂ 量子点水溶液配制：将 1.015 g 的 SnCl₂·2H₂O 和 0.335 g 的硫脲粉末混合，放入装有 30 mL 去离子水的锥心瓶中，随后在常温下连续搅拌 24 h，即可得到澄清的黄色 SnO₂ 量子点水溶液。

(b) 薄膜制备：用移液枪吸取 100 μL 过滤好的 SnO₂ 量子点水溶液滴到 FTO 衬底上，用匀胶机旋涂制备薄膜。旋涂条件为 3000 r/min，30 s。随后将其放置在加热台上，在空气中 200℃ 退火 1 h。

(3) 富勒烯衍生物 PCBM 钝化层的制备。

将 PCBM 粉末溶解在二氯苯 (DCB) 溶液中，浓度为 15 mg/mL。旋涂时先将镀有电子传输层的衬底用紫外–臭氧处理 15 min，然后在手套箱中旋涂过滤好的 PCBM 溶液，旋涂条件为 2000 r/min，30 s，随后在热台上 100℃ 退火 10 min。

3) 钙钛矿吸光层的制备

本节使用硫氰酸铅 (Pb(SCN)₂) 掺杂的一元钙钛矿 MAPbI₃ 作为吸光层，使用反溶剂法制备[42, 43]。简略介绍如下：

将 461 mg 的 PbI₂、159 mg 的 MAI 和 8 mg 的 Pb(SCN)₂ 溶解在 723 μL 的 DMF 和 81 μL 的 DMSO 溶液中，70℃ 搅拌 5 h，待前驱液澄清后过滤备用。旋涂钙钛矿层时，旋涂条件为低速 1000 r/min，5 s，高速 4000 r/min，30 s，同时在高速旋涂的第 8 ~10 s 连续滴加 300 μL 的氯苯反溶剂。随后，将钙钛矿移至热台退火，条件为 70℃ 退火 2 min，100℃ 退火 10 min。

4) 空穴传输层和金属电极的制备

(1) MPc 空穴传输层的制备。

称取一定量的 PdMe₂Pc 或 CuMe₂Pc 粉末，将其放置在真空腔内的石英坩埚中，再将需要沉积 MPc 空穴传输层的样品用氮气枪吹净表面，放置在真空腔内衬底托盘上。当蒸发仪的真空度达到 10^{-5} Pa 以后开始蒸发，蒸发速率大约为 0.01 nm/s。厚度通过膜厚监控仪检测。

(2) 采用蒸发法制备 Au 电极，方法同之前的章节。

3. 材料及器件的测试与表征

1) MPc 薄膜的物性表征

PdMe₂Pc 薄膜的厚度通过 TM-400 膜厚监控仪监控，并用 FTS2-S4C-3D 表面轮廓曲线仪校正；PdMe₂Pc 溶液 (溶剂为 1-氯萘) 和薄膜 (60 nm) 的吸收谱采用 PerkinElmer Lambda750S 紫外–可见分光光度计测量；PdMe₂Pc 粉末的热稳定性通过 Discovery 热重分析仪 (TGA) 表征；PdMe₂Pc 的能带结构 (HOMO 和 LUMO) 由电化学循环伏安 (CV) 法测试，采用三电极玻璃电池结构，包括一个搭载 PdMe₂Pc 的商用玻璃碳盘作为工作电极，一个 Ag/AgCl 作为参比电极，以及一个铂丝作为对电极, 电解质溶液为 1-氯萘, 其中加入二茂铁盐/二茂铁氧化还原电对 (Fc/Fc+) 作为内标, CV 扫描速率为 100 mV/s, HOMO 能级的位置由氧化电位 (E_{ox}) 确定; 薄膜的衍射谱 (包括沉积于空白 FTO 上和沉积于 FTO/钙钛矿上的两种样品) 采用掠入射 X 射线衍射仪 (GIXRD) 进行表征 (Smartlab 9 kW), X 射线入射角度为 1°; PdMe$_2$Pc 和 CuMe$_2$Pc 两种薄膜的瞬态吸收谱 (TAS) 使用商用的飞秒泵浦–探测系统 (Transient Absorption Spectrometer, Newport Corporation) 测试, 一个 200 kHz 的激光放大系统 (Spirit 1040-8-SHG, Newport Corporation) 产生波长 1040 nm、持续时长 <400 fs 的激光, 该激光一部分通过二次谐波发生器产生 520 nm 的泵浦激光, 另一部分则通过聚焦在钇铝石榴石 (YAG) 晶体上产生 500~950 nm 连续光谱的白光作为探测光束, 泵浦–探测的时间延迟通过一个平移台控制, 瞬态吸收谱测试所用 MPc 样品的厚度为 180 nm; 薄膜的空穴迁移率 (μ_h) 通过 HP4155A 半导体参数分析仪表征, 由于需要钙钛矿作为模板得到期望的 face-on 结构的 PdMe$_2$Pc, 这里所用测试器件结构为 FTO/SnO$_2$/钙钛矿/PdMe$_2$Pc 或 CuMe$_2$Pc/Au[9], 其中 PdMe$_2$Pc 或 CuMe$_2$Pc 厚度为 300 nm, 薄膜的 μ_h 通过使用修正的 Mott-Gurney 公式: $J = 9\varepsilon_0\varepsilon_r\mu_h V^2/8d^3$ 拟合相应 J-V 曲线得到 [44], 其中, ε_r 为相对介电常量 (3); ε_0 为真空介电常量 (8.85×10^{-12} F/m); d 为膜厚 (300 nm)。

2) 器件的形貌及性能表征

SEM(JSM 6700F) 和 AFM(SPM-9500J3) 被用于表征空白钙钛矿、覆盖了 PdMe$_2$Pc 的钙钛矿及覆盖了 CuMe$_2$Pc 的钙钛矿的表面形貌; 三者的吸收谱使用紫外–可见分光光度计 (UVmini-1280) 测得; 此外, SEM 也被用于表征器件的截面形貌; 钙钛矿的 XRD 谱使用 D8 Advance X 射线衍射仪表征; 两种 MPc 空穴传输层对器件中载流子的抽取效率使用光致发光荧光光谱仪 (LabRam HR, 激发光源波长 488 nm) 测试; 器件的 J-V 曲线和 EIS 谱采用电化学工作站 (CHI 660D) 测量, J-V 扫描范围为 -0.1~1.2 V, 扫描速度为 0.1 V/s, 光源为标准太阳光模拟器 (ABET Sun 2000), EIS 扫描频率范围为 1 Hz~1 MHz, 暗态下零偏压测试; 器件的外量子效率 (EQE) 采用 QE-R 3011 测试系统测量; 为表征采用不同 MPc 作为空穴层时器件界面的缺陷密度 (n_t), 测试了两种结构器件的暗态电流–电压 (I-V) 曲线, 器件结构为 FTO/PEDOT:PSS/钙钛矿/PdMe$_2$Pc 或 CuMe$_2$Pc/Au, 在 I-V 曲线一开始的线性区域为欧姆响应区, 第二部分快速增加的非线性区为陷阱填充区域, 快速增加的电流说明器件中缺陷已被完全填充, 因此这两个区域的交叉点电压即为缺陷填充限制电压 (V_{TFL}), 器件中的缺陷密度 n_t 可以通过公式

$$V_{TFL} = e n_t L^2 / 2\varepsilon\varepsilon_0 \tag{8.2}$$

换算得到，其中，e 为电荷常数；L 为钙钛矿层厚度 (400 nm)；ε 为钙钛矿材料的相对介电常量 (28.8)[45]；ε_0 为真空介电常量；钙钛矿/Spiro-OMeTAD、钙钛矿/PdMe$_2$Pc 和钙钛矿/CuMe$_2$Pc 三种表面的水接触角测试通过 DSA 25S 液滴形状分析仪表征。

4. 结果与讨论

1) PdMe$_2$Pc 材料的合成与物性表征

PdMe$_2$Pc 粉末的合成遵循我们之前报道过的方法 [9]。简单来说，它包含了一个碱催化的成环反应以及一个两电子还原反应。图 8.17(a) 所示热重分析 (TGA) 曲线显示，PdMe$_2$Pc 具有良好的热稳定性，其分解温度 (5% 重量损失点) 达到 595 °C。图 8.17(b) 给出了 PdMe$_2$Pc 溶解在 1-氯萘溶液和沉积在 FTO 衬底上薄膜的吸收谱。对于溶液吸收谱，其在近紫外区域的吸收峰对应于 Soret band(也称 B-band) 吸收，来源于 $a_{2u} \rightarrow e_{1g}^*$ 能级跃迁；而在可见光区强烈的吸收峰则对应于 Q-band 吸收，来源于 π-π^* 跃迁 $(a_{1u} \rightarrow e_{1g}^*)$。注意到在 Q-band 峰的周围出现了一些小的振动谐峰，这也是 MPc 类化合物的普遍特征 [46]。至于薄膜的吸收谱，可见其 Q-band 峰出现了明显的劈裂和展宽，这是由于薄膜状态下大量的激子耦合效应导致的，通常称之为 Davydov 劈裂 [35, 46, 47]。通过该吸收谱带边可以估算出 PdMe$_2$Pc 的光学带隙 (E_g)，为 1.81 eV，比 CuMe$_2$Pc 的略高 (1.7 eV)[9]。图 8.17(c) 给出了相应的 CV 曲线，PdMe$_2$Pc 的 HOMO 能级位置可以根据循环伏安 (CV) 曲线中氧化峰的起点电势得到，估算为 −5.11 eV。再结合 PdMe$_2$Pc 的光学带隙，即可以得到其 LUMO 能级位置，在 −3.30 eV。所有相关参数均总结于表 8.2 中。图 8.17(d) 为基于 PdMe$_2$Pc 空穴传输层的平面钙钛矿电池能带结构示意图，CuMe$_2$Pc 作为对比也被画入图中，其他层材料的能级位置均采自于文献，而 CuMe$_2$Pc 的能级位置则来源于我们之前的研究 [9]。可见两种酞菁材料的 HOMO 能级均与钙钛矿层的价带能级 (−5.4 eV) 和金电极的功函 (W_F) 位置 (−5.1 eV) 具有良好的匹配，说明它们都能提供足够的驱动力使空穴由钙钛矿层注入。更重要的是，PdMe$_2$Pc 相比 CuMe$_2$Pc 具有更高的 LUMO 能级，这意味着 PbMe$_2$Pc 可以更有效地阻挡电子回流，从而降低界面复合。

表 8.2 PdMe$_2$Pc 的光电学参数 [31]

化合物	λ_{max}/nm		E_{onset}^{ox}/V	HOMO/eV	LUMO/eV	E_g/eV
	溶液	薄膜				
PdMe$_2$Pc	667	685	0.76	−5.11	−3.30	1.81

HOMO 能级位置可以通过 CV 曲线上氧化势的起点值计算，公式为

$$\text{HOMO} = -e(E_{onset}^{ox} + 4.8 - 0.45) \tag{8.3}$$

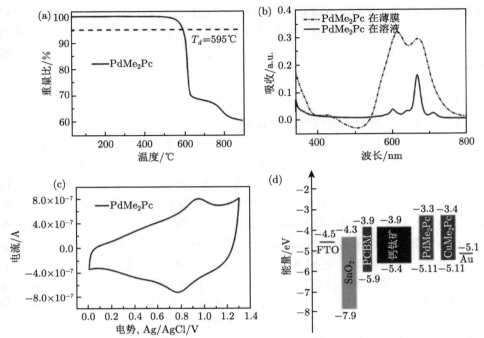

图 8.17　(a) PdMe$_2$Pc 的热重分析图；(b) PdMe$_2$Pc 溶解在 1-氯萘溶液和沉积在 FTO 衬底上薄膜的紫外–可见吸收谱；(c) PdMe$_2$Pc 的 CV 曲线；(d) 基于两种酞菁类空穴传输层的钙钛矿太阳能电池能带结构示意图 [31]

　　三线态材料通常比单线态材料具有更长的载流子寿命 τ_E，这是由三线态激发态与基态具有不同的自旋取向引起的 [38, 48]。钯原子比铜原子更重，具有 $4d^{10}5s^0$电子排布 (对于二价钯离子则为 $4d^85s^0$)，以及更强的自旋–轨道耦合作用，因此被认为可以增强单线态到三线态的系间窜越效率，将更多的单线态激子转化为三线态。我们使用了瞬态吸收谱来研究 PdMe$_2$Pc 和 CuMe$_2$Pc 两种酞菁分子中的电荷载流子动力学过程，图 8.18(a) 和图 8.18(b) 分别显示了这两种酞菁分子在可见光区及近红外区域的瞬态吸收谱演化，相应的时间间隔显示在两图之间。其中，具有振荡结构的负信号 (谷) 来源于基态 (S$_0$) 漂白过程，而正信号 (峰) 则归咎于薄膜中光生载流子或激子的激发态吸收。显然，这两种酞菁材料薄膜的瞬态吸收谱都具有两个明显的谷信号，刚好位于其相应的 Q-band 吸收谱范围内，只是相比静态吸收谱有一定的形变 (图 8.18(c) 和 (d))。类似现象在蒸发沉积的 CuPc 中也有被观察到，研究者们认为这是由有部分激发态吸收与基态漂白的信号叠加所致 [40]。此外，文献认为，在 535 nm 附近的峰信号通常来源于 MPc 类似物中 T$_1 \rightarrow$T$_n$ 的三线态间的转换吸收 [49, 50]，或者对于 CuMe$_2$Pc 来说，也可能来源

于电荷转移 (CT) 的过程 [49, 51]。而延伸至红外区域的宽峰信号则主要归咎于第一单线态激发态 S_1 的吸收 [52, 53]。注意，虽然二价铜离子具有一个未满的 d 原子轨道 (电子排布为 $3d^9 4s^0$)，其激发态本应为双线态，但酞菁铜及其派生化合物依然具有一个类似三线态的三双线态 (tripdoublet) ^2T，通常由其激发状态下的单双线态 (singdoublet) ^2S 通过配体–金属间 (ligand-to-metal) 电荷转移过程跃迁而来 [50, 54, 55]。

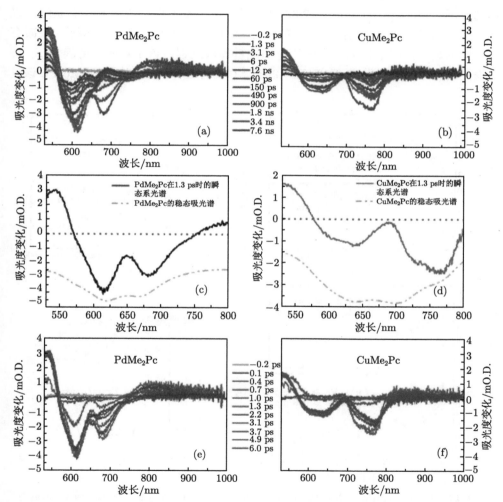

图 8.18   (a) PdMe₂Pc 和 (b) CuMe₂Pc 两种酞菁分子的瞬态吸收谱 (TA) 随时间的演化；(c) PdMe₂Pc 和 (d) CuMe₂Pc 二者在可见光区的基态漂白信号与其相应的 (颠倒的) 静态吸收谱的比较；(e) PdMe₂Pc 和 (f)CuMe₂Pc 二者在最开始 6 ps 内 TA 的演化 [31]

由图可见，在最初的几个皮秒内，PdMe$_2$Pc 位于 680 nm 处和 CuMe$_2$Pc 位于 768 nm 处的谱线均表现出快速的衰减过程，而其他位于短波长范围的部分则基本维持不变。图 8.18(e) 和 (f) 分别给出了这段时期二者瞬态吸收谱更详细的变化。

图 8.19(a) 显示了 0~20 ps 范围内二者相应的动力学轨迹曲线。可见，相比 CuMe$_2$Pc，PdMe$_2$Pc 短时间内经历了更完全、更持久的能量释放过程。这个过程中载流子的寿命被估算为 4.0 ps (PdMe$_2$Pc) 和 1.3 ps (CuMe$_2$Pc)。考虑到所用的泵浦光能量 (520 nm，即 2.38 eV) 足以激发基态电子进入激发态轨道，以及该区域的谷信号衰减与红外部分的峰信号 (通常被认为是 S$_1$ 态的吸收) 衰减有着相同的趋势，我们认为，这个快速的能量释放过程应该是对应于薄膜中 S$_1$ 态弛豫到第一三线态激发态 T$_1$ 或三双线态 ^{2}T 的过程 [40, 54]。对于 PdMe$_2$Pc 该过

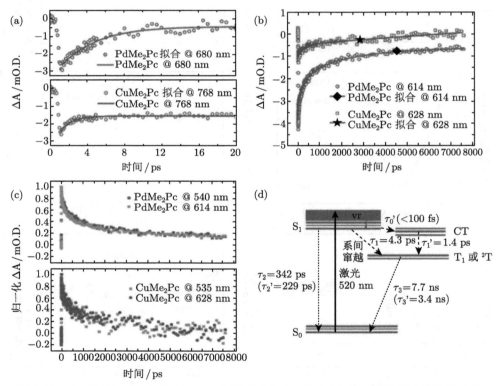

图 8.19   (a) PdMe$_2$Pc 位于 680 nm 处和 CuMe$_2$Pc 位于 768 nm 处的动力学轨迹曲线；
(b) PdMe$_2$Pc 位于 614 nm 处和 CuMe$_2$Pc 位于 628 nm 处的动力学轨迹曲线；(c) PdMe$_2$Pc 位于 540 nm 处和 CuMe$_2$Pc 位于 535 nm 处的动力学轨迹曲线；(d) 受激后激子能量转移过程示意图 [31]

程是通过系间窜越达到，而对于 $CuMe_2Pc$ 则是包含了一个连续的能量转移过程即 $^2S_1 \rightarrow {}^2CT \rightarrow {}^2T$。通过电荷转移达到的转换过程通常比直接的系间窜越更快速更有效，这是因为它不要求电子自旋态的直接翻转 [37]。类似的过程也在卟啉铜 (CuP) 化合物和 CuPc 中被观察到 [40, 50, 54]。

图 8.19(b) 给出了 $PdMe_2Pc$ 在 614 nm 处和 $CuMe_2Pc$ 在 628 nm 处的全局动力学轨迹图。选择这两个波长点是因为在这里信号达到了其最大值。实际上 $PdMe_2Pc$ 在 540 nm 处和 $CuMe_2Pc$ 在 535 nm 处的时间曲线 (图 8.19(c)) 走势与图 8.19(b) 中相应的曲线是一样的，能量释放过程的时间曲线与所选取的波长点并无明显关联。二者的时间曲线都可以用一个三指数函数拟合，得到的时间常数，对于 $PdMe_2Pc$，是 4.3 ps、342 ps 和 7.7 ns；对于 $CuMe_2Pc$，是 1.4 ps、229 ps 和 3.4 ns。第一项快速的衰减时间对应于 $S_1 \rightarrow T_1$ 或 ^2T 的转移，如前所述，而后面两项时间常数则对应于基态 S_0 的重布居过程：较快的时间常数 (342 ps ($PdMe_2Pc$) 和 229 ps ($CuMe_2Pc$)) 对应于 $S_1 \rightarrow S_0$ 的直接释放，而较慢的时间常数 (7.7 ns ($PdMe_2Pc$) 和 3.4 ns ($CuMe_2Pc$)) 则对应于 T_1 或 $^2T \rightarrow S_0$ 的衰退过程。所有寿命的数量级都与文献报道的相符 [37, 40, 50, 53, 54]。可见，对于 $PdMe_2Pc$，其三个时间常数都比 $CuMe_2Pc$ 的长，除了第一项是由于电荷转移过程本身比系间窜越过程快以外，其余两项均应归结于更重的钯原子具有的更强的自旋-轨道耦合作用。此外，通过更仔细地审察瞬间吸收谱曲线的演化过程 (图 8.18(a) 和 (b))，我们发现在短波长方向瞬间吸收谱曲线出现了明显的蓝移 (对 $CuMe_2Pc$ 来说该蓝移较为微弱)，表明薄膜中存在 S_1 态的振荡弛豫过程 (vibrational relaxation)。图 8.19(d) 给出了一个简要的描述受激后激子能量转换过程的示意图，相关过程以及对应的时间常数则总结在表 8.3 中。

表 8.3 $PdMe_2Pc$ 和 $CuMe_2Pc$ 中激子能量转移步骤及其相应的拟合时间常数 [31]

空穴传输层	时间常数/转移步骤	τ_1	τ_2	τ_3
$PdMe_2Pc$	寿命	4.3 ps	342 ps	7.7 ns
	转换	$S_1 \rightarrow T_1$	$S_1 \rightarrow S_0$	$T_1 \rightarrow S_0$
$CuMe_2Pc$	寿命	1.4 ps	229 ps	3.4 ns
	转换	$^2S_1 \rightarrow {}^2CT \rightarrow {}^2T$	$S_1 \rightarrow S_0$	$^2T \rightarrow S_0$

表中，相应材料的动力学时间衰减轨迹使用三指数函数拟合：

$$y = A_1 \exp(-x/\tau_1) + A_2(-x/\tau_2) + A_3(-x/\tau_3) \tag{8.4}$$

其中 A_1、A_2 和 A_3 为预先因子；τ_1、τ_2 和 τ_3 为不同衰减过程的时间常数。

不过，虽然乍看之下具有更长载流子寿命的 $PdMe_2Pc$ 应该具有更长的载流子扩散长度 L_D，但三线态激子通常会表现出显著降低的扩散系数 D_E，从而平衡了载流子寿命，使扩散长度基本维持不变 [34]。这是因为，对纯的三线态体系来说，共振 Förster 转移 (resonant Förster transfer) 是自旋禁止的，在该体系中主导能量转移过程的是具有较短操作程的 Dexter 转换机制 [34, 40]。

图 8.20(a) 显示了 PdMe₂Pc 沉积在空白 FTO 和沉积在钙钛矿层两种衬底上时结晶取向的变化。可见，当 PdMe₂Pc 沉积在空白 FTO 上时，会出现 $2\theta = 5.9°$ 的衍射峰，对应于 PdMe₂Pc 的晶面间距为 15 Å 的晶面取向，该数值大小与 PdMe₂Pc 预估的分子直径一致，说明 PdMe₂Pc 分子是 "竖直" 着沉积在 FTO 表面的，即所谓的 "edge-on" 取向；而当 PdMe₂Pc 沉积在钙钛矿层表面时，位于 5.9° 的衍射峰消失，而在 $2\theta = 26.2°$ 处则出现了新峰，对应于 PdMe₂Pc 的晶面间距为 3.4 Å 的晶面取向，说明 PdMe₂Pc 分子是 "平躺" 着沉积于钙钛矿表面的，即所谓 "face-on" 取向，该取向已被证明比通常的 "edge-on" 取向具有更高的空

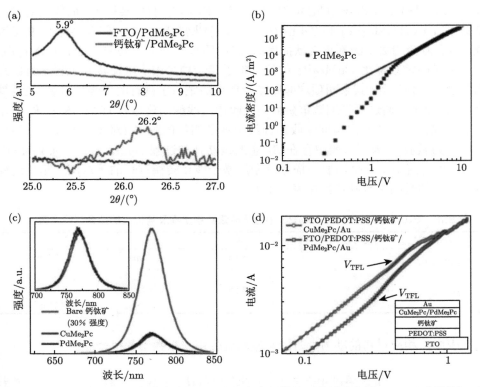

图 8.20 (a) PdMe₂Pc 沉积在空白 FTO 和沉积在钙钛矿两种衬底上的 GIXRD 衍射图，上图为 5°~10° 区域，下图为 25°~27° 区域；(b) 利用 SCLC 方法测试 PdMe₂Pc 空穴迁移率的 J-V 曲线图；(c) 裸露的钙钛矿，钙钛矿/PdMe₂Pc 和钙钛矿/CuMe₂Pc 的稳态光致发光图；(d) 不同结构单载流子器件的暗态 I-V 曲线图 [31]

穴迁移率。这是因为,对于酞菁类化合物,其导电性具有明显的各向异性,通常是轴向最佳;此外,在 $PdMe_2Pc$ 中由八甲基功能团引入的更强的 π-π 堆叠也有利于提高其迁移率[56]。更详细的讨论可参见我们之前关于 $CuMe_2Pc$ 的研究[9]。

SCLC 模型随后被用于测试 $PdMe_2Pc$ 的空穴迁移率 μ_h。根据图 8.20(b) 计算得到的 $PdMe_2Pc$ 的空穴迁移率为 3.42×10^{-2} $cm^2/(V\cdot s)$,略低于 $CuMe_2Pc$ 的 4.79×10^{-2} $cm^2/(V\cdot s)$[9],但依然在同一个数量级。根据 Einstein 关系,对于非简并半导体,扩散系数可由经典公式

$$D/\mu = k_B T/q \tag{8.5}$$

换算得到。其中,k_B 为玻尔兹曼常量;q 是电子或空穴所带电荷量;T 是特征温度。因此,$PdMe_2Pc$ 和 $CuMe_2Pc$ 在室温下的扩散系数分别为 8.78×10^{-4} cm^2/s 和 12.30×10^{-4} cm^2/s。注意,考虑到上文提到的 $PdMe_2Pc$ 在钙钛矿上沉积才表现出来的 "face-on" 取向,我们这里用于 SCLC 测试的器件结构为 FTO/SnO_2/钙钛矿/$PdMe_2Pc$/Au,其中,钙钛矿层在这里作为了模板层,$PdMe_2Pc$ 的厚度为 300 nm。该结果表明,使用重原子钯取代酞菁分子的中心金属位确实会降低材料的迁移率,因为体系中被引入了更高浓度的三线态激子,这与文献结果相一致[34,35,38]。不过,我们也注意到,$PdMe_2Pc$ 与 $CuMe_2Pc$ 相比,迁移率依然相对较高且二者相差不大,除了得益于上文提到的更优的分子取向和更强的 π-π 堆叠外,"重金属效应 (heavy-metal effect)" 或许也是其迁移率提高的原因之一。所谓 "重金属效应",即由于重金属离子具有更强的自旋–轨道耦合效应,可以在其第一激发态三线态 T_1 中引入可观的单线态特征,因此虽然共振 Förster 转移在纯三线态体系中光学禁戒,但这样的单线–三线混合态 (singlet-triplet mixing) 却足以允许 Förster 型能量转移在该体系中发生。因此,这种单线-三线混合态提高了激子的扩散系数,即提高了其迁移率,同时没有对其寿命造成明显影响[34]。随后,根据扩散长度公式:

$$L_D = (D_E \tau_E)^{1/2} \tag{8.6}$$

我们计算得出 $PdMe_2Pc$ 的扩散长度为 ~26.00 nm,长于 $CuMe_2Pc$ 的 ~20.45 nm。表 8.4 总结了所有相关的参数。

表 8.4 $PdMe_2Pc$ 和 $CuMe_2Pc$ 中的电荷转移相关参数[31]

空穴传输层	τ_E /ns	$\mu_h/(cm^2/(V\cdot s))$	$D_E/(cm^2/s)$	L_D/nm
$PdMe_2Pc$	7.7	3.42×10^{-2}	8.78×10^{-4}	26.00
$CuMe_2Pc$	3.4	4.79×10^{-2}	12.30×10^{-4}	20.45

2) 基于 $PdMe_2Pc$ 或 $CuMe_2Pc$ 的钙钛矿电池光伏性能及稳定性的比较

　　稳态光致发光测试被用于表征 PdMe$_2$Pc 和 CuMe$_2$Pc 的电荷抽取能力。图 8.20(c) 给出了钙钛矿、钙钛矿/PdMe$_2$Pc 和钙钛矿/CuMe$_2$Pc 三种样品的稳态光致发光图谱。可见，两种酞菁空穴传输层都可以有效猝灭钙钛矿的强荧光峰，显示了它们优越的电荷分离和传输能力。此外，相比 CuMe$_2$Pc 样品，PdMe$_2$Pc 显示出相对高一些的峰强。考虑到 PdMe$_2$Pc 比 CuMe$_2$Pc 稍低的迁移率，这说明 PdMe$_2$Pc 的抽取能力相对 CuMe$_2$Pc 要弱一些。不过，注意到，相比 CuMe$_2$Pc，PdMe$_2$Pc 样品的光致发光峰有轻微蓝移且具有更窄的半高宽 (full width at half maximum，FWHM)，说明 PdMe$_2$Pc 具有更少的带边缺陷态密度 [57,58]，这同样也会引起光致发光峰强的提高。单边器件的暗态伏安曲线随后被利用于估算钙钛矿/MPc 界面的缺陷态密度。单边器件的结构为 FTO/PEDOT:PSS/钙钛矿/PdMe$_2$Pc 或 CuMe$_2$Pc/Au，如图 8.20(d) 所示。在暗态 I-V 曲线中低电压方向的第一个拐点对应的就是缺陷填充限制电压 V_{TFL}，其与缺陷态密度 n_t 成正比 [59]。由图可知，PdMe$_2$Pc 的 V_{TFL} 为 0.3 V，而 CuMe$_2$Pc 的为 0.4 V。由此计算得到的 PdMe$_2$Pc 中的缺陷态密度为 $5.976\times10^{15}\mathrm{cm}^{-3}$，略低于 CuMe$_2$Pc 中的 $7.969\times10^{15}\mathrm{cm}^{-3}$。该结果与光致发光的结果一致。PdMe$_2$Pc 略高的 LUMO 能级和较长的激子扩散长度被认为是赋予其较低缺陷态密度的主要原因。图 8.21(a) 所示为采用 PdMe$_2$Pc 作为空穴传输层的钙钛矿太阳能电池器件的截面 SEM 图，

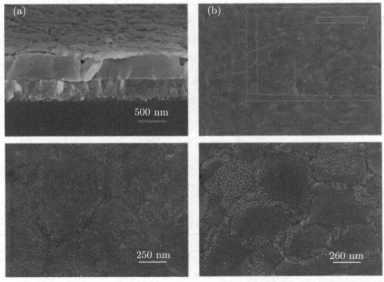

图 8.21　(a) 基于 PdMe$_2$Pc 空穴传输层的钙钛矿电池截面 SEM 图；(b) 钙钛矿表面形貌图和对应的 XRD 图；(c) 钙钛矿/PdMe$_2$Pc 和 (d) 钙钛矿/CuMe$_2$Pc 的表面形貌图 [31]

可见钙钛矿层的厚度为 450 nm 左右，$PdMe_2Pc$ 层的厚度为 60 nm 左右。图 8.21(b) 为所用钙钛矿的表面形貌图和对应的 XRD 图谱，可见该钙钛矿层表面平整致密，结晶性良好；在晶界处聚集的第二相应该是 PbI_2 相，少量的 PbI_2 残余被认为有利于钙钛矿层的钝化 [42]。图 8.21(c) 和 8.21(d) 则分别为表面覆盖了 $PdMe_2Pc$ 和 $CuMe_2Pc$ 的 SEM 图，可见二者均形成了颗粒状结晶，平均尺寸为 20 nm，与之前的报道一致 [9]。不过，注意到，相比 $CuMe_2Pc$，$PdMe_2Pc$ 的表面更加均匀平整，这有利于得到更好更疏水的界面，对效率的提升也有积极的帮助。

图 8.22(a) 显示了基于 $PdMe_2Pc$ 或 $CuMe_2Pc$ 两种空穴层的平面钙钛矿电池的最好效率 J-V 曲线，电池结构为 $FTO/SnO_2/PCBM/$钙钛矿$/PdMe_2Pc$ 或 $CuMe_2Pc/Au$。其相关光伏参数包括 V_{oc}、J_{sc}、FF 和 PCE 都总结在表 8.5 中。可见，基于 $PdMe_2Pc$ 的器件，V_{oc} 为 1.06 V，J_{sc} 为 21.08 mA/cm^2，FF 为 73%，以及 PCE 为 16.28%，而基于 $CuMe_2Pc$ 的器件，V_{oc} 为 1.01 V，J_{sc} 为 21.46 mA/cm^2，FF 为 72%，以及 PCE 为 15.58%。很明显，相比于基于 $CuMe_2Pc$ 的器件，基于 $PdMe_2Pc$ 的器件表现出更高的 V_{oc} 和 FF，但 J_{sc} 略有降低，这与上文讨论的结果相一致。即更高的 LUMO 能级和更长的载流子扩散长度赋予了 $PdMe_2Pc$ 更好的电子屏蔽效率，因此降低了电子–空穴对在钙钛矿/空穴传输层界面和空穴传输层内部的复合，从而提高了器件的 V_{oc} 和 FF；不过，$PdMe_2Pc$ 的三线态特征也影响到了其激子扩散系数从而降低了其空穴迁移率，造成 $PdMe_2Pc$ 较弱的电荷抽取能力和降低的 J_{sc}。

表 8.5 基于 $PdMe_2Pc$ 和 $CuMe_2Pc$ 的电池光伏参数的统计分布 [31]

空穴传输层	V_{oc}/V	J_{sc}/(mA/cm²)	FF/%	PCE/%	R_s/(Ω·cm²)	A
$PdMe_2Pc$	1.00(±0.03)	20.74(±0.40)	73(±1)	15.13(±0.55)	2.31(±0.43)	2.35(±0.24)
$CuMe_2Pc$	0.98(±0.03)	20.69(±0.53)	70(±2)	14.28(±0.75)	2.33(±0.56)	2.67(±0.39)

表中，R_s 和 A 可以由公式

$$-dV/dJ = AK_BT(J_{sc} - J)^{-1}e^{-1} + R_s \tag{8.7}$$

计算得到，其中，K_B 是玻尔兹曼常量；T 是热力学温度；e 是电荷常数。

图 8.22(b) 给出了基于 $PdMe_2Pc$ 的冠军电池的 EQE 曲线，其积分电流密度为 20.048 mA/cm^2，与从 J-V 曲线得到的 J_{sc} 值相符。图 8.22(b) 则为基于这两种酞菁分子空穴传输层的器件的奈奎斯特图，测试条件均为暗态、零偏压。由图可见，基于 $PdMe_2Pc$ 的器件具有更大的低频区半圆直径，表明其相比于基于 $CuMe_2Pc$ 的电池拥有更小的电荷复合速率，即更大的复合阻抗，这与 $PdMe_2Pc$ 更长的载流子扩散长度相吻合。而曲线在高频区与实轴的交点即为器件的内阻 R_s，可见基于 $PdMe_2Pc$ 的器件具有较大的内阻，这与 $PdMe_2Pc$ 较低的空穴迁移率和其器

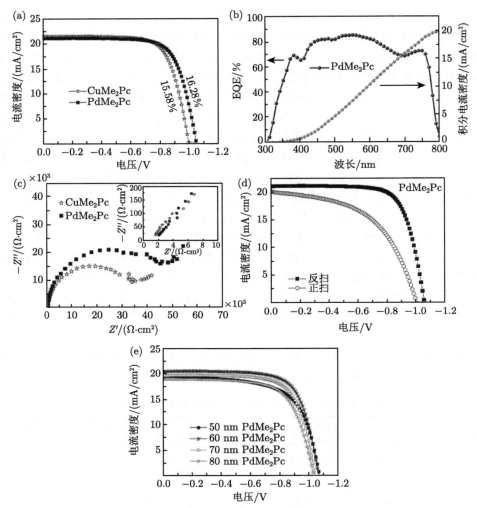

图 8.22　(a) 基于两种酞菁分子空穴传输层的最优钙钛矿电池 J-V 曲线图；(b) 最优 PdMe$_2$Pc 钙钛矿电池对应的 EQE 光谱图；(c) 基于 PdMe$_2$Pc 和 CuMe$_2$Pc 两种器件的 EIS 图；(d) 基于 PdMe$_2$Pc 的器件正反扫曲线；(e) 对 PdMe$_2$Pc 空穴传输层厚度的优化 [31]

件更低的 J_{sc} 也是一致的。不过，注意到基于 PdMe$_2$Pc 的器件依然表现出较大的回滞 (图 8.22(d))，这可能是与离子或电子在钙钛矿/选择层界面处的堆积有关。考虑到引起该现象的可能的原因，我们认为可以有三条途径来帮助解决该问题：① 平衡钙钛矿/电子传输层和钙钛矿/空穴传输层两个界面的电荷传输；② 减小 (或钝化) 界面或钙钛矿晶界处的缺陷；③ 降低离子迁移。该问题还有待于进一步的研究。

注意，以上讨论的器件均是基于最佳的空穴传输层厚度。在之前关于 CuPc 以及 CuMe$_2$Pc 的研究中我们探索了应用在钙钛矿中时 CuPc 和 CuMe$_2$Pc 的最佳厚度条件，发现其均为 60 nm[9, 22]。于是，我们基于此在一个较窄的范围内探索了 PdMe$_2$Pc 的最佳厚度条件，如图 8.22(e) 所示。可见，对于 PdMe$_2$Pc，其最佳厚度依然为 60 nm。图 8.23 和表 8.5 统计了最佳厚度条件下基于 PdMe$_2$Pc 的 39 个电池和基于 CuMe$_2$Pc 的 34 个电池的光伏数据，由 J-V 曲线计算得到的内阻 R_s 和理想因子 A[60] 也被一并统计在表 8.5 中。统计显示，基于 PdMe$_2$Pc 的器件确实具有更高的 V_{oc} 和 FF，而 J_{sc} 和 R_s 则与基于 CuMe$_2$Pc 的器件差不多。此外，基于 PdMe$_2$Pc 的器件具有更小的 A 值，意味着其具有更低的载流子复合速率 [60]。这与之前的分析也相一致。

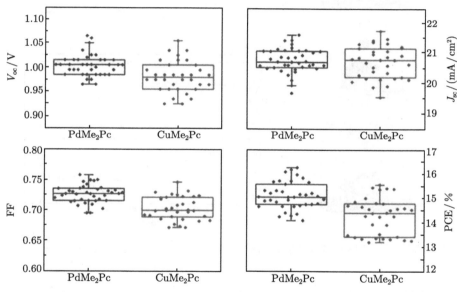

图 8.23　基于两种酞菁分子的空穴传输层的钙钛矿电池光伏参数统计图 [31]

引入酞菁类化合物作为空穴传输层的最初目的，是为了替代 Spiro-OMeTAD，改善器件的稳定性。金属酞菁类化合物具有良好的热稳定性和化学稳定性，可以为钙钛矿层提供更有效的保护，避免其与水汽接触而分解。图 8.24(a) 给出了纯钙钛矿、钙钛矿/PdMe$_2$Pc 和钙钛矿/Spiro-OMeTAD 三种表面的静态水接触角测试图，可见，覆盖了 PdMe$_2$Pc 的表面表现出了最大的接触角 97.75°，说明其提高了器件表面的疏水性。随后基于 PdMe$_2$Pc 和 Spiro-OMeTAD 空穴传输层的器件的长期稳定性测试 (图 8.24(b)) 表明，基于 PdMe$_2$Pc 的器件表现出了更好的稳定性，在 600 h 的存储后依然保持了其原始效率的 96%，而基于 Spiro-OMeTAD

的参比电池则只保持了原效率的 81% 。图 8.25 比较了基于两种不同酞菁分子空穴传输层的器件的湿度稳定性，两种器件都没有封装且直接暴露于空气中，湿度变化为 40%~100% RH。可见，在如此高湿度的环境中基于 PdMe$_2$Pc 的器件表现出比 CuMe$_2$Pc 更好的稳定性。我们的结果表明，基于 PdMe$_2$Pc 的钙钛矿电池不但具有更好的光伏性能，而且具有更优异的稳定性。

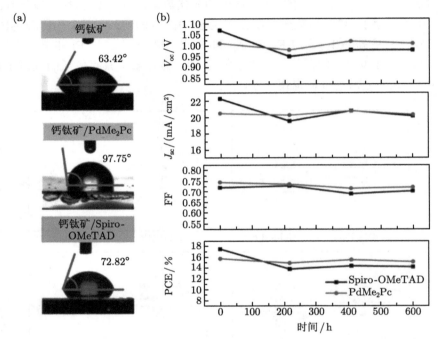

图 8.24　(a) 三种不同表面的水接触角测试图；(b) 两种不同结构钙钛矿电池的长期稳定性 [31]

8.2.3　小结

在本节中，我们合成并表征了一种新型的具有八甲基取代的重原子中心位金属酞菁类衍生物——PdMe$_2$Pc。通过瞬态吸收谱研究确定了其载流子寿命为 7.7 ns，明显长于 CuMe$_2$Pc 的 3.4 ns。并且，虽然通常来讲具有长载流子寿命的三线态激子一般具有较低的载流子迁移率，但重原子引入的更强的自旋–轨道耦合效应可以帮助提高材料的载流子迁移率，同时不明显损伤载流子寿命。因此，测试得到的 PdMe$_2$Pc 的载流子迁移率 (3.42×10^{-2} cm^2/(V·s)) 相比于 CuMe$_2$Pc(4.79×10^{-2} cm^2/(V·s)) 虽略有降低，但依然在同一个数量级。由以上两个参数可以计算得到材料的载流子扩散长度，PdMe$_2$Pc 的 L_D 为 26 nm，比 CuMe$_2$Pc 的 20.45 nm

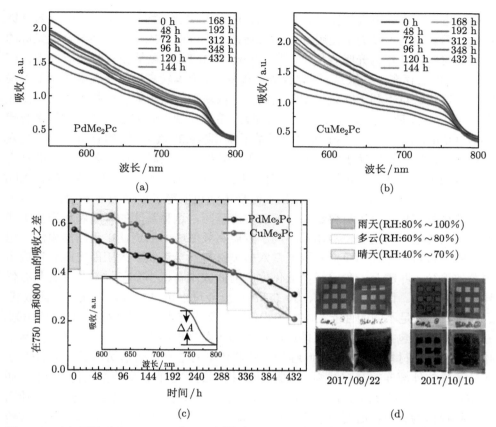

图 8.25　(a) 钙钛矿/PdMe₂Pc 和 (b) 钙钛矿/CuMe₂Pc 两种结构器件在不同老化时间的吸收谱；(c) 吸收谱中 750 nm 和 800 nm 处吸收差值随老化时间的变化；(d) 老化测试前后两种结构器件的照片 [31]

长。该性质对其在钙钛矿电池中的应用非常有利，因为空穴传输层中更长的载流子扩散长度可以明显降低载流子复合效率。基于 PdMe₂Pc 的钙钛矿电池显示出了良好的光伏效率 (PCE=16.28%) 和湿度稳定性 (存储在大气环境中 600 h 后维持了其原始效率的 96%)，说明 PdMe₂Pc 在作为钙钛矿电池空穴传输层方面有着巨大的潜力，有望替代 Spiro-OMeTAD 得到更为稳定的钙钛矿太阳能电池。

8.3　新型咔唑类空穴传输层

1. 简介

　　目前，在高效率钙钛矿太阳能电池中运用最多的空穴传输层材料是 Spiro-OMeTAD 这种有机小分子材料，这种材料最早是由韩国的研究人员引入钙钛矿太阳能电池中作为空穴传输材料[61]。到目前为止,效率达到 22% 以上的高效率钙钛矿太阳能电池大多仍是使用 Spiro-OMeTAD 作为空穴传输层,并结合最先进的钙钛矿材料体系作为光吸收层[62,63]。Spiro-OMeTAD 虽然在实验室研究中被广泛运用,但它存在一些缺点,诸如合成过程复杂、成本较高以及在湿度环境下不稳定等。这些缺点不利于钙钛矿太阳能电池这项新兴的太阳能电池技术将来的商业化应用。为此,研究人员进行了大量的探索,希望找到更好的空穴传输材料来替代 Spiro-OMeTAD[64-67]。Liu 等报道了基于螺 [芴-9,9'-氧杂蒽] 的有机小分子空穴传输材料,运用在钙钛矿太阳能电池中不仅效率高, 同时发现太阳能电池的稳定性也得到了增强[68]。Xu 等[69]、Bi 等[70] 使用相似结构的小分子材料 X59、X60 作为空穴传输材料,基于此的钙钛矿太阳能电池也取得了很高的效率。然而,以上提到的这些有机小分子材料结构中都包含芴基团,这种基团的合成和运用大大增加了空穴传输材料的制造成本,不利于发展高效低成本的钙钛矿太阳能电池。用廉价的源材料来替代芴可能是降低空穴传输材料乃至钙钛矿太阳能电池制造成本的有效途径。咔唑是一种已经商业化生产的低成本有机小分子材料,并且具有优异的光电性能。因为咔唑的 1、3、6、8 位反应位点可以很容易地被官能团取代,近些年,为满足不同的性能需求,各式各样的基于咔唑的衍生物被设计合成出来,并广泛应用于包括钙钛矿太阳能电池在内的各类光电器件中[72-80]。在这些基于咔唑的小分子材料的结构中,咔唑和一些非典型的空穴输运基团形成分子的核心,在分子核的外部连接苯胺结构。但是,上述提到的这些非典型的空穴传输基团 (如苯和联苯) 可以同时传输空穴和电子,这可能会损害分子的空穴传输能力。而使用单一咔唑作为分子核心则可以消除这一影响,生产出具有高空穴迁移率的空穴传输材料。本节设计合成出一种结构简单的咔唑类小分子材料 1,3,6,8-四 (N,N-对二甲氧基苯基氨基)-9-乙基咔唑 (Cz-OMeTAD),在钙钛矿太阳能电池中作为空穴传输材料。这种小分子仅需要简单的三步反应便可以合成,并且在常见的极性有机溶剂 (如氯苯、甲苯) 中具有较高的溶解度,便于通过溶液法制备薄膜光电器件。一系列的光电性能测试 (紫外–可见光谱、循环伏安、薄膜电导率和迁移率) 结果都显示,Cz-OMeTAD 具有优异的光电性能,即合适的能带结构、较高的空穴迁移率和导电性,是一种非常理想的钙钛矿太阳能电池空穴传输层材料。为此,我们制备了一系列结构为 $FTO/SnO_2/CH_3NH_3PbI_3/HTM/Au$ 的钙钛矿太阳能电池。基于 Cz-OMeTAD 空穴传输层材料的钙钛矿太阳能电池取得了 17.81% 的光电转换效率,与使用传统的 Spiro-OMeTAD 空穴传输层材料的器件效率相当,证明该设计合成的空穴传输材料具有应用于高效廉价的钙钛矿太阳能电池的潜力,有希望推动钙钛矿太阳能电池技术的商业应用。

2. Cz-OMeTAD 的合成

1) 1,3,6,8-四溴咔唑的合成

将 5 g 咔唑和 15 mL DMF 放入三颈烧瓶，在氮气保护氛围下冰浴中搅拌 1 h 来制备溶液 A。将 21.317 g N-溴代丁二酰亚胺和 100 mL DMF 混合搅拌形成溶液 B，然后将溶液 B 逐滴加入冷却后的溶液 A 中，将反应混合物在室温下放置 10 h，加入 200 mL 去离子水后出现沉淀。收集沉淀物后经过滤、洗涤和干燥后，最后在二氯甲烷 (CH_2Cl_2) 中重结晶得到 13.04 g 高纯度的 1, 3, 6, 8-四溴咔唑，此步骤的综合产率为 91%。

2) 9-乙基-1,3,6,8-四溴咔唑的合成

将 11.95 g 的 1,3,6,8-四溴咔唑和 12 g NaH 溶解在 100 mL DMF 中，然后将溶液滴入 10 g 溴乙烷中。所得混合物在氮气环境下 40 ℃ 搅拌 4 h。待反应完全停止后，使用二氯甲烷萃取混合物。所得有机混合物部分使用去离子水清洗，然后使用无水硫酸镁干燥。蒸发溶剂后，使用二氯甲烷和甲醇 (CH_3OH) 对所得残渣再结晶，最终得到 12.51 g 9-乙基-1,3,6,8-四溴咔唑白色固体，此步骤的综合产率为 98%。

3) Cz-OMeTAD 的合成

通过 Buchwald-Hartwig 反应法来合成最终产物 Cz-OMeTAD。在 0.51 g 9-乙基-1,3,6,8-四溴咔唑 (1 mM)、1.15 g 4,4'-二甲氧基二苯胺、0.57 g 钠叔丁醇、0.037 g 三 (二苄基丙酮) 二丙胺和 0.012 g 三 (叔丁基) 膦的混合物中加入 20 mL 甲苯，混合物在氮气环境下被加热到 110 ℃ 回流 12 h。待混合物冷却至室温后，用二氯甲烷萃取混合物，所得有机混合物用无水硫酸镁进行干燥。蒸发溶剂后，用硅胶柱 (石油醚/乙酸乙酯 =10:1) 进行分离提纯，最终得到 0.88 g Cz-OMeTAD，此步骤的综合产率为 80%，终产物 Cz-OMeTAD 的 ^1H 核磁共振谱和 ^{13}C 核磁共振谱数据分别如图 8.26 和图 8.27 所示。

3. 太阳能电池的制备

1) 前驱液的配制

取二水合氯化亚锡 ($SnCl_2 \cdot 2H_2O$) 溶解在无水乙醇中，浓度为 0.1 mol/L。超声溶解后过滤，得到澄清的电子传输层前驱液备用。钙钛矿和 Spiro-OMeTAD 的前驱溶液配制方法见之前章节，这里作简要叙述，将 PbI_2、MAI 和 $Pb(SCN)_2$ 的混合物溶解在 DMF 和 DMSO 的混合溶剂中，加热搅拌，使其完全溶解后过滤备用。取 Spiro-OMeTAD 粉末溶解在氯苯中，加入适量的 tBP 和预先配制溶解好的 Li-TFSI 乙腈溶液，室温搅拌完全溶解后过滤备用。Cz-OMeTAD 前驱液的配制方法、溶液浓度，以及 tBP 和 Li-TFSI 的掺杂比例，均与 Spiro-OMeTAD 一致。

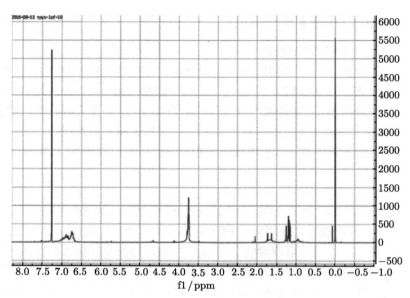

图 8.26   Cz-OMeTAD 的 ^{1}H 核磁共振谱 [71]

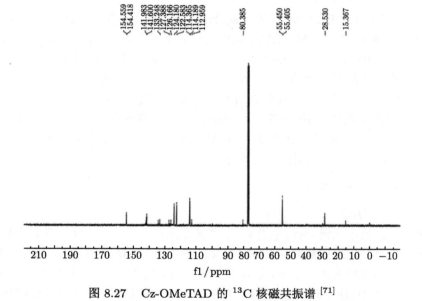

图 8.27   Cz-OMeTAD 的 ^{13}C 核磁共振谱 [71]

2) 器件的制备

采用第 2 章介绍的溶胶–凝胶旋涂法制备 SnO_2 电子传输层，用移液枪吸取 60 μL 前驱液滴涂在清洗干净的 FTO 衬底表面，旋涂参数为 1000 r/min，5 s，

2000 r/min，30 s，旋涂结束后将衬底转移至 200 ℃ 热台退火 1 h；用移液枪吸取 50 μL 的钙钛矿前驱液滴涂在样品表面，旋涂参数为 1000 r/min，10 s，4000 r/min，40 s，高速旋涂步骤开始 30 s 后用移液枪吸取 400 μL 氯苯快速滴向衬底中央，旋涂结束后，将样品转移至 100 ℃ 热台上退火 10 min。Cz-OMeTAD、Spiro-OMeTAD 空穴传输层和金电极的制备方法同之前章节。

4. 材料与器件的表征与测试

本书使用核磁共振谱仪 (Bruker 400 MHz) 测试合成产物的核磁共振氢谱；使用热重/差示扫描分析仪 (STA 409 PC) 来分析 Cz-OMeTAD 的热失重，样品测试在氮气保护氛围下进行，升温速度为 10 ℃/min；使用紫外–可见光分光度计 (Unico UV-2600 PCS) 测试 Cz-OMeTAD 的液相吸收光谱；使用电化学工作站 (CHI660D) 测试 Cz-OMeTAD 溶液的电化学循环伏安特性曲线，扫描速度为 100 mV/s，测试使用三电极系统：对电极 (铂片电极)、工作电极 (玻璃碳)、参比电极 (铂丝电极)，导电体系为浓度 0.1 mol/L 的 Bu_4NPF_6 的乙腈溶液，氮气鼓泡后开始测试，测试使用二茂铁进行电位校准；使用高分辨场发射扫描电子显微镜 (JEOL, JEM-2012FEF) 观察的钙钛矿太阳能电池的截面特征；使用电化学工作站 (CHI660D) 测试钙钛矿太阳能电池的电流密度–电压曲线；采用 QE-R3011 测试系统测试钙钛矿太阳能电池的外量子效率。

5. 实验结果与讨论

1) Cz-OMeTAD 的合成成本

合成 Cz-OMeTAD 总共需要三步反应，而作为对比的传统常用的空穴传输材料 Spiro-OMeTAD 则需要五步才能合成最终产物 [81]。Cz-OMeTAD 的具体合成如图 8.28 所示，首先利用咔唑为原料，通过溴代反应，合成 1,3,6,8-四溴咔唑，产率为 91%。第二步是用乙基取代 N—H 部分的活性氢，从而提高最终产物的稳定性，此外，乙基取代基团的加入有利于提高材料在极性溶剂中的溶解度，此步合成反应的产率为 98%。最后，采用钯催化 C—N 交叉偶联法，利用 4,4'-二甲氧基二苯胺和 9-乙基-1,3,6,8-四溴咔唑反应，在咔唑核心周围加上二苯胺基团，来合成最终产物 Cz-OMeTAD，本步反应的产率为 80%。通过计算，合成 Cz-OMeTAD 的总产率大于 70%。同时可以看到，整个合成过程中没有用到任何空气敏感、腐蚀性或有毒试剂。最后，本书利用 Petrus[81] 和 Osedach[82] 提出的材料合成成本计算模型，比较了 Cz-OMeTAD 和 Spiro-OMeTAD 这两种有机小分子的合成成本。所有原材料的报价均来自于 Sigma-Aldrich 公司和 Alfa Aesar 公司的官方网站 (2017 年中国地区)。如图 8.28 所示，Cz-OMeTAD 和 Spiro-OMeTAD 结构上唯一的不同在于分子的核心部分，Cz-OMeTAD 的核心部分为乙基–咔唑，Spiro-OMeTAD 的核心部分为螺二芴。为了简化计算，本书通过比较合成 1 g 9-乙基-1,3,6,8-四溴咔唑和 2,2',7,7'-四溴-9,9'-螺二芴的成本，来比较这两种空穴传输材料的合成成本。合成 1 g 9-乙基-1,3,6,8-四溴咔唑和 2,2',7,7'-四溴-9,9'-螺二芴的过程及每个步骤所需要的原材料分别见图 8.29 和图 8.30。另外，上述两种材料合成过程所需要的原料和成本分别列在表 8.6 和表 8.7 中。通过计算，合成 1 g 9-乙基-1,3,6,8-四溴咔唑的成本为 21.94 美元，比合成 1 g 2,2',7,7'-四溴-9,9'-螺二芴的成本低 20 倍，对比 Spiro-OMeTAD，我们设计合成的空穴传输材料 Cz-OMeTAD 具有非常明显的成本优势。

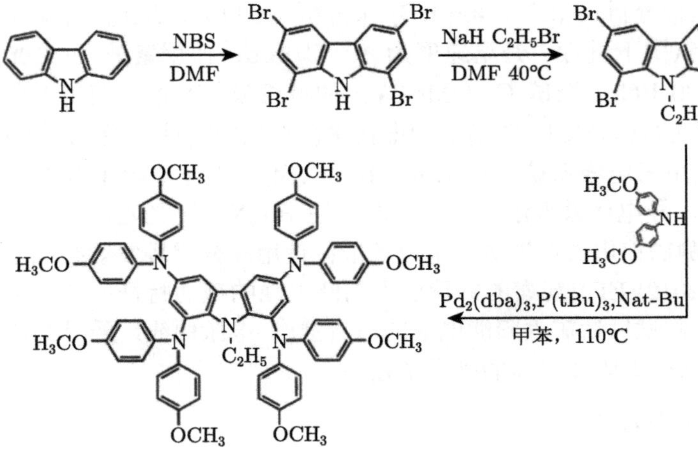

图 8.28　Cz-OMeTAD 的合成路径示意图 [71]

表 8.6　合成 1 g 9-乙基-1,3,6,8-四溴咔唑所需的原料和成本 [71]

名称	质量–试剂 /g	质量–溶剂 /g	质量–其他 /g	单价/ (美元/kg)	总价/(美元 /g product)	成本/ (美元/step)
咔唑	1.57			476.54	0.75	
DMF		4.47		170.46	0.76	
N-溴代丁二酰亚胺	6.70			197.18	1.32	8.71
DMF		29.78		170.46	5.08	
水			62.88	—	—	
二氯乙烷			15.71	50.89	0.80	
NaH	0.96			3696.11	3.55	
DMF		7.57		170.46	1.29	
溴乙烷	0.80			2110.92	1.69	
水		150.00		—	—	13.23
二氯乙烷			125.88	50.89	6.41	
Na₂SO₄			1.00	165.88	0.17	
甲醇			3.96	31.07	0.12	
总计				—	—	21.94

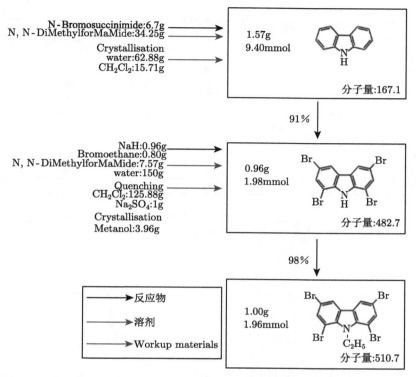

图 8.29 合成 1g 9-乙基-1,3,6,8-四溴咔唑的过程及每个步骤所需要的原材料 [71]
(彩图扫封底二维码)

表 8.7 合成 1 g 2,2',7,7'-四溴-9,9'-螺二芴所需的原料和成本 [71]

名称	质量–试剂 /g	质量–溶剂 /g	质量–其他 /g	单价/ (美元/kg)	总价/(美元/ g product)	成本/ (美元/step)
苯硼酸	0.74			2912.25	2.16	
K$_2$CO$_3$	2.0			273.32	0.55	
双三苯基磷二氯化钯	0.061			18613.28	1.14	
水		2.6		—	—	
二甲氧基乙烷		14.8		266.89	3.95	371.33
水			23.5	—	—	
乙醚			174	22.89	3.98	
MgSO$_4$			1.65	65.49	0.11	
庚烷			311	223.93	69.64	
乙酸乙酯			174	143.70	25.0	
硅胶			428	618.71	264.8	
9-芴酮	0.95			644.32	0.61	
镁	0.14			287.09	0.04	
四氢呋喃		3.5		202.53	0.71	
甲醇			75	31.07	2.33	11.96

续表

名称	质量-试剂 /g	质量-溶剂 /g	质量-其他 /g	单价/ (美元/kg)	总价/(美元/ g product)	成本/ (美元/step)
盐酸 (5%)			21	91.75	1.93	
甲醇			75	31.07	2.33	
乙酸			100	40.12	4.01	
三氯化铁	0.002			310.07	0	
溴	1.74			103.71	0.18	
氯仿		9.6		2.6	0.02	
NH$_4$OH (25%)			3.5	624.62	2.19	14.65
氯仿			65	2.6	0.17	
甲醇			35	230.91	8.08	
总计	5.633	30.5	1486.65	—	—	397.94

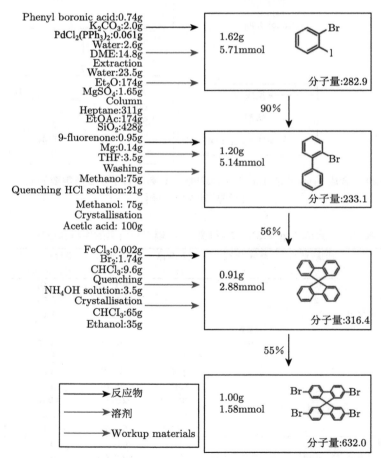

图 8.30　合成 1g 2,2',7,7'-四溴-9,9'-螺二芴的过程及每个步骤所需要的原材料 [71]

(彩图扫封底二维码)

2) Cz-OMeTAD 的性质

首先，我们采用热失重测试和差示扫描法来测试 Cz-OMeTAD 的热稳定性，当样品在热失重测试中失去 5% 质量时的温度表示为 T_d，如图 8.31 所示，Cz-OMeTAD 的 T_d 约为 423 ℃，展现出良好的热稳定性。另外，Cz-OMeTAD 的熔点约为 262 ℃，玻璃态转化温度 (T_g) 为 114.9 ℃。

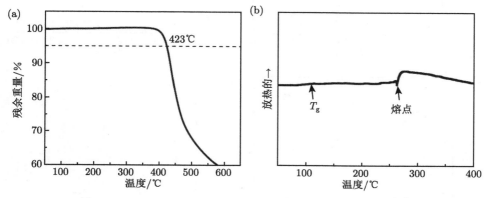

图 8.31　Cz-OMeTAD 的 (a) 热失重和 (b) 差示扫描曲线 [71]

紧接着，还测试了 Cz-OMeTAD 的光电性能，所有的测试均以 Spiro-OMeTAD 作为参比对照物。图 8.32(a) 为 Cz-OMeTAD 和 Spiro-OMeTAD 的液相紫外可见光吸收光谱，可以看到 Spiro-OMeTAD 的吸收光谱在 310 nm 和 390 nm 处出现吸收峰，根据之前的报道，这两个吸收峰分别来自 Spiro-OMeTAD 分子中芳香环与共轭三芳胺 [83]。相较于 Spiro-OMeTAD，Cz-OMeTAD 的吸收光谱在 420 nm 处多出一个较弱的特征峰，推测这个吸收峰可能来自于咔唑上的乙基基团。图 8.32(b) 是由吸收光谱推导得到的 Tauc 图，将 Tauc 图线性部分延长与横轴相交，可以得到 Spiro-OMeTAD 和 Cz-OMeTAD 的光学带隙分别为 3.20 eV 和 2.75 eV。

通过线性伏安扫描法，可以得到 Cz-OMeTAD 的最高占据分子轨道 (HOMO) 能级为 -5.27 eV，结合前面所测得的光学带隙，可以计算得到 Spiro-OMeTAD 和 Cz-OMeTAD 的最低未占分子轨道 (LUMO) 能级。最后在图 8.32(d) 中描绘出整个太阳能电池各功能层的能带位置，可以看到，Cz-OMeTAD 的 HOMO 能级与钙钛矿的价带匹配得很好，允许钙钛矿吸光层中的光生空穴顺利转移至空穴传输层。

由于 Cz-OMeTAD 的 HOMO 能级 (-5.27 eV) 略低于 Spiro-OMeTAD 的 HOMO 能级 (-5.22 eV)，这使得空穴从钙钛矿吸光层转移至空穴传输层的过程中，能损失更少的能量，最终有利于提高钙钛矿太阳能电池的 V_{oc}。而且，Cz-

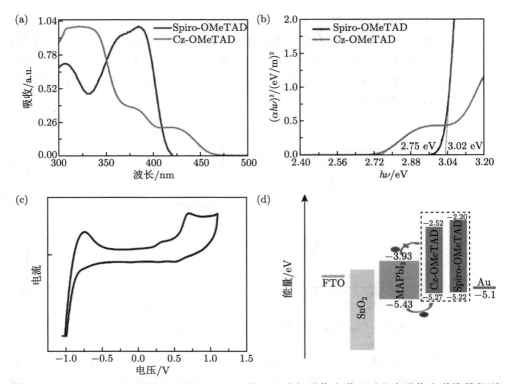

图 8.32　Cz-OMeTAD 和 Spiro-OMeTAD 的 (a) 液相吸收光谱，以及由吸收光谱推导得到的 (b) Tauc 图和 (c) 循环伏安曲线；(d) 本节中所涉及的钙钛矿太阳能电池的能带结构图 [71]

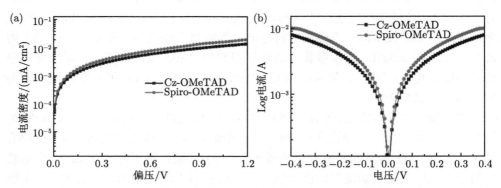

图 8.33　掺杂后 Cz-OMeTAD 和 Spiro-OMeTAD 薄膜的 (a) J-V 曲线和 (b) 电流–电压特性曲线 [71]

OMeTAD 的 LUMO 能级与导带之间的具有 1.41 eV 的势垒，可以有效阻挡光生电子进入空穴传输层，减少由载流子复合而导致的太阳能电池性能的下降。

随后我们通过制备单空穴的器件 FTO/PEDOT:PSS/HTM/Au，利用空间电荷限制模型测量 Cz-OMeTAD 和 Spiro-OMeTAD 薄膜的空穴迁移率 [84,85]。通过测试 J-V 曲线，利用 Mott-Gurney 方程 [86] 式 (8.1) 计算得到空穴迁移率，其中，J 为电流密度；ε_0 为真空介电常量；ε_r 是相对介电常量；μ 是被测薄膜的自由迁移率；V 为外加偏压；d 是活性层的厚度。通过计算可以得到掺杂后的 Cz-OMeTAD 薄膜的空穴迁移率为 1.82×10^{-3} cm²/(V·s)，略低于掺杂后 Spiro-OMeTAD 薄膜的空穴迁移率 (3.08×10^{-3} cm²/(V·s))，见表 8.8。最后，我们使用双触点导电装置测试了两种掺杂后空穴传输层的导电性 [71]，根据下式可以得到薄膜的电导率 [84]：

$$\sigma = \frac{L}{Rwt} \tag{8.8}$$

其中，σ 为电导率；L 是通道长度；w 是通道宽度；t 是薄膜厚度；R 是计算得到的电阻率。通过计算，掺杂后的 Spiro-OMeTAD 薄膜的电导率也略高于 Cz-OMeTAD，见表 8.8。

表 8.8　掺杂后 Cz-OMeTAD 和 Spiro-OMeTAD 薄膜的光电性能参数 [71]

空穴传输层	$\lambda_{abs}^{[a]}$ /nm	E_{gap} /eV	HOMO /eV	LUMO /eV	空穴迁移率/ (cm²/(V·s))	电导率/ (S/cm)
Cz-OMeTAD	450.9	2.75	−5.27	−2.52	1.82×10^{-3}	1.20×10^{-4}
Spiro-OMeTAD	410.6	3.02	−5.22	−2.20	3.08×10^{-3}	4.41×10^{-4}

注：[a] 由紫外-可见吸收光谱的吸收边决定

3) 基于 Cz-OMeTAD 的钙钛矿太阳能电池

从前面一系列的测试结果可以看到，Cz-OMeTAD 具有优异的热稳定性和光电性能，非常有潜力作为高效率钙钛矿太阳能电池的空穴传输层。为此，我们制备了一批钙钛矿太阳能电池，分别以 Spiro-OMeTAD 和 Cz-OMeTAD 作为空穴传输层，以此来测试 Cz-OMeTAD 作为钙钛矿太阳能电池空穴传输层的潜力。

图 8.34(a) 为本节中涉及的钙钛矿太阳能电池的结构示意图，其中导电衬底为 FTO，电子传输层为约 40 nm 厚的 SnO₂ 纳米晶，钙钛矿吸光层为 360 nm 厚的 CH₃NH₃PbI₃ 薄膜，空穴传输层为 Cz-OMeTAD，其中部分器件的空穴传输层为 Spiro-OMeTAD，作为对比，器件顶部为 50 nm 厚的金电极，所有的厚度数据均来自于所制备钙钛矿太阳能电池器件截面 SEM 图 (图 8.36)。

图 8.34(b) 为基于 Cz-OMeTAD 和 Spiro-OMeTAD 空穴传输层的钙钛矿太阳能电池的 J-V 曲线，从中得到基于 Cz-OMeTAD 空穴传输层的太阳能电池的光电转化效率为 17.81%，V_{oc} 为 1.14 V，J_{sc} 为 22.26 mA/cm²，FF 为 71%，

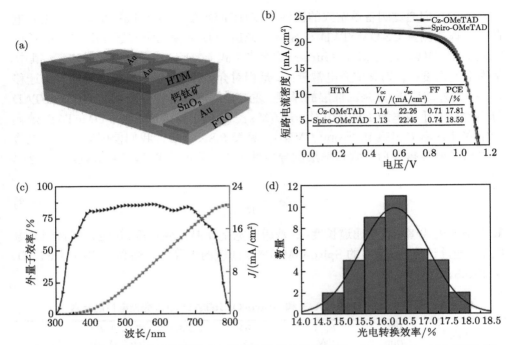

图 8.34　(a) 本节中所涉及的钙钛矿太阳能电池的结构示意图；(b) 基于 Cz-OMeTAD 和 Spiro-OMeTAD 空穴传输层的钙钛矿太阳能电池的 *J-V* 曲线和性能参数；(c) 基于 Cz-OMeTAD 空穴传输层的性能最好钙钛矿太阳能电池的 IPCE 图；(d) 钙钛矿太阳能电池的效率统计直方图 (40 个器件)[71]

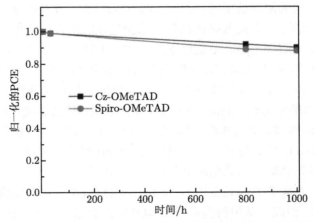

图 8.35　基于 Cz-OMeTAD 和 Spiro-OMeTAD 空穴传输层的钙钛矿太阳能电池的稳定性测试结果, 数据采集自存放在 30 RH% 湿度环境下的未封装的器件 [71]

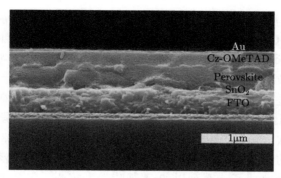

图 8.36 基于 Cz-OMeTAD 空穴传输层钙钛矿太阳能电池的截面 SEM 图 [71]

基于 Spiro-OMeTAD 空穴传输层的太阳能电池的效率为 18.59%，V_{oc} 为 1.13 V，J_{sc} 为 22.45 mA/cm²，FF 为 74%。可以看到，基于 Cz-OMeTAD 空穴传输层的钙钛矿太阳能电池的所有性能参数均与基于 Spiro-OMeTAD 空穴传输层的太阳能电池相当，表明 Cz-OMeTAD 具有媲美 Spiro-OMeTAD 的空穴传输性能。并且，基于这两种空穴传输材料的太阳能电池均显示出良好的稳定性，未封装的太阳能电池在 30 RH% 的湿度环境中存放 1000 h 后，还能维持 90% 左右的初始效率，如图 8.35 所示。需要指出的是，所制备的钙钛矿太阳能电池，无论是基于 Cz-OMeTAD 空穴传输层还是基于 Spiro-OMeTAD 空穴传输层，在 J-V 曲线测试过程中，均在不同方向扫描电压下显示出回滞现象，如图 8.37 所示。根据之前的研究以及本书的推论，器件表现出来的回滞现象可能源自于钙钛矿材料本身的铁电性，以及钙钛矿太阳能电池界面缺陷态的载流子复合。

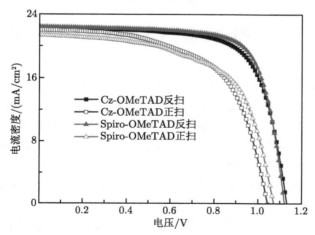

图 8.37 基于 Cz-OMeTAD 和 Spiro-OMeTAD 空穴传输层钙钛矿太阳能电池的正反扫 J-V 曲线 [71]

图 8.34(c) 为基于 Cz-OMeTAD 空穴传输层的钙钛矿太阳能电池的入射光子电流转换效率 (IPCE) 谱, 从 IPCE 谱积分得到的电流密度为 20.54 mA/cm², 与从 J-V 曲线中得到的 J_{sc} 值接近。图 8.34(d) 为 40 个基于 Cz-OMeTAD 的钙钛矿太阳能电池的效率统计直方图, 其平均效率为 16.22%。统计发现 60% 的太阳能电池的效率超过了 16%, 显示出基于 Cz-OMeTAD 的钙钛矿太阳能电池具有很好的重复性。以上述结果来看, Cz-OMeTAD 是一种性能优异的空穴传输材料, 非常适合作为空穴传输层应用于高效率的钙钛矿太阳能电池中, 这有利于降低钙钛矿太阳能电池的制造成本, 促进钙钛矿太阳能电池技术的广泛商业化。

此外, 我们还合成了一系列以 9-乙基咔唑为核心, 仅分子外围部分与 Cz-OMeTAD 不同的空穴传输材料 (图 8.38)。然而, 基于这些空穴传输材料的钙钛矿太阳能电池性能很差 (效率基本为 0), 这一结果表明, 除了咔唑核心, 分子核心外围的三苯胺基团在传输空穴、制备高性能钙钛矿太阳能电池中也发挥了重要作用。

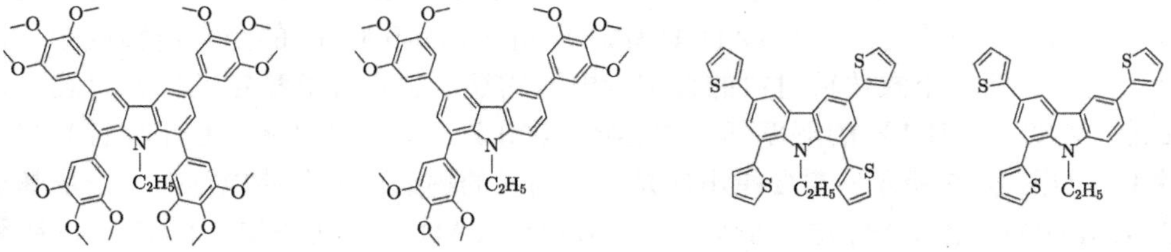

图 8.38　一系列以 9-乙基咔唑为核心的小分子空穴传输材料 [71]

8.4　金属硫化物界面修饰

8.4.1　高迁移率 p 型硫化铅缓冲层在平面钙钛矿电池中的应用研究

1. 简介

钙钛矿材料具有非常优异的光电学性质, 所以取得了非常高的太阳能电池效率 [87-93], 但是钙钛矿电池的稳定性问题, 包括湿度稳定性、热稳定性和光照稳定性等, 依然是其商业化应用道路上的必须解决的重要阻碍 [94-97]。钙钛矿材料在潮湿环境中非常容易分解 [98,99], 因此, 覆盖于其上的电荷传输层材料除了起传输电荷的作用外, 还应承担另一个非常重要的任务, 即保护下方钙钛矿免受水汽的侵蚀 [100,101]。Spiro-OMeTAD 作为目前使用最广泛的空穴传输层材料, 由于其表面孔洞及必须使用的亲水性添加剂的存在, 不但无法很好地保护下层的钙钛矿, 本身亦会因此发生退化 [102,103]。更严重的是, 随着老化时间的增长, 不断增多的孔洞数量和孔洞深度都增加了金属电极与钙钛矿层直接接触的风险, 即使没有发生直接接触, 在器件的实际运作过程中, 金属离子的迁移对器件的稳定性也是一大隐患[104,105]。Domanski 及其合作者[106] 的研究显示，70℃(暗态，氮气范围)的暴露温度已经足以使金穿过空穴传输层，迁移至钙钛矿层当中，并严重损害器件性能和稳定性。更重要的是，研究者们证明，这种不可逆的性能恶化不是来源于钙钛矿的热分解，而是来源于金的扩散。

解决上述问题的其中一个方法是在金属电极与空穴传输层之间或空穴传输层与钙钛矿之间插入一层缓冲层。Al_2O_3、铬 (Cr)、二硫化钼 (MoS_2)、二硫化铁 (FeS_2)、硫化铜 (CuS_x) 和氧化钼 (MoO_x) 等作为缓冲层，都被证明可以显著提高钙钛矿电池的稳定性，但同时却会在一定程度上降低器件的光电转换效率[14,98,99,107-109]。硫化铅 (PbS) 作为一种传统的直接带隙半导体材料，具有很大的激发玻尔半径 (~18 nm)。这一特性使得人们可以通过调控 PbS 的粒子半径从而改变其带隙[110,111]。Ye 及其合作者[112] 报道了使用 PbS 量子点胶体直接作为空穴传输层的钙钛矿电池，取得了 8% 的转换效率，揭示了 PbS 作为无机空穴传输层的潜力，但效率较低。这主要是因为 PbS 的带隙不够宽，无法有效阻挡电子回流，从而造成复合损失。因此，在本章中，我们提出采用真空热蒸发法沉积的具有高迁移率的 PbS 多晶薄膜作为平面钙钛矿电池中空穴传输材料和金属电极之间的缓冲层，通过 PbS 与 Spiro-OMeTAD 结合，形成复合空穴传输层。p 型的 PbS 薄膜提高了复合层的空穴迁移率，加快了电荷抽取，而宽带隙的 Spiro-OMeTAD 有效地阻挡了电子回流，从而共同提高了器件的光电转换效率。此外，通过蒸发法制备 PbS 可以使其在 Spiro-OMeTAD 表面致密沉积，填充 Spiro-OMeTAD 表面的孔洞，阻止金属电极与钙钛矿的直接接触；且 PbS 具有很强的疏水性，可以阻止水汽侵入，保护钙钛矿层和 Spiro-OMeTAD 层，提高器件的稳定性。最终，我们制备的基于 Spiro-OMeTAD/PbS 复合空穴传输层的钙钛矿电池取得了 19.58% 的冠军 (反扫) 效率，并显示出优异的长期稳定性和热稳定性。

2. 具有 PbS 缓冲层的钙钛矿电池的制备

1) SnO_2/PCBM 电子传输层的制备

(1) 导电衬底的清洗。

本节使用 FTO 透明导电衬底，方阻为 15 Ω/sq。其清洗步骤如下：

首先使用清洁剂清洗 FTO 表面，用去离子水冲洗；随后将其放置在去离子水、丙酮和乙醇中超声清洗 10~15 min，待使用时用氮气吹干即可得到实验需要的表面干净的 FTO 衬底。

(2) SnO_2 电子传输层的制备。

本节使用溶胶–凝胶法制备 SnO_2 薄膜[44,113]。其具体步骤如下所述。

a. 前驱液配制：将二水合氯化亚锡 ($SnCl_2 \cdot 2H_2O$) 溶解在无水乙醇中，浓度为 0.1 mol/L；经过超声处理 (15 min)，即可得到澄清的、分散均匀的前驱液。

b. 衬底准备：将洗净并吹干的 FTO 衬底放入紫外臭氧机中进行臭氧处理 15 min，以进一步去除表面沾污，并提高表面浸润性。

c. 薄膜制备：用移液枪吸取 100 µL 过滤好的前驱液滴到 FTO 衬底上，用匀胶机旋涂制备致密薄膜；旋涂条件为低速 1000 r/min 持续 5 s，高速 2000 r/min 持续 30 s；而后将旋涂好的薄膜放在热台上，在空气中进行梯度退火，即 100℃ 退火 30 min，150℃ 退火 30 min，185℃ 退火 1 h；最终得到一层致密透明的 SnO_2 薄膜。

(3) 富勒烯衍生物 PCBM 钝化层的制备。

a. 前驱液配制：将 PCBM 粉末溶解在氯苯溶液中，浓度为 10 mg/mL；在 60℃ 搅拌 12 h，溶解完全后待用。

b. 衬底准备：在旋涂 PCBM 前，将镀有电子传输层的衬底放在紫外臭氧机中臭氧处理 15 min，同时将 PCBM 前驱液过滤备用。

c. 薄膜制备：在手套箱中将过滤好的 PCBM 溶液 (20 µL) 用匀胶机均匀地旋涂在 SnO_2 电子传输层上，旋涂条件为 2000 r/min 持续 30 s；随后将衬底放在热台上，100℃ 退火 10 min。

2) 钙钛矿吸光层薄膜的制备

本节使用文献 [42] 和 [43] 报道的硫氰酸铅 ($Pb(SCN)_2$) 辅助结晶的一元钙钛矿 $MAPbI_3$ 作为吸光层，使用反溶剂辅助的一步旋涂方法制备。其具体步骤如下所述。

(1) 前驱液配制：将 461 mg 碘化铅 (PbI_2)、159 mg 碘甲胺 (CH_3NH_3I, MAI) 和 8 mg 的 $Pb(SCN)_2$ 溶解在 723 µL 的 N,N-二甲基甲酰胺 (DMF) 和 81 µL 的二甲基亚砜 (DMSO) 溶液中，70℃ 搅拌 5 h，前驱液澄清后冷却待用。

(2) 薄膜制备：旋涂钙钛矿层时，将过滤好的钙钛矿前驱液直接滴到 PCBM/SnO_2/FTO 衬底上，然后进行旋涂；旋涂条件为低速 1000 r/min 持续 5 s，高速 4000 r/min 持续 30 s，同时在高速旋涂 (4000 r/min) 的第 8~10 s 滴加 300 µL 的氯苯反溶剂；随后，将钙钛矿中间相薄膜转移到热台上退火，70℃ 预退火 2 min，100℃ 退火 10 min，即可得到 $MAPbI_3$ 薄膜。

3) Spiro-OMeTAD 空穴传输层的制备

(1) 溶液配制：先将 520 mg 的双三氟甲基磺酸亚酰胺锂盐 (Li-bis-(trifluoromethanesulfonyl) imide, Li-TFSI) 溶解在 1 mL 乙腈中，搅拌 3 min 至澄清；然后将 72.3 mg 的 Spiro-OMeTAD 溶解在 1 mL 氯苯中，添加 29 µL 的 4-叔丁基吡啶 (4-tert-butylpyridine, tBP) 和 17.5 µL 的 Li-TFSI 乙腈溶液，40℃ 搅拌 12 h 备用。

(2) 薄膜制备：待上一步制备好的钙钛矿薄膜冷却至室温后，将过滤好的 Spiro-

OMeTAD 溶液旋涂在钙钛矿薄膜表面，旋涂条件为 3000 r/min 持续 30 s；随后将旋涂有 Spiro-OMeTAD 层的样品从手套箱取出，放置于干燥柜中氧化 24 h。

4) PbS 缓冲层的热蒸发制备

称取一定量的高纯 PbS 粉末，将其放置在真空腔内的蒸发舟中，再将需要沉积 PbS 薄膜的样品放置在样品台上 (注意，对用于 PbS 物性测试的样品，衬底须提前做好清洗及臭氧处理，以去除表面杂质，清洗方法详见之前章节；而对用于制备器件的样品，则只需用氮气枪吹净样品表面灰尘)。关紧仓门后，对真空腔体进行抽真空操作，待真空室的真空度达到 10^{-4} Pa 后，开始蒸发。调节蒸发电流源的电流，缓慢增加电流值，当膜厚监控仪开始显示速率，且速率稳定后，打开挡板开始沉积。得到想要的厚度值时，关闭挡板，将电流源逐步关闭。待腔体冷却，关闭真空系统，取出样品，将腔内真空度抽至 10 Pa 以下后，关闭蒸发仪器。

5) 金属电极的制备

考虑正置电池的能带排列，本节使用金 (Au，功函通常为 5.1~5.2 eV) 作为背电极。将氧化好的器件放入真空蒸发设备的腔体内，取适量金丝缠绕在钨丝表面，通过蒸发法在器件表面沉积一层 80 nm 的金电极，电极的有效面积为 0.09 cm²。

3. 材料及器件的测试与表征

1) PbS 薄膜的物性表征

薄膜的厚度通过膜厚监控仪 (TM-400，Maxtek 公司，美国) 监控，并用表面轮廓曲线仪 (FTS2-S4C-3D，Taylor Hobson 公司，英国) 校正；薄膜的透射谱和吸收谱采用紫外–可见 (UV-Vis) 分光光度计测量 (CARY5000，Varian 公司，Australia)；薄膜的结晶性采用 X 射线衍射仪进行表征 (D8 Advance，Bruker AXS 公司，Germany)；薄膜的沉积形貌使用高分辨场发射扫描电子显微镜 (SEM) 观测 (JSM6700F，JEOL 公司，Japan)，对薄膜组分进行分析的能量色散 X 射线光谱仪 (EDX) 也搭载在该显微镜上；薄膜的晶格排列及选区电子衍射谱 (SAED) 采用高分辨透射电子显微镜 (HRTEM) 进行分析 (JEOL 公司，JEM-2012FEF，Japan)；薄膜的表面组分使用 X 射线光电子能谱 (XPS) 测试系统进行探测 (Thermo Fisher Scientifc 公司，Esclab 250Xi)；薄膜的表面功函 (接触电势差) 使用开尔文探针系统测量 (KP020，KP Technology 公司，UK)；薄膜的导电性和空穴迁移率采用霍尔 (Hall) 测试系统表征 (Model 7707 A，Lake Shore 公司，USA)；

2) 器件的形貌及性能表征

SEM 和原子力显微镜 (AFM)(SPM-9500J3，Shimadzu 公司，Japan) 被用于表征钙钛矿表面形貌、覆盖了 Spiro-OMeTAD 或 Spiro-OMeTAD/PbS 的钙钛矿表面形貌；三者的吸收谱使用紫外–可见分光光度计测得，XRD 谱使用 X 射线衍射仪表征；此外，SEM 也用于表征器件的截面形貌；PbS 层、Spiro-OMeTAD 层和

Spiro-OMeTAD/PbS 复合层对器件中载流子的抽取性能使用稳态光致发光 (PL)
荧光光谱仪 (LabRam HR，HORIBA Jobin Yvon 公司，France，激发光源波长
488 nm) 测试,载流子寿命则使用时间分辨的瞬态荧光 (TRPL) 光谱仪 (PicoHarp
300，PicoQuant 公司，Germany, 激发光源波长 532 nm) 测量；器件的 J-V 曲
线和电化学阻抗谱 (EIS) 采用电化学工作站 (CHI660D) 测量，J-V 扫描范围为
-0.1~1.2 V,扫描速度为 0.1 V/s,光源为标准太阳光模拟器 (ABET Sun 2000),EIS
扫描频率范围为 1 Hz~1 MHz，暗态下零偏压测试；器件的入射单色光子–电子转
换效率 (IPCE) 采用 QE-R 3011 测试系统测量；钙钛矿、钙钛矿/Spiro-OMeTAD
和钙钛矿/Spiro-OMeTAD/PbS 三种表面的水接触角通过液滴形状分析仪 (DSA
25S, KRUSS) 测试；为表征 Spiro-OMeTAD 层和 Spiro-OMeTAD/PbS 复合层的
空穴迁移率，须制备相应的单边器件，器件结构为 FTO/PEDOT:PSS/HTL/Au，
同样使用电化学工作站测得器件的线性伏安扫描图，代入空间电荷限制 (SCLC)
模型计算即可得。

4. 结果与讨论

1) 热蒸发法制备 p 型 PbS 材料的物性表征

通过热蒸发法我们得到了高质量的多晶 PbS 薄膜。蒸发过程中衬底保持常
温，沉积完成后也不需要再进行任何后处理。图 8.39(a) 给出了一个沉积在石英
玻璃上的 50 nm 厚 PbS 薄膜的典型透过谱，可见其在可见光范围内具有较强的
吸收。不过，考虑到 PbS 将会沉积在 Spiro-OMeTAD 层或钙钛矿层的上方，并
不是入光侧，因此其吸光度并不受特别影响，因为大部分的可见光仍会被钙钛矿
层吸收。图 8.39(a) 的插图显示的是其相应的 Tauc 图，对于直接带隙的半导体
而言，其光学禁带宽度可以根据 $(\alpha h\nu)^2$ 和 $h\nu$ 的关系曲线得出。通过延长线性区
域，其在横轴上的截距就是该 PbS 层的光学禁带宽度，即 1.6 eV。开尔文探针测
试得到了薄膜的表面功函数，位于 4.62 eV，图 8.39(b) 给出了基于此 PbS 缓冲层
的钙钛矿电池的大致能带排列图，该器件的结构为 FTO/SnO$_2$/MAPbI$_3$/Spiro-
OMeTAD/PbS/Au。

典型的 PbS 晶体具有面心立方结构，空间群为 Fm-3m。图 8.39(c) 所示为
沉积在干净玻璃衬底上的 PbS 薄膜 (200 nm) 的 XRD 图谱，图 8.39(d) 为较薄
PbS 样品 (50 nm) 的图谱。在图 8.39(c) 中可以观察到五个明显的衍射峰，分别
对应于 PbS 材料的 (111)、(200)、(220)、(311) 和 (400) 晶面，而在较薄样品中
(图 8.39(d)) 则只可见 (200)、(220) 两个晶面衍射峰。二者都显示位于 ~30.07° 处
的 (200) 衍射峰最强，这说明该热蒸发沉积的 PbS 薄膜具有 (200) 方向的择优取
向。为了进一步研究该 PbS 薄膜的结晶性，HR-TEM 被用于观察 PbS 薄膜的微
观形貌及晶格排列。图 8.40(a) 给出了低倍下 PbS 薄膜的 TEM 图，可见微观下

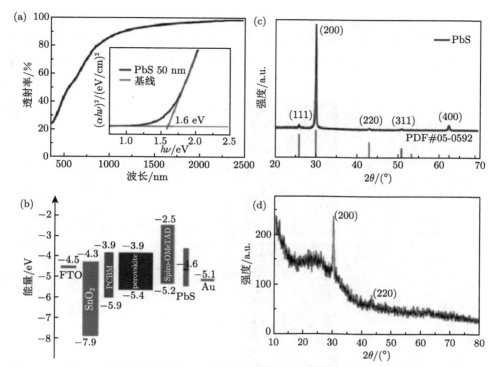

图 8.39 (a) PbS 薄膜的透过谱及光学禁带宽度计算；(b) 器件能带示意图；(c) 200nm 厚 PbS 膜的 XRD 谱图；(d) 50 nm 厚 PbS 薄膜的 XRD 谱图 [15]

PbS 纳米颗粒在视野中呈现类似片状的结构。右侧的 SAED 图显示为衍射环，证明该热蒸发沉积的 PbS 是多晶体，衍射环可以对应立方晶系的 PbS 的晶面取向。图 8.40(b) 是高倍下 PbS 薄膜的 TEM 图，从图中可以得到 PbS 的晶面间距 d，大部分都为 0.297 nm，对应于 PbS 的 (200) 晶面，证实了该 PbS 薄膜在 (200) 方向上的择优取向。而图 8.40(c) 的 SEM 图则表明 PbS 薄膜的表面非常平整致密。(200) 方向的择优取向，平整致密的表面形貌，这些性质有助于减少 PbS 表面的载流子散射，加快载流子的传输 [114–116]。此外，这些性质还有助于降低空穴传输层和金属电极之间的接触漏电，阻碍金属原子的迁移，以及阻挡水汽入侵等。具体细节将在 8.4.2 节讨论。

图 8.41(a) 所示为 PbS 薄膜的 XPS 全谱扫描，从图中可以清楚地看到铅元素和硫元素的特征峰。图 8.41(b) 给出了 Pb 4f 峰的精细扫描，经过分析和拟合可以得到两个明显的特征峰，分别位于 137.4 eV 和 142.3 eV，分别对应于 PbS 中铅离子的 Pb $4f_{7/2}$ 和 Pb $4f_{5/2}$ 态。图 8.41(c) 则是 S 2p 峰的精细扫描，对其进行分峰拟合，也可以得到两个明显的特征峰，结合能分别位于 160.5 eV 和 161.7 eV，

分别对应于 PbS 中硫离子的 S $2p_{3/2}$ 和 S $2p_{1/2}$ 态。XPS 的分析结果表明该蒸发法得到的产物就是 PbS，各特征峰的峰位与文献值也一致 [117-119]。图 8.41(d) 的 EDX 能谱图也证实了该热蒸发沉积的 PbS 薄膜中的 Pb:S 非常接近其化学计量比 1:1。

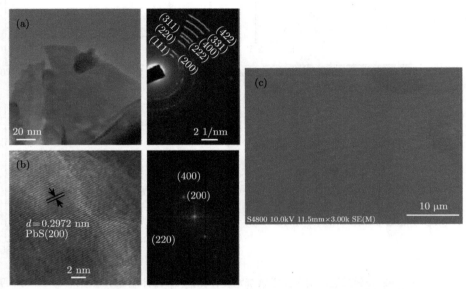

图 8.40　(a) PbS 薄膜的低倍 HR-TEM 图及 SAED 图；(b) PbS 薄膜的高倍 HR-TEM 图及相应的傅里叶转换图；(c) PbS 薄膜表面的 SEM 图 [15]

2) 具有 PbS 缓冲层的平面钙钛矿电池性能表征

PbS 具有 p-型导电特性，这使得其具备作为钙钛矿电池空穴传输层的潜质 [112]。霍尔测试表明，该 PbS 薄膜的电导率为 9.23×10^{-3} S/cm，比未掺杂的纯 Spiro-OMeTAD(约 10^{-5} S/cm) 高两个数量级；而其空穴迁移率为 2.04 $cm^2/(V \cdot s)$，比掺杂后的 Spiro-OMeTAD(约 10^{-3} $cm^2/(V \cdot s)$) 高三个数量级 [120]。更高的导电性和空穴迁移率往往预示着更好的电荷抽取性能。因此，稳态光致发光测试被用于检验 PbS 薄膜相比于 Spiro-OMeTAD 是否具有更好的电荷抽取性能。图 8.42(a) 给出了稳态光致发光测试的结果，测试样品的结构分别为 FTO/钙钛矿、FTO/钙钛矿/PbS、FTO/钙钛矿/Spiro-OMeTAD 和 FTO/钙钛矿/Spiro-OMeTAD/PbS，所有样品都具有相同厚度的钙钛矿层。由图可见，FTO/钙钛矿样品表现出了最高的光致发光峰强，且其峰型对称，峰位于 763 nm 处，与钙钛矿带隙 (约 1.6 eV) 相符，这说明该钙钛矿薄膜内缺陷较少，大部分电子–空穴对都是通过辐射复合发光。而当引入传输层后，传输层会分离部分电子–空穴对，降低辐射复合数量，具体表现为光致发光峰强度的降低。因此，光致发光峰强度降低的幅度可以部分反

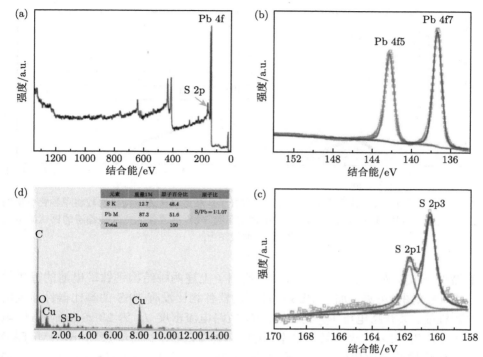

图 8.41　(a) PbS 薄膜的 XPS 全谱扫描；(b) PbS 薄膜的 Pb 4f 峰精细扫描图；(c) PbS 薄膜的 S2p 峰精细扫描图；(d) PbS 薄膜的 EDX 能谱图 [15]

映出对应传输层电荷抽取能力的强弱。图 8.42(a) 显示，当引入空穴传输层后，光致发光峰的强度都明显下降，其中，单独引入 PbS 的样品其光致发光峰几乎湮灭，似乎预示着 PbS 强大的电荷抽取能力，这与霍尔测试的结果也相符合。然而，基于单独 PbS 空穴传输层的器件 (结构为 FTO/SnO$_2$/PCBM/钙钛矿/PbS) 却表现出糟糕的性能，如图 8.42(b) 所示。一个可能原因是，该热蒸发沉积的 PbS 薄膜具有较窄的带隙 (1.6 eV)，这使得其无法有效拦截回流电子，造成界面处过多不必要的复合损失；另一个原因则可能来源于直接在钙钛矿上沉积 PbS 时引入的界面缺陷，因为导致光致发光峰强降低 (即辐射复合减少) 的另一可能因素即是缺陷的增多。

　　因此，我们转而开始研究是否可以将 PbS 作为缓冲层插入 Spiro-OMeTAD 和 Au 之间，或者，注意到图 8.42(a) 中 FTO/钙钛矿/Spiro-OMeTAD/PbS 样品表现出的比单独 FTO/钙钛矿/Spiro-OMeTAD 更低的光致发光峰强度，或许 PbS 也可以与 Spiro-OMeTAD 组成一个复合层，共同承担空穴传输的任务。图 8.43(a) 给出了该结构钙钛矿电池的横截面 SEM 图和器件示意图，没有 PbS 缓冲

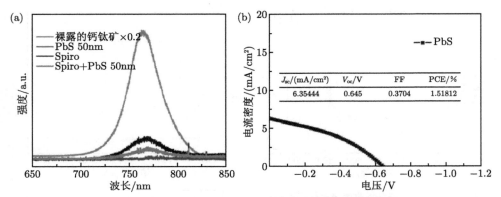

图 8.42 (a) 不同空穴传输层样品的稳态光致发光谱, 注意这里为了便于比较将单独钙钛矿的样品光致发光峰强降至了原来的 20%; (b) 使用单独 PbS 薄膜作为空穴传输层的钙钛矿电池的 *J-V* 曲线图 [15]

层的器件则被作为对比样。图 8.43(b) 给出了上述两种结构钙钛矿电池的冠军效率 *J-V* 曲线图, 可见, 加了 PbS 缓冲层的器件相比没有 PbS 的参比器件显现出更好的性能。其开路电压 V_{oc} 为 1.135 V, 短路电流密度 J_{sc} 为 23.29 mA/cm², 填充因子 FF 为 74%, 光电转换效率 PCE 达到 19.58%。而单独 Spiro-OMeTAD 作空穴传输层的参比器件, 其效率则为 18.78%, 其 V_{oc} =1.125 V, J_{sc} =22.25 mA/cm², FF=75%。注意, 以上均为反扫 (由 V_{oc} 扫到 J_{sc}) 条件下的效率, 扫描速度为 0.1 V/s。图 8.43(c) 给出了这二者电池相应的 IPCE 图谱, 可见, 在几乎整个可见光谱内, 插入 PbS 缓冲层的器件相比没有 PbS 层的器件都表现出更高的光响应。而至于二者光谱都出现的在长波长段的响应波谷, 根据文献 [121], 其被认为应该是来源于器件的光学谐振腔效应。Lin 及其合作者 [121] 证明, 在光伏器件中, 光的分布通常取决于构成该器件各层材料的厚度和相应的光学常数。插入一层 PbS 缓冲层不但增加了器件整体的厚度, 更重要的是它可能还改变了器件的光学常数, 因此表现出响应波谷的位移。对 IPCE 光谱进行积分可以得到器件的积分电流。结果表明, 插入 PbS 缓冲层的器件的积分电流密度为 20.08 mA/cm², 而没有 PbS 的对比器件的积分电流密度为 19.10 mA/cm²。注意到该积分电流值与由 *J-V* 曲线得到的实际电流值之间有较大的差别, 这个不一致的原因主要是 IPCE 和 *J-V* 测试时的测试条件及环境的不同。图 8.43(d) 和图 8.43(e) 分别显示了具有 PbS 缓冲层的器件和没有 PbS 的对比器件的稳态效率。所谓稳态效率, 即太阳能电池在最大功率输出点时持续一定时间的效率, 该效率值可以更加真实地评估器件的性能。器件最大功率输出点的电压都被设为 0.87 V。可见, 稳定状态下, 具有 PbS 缓冲层的器件的稳态电流密度为 20.71 mA/cm², 稳态效率为 18.0%; 而没有 PbS 的参比器件稳态电流密度则为 19.98 mA/cm², 稳态效率为

17.4％。可见，插入 PbS 缓冲层确实可以提高器件的性能。统计数据的结果也支持上述结论，如图 8.44 所示。统计表明，具有 PbS 缓冲层的器件的平均 V_{oc} 为 (1.113 ± 0.02)V，平均 J_{sc} 为 (22.73 ± 0.41)mA/cm^2，平均 FF 为 73.0％ ±1.3％，平均 PCE 为 18.47％ ±0.50％。而没有 PbS 缓冲层的钙钛矿电池的平均 V_{oc} 则为 (1.085 ± 0.02) V，平均 J_{sc} 为 (21.88 ± 0.40)mA/cm^2，平均 FF 为 73.5％ ±1.7％，平均 PCE 为 17.457％ ±0.63％。以上光伏参数都在表 8.9 中列出。可见，PbS 缓

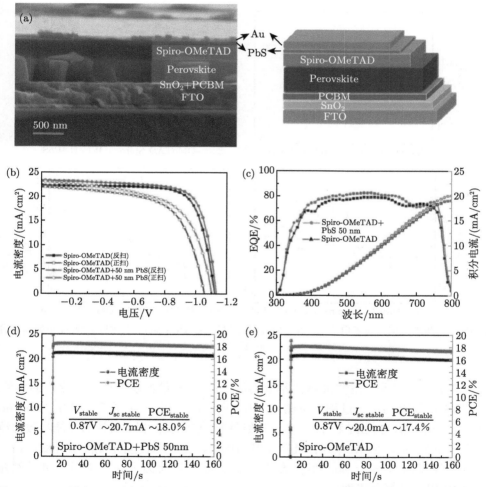

图 8.43　(a) 具有 PbS 缓冲层的钙钛矿电池的横截面 SEM 图和器件示意图；(b) 两种结构钙钛矿电池的冠军效率 J-V 曲线；(c) 两种结构冠军电池对应的 IPCE 曲线；(d) 具有 PbS 缓冲层的冠军钙钛矿电池的稳态效率曲线；(e) 没有 PbS 层、单独 Spiro-OMeTAD 作为空穴传输层的对比电池的稳态效率曲线[15]

冲层的引入确实大大增加了器件的 J_{sc}，略微提升了器件的 V_{oc}，并对 FF 没有造成负面影响，因此最终提高了器件的性能。

表 8.9　　两种结构平面钙钛矿电池的平均性能参数 [15]

	V_{oc}/V	J_{sc}/(mA/cm²)	FF/%	PCE/%
Spiro-OMeTAD+PbS	1.113±0.02	22.73±0.41	73.0±1.3	18.47±0.50
Spiro-OMeTAD	1.085±0.02	21.88±0.40	73.5±1.7	17.45±0.63

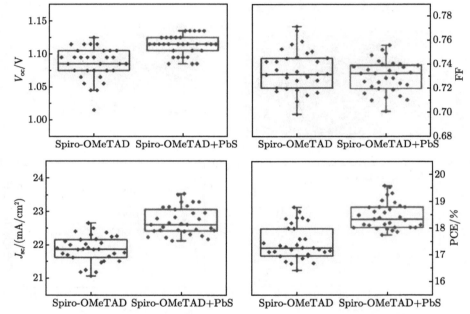

图 8.44　　两种结构钙钛矿电池 (具有 PbS 缓冲层和没有 PbS 插入层) 的光伏性能参数统计分布图 [15]

需要注意的是，这里展示的是使用最优化 PbS 缓冲层厚度的优化好的器件，对 PbS 层厚度的优化过程如下图 8.45(a) 所示。所用 PbS 的厚度分别为 0 nm、40 nm、50 nm、60 nm 和 70 nm，可通过膜厚监控仪控制。器件的性能参数均统计在表 8.10 中。可见，随着 PbS 厚度的增加，器件的性能先提高后降低，最优 PbS 的厚度为 50 nm。相应器件的串联电阻 R_s 和理想因子 A 也被计算并总结在表 8.10 中，计算公式为

$$-\frac{\mathrm{d}V}{\mathrm{d}J} = \frac{Ak_BT}{e}(J_{sc} - J)^{-1} + R_s \tag{8.9}$$

其中，A 为理想因子；k_B 为玻尔兹曼常量；T 为热力学温度；e 为电荷常数；J_{sc} 为

短路电流；R_s 为串联电阻。图 8.45(b) 给出了相应器件的 $-\mathrm{d}V/\mathrm{d}J$ 和 $(J_{sc} - J)^{-1}$ 的关系曲线图，均表现出较好的线性关系，其中拟合曲线在纵轴的截距即为器件的串联电阻，斜率则与 A 值成正比。一般而言，光伏器件中较小的 R_s 意味着较少的电流损失，而 A 反映的是器件中复合速率的大小[122]，A 值越小，复合电阻越大，复合损失越少。PbS 厚度为 50 nm 的器件表现出最小的串联电阻 (1.79 $\Omega\cdot\mathrm{cm}^2$) 和理想因子 (2.23)，同样表明最优的 PbS 层厚度是 50 nm。

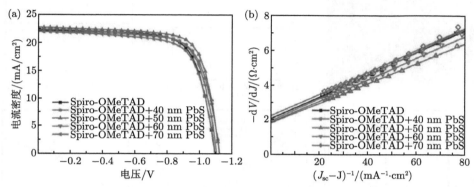

图 8.45　(a) 不同 PbS 层厚度的钙钛矿电池的光伏曲线；(b) 相应器件的 $-\mathrm{d}V/\mathrm{d}J$ 和 $(J_{sc} - J)^{-1}$ 的关系曲线[15]

表 8.10　不同 PbS 层厚度的钙钛矿电池的性能参数[15]

	V_{oc}/V	J_{sc}/(mA/cm²)	FF/%	PCE/%	R_s/($\Omega\cdot\mathrm{cm}^2$)	A
Spiro-OMeTAD	1.095	22.18	72.6	17.621	2.03	2.48
Spiro-OMeTAD+40 nm PbS	1.125	21.98	72.8	17.995	1.90	2.58
Spiro-OMeTAD+50 nm PbS	1.125	22.78	73.5	18.845	1.79	2.23
Spiro-OMeTAD+60 nm PbS	1.105	22.46	72.2	17.919	1.82	2.41
Spiro-OMeTAD+70 nm PbS	1.095	22.00	70.8	17.065	2.20	2.45

3) PbS 缓冲层提高钙钛矿电池器件性能的机理分析

图 8.46(a) 所示为沉积在 FTO/SnO₂/PCBM 衬底上的钙钛矿薄膜的表面形貌图。可见该钙钛矿薄膜表面非常平整致密，平均晶粒尺寸为 400 nm 左右。注意到在钙钛矿的晶粒边界处存在第二相，根据文献，这应该是聚积的多余 PbI₂。少许过量的 PbI₂ 已被证明有利于晶界钝化及减少暗电流[42,123−126]。图 8.46(b) 展示的是单独沉积了 Spiro-OMeTAD 和沉积了 Spiro-OMeTAD/PbS 复合层的钙钛矿样品的 XRD 图，Spiro-OMeTAD 为非晶相并无衍射峰。图中非常明显的两个位于 14.12° 和 28.46° 的衍射峰分别对应于典型 MAPbI₃ 钙钛矿的 (110) 和 (220) 晶面，这也证明了该使用 Pb(SCN)₂ 辅助生长的钙钛矿具有良好的取向性；

位于 12.66° 的小峰揭示了钙钛矿中少量的 PbI_2 残余，与 SEM 的结果一致；而在钙钛矿/Spiro-OMeTAD/PbS 样品中位于 30.07° 的小峰则来源于 PbS 的晶格衍射，对应于 PbS 的 (200) 晶面，证明了热蒸发沉积 PbS 在 Spiro-OMeTAD 表面时其依然表现为 (200) 方向的择优取向，这一结论进一步由图 8.46(c) 所证实。

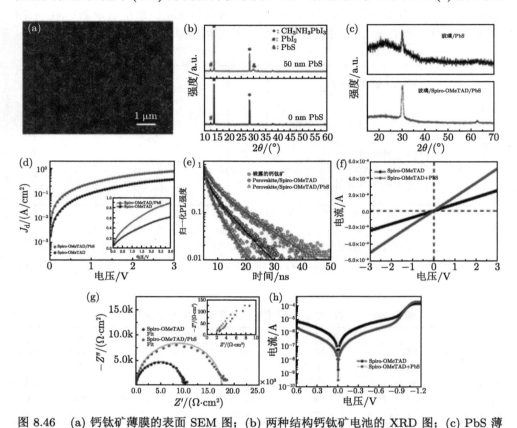

图 8.46　(a) 钙钛矿薄膜的表面 SEM 图；(b) 两种结构钙钛矿电池的 XRD 图；(c) PbS 薄膜沉积在玻璃上和沉积在 Spiro-OMeTAD 上的 XRD 图；(d) 两种结构钙钛矿电池的 SCLC 的 J-V 曲线；(e) 裸露的钙钛矿、钙钛矿/Spiro-OMeTAD 以及钙钛矿/Spiro-OMeTAD/PbS 三种结构器件的 TRPL 图，薄膜均沉积在 FTO/SnO$_2$/PCBM 衬底上；(f) 玻璃/Spiro-OMeTAD/Au 和玻璃/Spiro-OMeTAD/PbS/Au 的接触曲线；(g) 两种结构钙钛矿器件的 EIS 谱；(h) 两种结构钙钛矿器件的暗态电流–电压曲线 [15]

PbS 具有比掺杂 Spiro-OMeTAD 高得多的空穴迁移率，如上文所述。图 8.42(a) 也显示 Spiro-OMeTAD/PbS 复合层表现出比单独 Spiro-OMeTAD 更好的电荷抽取性能。SCLC 模型被用于计算 Spiro-OMeTAD/PbS 和 Spiro-OMeTAD 的空穴迁移率 [127]，测试器件的结构分别为 FTO/PEDOT:PSS/Spiro-OMeTAD/PbS/

Au 和 FTO/PEDOT:PSS/Spiro-OMeTAD/Au。图 8.46(d) 为测试得到的 *J-V* 曲线，所测材料的空穴迁移率可以通过 Mott-Gurney 方程式 (8.1) 计算。

$$J = \frac{9}{8}\varepsilon_0\varepsilon_r\mu\frac{V^2}{d^3}$$

其中，ε_r 为相对介电常量 (对于有机半导体来说，其通常等于 3)；ε_0 为真空介电常量 (8.85×10^{-12} F/m)；d 为膜厚；V 为偏压；μ 为迁移率。计算得到 Spiro-OMeTAD/PbS 复合层的空穴迁移率为 4.95×10^{-2} cm^2/(V·s)，比单独 Spiro-OMeTAD 的迁移率 (1.56×10^{-3} cm^2/(V·s)) 高一个数量级，与稳态光致发光的结果相吻合。

进一步地，TRPL 被用来定量地表征加入 PbS 缓冲层后器件中载流子寿命的变化，如图 8.46(e) 所示。对所采集到的数据进行双指数拟合，可以得到两个时间常数，相关数据均归纳于表 8.11 中。可见，对于 FTO/SnO$_2$/PCBM/钙钛矿样品，其平均荧光衰减寿命 (τ_{ave}) 为 5.85 ns，而当加入空穴传输层后，样品的 τ_{ave} 分别降为了 3.51 ns(FTO/SnO$_2$/PCBM/钙钛矿/Spiro-OMeTAD) 和 1.94 ns(FTO/SnO$_2$/PCBM /钙钛矿/Spiro-OMeTAD/PbS)。插入 PbS 缓冲层的样品具有更低的平均载流子寿命，表明钙钛矿层中的光生空穴可以更快地被抽取进入 Spiro-OMeTAD/PbS 复合层，随后被电极收集。如此快速的抽取可以平衡器件中的电荷传输，防止载流子在界面处堆积，从而降低电容效应引起的回滞，并减少复合、提高电流。

表 8.11 两种不同结构钙钛矿电池的拟合载流子寿命参数 [15]

	A_1	τ_1/ns	A_2	τ_2/ns	τ_{ave}/ns
裸露的钙钛矿	526.3	10.53	811.8	2.82	5.85
Spiro-OMeTAD	650.9	6.65	934.7	1.32	3.51
Spiro-OMeTAD +PbS	825.7	4.42	1987	0.90	1.94

注: TRPL 谱使用双指数函数进行拟合, $y = A_1\exp(x/\tau_1) +A_2\exp(x/\tau_2)$, 其中, A_1、A_2 为预先因子; τ_1、τ_2 分别为快速衰减过程和慢速衰减过程的时间常数; 平均载流子寿命 $\tau_{ave} = [A_1/(A_1 + A_2)]\tau_1 + [A_2/(A_1 + A_2)]\tau_2$

图 8.46(f) 所示为单独 Spiro-OMeTAD 和 Spiro-OMeTAD/PbS 复合层与金电极的接触特性测试。测试结构为玻璃/Spiro-OMeTAD/Au 和玻璃/Spiro-OMeTAD/PbS/Au。可见，两种空穴传输层和 Au 之间都为欧姆接触，不存在接触势垒。同时，插入 PbS 后，器件的接触电阻明显降低。这与 SCLC 测试结果相吻合，也解释了在 PbS 厚度较低时器件的串联电阻为何会降低 (表 8.10)。随后，EIS 被用于评估器件的电荷传输和复合过程 [128,129]。图 8.46(g) 给出了两种

结构器件的奈奎斯特图, 插图为高频部分的放大图。测试条件均为暗态、零偏压。曲线中低频部分的主体弧线或者说半圆通常反映的是器件的复合过程, 而在高频部分曲线与实轴的截距则等于器件的串联电阻。可见具有 PbS 缓冲层的器件在高频部分的截距值更小, 说明具有更小的串联电阻, 与前述结果相一致; 而其在低频部分呈现出更大的半圆直径, 说明该器件具有较慢的电荷复合速率, 或者说具有更大的复合阻抗, 侧面说明 PbS 缓冲层的引入可以钝化器件中的缺陷, 减少界面的非辐射复合, 有利于提升器件的性能。图 8.46(h) 给出的是这两种结构器件的暗态电流–电压曲线, 可用于分析器件中电荷载流子的漏电和自由载流子的复合 [129]。由图可见, 具有 PbS 缓冲层的器件表现出更低的漏电流, 说明 PbS 薄膜可以减少整个器件中的漏电路径, 阻碍空穴传输层和金属电极界面处的载流子复合, 有利于提升器件的性能。

4) 基于 PbS 缓冲层的平面钙钛矿电池的稳定性研究

PbS 具有疏水的表面特性, 可以保护钙钛矿层, 减少水汽与之接触引起的性能退化。图 8.47(a) 给出了裸露的钙钛矿、钙钛矿/Spiro-OMeTAD 和钙钛矿/Spiro-OMeTAD/PbS 三种表面的水接触角测试图, 可见, 单独引入 Spiro-OMeTAD 并不能给钙钛矿提供很好的保护, 其水接触角仅仅提高了不到 2°(由裸露的钙钛矿的 62.145° 增加至钙钛矿/Spiro-OMeTAD 的 63.808°); 而当继续引入 PbS 缓冲层后, 钙钛矿/Spiro-OMeTAD/PbS 表面的水接触角明显变大, 增至 98.238°, 证明 PbS 确实具有卓越的防水能力。进一步地, SEM 和 AFM 被用于研究覆盖单独 Spiro-OMeTAD 层和 Spiro-OMeTAD/PbS 复合层的器件的表面形貌。图 8.47(b)~(e) 分别给出了钙钛矿/Spiro-OMeTAD 和钙钛矿/Spiro-OMeTAD/PbS 的 SEM 图和相应的 AFM 图。可见, 在 Spiro-OMeTAD 的表面有很多明显的孔洞, 直径 50~100 nm, 与文献 [130] 一致。这些孔洞多来源于 Spiro-OMeTAD 氧化过程中亲水性添加剂 Li-TFSI 的迁移 [130]。然而就目前来说, Li-TFSI 和 tBP 是必备的添加剂, 用以提升 Spiro-OMeTAD 的导电性和迁移率。针孔的出现会为水汽渗入提供通道, 并会进一步引起金属电极与钙钛矿的直接接触, 这些因素都会造成钙钛矿电池性能的衰减和稳定性的降低。而在另一方面, 具有 PbS 缓冲层的器件呈现出非常平坦、均匀、致密的表面, 针孔不再出现, 且相比于单独 Spiro-OMeTAD 层更为光滑, 其表面均方根 (RMS) 粗糙度为 5.43 nm, 略小于 Spiro-OMeTAD 的 6.11 nm。该平整致密且无孔洞的表面有利于减小金属电极与钙钛矿层接触的风险, 减少漏电路径, 降低界面复合, 使钙钛矿和 Spiro-OMeTAD 层免于与水汽的接触。

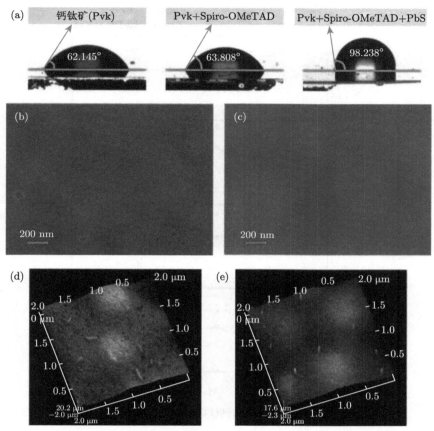

图 8.47 （a）三种不同表面的水接触角测试图；（b）钙钛矿/Spiro-OMeTAD 的表面 SEM 图；（c）钙钛矿/Spiro-OMeTAD/PbS 的表面 SEM 图；（d）钙钛矿/Spiro-OMeTAD 的 3D AFM 图；（e）钙钛矿/Spiro-OMeTAD/PbS 的 3D AFM 图 [15]

我们随后测试了钙钛矿电池在未封装条件下的长期稳定性。测试器件为具有 PbS 缓冲层的电池，对比器件为单独使用 Spiro-OMeTAD 空穴传输层的电池。器件被存储于干燥空气中，在常温、暗态下进行周期性测试，测试时的相对湿度为 40%±5% RH。长期监测得到的器件性能参数统计在图 8.48 中，器件的最初效率均选择为接近 18%。由图可见，具有 PbS 缓冲层的电池在保存 1000 h 之后依然保持了几乎 100% 的器件初始效率，而对比器件只保持了其初始效率值的 86.5%。二者之间的对比似乎并不强烈，这是因为器件被存放在了相对温和的环境中。但值得注意的是，太阳能电池的实际操作环境远比这个恶劣得多，这也是近年来众多研究者持续研究改善钙钛矿电池稳定性的初衷和动力所在。

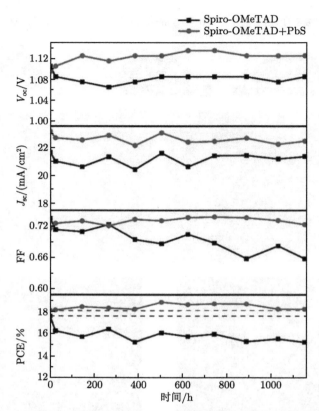

图 8.48　两种不同结构钙钛矿电池的长期稳定性 [15]

　　进一步关于具有 PbS 缓冲层电池的稳定性研究被设定在了高温环境下。单独使用 Spiro-OMeTAD 空穴传输层的电池依然被作为参比器件。上述两种结构的电池被置于 85 ℃ 高温中老化 96 h。老化过程是在暗态下、惰性气体环境中进行，电池被周期性地取出并冷却至室温后在相对湿度 40%±5% RH 的环境下测试。为便于比较，器件的最初效率均选择为接近 17.6%。图 8.49(a) 给出了两种结构钙钛矿电池在高温老化实验中的 J-V 曲线。可见，没有 PbS 插入层的器件表现出严重的性能恶化，在 85 ℃ 高温中老化 96 h 后器件的效率只剩下初始值的 25.4%；而具有 PbS 缓冲层的器件依然保持了其初始效率的 56.1%，说明 PbS 的引入可以明显地提高钙钛矿电池在高温环境下的稳定性。

　　为了理解 PbS 缓冲层提高钙钛矿器件热稳定性的机制，我们研究了在稳定性测试中钙钛矿薄膜的结晶性变化。图 8.49(b) 给出了两种结构器件在高温老化前后的 XRD 图谱，注意到，参比器件 (没有 PbS 插入层) 在高温老化开始的最初 24 h 后出现了明显的开压突降。因此，高温老化 24 h 后的钙钛矿 XRD 谱

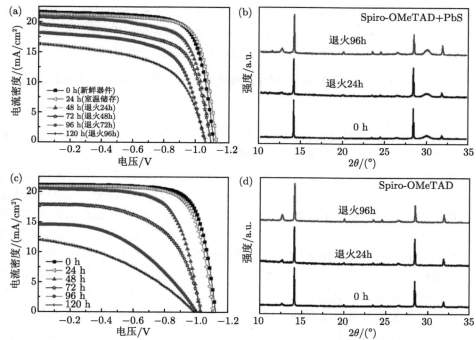

图 8.49 (a) 两种不同结构钙钛矿器件在高温老化实验中 *J-V* 曲线随时间的变化图；(b) 两种不同结构中钙钛矿薄膜经历不同时间高温老化实验后的 XRD 图谱[15]

也被列入了对比。由图可见，虽然高温老化确实会让钙钛矿薄膜中的 PbI_2 含量增加，但其增加的趋势在两种结构的钙钛矿器件中几乎一致，说明钙钛矿层的热分解并不是造成其热稳定性差异的主要原因。之前曾有研究表明，金属电极会与穿越空穴传输层迁移而来的碘发生反应[108,131]，或者金属离子自身也会扩散进入钙钛矿层引发一系列的影响[106]。这些过程会明显损伤器件的性能，而高温环境无疑还会加速相关反应的进程。根据 XRD 的结果，我们认为，正是在高温下迁移至钙钛矿层中的 Au 原子在一定程度上扮演了复合中心的角色，从而造成了器件的 V_{oc} 和 J_{sc} 的降低。由图 8.49(a) 可见，没有 PbS 的参比器件相比于具有 PbS 缓冲层的器件表现出更严重的 V_{oc} 和 J_{sc} 的损失，说明 PbS 缓冲层在空穴传输层和金属电极之间可能起到了物理隔离的作用，其阻碍了 Au 原子的扩散。另一方面，钙钛矿器件性能的损失也可能来源于高温下 tBP 的挥发。tBP 作为添加剂在 Spiro-OMeTAD 中主要起到均化 Li-TFSI、防止其发生团聚的作用，失去 tBP 将明显降低 Spiro-OMeTAD 的空穴传输性能，从而严重影响器件的 V_{oc} 和 J_{sc}。类似结果在固态染料敏化太阳能电池中也有报道[132]。因此，PbS 作为

Spiro-OMeTAD 上方一层致密的覆盖层，可能也起到了延缓 tBP 挥发的作用，从而增强了器件的热稳定性。不过，受限于目前我们相关表征手段的缺乏，以上均为结合文献和实验结果的合理猜想，具体原因还有待进一步的探究。

8.4.2 热蒸发法制备的无机空穴传输材料硫化铜在平面钙钛矿电池中的应用

1. 简介

8.4.1 节中提到了目前钙钛矿电池中的主要空穴传输材料 Spiro-OMeTAD 的诸多问题，包括迁移率低、导电率低、薄膜表面有孔洞、不稳定等。因此，高迁移率、稳定的无机半导体空穴传输材料逐渐地引起科研工作者的注意。硫化铜 (CuS) 是重要的一种 p 型半导体材料，根据硫化铜中铜原子数随 x 的改变，可以得到许多不同物相的硫化铜。硫化铜家族至少包括 7 种不同的物相，比如辉铜矿的 Cu_2S、久辉铜矿的 $Cu_{1.96}S$、五硫铜矿的 $Cu_{1.72\sim1.82}S$、蓝辉铜矿的 $Cu_{1.75\sim1.78}S$、斜方蓝辉铜矿的 $Cu_{1.75}S$、高硫铜矿的 $Cu_{1.4}S$、靛铜矿的 CuS。所有这些硫化物因为 Cu 原子在晶格中的空位而形成 p 型的半导体。考虑到硫化铜 p 型半导体材料的高空穴迁移率和高功函数，我们将 Cu_xS 引入平面的 n-i-p 钙钛矿电池中。真空气相沉积法可以避免溶液旋涂法对活性层的损害，而且真空气相沉积法可以很好地控制蒸发速率，得到致密平整的薄膜。因此，我们采用热蒸发硫化铜粉末的方法来制备 Cu_xS，制备的薄膜不需要后退火处理。

2. 平面钙钛矿电池的制备

制备结构为 FTO/电子传输层/钙钛矿吸光层/空穴传输层/Au 电极的平面 n-i-p 型的钙钛矿电池。制备步骤如下所述。

1) 合成碘甲胺

将浓度为 40% 的甲醇为溶剂的 27.8 mL 的甲胺溶液与浓度为 57% 的 30 mL 的氢碘酸的水溶液混合在 250 mL 的圆底烧瓶中，在 0 ℃ 下冰浴搅拌 2 h。然后将反应后的溶液在 50 ℃ 条件下进行充分的旋转蒸发，将旋蒸之后获得的产物用乙醚清洗三次，再在乙醚和乙醇的混合溶液中进行重结晶。最后取出重结晶的产物，将其放在 60 ℃ 的热台上，在氩气气氛保护下进行干燥处理，重结晶的过程可以多次进行以提高纯度。干燥好的产物保存待用。

2) FTO 衬底玻璃的清洗

清洗步骤如 8.4.1 节所述。

3) 电子传输层的制备

(1) 低温溶液制备 SnO_2。

配制 0.1 mol/L 的二水合氯化亚锡的无水乙醇溶液，将溶液超声处理 15 min 后得到澄清、分散均匀的氧化锡前驱体溶液。接下来将提前准备好的臭氧处理过的衬底放在匀胶机上，通过旋涂法旋涂一层致密的薄膜，转速为低速 500 r/min 持续 6 s，高速 2000 r/min 持续 30 s。最后将薄膜在空气中梯度热退火 2 h，梯度热退火过程为：100 ℃ 退火 30 min，随后升高到 150 ℃ 退火 30 min，再升温到 180 ℃ 退火 1 h。最终得到一层非常透明、致密的 SnO_2 薄膜。

(2) 传统 TiO_2 致密层的制备。

首先准备 TiO_2 致密层溶液：将 380 μL 的二乙醇胺与 14 mL 的无水乙醇混合，保持在 40 ℃ 下磁力搅拌 20 min，然后加入 1.8 mL 的钛酸四丁酯并在 40 ℃ 下继续磁力搅拌 30 min，最后加入 4 mL 的无水乙醇并保持在 40 ℃ 下继续磁力搅拌 30 min，将反应之后得到的溶液静置 24 h，即可获得无色透明的 TiO_2 致密层溶液。将合成的 TiO_2 致密层溶液旋涂在经过 15 min 臭氧处理的 FTO 导电衬底表面，旋涂工艺为低速 500 r/min 持续 6 s，高速 4000 r/min 持续 30 s。然后将旋涂好的致密层放入马弗炉，在 550 ℃ 下退火 15 min。

(3) PCBM 钝化层的制备。

称取 10 mg 的 $PC_{61}BM$，溶解在 1mL 的氯苯溶液中，充分搅拌 12 h。将 $PC_{61}BM$ 溶液旋涂在制备好电子传输层的衬底表面，旋涂工艺为低速 500 r/min 持续 6 s，高速 3000 r/min 持续 40 s。

4) 钙钛矿吸光层的制备

将 461 mg 的碘化铅和 159 mg 的碘甲胺 (CH_3NH_3I) 溶解在 723 μL 的 DMF 和 81 μL 的 DMSO 溶液中，少量的硫氰酸铅 $Pb(SCN)_2$ 加入钙钛矿的前驱体溶液中，钙钛矿前驱液搅拌 12 h。在制备钙钛矿吸光层之前，将镀有电子传输层的衬底放在紫外臭氧机中臭氧处理 15 min，钙钛矿薄膜通过旋涂工艺制备。将衬底放在匀胶机上，通过旋涂法旋涂一层致密的薄膜，转速为低速 500 r/min 持续 6 s，高速 4000 r/min 持续 40 s。注意，在钙钛矿旋涂的高速过程中在样品上方匀速滴入 500 μL 的氯苯溶液，该反溶剂有利于形成平整的致密的钙钛矿薄膜。旋涂完薄膜后将薄膜放在热台上，在 60 ℃ 下退火 2 min，100 ℃ 下退火 5 min，形成黑色的结晶性良好的钙钛矿吸光层。

5) 空穴传输层和金电极的制备

配制 Spiro-OMeTAD 空穴传输层，其成分为：72.3 mg 的 Spiro-OMeTAD 粉末，29 μL 的 TBP，17.5 μL 的锂盐 (Li-TFSI)，其中锂盐的配方为 130 mg 的 Li-TFSI 溶解于 250 μL 的乙腈溶液，溶剂为 1 mL 的氯苯。制备好钙钛矿吸光层后，待其冷却至室温，然后通过旋涂将空穴传输层沉积在钙钛矿层表面。将衬底放在匀胶机上，通过旋涂法旋涂一层致密的薄膜，旋涂工艺为：低速 500 r/min 保持 6 s，高速 3000 r/min 保持 30 s。制备好 Spiro-OMeTAD 空穴传输层后，将器件放入真空蒸发设备的腔体内，提前称量好硫化铜粉末和金丝，将硫化铜粉末放置在蒸发舟上，将金丝缠绕在钨丝表面，通过蒸发法在器件表面沉积一层 p 型

Cu_xS，随后蒸发一层 80 nm 的金电极。电极的有效面积为 0.09 cm^2。

　　Cu_xS 的蒸发制备方法为：称取一定量的高纯 CuS 粉末 (注意，原料为 CuS)，将其放置在真空腔中的蒸发舟；将需要沉积 Cu_xS 薄膜的样品放置在蒸发样品台上，对真空腔体进行抽真空操作，待真空室的真空度小于 10^{-4}Pa 以后，开始蒸发；调节蒸发电流源的电流，缓慢增加电流值，注意观测腔体真空度的变化，最初加电流的阶段，腔体真空气压值会有增加，注意此时不要打开挡板，蒸发还未开始；继续增大电流值，腔体真空压强再一次增加，且膜厚监控仪开始有速率，待速率稳定后打开挡板开始蒸发；得到想要的厚度值时，关闭挡板，将电流源逐步关闭，冷却后关闭真空系统，关闭蒸发仪器。操作过程中会观测到两次真空气压的明显增强，第一阶段可能是因为二价的铜金属硫化物的熔点较低，CuS 粉末融化分解，产生了一定量的硫蒸气。后一阶段是中间产物进一步融化升华然后在衬底上成核生长，沉积成膜。

　　3. p 型 Cu_xS 的表征

　　首先研究气相沉积的 Cu_xS 的光学特性和物相。图 8.50(a) 所示为蒸发法在石英玻璃上沉积的一层 Cu_xS 薄膜的可见光范围的透射率。Cu_xS 的厚度可以通过调节蒸发速率和挡板的开关，以及蒸发原料的多少来控制。这里，Cu_xS 将会沉积在 Spiro-OMeTAD 层或钙钛矿层的上方，所以 Cu_xS 的透射率或吸光显得不那么重要，因为大部分的可见光都会被钙钛矿吸收。对直接带隙的半导体而言，光学禁带宽度可以根据 $(\alpha h\nu)^2$ 和 $h\nu$ 的关系曲线得出，禁带宽度是通过延长线性区域和横轴的交点得到的截距。图 8.50(a) 的插图给出了 Cu_xS 禁带宽度的计算。计算结果证实，通过蒸发法制备的 Cu_xS 的禁带宽度为 2.02 eV。图 8.50(b) 给出了制备的 Cu_xS 样品的 XRD 图谱，可以观测到三个衍射峰，分别位于 13.3°、26.7° 和 40.6°。这三个衍射峰分别对应于 Cu_xS 材料的 (1 0 1)、(1 2 1) 和 (2 2 3) 晶面。XRD 的结果证明，产物为斜方蓝辉铜矿的 $Cu_{1.75}S$，对应于斜方晶系的 $Cu_{1.75}S$，JCPDS 卡片号为 24-0058。XRD 结果证实了薄膜的结晶性。关于沉积产物的分析，蒸发的初始原料为二价的化学计量比的 CuS，最终产物是非化学计量比的硫化铜。我们认为反应过程中有不同程度的铜元素或硫元素的丢失，但是硫元素更容易丢失，产物更倾向于形成一种富铜的硫化物，在富铜的硫化铜产物中，$Cu_{1.75}S$ 是最稳定的一种相。我们推测反应过程中 CuS 粉末融化分解生成非化学计量比的硫化铜中间产物，接着非化学计量比的中间产物继续蒸发沉积在衬底上，形成最终的薄膜。

　　为了进一步研究最终产物的结晶性以及形貌，我们测试了 Cu_xS 薄膜的 TEM 图及 HR-TEM 图。测试的结果如图 8.51(a) 所示。从图 (a) 中可以看到 Cu_xS 在 HR-TEM 下的形貌，可以看出，纳米颗粒在视野中均匀铺满，形成一块一块的区

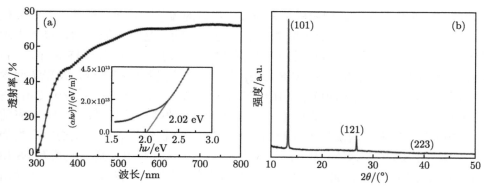

图 8.50   (a)Cu$_x$S 薄膜的可见光范围内的透射率及光学禁带宽度计算；(b)Cu$_x$S 的 XRD 图谱 [107]

域。图 8.51(a) 插图给出了 Cu$_x$S 的选区电子衍射图，衍射图像为衍射环，证明了 Cu$_x$S 是多晶。衍射环可以对应斜方晶系的 Cu$_x$S 的晶面的取向。图 8.51(b) 给出了 Cu$_x$S 的 HR-TEM 图，可以清楚地看出 Cu$_x$S 的晶格。从图中可以计算出 Cu$_x$S 的晶面间距 d 为 0.29 nm，对应 Cu$_x$S 的 (113) 晶面 (注意，(113) 晶面并没有在 XRD 的峰中出现)。

图 8.51   (a)Cu$_x$S 的透射电镜图及选区电子衍射图；(b)Cu$_x$S 的 HR-TEM 图 [107]

接下来进行蒸发制备的产物的成分和能带分析, 图 8.52(a)~(c) 展示了 Cu$_x$S 的 XPS 图谱。图 8.52(a) 为 Cu$_x$S 的 XPS 的全谱扫描，从图中可以得到铜元素和硫元素的特征峰。接下来进行 Cu 2p 扫描，如图 8.52(b) 所示，经过分析和拟合可以得到两个分别位于 952.1 eV 和 932.4 eV 的特征峰，分别对应于 Cu$_{1.75}$S 中的一价的铜离子的 Cu 2p$_{1/2}$ 和 Cu 2p$_{3/2}$。注意到在 946 eV 的位置存在一个小峰，这个峰说明了我们的样品表面被一层铜的氧化物覆盖。即使是铜的氧化物，也具有 p 型导电性，对太阳能电池的空穴传输也是有益无害的。接下来对硫元素分峰，硫元素分峰时候的原则是保持峰位差为 1.2 eV 且保持 S $2p_{3/2}$ 和 S $2p_{1/2}$ 的强度比例为 2:1。在图 8.52(c) 中对硫元素进行分峰拟合，发现硫元素中有两个明显的峰，结合能位于 161.8 eV 和 163 eV 的特征峰分别对应于 $Cu_{1.75}S$ 中的 S $2p_{3/2}$ 和 S $2p_{1/2}$。我们没有探测到单质硫的峰，并且样品中 S 对应的峰也与标准的靛铜矿的硫化铜的峰相一致。XPS 分析结果表明，我们的产物为 $Cu_{1.75}S$。图 8.52(d) 为硫化铜的 UPS 分析。在测试过程中，紫外波长为 58.13 nm，能量为 21.22 eV。通过分析高结合能部分的截距可以得出，$Cu_{1.75}S$ 的功函数为 4.81 eV；分析低结合能部分可以得出，$Cu_{1.75}S$ 的费米能级和价带顶之间的能量差为 0.39 eV。结合上文对其光学带宽的研究，可以进一步确认 $Cu_{1.75}S$ 的具体能带位置。另外一个很重要的参数是材料的导电性。我们对 Cu_xS 的薄膜样品进行了霍尔效应的测试，测试结果为 Cu_xS 的薄膜样品的载流子浓度为 1.37×10^{15} cm^{-3}，导电率为 0.56 S/cm，空穴迁移率为 4.47 cm^2/(V·s)。这些参数都比常用的 Spiro-OMeTAD 要好很多，这些特点使得 Cu_xS 具有很大的应用潜力。

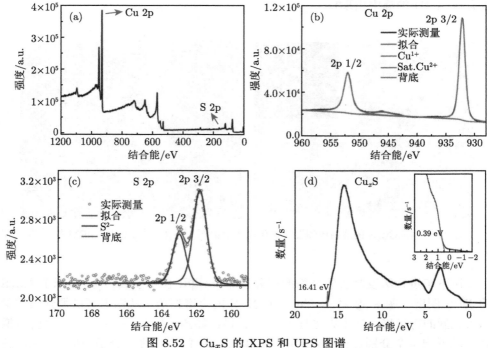

图 8.52　Cu_xS 的 XPS 和 UPS 图谱

(a) 全谱扫描；(b) Cu 2p 扫描；(c) S 2p 扫描；(d) Cu_xS 的 UPS 图谱[107]

4. 平面钙钛矿电池的表征

制备器件结构为 FTO/SnO$_2$/钙钛矿/Spiro-OMeTAD/Cu$_x$S/Au 和 FTO/SnO$_2$/钙钛矿/Spiro-OMeTAD/Au 的平面 n-i-p 型的钙钛矿电池，并对其进行表征。器件结构的示意图如图 8.53(a) 所示。图 8.53(b) 给出了相应的器件的能带示意图。Cu$_x$S 的能带位置由上文中的关于其光学禁带宽度和 UPS 研究得出。可以得出其价带顶和 Spiro-OMeTAD 的 HOMO 能级很匹配，不存在能带的势垒，在钙钛矿和 Au 电极之间起到了过渡作用。图 8.53(c) 给出了典型的沉积在 FTO 衬底上的 CH$_3$NH$_3$PbI$_3$ 的 XRD 图谱。从图中可以看出钙钛矿的典型的晶面，如 (110)，(220) 和 (202) 的晶面取向，星号标记的峰位对应于衬底 FTO。注意到在 12.8° 有一个很弱的峰，这个峰对应于 PbI$_2$ 的物相，说明了钙钛矿薄膜中会存在微量的 PbI$_2$。一步法中钙钛矿薄膜中可能会存在 PbI$_2$ 的物相，一方面是因为前驱液中 PbI$_2$ 可能过量，另一方面是我们引入了硫氰酸铅在前驱液中，从而引起 Pb 的过量，会生成 PbI$_2$ 的物相。需要注意的是，在钙钛矿的晶界处存在少量的 PbI$_2$ 可以有效地钝化钙钛矿表面，减少复合，增加钙钛矿电池的效率。因为 Cu$_x$S 会在一些无机太阳能电池如 Cu$_2$S/CdS 中作为吸光材料使用，所以我们验证了 Cu$_x$S 的引入是否会影响钙钛矿器件的光谱吸收范围。图 8.53(d) 为器件的可见光范围的吸收图谱，测试的样品分别为 FTO/MAPbI$_3$，FTO/MAPbI$_3$/Spiro-OMeTAD，FTO/MAPbI$_3$/Spiro-OMeTAD/Cu$_x$S 以及 FTO/Cu$_x$S，可以看出，钙钛矿材料在可见光范围具有较强的吸收，吸收截止边位于 750 nm 位置附近，这和其禁带宽度很好的对应；在钙钛矿上面沉积一层 Spiro-OMeTAD 或 Cu$_x$S 之后，其吸收光谱并没有发生很大的变化；FTO/Cu$_x$S 在可见光范围内吸收非常弱，虽然 Cu$_x$S 的带隙不是特别宽，但是沉积在器件表面的 FTO/Cu$_x$S 非常薄，吸收基本忽略。

考虑到 Cu$_x$S 的 p 型导电性和很好的空穴传输能力，我们首先测试了单独采用 Cu$_x$S 代替 Spiro-OMeTAD 作为空穴传输层的表现。在这之前先验证了 Cu$_x$S 和 Au 电极的接触问题，测试结果证明了 Cu$_x$S 和 Au 之间为欧姆接触，不存在接触势垒，不会引起器件的界面问题。测试结构为玻璃/Cu$_x$S/Au，通过测试两个金电极之间的电压电流曲线即可证实 Cu$_x$S 和 Au 的接触，测试结果如图 8.54(a) 所示。这里还制备了器件结构为 FTO/SnO$_2$/钙钛矿/Cu$_x$S/Au 的钙钛矿太阳能电池，测试了该器件的光伏性能，如图 8.54(b) 所示，开路电压 V_{oc} 为 0.645 V，短路电流密度 J_{sc} 为 14.56 mA/cm^2，填充因子 FF 为 48.91%，光电转换效率 PCE 为 4.6%。我们发现单独的 Cu$_x$S 表现得并不好，器件性能相对较差，分析背后的原因可能如下：根据能带的分析，Cu$_x$S 并不能很好地阻挡电子往 Au 电极的移动，因为其导带顶并不是很高，可能会引起漏电；另一方面 Cu$_x$S 可能

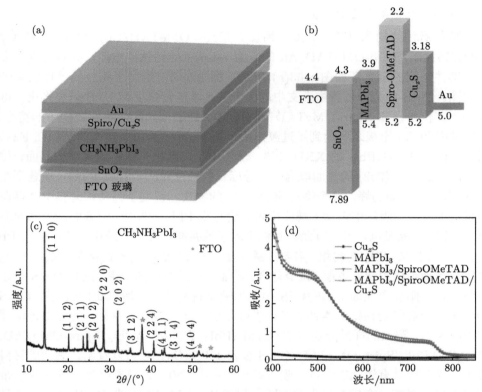

图 8.53　(a) 器件的结构示意图；(b) 器件的能带示意图；(c) 典型的钙钛矿薄膜的 XRD 图谱；(b) 器件的可见光范围的吸收图谱 [107]

太导电而不适合单独作为钙钛矿上层的空穴传输层。这样就暗示了我们可以采取 Spiro-OMeTAD 和 Cu_xS 复合的方式来利用 Cu_xS 的优异的空穴迁移率，同时利用其物理的阻挡作用来填充 Spiro-OMeTAD 表面的孔洞，阻止 Au 的扩散和水分的渗透，提高器件的稳定性。

Cu_xS 和 Spiro-OMeTAD 的复合使器件的性能得到了很大的提升。通过改变 Cu_xS 的厚度，我们制备了基于 Spiro-OMeTAD 和 Cu_xS 的复合空穴传输层的钙钛矿太阳能电池，并测试了器件的性能，相应的器件的光电转换性能如图 8.55(a) 所示。Cu_xS 的厚度分别为 0 nm、10 nm、20 nm、30 nm、60 nm，Cu_xS 的厚度通过膜厚监控仪可以得到控制。器件的性能参数统计在表 8.12 中。从图表可以看出，对比样品 (即采用传统 Spiro-OMeTAD 为空穴传输层的器件) 开路电压 V_{oc} 为 1.065 V，短路电流密度 J_{sc} 为 21.09 mA/cm²，填充因子 FF 为 70.06%，光电转换效率 PCE 为 15.74%。当引入蒸发的 Cu_xS 之后，器件性能有

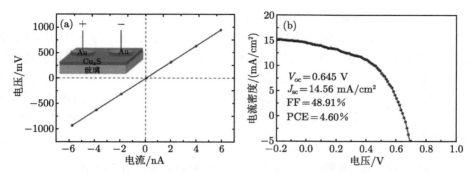

图 8.54 (a) Cu$_x$S 和 Au 的接触曲线;(b) 以 Cu$_x$S 为空穴传输层的钙钛矿太阳能电池的光电转换曲线 [107]

了提升,10 nm 的 Cu$_x$S 器件,其开路电压 V_{oc} 为 1.095 V,短路电流密度 J_{sc} 为 21.86 mA/cm^2,填充因子 FF 为 72.18%,光电转换效率 PCE 为 17.28%;增加 Cu$_x$S 的厚度到 20 nm,其开路电压 V_{oc} 为 1.125 V,短路电流密度 J_{sc} 为 22.47 mA/cm^2,填充因子 FF 为 71.12%,光电转换效率 PCE 为 17.98%;继续增加 Cu$_x$S 的厚度到 30 nm 或 60 nm 之后,发现器件的性能开始下降,可能是因为过厚的 Cu$_x$S 的表面形貌开始变得粗糙,容易漏电或者形成复合中心,说明 Cu$_x$S 的最佳厚度为 20 nm。可以明显地观察到,通过引入 Cu$_x$S 并适当地调整 Cu$_x$S 的厚度,钙钛矿电池的光电转换效率得到了明显的提升。

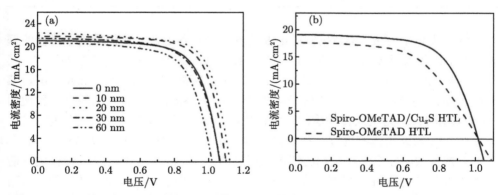

图 8.55 (a) 基于复合空穴传输层的平面钙钛矿电池在一个太阳光下的性能参数;(b) 基于 TiO$_2$ 的平面钙钛矿电池在一个太阳光下的性能参数 [107]

为了验证这种策略是否通用,我们将器件的电子传输层改为传统的致密 TiO$_2$,采用同样的方法制备了器件并测试了器件的光电转换性能。器件结构分别为 FTO/TiO$_2$/钙钛矿/Spiro-OMeTAD/Cu$_x$S/Au 和 FTO/TiO$_2$/钙钛矿/Spiro-OMeTA-

D/Au。光伏转换曲线如图 8.55(b) 所示，器件性能在表 8.13 中列出。结果发现以 TiO$_2$ 为电子传输层，Spiro-OMeTAD 为空穴传输层的器件的开路电压 V_{oc} 为 1.0 V，短路电流密度 J_{sc} 为 17.97 mA/cm^2，填充因子 FF 为 60.11%，光电转换效率 PCE 为 10.81%。引入 Cu$_x$S 之后，器件的开路电压 V_{oc} 为 1.01 V，短路电流密度 J_{sc} 为 19.12 mA/cm^2，填充因子 FF 为 64.89%，光电转换效率 PCE 为 12.53%。同样地，我们发现通过引入 Cu$_x$S，钙钛矿电池的光电转换效率得到了明显的提升。

表 8.12　基于不同的 Cu$_x$S 的厚度的平面钙钛矿电池的性能参数 [107]

Cu$_x$S 厚度/nm	V_{oc}/V	J_{sc}/(mA/cm^2)	FF/%	PCE/%
0	1.065	21.09	70.06	15.74
10	1.095	21.86	72.18	17.28
20	1.125	22.47	71.12	17.98
30	1.065	21.51	67.53	15.47
60	1.015	20.68	68.02	14.28

表 8.13　基于 TiO$_2$ 电子传输层的平面钙钛矿电池的性能参数 [107]

不同空穴传输层	V_{oc}/V	J_{sc}/(mA/cm^2)	FF/%	PCE/%
Spiro-OMeTAD	1.00	17.97	60.11	10.80
Spiro-OMeTAD/Cu$_x$S	1.01	19.12	64.89	12.53

　　通过优化平面 n-i-p 型钙钛矿电池的界面的制备工艺，我们得到了最佳的器件性能。采用有机无机杂化的 Spiro-OMeTAD/Cu$_x$S 复合空穴传输层的器件，其最佳性能为开路电压 V_{oc} 为 1.125 V，短路电流密度 J_{sc} 为 23.10 mA/cm^2，填充因子 FF 为 71.50%，光电转换效率 PCE 为 18.58%。而对应的只单独使用 Spiro-OMeTAD 为空穴传输层的钙钛矿电池，其效率为 17.34%，开路电压 V_{oc} 为 1.095 V，短路电流密度 J_{sc} 为 21.76 mA/cm^2，填充因子 FF 为 72.78%。注意，这些参数为太阳能电池在反扫的情况下得到的，扫描速度为 0.1 V/s。最佳的性能表现的太阳能电池的 J-V 曲线如图 8.56(a) 所示。为了进一步地验证器件的短路电流密度的增加，我们测试了器件的 IPCE 图谱，结果如图 8.56(b) 所示。根据 IPCE 数值可以得出器件的积分电流，结果表明复合空穴传输层的积分短路电流密度为 20.73 mA/cm^2，Spiro-OMeTAD 空穴传输层的积分短路电流密度为 19.31 mA/cm^2。积分电流和实际电流值不一样，主要是因为 IPCE 和 J-V 测试中环境的不同。IPCE 测试时并没有对器件施加标准太阳光的偏压，所以 IPCE 的数值通常比实际的电流值小一些。从 IPCE 表现来看，基于 Spiro-OMeTAD/Cu$_x$S 复

合空穴传输层的器件要比基于 Spiro-OMeTAD 空穴传输层的器件表现出更大的
光生电流。从图谱上反映出，在 450~760 nm 范围内，基于 Spiro-OMeTAD/Cu$_x$S
复合空穴传输层的器件有更大的 IPCE 数值，意味着太阳能电池在此波段有更大
的光响应，说明 Spiro-OMeTAD/Cu$_x$S 复合空穴传输层可以更有效地将活性层产
生的光生载流子抽取到器件的电极端。

　　为了验证钙钛矿太阳能电池的效率的真实性，通常需要对钙钛矿电池进行稳
态效率的测试。所谓稳态效率即太阳能电池在最大功率输出点时的太阳能电池的
效率，该效率值可以更加真实地评估器件的性能。我们也测试了最优电池的稳态
效率，结果如图 8.56(c) 和图 8.56(d) 所示。对基于 Spiro-OMeTAD/Cu$_x$S 复
合空穴传输层的器件来说，器件施加的外电压为 0.925 V，稳定状态下器件的
光生短路电流密度为 19.36 mA/cm^2，所以器件的稳态效率为 17.91%。对基于
Spiro-OMeTAD/Cu$_x$S 复合空穴传输层的器件来说，器件施加的外电压为 0.905
V，稳定状态下器件的光生短路电流密度为 18.17 mA/cm^2，所以器件的稳态效率
为 16.44%。除此之外，为了验证实验结果的可重复性，我们分别制备了超过 30
个太阳能电池，将太阳能电池的数据统计在图中，图 8.56(e) 和图 8.56(f) 分别给
出了短路电流密度和光电转换效率的统计数据的箱式图；图 8.56(g) 和图 8.56(h)
分别给出了开路电压和填充因子的统计数据的箱式图。从图中数据点的分布可以
很清楚地观测到，基于 Spiro-OMeTAD/Cu$_x$S 复合空穴传输层的器件会产生更大
的短路电流密度和更高的光电转换效率，而开路电压和填充因子保持在一个相同
的水平。统计结果表明，基于 Spiro-OMeTAD/Cu$_x$S 复合空穴传输层的器件的平
均的开路电压 V_{oc} 为 (1.11±0.02) V，短路电流密度 J_{sc} 为 (22.24±0.60) mA/cm^2，
填充因子 FF 为 71.53%±1.31%，光电转换效率 PCE 为 17.52%±0.82%。而
基于 Spiro-OMeTAD 空穴传输层的器件的平均的开路电压 V_{oc} 为 (1.10±0.02) V，
短路电流密度 J_{sc} 为 (23.34±0.45) mA/cm^2，填充因子 FF 为 70.2%±2.51%，光
电转换效率 PCE 为 16.22%±1.02%。相应的器件光伏参数都在表 8.14 中列出。
无论是从 IPCE 或者稳态数据或者太阳能电池的光伏参数的统计分布上看，引入
Cu$_x$S 的器件的性能都要优于没有引入 Cu$_x$S 的器件。

表 8.14　基于不同空穴传输层的平面钙钛矿电池的性能参数 [107]

不同的空穴传输层		V_{oc}/V	J_{sc}/(mA/cm^2)	FF/%	PCE/%
Spiro-OMeTAD	冠军器件参数	1.095	21.76	72.77	17.34
	平均器件参数	1.10±0.02	21.34±0.45	70.2±2.51	16.22±1.02
Spiro-OMeTAD/Cu$_x$S	冠军器件参数	1.125	23.10	71.50	18.58
	平均器件参数	1.11±0.02	22.24±0.60	71.53±1.31	17.52±0.82

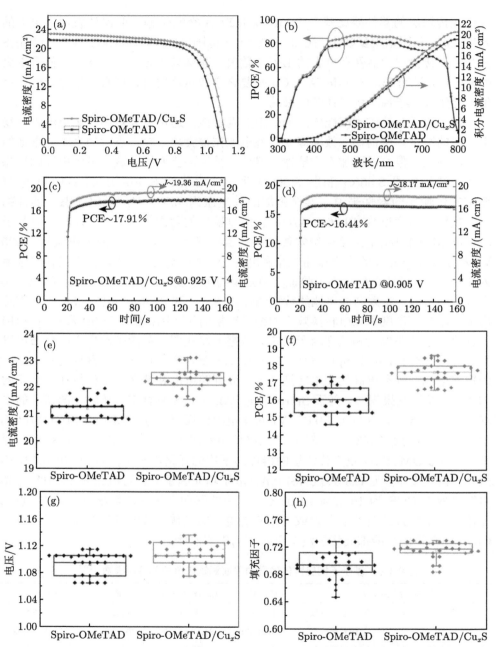

图 8.56 (a) 钙钛矿太阳能电池的冠军电池的 *J-V* 曲线；(b) 钙钛矿太阳能电池的冠军电池对应的 IPCE 曲线；(c) 基于 Spiro-OMeTAD/Cu$_x$S 复合空穴传输层的钙钛矿太阳能电池的稳态效率曲线；(d) 基于 Spiro-OMeTAD 空穴传输层的钙钛矿太阳能电池的稳态效率曲线；基于不同空穴传输层的钙钛矿太阳能电池的光伏性能参数的统计箱式分布图：(e) 短路电流密度；(f) 光电转换效率；(g) 开路电压；(h) 填充因子 [107]

目前来讲,虽然我们采取了一层高空穴迁移率的无机半导体材料来增加器件的空穴迁移,但器件仍然存在一些回滞现象。所谓的回滞现象即钙钛矿太阳能电池的光伏表现随着扫描方向的不同会有差别。回滞的原因主要是离子迁移,引起电荷在界面处或活性层中的积累,进而引起测试过程中的 *J-V* 曲线不一致。器件的正反扫效率曲线如图 8.57 所示,反扫指的是测试太阳能电池时,扫描方向为从开路电压往短路电流方向扫描;正扫指的是测试太阳能电池时,扫描方向为从短路电流往开路电压方向扫描,相关的测试结果参数见表 8.15。

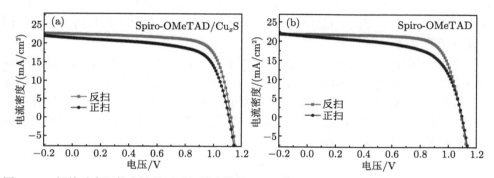

图 8.57 钙钛矿太阳能电池的正反扫效率曲线:(a) 基于 Spiro-OMeTAD/Cu$_x$S 复合空穴传输层;(b) 基于 Spiro-OMeTAD 空穴传输层[107]

表 8.15 扫描方向对基于不同空穴传输层的平面钙钛矿电池的性能影响参数汇总[107]

		V_{oc}/V	J_{sc}/(mA/cm^2)	FF/%	PCE/%
Spiro-OMeTAD/Cu$_x$S	反扫	1.125	22.47	72.94	18.44
	正扫	1.065	21.51	67.53	15.47
Spiro-OMeTAD	反扫	1.095	21.76	72.77	17.34
	正扫	1.095	21.27	62.64	14.59

5. 平面钙钛矿电池的界面传输研究

为了研究器件的性能提升机制,我们研究了界面的传输特性。在上文中的霍尔效应的测试中我们研究了 Cu$_x$S 的霍尔迁移率,通过霍尔效应测试系统证实了 Cu$_x$S 的霍尔迁移率比 Spiro-OMeTAD 高 3~4 个量级。为了研究 Spiro-OMeTAD 和 Spiro-OMeTAD/Cu$_x$S 对器件的空穴载流子传递效率的影响,我们测试了器件的稳态光致发光谱,测试结果如图 8.58(a)。测试样品的结构分别为:FTO/SnO$_2$/MAPbI$_3$,FTO/SnO$_2$/MAPbI$_3$/Spiro-OMeTAD,FTO/SnO$_2$/MAPbI$_3$/Spiro-OMeTAD/Cu$_x$S,区别在于是否有空穴传输层以及空穴传输层的不同。所有样品的钙钛矿层的厚度是相同的。测试的激光的波长为 488 nm。从图中可以看出，FTO/SnO$_2$/MAPbI$_3$ 样品表现出了最强的光致发光峰，暗示了薄膜内或者钙钛矿薄膜与电极接触处有很严重的载流子复合发光，发光峰位于约 760 nm 位置处，和 MAPbI$_3$ 的禁带宽度对应。当我们在 FTO/SnO$_2$/MAPbI$_3$ 样品上引入空穴传输层 Spiro-OMeTAD 之后，光致发光峰明显下降，说明了很多发生在钙钛矿内部或者钙钛矿与其他层的界面处的载流子的复合得到了抑制。更为明显的是，当我们在 FTO/SnO$_2$/MAPbI$_3$ 样品上引入复合空穴传输层 Spiro-OMeTAD/Cu$_x$S 后，光致发光峰进一步下降，可见光区域基本看不到光致发光峰，说明了 Spiro-OMeTAD/Cu$_x$S 比 Spiro-OMeTAD 可以更高效地抽取载流子到金属电极处，抑制载流子的复合。

通过采用空间限制电流 (SCLC) 的模型，我们可以更直观地测试 Spiro-OMeTAD/Cu$_x$S 和 Spiro-OMeTAD 的空穴迁移率。SCLC 测试过程为：首先制备器件结构为 FTO/Au/ Spiro-OMeTAD/Cu$_x$S/Au 或 FTO/Au/Spiro-OMeTAD/Au 的器件，然后测试器件的 J-V 曲线。空穴迁移率可以通过拟合测试出来的曲线，然后依据 Mott-Gurney 定律计算，Mott-Gurney 定律公式为

$$J = \frac{9}{8}\varepsilon_0\varepsilon_r\mu\frac{V^2}{d^3}$$

公式中，ε_0 是真空介电常量；ε_r 是活性层的介电常量；μ 是载流子的迁移率；d 是薄膜的厚度。一般来讲，有机物的介电常量可以大致认为是 3。测试结果如图 8.58(b) 所示。通过对曲线拟合，可以计算出 Spiro-OMeTAD/Cu$_x$S 的空穴迁移率为 3.3×10^{-3} cm^2/(V·s)，基本上是 Spiro-OMeTAD 薄膜的两倍。高的空穴迁移率可以提升载流子在器件中传输能力。除此之外，我们分别制备了结构为 FTO/SnO$_2$/Spiro-OMeTAD/Cu$_x$S/Au 和 FTO/SnO$_2$/Spiro-OMeTAD/Au 的器件，然后测试器件的 J-V 曲线。注意二者的不同在于是否引入 Cu$_x$S，测试的 J-V 曲线结果如图 8.58(c) 所示。从曲线中可以看到，对于一个给定的电压值，FTO/SnO$_2$/Spiro-OMeTAD/Cu$_x$S/Au 的器件表现出了更大的注入电流值，说明了 FTO/SnO$_2$/Spiro-OMeTAD/Cu$_x$S/Au 具有优于 FTO/SnO$_2$/Spiro-OMeTAD/Au 的界面传输特性。对平面异质结来讲，通常可以用二极管模型来分析器件的 J-V 曲线，从而可以计算出器件的串联电阻。依据的二极管模型公式为

$$\frac{dV}{dJ} = \frac{Ak_BT}{e}(J_{sc} - J)^{-1} + R_s \tag{8.10}$$

其中，A 是异质结的理想因子；k_B 是玻尔兹曼常量；T 是热力学温度；e 是电子电量。根据公式作出 dV/dJ 与 $(J_{sc} - J)^{-1}$ 的关系曲线，对曲线进行线性拟合，即可得出直线在纵轴的截距，该截距即为器件的串联电阻。分析光照情况下 J-V

而得到的 $-\mathrm{d}V/\mathrm{d}J$ 与 $(J_{sc}-J)^{-1}$ 的关系曲线图和拟合图如图 8.58(d) 所示。计算结果表明，光照情况下 Spiro-OMeTAD/Cu$_x$S 空穴传输层的器件表现出了更低的串联电阻。

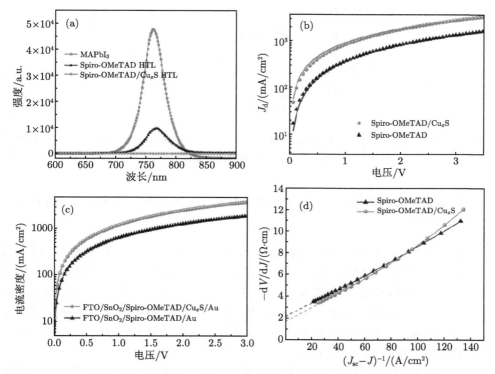

图 8.58　(a) 器件的稳态光致发光谱；(b) SCLC 计算空穴迁移率；(c) 不同器件的注入电流；(d) 钙钛矿太阳能电池的 $-\mathrm{d}V/\mathrm{d}J$ 和 $(J_{sc}-J)^{-1}$ 的关系曲线 [107]

为了进一步分析 Cu$_x$S 层的引入对器件性能的影响，我们在暗态下对基于 Spiro-OMeTAD/Cu$_x$S 空穴传输层的和 Spiro-OMeTAD 空穴传输层的钙钛矿太阳能电池 (PVSC) 进行电化学阻抗测试，相应的奈奎斯特图如图 8.59 所示，测试偏压均为 0.4 V。暗态下的 EIS 曲线可以分两个部分进行分析，高频部分反映的是器件的接触电阻，中低频部分反映的则是器件的复合电阻。对高频部分放大可以发现，基于 Spiro-OMeTAD/Cu$_x$S 空穴传输层的样品接触电阻更小，还可以发现基于 Spiro-OMeTAD/Cu$_x$S 空穴传输层的样品的复合电阻高于 Spiro-OMeTAD 空穴传输层的样品，说明 Cu$_x$S 层的引入会降低器件中产生的部分缺陷，降低了载流子复合概率和复合速度，增加了器件的复合阻抗，有利于提升器件性能。

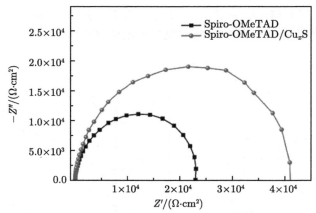

图 8.59   暗态下对基于 Spiro-OMeTAD/Cu$_x$S 空穴传输层的和 Spiro-OMeTAD 空穴传输层的 PVSC 的电化学阻抗测试奈奎斯特图 [107]

6. 基于热蒸发法制备的无机空穴传输材料硫化铜的平面钙钛矿电池的稳定性研究

众所周知，限制钙钛矿太阳能电池进入实用阶段的最重要的因素之一就是钙钛矿太阳能电池的稳定性。钙钛矿太阳能电池在使用过程中会逐步分解，引起效率衰减，所以提升钙钛矿的稳定性非常重要。目前来讲，为了提升常见的 Spiro-OMeTAD 空穴传输层的导电性和迁移率，Li-TFSI 和 tBP 经常会被掺杂到空穴传输层的溶液中。然而这些添加剂通常会逐渐地降解钙钛矿，吸收空气中的水分，即使是非常少量的 Li-TFSI 旋涂在钙钛矿薄膜上也会加速钙钛矿分解成黄色的碘化铅。而且 Li-TFSI 通常需要被氧化之后才能提升薄膜的迁移率和导电性，而在其被氧化的过程中，Li-TFSI 会发生迁移，从薄膜中间迁移到薄膜表面，从而在薄膜上形成孔洞。这样原本平整的薄膜会形成很多孔洞，孔洞进一步会引起 Au 电极和钙钛矿的直接接触，而且会为水分的渗入提供了一个通道。这些因素都会引起钙钛矿电池效率的衰减。为了解决这个问题，我们引入了无机的 Cu$_x$S 来保护 Spiro-OMeTAD 和钙钛矿层，既作为缓冲层又作为空穴传输层。首先我们研究器件的表面和界面，图 8.60 给出了器件的表面形貌图和器件的截面图。图 8.60(a) 为钙钛矿薄膜的表面 SEM 图，可以看到均匀的钙钛矿晶粒，晶粒的尺寸大约为 300 nm，晶粒之间相互靠拢形成一个平整致密无孔洞的钙钛矿薄膜，高质量的钙钛矿薄膜是取得高效率的关键。图 8.60(b) 为器件的实际截面图，可以看到器件每一层的厚度情况。钙钛矿层的厚度大约为 450 nm，Spiro-OMeTAD 加上 Cu$_x$S 的厚度大约为 220 nm。接着我们可以看到在钙钛矿表面旋涂一层有机空穴传输层 Spiro-OMeTAD 之后的形貌，如图 8.60(c) 所示。旋涂 Spiro-OMeTAD 之后，薄膜非常平整，但是可以看到不少孔洞，孔洞直径在 100～200 nm。如上文所述，这些孔洞就是添加剂在薄膜中的迁移形成的，会对器件产生不利的影响。然后我们观察在 Spiro-OMeTAD 薄膜表面沉积一层 Cu_xS 之后的形貌，如图 8.60(d) 所示。可以发现 Spiro-OMeTAD 表面的孔洞消失了，Spiro-OMeTAD 表面形成了一层致密的 Cu_xS 的多晶薄膜。AFM 的研究结果可以进一步证实我们的发现。如图 8.60(e) 所示为 Spiro-OMeTAD 的表面 AFM 形貌，Spiro-OMeTAD 表面的均方根粗糙度为 0.85 nm，Spiro-OMeTAD 表面的孔洞非常明显。如图 8.60(f) 所示为 Spiro-OMeTAD/Cu_xS 的表面 AFM 形貌，Spiro-OMeTAD/Cu_xS 的表面的均方根粗糙度为 3.28 nm，Spiro-OMeTAD 表面的孔洞被 Cu_xS 覆盖了。虽然粗糙度有所增加，但是孔洞消失，这对器件是非常有利的。换句话说，Cu_xS 薄膜保护了钙钛矿薄膜，因为其阻碍了钙钛矿与金电极的直接接触，并且会阻挡水分的渗入。

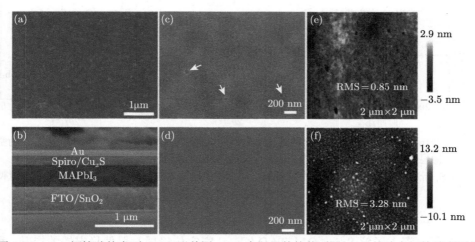

图 8.60 (a) 钙钛矿的表面 SEM 形貌图；(b) 实际器件的截面图；(c) 旋涂在钙钛矿表面的 Spiro-OMeTAD 的 SEM 形貌图；(d) 在钙钛矿和 Spiro-OMeTAD 表面蒸发一层 Cu_xS 的 SEM 形貌图；(e) 旋涂在钙钛矿表面的 Spiro-OMeTAD 的 AFM 形貌图；(f) 在钙钛矿和 Spiro-OMeTAD 表面蒸发一层 Cu_xS 的 AFM 形貌图 [107]

现在我们来研究钙钛矿电池在未封装的情况下在空气中的水稳定性。采用的器件分别是基于复合空穴传输层和传统的 Spiro-OMeTAD 空穴传输层的电池，器件未封装，并且存储在外界空气中，温度为 25 ℃，湿度为 40%。我们每隔固定的时间测试器件的 J-V 曲线，并将长期监测的器件的性能统计在图 8.61(a) 中，器件的具体的开路电压 V_{oc}，短路电流密度 J_{sc}，填充因子 FF 和光电转换效率 PCE 的变化结果都统计在图中。最初器件的效率均选择为 17%，对于基于 Spiro-

OMeTAD 空穴传输层的钙钛矿电池，我们注意到器件的光电转换效率先增加后降低。Spiro-OMeTAD 空穴传输最初的吸收氧气的过程可能会导致器件的效率的增加。保存 1000 h 之后，基于 Spiro-OMeTAD 空穴传输层的钙钛矿电池保持了不到 50% 的器件的初始效率值，表现出很明显的器件衰减。而对于基于 Spiro-OMeTAD/Cu$_x$S 空穴传输层的钙钛矿电池，器件在保存 1000 h 之后依然可以保持其最初的 90% 的效率值，证明了 Spiro-OMeTAD/Cu$_x$S 空穴传输层对于钙钛矿电池的稳定性具有非常大的提升作用。

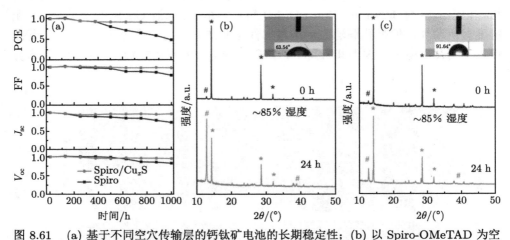

图 8.61　(a) 基于不同空穴传输层的钙钛矿电池的长期稳定性；(b) 以 Spiro-OMeTAD 为空穴传输层的钙钛矿电池的结晶性变化，插图为 Spiro-OMeTAD 薄膜对水的接触角测试；(c) 以 Spiro-OMeTAD/Cu$_x$S 为空穴传输层的钙钛矿电池的结晶性变化，插图为 Cu$_x$S 薄膜对水的接触角测试 [107]

　　为了更深入了解 Spiro-OMeTAD/Cu$_x$S 空穴传输层对器件稳定性的提升，我们利用 XRD 来分析说明了钙钛矿材料的长期的结晶性的变化。所有的钙钛矿薄膜都被不同的空穴传输层保护着，然后我们测试了其在不同时间的结晶性的变化。本研究在更高的湿度环境下进行，湿度为 85%，分别测试其初始的钙钛矿 XRD 和在 85% 湿度条件下保存 24 h 之后的结晶性的变化。Spiro-OMeTAD 或 Spiro-OMeTAD/Cu$_x$S 的引入并不会影响钙钛矿材料的 XRD 图谱。测试结果如图 8.61(b) 和图 8.61(c)。钙钛矿材料的 XRD 分析见上文，位于 12.8° 和 38.7° 的峰属于 PbI$_2$。对基于 Spiro-OMeTAD 空穴传输层的钙钛矿材料来说，我们发现位于 38.7° 的 PbI$_2$ 的峰开始出现，而位于 12.8° 的 PbI$_2$ 的峰出现得更为明显，峰的强度甚至比钙钛矿的峰位还强，这暗示了钙钛矿薄膜中出现了很多 PbI$_2$ 的相，证明了钙钛矿薄膜出现了很严重的分解，生成了 PbI$_2$ 的产物。而对基于 Spiro-

OMeTAD/Cu$_x$S 空穴传输层的钙钛矿材料来讲，基本上看不到明显的 PbI$_2$ 的峰，证明了钙钛矿薄膜在 85% 的湿度下保存 24 h 之后，钙钛矿依然保持良好的结晶性，证明了 Cu$_x$S 的引入提高了钙钛矿的水稳定性。众所周知，空穴传输材料的表面对水的浸润性是影响钙钛矿材料稳定性的很重要的一个参数，所以我们测试了不同空穴传输材料对水的接触角。测试中同样体积的水滴加在 Spiro-OMeTAD 表面或 Spiro-OMeTAD/Cu$_x$S 表面，所有的空穴传输材料都沉积在钙钛矿薄膜上面。测试结果见图 8.61(b) 和 (c) 中的插图。Spiro-OMeTAD 薄膜对水的接触角为 63.54°，而 Cu$_x$S 薄膜对水的接触角为 91.64°，如此疏水的材料可以保护器件不被水渗透，可以增强器件的水稳定性。

7. 小结

本节采用真空热蒸发法制备了 p 型的 Cu$_x$S 材料，对其生长工艺条件及形貌变化进行了深入分析。经过对 Cu$_x$S 材料的研究发现，制备的产物为多晶的 Cu$_{1.75}$S，该材料具有合适的能带结构，与钙钛矿材料和 Spiro-OMeTAD 材料能带匹配，具有很优异的空穴传输特性，Cu$_x$S 的薄膜样品的载流子浓度为 1.37×10^{15} cm^{-3}，导电率为 0.56 S/cm，空穴迁移率为 4.47 cm^2/(V·s)。通过在 Spiro-OMeTAD 表面引入一层 Cu$_x$S 的薄膜制备复合的空穴传输层，将此复合空穴传输材料应用在钙钛矿电池中。通过优化 Cu$_x$S 的薄膜样品的厚度和器件的制备工艺，使新型平面结构的钙钛矿太阳能电池的效率达到 18.58%。系统研究了钙钛矿电池的性能的提升机制，发现 Cu$_x$S 的引入可以使得器件的界面载流子的传输更加高效，器件的空穴迁移率更高，串联电阻更小，复合阻抗更大，载流子抽取更快。基于 Spiro-OMeTAD/Cu$_x$S 空穴传输层的钙钛矿电池稳定性大幅提高，钙钛矿材料的结晶性保持能力大幅提高，这是由于 Cu$_x$S 材料具有很大的疏水性和对器件的机械性的保护作用。

参 考 文 献

[1] Liu J, Wu Y, Qin C, et al. A dopant-free hole-transporting material for efficient and stable perovskite solar cells [J]. Energy & Environmental Science, 2014, 7(9): 2963-2967.

[2] Bakr Z H, Wali Q, Fakharuddin A, et al. Advances in hole transport materials engineering for stable and efficient perovskite solar cells [J]. Nano Energy, 2017, 34: 271-305.

[3] Sun Y, Liu Y, Zhu D. Advances in organic field-effect transistors [J]. Journal of Materials Chemistry, 2005, 15(1): 53-65.

[4] Xue J, Uchida S, Rand B P, et al. Asymmetric tandem organic photovoltaic cells with hybrid planar-mixed molecular heterojunctions [J]. Applied Physics Letters, 2004, 85(23): 5757-5759.

[5] Kim Y C, Yang T Y, Jeon N J, et al. Engineering interface structures between lead halide perovskite and copper phthalocyanine for efficient and stable perovskite solar cells [J]. Energy & Environmental Science, 2017, 10(10): 2109-2116.

[6] Zhang F, Yang X, Cheng M, et al. Boosting the efficiency and the stability of low cost perovskite solar cells by using CuPc nanorods as hole transport material and carbon as counter electrode [J]. Nano Energy, 2016, 20: 108-116.

[7] Ke W, Zhao D, Grice C R, et al. Efficient fully-vacuum-processed perovskite solar cells using copper phthalocyanine as hole selective layers [J]. Journal of Materials Chemistry A, 2015, 3(47): 23888-23894.

[8] Sfyri G, Kumar C V, Wang Y L, et al. Tetra methyl substituted Cu (II) phthalocyanine as alternative hole transporting material for organometal halide perovskite solar cells [J]. Applied Surface Science, 2016, 360: 767-771.

[9] Yang G, Wang Y L, Xu J J, et al. A facile molecularly engineered copper (II) phthalocyanine as hole transport material for planar perovskite solar cells with enhanced performance and stability [J]. Nano Energy, 2017, 31: 322-330.

[10] Saliba M, Matsui T, Domanski K, et al. Incorporation of rubidium cations into perovskite solar cells improves photovoltaic performance [J]. Science, 2016, 354(6309): 206-209.

[11] Li N, Zhu Z, Chueh C C, et al. Mixed cation $FA_xPEA_{1-x}PbI_3$ with enhanced phase and ambient stability toward high-performance perovskite solar cells [J]. Advanced Energy Materials, 2017, 7(1): 1601307.

[12] Zhao Y, Wei J, Li H, et al. A polymer scaffold for self-healing perovskite solar cells [J]. Nature Communications, 2016, 7(1): 1-9.

[13] Koushik D, Verhees W J H, Kuang Y, et al. High-efficiency humidity-stable planar perovskite solar cells based on atomic layer architecture [J]. Energy & Environmental Science, 2017, 10(1): 91-100.

[14] Capasso A, Matteocci F, Najafi L, et al. Few-layer MoS_2 flakes as active buffer layer for stable perovskite solar cells [J]. Advanced Energy Materials, 2016, 6(16): 1600920.

[15] Zheng X, Lei H, Yang G, et al. Enhancing efficiency and stability of perovskite solar cells via a high mobility p-type PbS buffer layer [J]. Nano Energy, 2017, 38: 1-11.

[16] Wang Q, Dong Q, Li T, et al. Thin insulating tunneling contacts for efficient and water-resistant perovskite solar cells [J]. Advanced Materials, 2016, 28(31): 6734-6739.

[17] Kim G W, Kang G, Kim J, et al. Dopant-free polymeric hole transport materials for highly efficient and stable perovskite solar cells [J]. Energy & Environmental Science, 2016, 9(7): 2326-2333.

[18] Rakstys K, Paek S, Gao P, et al. Molecular engineering of face-on oriented dopant-free hole transporting material for perovskite solar cells with 19% PCE [J]. Journal of Materials Chemistry A, 2017, 5(17): 7811-7815.

[19] Jung M, Kim Y C, Jeon N J, et al. Thermal stability of CuSCN hole conductor-based

perovskite solar cells [J]. ChemSusChem, 2016, 9(18): 2592-2596.

[20] Cho K T, Rakstys K, Cavazzini M, et al. Perovskite solar cells employing molecularly engineered Zn (II) phthalocyanines as hole-transporting materials [J]. Nano Energy, 2016, 30: 853-857.

[21] Zheng Z, Song Z, Fang G, et al. Interface modification of sputtered NiOx as the hole-transporting layer for efficient inverted planar perovskite solar cells [J]. Journal of Materials Chemistry C, 2020, 8: 1972-1980.

[22] Duong T, Peng J, Walter D, et al. Perovskite solar cells employing copper phthalocyanine hole-transport material with an efficiency over 20% and excellent thermal stability [J].ACS Energy Letter, 2018, 3(10):2441-2448.

[23] Sfyri G, Chen Q, Lin Y W, et al. Soluble butyl substituted copper phthalocyanine as alternative hole-transporting material for solution processed perovskite solar cells [J]. Electrochimica Acta, 2016, 212: 929-933.

[24] Jiang X, Yu Z, Lai J, et al. Interfacial engineering of perovskite solar cells by employing a hydrophobic copper phthalocyanine derivative as hole-transporting material with improved performance and stability [J]. ChemSusChem, 2017, 10: 1838-1845.

[25] Ramos F J, Ince M, Urbani M, et al. Non-aggregated Zn (II) octa (2, 6-diphenylphenoxy) phthalocyanine as a hole transporting material for efficient perovskite solar cells [J]. Dalton Transactions, 2015, 44(23): 10847-10851.

[26] Gao P, Cho K T, Abate A, et al. An efficient perovskite solar cell with symmetrical Zn (II) phthalocyanine infiltrated buffering porous Al$_2$O$_3$ as the hybrid interfacial hole-transporting layer [J]. Physical Chemistry Chemical Physics, 2016, 18(39): 27083-27089.

[27] Cho K T, Trukhina O, Roldán-Carmona C, et al. Molecularly engineered phthalocyanines as hole-transporting materials in perovskite solar cells reaching power conversion efficiency of 17.5% [J]. Advanced Energy Materials, 2017, 7(7): 1601733.

[28] Cheng M, Li Y, Safdari M, et al. Efficient perovskite solar cells based on a solution processable nickel (II) phthalocyanine and vanadium oxide integrated hole transport layer [J]. Advanced Energy Materials, 2017, 7(14): 1602556.

[29] Guo J J, Meng X F, Niu J, et al. A novel asymmetric phthalocyanine-based hole transporting material for perovskite solar cells with an open-circuit voltage above 1.0 V [J]. Synthetic Metals, 2016, 220: 462-468.

[30] Dao Q D, Fujii A, Tsuji R, et al. Efficiency enhancement in perovskite solar cell utilizing solution-processable phthalocyanine hole transport layer with thermal annealing [J]. Organic Electronics, 2017, 43: 156-161.

[31] Zheng X, Wang Y, Hu J, et al. Octamethyl-substituted Pd (II) phthalocyanine with long carrier lifetime as a dopant-free hole selective material for performance enhancement of perovskite solar cells [J]. Journal of Materials Chemistry A, 2017, 5(46): 24416-24424.

[32] Seo J, Jeon N J, Yang W S, et al. Effective electron blocking of CuPC-doped Spiro-OMeTAD for highly efficient inorganic–organic hybrid perovskite solar cells [J]. Ad-

vanced Energy Materials, 2015, 5(20): 1501320.

[33] Nouri E, Wang Y L, Chen Q, et al. The beneficial effects of mixing spiro-OMeTAD with n-butyl-substituted copper phthalocyanine for perovskite solar cells [J]. Electrochimica Acta, 2016, 222: 1417-1423.

[34] Kroeze J E, Savenije T J, Candeias L P, et al. Triplet exciton diffusion and delayed interfacial charge separation in a $TiO_2/PdTPPC$ bilayer: Monte Carlo simulations [J]. Solar Energy Materials and Solar Cells, 2005, 85(2): 189-203.

[35] Kim I, Haverinen H M, Wang Z, et al. Efficient organic solar cells based on planar metallophthalocyanines [J]. Chemistry of Materials, 2009, 21(18): 4256-4260.

[36] Rosenow T C, Walzer K, Leo K. Near-infrared organic light emitting diodes based on heavy metal phthalocyanines [J]. Journal of Applied Physics, 2008, 103(4): 043105.

[37] Gui P, Zhou H, Yao F, et al. Space-confined growth of individual wide bandgap single crystal $CsPbCl_3$ microplatelet for near-ultraviolet photodetection [J]. Small, 2019, 15(39): 1902618.

[38] Shao Y, Yang Y. Efficient organic heterojunction photovoltaic cells based on triplet materials [J]. Advanced Materials, 2005, 17(23): 2841-2844.

[39] Rand B P, Schols S, Cheyns D, et al. Organic solar cells with sensitized phosphorescent absorbing layers [J]. Organic Electronics, 2009, 10(5): 1015-1019.

[40] Caplins B W, Mullenbach T K, Holmes R J, et al. Femtosecond to nanosecond excited state dynamics of vapor deposited copper phthalocyanine thin films [J]. Physical Chemistry Chemical Physics, 2016, 18(16): 11454-11459.

[41] Han Q, Hsieh Y T, Meng L, et al. High-performance perovskite/Cu(In,Ga)Se$_2$ monolithic tandem solar cells [J]. Science, 2018, 361(6405): 904-908.

[42] Ke W, Xiao C, Wang C, et al. Employing lead thiocyanate additive to reduce the hysteresis and boost the fill factor of planar perovskite solar cells [J]. Advanced Materials, 2016, 28(26): 5214-5221.

[43] Jeon N J, Noh J H, Kim Y C, et al. Solvent engineering for high-performance inorganic-organic hybrid perovskite solar cells [J]. Nature Materials, 2014, 13(9): 897-903.

[44] Ke W, Fang G, Liu Q, et al. Low-temperature solution-processed tin oxide as an alternative electron transporting layer for efficient perovskite solar cells [J]. Journal of the American Chemical Society, 2015, 137(21): 6730-6733.

[45] Ding B, Gao L, Liang L, et al. Facile and scalable fabrication of highly efficient lead iodide perovskite thin-film solar cells in air using gas pump method [J]. ACS Applied Materials & Interfaces, 2016, 8(31): 20067-20073.

[46] Gasyna Z, Kobayashi N, Stillman M J. Optical absorption and magnetic circular dichroism studies of hydrogen, copper (II), zinc (II), nickel (II), and cobalt(II) crown ether-substituted monomeric and dimeric phthalocyanines [J]. Journal of the Chemical Society, Dalton Transactions, 1989 (12): 2397-2405.

[47] Brown R J C, Kucernak A R, Long N J, et al. Spectroscopic and electrochemical studies on platinum and palladium phthalocyanines [J]. New Journal of Chemistry, 2004, 28(6): 676-680.

[48] Moeno S, Krause R W M, Ermilov E A, et al. Synthesis and characterization of novel zinc phthalocyanines as potential photosensitizers for photodynamic therapy of cancers [J]. Photochemical & Photobiological Sciences, 2014, 13(6): 963-970.

[49] Brożek-Płuska B, Jarota A, Kurczewski K, et al. Photochemistry of tetrasulphonated zinc phthalocyanine in water and DMSO solutions by absorption, emission, Raman spectroscopy and femtosecond transient absorption spectroscopy [J]. Journal of Molecular Structure, 2009, 924: 338-346.

[50] Nikolaitchik A V, Korth O, Rodgers M A J. Crown ether substituted monomeric and cofacial dimeric metallophthalocyanines. 1. Photophysical studies of the free base, zinc (II), and copper (II) variants [J]. The Journal of Physical Chemistry A, 1999, 103(38): 7587-7596.

[51] Abramczyk H, Brożek-Płuska B, Kurczewski K, et al. Femtosecond transient absorption, Raman, and electrochemistry studies of tetrasulfonated copper phthalocyanine in water solutions [J]. The Journal of Physical Chemistry A, 2006, 110(28): 8627-8636.

[52] Le A K, Bender J A, Roberts S T. Slow singlet fission observed in a polycrystalline perylenediimide thin film [J]. The Journal of Physical Chemistry Letters, 2016, 7(23): 4922-4928.

[53] Howe L, Zhang J Z. Ultrafast studies of excited-state dynamics of phthalocyanine and zinc phthalocyanine tetrasulfonate in solution [J]. The Journal of Physical Chemistry A, 1997, 101(18): 3207-3213.

[54] Ha-Thi M H, Shafizadeh N, Poisson L, et al. An efficient indirect mechanism for the ultrafast intersystem crossing in copper porphyrins [J]. The Journal of Physical Chemistry A, 2013, 117(34): 8111-8118.

[55] Tran-Thi T H, Lipskier J F, Houde D, et al. Subpicosecond excitation of strongly coupled porphyrin–phthalocyanine mixed dimers [J]. Journal of the Chemical Society, Faraday Transactions, 1992, 88(15): 2129-2137.

[56] Xu Z X, Roy V A L, Low K H, et al. Bulk heterojunction photovoltaic cells based on tetra-methyl substituted copper (II) phthalocyanine: P$_3$HT: PCBM composite [J]. Chemical Communications, 2011, 47(34): 9654-9656.

[57] Shao Y, Xiao Z, Bi C, et al. Origin and elimination of photocurrent hysteresis by fullerene passivation in CH$_3$NH PbI$_3$ planar heterojunction solar cells [J]. Nature Communications, 2014, 5(1): 1-7.

[58] Wu Y, Xie F, Chen H, et al. Thermally stable MAPbI$_3$ perovskite solar cells with efficiency of 19.19% and area over 1 cm^2 achieved by additive engineering [J]. Advanced Materials, 2017, 29(28): 1701073.

[59] Bube R H. Trap density determination by space-charge-limited currents [J]. Journal of

Applied Physics, 1962, 33(5): 1733-1737.

[60] Shi J, Dong J, Lv S, et al. Hole-conductor-free perovskite organic lead iodide hetero-junction thin-film solar cells: High efficiency and junction property [J]. Applied Physics Letters, 2014, 104(6): 063901.

[61] Kim H S, Lee C R, Im J H, et al. Lead iodide perovskite sensitized all-solid-state submicron thin film mesoscopic solar cell with efficiency exceeding 9% [J]. Scientific Reports, 2012, 2(1): 1-7.

[62] Saliba M, Matsui T, Seo J Y, et al. Cesium-containing triple cation perovskite solar cells: improved stability, reproducibility and high efficiency [J]. Energy & Environmental Science, 2016, 9(6): 1989-1997.

[63] Saliba M, Matsui T, Domanski K, et al. Incorporation of rubidium cations into per-ovskite solar cells improves photovoltaic performance [J]. Science, 2016, 354(6309): 206-209.

[64] Jiang X, Yu Z, Lai J, et al. Efficient perovskite solar cells employing a solution-processable copper phthalocyanine as a hole-transporting material [J]. Science China Chemistry, 2017, 60(3): 423-430.

[65] Jiang X, Yu Z, Lai J, et al. Interfacial engineering of perovskite solar cells by employ-ing a hydrophobic copper phthalocyanine derivative as hole-transporting material with improved performance and stability [J]. ChemSusChem, 2017, 10(8): 1838-1845.

[66] Wang C, Zhang C, Tong S, et al. Air-induced high-quality $CH_3NH_3PbI_3$ thin film for efficient planar heterojunction perovskite solar cells [J]. The Journal of Physical Chemistry C, 2017, 121(12): 6575-6580.

[67] Yu Z, Sun L. Recent progress on hole-transporting materials for emerging organometal halide perovskite solar cells [J]. Advanced Energy Materials, 2015, 5(12): 1500213.

[68] Liu K, Yao Y, Wang J, et al. Spiro [fluorene-9, 9′-xanthene]-based hole transporting ma-terials for efficient perovskite solar cells with enhanced stability [J]. Materials Chemistry Frontiers, 2017, 1(1): 100-110.

[69] Xu B, Bi D, Hua Y, et al. A low-cost spiro [fluorene-9, 9′-xanthene]-based hole transport material for highly efficient solid-state dye-sensitized solar cells and perovskite solar cells [J]. Energy & Environmental Science, 2016, 9(3): 873-877.

[70] Bi D, Xu B, Gao P, et al. Facile synthesized organic hole transporting material for perovskite solar cell with efficiency of 19.8% [J]. Nano Energy, 2016, 23: 138-144.

[71] Chen Z, Li H, Zheng X, et al. Low-cost carbazole-based hole-transport material for highly efficient perovskite solar cells [J]. ChemSusChem, 2017, 10(15): 3111-3117.

[72] Do Sung S, Kang M S, Choi I T, et al. 14.8% perovskite solar cells employing carbazole derivatives as hole transporting materials [J]. Chemical Communications, 2014, 50(91): 14161-14163.

[73] Wang H, Sheikh A D, Feng Q, et al. Facile synthesis and high performance of a new carbazole-based hole-transporting material for hybrid perovskite solar cells [J]. ACS

Photonics, 2015, 2(7): 849-855.

[74] Gratia P, Magomedov A, Malinauskas T, et al. A methoxydiphenylamine-substituted carbazole twin derivative: an efficient hole-transporting material for perovskite solar cells [J]. Angewandte Chemie International Edition, 2015, 54(39): 11409-11413.

[75] Kang M S, Sung S D, Choi I T, et al. Novel carbazole-based hole-transporting materials with star-shaped chemical structures for perovskite-sensitized solar cells [J]. ACS Applied Materials & Interfaces, 2015, 7(40): 22213-22217.

[76] Wang J, Chen Y, Li F, et al. A new carbazole-based hole-transporting material with low dopant content for perovskite solar cells [J]. Electrochimica Acta, 2016, 210: 673-680.

[77] Shao J Y, Li D, Tang K, et al. Simple biphenyl or carbazole derivatives with four di (anisyl) amino substituents as efficient hole-transporting materials for perovskite solar cells [J]. RSC Advances, 2016, 6(95): 92213-92217.

[78] Daskeviciene M, Paek S, Wang Z, et al. Carbazole-based enamine: Low-cost and efficient hole transporting material for perovskite solar cells [J]. Nano Energy, 2017, 32: 551-557.

[79] Xiao J W, Shi C, Zhou C, et al. Contact engineering: electrode materials for highly efficient and stable perovskite solar cells [J]. Solar RRL, 2017, 1(9): 1700082.

[80] Zhu L, Shan Y, Wang R, et al. High-efficiency perovskite solar cells based on new TPE compounds as hole transport materials: the role of 2, 7-and 3, 6-substituted carbazole derivatives [J]. Chemistry–A European Journal, 2017, 23(18): 4373-4379.

[81] Petrus M L, Bein T, Dingemans T J, et al. A low cost azomethine-based hole transporting material for perovskite photovoltaics [J]. Journal of Materials Chemistry A, 2015, 3(23): 12159-12162.

[82] Osedach T P, Andrew T L, Bulović V. Effect of synthetic accessibility on the commercial viability of organic photovoltaics [J]. Energy & Environmental Science, 2013, 6(3): 711-718.

[83] Shi Y, Xue Y, Hou K, et al. Molecular structure simplification of the most common hole transport materials in perovskite solar cells [J]. RSC Advances, 2016, 6(99): 96990-96996.

[84] Snaith H J, Grätzel M. Enhanced charge mobility in a molecular hole transporter via addition of redox inactive ionic dopant: Implication to dye-sensitized solar cells [J]. Applied Physics Letters, 2006, 89(26): 262114.

[85] Leijtens T, Ding I K, Giovenzana T, et al. Hole transport materials with low glass transition temperatures and high solubility for application in solid-state dye-sensitized solar cells [J]. ACS Nano, 2012, 6(2): 1455-1462.

[86] Malliaras G G, Salem J R, Brock P J, et al. Erratum: Electrical characteristics and efficiency of single-layer organic light-emitting diodes [Phys. Rev. B 58, R13 411 (1998)] [J]. Physical Review B, 1999, 59(15): 10371.

[87] Xing G, Mathews N, Sun S, et al. Long-range balanced electron-and hole-transport lengths in organic-inorganic $CH_3NH_3PbI_3$ [J]. Science, 2013, 342(6156): 344-347.

[88] Stranks S D, Eperon G E, Grancini G, et al. Electron-hole diffusion lengths exceeding 1 micrometer in an organometal trihalide perovskite absorber [J]. Science, 2013, 342(6156): 341-344.

[89] Stoumpos C C, Malliakas C D, Kanatzidis M G. Semiconducting tin and lead iodide perovskites with organic cations: phase transitions, high mobilities, and near-infrared photoluminescent properties [J]. Inorganic Chemistry, 2013, 52(15): 9019-9038.

[90] De Wolf S, Holovsky J, Moon S J, et al. Organometallic halide perovskites: sharp optical absorption edge and its relation to photovoltaic performance [J]. The Journal of Physical Chemistry Letters, 2014, 5(6): 1035-1039.

[91] Yin W J, Shi T, Yan Y. Unique properties of halide perovskites as possible origins of the superior solar cell performance [J]. Advanced Materials, 2014, 26(27): 4653-4658.

[92] Dong Q, Fang Y, Shao Y, et al. Electron-hole diffusion lengths >175 μm in solution-grown $CH_3NH_3PbI_3$ single crystals [J]. Science, 2015, 347(6225): 967-970.

[93] Bai F, Hu Y, Hu Y, et al. Lead-free, air-stable ultrathin $Cs_3Bi_2I_9$ perovskite nanosheets for solar cells [J]. Solar Energy Materials and Solar Cells, 2018, 184: 15-21.

[94] Misra R K, Aharon S, Li B, et al. Temperature-and component-dependent degradation of perovskite photovoltaic materials under concentrated sunlight [J]. The Journal of Physical Chemistry Letters, 2015, 6(3): 326-330.

[95] Niu G, Li W, Meng F, et al. Study on the stability of $CH_3NH_3PbI_3$ films and the effect of post-modification by aluminum oxide in all-solid-state hybrid solar cells [J]. Journal of Materials Chemistry A, 2014, 2(3): 705-710.

[96] Yu Y, Zhao D, Grice C R, et al. Thermally evaporated methylammonium tin triiodide thin films for lead-free perovskite solar cell fabrication [J]. RSC Advances, 2016, 6(93): 90248-90254.

[97] Li X, Tschumi M, Han H, et al. Outdoor performance and stability under elevated temperatures and long-term light soaking of triple-layer mesoporous perovskite photo-voltaics[J]. Energy Technology, 2015, 3(6): 551-555.

[98] Dong X, Fang X, Lv M, et al. Improvement of the humidity stability of organic–inorganic perovskite solar cells using ultrathin Al_2O_3 layers prepared by atomic layer deposition [J]. Journal of Materials Chemistry A, 2015, 3(10): 5360-5367.

[99] Koo B, Jung H, Park M, et al. Pyrite-Based Bi-Functional Layer for Long-Term Stability and High-Performance of Organo-Lead Halide Perovskite Solar Cells [J]. Advanced Functional Materials, 2016, 26(30): 5400-5407.

[100] You J, Meng L, Song T B, et al. Improved air stability of perovskite solar cells via solution-processed metal oxide transport layers [J]. Nature Nanotechnology, 2016, 11(1): 75-81.

[101] Yang G, Tao H, Qin P, et al. Recent progress in electron transport layers for efficient perovskite solar cells [J]. Journal of Materials Chemistry A, 2016, 4(11): 3970-3990.

[102] Kato Y, Ono L K, Lee M V, et al. Silver iodide formation in methyl ammonium lead

iodide perovskite solar cells with silver top electrodes [J]. Advanced Materials Interfaces, 2015, 2(13): 1500195.

[103] Ono L K, Raga S R, Remeika M, et al. Pinhole-free hole transport layers significantly improve the stability of MAPbI$_3$-based perovskite solar cells under operating conditions [J]. Journal of Materials Chemistry A, 2015, 3(30): 15451-15456.

[104] Juarez-Perez E J, Wußler M, Fabregat-Santiago F, et al. Role of the selective contacts in the performance of lead halide perovskite solar cells [J]. The Journal of Physical Chemistry Letters, 2014, 5(4): 680-685.

[105] Guarnera S, Abate A, Zhang W, et al. Improving the long-term stability of perovskite solar cells with a porous Al$_2$O$_3$ buffer layer [J]. The Journal of Physical Chemistry Letters, 2015, 6(3): 432-437.

[106] Domanski K, Correa-Baena J P, Mine N, et al. Not all that glitters is gold: Metal-migrationinduced degradation in perovskite solar cells[J]. ACS Nano, 2016, 10(6): 6306-6014.

[107] Lei H, Yang G, Zheng X, et al. Incorporation of high-mobility and room-temperature-deposited Cu$_x$S as a hole transport layer for efficient and stable organo-lead halide perovskite solar cells [J]. Solar RRL, 2017, 1(6): 1700038.

[108] Sanehira E M, Tremolet de Villers B J, Schulz P, et al. Influence of electrode interfaces on the stability of perovskite solar cells: reduced degradation using MoO$_x$/Al for hole collection [J]. ACS Energy Letters, 2016, 1(1): 38-45.

[109] Zhao Y, Nardes A M, Zhu K. Effective hole extraction using MoO$_x$-Al contact in perovskite CH$_3$NH$_3$PbI$_3$ solar cells [J]. Applied Physics Letters, 2014, 104(21): 213906.

[110] Saran R, Curry R J. Lead sulphide nanocrystal photodetector technologies[J]. Nature Photonics, 2016, 10(2): 81-92.

[111] Obaid A S, Mahdi M A, Hassan Z, et al. Preparation of chemically deposited thin films of CdS/PbS solar cell [J]. Superlattices and Microstructures, 2012, 52(4): 816-823.

[112] Ye S, Sun W, Li Y, et al. CuSCN-based inverted planar perovskite solar cell with an average PCE of 15.6% [J]. Nano Letters, 2015, 15(6): 3723-3728.

[113] Ke W, Zhao D, Cimaroli A J, et al. Effects of annealing temperature of tin oxide electron selective layers on the performance of perovskite solar cells [J]. Journal of Materials Chemistry A, 2015, 3(47): 24163-24168.

[114] Carrillo-Castillo A, Salas-Villasenor A, Mejia I, et al. P-type thin films transistors with solution-deposited lead sulfide films as semiconductor [J]. Thin Solid Films, 2012, 520(7): 3107-3110.

[115] Zhang D H, Ma H L. Scattering mechanisms of charge carriers in transparent conducting oxide films [J]. Applied Physics A, 1996, 62(5): 487-492.

[116] Thilakan P, Kumar J. Studies on the preferred orientation changes and its influenced properties on ITO thin films[J]. Vacuum, 1997, 48(5): 463-466.

[117] Takahashi M, Ohshima Y, Nagata K, et al. Electrodeposition of PbS films from acidic solution [J]. Journal of Electroanalytical Chemistry, 1993, 359(1-2): 281-286.

[118] Chen S, Liu W. Oleic acid capped PbS nanoparticles: synthesis, characterization and tribological properties [J]. Materials Chemistry and Physics, 2006, 98(1): 183-189.

[119] Wang W, Liu Y, Zhan Y, et al. A novel and simple one-step solid-state reaction for the synthesis of PbS nanoparticles in the presence of a suitable surfactant [J]. Materials Research Bulletin, 2001, 36(11): 1977-1984.

[120] Yang L, Xu B, Bi D, et al. Initial light soaking treatment enables hole transport material to outperform spiro-OMeTAD in solid-state dye-sensitized solar cells [J]. Journal of the American Chemical Society, 2013, 135(19): 7378-7385.

[121] Lin Q, Armin A, Nagiri R C R, et al. Electro-optics of perovskite solar cells [J]. Nature Photonics, 2015, 9(2): 106-112.

[122] Dong J, Shi J, Li D, et al. Controlling the conduction band offset for highly efficient ZnO nanorods based perovskite solar cell [J]. Applied Physics Letters, 2015, 107(7): 073507.

[123] Wu Y, Islam A, Yang X, et al. Retarding the crystallization of PbI_2 for highly reproducible planar-structured perovskite solar cells via sequential deposition [J]. Energy & Environmental Science, 2014, 7(9): 2934-2938.

[124] Wang L, McCleese C, Kovalsky A, et al. Femtosecond time-resolved transient absorption spectroscopy of $CH_3NH_3PbI_3$ perovskite films: evidence for passivation effect of PbI_2 [J]. Journal of the American Chemical Society, 2014, 136(35): 12205-12208.

[125] Chen Q, Zhou H, Song T B, et al. Controllable self-induced passivation of hybrid lead iodide perovskites toward high performance solar cells [J]. Nano Letters, 2014, 14(7): 4158-4163.

[126] Roldán-Carmona C, Gratia P, Zimmermann I, et al. High efficiency methylammonium lead triiodide perovskite solar cells: the relevance of non-stoichiometric precursors [J]. Energy & Environmental Science, 2015, 8(12): 3550-3556.

[127] Li Y, Zhao Y, Chen Q, et al. Multifunctional fullerene derivative for interface engineering in perovskite solar cells [J]. Journal of the American Chemical Society, 2015, 137(49): 15540-15547.

[128] Lv M, Zhu J, Huang Y, et al. Colloidal $CuInS_2$ quantum dots as inorganic hole-transporting material in perovskite solar cells [J]. ACS Applied Materials & Interfaces, 2015, 7(31): 17482-17488.

[129] Zhu Z, Chueh C C, Lin F, et al. Enhanced ambient stability of efficient perovskite solar cells by employing a modified fullerene cathode interlayer [J]. Advanced Science, 2016, 3(9): 1600027.

[130] Hawash Z, Ono L K, Raga S R, et al. Air-exposure induced dopant redistribution and energy level shifts in spin-coated spiro-OMeTAD films [J]. Chemistry of Materials, 2015, 27(2): 562-569.

[131] Han Y, Meyer S, Dkhissi Y, et al. Degradation observations of encapsulated planar

$CH_3NH_3PbI_3$ perovskite solar cells at high temperatures and humidity [J]. Journal of Materials Chemistry A, 2015, 3(15): 8139-8147.

[132] Bailie C D, Unger E L, Zakeeruddin S M, et al. Melt-infiltration of spiro-OMeTAD and thermal instability of solid-state dye-sensitized solar cells [J]. Physical Chemistry Chemical Physics, 2014, 16(10): 4864-4870.

第 9 章　二氧化锡电子导体在其他太阳能电池中的应用

9.1　引　　言

在前面章节中我们介绍了 SnO_2 可以使用各种简易方法进行制备，已经证明在钙钛矿太阳能电池中是一种非常优异的电子传输材料。随着在钙钛矿电池中的广泛使用，越来越多的科研工作者也尝试将其用于其他太阳能电池中，如有机太阳能电池、碲化镉 (CdTe) 电池和硫化锑 (Sb_2S_3) 电池等。在有机太阳能电池领域，李永舫院士团队在 SnO_2 掺入钾 (K)，保护有机活性层不受水分、光和热的损害，可有效减缓器件退化。另外，SnO_2 具有良好的厚度容忍度，当旋涂的 SnO_2 厚度从 10 nm 变为 160 nm 时，基于 PM6:Y6 的有机太阳能电池的 PCE 略从 16.10% 下降到 13.07%。通过刮涂法制备的 SnO_2 电子传输层厚度可达 530 nm，PCE 仍保持在 12.08%。同时，采用 SnO_2 电子传输层的 25 mm² 和 100 mm² 大面积器件的 PCE 分别达到 13.5% 和 12.5% [1]。然而，在 SnO_2 与活性层的界面上，有高密度的陷阱态和较高的载流子接触势垒。为了解决这一问题，科学家们引入了各种界面改性材料 (如 PFN-Br)。例如，葛子义团队采用 InP/ZnS 量子点 (QD) 对 SnO_2 电子传输层的表面缺陷进行钝化处理，采用 PM6:Y6 作为有源层的倒置有机太阳能电池实现了 15.22% 的 PCE，高于单纯 SnO_2 电子传输层器件 (13.86%)。器件 V_{oc} 和 FF 的增强可归因于 SnO_2/InP/ZnS 量子点电子传输层上活性层 PM6:Y6 的形貌的改善，电荷提取、收集效率的提高，以及器件中缺陷态引起的单分子复合减少。此外，利用 n-SnO_2/InP/ZnS 量子点电子传输层制备的器件比未处理器件具有更好的稳定性 [2]。所以 SnO_2 电子传输层已经被成功证明是有机太阳能电池的杰出电子传输层。此外，SnO_2 也成功应用于 CdTe 太阳能电池。在高效率的 CdTe 太阳能电池里一般需要采用 n 型的 CdS 作为窗口层，为了避免光损失，窗口层越薄越好，同时也要保证足够的厚度来形成 p-n 结。但是 CdS 在导电衬底上的覆盖不太完整，导致漏电流太大，会损失电池的开路电压和效率。所以科学家们就使用一层超薄并高阻的 SnO_2 插入 CdS 窗口层和导电衬底之间 [3]。相对于没有使用 SnO_2 的 CdTe 电池，使用了 SnO_2 的电池，其效率可以提升 20%，开路电压可以提升 14%，所以 SnO_2 也被广泛地应用在 CdTe 电池中作为缓冲层。

在硫族金属化合物电池中，Sb_2S_3、硒化锑 (Sb_2Se_3)、$Cu_2ZnSn(S,Se)_4$ 等因其优异的光伏特性而受到越来越多的关注。与硅基太阳能电池相比，它们可以降低器件的制备成本。与 $Cu(In,Ga)Se_2$(GIGS) 太阳能电池和 CdTe 太阳能电池相比，它们具有丰富的元素储量和较低的毒性。在这些材料中，Sb_2S_3 具有出色的光电性能，如合适的带隙 (1.5~1.7 eV)，可见光范围内的高吸收系数，在周围环境中具有出色的空气稳定性，和地球上丰富的元素存储，因此具有巨大的光电应用潜力。此外，它还具有较低的熔点 (550 ℃)，可以在低温 (约 300 ℃) 下形成高结晶度的薄膜，从而降低了器件制造中的能量成本。特别是 Sb_2S_3 可以作为顶部电池与硅太阳能电池匹配以形成叠层太阳能电池。尽管硫化锑具有这些优点，但由于其载流子传输能力较弱及缺陷过多，其器件的能量转换效率 (PCE) 与其他类型的太阳能电池相比仍然有差距。对于介孔敏化结构和平面结构的 Sb_2S_3 电池，最高效率分别达到了 7.5%[4] 和 6.9%[5]。

寻找合适的电子传输材料 (ETM) 对于提高硫族金属锑化物电池的性能至关重要。SnO_2、TiO_2、ZnO 和 CdS 通常被用作 n 型缓冲层，以便与 Sb_2S_3 吸收层形成良好的异质结。目前，在硫硒化物的电池中，普遍使用的缓冲层材料为 CdS 和 TiO_2。近年来，随着 SnO_2 在钙钛矿电池的普遍使用，越来越多的课题组探索将其用于硫硒化物电池中。常州大学袁宁一课题组使用四氯化锡 ($SnCl_4$) 和冰水混合物制备低温的 SnO_2 用于 Sb_2Se_3 电池中，得到了 2.47% 的 PCE[6]；之后他们又对 SnO_2 进行镧掺杂改性得到 3.25% 的器件性能[7]。此外，更多的课题组将 SnO_2 作为插入层形成基于 CdS 的双电子传输层用于 Sb_2Se_3 太阳能电池中。麦耀华课题组使用射频磁控溅射制备了高电阻的 SnO_2 层插入 CdS 和 FTO 之间，实现了 Sb_2Se_3 电池 5.18% 的效率[8]。华东师范大学褚君浩课题组进一步使用氯化亚锡 ($SnCl_2$) 的乙醇溶液制备 SnO_2 插入 CdS 和 ITO 之间，通过优化 SnO_2 前驱体的浓度，使得 Sb_2Se_3 电池的效率从 5.4% 提升到 7.5%[9]。

本章我们主要介绍将 SnO_2 应用到平面 Sb_2S_3 电池中作为电子传输层的工作。

9.2 低温二氧化锡用于硫化锑太阳能电池

1. 简介

自 1954 年第一个关于硅的 p-n 结的太阳能电池的报道以来，薄膜太阳能电池就被科研工作者广泛地研究，其性能表现也取得了很大的进展[10−23]。根据最新的调查结果，硅基的光伏器件占据了最主要的光伏市场，而多晶硅占据了超过一半的市场份额。最近，CIGS 太阳能电池和 CdTe 太阳能电池分别取得了认证的 23.4% 和 22.1% 的光电转换效率[24]。虽然这些种类的太阳能电池取得了较高的转换效率，但是铟和镓高昂的价格，铟和碲的稀缺性，以及镉的毒性将会限制这些太阳能电池的实际应用。目前除了这些主流的太阳能电池吸光材料,许多硫族金属化合物,如 CZTS、PbS、Sb_2S_3 等都引起了科研工作者的关注和研究。这些材料具有独特的光电特性,比如具有很强的吸收、很大的介电常量和高的空气稳定性。但是 CZTS 制备过程中剧毒溶剂肼的使用、复杂的组分控制都是这些材料的缺点。其他有潜力的材料,如窄带隙的硫化亚锡、硫化亚铜等也得到了研究,但是目前来讲,效率太低,缺乏较大进展[25-28]。

在这些无机的吸光材料中,Sb_2S_3 是最有潜力的吸光材料之一。Sb_2S_3 是一种窄带隙的半导体,经常用作染料敏化太阳能电池的固态染料。Sb_2S_3 通常是用化学浴沉积方法得到的。Sb_2S_3 最初形成无定型态,然后在加热情况下转变为结晶态。结晶的 Sb_2S_3 属于辉锑矿,光学禁带宽度为 1.5~1.8 eV,基本上可以覆盖整个可见光,而且 Sb_2S_3 具有很高的吸光系数 (大于 10^5 cm^{-1})。目前大多数的 Sb_2S_3 太阳能电池均采用染料敏化太阳能电池的结构,即 FTO 衬底/致密 TiO_2/多孔 TiO_2/Sb_2S_3 吸光层/空穴传输层/金电极。通过选择合适的空穴传输层,如常用的 Spiro-OMeTAD、无机的 p 型硫氰酸亚铜、P3HT 等,敏化类的 Sb_2S_3 太阳能电池取得了一系列的进展[29-32]。

然而,大部分的敏化类电池都需要一层致密 TiO_2 和一层多孔的 TiO_2 纳米结构,而这两者均需要很高的温度烧结。这种多孔结构敏化电池一方面是制备复杂,另一方面是如果吸光层在多孔层中没有均匀分布就容易形成复合中心造成开路电压损失。考虑到这些因素,平面类电池会更有优势。因为平面类电池结构简单、成本低廉、载流子复合更小从而开路电压更高。因此本章致力于研究一种低成本、简易制备的高效平面 Sb_2S_3 太阳能电池。SnO_2 是一种宽禁带的金属氧化物半导体,因为其较高的本征载流子浓度和很高的透射率得到了广泛关注和研究。单晶的 SnO_2 迁移率可以达到 250 $cm^2/(V·s)$ 量级。纳米形态的 SnO_2 迁移率可以达到约 125 $cm^2/(V·s)$,而 TiO_2 的迁移率小于 1 $cm^2/(V·s)$,而且 SnO_2 具有很大的光学带隙,更好的透光性,更好的紫外稳定性[33-37]。因此我们提出采用低温溶液法制备的 SnO_2 作为电子传输层,以聚合物 P3HT 为空穴传输层来制备平面结构的有机无机杂化太阳能电池。

2. 窄带隙 Sb_2S_3 的制备

制备过程如下:首先在干净的烧杯或锥形瓶中将 650 mg 的 $SbCl_3$ 溶解在 2.5 mL 的丙酮中,然后准备 1 mol/L 的 $Na_2S_2O_3$ 的水溶液。取 25 mL 的 $Na_2S_2O_3$ 的水溶液加入 $SbCl_3$ 的丙酮溶液中,继续加入去离子水,使烧杯或锥形瓶中的溶液体积达到 100 mL,然后对溶液进行缓慢加热。可以发现,溶液的颜色随着温度的升高而变化为橙色。前驱体溶液制备好之后可以开始化学浴沉积。将洗净的衬底垂直地放置在烧杯或锥形瓶的底部,注意基片要与烧杯壁或锥形瓶壁垂直。注意，不同的沉积温度会影响沉积的速率和沉积产物的形貌。为了避免过快反应引起沉淀和确保 Sb_2S_3 在衬底上有很强的附着力，这里的沉积过程是在可控温的冰箱中进行，沉积温度为 4℃。改变沉积时间可以得到不同厚度的 Sb_2S_3 薄膜。沉积过程中需要注意烧杯中的溶液保持静止，且不要晃动基片，以免引起薄膜的沉积不均匀。在保持溶液的浓度及沉积的温度不变的前提下，该化学浴沉积法具有很好的重复性。样品沉积完之后取出，用乙醇冲洗数次，之后转移到手套箱中在惰性气体保护的情况下 300℃ 退火 10 min 结晶。图 9.1(a) 为化学浴制备 Sb_2S_3 的前驱液，为橙色的溶解均匀的溶液；图 9.1(b) 为化学浴沉积制备的硫化锑的样品实物图，其中左边为化学浴后取出的样品，右边为在手套箱中热退火之后的样品。

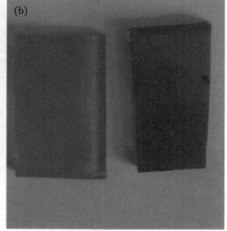

图 9.1　化学浴制备 Sb_2S_3 的 (a) 前驱液照片和 (b) 样品实物图照片

3. 窄带隙 Sb_2S_3 的表征

上文中的化学浴沉积的反应原理如下：

$$2SbCl_3 + 3Na_2S_2O_3 \longrightarrow Sb_2(S_2O_3)_3 + 6NaCl \tag{9.1}$$

$$Sb_2(S_2O_3)_3 + 6H_2O \longrightarrow Sb_2S_3 + 3HSO_4^- + 3H_3O^+ \tag{9.2}$$

　　首先我们研究沉积产物的光学透射率和产物的物相。图 9.2(a) 给出了退火之后结晶的 Sb_2S_3 薄膜的可见光透射率和在可见光范围内的吸收图谱。图中插图可以看到 Sb_2S_3 的吸收截止边位于 725 nm。文献 [29]~[32] 中报道的 Sb_2S_3 的禁带宽度为 1.6~1.8 eV，这和本书的结果保持一致。从透射曲线图上也可以看出，Sb_2S_3

薄膜在可见光范围内的透射较低，大部分入射光可以被吸收。为了表征产物的物相，我们收集了化学浴沉积的粉末，并对其进行热退火，然后对其进行了 XRD 表征，图 9.2(b) 给出了测试结果。图 9.2(b) 的插图给出了生长的示意图，其中"A 面"代表了生长有 Sb_2S_3 的一面。从图 9.2(b) 中可以看出，所有的 XRD 的峰都对应了 Sb_2S_3 材料的峰位，没有其他的相，产物为正交晶系的 Sb_2S_3 (JCPDS: 06-0474)，证明了产物为多晶辉锑矿的 Sb_2S_3。除此之外，我们对合成的产物进行了 EDS 的表征，表征结果如图 9.3 所示。从图中可以看到，锑元素和硫元素的原子个数比约为 2:3，这和预期结果是一致的。这些结果表明，我们化学浴沉积的方法合成的产物确实是窄带隙的 Sb_2S_3。

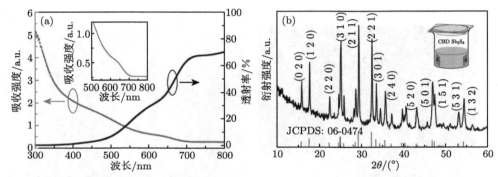

图 9.2　(a) 退火结晶的 Sb_2S_3 薄膜的可见光透射率和在可见光范围内的吸收图谱，插图为在截止边的放大部分；(b) 典型的 Sb_2S_3 的 XRD 图谱[38]

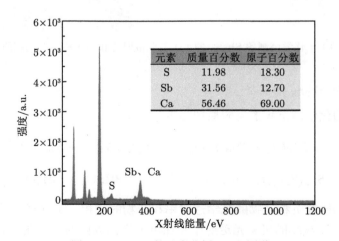

元素	质量百分数	原子百分数
S	11.98	18.30
Sb	31.56	12.70
Ca	56.46	69.00

图 9.3　Sb_2S_3 的元素分析 EDS 图谱

接下来观测化学浴法合成的 Sb_2S_3 的表面形貌。SEM 图如图 9.4 所示,其中 (a) 图为 30 μm 的尺度,(b) 图为放大后的 5 μm 的尺度。从表面形貌可以看出,化学浴沉积的方法制备的薄膜致密性较差,薄膜表面有很多空隙或孔洞,Sb_2S_3 多晶颗粒比较均匀地分布在样品表面。从形貌分析上可以看出,如果采用此种薄膜为光吸收层,需要对其进行表面填充,减少漏电或者减小复合中心。所以后续的实验会在 Sb_2S_3 的表面填充一层有机物,一方面用来填充间隙,一方面用来传输空穴。当然,还有一种方法可以提高薄膜的质量,即减小生长的速率,过快的生长会导致晶粒尺寸过大,容易形成不规整的薄膜。所以化学浴中控制反应速率显得很重要。本书为了降低反应速率,均采用较低的反应温度。此外,反应时间对薄膜质量也有影响,过长的反应时间会导致沉积在衬底上的薄膜晶粒过大,引起孔洞的产生或者薄膜的脱落。事实上,基片在化学浴中生长到一定时间薄膜的厚度达到饱和后不会再增加,过长的生长时间反而有可能引起薄膜的附着力的下降,这里最佳的生长时间为 2 h。

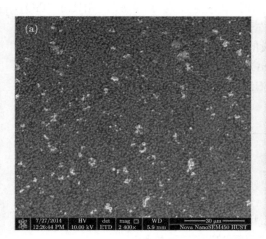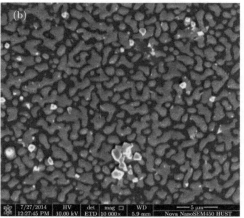

图 9.4 化学浴沉积的 Sb_2S_3 的 SEM 图

(a) 30μm 尺度下的图像;(b) 5μm 尺度下的图像

4. SnO_2 电子传输层的制备及表征

上文提到过目前大部分的 Sb_2S_3 敏化类电池都采取多孔结构,需要一层致密 TiO_2 和一层多孔的 TiO_2,而这两者均需要很高的温度烧结。传统的 TiO_2 电子传输层除了需要高温烧结以外,也存在其他方面的问题,比如,光学带隙不够宽、电子迁移率太低、容易造成紫外不稳定等。SnO_2 是一种宽禁带的金属氧化物半导体,具有很高的电子迁移率。除此之外,SnO_2 可以采用很简单的溶液低温法制备。利用低温溶液法制备 SnO_2 薄膜,其具体制备方法见 8.4.2 节。

　　我们首先研究 SnO_2 的光学特性。图 9.5 给出了 TiO_2 和 SnO_2 的光学透射率，其中 SnO_2 采取了不同浓度的前驱体溶液制备。样品均在 FTO 导电玻璃上制备。从图中可以看出，在 FTO 表面烧结一层致密的 TiO_2 之后，衬底的可见光透射率有了明显的下降，相比初始的 FTO 下降了 10%~20%。而对表面有一层致密 SnO_2 的衬底来讲，其光学透射率和初始的 FTO 保持在一个水平，而且在很大的一个区域，如 350~800 nm 区域，SnO_2 起到了增加透射的作用，镀有 SnO_2 的样品比初始的 FTO 的透射率还要高。需要注意，我们制备的 SnO_2 和 TiO_2 有相同的厚度，约为 40 nm。这种增透或减反的作用可能是由 SnO_2 的纳米颗粒在 FTO 表面的一种填充作用引起的。增加的可见光透射率对器件活性层的吸光非常有利。图 9.6 给出了 TiO_2 和 SnO_2 的光学禁带宽度计算。对直接带隙的 SnO_2 半导体而言，光学禁带宽度可以根据 $(\alpha h\nu)^2$ 和 $h\nu$ 的关系曲线得出。对间接带隙的 TiO_2 半导体而言，光学禁带宽度可以根据 $(\alpha h\nu)^{1/2}$ 和 $h\nu$ 的关系曲线得出。从图中可以得出，间接带隙的 TiO_2 半导体，其光学禁带宽度为 3.34 eV，而直接带隙的 SnO_2 半导体其光学禁带宽度为 3.59 eV，相比于 TiO_2，SnO_2 具有更大的禁带宽度，可以允许更宽范围的可见光入射。对应在可见光透射图上可以看到，SnO_2 半导体在短波长段的透过率更高。需要注意的是，TiO_2 经常作为一种光催化材料使用，带隙比 SnO_2 窄，所以 TiO_2 会吸收部分紫外线进而会影响活性层的稳定性。而宽带隙的 SnO_2 不存在这些问题，这也是其潜在的优势。

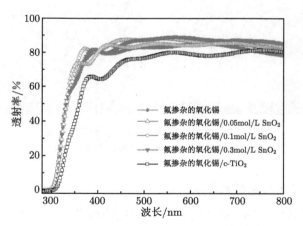

图 9.5　TiO_2 和 SnO_2 的光学透射率 [38]

　　为了研究制备的薄膜的成分，我们在硅衬底上制备了 SnO_2 薄膜，并对其进行了 XPS 表征，表征结果如图 9.7 所示。其中 (a) 图给出了全谱的扫描，从中可以找到 Sn 元素和 O 元素的峰。接着对 Sn 元素进行扫描，如图 (b) 所示，Sn

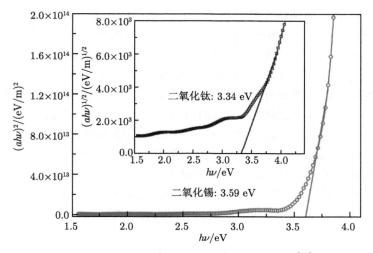

图 9.6 TiO₂ 和 SnO₂ 的光学禁带宽度计算 [38]

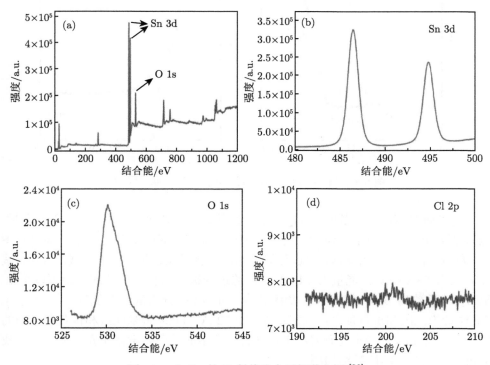

图 9.7 SnO₂ 的 X 射线光电子能谱分析 [38]

元素的 Sn 3d 扫描出现两个峰位，分别位于 486.4 eV 和 494.79 eV。这两个峰位分别对应 Sn^{4+} $3d_{5/2}$ 和 Sn^{4+} $3d_{3/2}$，证明了生成的产物中 Sn 元素的价态为正四价。O 元素的 O 1s 扫描出现一个峰位，如图 (c) 所示，位于 530.1 eV。这个峰位对应于 SnO_2 中的 O^{2-}，证明了生成的产物中 O 元素的价态为负二价。注意到在高的结合能位置处有一个小峰，这个位置对应于样品表面吸收的或化学吸附的氧原子、羟基或氢氧化物。图 (d) 为 Cl 元素的 Cl 2p 扫描，没有明显的 Cl 元素被检测到，证明了产物中没有 Cl 的残留。XPS 分析结果表明，低温溶液法制备的产物为 SnO_2。通过霍尔效应测试系统，我们还测试了 SnO_2 样品的电子迁移率和载流子浓度。样品是在石英玻璃上制备的较厚的 SnO_2 薄膜。测试结果表明，制备的薄膜为 n 型半导体，载流子浓度为 9×10^{12} cm^{-3}，电子迁移率为 100.3 $cm^2/(V \cdot s)$，表现出了非常优异的电子传输性能。

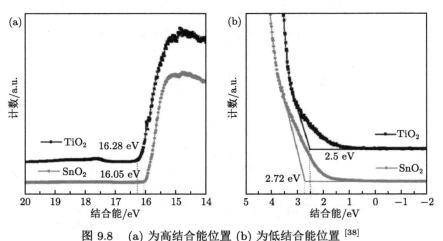

图 9.8　(a) 为高结合能位置 (b) 为低结合能位置 [38]

为了研究溶液法制备的 SnO_2 的能带结构，我们进行了紫外光电子能谱测试。测试结果如图 9.8 所示。作为对比，我们也测试了 TiO_2 的紫外光电子能谱。图 (a) 为高结合能位置的图谱，可以计算出相应的费米能级位置。在测试过程中，紫外波长为 58.13 nm，能量为 21.22 eV。通过分析高结合能部分的截距可以得出，SnO_2 功函数为 5.17 eV, TiO_2 功函数为 4.94 eV。分析低结合能部分可以得出，SnO_2 费米能级和价带顶之间的能量差为 2.72 eV, TiO_2 费米能级和价带顶之间的能量差为 2.5 eV。基于此研究结果，结合上文中的关于光学禁带宽度的研究，我们可以得到二者的能带结构图。

5. Sb_2S_3 平面杂化电池的制备过程

(1) FTO 衬底玻璃的清洗见上文。

(2) 电子传输层的制备。

低温溶液制备 SnO_2 方法如下：首先称取 22.5 mg 的二水合氯化亚锡 (0.1 mol/L)，将其溶解在 1 mL 的无水乙醇中，观察到溶液中可能会有白色的雾状沉淀，这是因为二水合氯化亚锡发生了水解反应。将溶液超声处理 15 min 后得到澄清、分散均匀的 SnO_2 前驱体溶液。接下来，将提前准备好的臭氧处理过的衬底放在匀胶机上，通过旋涂法旋涂一层致密的薄膜，转速为低速 500 r/min 持续 6 s，高速 2000 r/min 持续 30 s。最后将薄膜在空气中梯度热退火 2 h，梯度热退火过程为：100°C 退火 30 min，随后升高到 150°C 退火 30 min，再升温到 180°C 退火 1 h。最终得到一层非常透明、致密的 SnO_2 薄膜。该过程的反应原理如下：

$$2SnCl_2 + O_2 + 2H_2O = 2SnO_2 + 4HCl\uparrow \tag{9.3}$$

致密 TiO_2 的制备过程：首先准备 TiO_2 致密层溶液，将 380 μL 的二乙醇胺与 14 mL 的无水乙醇混合，保持在 40°C 下磁力搅拌 20 min，然后加入 1.8 mL 的钛酸四丁酯并在 40°C 下继续磁力搅拌 30 min，最后加入 4 mL 的无水乙醇并保持在 40°C 下继续磁力搅拌 30 min，将反应之后得到的溶液静置 24 h，即可获得无色透明的 TiO_2 致密层溶液。注意要对溶液进行过滤，而且溶液需要密封保存，以避免空气中的水分进入溶液而生成 TiO_2 大颗粒的沉淀。将经过 15 min 臭氧处理的 FTO 导电衬底放置在匀胶机上，通过旋涂法将准备好的 TiO_2 致密层溶液旋涂在衬底表面。转速为低速 500 r/min 持续 6 s，高速 4000 r/min 持续 30 s。将旋涂好的致密层放入马弗炉，在 550°C 下退火 15 min。退火程序设定为：经过 100 min 腔体温度由室温升温至 100°C 并保持 15 min；经过 60 min 腔体温度由 100°C 升温至 220°C 并保持 15 min；经过 80 min 腔体温度由 220°C 升温至 300°C 并保持 15 min；经过 50 min 腔体温度由 300°C 升温至 400°C 并保持 15 min；经过 40 min 腔体温度由 400°C 升温至 480°C 并保持 15 min；经过 35 min 腔体温度由 480°C 升温至 550°C 并保持 15 min。降至室温后将样品取出待用。

对于多孔结构的敏化器件，多孔 TiO_2 的制备：首先制备 TiO_2 多孔层浆料，将 10 mL 异丙醇钛和 2 g 的冰醋酸混合，将混合后的溶液超声均匀后倒入 50mL 的去离子水中，搅拌 2 h，然后加入 0.68 mL 的硝酸，再将混合溶液放在 70°C 下恒温持续搅拌 4 h，之后将其放入高压反应釜内 220°C 水热反应处理 12 h。接下来对水热反应完成后的溶液进行抽滤操作，再进行旋蒸除去多余的水分，最后加入 0.56 g 聚乙二醇和 500 μL 曲拉通 (TritonX-100)，搅拌形成 TiO_2 多孔浆料。TiO_2 多孔层采取刮涂法制备，利用胶带和刮涂的次数来控制多孔层的厚度。在衬底边缘分别粘上胶带，然后在衬底中间滴上多孔浆料，用玻璃试管进行刮涂，刮涂完毕后放入烘箱中 60°C 烘干，撕下胶带后将样品放入马弗炉中 500°C 下退火

30 min 形成结晶性良好的 TiO$_2$ 多孔层。退火程序设定为：从室温经过 40 min 升温到 100℃，并在 100℃ 下保持 10 min；从 100℃ 经过 20 min 升温到 150℃，并在 150℃ 下保持 10 min；从 150℃ 经过 70 min 升温到 325℃，并在 325℃ 下保持 15 min；从 325℃ 经过 20 min 升温到 375℃，并在 375℃ 下保持 15 min；从 375℃ 经过 30 min 升温到 450℃，并在 450℃ 下保持 30 min；从 450℃ 经过 20 min 升温到 500℃，并在 500℃ 下保持 30 min。降至室温后将样品取出待用。

(3) 吸光层、空穴传输层和阳极的制备。

在准备好的衬底上通过化学浴沉积法沉积一层硫化锑，具体方法见上文。沉积完之后的薄膜转移到手套箱中，在惰性气体保护下 300℃ 退火 10 min。空穴传输层为 P3HT，制备方法为：称取 15~25 mg 的 P3HT，将其溶解于 1 mL 的氯苯当中，然后磁力搅拌 10 h。然后将生长有 Sb$_2$S$_3$ 薄膜的样品放在匀胶机上，通过旋涂法旋涂一层致密的 P3HT 薄膜，转速为低速 500 r/min 持续 6 s，高速 2000 r/min 持续 30 s。为了增加 P3HT 与吸光层的界面的接触，P3HT 在热台上 100℃ 退火 5 min。最后，在热蒸发真空镀膜机中蒸发一层 Au (80 nm) 电极，器件的有效面积为 0.09 cm^2。

6. SnO$_2$ 作为电子传输层对器件性能的影响

如上文所述制备了结构为 FTO/SnO$_2$/Sb$_2$S$_3$/P3HT/Au 的器件，对比器件为 FTO/TiO$_2$/Sb$_2$S$_3$/P3HT/Au，器件的结构示意图如图 9.9(a) 所示。相应的器件的能带结构示意图在 9.9(b) 中给出。SnO$_2$ 和 TiO$_2$ 的能带位置由上文的研究得出。分析能带的位置可以得出，器件不存在能带不匹配的现象，引入的 SnO$_2$ 电子传输层的导带顶的位置低于吸光层 Sb$_2$S$_3$ 的导带，有利于电子传输。SnO$_2$ 电子传输层的价带顶的位置高于吸光层 Sb$_2$S$_3$ 的导带，有利于阻挡空穴。空穴传输层 P3HT 的引入在能带结构上也很匹配。

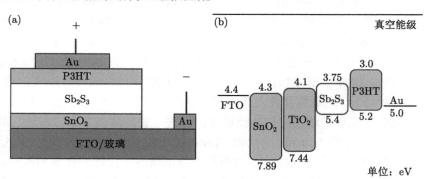

图 9.9　器件的 (a) 结构示意图和 (b) 能带结构示意图

通过调节 SnO_2 前驱体的浓度可以得到不同厚度的电子传输层，进而可以研究电子传输层厚度对器件性能的影响。在尝试平面电池之前，我们先尝试了多孔类的敏化类 Sb_2S_3 太阳能电池。致密电子传输层的厚度为 40 nm，多孔层采取刮涂法，厚度为 1μm。Sb_2S_3 吸光层通过改变化学浴沉积 (CBD) 的时间来改变。研究发现，对多孔结构来讲，CBD 时间从 1~7 h，器件的最佳光伏性能是在 CBD 时间为 3 h 的时候获得。最佳性能为器件的开路电压 0.61 V，短路电流密度 7.11 mA/cm^2，填充因子 40%，转换效率 1.74%。对平面电池而言，由于载流子的扩散长度有限，所以其吸光层厚度要小于有多孔层的器件。结合实验结果，对平面电池而言，我们选定 CBD 时间为 2 h。器件的 $J\text{-}V$ 曲线如图 9.10(a) 所示，SnO_2 电子传输层的厚度依据前驱体的浓度而改变，前驱体浓度分别为 0.05 mol/L、0.10 mol/L 和 0.30 mol/L。研究发现，采取 FTO/致密 TiO_2/Sb_2S_3/P3HT HC/Au 结构的电池，其 V_{oc} 为 0.498 V，J_{sc} 为 8.42 mA/cm^2，填充因子 FF 为 38.13%，光电转换效率 PCE 为 1.60%；采取 0.05 mol/L 的 SnO_2 电子传输层的器件表现出了 1.24% 的光电转换效率，开路电压 V_{oc} 为 0.550 V，J_{sc} 为 6.94 mA/cm^2，填充因子 FF 为 32.54%；采取 0.30 mol/L 的 SnO_2 电子传输层的器件表现出了 1.73% 的光电转换效率，开路电压 V_{oc} 为 0.520 V，J_{sc} 为 8.6 mA/cm^2，填充因子 FF 为 38.73%；最佳的性能出现在采用 0.10 mol/L 的 SnO_2 电子传输层的器件，表现出 2.49% 的光电转换效率，开路电压 V_{oc} 为 0.583 V，J_{sc} 为 10.51 mA/cm^2，填充因子 FF 为 40.59%。为了得到完美的电子传输层，其厚度必须要精确地控制。0.05 mol/L 前驱体得到的 SnO_2 电子传输层太薄而不足以形成一个连续的平整的薄膜，很有可能在 FTO 和 Sb_2S_3 界面处引起直接接触，形成复合中心。0.30 mol/L 前驱体溶液得到的 SnO_2 电子传输层太厚而不适合作为高效的传输层，因为太厚的电子传输层会引起器件的串联电阻增大而不利于电子的抽取，所以 0.30 mol/L 的器件各方面的性能都不如 0.10 mol/L 的器件。结果表明，采用最优的 SnO_2 电子传输层的器件无论是开路电压、短路电流，还是填充因子，都要优于采用 TiO_2 电子传输层的器件。表 9.1 给出了相应的器件的性能参数。

为了验证器件性能的增加，我们测试了器件的 IPCE 曲线，结果如图 9.10(b) 所示。从图中可以看出，Sb_2S_3 的光响应主要出现在可见光区域，在 400~500 nm 区域，IPCE 平均数值达到了 60%。而采取 SnO_2 电子传输层的器件相比 TiO_2 电子传输层的器件在 320~700 nm 区域有更高的光响应，意味着 SnO_2 电子传输层器件会产生更大的光电流。IPCE 数值和透射率的数值保持一致，均可以说明器件电流增加的原因。为了验证器件的可重复制备性，我们统计了 30 个太阳能电池的转换效率，将其汇总到直方图中，展示在图 9.10(b) 的插图中。采用 SnO_2 电子传输层的器件具有更高的平均转换效率。图 9.10(c) 给出了实际器件的截面

SEM 图。从图中可以直观地观测到器件每一层的厚度及形貌特征，发现吸光层的厚度在 300~400 nm 时，性能最佳。我们也给出了更为详细的器件效率的箱式分布图，如图 9.11 所示。统计结果表明，采用最优的 SnO_2 电子传输层的器件，无论是开路电压、短路电流，还是填充因子、转换效率方面，都要优于采用 TiO_2 电子传输层的器件。

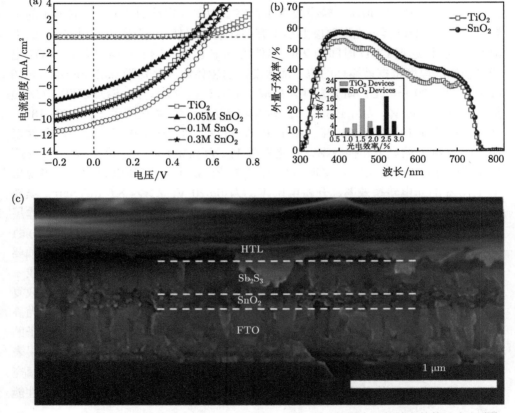

图 9.10　(a) 器件的光电转换效率图；(b) 器件的 IPCE 图，插图为器件效率的统计直方分布图；(c) 最优器件的截面 SEM 图[38]

表 9.1　采用不同的电子传输层的平面 Sb_2S_3 器件的光伏性能参数

不同电子传输层	V_{oc}/V	J_{sc}/(mA/cm^2)	FF/%	PCE/%
0.05 mol/L SnO_2	0.550	6.94	32.54	1.24
0.10 mol/L SnO_2	0.583	10.51	40.59	2.49
0.30 mol/L SnO_2	0.520	8.60	38.73	1.73
TiO_2	0.498	8.42	38.13	1.60

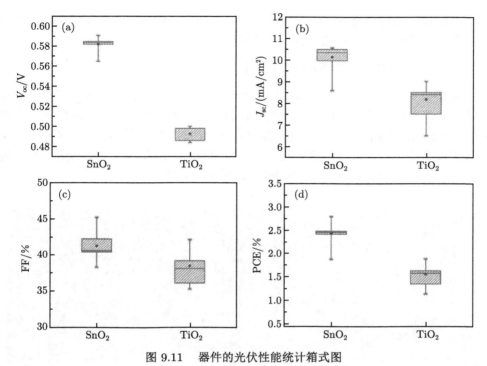

图 9.11　器件的光伏性能统计箱式图

(a) 开路电压；(b) 短路电流密度；(c) 填充因子；(d) 光电转换效率

9.3　可耐高温的二氧化锡用于硫化锑太阳能电池

1. 简介

硫化锑 (Sb_2S_3) 是一种很有前景的光伏材料，具有高吸收系数，合适的带隙宽度 (1.7 eV) 和丰富的元素成分等优势。通过界面钝化来提高 Sb_2S_3 太阳能电池的效率非常重要。在这里，我们引入一种溶液处理的 Mg 掺杂耐高温的 SnO_2 薄膜插入到硫化镉 (CdS) 与 FTO 导电膜之间，以减少载流子复合，从而提高异质结的质量。该层可以引起界面钝化效果，从而进一步提高器件的性能。最后，经过优化的器件在 0.09 cm^2 的面积上实现了 6.31% 的能量转换效率，与没有 SnO_2 层器件相比，相对值增加了 17.6%。

Mg 掺杂的 SnO_2 的制备：

通过将一定量的草酸亚锡和草酸 (1 g) 溶于乙醇 (20 mL) 中来制备 SnO_2 前驱体溶液。然后将乙酰丙酮 (1ml) 和去离子水 (4ml) 添加到前驱体中，同时在敞口烧杯中于室温在空气中搅拌 24 h。然后通过添加混合不同体积的乙醇将溶液稀释至不同浓度。以四水合醋酸镁 ($Mg(CH3COOH)_2 \cdot 4H_2O$) 为镁源，制备了掺 Mg

的 SnO_2 层。通过改变 SnO_2 前驱体与乙酸镁四水合物溶液的体积比来控制掺杂量。然后将混合溶液搅拌几个小时以备使用。

2. 未掺杂的 SnO_2 层的表面形貌表征

如图 9.12 所示，当在 FTO 表面旋涂配制的 SnO_2 前驱体溶液后，可以看到 FTO 表面覆盖了一层薄膜，薄膜的表面变得更加平整，在不同温度下退火的 SnO_2 层表现出不同的形貌，当退火温度为 200℃ 时，薄膜的结晶性能不够好，当退火温度太高 (500℃) 时，薄膜表现出一定的裂纹，因此较为合适的退火温度为 400℃，接下来制备器件也以此为 SnO_2 层的退火温度。

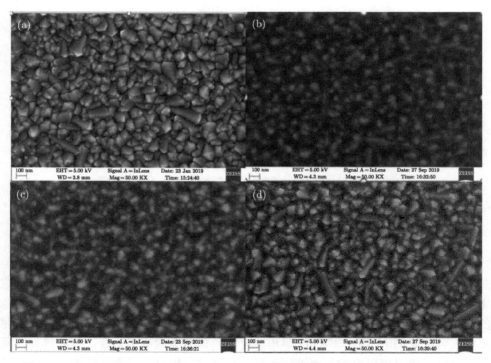

图 9.12　旋涂在 FTO 衬底上的 0.13mol/L 前驱体溶液不同温度下退火的表面 SEM
(a) FTO；(b) 200℃；(c) 400℃；(d) 500℃

3. SnO_2 前驱体浓度对器件性能的影响

图 9.13 展示了不同浓度的前驱体下制备的平面 Sb_2S_3 太阳能电池的光伏参数的统计图，从图中我们可以得到，在 0.026 mol/L 的前驱体浓度下，器件表现出更为优良的光电性能。前驱体浓度过低，导致 SnO_2 层太薄而不足以形成连续的

平整的薄膜，很有可能在 FTO 和 CdS 界面处引起直接接触，形成复合中心；前驱体浓度太高，得到的 SnO_2 层太厚，会引起器件的串联电阻增大而不利于电子的抽取。结果表明，采用 0.026 mol/L 前驱体浓度的 SnO_2 插入层的器件，无论是开路电压、短路电流，还是填充因子方面，都要优于未插入 SnO_2 层的控制组。

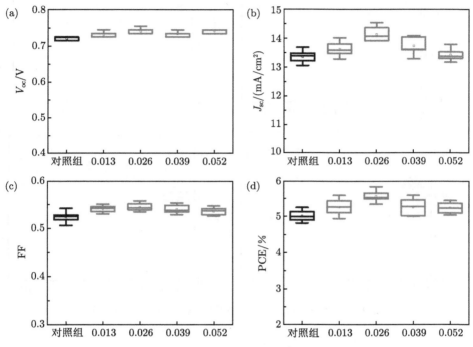

图 9.13   不同浓度 (mol/L) 的 SnO_2 前驱体溶液对器件光伏参数的影响

4. 醋酸镁的掺杂量对器件性能的影响

为了研究掺 Mg 的 SnO_2 界面层对器件性能的影响，我们制备了没有 SnO_2 层和掺杂不同 Mg 元素 SnO_2 层的太阳能电池。图 9.14 描绘了不同电子缓冲层的光伏参数的统计特性。器件性能在每个变量中的差异很小，表明器件具有较高的可重复性。显然，掺有 2%Mg 的 SnO_2 层的器件的所有参数都比控制器件大，尤其是填充因子 (从 53%到 60%)，这可以归因于较低的串联电阻。为了简化该问题，我们分析了没有 SnO_2 层和 0%，2%Mg 掺杂 SnO_2 界面层的三个代表性器件在光照条件下的电流密度–电压特性，如图 9.15(a) 所示。表 9.2 总结了相应的光伏参数。为了解释电流密度略有增加的原因，我们测量了相应的 Sb_2S_3 太阳能电池的外量子效率 (EQE)。如图 9.15 (b) 所示，我们可以得出结论，在短波长

(300~500 nm) 中 EQE 的增加可以导致短路电流密度 (J_{sc}) 的提高, 这可以归因于在中短波长范围内 Sb_2S_3 吸收光谱的增加。

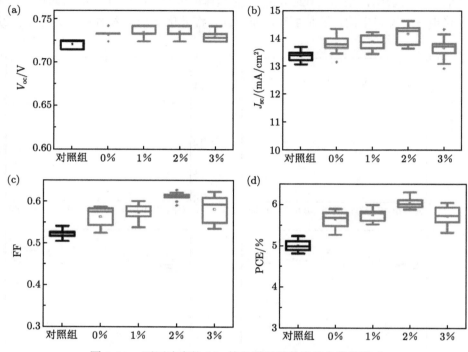

图 9.14　不同浓度的 Mg 掺杂量对器件光伏参数的影响

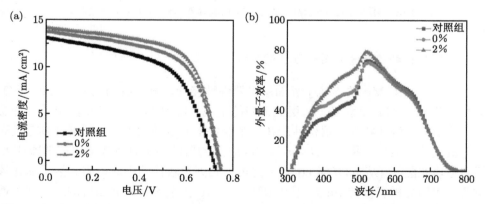

图 9.15　不同复合电子传输层对应的冠军器件的 (a) 电流密度–电压曲线和 (b) 外量子效率

表 9.2 不同复合电子传输层的冠军器件的光伏参数

光伏参数	开路电压/V	短路电流密度/(mA/cm²)	填充因子 (FF)/%	效率/%
控制组	0.716	13.10	0.54	5.14
0%	0.733	13.46	0.58	5.79
2%	0.742	13.86	0.61	6.31

5. 器件的电化学阻抗谱 (EIS) 的测试

为了深入理解 Mg 掺杂对于界面特性的影响，我们进行了电化学阻抗谱测试，图 9.16 为未插入 SnO_2 层和插入不同浓度的 Mg 掺杂的 SnO_2 层的 Sb_2S_3 太阳能电池的奈奎斯特图阻抗谱。图 9.16 的插图为所采用的等效电路模型，该模型包括串联电阻 (R_s)，复合电阻 (R_{rec}) 和复合电容 (C_{rec})。R_{rec} 可以通过曲线的弧度提取，没有 SnO_2 层的器件的 R_{rec} 为 4148 Ω，而对于具有 SnO_2 层以及掺杂有 1%、2% 和 3%Mg^{2+} 浓度的 SnO_2 的器件，R_{rec} 分别为 4593 Ω、8729 Ω、9166 Ω 和 7703 Ω。具有 2%Mg 掺杂浓度的 SnO_2 界面层的 Sb_2S_3 太阳能电池具有最高的复合电阻，表明界面处载流子的复合得到了有效抑制，它与填充因子的明显提高这一结果一致。

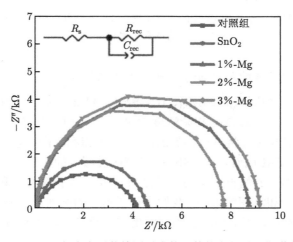

图 9.16 不同复合电子传输层对应的器件的电化学阻抗谱曲线

6. 不同复合电子传输层对 CdS 和 Sb_2S_3 结晶性能的影响

为了简化研究，我们在接下来的表征里只使用没有 SnO_2 插入层 (控制组)、使用未掺杂的 SnO_2 插入层，以及使用最佳掺杂量的 SnO_2 插入层作为研究对象。沉积在 FTO、SnO_2 层和 2%Mg 掺杂浓度的 SnO_2 层的 CdS 的 XRD 图谱如图 9.17(a) 所示。XRD 图谱的峰位与六方的 CdS 相很好地匹配，其优先取向为

(100)、(002) 和 (101)。图 9.17(a) 中的三个器件中 XRD 谱的差异可忽略不计。图 9.17(b) 展示了分别在未插入 SnO_2 层，纯 SnO_2 层和 2%Mg 掺杂 SnO_2 层上生长 CdS，再生长 Sb_2S_3，后的 XRD 谱，其结果与典型的正交辉锑矿相 Sb_2S_3 的标准卡片谱匹配。2%Mg 掺杂的 SnO_2 层上生长的 Sb_2S_3 峰强比控制组的 Sb_2S_3 更高。在 (221) 特征峰附近，控制组和 2%-Sb_2S_3 的半峰全宽 (FWHM) 分别为 0.094° 和 0.078°。很显然，对于复合传输层有 Mg 掺杂的 SnO_2 层的 Sb_2S_3 的峰强度更高，FWHM 更小。这表明 Sb_2S_3 的结晶质量比控制组有所提高。

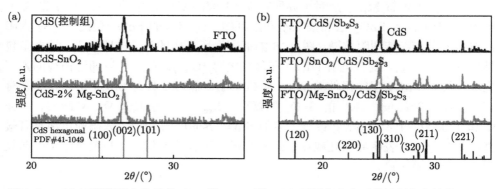

图 9.17　(a) 不同衬底上生长的 CdS 的 XRD 谱；(b) 不同复合电子传输层上生长的 Sb_2S_3 的 XRD 谱

7. 不同复合电子传输层对 Sb_2S_3 表面形貌的影响

图 9.18 显示了控制组的 Sb_2S_3、0%-Sb_2S_3 和 2%-Sb_2S_3 的表面形貌。从表面 SEM 图看，当引入 2%Mg 掺杂浓度的 SnO_2 界面层时，Sb_2S_3 的晶粒尺寸稍微增大。增大的晶粒尺寸将减少晶界的产生，因此降低了电荷复合概率。而且从更高的放大倍数 SEM 图看，2%-Sb_2S_3 具有明显减少的孔洞。这也与器件增加的开路电压和明显提升的填充因子的实验结果一致。为了深入了解掺 Mg 的 SnO_2 层对 Sb_2S_3 的生长和沉积的影响，我们进行了器件的截面形貌研究，如图 9.19 所示。从图中可以看出，2%-Sb_2S_3 的截面更加平整光滑，具有较少的晶界。

8. 不同复合电子传输层上生长的 Sb_2S_3 的缺陷态密度的计算

为了估算控制组器件和掺 Mg 的 SnO_2 器件的缺陷态密度，我们制备了具有 FTO/(无/有掺 Mg 的 SnO_2)/CdS/Sb_2S_3/PCBM/Ag 结构的单载流子器件。图 9.20 展示了只有电子作为载流子的器件在黑暗条件下的电流–电压 (J-V) 曲线。当偏置电压较低时，电流和电压呈线性关系，表明此时为欧姆特性。当偏置电压高于转折点时，电流呈现非线性增加，表明陷阱态被注入的载流子填充。转折点所对应的电压值被称为陷阱填充限制电压 (V_{TFL})，因此可以根据以下公式计算缺陷

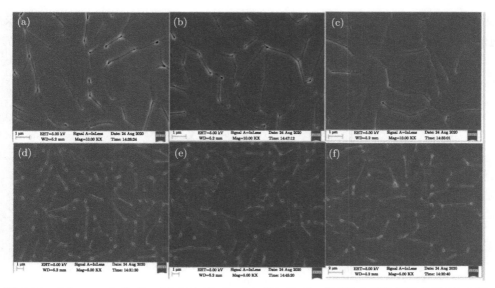

图 9.18 (a) control-Sb$_2$S$_3$, (b) 0%-Sb$_2$S$_3$, (c) 2%-Sb$_2$S$_3$ 在高放大倍数下的表面 SEM 图；(d) control-Sb$_2$S$_3$, (e) 0%-Sb$_2$S$_3$, (f) 2%-Sb$_2$S$_3$ 在低放大倍数下的表面 SEM 图，标尺是 1 μm

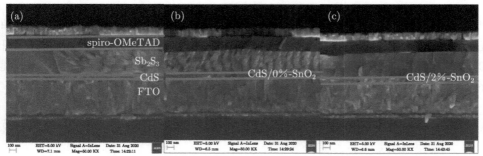

图 9.19 (a) control-Sb$_2$S$_3$, (b) 0%-Sb$_2$S$_3$, (c) 2%-Sb$_2$S$_3$ 的截面 SEM 图像
器件结构为 FTO/CdS(有/无 SnO$_2$)/Sb$_2$S$_3$/Spiro-OMeTAD/Au，其中标尺为 100 nm

密度 (N_t)：

$$N_t = \frac{2\varepsilon\varepsilon_0 V_{TFL}}{eL^2} \tag{9.4}$$

其中，ε 是 Sb$_2$S$_3$ 的相对介电常量，这里取值为 6.67；ε_0 为真空介电常量；e 是电子元电荷；L 是 Sb$_2$S$_3$ 膜的厚度，它可以通过场发射扫描电子显微镜 (FESEM) 测得，其厚度约为 300 nm。对照组的 V_{TFL} 为 0.69 V，对应于 5.66×10^{15} cm^{-3} 的陷阱态密度。当引入不含镁元素和含镁元素的 SnO$_2$ 层时，器件的 V_{TFL} 分别

为 0.39 V 和 0.29 V。同样，缺陷态的密度分别降低到 $3.2 \times 10^{15} cm^{-3}$ 和 $2.38 \times 10^{15} cm^{-3}$。缺陷态密度的降低表明更多的界面缺陷被掺 Mg 的 SnO_2 界面层钝化。

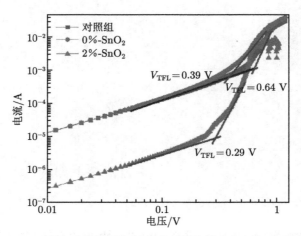

图 9.20　不同复合传输层下单载流子器件的暗态电流–电压曲线

9. 器件异质结的理想因子 (A) 和反向饱和电流密度 (J_0) 的计算

为了进一步了解器件性能改善的机制，我们测量了室温下使用光强为 100 mW/cm^2 的 AM 1.5G 照射下的器件的 J-V 曲线，通过 J-V 曲线计算了太阳能电池的理想因子 (A) 和反向饱和电流密度 (J_0)。具有单个异质结的太阳能电池的 J-V 曲线可以描述为

$$J = J_0 \exp\left[\frac{q}{Ak_B T}(V - R_s J)\right] + GV - J_L \tag{9.5}$$

其中，J_0 是反向饱和电流密度；R_s 是串联电阻；q 是电子元电荷；k_B 是玻尔兹曼常量；T 是热力学温度；J_L 是光电流密度；G 定义为并联电导，它是并联电阻 (R_{sh}) 的倒数。当我们对等式两边计算相对于偏置电压 V 的导数时，我们可以得到

$$\frac{dJ}{dV} = \frac{q}{Ak_B T} J_0 \exp\left[\frac{q}{Ak_B T}(V - R_s J)\right] - \frac{dJ_L}{dV} + G \tag{9.6}$$

二极管项的导数可以忽略不计，而 J_L 可以认为是一个常数。因此，可以通过对 J_{sc} 附近的 dJ/dV 值来提取 G 的值。在这项工作中，控制组的器件，带有 SnO_2 界面层的器件和带有 Mg 掺杂 SnO_2 层的器件的 G 值分别为 4.32 mS/cm^2、3.09 mS/cm^2 和 2.22 mS/cm^2，相应的 R_{sh} 为 231.5 $\Omega \cdot cm^2$，323.6 $\Omega \cdot cm^2$ 和 450.4

$\Omega \cdot cm^2$。类似地,通过对 J 求微分并重新排列该方程,可以将等式 (9.6) 变换为

$$\frac{\mathrm{d}V}{\mathrm{d}J} = R_s + \frac{Ak_BT}{q}\left(1 - G\frac{\mathrm{d}V}{\mathrm{d}J}\right) / (J + J_L - GV) \tag{9.7}$$

在这个等式里可以用 J_{sc} 代替 J_L。图 9.21(a) 显示了 $\mathrm{d}V/\mathrm{d}J$ 和 $(J + J_L - GV)^{-1}$ 的关系曲线图。注意到 $\mathrm{d}V/\mathrm{d}J$ 与 $(J + J_L - GV)^{-1}$ 之间存在良好的线性关系,这意味着太阳能电池可以在一定程度上形成良好的异质结。R_s 和 A 可以分别通过线性拟合曲线的截距和斜率获得。对于对照组器件,R_s 为 7.83 $\Omega \cdot cm^2$,A 为 2.29。对于具有 SnO_2 层的器件,R_s 和 A 的值分别为 6.65 $\Omega \cdot cm^2$ 和 1.88。对于具有 Mg 掺杂 SnO_2 层的器件,R_s 为 5.64 $\Omega \cdot cm^2$,A 的值为 1.79。方程式 (9.7) 可以重新排列为以下形式:

$$\ln(J + J_{sc} - GV) = \frac{q}{Ak_BT}(V - R_sJ) + \ln J_0 \tag{9.8}$$

图 9.21(b) 描绘了 $\ln(J + J_{sc} - GV)$ 随 $(V - R_sJ)$ 变化的曲线,J_0 的值可以从线性拟合结果的截距中获得。没有 SnO_2 界面层、有 SnO_2 层和有 Mg 掺杂的 SnO_2 层的器件,其 J_0 分别为 3.76×10^{-3} mA/cm², 2×10^{-6} mA/cm² 和 7.8×10^{-5} mA/cm²。基于以上分析,与对照组器件相比,具有 Mg 掺杂 SnO_2 界面层的器件具有更大的并联电阻、更小的串联电阻、更低的理想因子和更低的饱和电流密度。较小的串联电阻可以产生较高的填充因子,而较低的 J_0 则表示电荷收集和运输过程中的载流子复合较少。因此我们可以得出结论,通过插入掺杂 Mg 的 SnO_2 薄层,可以明显改善异质结的质量。这可以导致更高的填充因子,从而提高器件的性能。

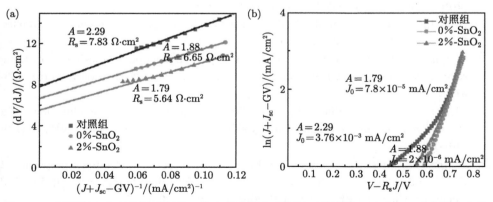

图 9.21 不同复合电子传输层下的 (a) 串联电阻和理想因子的计算,以及 (b) 反向饱和电流密度的计算

参 考 文 献

[1] Bai Y, Zhao C, Zhang S, et al. Printable SnO$_2$ cathode interlayer with up to 500 nm thickness-tolerance for high-performance and large-area organic solar cells [J]. Science China Chemistry, 2020, 63 (7): 957-965.

[2] Peng R, Yan T, Chen J, et al. Passivating surface defects of n-SnO$_2$ electron transporting layer by InP/ZnS quantum dots: toward efficient and stable organic solar cells [J]. Advanced Electronic Materials, 2020, 6 (3): 1901245.

[3] Shen K, Wang Z, Li Q, et al. High quality CdS/CdTe p-n junction diode with a noncontinuous resistive SnO$_2$ buffer layer [J]. IEEE Journal of Photovoltaics, 2017, 7: 1761-1766.

[4] Choi Y C, Lee D U, Noh J H, et al. Highly improved Sb$_2$S$_3$ sensitized-inorganic-organic heterojunction solar cells and quantification of traps by deep-level transient spectroscopy [J]. Advanced Functional Materials, 2014, 24 (23): 3587-3592.

[5] Han J, Wang S, Yang J, et al. Solution-processed Sb$_2$S$_3$ planar thin film solar cells with a conversion efficiency of 6.9% at an open circuit voltage of 0.7 V achieved via surface passivation by a SbCl$_3$ interface Layer [J]. ACS Appl.Mater.Interfaces, 2020, 12 (4): 4970-4979.

[6] Guo X, Guo H, Ma Z, et al. Low-temperature deposited SnO$_2$ used as the buffer layer of Sb$_2$Se$_3$ solar cell [J]. Materials Letters, 2018, 222: 142-145.

[7] Chen Z, Guo H, Ma C, et al. Efficiency improvement of Sb$_2$Se$_3$ solar cells based on La-doped SnO$_2$ buffer layer [J]. Solar Energy, 2019, 187: 404-410.

[8] Shen K, Ou C, Huang T, et al. Mechanisms and modification of nonlinear shunt leakage in Sb$_2$Se$_3$ thin film solar cells [J]. Solar Energy Materials and Solar Cells, 2018, 186: 58-65.

[9] Tao J, Hu X, Guo Y, et al. Solution-processed SnO$_2$ interfacial layer for highly efficient Sb$_2$Se$_3$ thin film solar cells [J]. Nano Energy, 2019, 60: 802-809.

[10] Britt J,Ferekides C. Thin-film CdS/CdTe solar cell with 15.8% efficiency [J]. Applied Physics Letters, 1993, 62 (22): 2851-2852.

[11] Chapin D M, Fuller C S,Pearson G L. A new silicon p-n junction photocell for converting solar radiation into electrical power [J]. Journal of Applied Physics, 1954, 25 (5): 676-677.

[12] Chirilă A, Reinhard P, Pianezzi F, et al. Potassium-induced surface modification of Cu (In, Ga) Se$_2$ thin films for high-efficiency solar cells [J]. Nature Materials, 2013, 12 (12): 1107-1111.

[13] Dufton J T, Walsh A, Panchmatia P M, et al. Structural and electronic properties of CuSbS$_2$ and CuBiS$_2$: potential absorber materials for thin-film solar cells [J]. Physical Chemistry Chemical Physics: PCCP, 2012, 14 (20): 7229-33.

[14] Gupta A,Compaan A D. All-sputtered 14% CdS/CdTe thin-film solar cell with ZnO: Al transparent conducting oxide [J]. Applied Physics Letters, 2004, 85 (4): 684-686.

[15] Jackson P, Hariskos D, Lotter E, et al. New world record efficiency for Cu (In,Ga)Se$_2$ thin-film solar cells beyond 20% [J]. Progress in Photovoltaics: Research and Applications, 2011, 19 (7): 894-897.

[16] Kim K, Larina L, Yun J H, et al. Cd-free CIGS solar cells with buffer layer based on the In$_2$S$_3$ derivatives [J]. Physical Chemistry Chemical Physics: PCCP, 2013, 15 (23): 9239-9244.

[17] Loper P, Moon S J, De Nicolas S M, et al. Organic-inorganic halide perovskite/ crystalline silicon four-terminal tandem solar cells [J]. Physical Chemistry Chemical Physics: PCCP, 2015, 17 (3): 1619-1629.

[18] Masuko K, Shigematsu M, Hashiguchi T, et al. Achievement of more than 25% conversion efficiency with crystalline silicon heterojunction solar cell [J]. IEEE Journal of Photovoltaics, 2014, 4 (6): 1433-1435.

[19] Seo J H, Kim D H, Kwon S H, et al. Highly efficient hybrid thin-film solar cells using a solution-processed hole-blocking layer [J]. Physical Chemistry Chemical Physics: PCCP, 2013, 15 (6): 1788-1792.

[20] Sun Y, Wu Q,Shi G. Graphene based new energy materials [J]. Energy & Environmental Science, 2011, 4 (4): 1113.

[21] Wang X,Shi G. Flexible graphene devices related to energy conversion and storage [J]. Energy & Environmental Science, 2015, 8 (3): 790-823.

[22] Williams B L, Major J D, Bowen L, et al. A comparative study of the effects of nontoxic chloride treatments on CdTe solar cell microstructure and stoichiometry [J]. Advanced Energy Materials, 2015, 5 (21).

[23] Yu D, Yin M, Lu L, et al. Silicon solar cells: high-performance and omnidirectional thin-film amorphous silicon solar cell modules achieved by 3D geometry design [J]. Advanced Materials, 2015, 27 (42): 6768-6768.

[24] Ishihara T, Takahashi J,Goto T. Optical properties due to electronic transitions in two-dimensional semiconductors (C$_n$H$_{2n+1}$NH$_3$)$_2$PbI$_4$ [J]. Physical Review B, 1990, 42 (17): 11099-11107.

[25] Chakraborty R, Steinmann V, Mangan N, et al. Non-monotonic effect of growth temperature on carrier collection in SnS solar cells [J]. Applied Physics Letters, 2015, 106 (20): 203901.

[26] Mohamed H. Theoretical study of the efficiency of CdS/PbS thin film solar cells [J]. Solar Energy, 2014, 108: 360-369.

[27] Tsai C H, Mishra D K, Su C Y, et al. Effects of sulfurization and Cu/In ratio on the performance of the CuInS$_2$ solar cell [J]. International Journal of Energy Research, 2014, 38 (4): 418-428.

[28] Wong A B, Brittman S, Yu Y, et al. Core–shell CdS–Cu$_2$S nanorod array solar cells [J]. Nano Letters, 2015, 15(6): 4096-4101.

[29] Boix P P, Larramona G, Jacob A, et al. Hole transport and recombination in all-solid Sb$_2$S$_3$-sensitized TiO$_2$ solar cells using CuSCN as hole transporter [J]. The Journal of

　　　　Physical Chemistry C, 2012, 116 (1): 1579-1587.

[30]　Chang J A, Im S H, Lee Y H, et al. Panchromatic photon-harvesting by hole-conducting materials in inorganic-organic heterojunction sensitized-solar cell through the formation of nanostructured electron channels [J]. Nano Letters, 2012, 12 (4): 1863-1867.

[31]　Chang J A, Rhee J H, Im S H, et al. High-performance nanostructured inorganic-organic heterojunction solar cells [J]. Nano Letters, 2010, 10 (7): 2609-2612.

[32]　Christians J A, Leighton D T, Kamat P V. Rate limiting interfacial hole transfer in Sb$_2$S$_3$ solid-state solar cells [J]. Energy & Environmental Science, 2014, 7 (3): 1148-1158.

[33]　Fonstad C G. Electrical properties of high-quality stannic oxide crystals [J]. Journal of Applied Physics, 1971, 42 (7): 2911.

[34]　Gubbala S, Chakrapani V, Kumar V, et al. Band-edge engineered hybrid structures for dye-sensitized solar cells based on SnO$_2$ Nanowires [J]. Advanced Functional Materials, 2008, 18 (16): 2411-2418.

[35]　Gubbala S, Russell H B, Shah H, et al. Surface properties of SnO$_2$ nanowires for enhanced performance with dye-sensitized solar cells [J]. Energy & Environmental Science, 2009, 2 (12): 1302.

[36]　Snaith H J, Ducati C. SnO$_2$-based dye-sensitized hybrid solar cells exhibiting near unity absorbed photon-to-electron conversion efficiency [J]. Nano Letters, 2010, 10 (4): 1259-1265.

[37]　Tiwana P, Docampo P, Johnston M B, et al. Electron mobility and injection dynamics in mesoporous ZnO, SnO$_2$, and TiO$_2$ films used in dye-sensitized solar cells [J]. ACS Nano, 2011, 5 (6): 5158-5166.

[38]　Lei H, Yang G, Guo Y, et al. Efficient planar Sb$_2$S$_3$ solar cells using a low-temperature solution-processed tin oxide electron conductor [J]. Physical Chemistry Chemical Physics, 2016, 18 (24): 16436-16443.

附录　发表论文及授权专利列表

2020 年

[1] Yao F, Peng J, Li R, et al. Room-temperature liquid diffused separation induced crystallization for high-quality perovskite single crystals. Nature Communications, 2020, 11(1): 1-9.

[2] Zheng X, Song Z, Chen Z, et al. Interface modification of sputtered NiO_X as the hole-transporting layer for efficient inverted planar perovskite solar cells. Journal of Materials Chemistry C, 2020, 8(6): 1972-1980.

[3] Liang J, Chen C, Hu X, et al. Suppressing the phase segregation with potassium for highly efficient and photostable inverted wide-band gap halide perovskite solar cells. ACS Applied Materials & Interfaces, 2020, 12(43): 48458-48466.

[4] Gui P, Li J, Zheng X, et al. Self-driven all-inorganic perovskite microplatelet vertical Schottky junction photodetectors with a tunable spectral response. Journal of Materials Chemistry C, 2020, 8(20): 6804-6812.

[5] Ye F, Wu T, Zhu Z, et al. Enhancing performance of perovskite solar cells with efficiency exceeding 21% via a graded-index mesoporous aluminum oxide antireflection coating. Nanotechnology, 2020, 31(27): 275407.

[6] Ma J, Li Y, Li J, et al. Constructing highly efficient all-inorganic perovskite solar cells with efficiency exceeding 17% by using dopant-free polymeric electron-donor materials. Nano Energy, 2020, 75: 104933.

[7] Chen C, Song Z, Xiao C, et al. Arylammonium-assisted reduction of the open-circuit voltage deficit in wide-bandgap perovskite solar cells: the role of suppressed ion migration. ACS Energy Letters, 2020, 5(8): 2560-2568.

[8] Chen Z, Zhang H, Yao F, et al. Room temperature formation of semiconductor grade α-$FAPbI_3$ films for efficient perovskite solar cells. Cell Reports Physical Science, 2020, 1(9): 100205.

[9] Ma J, Qin M, Li Y, et al. Unraveling the impact of halide mixing on crystallization and phase evolution in $CsPbX_3$ perovskite solar cells. Matter, 2021, 4(1): 313-327.

[10] Ye F, Ma J, Chen C, et al. Roles of MACl in sequentially deposited bromine-free perovskite absorbers for efficient solar cells. Advanced Materials, 2021, 33(3): 2007126.

[11] Wang H, Liu H, Ye F, et al. Hydrogen peroxide-modified SnO_2 as electron transport layer for perovskite solar cells with efficiency exceeding 22%. Journal of Power Sources, 2021, 481: 229160.

[12] 方国家, 姚方. 一种二维钙钛矿单晶材料及其制备方法. 中国: ZL 201810475149.3.

[13] 方国家, 马俊杰. 氧化镓保护层梯度体异质结钙钛矿太阳电池及其制备方法. 中国: ZL 201810076906.X.

2019 年

[14] Yao F, Gui P, Chen C, et al. High-rubidium–formamidinium-ratio perovskites for high-performance photodetection with enhanced stability. ACS Applied Materials & Interfaces, 2019, 11(43): 39875-39881.

[15] Liang J, Chen Z, Yang G, et al. Achieving high open-circuit voltage on planar perovskite solar cells via chlorine-doped tin oxide electron transport layers. ACS Applied Materials & Interfaces, 2019, 11(26): 23152-23159.

[16] Yang G, Zhang H, Li G, et al. Stabilizer-assisted growth of formamdinium-based perovskites for highly efficient and stable planar solar cells with over 22% efficiency. Nano Energy, 2019, 63: 103835.

[17] Liu H, Chen Z, Wang H, et al. A facile room temperature solution synthesis of SnO_2 quantum dots for perovskite solar cells. Journal of Materials Chemistry A, 2019, 7(17): 10636-10643.

[18] Ma J, Qin M, Li Y, et al. Guanidinium doping enabled low-temperature fabrication of high-efficiency all-inorganic $CsPbI_2Br$ perovskite solar cells. Journal of Materials Chemistry A, 2019, 7(48): 27640-27647.

[19] Chen C, Song Z, Xiao C, et al. Achieving a high open-circuit voltage in inverted wide-bandgap perovskite solar cells with a graded perovskite homojunction. Nano Energy, 2019, 61: 141-147.

[20] 方国家, 戴欣, 姚方. 一种基于带隙可调空穴传输层的有机光伏电池及方法. 中国: ZL 201710051620.1.

[21] 方国家, 杨光, 陈聪, 等. 一种 SnO_2 量子点电子传输层钙钛矿太阳能电池及其制备方法. 中国: ZL 201710022910.3.

[22] 方国家, 桂鹏彬, 李博睿, 等. 一种全无机钙钛矿肖特基光电探测器及其制备方法. 中国: ZL 201710901624.4.

[23] 方国家, 陈志亮, 马俊杰, 等. 一种平面钙钛矿太阳能电池. 中国: ZL 201821474263.6.

2018 年

[24] Yang G, Chen C, Yao F, et al. Effective carrier-concentration tuning of SnO_2 quantum dot electron-selective layers for high-performance planar perovskite solar cells. Advanced Materials, 2018, 30(14): 1706023.

[25] Guo Y, Lei H, Xiong L, et al. An integrated organic–inorganic hole transport layer for efficient and stable perovskite solar cells. Journal of Materials Chemistry A, 2018, 6(5): 2157-2165.

[26] Guo Y, Ma J, Lei H, et al. Enhanced performance of perovskite solar cells via anti-solvent nonfullerene lewis base IT-4F induced trap-passivation. Journal of Materials Chemistry A, 2018, 6(14): 5919-5925.

[27] Xiong L, Qin M, Chen C, et al. Fully high-temperature-processed SnO_2 as blocking

layer and scaffold for efficient, stable, and hysteresis-free mesoporous perovskite solar cells. Advanced Functional Materials, 2018, 28(10): 1706276.

[28] Ma J, Zheng M, Chen C, et al. Efficient and stable nonfullerene-graded heterojunction inverted perovskite solar cells with inorganic Ga_2O_3 tunneling protective nanolayer. Advanced Functional Materials, 2018, 28(41): 1804128.

[29] Chen Z, Zheng X, Yao F, et al. Methylammonium, formamidinium and ethylenediamine mixed triple-cation perovskite solar cells with high efficiency and remarkable stability. Journal of Materials Chemistry A, 2018, 6(36): 17625-17632.

[30] Gui P, Chen Z, Li B, et al. High-performance photodetectors based on single all-inorganic $CsPbBr_3$ perovskite microwire. ACS Photonics, 2018, 5(6): 2113-2119.

[31] Tao H, Ma Z, Yang G, et al. Room-temperature processed tin oxide thin film as effective hole blocking layer for planar perovskite solar cells. Applied Surface Science, 2018, 434: 1336-1343.

[32] Xiong L, Guo Y, Wen J, et al. Review on the application of SnO_2 in perovskite solar cells. Advanced Functional Materials, 2018, 28(35): 1802757.

[33] Yang G, Qin P, Fang G, et al. A lewis base-assisted passivation strategy towards highly efficient and stable perovskite solar cells. Solar RRL, 2018, 2(8): 1800055.

[34] Yang G, Qin P, Fang G, et al. Tin oxide (SnO_2) as effective electron selective layer material in hybrid organic–inorganic metal halide perovskite solar cells. Journal of Energy Chemistry, 2018, 27(4): 962-970.

[35] Lei H, Chen X, Xue L, et al. A solution-processed pillar [5] arene-based small molecule cathode buffer layer for efficient planar perovskite solar cells. Nanoscale, 2018, 10(17): 8088-8098.

[36] Wang Y, Zheng X, Liu X, et al. A study of different central metals in octamethyl-substituted phthalocyanines as dopant-free hole-transport layers for planar perovskite solar cells. Organic Electronics, 2018, 56: 276-283.

[37] 方国家, 雷红伟, 郑小璐, 等. 基于 Spiro-OMeTAD/Cu_xS 复合空穴传输层的钙钛矿太阳能电池及其制备方法. 中国: ZL 201610566473.7.

[38] 方国家, 杨光, 雷红伟. 一种疏水性钙钛矿太阳能电池及其制备方法和应用. 中国: ZL 201610564233.3.

[39] 方国家, 郑小璐, 雷红伟. 基于 Spiro-OMeTAD/PbS 复合空穴传输层的钙钛矿太阳能电池及其制备方法. 中国: ZL 201610565249.6.

2017 年

[40] Chen C, Yang G, Ma J, et al. Surface treatment via Li-bis-(trifluoromethanesulfonyl) imide to eliminate the hysteresis and enhance the efficiency of inverted perovskite solar cells. Journal of Materials Chemistry C, 2017, 5(39): 10280-10287.

[41] Yang G, Wang C, Lei H, et al. Interface engineering in planar perovskite solar cells: energy level alignment, perovskite morphology control and high performance achievement. Journal of Materials Chemistry A, 2017, 5(4): 1658-1666.

[42] Chen Z, Yang G, Zheng X, et al. Bulk heterojunction perovskite solar cells based on room temperature deposited hole-blocking layer: suppressed hysteresis and flexible photovoltaic application. Journal of Power Sources, 2017, 351: 123-129.

[43] Ma J, Yang G, Qin M, et al. MgO nanoparticle modified anode for highly efficient SnO_2-based planar perovskite solar cells. Advanced Science, 2017, 4(9): 1700031.

[44] Zheng X, Lei H, Yang G, et al. Enhancing efficiency and stability of perovskite solar cells via a high mobility p-type PbS buffer layer. Nano Energy, 2017, 38: 1-11.

[45] Chen Z, Li H, Zheng X, et al. Low-cost carbazole-based hole-transport material for highly efficient perovskite solar cells. ChemSusChem, 2017, 10(15): 3111-3117.

[46] Yang G, Lei H, Tao H, et al. Reducing hysteresis and enhancing performance of perovskite solar cells using low-temperature processed Y-doped SnO_2 nanosheets as electron selective layers. Small, 2017, 13(2): 1601769.

[47] Ma J, Zheng X, Lei H, et al. Highly efficient and stable planar perovskite solar cells with large-scale manufacture of e-beam evaporated SnO_2 toward commercialization. Solar RRL, 2017, 1(10): 1700118.

[48] Zheng X, Wang Y, Hu J, et al. Octamethyl-substituted Pd (ii) phthalocyanine with long carrier lifetime as a dopant-free hole selective material for performance enhancement of perovskite solar cells. Journal of Materials Chemistry A, 2017, 5(46): 24416-24424.

[49] Lei H, Yang G, Zheng X, et al. Incorporation of high-mobility and room-temperature-deposited Cu_xS as a hole transport layer for efficient and stable organo-lead halide perovskite solar cells. Solar RRL, 2017, 1(6): 1700038.

[50] Yang G, Wang Y, Xu J, et al. A facile molecularly engineered copper (II) phthalocyanine as hole transport material for planar perovskite solar cells with enhanced performance and stability. Nano Energy, 2017, 31: 322-330.

[51] 方国家、柯维俊、刘琴, 等. 一种基于 SnO_2 的钙钛矿薄膜光伏电池及其制备方法. 中国: ZL 201410407708.9.

[52] 方国家, 柯维俊, 王静, 等. 一种钙钛矿薄膜光伏电池及其制备方法. 中国: ZL 201410118541.4.

[53] 方国家, 万家炜, 雷红伟, 等. 一种氯溴碘共混钙钛矿光吸收材料的制备方法. 中国: ZL 201410447916.1.

[54] 方国家, 熊良斌, 柯维俊, 等. 一种 SnO_2 多孔结构钙钛矿光伏电池及其制备方法. 中国: ZL 201410817844.5.

2016 年

[55] Qin P, Lei H, Zheng X, et al. Copper-doped chromium oxide hole-transporting layer for perovskite solar cells: interface engineering and performance improvement. Advanced Materials Interfaces, 2016, 3(14): 1500799.

[56] Ke W, Zhao D, Xiao C, et al. Cooperative tin oxide fullerene electron selective layers for high-performance planar perovskite solar cells. Journal of Materials Chemistry A, 2016, 4(37): 14276-14283.

[57] Yang G, Tao H, Qin P, et al. Recent progress in electron transport layers for efficient

perovskite solar cells. Journal of Materials Chemistry A, 2016, 4(11): 3970-3990.

[58] Qin M, Ma J, Ke W, et al. Perovskite solar cells based on low-temperature processed indium oxide electron selective layers. ACS Applied Materials & Interfaces, 2016, 8(13): 8460-8466.

[59] Ke W, Xiao C, Wang C, et al. Employing lead thiocyanate additive to reduce the hysteresis and boost the fill factor of planar perovskite solar cells. Advanced Materials, 2016, 28(26): 5214-5221.

[60] Liu Q, Qin M, Ke W, et al. Enhanced stability of perovskite solar cells with low-temperature hydrothermally grown SnO_2 Electron Transport Layers. Advanced Functional Materials, 2016, 26(33): 6069-6075.

[61] Xiong L, Qin M, Yang G, et al. Performance enhancement of high temperature SnO_2-based planar perovskite solar cells: electrical characterization and understanding of the mechanism. Journal of Materials Chemistry A, 2016, 4(21): 8374-8383.

[62] Guo Y, Lei H, Li B, et al. Improved performance in Ag_2S/P3HT hybrid solar cells with a solution processed SnO_2 electron transport layer. RSC Advances, 2016, 6(81): 77701-77708.

2015 年

[63] Ke W, Fang G, Liu Q, et al. Low-temperature solution-processed tin oxide as an alternative electron transporting layer for efficient perovskite solar cells. Journal of the American Chemical Society, 2015, 137(21): 6730-6733.

[64] Ke W, Fang G, Wan J, et al. Efficient hole-blocking layer-free planar halide perovskite thin-film solar cells. Nature Communications, 2015, 6(1): 1-7.

[65] Wang J, Qin M, Tao H, et al. Performance enhancement of perovskite solar cells with Mg-doped TiO_2 compact film as the hole-blocking layer. Applied Physics Letters, 2015, 106(12): 121104.

[66] Ke W, Zhao D, Grice C R, et al. Efficient planar perovskite solar cells using room-temperature vacuum-processed C_{60} electron selective layers. Journal of Materials Chemistry A, 2015, 3(35): 17971-17976.

[67] Tao H, Ke W, Wang J, et al. Perovskite solar cell based on network nanoporous layer consisted of TiO_2 nanowires and its interface optimization. Journal of Power Sources, 2015, 290: 144-152.

[68] Ke W, Zhao D, Cimaroli A J, et al. Effects of annealing temperature of tin oxide electron selective layers on the performance of perovskite solar cells. Journal of Materials Chemistry A, 2015, 3(47): 24163-24168.

[69] Ke W, Zhao D, Grice C R, et al. Efficient fully-vacuum-processed perovskite solar cells using copper phthalocyanine as hole selective layers. Journal of Materials Chemistry A, 2015, 3(47): 23888-23894.

[70] 方国家, 刘琴, 柯维俊, 等. 一种氧化锡电子传输层介观钙钛矿光伏电池. 中国: ZL 201520035816.8.